Siedlungs- und Küstenforschung
im südlichen Nordseegebiet

Settlement and Coastal Research
in the Southern North Sea Region

36

Niedersächsisches Institut für historische Küstenforschung
Lower Saxony Institute for Historical Coastal Research
Wilhelmshaven

Siedlungs- und Küstenforschung im südlichen Nordseegebiet
Settlement and Coastal Research in the Southern North Sea Region

36

Herausgeberausschuss / Editorial Board

Felix Bittmann (Paläoethnobotanik / Palaeoethnobotany)
Friederike Bungenstock (Küsten- und Quartärgeologie / Coastal and Quaternary Geology)
Johannes Ey (Siedlungsgeographie / Settlement Geography)
Hauke Jöns (Frühgeschichtliche und mittelalterliche Archäologie / Protohistoric and Medieval Archaeology)
Erwin Strahl (Urgeschichtliche Archäologie / Prehistoric Archaeology)
Steffen Wolters (Vegetationsgeschichte / Vegetation History)

Verlag Marie Leidorf GmbH · Rahden/Westf.
2013

275 Seiten mit 164 Abbildungen und 21 Tabellen

Gedruckt mit Mitteln des Landes Niedersachsen

Bibliografische Information der Deutschen Nationalbibliothek

Marschenratskolloquium 2011 / Marschenrat Colloquium 2011 : Aktuelle archäologische Forschungen im Küstenraum der südlichen Nordsee: Methoden – Strategien – Projekte = Current archaeological Research on the Southern Coast of the North Sea: Methods – Strategies – Projects : 10. – 12. Februar 2011, Forum der Ostfriesischen Landschaft, Aurich / hrsg. vom Niedersächsischen Institut für historische Küstenforschung (Wilhelmshaven).
Rahden/Westf. : Leidorf, 2013.
(Siedlungs- und Küstenforschung im südlichen Nordseegebiet = Settlement and Coastal Research in the Southern North Sea Region ; 36)
ISBN 978-3-86757-854-7

Die Deutsche Nationalbibliothek verzeichnet diese Publikation in der Deutschen Nationalbibliografie; detaillierte bibliografische Daten sind im Internet über http://dnb.d-nb.de abrufbar.

Gedruckt auf alterungsbeständigem Papier

Alle Rechte vorbehalten
© 2013

Für den Inhalt der Beiträge und die Einholung der Bildrechte zeichnen die Autoren verantwortlich.

VML

Verlag Marie Leidorf GmbH
Geschäftsführer: Dr. Bert Wiegel
Stellerloh 65 · D-32369 Rahden/Westf.

Tel.: +49/(0)5771 /9510-74
Fax: +49/(0)5771 /9510-75
E-Mail: info@vml.de
Internet: http://www.vml.de

ISBN 978-3-86757-854-7
ISSN 1867-2744

Kein Teil des Buches darf in irgendeiner Form (Druck, Fotokopie, CD-ROM, DVD, Internet oder einem anderen Verfahren) ohne schriftliche Genehmigung des Verlages Marie Leidorf GmbH reproduziert werden oder unter Verwendung elektronischer Systeme verarbeitet, vervielfältigt oder verbreitet werden.

Herausgeber: Niedersächsisches Institut für historische Küstenforschung, Viktoriastr. 26/28, 26382 Wilhelmshaven; Postfach 2062, 26360 Wilhelmshaven; E-mail: nihk@nihk.de; Homepage: www.nihk.de

Umschlagentwurf: Rolf Kiepe (NIhK)
Titelbild: Bestattungen in Ezinge (Groningen Institute of Archaeology) – Priel in Bentumersiel (D. Dallaserra, NIhK) – Ringwall Cuxhaven-Duhnen (U. Veit) – Bombe aus der Dieler Hauptschanze (K. Hüser)
Redaktion: Erwin Strahl, Friederike Bungenstock, Johannes Ey, Martina Karle (alle NIhK), Susanne Gerhard
Textbearbeitung: Margarete Janssen, Lothar Spath; Bildnachbearbeitung: Rolf Kiepe (alle NIhK)
Satz und Layout: Rolf Kiepe (NIhK)

Druck und Produktion: druckhaus köthen GmbH, Köthen

Marschenratskolloquium 2011 / Marschenrat Colloquium 2011

Aktuelle archäologische Forschungen im Küstenraum der südlichen Nordsee: Methoden – Strategien – Projekte

Current Archaeological Research on the Southern Coast of the North Sea: Methods – Strategies – Projects

10. – 12. Februar 2011
Forum der Ostfriesischen Landschaft, Aurich

Veranstaltet von / Organized by

Marschenrat zur Förderung der Forschung im Küstengebiet der Nordsee e. V. /
Marshland Council for the Promotion of Research in the North Sea Coastal Area,
Wilhelmshaven

Ostfriesische Landschaft / East Frisian Heritage, Aurich

Niedersächsisches Institut für historische Küstenforschung /
Lower Saxony Institute for Historical Research, Wilhelmshaven

Provinz Groningen / Province of Groningen

Universität Groningen / University of Groningen

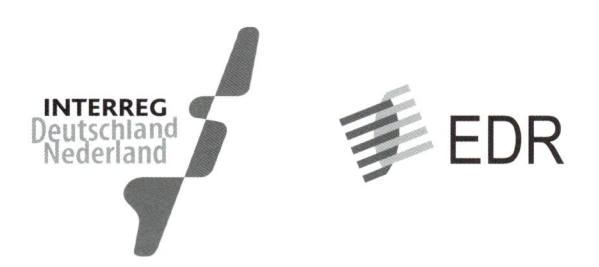

INTERREG Deutschland Nederland   EDR

INTERREG - Grenzregionen gestalten Europa
Europäischer Fonds für Regionale Entwicklung der Europäischen Union
INTERREG - Grensregio's bouwen aan Europa
Europees Fonds voor Regionale Ontwikkeling van de Europese Unie

Geographisches Institut der Universität Kiel

Inhalt / Contents

Hauke Jöns, Rolf Bärenfänger, Felix Bittmann, Henny Groenendijk und Daan Raemaekers

Vorwort / Preface

Beiträge zur Landschaftsentwicklung

Karl-Ernst Behre

Die Meeresspiegelschwankungen der vergangenen Jahrtausende
und deren Bedeutung für das Siedlungsgeschehen an der deutschen Nordseeküste /
The sea-level fluctuations over past millennia and their impact on the settlement process
along the German North Sea coast 13

Ernst Gehrt, Irmin Benne, Ramona Eilers, Max Henscher, Karsten Krüger und Sylvia Langner

Das Landschafts- und Bodenentwicklungsmodell der niedersächsischen Marschen
für die Geologische Karte und Bodenkarte 1:50.000 /
The model of landscape and marshland soil evolution in Lower Saxony
for Geological and Soil Maps 1:50.000 31

Axel Heinze, Wim Hoek und Martina Tammen

Pingo-Landschaft in Ostfriesland / Pingo-landscape in East Frisia 49

Untersuchungen zur Haustierhaltung

Wolf-Rüdiger Teegen

So eine Schweinerei ... Vergleichende Untersuchungen zum Stress
bei eisenzeitlichen bis mittelalterlichen Schweinen aus dem norddeutschen Küstengebiet /
What a mess ... Comparative studies on stress in domestic pigs
kept in the coastal areas of northern Germany from the Iron Age to the Middle Ages 53

Hans Christian Küchelmann

Tierknochen aus der Siedlung der Vorrömischen Eisenzeit und Römischen Kaiserzeit Bentumersiel
bei Jemgum, Ldkr. Leer (Ostfriesland) /
Animal bones from the settlement at Pre-Roman and Roman Iron Age Bentumersiel,
near Jemgum, in the District of Leer (East Frisia) 63

Wietske Prummel, Kinie Esser and Jørn T. Zeiler

The animals on the terp at Wijnaldum-Tjitsma (The Netherlands) –
reflections on the landscape, economy and social status /
Die Tiere der Wurt Wijnaldum-Tjitsma (Niederlande) –
Bemerkungen zu Landschaft, Wirtschaft und sozialem Status 87

Regionalstudien

Jana Esther Fries, Doris Jansen and Marcel J. L. Th. Niekus

Fire in a hole! First results of the Oldenburg-Eversten excavation
and some notes on Mesolithic hearth pits and hearth-pit sites /
Feuer in der Grube! Erste Ergebnisse der Ausgrabung Oldenburg-Eversten
und einige Bemerkungen zu mesolithischen Herdgruben und Herdgruben-Plätzen 99

DAAN C. M. RAEMAEKERS

Looking for a place to stay – Swifterbant and Funnel Beaker settlements
in the northern Netherlands and Lower Saxony /
Wo bleiben? Siedlungen der Swifterbant- und der Trichterbecherkultur
in den nördlichen Niederlanden und in Niedersachsen. 111

HAUKE JÖNS

Aktuelle Forschungen zur Besiedlung Nordwestdeutschlands während der Zeit der Trichterbecherkultur /
Current research on the settlement of northwestern Germany at the time of the Funnel Beaker Culture 131

HENNY GROENENDIJK and PETER VOS

Early medieval peatbog reclamation in the Groningen Westerkwartier (northern Netherlands) /
Frühmittelalterliche Erschließung der Moore im Groninger Westerkwartier (nördliche Niederlande) 139

EGGE KNOL

Moorkolonisation und Deichbau als Ursache von Flutkatastrophen –
das Beispiel der nördlichen Niederlande /
Fen reclamation and dike building as a cause of flood disasters –
the example of the northern Netherlands 157

VINCENT T. VAN VILSTEREN

Pay peanuts, get monkeys – on the ritual context of medieval miniature bronze cauldrons /
Für einen Groschen in der ersten Reihe sitzen –
Zum rituellen Kontext von mittelalterlichen Miniatur-Grapen aus Bronze 171

Forschungen an einzelnen Fundplätzen

SONJA KÖNIG, THIES EVERS und MARTIN MÜLLER

Das Siedlungsgebiet Sandhorst bei Aurich –
Ergebnisse der archäologischen Untersuchung eines Gewerbegebiets von 1 km² Größe /
The settlement area at Sandhorst near Aurich –
results of the archaeological investigation of a commercial zone measuring 1 km² 183

JENNIFER MATERNA

Zur Forschungsgeschichte der Großsteingräber von Tannenhausen bei Aurich
und Leer-Westerhammrich /
On the history of research on the megalithic tombs of Tannenhausen, near Aurich,
and Leer-Westerhammrich 191

ANDREAS WENDOWSKI-SCHÜNEMANN und ULRICH VEIT

Eine bronzezeitliche Ringwallanlage bei Cuxhaven im südlichen Elbemündungsgebiet /
A circular Bronze Age enclosure at Cuxhaven in the southern Elbe estuary area 199

ANNET NIEUWHOF

New research on the finds from Ezinge – an inventory of the human remains /
Neue Untersuchungen der Funde von Ezinge – Ein Inventar der menschlichen Reste 209

Daniel Dübner

Neues zu Entwicklung und Gehöftstrukturen der kaiser- bis völkerwanderungszeitlichen Siedlung
von Flögeln, Ldkr. Cuxhaven /
New information on the development and structure of farmsteads in the Roman Iron Age
and Migration Period settlement of Flögeln in the District of Cuxhaven................................225

Bernhard Thiemann und Jan F. Kegler

Das Boot im Damm – ein frühmittelalterlicher Einbaum aus Jemgum, Ldkr. Leer (Ostfriesland) /
A boat in the dam – an early medieval logboat from Jemgum, in the District of Leer (East Frisia) 235

Petra Westphalen

Neue Untersuchungen zu den wikingerzeitlichen Häusern
der Wurtsiedlung Elisenhof (Schleswig-Holstein) /
New research on the Viking Age Houses at the Elisenhof terp (Schleswig-Holstein).....................249

Andreas Hüser

Ausgrabungen in den frühneuzeitlichen Dieler Schanzen
im Landkreis Leer (Ostfriesland) – Ein Vorbericht /
Archaeological research on the early modern fortification "Dieler Schanzen",
in the District of Leer (East Frisia) – a preliminary report...261

Wege der Vermittlung

Karel Essink

Stichting Verdronken Geschiedenis (Sunken History Foundation) –
bridging the gap between people and science /
Stichting Verdronken Geschiedenis (Stiftung Versunkene Geschichte) –
Brücke über die Kluft zwischen Mensch und Wissenschaft...275

Vorwort / Preface

Der Küstenraum entlang der südlichen Nordsee von den Niederlanden über Niedersachsen und Schleswig-Holstein bis nach Dänemark ist mit dem Ende der letzten Eiszeit vor rund 11500 Jahren zu einem Lebensraum geworden, in dem die Existenz von Menschen, Tieren und Pflanzen in hohem Maße von ihrer Anpassungsfähigkeit an eine sich ständig verändernde Umwelt abhängig war. Dies gilt in besonderem Maße für die Zeiträume vor dem Beginn des Deichbaus, als die Gezeiten und der schwankende Meeresspiegel der Nordsee das Leben der in den See- und Flussmarschen ansässigen Gemeinschaften in hohem Maße prägten. Vor allem in den weitverbreiteten Feuchtböden des Küstenraums haben sich die Spuren des Lebens und des Wirtschaftens in der Vergangenheit häufig so gut erhalten, dass durch ihre detaillierte und interdisziplinäre Erforschung zahlreiche Erkenntnisse sowohl über die Veränderungen der Umwelt und der Vegetation als auch über die sich wandelnden Lebensbedingungen der Küstenbewohner gewonnen werden können.

Vor diesem Hintergrund verwundert es nicht, dass die fachübergreifende Untersuchung der Landschafts- und Besiedlungsgeschichte in kaum einer anderen Region Europas auf eine so lange Forschungstradition zurückblicken kann wie im Küstenraum der südlichen Nordsee. Mit der Einrichtung des Schwerpunktprogramms „Vor- und frühgeschichtliche Besiedlung des Nordseeraumes" durch die Deutsche Forschungsgemeinschaft vor mehr als 40 Jahren wurde dem außergewöhnlichen Potenzial des Küstengebiets Rechnung getragen. Im Gebiet zwischen dem Dollart und der Wiedingharde bot das Programm die einmalige Möglichkeit zur Durchführung zahlreicher großflächiger Siedlungsgrabungen und zur Entwicklung von neuen methodischen Ansätzen, die heute überregional in der Landschafts- und Siedlungsforschung fest verankert sind.

Heute sind es vor allem große Bauvorhaben im Rahmen von Maßnahmen zur Verbesserung des Straßensystems und der Energieversorgung oder der Erschließung neuer Bau- und Gewerbegebiete, die auch im Nordseeküstenraum häufig viele Hektar umfassende, großflächige Ausgrabungen auslösen. Die Finanzierung dieser Untersuchungen erfolgt zum überwiegenden Teil auf der Grundlage des in der europäischen Konvention von Malta verankerten Verursacherprinzips durch die jeweiligen Bauherren. Gleichzeitig beschränken sich Forschungen an archäologischen Fundplätzen, die nicht akut von baubedingten Zerstörungen bedroht sind, immer mehr auf zerstörungsfreie Dokumentations- und Prospektionsmaßnahmen, die durch *minimalinvasive* Sondagen ergänzt werden. Bei der Auswertung der aktuell an archäologischen Fundplätzen gewonnenen, überaus zahlreichen und heterogenen Informationen ist die elektronische Datenverwaltung und -auswertung mit Hilfe von Datenbanken und geographischen Informationssystemen unverzichtbar geworden – junge Archäologinnen und Archäologen, die auch Informatik studiert haben, sind keine Seltenheit mehr.

Damit ist die Situation kurz umrissen, die die Ostfriesische Landschaft, die Universität und die Provinz Groningen, das Niedersächsische Institut für historische Küstenforschung und den Marschenrat zur Förderung der Forschung im Küstengebiet der Nordsee e. V. dazu bewogen hat, gemeinsam zu einem Kolloquium – dem Marschenratskolloquium 2011 – zum Thema „Aktuelle archäologische Forschungen im Küstenraum der südlichen Nordsee: Methoden – Strategien – Projekte" einzuladen. Ziel der Veranstaltung, die vom 10. bis 12. Februar 2011 im Forum der Ostfriesischen Landschaft in Aurich stattgefunden hat, war es zum einen, eine Bilanz der aktuellen Forschungssituation zu ziehen und dabei die eingesetzten Methoden und die erzielten Ergebnisse interdisziplinär zu diskutieren. Zum anderen sollten aber auch Fragen der zukünftigen Zusammenarbeit zwischen Forschungseinrichtungen, Denkmalbehörden, Grabungsfirmen, Museen und weiteren in der Untersuchung bzw. öffentlichen Präsentation des kulturellen Erbes aktiven Institutionen erläutert werden.

Das Kolloquium war zugleich die Auftaktveranstaltung des Ausstellungs- und Forschungsprojekts „2013 – Land der Entdeckungen", das die Ostfriesische Landschaft gemeinsam mit deutschen und niederländischen Partnern konzipiert hat. Das Projekt wird im Rahmen des INTERREG IV A-Programms Deutschland – Nederland mit Mitteln des Europäischen Fonds für regionale Entwicklung (EFRE) gefördert und vom Land Niedersachsen sowie den niederländischen Provinzen Drenthe, Fryslân und Groningen kofinanziert. Es wird durch das Programm-Management der Ems Dollart Region (EDR) begleitet.

Die weit verbreitete Einladung zum Marschenratskolloquium 2011 fand ein überaus positives Echo, so dass insgesamt 24 Vorträge und 6 Poster von Kollegen und Kolleginnen aus den Niederlanden, Deutschland und Dänemark präsentiert wurden. Ihnen allen gilt unser Dank; sie haben durch ihre Beiträge zum positiven Verlauf des von mehr als 100 Teilnehmern besuchten Kolloquiums beigetragen. Wir freuen uns sehr, dass die Mehrzahl der Vortragenden ihre Beiträge im Nachgang zum Kolloquium schriftlich ausformuliert hat, so dass sie nun in dem hier vorgelegten Band nachgelesen werden können. Last but not least sei Beverley Hirschel, Köln, gedankt, die die Übersetzungsarbeiten und sprachlichen Korrekturen für die meisten englischsprachigen Beiträge und Zusammenfassungen übernommen hat.

After the end of the last Ice Age, about 11,500 years ago, the southern coast of the North Sea – from the Netherlands to Lower Saxony, Schleswig-Holstein and Denmark – became a habitat in which the existence of humans, animals and plants was highly dependent on their ability to adapt to a constantly changing environment. This was particularly the case before dykes were built, when tides and the fluctuating level of the North Sea greatly influenced the life of the communities settled in the coastal and riverine marshes. Especially in the extensive coastal wetlands, traces of life and economic activity in days gone by have frequently been so well preserved that their detailed and interdisciplinary study has yielded much information about changes in the environment and vegetation as well as about the changing living conditions of the inhabitants of the coast.

Against this background, it is not surprising that the interdisciplinary investigation of the landscape and the settlement history of the area along the southern coast of the North Sea can look back on a longer research tradition than almost any other region in Europe. When the special project 'The Prehistory and Early History of Settlement in the North Sea Region' was initiated by the Deutsche Forschungsgemeinschaft (German Research Foundation) more than forty years ago, the extraordinary potential of the coastal area was acknowledged. The area between the Dollart and Wiedingharde provided the project with a unique opportunity to carry out a considerable number of large-scale settlement excavations and to develop new methodological approaches that, today, are firmly anchored in landscape and settlement research in many regions.

Today, however, it is above all major construction projects in conjunction with measures to improve the road system and energy supply or the development of new residential and industrial areas that lead to large-scale excavations, which often cover several hectares. Such investigations are usually financed by the developer concerned on the 'polluter pays' principle established under the terms of the Malta Convention adopted by the Council of Europe. At the same time, research on archaeological sites that are not in acute danger of destruction by such construction projects is increasingly limited to non-destructive recording and surveying, supplemented by minimally invasive probes. In order to analyse the abundant and heterogeneous information constantly becoming available from archaeological sites, electronic data processing and evaluation with the help of data banks and geographical information systems is absolutely essential – young archaeologists who have also studied information technology are no longer a rare phenomenon.

That is just a brief description of the situation that led the regional association Ostfriesische Landschaft (East Frisian Heritage), the University and Province of Groningen, the Niedersächsisches Institut für historische Küstenforschung (Lower Saxony Institute for Historical Coastal Research) and the Marschenrat zur Förderung der Forschung im Küstengebiet der Nordsee e. V. (Marshland Council for the Promotion of Research in the North Sea Coastal Area), to organise a colloquium – the Marshland Council Colloquium 2011 – on the subject of 'Current Archaeological Research on the Southern Coast of the North Sea: Methods – Strategies – Projects'. One aim of the colloquium, which was held February 10-12, 2011, in the Forum of the Ostfriesische Landschaft in Aurich, was to take stock of the current research situation and to have an interdisciplinary discussion of the methods employed and the results obtained. A further aim was to consider questions relating to future cooperation between the research institutes, heritage agencies, excavation firms, museums and other organisations actively engaged in investigating our cultural heritage and presenting it to the general public.

The colloquium was also the opening event in the exhibition and research project '2013 – Land of Discoveries', which is designed by the Ostfriesische Landschaft together with German and Dutch partners. The project is financed under the INTERREG IV A-programme Deutschland – Nederland by funds from the European Regional Development Fund (ERDF) and co-funded by the federal state of Lower Saxony and the Dutch provinces of Drenthe, Fryslân and Groningen. It is accompanied by the programme management of the Ems Dollart Region (EDR).

The widely circulated invitation to the Marshland Council Colloquium 2011 was extremely well received and resulted in the presentation of twenty-four papers and six posters by colleagues from the Netherlands, Germany and Denmark. We thank them all; they contributed decisively to the positive outcome of the Colloquium, which was attended by more than a hundred participants. We are pleased to say that, after the Colloquium, the majority of the contributors provided us with written versions of their papers, which are now presented in this volume for future reference. Last but not least, we thank Beverley Hirschel in Cologne for translations and the polishing of English-language texts and abstracts.

Hauke Jöns, Marschenrat zur Förderung der Forschung im Küstengebiet der Nordsee, Wilhelmshaven
Rolf Bärenfänger, Ostfriesische Landschaft, Aurich
Felix Bittmann, Niedersächsisches Institut für historische Küstenforschung, Wilhelmshaven
Henny Groenendijk, Provinz Groningen / Universität Groningen
Daan Raemaekers, Universität Groningen

Die Meeresspiegelschwankungen der vergangenen Jahrtausende und deren Bedeutung für das Siedlungsgeschehen an der deutschen Nordseeküste

The sea-level fluctuations over past millennia and their impact on the settlement process along the German North Sea coast

Karl-Ernst Behre

Mit 6 Abbildungen

Inhalt: In diesem Beitrag wird die in der aktuellen Forschung wieder aufgegriffene Frage eines kontinuierlichen Anstiegs des Meeresspiegels im Holozän kritisch diskutiert. Dabei wird insbesondere der sichere Nachweis von Regressionen beschrieben. Seit 3000 v. Chr. ist es an der deutschen Nordseeküste insgesamt sieben Mal zu Meeresspiegelabsenkungen gekommen. Diese werden vor allem durch mehrere in das Holozänprofil eingeschaltete Torfe belegt, die sich an der ganzen deutschen Nordseeküste zeitgleich ausgebreitet haben. Zwar sind sie als Fixpunkte für die ehemalige Höhenlage nur bedingt zu benutzen, da sie unterschiedlichen Sackungsvorgängen unterlagen, doch ihre sehr große Ausdehnung und einheitliche Bildungszeit sowie ihre lange Wachstumsdauer lassen keine Alternative zu ihrer Entstehung durch Meeresspiegelabsenkungen zu. Weitere wichtige Merkmale für Meeresspiegelabsenkungen liefern Bodenbildungen sowie die zahlreichen Flachsiedlungen in der Marsch, die auf ausgesüßten Salzwiesen angelegt worden sind und in diesen Gebieten sturmflutfreie Perioden anzeigen. Derartige Flachsiedlungen aus der deutschen und nordniederländischen Marsch werden beschrieben und in die Regressionsphasen eingeordnet. Für die Zeit des 13.-15. Jahrhunderts werden die Folgen des Deichbaus dargestellt, die zu höheren Sturmfluten und damit zu starken Meereseinbrüchen und der Bildung der großen Buchten führten.

Schlüsselwörter: Norddeutschland, Nordsee, Meeresspiegelbewegungen, Regressionen, Sackung, Eingeschaltete Torfe, Küstenarchäologie.

Abstract: Current considerations have reopened the question of a continuous rise in sea level during the Holocene. This is critically discussed here with particular emphasis on the conclusive proof of declines in sea level, i.e. regressions. The German North Sea coast has experienced a total of seven regressions since 3000 BC. Reliable evidence of such declines in sea level is furnished by the presence of several intercalated peat layers, each of which spread isochronic along the whole coast. Although they can only be used to indicate approximate former sea levels, their extensive area and synchrony, combined with the long duration of the formation of these peat layers, indicate that they can only have formed during periods when the sea level has declined. Other important arguments for a repeated lowering of the sea level are provided by soil formation and the establishment of numerous settlements on level ground (*Flachsiedlungen*): these were built on former salt marshes that had become fresh-water marshes, which signify periods with no storm floods in these areas. Such *Flachsiedlungen* in the German and Dutch Clay district are described and classified according to the regression phase in which they were established. The consequences of diking in the period from the 13th to the 15th century are presented: higher storm floods ensued, which resulted in severe breaches of the dikes and the formation of the large bays.

Key words: Northern Germany, North Sea, Sea-level changes, Regressions, Compaction, Intercalated peat, Coastal archaeology.

Prof. Dr. Karl-Ernst Behre, Niedersächsisches Institut für historische Küstenforschung, Viktoriastr. 26/28, 26382 Wilhelmshaven – E-mail: behre@nihk.de

Inhalt

1 Einleitung 14

2 Schwankungen des Meeresspiegels
  oder gleichmäßiger Anstieg?................ 14

3 Der Nachweis von Regressionen (Meeresspiegelabsenkungen) durch eingeschaltete Torfe
  und das prähistorische Siedlungsgeschehen..... 15

  3.1 Kennzeichen und Ablauf
      von Regressionen 15

  3.2 Das Problem der Sackung 17

  3.3 Die einzelnen Regressionsphasen
      und deren Verknüpfung mit Siedlungsphasen in der Marsch 17

4 Der Deichbau und seine Folgen 24

5 Die Meeresspiegelkurve aus Daten
  der gesamten Deutschen Bucht............. 25

6 Literatur 28

1 Einleitung

Bis vor kurzem schien es, dass der Ablauf der Meeresspiegelbewegungen mit einem mehrfachen Wechsel von Trans- und Regressionen und die davon abhängigen Reaktionen der prähistorischen und mittelalterlichen Marschbewohner an der deutschen Nordseeküste nicht nur in den wesentlichen Zügen abgesichert, sondern auch allgemein akzeptiert ist (u. a. Behre 2003; 2007).

Nun erschien kürzlich eine Publikation, in der an eine alte Vorstellung eines gleichmäßigen Anstiegs des Meeresspiegels angeknüpft wird, was im Widerspruch zu zahlreichen geologischen und archäologischen Befunden an der Nordseeküste steht (Bungenstock u. Weerts 2010). Deshalb sollen im Folgenden die verschiedenen Ansichten noch einmal gegenübergestellt werden. Dabei kann die lange Geschichte der Erforschung der Meeresspiegelbewegungen an der Nordsee, zu der besonders Wissenschaftler aus den Niederlanden, Belgien und Deutschland beigetragen haben, hier nur kurz gestreift werden.

2 Schwankungen des Meeresspiegels oder gleichmäßiger Anstieg?

Wichtige Pionierarbeit wurde in Deutschland bereits von Heinrich Schütte, dem Altmeister der Marschenforschung, geleistet. Seine Theorie vom sinkenden Land an der Nordsee (erstmals 1908, später besonders 1935) wurde von der späteren Forschung allerdings umgekehrt, der zufolge sich nicht das Land, sondern das Meer bewegt hat. Sie stützt sich jedoch auf zahlreiche Befunde, die Schütte als ein mehrfaches Heben und Senken des Landes ansah, was im Umkehrschluss ein Auf und Ab des Meeresspiegels bedeutet.

In den benachbarten Niederlanden gab es ebenfalls intensive Diskussionen über die Meeresspiegelschwankungen und insbesondere die Rolle, die die Torfe dabei spielen (z. B. Tesch 1947; van Straaten 1954; Bennema 1954). Dabei wurde schon früh erkannt, dass durch die nicht ausreichende Beachtung der Sackung von Torfen und weichen Tonsedimenten falsche Schlüsse gezogen werden können, denn sackungsfähige Sedimente eignen sich in den meisten Fällen nicht für die Ermittlung genauer Höhenlagen früherer Meeresspiegelstände.

Um dieses Problem der Sackung ganz auszuschließen, verfolgte dann Saskia Jelgersma (ab 1961) einen anderen Ansatz, indem sie zur Erstellung ihrer Meeresspiegelkurve nur Punkte berücksichtigte, die keiner Sackung unterworfen gewesen sein konnten. Deshalb benutzte sie nur die unteren Bereiche der Basistorfe, die am Grunde der holozänen Schichtenfolge auf pleistozänem Sand als Folge des einsetzenden Meeresspiegelanstiegs entstanden waren. Auf diese Weise gewann sie ihre bekannte Kurve eines ununterbrochenen Meeresspiegelanstiegs. Vor allem wegen der zentralen Stellung von S. Jelgersma am Rijks Geologische Dienst wurde ihre Kurve in den Niederlanden weitgehend akzeptiert und verbreitet.

Die Kurve von Jelgersma hat jedoch eine systematische Schwäche, da sich mit ihr keine Meeresspiegelabsenkungen erfassen lassen. Diese geben sich in der Regel durch Torfbildungen innerhalb der holozänen Schichtenfolge zu erkennen, doch ihre Daten waren wegen der Vorgabe, nur Punkte ohne Sackung zu berücksichtigen, ausgeschlossen. Dieser Mangel war der Autorin durchaus bekannt, wurde aber nicht weiter verfolgt (Jelgersma 1979, 241).

Betrachtet man die immer zahlreicher vorliegenden Meeresspiegelkurven aus aller Welt, so muss man stets beachten, welche Art von Punkten in sie aufgenommen wurden und ob sich dahinter systematische Fehler verstecken. Manche Kurven haben auch so große Datenlücken, dass dadurch eventuell vorhandene Schwankungen einfach übersprungen werden.

Vielfach lassen sich frühere Meeresspiegelschwankungen bereits auf den ersten Blick im Wechsel von Torfen und minerogenen Sedimenten im Holozänprofil schon lithologisch erkennen. Das ist besonders klar an offenen Küsten, wie sie von der inneren Deutschen Bucht nach Westen bis an das IJsselmeer ausgebildet sind. Dort jedoch, wo sich – wie in den westlichen Niederlanden oder in Deutschland bis zur Bronzezeit in Dithmarschen – mächtige Strandwallsysteme entwickelt haben, werden die Bewegungen des Meeresspiegels oftmals verschleiert, indem kein oder nur gebietsweise Sediment von See her hinter die Strandwälle gelangt.

Dort herrschen ständig feuchte Bedingungen mit kontinuierlichem Torfwachstum. In der Zusammensetzung der Torfe zeigt sich jedoch ebenfalls ein Wechsel der Grundwasserhöhen, die indirekt auf das Mittelwasser des Meeres ausgerichtet sind. Es sind die gleichen Verhältnisse, wie sie in den vermoorten hinteren Marschgebieten, dem Sietland vor dem Geestrand, gegeben sind.

Im Folgenden steht die Frage nach dem sicheren Nachweis, der Datierung und der Dauer der Meeresspiegelabsenkungen im Vordergrund, die in der Regel zu Meeresrückzügen – Regressionen – führten, denn diese sind für die Siedlungsgeschichte der Marsch von größter Bedeutung.

3 Der Nachweis von Regressionen (Meeresspiegelabsenkungen) durch eingeschaltete Torfe und das prähistorische Siedlungsgeschehen

3.1 Kennzeichen und Ablauf von Regressionen

Die wichtigsten Kennzeichen für Regressionen an der deutschen Nordseeküste sind, wie bereits genannt, die im Marschprofil eingeschalteten Torfe, von denen der Mittlere und besonders der Obere Torf weit verbreitet sind, sowie fossile Bodenbildungen und Flachsiedlungen, also Siedlungen zu ebener Erde, in den Marschgebieten.

Die eingeschalteten Torfe an unserer Küste liegen zwar auf marinen oder brackischen Sedimenten, doch ein Torf kann sich nicht direkt auf Salzwiesen oder gar auf Watt bilden. Dazu ist eine vorangegangene vollständige Aussüßung erforderlich und diese setzt eine erhebliche Meeresspiegelabsenkung voraus, die mit einem Meeresrückzug, einer Regression, verbunden ist.

Die daraufhin gebildeten Torfe sind in der Regel Niedermoortorfe, doch besonders beim Oberen Torf kam es in insgesamt mehreren hundert Quadratkilometer großen Gebieten später sogar zum Umschlag vom Niedermoor- zum Hochmoortorf. Dieser Wechsel zeigt ein erneutes Absinken oder zumindest eine Stagnation des Grundwasserstands innerhalb der Torfbildungszeit an, denn während das Niedermoor ausschließlich im Grundwasserbereich wächst, gedeiht der Hochmoortorf nur oberhalb davon und wird lediglich vom Regenwasser gespeist. Im stark humiden Klima Nordwestdeutschlands ist der Niederschlag stets ausreichend, um diese grundwasserunabhängige Torfbildung zu ermöglichen.

Der Begriff Regression bedeutet im Wortsinn lediglich ein Zurückziehen des Meeres, das in der Regel auf eine Meeresspiegelabsenkung zurückzuführen ist. Im fachlichen Sprachgebrauch umfassen die Begriffe Regression oder Regressionsphase dagegen einen längeren Abschnitt, in dem sich das Meer zunächst zurückgezogen hat, dann aber schon wieder vordringt, ohne bis ins heutige Küstengebiet zu kommen. Es ist mithin der Zeitraum einer längeren Meeresspiegelabsenkung, in dem sich Torfe und Siedlungen ausbreiten können. Erst im Zuge der folgenden Transgression stößt die Nordsee dann wieder vor und es werden auf den gebildeten Torfen und Siedlungen minerogene Sedimente abgelagert.

Im Einzelnen ist der Ablauf einer Regression wie folgt: Zunächst findet eine Meeresspiegelabsenkung mit einem Rückzug statt, nach dem an der neuen Küstenlinie wieder ein Uferwall aufgeworfen wird. (Diese flachen Uferwälle sind nicht zu verwechseln mit den langen breiten und hohen Strandwällen [Nehrungen, *beach barriers*], die aus Sand aufgebaut sind und durch küstenparallele Strömungen z. B. in den westlichen Niederlanden oder an der Insel Sylt entstehen.) Hinter den Uferwällen bilden sich Süßwasserverhältnisse. Erst danach setzt in diesem neuen Sietland die Bildung von Niedermoortorfen ein, wobei das Grundwasser bereits wieder leicht ansteigt und damit die Torfbildung ermöglicht. Wo die Entwicklung weiter zum Hochmoortorf führt, ist dieser Grundwasseranstieg zeitweise unterbrochen worden.

Die klarsten Abfolgen vergangener Trans- und Regressionen finden sich im unmittelbaren Uferbereich der Deutschen Bucht mit ihrer offenen Küste. Dort wechseln die Ton- und Torfschichten mit scharfer Begrenzung. Deshalb stammen von hier die meisten Daten der Meeresspiegelkurve von BEHRE (2003; 2007). Je weiter man in das Binnenland kommt, desto mehr nimmt die

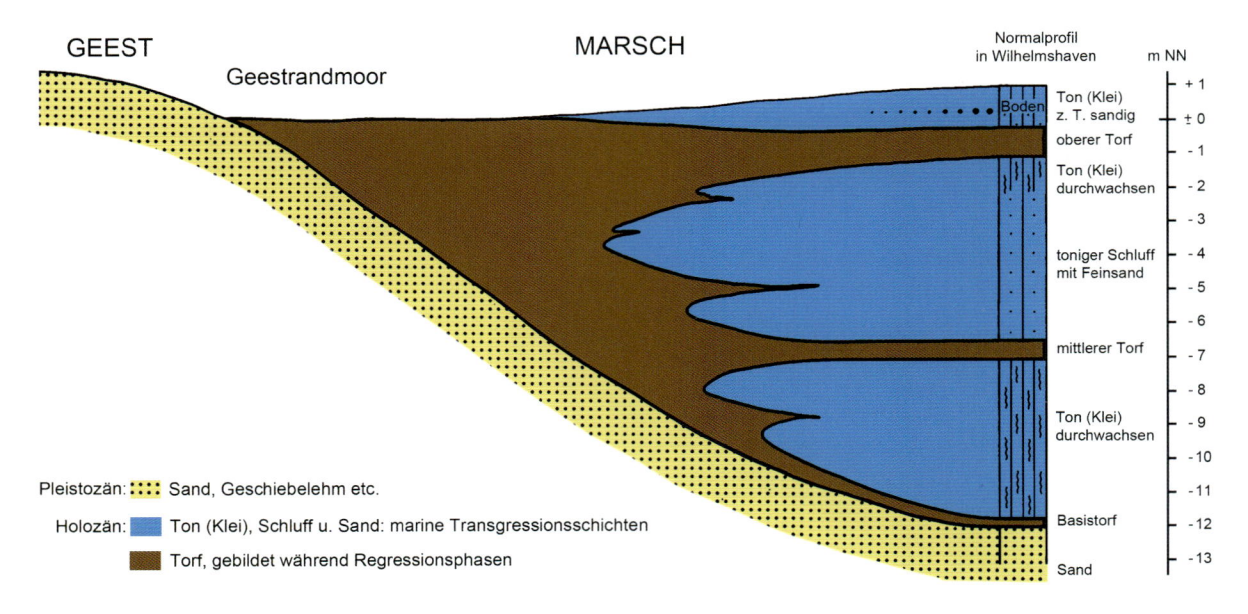

Abb. 1. Schematischer Schnitt von der Geest zur Seemarsch (Entwurf: K.-E. Behre, Grafik: NIhK).

Mächtigkeit der jeweiligen Torflagen zu und schließlich verschmelzen sie miteinander. Im inneren perimarinen Bereich, den Geestrandmooren, wurde dann nur noch kontinuierlich Torf gebildet, weil die minerogenen Sedimente nicht so weit transportiert wurden (vgl. Abb. 1). Das bedeutet auch, dass die Datierungen für den Beginn der eingeschalteten Torfe zur Landseite immer älter werden, da die Regressionen dort früher wirksam werden, und umgekehrt, dass das Ende der Torfbildung landwärts immer später wird, bis die Torfe dort zusammenlaufen.

Je weiter man ins Binnenland geht, desto differenzierter wird der Aufbau der Marschprofile, da sich in dieser amphibischen Landschaft bei kurzfristigen Änderungen im Gewässerverlauf auch innerhalb von Tonfolgen kleinflächig Torfe bilden können, die nicht in eine klare Transgressionsphase fallen. So reflektieren nicht alle eingeschalteten Torfe aus den binnenseitigen Marschkartierungen, die z. B. bei STREIF (2004) dargestellt sind, Regressionen.

Zweifler an einem Meeresspiegelanstieg mit zwischenzeitlichen Rückschlägen wenden ein, dass auch die eingeschalteten Torfe an der Küste selber unter einem ständig steigenden Wasserstand gebildet worden sein können. Dieses erscheint durchaus möglich, wenn es durch Veränderungen der Küstenlinie irgendwo zu einer Lagunenbildung kommt. Eine derartige Lagune muss dann aber durch Niederschläge und landseitige Zuflüsse auch aussüßen und trotz Küstenveränderungen mehrere Jahrhunderte bestehen bleiben. Dieses wären dann lokale Effekte; zu einer Erklärung der synchronen langen Torfbildungen auf marinen Sedimenten rund um die ganze Deutsche Bucht – gebietsweise sogar bis hin zur Hochmoorbildung –, die anschließend wieder überflutet werden, eignen sie sich jedoch nicht.

Zur Erklärung der Bildung der sehr ausgedehnten Torfe an der Küste und bis über sie hinaus bei kontinuierlich ansteigendem Meereswasserstand wird manchmal eine mögliche frühere Fortsetzung des gewaltigen Strandwalls in den westlichen Niederlanden über Den Helder hinaus in Betracht gezogen. Wie im Westen könnte dann unter dessen Schutz eine Torfbildung einsetzen. Dieser Strandwall müsste dann die ganze Deutsche Bucht umfangen haben, um z. B. die weiträumige Bildung des Oberen Torfs zu ermöglichen.

Eine derartige Strandwallbildung ist jedoch aus den folgenden Gründen nicht vorstellbar:
1. Wegen des engen Winkels der Deutschen Bucht ist eine wesentliche Änderung des Tidenhubs nicht denkbar. Diese wäre aber nötig, um den Strandwall zu verlängern, denn er löst sich aus hydrologischen Gründen mit abnehmendem Tidenhub nach Osten auf, indem zunächst größere, dann immer kleinere Inseln und zuletzt nur noch Sandplaten entstehen. In dem Gebiet mit großem Tidenhub münden dann Weser und Elbe als Ästuare im Gegensatz zum Rhein, der wegen des an seiner Mündung geringen Tidenhubs ein Delta ausbildet.
2. An den Mündungen von Ems, Weser, Elbe und Eider muss es immer große Durchlässe gegeben haben, durch die das Salzwasser hinter einen postulierten Strandwall gelangen würde.
3. Dieser riesige Strandwall hätte sich im Rhythmus der nachgewiesenen Regressionen immer wieder neu aufbauen und dazwischen rückbilden müssen, wofür es kaum Erklärungsmöglichkeiten gäbe.

3.2 Das Problem der Sackung

Das Vorkommen der ausgedehnten Torfschichten im Marschprofil ist ein wichtiger Hinweis auf Regressionsphasen. Die Datierung dieser eingeschalteten Torfe, die manchmal etwas missverständlich auch „schwimmende Torfe" genannt werden, weil sie im Holozänprofil „schwimmen", liefert zwar deren Zeitstellung, doch bei der Bewertung von ihren Höhenpositionen bereitet es große Probleme, wenn aus den heutigen Höhenlagen und Mächtigkeiten Schlüsse auf die damalige Höhe des Meeresspiegels gezogen werden sollen. Das beruht darauf, dass einerseits die Torfe bei längerer Belastung zusammengedrückt werden, sodass sie sacken, andererseits aber auch weiche Tonschichten, die unter und über den Torfen liegen, ein erhebliches Sackungspotential besitzen. Ein extremes Beispiel hierfür lieferte STREIF (1971) aus Woltzeten in Ostfriesland mit Sackungsbeträgen von bis zu 2,5 m.

In der von BEHRE (2003; 2007) vorgelegten Kurve für die südliche Nordsee wurde deshalb auf sehr viele vorhandene Datierungen verzichtet, weil deren ursprüngliche Höhenlage nicht eingeschätzt werden konnte; einige andere wurden verwendet, doch dabei wurde mit Pfeilen gekennzeichnet, wo eine Sackung möglich ist und in welche Richtung die einzelnen Punkte der Kurve zu korrigieren sind.

Die Sackung ist von mehren Faktoren abhängig. Besonders stark ist sie bei Torfen und weichem Ton, während Sande weit weniger betroffen sind. Sehr wichtig für das Ausmaß der Sackung sind die Mächtigkeit der aufliegenden Sedimente und die Dauer der Belastung. So kann ein Basistorf, der über viele tausend Jahre von mächtigen minerogenen Schichten zusammengepresst wurde, auf einen Bruchteil seiner ursprünglichen Mächtigkeit reduziert werden. Andererseits kann ein junger Torf, wie der Obere Torf, mit wenig und kurzzeitiger Auflast noch weitgehend seine ursprüngliche Mächtigkeit besitzen und dazu noch fast in seiner ursprünglichen Position liegen, denn er wurde auf Sedimenten gebildet, deren Sackung im Laufe der Jahrtausende weitgehend abgeschlossen war. Dieses ist besonders dann der Fall, wenn es sich dabei um sandreiche Ablagerungen handelt. Hier ist die Höhenlage der Torfbasis mit der nötigen Kritik verwertbar, während die Torfoberkante keine guten Daten liefert, weil der Torf durch die Auflast von meist mehr als 1 m Sediment und manchmal auch durch tiefreichende Drainage zum Teil selber komprimiert wurde. Außerdem ist an der Torfoberkante nicht selten auch noch Erosion zu erwarten. Diese Beispiele zeigen, dass die zu berücksichtigenden Sackungsbeträge in der Marsch von Punkt zu Punkt sehr unterschiedlich sind.

Um trotzdem möglichst viele Daten zu verwerten, haben manche Autoren einheitliche Sackungsbeträge angenommen, was in die Irre führen muss. So nahm LINKE (1982) für seine Torfe selbst in Tiefen von über 20 m stets einen einheitlichen Sackungsbetrag von 50 % an. In der Arbeit BUNGENSTOCK u. WEERTS (2010) wurde für jeden Kurvenpunkt, an dem Sackung vermutet wird, generell einen Korrekturbetrag von 0,50 m eingesetzt, unabhängig von der Mächtigkeit der holozänen Schichten und vom Alter der jeweils betroffenen Torfschicht sowie von deren Auflast.

3.3 Die einzelnen Regressionsphasen und deren Verknüpfung mit Siedlungsphasen in der Marsch

Regression 1

Der erste weit verbreitete Torf, der die Regression 1 nach BEHRE (2003) anzeigt, ist der sogenannte Mittlere Torf, der an der Küste um 3000 v. Chr. einsetzt (Abb. 2). Er liegt auf marinen Sedimenten und zeigt somit eine vollständige Aussüßung an. In Tab. 2 bei BEHRE (2003) wurden für seinen Beginn 21 ^{14}C-Daten zusammengestellt, die zumeist zwischen 3000 und 2800 v. Chr. liegen. Wie die geologischen Kartierungen gezeigt haben, nimmt er sowohl im Jade-Weser-Gebiet als auch im ostfriesischen Raum große Flächen ein. Bei Cuxhaven-Sahlenburg beginnt dieser Torf um kal. 2900 v. Chr. und lässt sich sogar noch 1-2 km ins heutige Watt verfolgen (LINKE 1979).

Auch in Schleswig-Holstein ist er z. B. in Eiderstedt vertreten, dort fehlen jedoch noch entsprechende genauere Kartierungen. In Dithmarschen bilden sich ab dieser Zeit Strandwälle, wie die Lundener Nehrung, in deren Schutz dann fortlaufend Torf gebildet wird, bis die Strandwallbildungen in der Bronzezeit enden und sich vor diesen neue Marschflächen ausbilden. In den perimarinen Bereichen in der Treene- und Sorgeniederung lassen sich die Trans- und Regressionen der folgenden Jahrtausende sehr deutlich in der wechselnden Torfzusammensetzung erkennen: die Moorsukzessionen laufen von nassen eutrophen Röhrichten über mesotrophe und weniger nasse Farn- und Kleinseggengesellschaften bis hin zu Hochstaudenfluren und dystrophen Heide- und Hochmooren, wobei die Entwicklungsrichtung je nach dem Wasserdruck von See her mehrfach wechseln kann. Mit Hilfe der Pollenanalyse können dabei autogene und allogene Phasen unterschieden werden. In diesen zurückliegenden Gebieten setzt der Regressionsnachweis erwartungsgemäß bereits um kal. 3100 v. Chr. ein (MENKE 1968; 1988).

Westlich des Dollarts lässt sich die Regression 1 ebenfalls als Torf verfolgen: die Schnitte von ROELEVELD

	Jahre kalibr. n. Chr. (+) v. Chr. (-)	Jahre unkalibr. BP	MThw [m NN]
Dünkirchen IV			+1,70
	+1700	250	
Regression 7			*+0,40*
	+1450	500	
Dünkirchen IIIb			+1,40
	+1100	850	
Regression 6			*±0,00*
	+ 850	1100	
Dünkirchen IIIa			+0,80
	+ 700	1250	
Regression 5			*+0,50*
	+ 350	1600	
Dünkirchen II			+0,85
	+ 50	1950	
Regression 4			*-0,65*
	- 150	2100	
Dünkirchen Ib			+0,60
	- 400	2300	
Regression 3			*-1,60*
	- 800	2650	
Dünkirchen Ia			-1,40
	-1000	2850	
Regression 2			*-1,60*
	-1500	3250	
Calais IV			±0,00
	-2400	3900	
Regression 1			*-2,50*
	-3000	4400	
Calais III			-2,00
	-3900	5100	
	-4150	5300	
Calais II			-5,00
	-5350	6400	
Calais I			-10,00
	(-6650)	(7800)	

Abb. 2. Datierung und MThw-Stände
der Trans- und Regressionen
an der südlichen Nordseeküste nach BEHRE 2003.

(1974) zeigen, dass insbesondere im Gebiet des Fivelingo genau in dieser Zeit ein Torf einsetzt, der sein „Holland IV-A regressive interval" kennzeichnet. Nach seiner Fig. 59 erstreckt sich diese Torflage von Farmsum (Delfzijl) bis Zuidwolde und wurde nach Nordwesten offenbar durch Erosion abgeschnitten.

Der Mittlere Torf tritt in der Regel zwischen -7 und -5 m NN (im Durchschnitt um -6 m NN) auf. Er ist als Niedermoor- und Bruchwaldtorf entwickelt und hat eine durchschnittliche Mächtigkeit von 0,5 m, was bei der hohen und langen Auflast bedeutet, dass er ursprünglich sehr viel mächtiger war. Die Bildungsdauer erreicht etwa 600 Jahre; ab 2400 v. Chr. setzt mit Calais IV eine neue Transgressionsphase ein.

Für die Regression 1 sind in Deutschland noch keine Marschsiedlungen nachgewiesen. Sie sind zwar zu erwarten, jedoch unter mehreren Metern Sediment schwer zu entdecken.

Anders sieht es dagegen in den Niederlanden aus. Im späten Neolithikum drang vor allem die Vlaardingen-Kultur an mehreren Stellen in das Süßwasser-Gezeitengebiet vor. Die am besten untersuchte Siedlung aus dieser Zeit, Hekelingen im Rheindelta, wurde um 2900 v. Chr. auf einem Uferwall errichtet und dauerte bis um 2600 v. Chr. Der Ausgräber Louwe Kooijmans postulierte hier wie auch für Vlaardingen selbst ein erhebliches Absinken des Mittleren Tidehochwassers (MThw), das er damals jedoch als lokal interpretierte (LOUWE KOOIJMANS 1974, Fig. 13; 1985).

Weiter nördlich im Norden der Provinz Nordholland wurden mehrere Siedlungen der Einzelgrabkultur in der Marsch ergraben. Der Fundplatz Aartswoud reicht von kal. 2800 bis 2600 v. Chr. (GEHASSE 2001). Die frühe Siedlung Zandwerven bestand zwischen 2900 und 2800 kal. v. Chr. und mehrere jüngere zwischen 2600 und 2400 v. Chr. (HOGESTIJN 2001). Diese Siedlungen ruhen auf marinem Klei, doch die botanischen Untersuchungen zeigten, dass es in dieser Zeit zu einer Aussüßung kam.

Regression 2

Noch wesentlich eindrucksvoller ist der Obere Torf, der die Regression 2 repräsentiert. Erstmals wurde er von HAARNAGEL (1950) auf der Basis von über 1000 Bohrungen im Raum Wilhelmshaven systematisch kartiert, inzwischen ist seine Ausdehnung an der niedersächsischen Küste durch die Kartierungen des vormaligen Niedersächsischen Landesamtes für Bodenforschung in zahlreichen Profiltypenkarten festgehalten worden.

Da der Obere Torf oberflächennah zumeist in Tiefen zwischen -1 und -2 m NN angetroffen und deshalb auch bei Entwässerungen und Baumaßnahmen sichtbar wird, ist er sehr gut bekannt. Er ist an der gesamten niedersächsischen und schleswig-holsteinischen Küste flächig verbreitet, sofern er nicht durch jüngere Meereseinbrüche erodiert wurde. Im küstennahen Bereich setzt die Torfbildung um kal. 1500 v. Chr. ein. Nach Westen findet er seine Fortsetzung an der offenen Küste von Groningen und Friesland (ROELEVELD 1974; GRIEDE 1978). Von dort gibt es zahlreiche ^{14}C-Daten aus Torfen und Vegetationshorizonten, die dieses „Holland V regressive interval" zwischen kal. 1500-1200 v. Chr. datieren (ROELEVELD 1974, Taf. I-III).

Der Obere Torf entwickelte sich auf marinen und brackischen Sedimenten und ist nicht nur auf die heutige Marsch beschränkt, sondern findet sich auch seewärts weit hinaus in den Wattgebieten vor der ostfriesischen Küste (vgl. u. a. SINDOWSKI 1957; BARCKHAUSEN 1970); dort wird er gelegentlich von den mäandrierenden Prielen angeschnitten und dadurch sichtbar. Seine genaue Begrenzung nach Norden ist unbekannt, da er dort durch die jüngere Erosion abgeschnitten wurde.

In Nordfriesland zwischen Eiderstedt und Sylt erstreckte sich der Obere Torf ursprünglich über eine Fläche von etwa 1000 km² (!) und ist vor allem im nordfriesischen Wattenmeer und unter den dortigen Marscheninseln vorhanden (BANTELMANN 1966; HOFFMANN 1988).

Die heutige Mächtigkeit des Oberen Torfs beträgt im Durchschnitt etwa 1 m. Er ist entweder im Ganzen als Niedermoor- und Bruchwaldtorf ausgebildet, vielfach jedoch im oberen Teil als Hochmoortorf. In Nordfriesland erstrecken sich allein diese Hochmoortorfdecken über mehrere hundert Quadratkilometer.

Der Wechsel zum Hochmoortorf zeigt eine Absenkung des ökologisch wirksamen Wasserstands innerhalb des Oberen Torfs an (vgl. dazu S. XX). Dieser Wechsel fand nicht nur an der deutschen Nordseeküste über große Flächen hinweg statt, sondern auch in den Niederlanden, wo dieser Vorgang noch viel weiter verbreitet ist. Dort hatten sich um kal. 1250 v. Chr. auf den riesigen Niedermoorgebieten zwischen Friesland und Seeland weite Hochmoore gebildet. Dabei ist im Aufbau der Torfprofile wichtig, dass der Hochmoortorf sich ohne Übergang direkt auf dem Schilftorf bildete, d. h. die normale Verlandungsfolge brach ab, bevor sich Bruchwaldtorf als deren letztes Glied entwickelt hatte (ZAGWIJN 1986, 17 u. Karten 5-6).

Dieser Hochmoortorf reicherte sich im Küstenbereich bei den späteren Überflutungen viel stärker als der feste Niedermoortorf im Liegenden mit Salz an und wurde deshalb seit dem Mittelalter zur Salzgewinnung verwendet. In den nordfriesischen jungen Watten, die bis in das 13. Jahrhundert noch Festland waren, erfolgte diese Salzgewinnung industriell und erfasste dabei Flächen von vielen Quadratkilometern; dazu mussten der über dem Salztorf liegende Ton und Sand zunächst abgegraben werden (BANTELMANN 1966; BEHRE 2008).

Zum Alter des Oberen Torfes gibt es zahlreiche ^{14}C-Datierungen, die jedoch in die Meeresspiegelkurve von BEHRE (2003) zumeist nicht aufgenommen worden sind, da wegen möglicher Sackung ihre ursprüngliche Höhenlage nicht sicher ist. Sie erfassen aber den Zeitraum der Regression. Danach liegt die Hauptzeit der Torfbildung zwischen kal. 1500 und 1000 v. Chr.

Im Einzelnen spreizen die Datierungen etwas, denn die Torfbildung setzte landseitig früher ein als seeseitig, endete landseitig aber später. Auch in seewärtigen Bereichen des Torfs kann man keine gleichen Daten seiner Unter- und Oberkante erwarten. Er liegt ja auf vorangegangenen Salzwiesen, die bekanntlich ein Relief besitzen, sodass der Beginn der Torfbildung über kurze Entfernungen durchaus Unterschiede von einigen Jahrhunderten haben kann, während die Oberkante des Torfs wegen möglicher Erosionsprozesse oft nicht das Ende der Torfbildung anzeigt. Deshalb sind lokale Einzeldatierungen relativ ungenau, dagegen führt der regionale und überregionale Datenvergleich zu zuverlässigen Werten über die Zeitstellung der Regression.

Nach der Regression 2 folgte die relativ schwache Transgression Dünkirchen Ia, die von der Regression 3 abgelöst wurde. Da die Auswirkungen der D Ia-Transgression nur begrenzt waren, verlief die Torfbildung in den zurückliegenden Gebieten vielfach weiter bis in die Regression 3, um dann erst während der starken D Ib-Transgression überdeckt zu werden.

Während der Regression 2 dürfte sich nicht nur das Torfwachstum, sondern auch die Besiedlung seewärts ausgedehnt haben. Allerdings sind Funde dazu an der deutschen Nordseeküste noch spärlich, einmal, weil die Seemarschen mit ihren Uferwällen damals vor der heutigen Küste lagen, und zum anderen, weil die Siedlungen tief unter der heutigen Oberfläche liegen und deshalb nur schwer zu finden sind.

Der Bau eines tiefen Entwässerungsgrabens in der Flussmarsch der Weser bei Rodenkirchen-Hahnenknooper Mühle führte erstmals auf die Spur einer solchen Siedlung und STRAHL (2005) konnte dann dort die ersten deutschen Marschbauern nachweisen. Die Siedlung wurde auf dem Uferwall der Weser allerdings erst in der jüngeren Bronzezeit um 900 v. Chr. (mehrere ^{14}C-Daten liegen zwischen kal. 930 und 830 v. Chr.) errichtet und fällt damit noch in die auslaufende Regressionsphase, die im küstenfernen Flussmarschgebiet länger spürbar gewesen ist. Der Wohnteil eines komplett ausgegrabenen Hauses der Siedlung wurde allerdings bereits durch ein 0,45 m mächtiges Podest aus Soden aufgehöht, was vermutlich aber noch nicht gegen Sturmfluten, sondern gegen die Anhebung des Grundwasserspiegels gerichtet war, durch den es im Winter zu häufigen Süßwasserüberschwemmungen gekommen sein wird.

Anders als in Deutschland sind in den Niederlanden mittelbronzezeitliche Marschsiedlungen nachgewiesen und ausgegraben. Sie liegen an der Küste des niederländischen Westfriesland, d. h. westlich des IJsselmeers. Dort wurden bereits zwischen 1972 und 1979 in Siedlungen bei Andijk, Bovenkarspel und Hoogkarspel umfangreiche Ausgrabungen durchgeführt. Eine erste Siedlungsphase dauerte von 1600 bis 1000 v. Chr. Mit botanischen Untersuchungen konnte nachgewiesen werden, dass dort die zunächst marinen und brackischen Bedingungen von Süßwasserverhältnissen abgelöst wurden. Dabei fand eine erhebliche Absenkung des Grundwasserspiegels statt, die zur Austrocknung und damit zu Sackungen des Gebietes führte. Das wiederum bewirkte eine Reliefumkehr, durch die sich Inversionsrücken auf den Wasserläufen bildeten, auf denen dann die ersten Häuser errichtet worden sind.

Eine zweite Siedlungsphase schloss sich zwischen 1000 und 800 v. Chr. an, während der der Grundwasserspiegel wieder anstieg und die Siedler zu Aufhöhung ihrer Wohnplätze zwang. Am Ende dieser Siedlungsphase standen die ersten kleinen Wurten, die dann als Folge der neuen Transgression verlassen wurden (BAKKER u. a. 1977; ROEP u. VAN REGTEREN ALTENA 1988; IJZEREEF u. VAN REGTEREN ALTENA 1991).

Es gibt keinen besseren Nachweis für eine klare Meeresspiegelabsenkung als eine derart weit verbreitete und mächtige Torfbildung über marinen Sedimenten, die über sehr weite Gebiete synchron erfolgte und auch eine Marschbesiedlung zur Folge hatte.

Regression 3

Die folgende Regression 3 liegt zeitlich zwischen kal. 800 und 400 v. Chr. und weist ebenfalls neue Torfbildungen auf, wenn auch weit weniger als die vorangegangene Regression 2; die Daten für ihren Beginn liegen ab kal. 800 v. Chr. (vgl. Tab. 3 in BEHRE 2003). In landseitigen Gebieten sind die Regressionen 2 und 3 oft kaum voneinander zu trennen, weil minerogene Sedimente zwischen ihnen fehlen.

In ihrer natürlichen Entwicklung ist die Regressionsphase 3 besser noch als in Deutschland in den benachbarten Niederlanden zu erkennen. Für das Groninger Gebiet ermittelte ROELEVELD (1974) drastische Änderungen in dieser Zeit. Große Wattgebiete wurden zu Salzwiesen aufgelandet, Buchten verlandeten und in dem dort als *„Holland IV regressive interval"* bezeichneten Abschnitt kam es zu ausgedehnten Torfbildungen.

Während dieser Regressionsphase entstanden in der Marsch zahlreiche Siedlungen, die besonders aus den nördlichen Niederlanden bekannt sind. Dort breitete sich jetzt die Zeijener Kultur mit verschiedenen Typen der Ruinen-Wommels-Keramik aus. Als älteste Siedlung dieser Zeitphase ist Middelstum mit einem Alter von 2555 ± 35 BP bzw. kal. 787 (796-672) v. Chr. zu nennen (BOERSMA 2005) und aus der Mitte des 7. Jh. v. Chr. datiert die Basis von Wommels-Stapert (BOS u. a. 2002), doch die eigentliche Siedlungsperiode setzte erst ab kal. 600 v. Chr. ein (Provinz Groningen: MIEDEMA 2002). Wie die umfangreichen Grabungen A. E. van Giffens in Ezinge gezeigt haben (von WATERBOLK 1994 überarbeitet), wurden die ersten Siedlungen noch als Flachsiedlung angelegt (Ezinge um 500 v. Chr.), doch ab 400 v. Chr. wurden sie in Reaktion auf die D Ib-Transgression zu Wurten aufgehöht. Damit sind diese niederländischen Wurten erheblich älter als die ältesten deutschen, die erst mehrere Jahrhunderte später beginnen. Wie ROELEVELD (1974) gezeigt hat, wurden diese Siedlungen auf vormaligen Salzwiesen angelegt, die im Zuge der Regression überflutungssicher geworden waren. Auch außerhalb der traditionellen Wurtenlandschaft wurde kürzlich auf dem Boden der Lauwerszee bei Vierhuizen (West-Groningen) eine Flachsiedlung der frühen Vorrömischen Eisenzeit entdeckt (GROENENDIJK u. VOS 2001).

Auf deutscher Seite gibt es für diese Zeit aus der Seemarsch nur Einzelfunde, doch in der Flussmarsch des Rheiderlands westlich der unteren Ems konnten mehrere Siedlungen nachgewiesen werden, die dort als Flachsiedlung errichtet worden sind (STRAHL 2003). Im 7./6. Jahrhundert entstand bereits eine kleine Flachsiedlung bei Jemgum und im 6. Jh. v. Chr. eine große bei Hatzum-Boomborg, die von W. HAARNAGEL (1965; 1969) großflächig ausgegraben worden ist. Diese Siedlung reichte mit einer kurzen Unterbrechung im 3. Jh. v. Chr. bis mindestens in das 3. Jh. n. Chr. In der Vorrömischen Eisenzeit kam es hier zwar schon zu aufgetragenen Wohnpodesten, aber noch nicht zu einem richtigen Wurtenbau (vgl. hierzu auch STRAHL 2010, 362 ff.).

Vergleichbar mit den niederländischen Siedlungen dürfte die Wurt Jemgumkloster sein. Dort wurde von BRANDT (1972) zunächst eine Flachsiedlung mit zwei Siedlungshorizonten um 600 v. Chr. nachgewiesen, über denen eine Wurt mit Funden ab dem Ende des 2. Jh. v. Chr. liegt. Eine Kontinuität zwischen den beiden Siedlungsphasen ist (noch) nicht nachgewiesen, aber durchaus möglich, denn die damalige Suchgrabung erfasste nur einen kleinen Ausschnitt von 4×22 m am Rande der Wurt. Der Beginn der Wurtenphase könnte also auch durchaus älter sein und damit den Befunden der nicht weit entfernten niederländischen Siedlungen entsprechen (vgl. STRAHL 2010, 361 f.).

Beim Vergleich mit den niederländischen Grabungsbefunden aus der Seemarsch muss stets berücksichtigt werden, dass die rheiderländischen Siedlungen weit im Hinterland der Küste lagen, zumal auch der Dollart noch nicht bestand. In diesen Bereichen wirkten sich die Vorstöße des Meeres, wie hier die D Ib-Transgression, nur stark abgeschwächt und zeitlich während ihres kurzen Maximums aus. Die Aufhöhung mit flachen Podesten war nicht primär gegen die Sturmfluten von See her erfolgt, sondern gegen die jährlichen Hochwasserstände im Winter, die den Meeresspiegelanstieg nur mittelbar erkennen lassen. Dieses wird in Jemgumkloster für die vorchristliche Wurt und die Zeit um Christi Geburt durch die zahlreichen Pflanzenreste bestätigt, die reine Süßwasserverhältnisse anzeigen (BEHRE 1972).

Entsprechend vergleicht STRAHL (2003, 354) die noch flachen Erhöhungen in den Emssiedlungen mit dem Wurtenbau in der Groninger Seemarsch ab 400 v. Chr. Erst gegen Ende der D Ib-Transgression im 2. Jh. v. Chr. war auch im Rheiderland deren Wirkung so groß, dass es zum richtigen Wurtenbau kam. Die Wurt Jemgumkloster war dann bis in die Römische Kaiserzeit besiedelt.

Die vielfach verallgemeinerte Vorstellung, dass der Wurtenbau in Deutschland erst nach Christi Geburt einsetzte, gilt mithin nur für die Gebiete östlich der Ems; westlich dieses Flusses ist die Siedlungsentwicklung ähnlich wie in der niederländischen Marsch.

Regression 4:
Auslöser der großflächigen Marschbesiedlung

Auf die Regression 3 folgt zwischen kal. 400 und 150 v. Chr. die starke Transgressionsphase Dünkirchen Ib. Jetzt wurde auch weiter im Inland der Obere Torf mit Sedimenten zugedeckt. Neue Uferwälle wurden aufgeschüttet und es bildete sich die Grundgestalt der heutigen Küste heraus. Dabei wurden an der ostfriesischen Küste um die Ausmündungen der Gewässer mehrere Buchten geformt, die dann im Mittelalter in Zusammenhang mit der Bildung der großen jungen Buchten Dollart, Ley- und Harlebucht sowie Jadebusen wieder verlandeten (vgl. BEHRE 1999). Es handelt sich dabei um die Buchten von Kampen und Sielmönken sowie die Hilgenrieder, Crildumer und Maade-Bucht (Abb. 4). Die aufgelandeten Uferwälle dieser Buchten wurden dann während der Regression 4 (150 v. – 50 n. Chr.) willkommene Siedlungsplätze für die Marschenbewohner.

Die Sedimente der D Ib-Transgression enden häufig mit Grodenschichten, die im Salzwiesenbereich gebildet worden sind. Ab kurz vor Christi Geburt entstanden dann auf diesen vormaligen Watt- und Salzwiesenflächen weit verbreitet Bodenbildungen, die heute noch vielfach im Gelände zu verfolgen sind, wenn sie beim Reinigen der Marschgräben an deren Rändern sichtbar werden. Diese Erscheinung wurde bereits früh bemerkt und die Bauern gaben ihr eigene Namen wie Blauer Strahl, Schwarze Schnur u. a. Diese großflächige Bodenbildung ist auch in Schleswig-Holstein nachweisbar (vgl. BOKELMANN 1988, 151). Auch wenn die meisten derartigen fossilen Böden in die Zeit um Christi Geburt fallen, ist die Festlegung eines solchen Bodens in diesen Zeithorizont jedoch nicht generell möglich, sondern muss im Einzelfall überprüft werden. Diese ausgedehnten Bodenbildungen zeigen unzweideutig einen beträchtlichen Meeresrückzug an. Die damit verbundene erhebliche Meeresspiegelabsenkung erfolgte offenbar so schnell, dass es nur in wenigen Gebieten zu Torfbildungen kam, während die meisten Flächen stärker abtrockneten.

Derartige Torfe wurden z. B. im Land Würden an der Wesermündung nachgewiesen, wo sie von kal. 186 (363-354) v. Chr. bis 128 (68-225) n. Chr. reichten, ähnlich auf Eiderstedt mit einem Datum von kal. 36 (24-80) n. Chr. Dort, wo im zurückliegenden Sietland die Torfe ohne Tonüberdeckung weitergewachsen waren, kam es um Christi Geburt vielfach zu einem Umschlag von der Niedermoor- zur Hochmoorbildung, was eine deutliche Absenkung des Grundwassers und damit indirekt des Meeresspiegels anzeigt. Besonders ausgeprägt ist diese Erscheinung im Rheiderland an der Ems, wo sie über mehrere Quadratkilometer zu verfolgen ist, ebenso in Sehestedt am Jadebusen und auf Eiderstedt in Schleswig-Holstein (weitere Einzelheiten bei BEHRE 2003).

Die ausgeprägten Bodenbildungen konnten nur unter Süßwasserbedingungen erfolgen. Auch Sturmfluten erreichten die Gebiete nicht mehr. Die Regression 4 muss deshalb mehr als 1 m betragen haben (vgl. Abb. 3). Diese sturmflutsicheren Verhältnisse führten um Christi Geburt zu einer schnellen Kolonisierung der Marsch, die besonders in Niedersachsen flächendeckend erfolgte. Überall wurden jetzt Siedlungen zu ebener Erde – sog. Flachsiedlungen – angelegt, die ganzjährig bewohnt waren und damit die Sicherheit vor Sturmfluten belegen. Dieser Meeresspiegeltiefstand dauerte auch nach den archäologischen Befunden eine längere Zeit an, denn bei der besonders gut untersuchten Feddersen Wierde nördlich von Bremerhaven folgten immerhin vier Generationen Flachsiedlungen aufeinander (vgl. u. a. HAARNAGEL 1979). Dort konnte mit Molluskenfunden auch nachgewiesen werden, dass, wie zu erwarten, ausgesüßte Verhältnisse eingetreten waren.

Ein Blick weiter nach Westen zeigt, dass dort vergleichbare Entwicklungen abliefen. Für größere

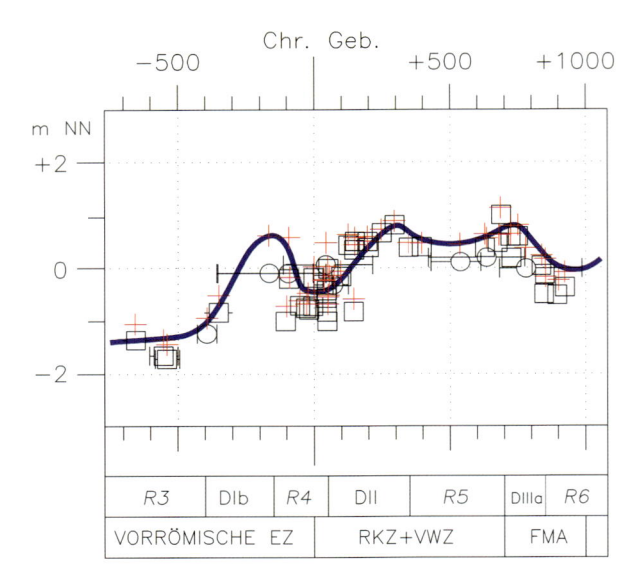

Abb. 3. Hoch aufgelöster Verlauf der Meeresspiegelkurve (MThw) vor und nach Christi Geburt (Entwurf: K.-E. Behre, Grafik: M. Spohr).

Gebiete in der Groninger Marsch konnte SCHOUTE (1984) ebenfalls Bodenbildungen in dieser Zeit nachweisen. Für die Marschen Frieslands und Groningens zeigte bereits WATERBOLK (1966) die Errichtung von Siedlungen mit Streepbandkeramik in dieser Zeit. Die Siedlungen in Paddepoel bei Groningen begannen im 2./1. Jh. v. Chr. bzw. dem 1. Jh. n. Chr. als Flachsiedlungen, während Hevesksklooster in der 2. Hälfte des 1. Jh. n. Chr. bereits mit einem Wurtauftrag einsetzte (BOERSMA 2005).

BUNGENSTOCK u. WEERTS (2010) kommen in ihrer Arbeit indes zu anderen Vorstellungen, nämlich einem Meeresspiegelhochstand um Christi Geburt. Die Begründung ist schwierig zu verstehen, denn sie beruht im Wesentlichen darauf, dass die in der Meeresspiegelkurve von BEHRE (2003; 2007) zusammengeführten Daten in fünf Einzelkurven aufgeteilt werden. Diese werden deshalb mit jeweils nur wenigen Daten konstruiert und haben entsprechende Lücken, in denen kurzzeitige Schwankungen, wie die D Ib-Transgression mit der anschließenden Regression 4 verschwinden oder undeutlich werden. Hinzu kommen die sehr engen graphischen Darstellungen bei BUNGENSTOCK u. WEERTS (2010), bei denen kurzfristige Schwankungen optisch kaum erkennbar sind. Erst die Zusammenfügung aller verwertbaren Daten und eine graphische Entzerrung wie hier in Abb. 3 zeigen die nötige zeitliche Auflösung, um auch relativ kurzfristige Schwankungen erkennen zu können. Dabei sind die im Vorangehenden dargelegten allgemeinen und nicht exakt zu datierenden Befunde und Beobachtungen wie etwa die Bodenbildungen auf ausgesüßten Salzmarschflächen in die Kurve noch gar nicht mit eingebracht.

Der von Bungenstock und Weerts postulierte Meeresspiegelhochstand um Christi Geburt widerspricht den inzwischen sehr zahlreichen geologischen und archäologischen Befunden und die beiden Autoren haben auch nicht den Versuch gemacht, diesen Hochstand anhand der reichen geologischen und vor allem archäologischen Literatur aus diesem Raum zu überprüfen.

Der erneute Anstieg des Meeresspiegels ab der Mitte des ersten nachchristlichen Jahrhunderts zwang die Marschbewohner, die Flachsiedlungen zu Wurten auszubauen. In Schleswig-Holstein erfolgte die Marschbesiedlung später als in Niedersachsen, so im späten 1. Jh. n. Chr. in Tiebensee (MEIER 2001) und um 100 n. Chr. in Tofting (BANTELMANN 1955). Deshalb gibt es dort an der Basis auch keine Flachsiedlungen, sondern man musste gleich mit dem Wurtenbau beginnen. Die römisch-kaiserzeitlichen Wurten wurden zumeist während der Völkerwanderung im 4./5. Jahrhundert verlassen. Lediglich im westlichen Ostfriesland gibt es Hinweise auf eine längere, vielleicht kontinuierliche Besiedlung, wie sie z. B. auch noch weiter westlich in Groningen und im niederländischen Friesland häufig ist (KNOL 1993).

Regression 5

Im Hinblick auf die Wurten als Anzeiger für den Meeresspiegel- oder genauer: den Sturmflutanstieg, ist seit einiger Zeit bekannt, dass die Wurten zwar bis zu ihrer Aufgabe weiter erhöht worden sind, obwohl ein Anstieg des Sturmflutspiegels zuletzt nicht mehr stattfand, sondern dessen Höhe bereits ab der Mitte des 4. Jahrhunderts wieder fiel. Das geht aus der Lage der Häuser auf den Wurten hervor. Um dazu die nötige Aussagesicherheit zu haben, sollte eine Wurt vollständig ausgegraben sein und das ist nach wie vor nur bei der Feddersen Wierde der Fall, deren Befunde von HAARNAGEL (1979) sorgfältig dokumentiert sind. Eine weitere Auswertung (in BEHRE 2003, 18, 36; vgl. auch BOKELMANN 1988, 156 ff.) zeigte, dass die Häuser zwar in den Siedlungsschichten 2-6 der Feddersen Wierde immer höher auf der jeweils vorher erhöhten Wurt errichtet wurden, dass sie aber in den beiden letzten Siedlungsschichten 7 und 8 nicht nur auf der Wurtkuppe, sondern auch am Wurthang unterhalb der älteren Häuser gebaut wurden. Das deutet auf ein Absinken der Sturmfluthöhe bereits ab etwa 350 n. Chr. hin, mithin etwas früher als bisher angenommen. Diese Überlegungen erklären auch, warum einige Wurten in Schleswig-Holstein, die deutlich niedriger als die Feddersen Wierde sind, dennoch bis ins 4./5. Jahrhundert besiedelt waren.

Dieser erneute Meeresspiegelrückgang, die Regression 5 (350-700 n. Chr.), erlaubte dann, dass die Wiederbesiedlung der Marsch durch die Friesen im 7. Jahrhundert wiederum zu ebener Erde erfolgen konnte. Allerdings setzte die Wiederbesiedlung mit zeitlicher Verzögerung ein, denn sie wäre schon früher möglich gewesen.

Diese Flachsiedlungen stellen jedoch nur eine kurze Episode dar, denn noch im 7. Jahrhundert stiegen die Sturmfluten in der Dünkirchen IIIa-Transgression wieder an. Große Teile der Marsch bedeckten sich wieder mit Salzwiesen und die Marschbewohner wurden erneut zum Wurtenbau gezwungen.

In diese Zeit fällt die Anlage der Wurt Oldorf im Wangerland nördlich von Wilhelmshaven, deren dendrochronologisch auf etwa 650 n. Chr. datierter Siedlungshorizont 2 bereits auf einem eindeutigen Auftrag liegt. Der darunter liegende Siedlungshorizont 1 dürfte damit auf 620-630 n. Chr. datieren und ist bislang der früheste sichere Nachweis friesischer Besiedlung im deutschen Küstengebiet (SCHMID 1994). Das neu bearbeitete Fundmaterial der Wurt Hessens im Stadtgebiet von Wilhelmshaven weist inzwischen auf ein ähnliches Alter hin (SIEGMÜLLER 2010). In Butjadingen beginnt Niens mit einer Flachsiedlung in der 2. Hälfte des 7. Jahrhunderts und musste bald danach in der zweiten Siedlungsphase zu einer Wurt aufgehöht werden (BRANDT 1991).

Für Schleswig-Holstein liegt inzwischen aus der Grabung Elisenhof auf Eiderstedt ein Dendrodatum von 722 n. Chr. aus der drittuntersten Siedlungsschicht vor (STEUER 1979, 27); damit dürfte auch dort die Flachsiedlungsphase in das 7. Jahrhundert fallen.

Diese zweite, jüngere Wurtenphase an der deutschen Nordseeküste reichte dann bis zum Deichbau.

Regression 6

Innerhalb der zweiten Wurtenphase kommt es dann zu einer erneuten zwischenzeitlichen Meeresspiegelabsenkung, die aus den Wurten allerdings nicht ablesbar ist, da alle Wurtuntersuchungen aus dieser Zeit nur Teilbereiche der Siedlungen erfasst haben. Der Meeresrückgang dieser Regression 6 wird stattdessen an Flachsiedlungen in der bis dahin gefährdeten Marsch erkannt, die dort ab etwa 850 zwischen den höheren Wurten neu entstehen. Auf der ostfriesischen Halbinsel sind das Neuwarfen im Wangerland (EY 1995) sowie an der Unterems Hatzum-Burg, Hatzum-Alte Boomborg und Oldendorp-Klunderborg (BRANDT 1980). Auch die damals begonnene Erschließung der Nordermarsch bei der Stadt Norden wird mit dieser Regression in Verbindung gebracht (POTTHOFF u. a. 2009).

An der Küste des Landes Wursten an der östlichen Außenweser war nach der Römischen Kaiserzeit ein breites Neuland entstanden, das trocken fiel. Hier, im westlichen Vorfeld der alten Wurtenreihe mit der Feddersen Wierde, entstanden im Frühen Mittelalter ebenfalls friesische Flachsiedlungen wie Misselwarden und Imsum. Deren Anlage erfolgte nach den bisherigen Funden nicht vor dem 9. Jahrhundert, obwohl die friesischen Siedler bereits im 7./8. Jahrhundert einzelne Höfe auf den Kuppen der verlassenen alten Wurten, wie der Feddersen Wierde, angelegt hatten (SCHMID 1988; 1995). Weiter nördlich entstand das Neuland etwas später und dort wurden Padingbüttel, Cappel und Spieka im 9. Jahrhundert zunächst als Flachsiedlungen errichtet (HAARNAGEL 1973). Auch hier an der offenen Küste des Landes Wursten muss der Sturmflutspiegel und damit das MThw erheblich gesunken sein, damit auf den gerade geschaffenen Salzwiesen ungefährdete Siedlungen errichtet werden konnten.

Offensichtlich spiegelt sich auch die Regression 6 in der Neubesiedlung eines größeren Gebietes wider. Diese Regression reichte bis in die Zeit um 1100, bis sie von der folgenden Dünkirchen IIIb-Transgression abgelöst wurde.

In dieser Zeit, im ausgehenden 11. Jahrhundert, setzt dann der Deichbau ein. Ob dessen Beginn durch die neue Transgression ausgelöst wurde oder ob die Küstenbevölkerung gerade jetzt für diesen neuen Entwicklungsschritt reif war, lässt sich nicht beurteilen. Allererste Ansätze für einen derartigen Schutz gibt es bereits in der Römischen Kaiserzeit, wo z. B. auf der Feddersen Wierde ein 40 m langer Damm zum Schutz eines Gebäudes gebaut wurde (HAARNAGEL 1979). Kurze Deichabschnitte aus der Römischen Kaiserzeit konnten auch im niederländischen Westergo nachgewiesen werden (BAZELMANS 2005). Diese kleinen Deiche stellen jedoch noch nicht den Beginn des Deichbaus als Landesschutz dar, der wesentlich später stattfand.

Regression 7

Die letzte Meeresspiegelabsenkung, die Regression 7 (1450-1700 n. Chr.), lässt sich in den Marschgebieten wegen der inzwischen stattgefundenen geschlossenen Bedeichung nicht mehr erkennen und hat für deren Besiedlungsgeschichte auch keine Bedeutung mehr. Ihre Daten kommen vor allem von den unbedeichten Sandinseln.

Bei der Beschreibung der Regressionen und deren Folgen ist im vorangehenden Text nur auf die Darstellung der zeitlichen Verhältnisse eingegangen worden. Die Höhenbeträge beim Absinken bzw. Ansteigen des Meeresspiegels sind bei der Konstruktion der Meeresspiegelkurve im Einzelnen errechnet und dargestellt worden (BEHRE 2003; 2007 – erkennbar auch in Abb. 3).

4 Der Deichbau und seine Folgen

Mit dem Deichbau veränderte sich die Küste in mehrfacher Hinsicht. Neben dem Landesschutz brachte er auch ungeplante negative und nachhaltige Folgen, die die Küstengestalt und damit das Siedlungswesen betrafen.

Ohne auf die Geschichte des Deichbaus näher einzugehen, soll an dieser Stelle noch kurz auf einige Auswirkungen des Deichbaus an der deutschen Küste hingewiesen werden (s. auch KNOL 2013 für die nördlichen Niederlande). Im späten 11. Jahrhundert wurden zunächst Ringdeiche um einzelne Wurten und deren Fluren gezogen. Dachte man früher, dass diese die Wirtschaftsflächen lediglich vor sommerlichen Überflutungen schützen sollten, so ergaben neuere Berechnungen, dass sie durchaus auch Schutz vor Wintersturmfluten boten (BEHRE 2003, 15). Zur damaligen Zeit, d. h. bevor eine geschlossene Deichlinie bestand, betrug die Differenz zwischen dem Mittleren Tidehochwasser und dem Sturmflutspiegel nur 1,0-1,5 m.

Bei einer Höhe der Ringdeiche von gut 1 m und der Salzwiesen, auf denen sie lagen, von im Mittel 0,6 m über MThw konnte das eingefasste Land auch im Winter geschützt werden. Die Spitzen der Sturmfluten waren vor allem deshalb so niedrig, weil sich das Wasser noch mühelos zwischen den einzelnen Ringdeichen ausbreiten konnte.

Das änderte sich, als im 13. Jahrhundert eine geschlossene Deichlinie entstand. Vor diesem Bollwerk stauten sich die Sturmfluten und liefen von nun an wesentlich höher auf. Die damals noch schwachen Deiche brachen oft und das führte nicht nur zu Überschwemmungen, sondern es wurden an den Deichbruchstellen tiefe Wehlen und auch weiterführende Rinnen eingerissen. Am stärksten gefährdet waren die Deichstücke mit den Sielen, und zwar nicht nur, weil dort der Küstenschutz am schwächsten war, sondern auch, weil das Wasser im fertigen Sieltief gegen die Entwässerungsrichtung ins Binnenland vordringen konnte, wenn ein Siel brach.

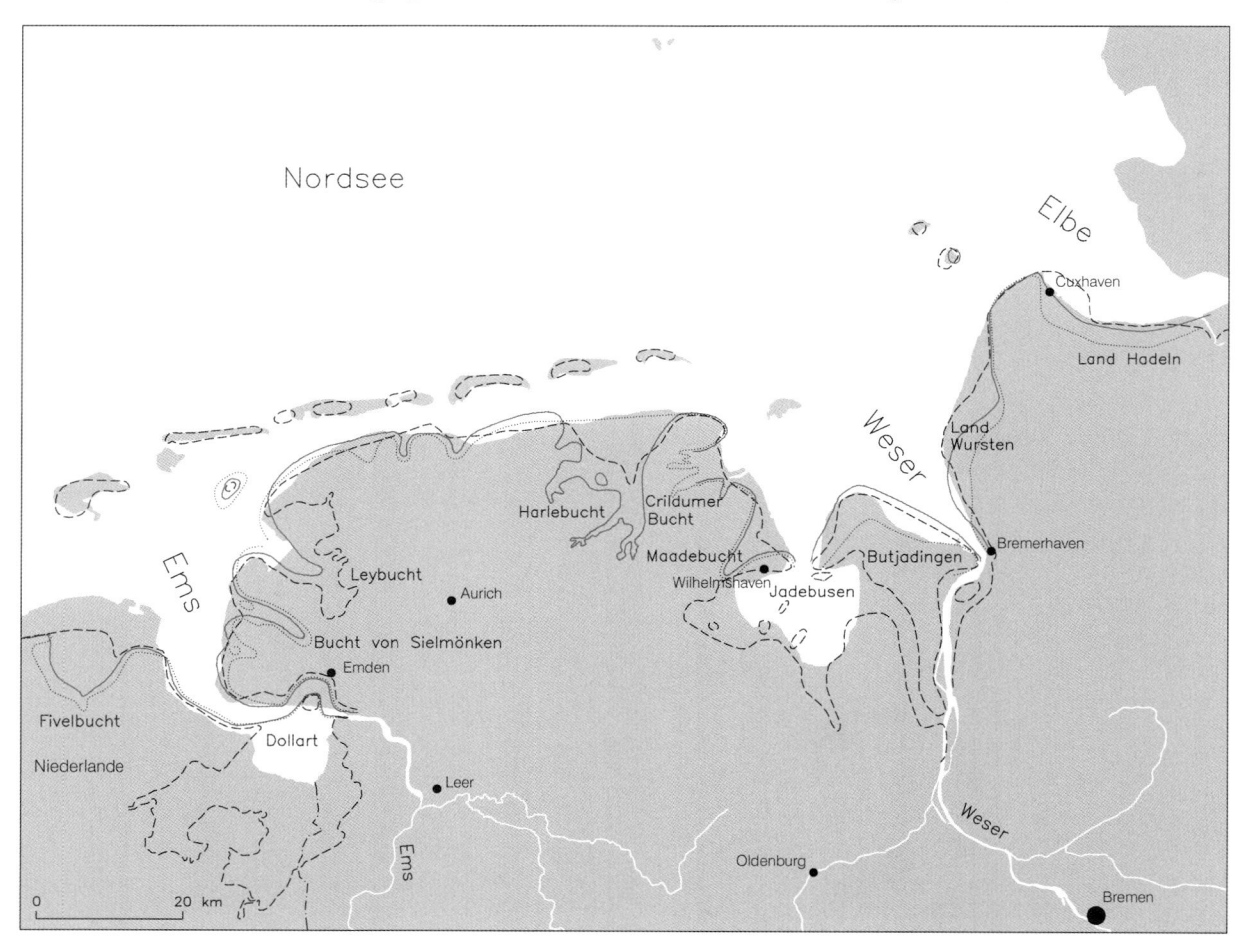

Abb. 4. Ehemalige Küstenlinien der niedersächsischen Küste mit den zugehörigen Buchten.
Gepunktet: um Christi Geburt – Ausgezogen: 800 n. Chr. – Gestrichelt: 1500 n. Chr.
(Entwurf: K.-E. Behre, Grafik: M. Spohr).

Gelangte es auf diese Weise durch den 1-3 km breiten Uferwall in das tiefgelegene Sietland, so war es dort mit den damaligen Mitteln kaum noch wieder herauszubekommen. Nachfolgende Fluten vertieften den Durchbruch und räumten vor allem die ausgedehnten Moore in den Sietländern aus und vergrößerten so die entstandenen Buchten immer weiter. Auf diese Weise entstanden die großen Buchten an der niedersächsischen Küste und ebenso das große Wattgebiet zwischen Eiderstedt und Sylt in Nordfriesland.

Eine andere Entstehungsursache hatte die ebenfalls sehr große, heute nicht mehr vorhandene Harlebucht. Diese brach wahrscheinlich bereits im 8. Jahrhundert ein, vermutlich als Folge der Ostverlagerung der Insel Wangerooge, sodass ohne deren natürlichen Schutz die Sturmfluten durch das Seegat zwischen Spiekeroog und Wangerooge auf einen empfindlichen Küstenabschnitt trafen.

Die Entstehung von Dollart, Leybucht, Jadebusen und nordfriesischem Wattenmeer ist weitgehend als Folge des Deichbaus anzusehen, genauer: der Errichtung der geschlossenen Deichlinie, die damals noch nicht in der nötigen Stärke erfolgen konnte. Es ist deshalb kein Zufall, dass alle diese Buchten ab dem 13. Jahrhundert entstanden und immer größer wurden, bis sie um 1500 ihre maximale Ausdehnung erreicht hatten (Abb. 4 – vgl. auch BEHRE 1999). Weil es immer noch nicht allgemein bekannt ist, sei an dieser Stelle nochmals darauf hingewiesen, dass der Jadebusen nicht, wie früher angenommen, bereits 1164, sondern ebenfalls erst im 13. Jahrhundert eingebrochen ist (VON FINCKENSTEIN 1975; REINHARDT 1979; BEHRE 2012).

Etwa um 1500 haben die großen Buchten an der deutschen Nordseeküste ihre Maximalgröße erreicht, kleinere Buchten verschwanden jedoch. Dieses Verschwinden hat nichts mit Meeresspiegelbewegungen zu tun, sondern mit einer speziellen Form der Küstendynamik. Die kleineren und relativ engen Buchten, wie die von Sielmönken, die Crildumer und die Maadebucht wurden nämlich bis dahin durch das ständig in Bächen von der Geest abfließende Wasser tief gehalten. Als sich dann im 13.-15. Jahrhundert die großen Buchten immer weiter ausdehnten, zapften sie zahlreiche dieser Geestbäche an, sodass diese ihr Wasser von da an in die großen Buchten abführten. Daraufhin verlandeten die kleinen Buchten und konnten von den umliegenden Dörfern aus schnell bedeicht werden. Die dynamischen hydrologischen Verhältnisse an der Küste sorgten also dafür, dass die Entwicklung nicht überall in der gleichen Richtung verlief und sich das mittelalterliche Siedlungsbild unabhängig von den Schwankungen des Meeresspiegels gebietsweise stark veränderte (für Einzelheiten s. BEHRE 1999).

Nach den großen Sturmfluten von 1509 und 1511 sorgten die besser werdende Deichbautechnik und vor allem straffere Organisationsformen für ständige Vordeichungen, bis die heutige Deichlinie erreicht wurde. Diese Landgewinnungen wurden allerdings immer wieder durch Rückschläge, wie besonders stark durch die Sturmfluten von 1634, 1717 und 1825, unterbrochen. Im Jahre 1725 gelang es schließlich, auch die letzte bis dahin unbedeichte Küstenstrecke, die im südöstlichen Jadebusen bei Sehestedt durch ein bei Sturmfluten aufschwimmendes Hochmoor geschützt war, mit einem Deich zu sichern (BEHRE 2005).

5 Die Meeresspiegelkurve aus Daten der gesamten Deutschen Bucht

Ein wesentliches Ziel der historischen Küstenforschung ist die Erstellung einer sicheren Kurve für den Anstieg und die Schwankungen des Nordseespiegels im Holozän. Hierfür wurden alle geeigneten quantitativen Daten rund um die Deutsche Bucht von BEHRE (2003; 2007) in einer Kurve ausgewertet (Abb. 5). Dabei wurden für den älteren Teil ausnahmslos geologische Daten benutzt, während im jüngeren Bereich die archäologischen Daten zunehmen und schließlich dominieren. Unter Bezug auf diese Kurve sollen hier nur ein paar relevante Fragen behandelt werden.

Ein derartiger Kurvenverlauf kann entweder auf das Mittelwasser (MW), also den durchschnittlichen Wasserstand zwischen Mitteltidehoch- und Mitteltideniedrigwasser, oder auf das Mittlere Tidehochwasser (MThw) bezogen sein. Für die wichtigste Küstenlinie, die Grenze zwischen Salzwiesen und Watt, ist jedoch das MThw entscheidend und an diesem orientiert sich auch die Höhenlage prähistorischer Siedlungen im unbedeichten Marschgebiet. Aus diesem Grunde ist die Meeresspiegelkurve auf das MThw bezogen. In Abhängigkeit vom jeweiligen Tidenhub ist die absolute Höhe des MThw ist an der deutschen Küste jedoch unterschiedlich und steigt von Westen, wo sie auf Borkum bei +0,99 m NN liegt, bis auf +1,70 m NN im Inneren der Deutschen Bucht an, bevor sie entlang der schleswig-holsteinischen Küste wieder zurückgeht und in Westerland auf Sylt nur noch +0,83 m NN beträgt. Die im ganzen deutschen Küstengebiet gewonnenen Daten beziehen sich demnach auf ganz verschiedene lokale MThw-Stände.

Um eine durchschnittliche Kurve für die vertikalen Bewegungen des MThw an der südlichen Nordseeküste zu erstellen, mussten alle Einzelwerte, ausgehend von

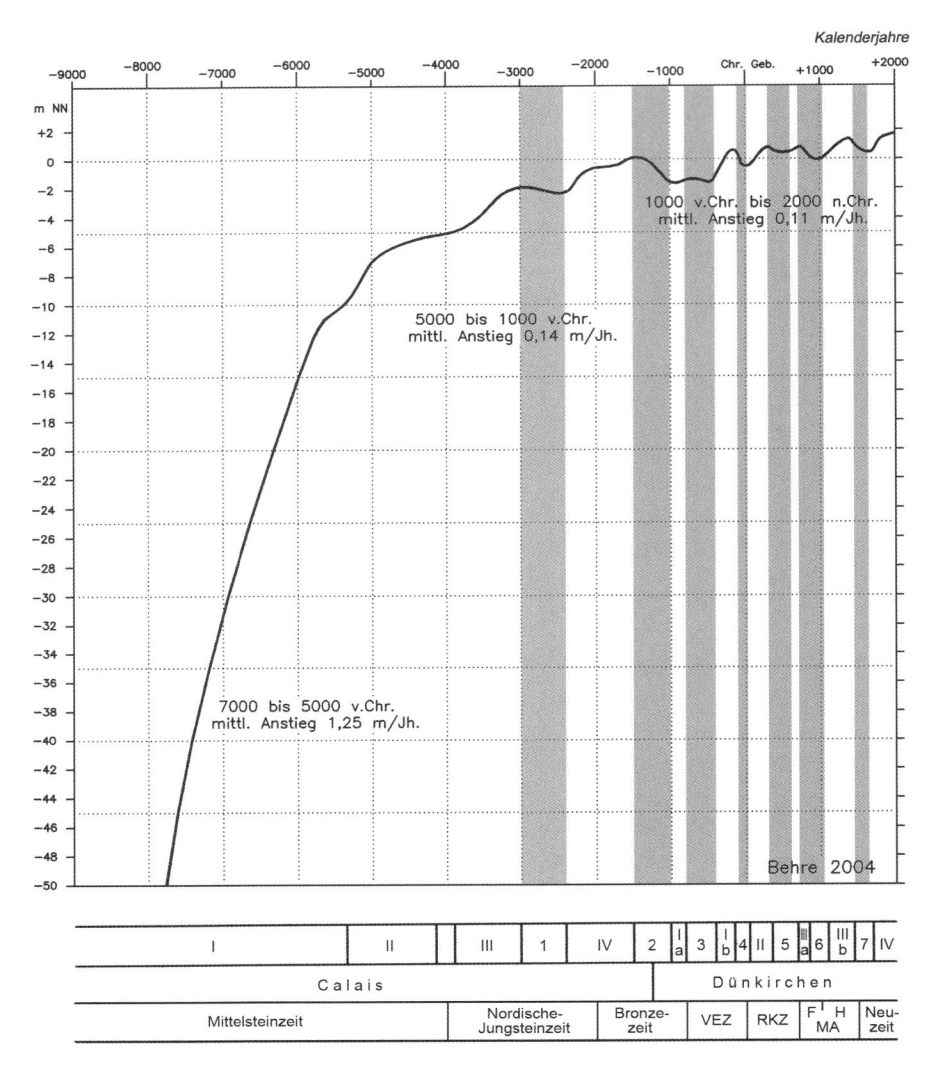

Abb. 5. Meeresspiegelkurve nach MThw-Daten entlang der ganzen Deutschen Bucht. Graue Unterlegung: Regressionen (Entwurf: K.-E. Behre, Grafik: M. Spohr).

den Höhen des MThw am nächstgelegenen Pegel, auf einen zentral gelegenen Pegel umgerechnet werden. Dieses wurde erstmals in der von BEHRE (2003) vorgelegten neuen Meeresspiegelkurve gemacht, wobei als Bezugspegel Wilhelmshaven gewählt wurde, dessen MThw mit +1,70 m NN im Übrigen gleich hoch wie in Bremerhaven ist. Auf diese Weise konnte eine große Zahl von Fixpunkten aus verschiedenen Küstenabschnitten korrekt zusammengefügt und eine Kurve mit hoher zeitlicher und höhenmäßiger Auflösung erstellt werden.

In den gezeichneten Verlauf der Kurve flossen neben diesen quantitativen Daten auch zahlreiche weitere qualitative Befunde ein wie die oben bei der Beschreibung der Regressionen benutzten Torfe, Aussüßungen und Siedlungsphasen. An diesen Befunden, die entlang der Deutschen Bucht in großer Zahl vorliegen, wurde der Kurvenablauf geprüft und abgesichert. Viele dieser Befunde ließen sich z. B. wegen möglicher Sackungserscheinungen höhenmäßig nicht verwenden, doch mit ihrer festen und synchronen Zeitstellung bestätigen sie den Ablauf der Trans- und Regressionen. Allein die Errichtung von Siedlungen oder die Bildung mächtiger und ausgedehnter Torfe auf vormaligen Watt- und Salzwiesenflächen liefern bereits klare Beweise für deutliche Meeresspiegelabsenkungen.

Nach einem zunächst steilen Anstieg im Früh-Holozän verlangsamte sich dieser ab 5000 v. Chr. (alle in diesem Beitrag angegebenen Daten sind kalibriert) und ab 3000 v. Chr. kam es zu Schwankungen des Wasserstandes, bei denen der Meeresspiegel insgesamt siebenmal für gewisse Zeit mehr oder weniger stark zurückging und dabei Siedlungsmöglichkeiten eröffnete.

Für die Transgressionsphasen gibt es bislang nur eine länderübergreifende Terminologie, die von Nordfrank-

Abb. 6. Kartierung der in der Meeresspiegelkurve von BEHRE (2003) benutzten Punkte
mit Tidebecken nach BUNGENSTOCK u. WEERTS (2010) (Grafik: M. Spohr).

reich bis Schleswig-Holstein benutzt wird. Dieses System von Calais- und Dünkirchen-Transgressionen wurde an die deutsche Küste angepasst und die zeitlichen Grenzen sind dabei z. T. neu definiert worden, wobei die Phase Dünkirchen 0 ganz entfiel. Die dazwischen liegenden Regressionen wurden fortlaufend mit R 1 bis R 7 bezeichnet.

BUNGENSTOCK u. WEERTS (2010) haben nun versucht, aus den von Behre zusammengestellten Daten fünf Einzelkurven zu gewinnen, indem sie die Deutsche Bucht in fünf „Tidebecken" mit entsprechend unterschiedlichen MThw-Bezugshöhen unterteilten (Abb. 6). Hier muss jedoch Kritik einsetzen: Einzelkurven für Tidebecken sind nur dann gerechtfertigt, wenn diese Tidebecken auch über den ganzen betrachteten Zeitraum als solche und in etwa gleicher Begrenzung bestanden haben. Das ist aber an der deutschen Nordseeküste nicht der Fall. Die heutigen „Tidebecken", wenn man sie denn als solche bezeichnen darf, haben früher durchaus nicht in der jetzigen Form oder sogar überhaupt nicht bestanden, womit derartige Einzelkurven wenig Sinn machen. So waren die Tideverhältnisse entlang der Deutschen Bucht vor 800 Jahren, also vor der Bildung der großen

Buchten, noch ganz anders. Das Gebiet in Nordfriesland zwischen Eiderstedt und Sylt, dessen heutiges Tidebecken am besten abgegrenzt ist, war sogar vollständig Festland, hier gab es damals also gar keine Tide.

Ein weiteres Beispiel ist die Periode des Oberen Torfs, der zwischen 1500 und 1000 v. Chr. gebietsweise weit in das heutige Wattenmeer und vielleicht sogar darüber hinaus reichte. Auch damals gab es eine völlig andere Küstenkonfiguration und man muss deshalb auch mit einem ganz anderen Tideverlauf rechnen.

Zusammenfassend ist zu dem Versuch von Bungenstock und Weerts zu sagen, dass es sicherlich interessant wäre, auch lokale MThw-Kurven zu haben, da diese für die frühere Besiedlung wichtig sind. Solange es die dafür erforderlichen zahlreichen Daten nicht gibt, kann das MThw für Teilräume durch den Aufschlag des jeweiligen halben lokalen Tidenhubs auf das Mittelwasser errechnet werden. Dabei gibt es jedoch Unsicherheiten, da die früheren Tidenhübe, über die wenig bekannt ist, durchaus von den heutigen abweichen können. Die Höhe des Mittelwassers entspricht den allgemeinen Bewegungen des Meeresspiegels und kann für den Bereich der Deutschen Bucht aus der vorhandenen MThw-Kurve durch den Abzug von 1,70 m (dem halben Tidenhub am Standardpegel Wilhelmshaven) ermittelt werden.

Um für einzelne „Tidebecken" unabhängig gewonnene Kurven zu erstellen, würde man eine sehr große zusätzliche Menge an sicheren Daten benötigen. Zur Zeit reichen die benutzbaren Daten gerade aus, um aus ihnen allen zusammen einen einigermaßen sicheren Meeresspiegelablauf zu rekonstruieren. Die Aufteilung dieser Daten auf fünf Kurven führt naturgemäß dazu, dass die Einzelkurven z. T. große Lücken aufweisen, wodurch kleinere Schwankungen übersprungen werden und damit nicht mehr erkennbar sind. Auch die verbleibenden Zeitabschnitte in den Gebieten der aufgeteilten Kurven sind zumeist wegen einer zu geringen Zahl von Fixpunkten nicht ausreichend unterlegt.

6 Literatur

BAKKER, J. A., BRANDT, R. W., GEEL, B. VAN, JANSMA, M. J., KUIJPER, W. J., MENSCH, P. J. A. VAN, PALS, J. P., u. IJZEREEF, G. F., 1977: Hoogkarspel-Watertoren. Towards a reconstruction of ecology and archaeology of an agrarian settlement of 1000 BC. In: B. L. van Beek, R. W. Brandt u. W. Groenman-van Wateringe (Hrsg.), Ex Horreo. Cingula 4, 187-225. Amsterdam.

BANTELMANN, A., 1955: Tofting. Eine vorgeschichtliche Warft an der Eidermündung. Offa 12, 1-90.

BANTELMANN, A., 1966: Die Landschaftsentwicklung an der schleswig-holsteinischen Westküste, dargestellt am Beispiel Nordfriesland. Die Küste 14, 5-99.

BARCKHAUSEN, J., 1970: Geologische Karte von Niedersachsen 1:25000. Erläuterungen zu Blatt Baltrum Nr. 2210 und Blatt Ostende-Langeoog Nr. 2211. Hannover.

BAZELMANS, J., 2005: Die Wurten von Dongjum-Heringa, Peins-Oost und Wijnaldum-Tjitsma. Kleinmaßstäblicher Deichbau in ur- und frühgeschichtlicher Zeit des nördlichen Westergo. In: M. Fansa (Hrsg.), Kulturlandschaft Marsch. Natur, Geschichte, Gegenwart. Schriftenreihe des Landesmuseums für Natur und Mensch Oldenburg 33, 68-84. Oldenburg.

BEHRE, K.-E., 1972: Kultur- und Wildpflanzenreste aus der Marschgrabung Jemgumkoster/Ems (um Christi Geburt). Neue Ausgrabungen und Forschungen in Niedersachsen 7, 164-184.

BEHRE, K.-E., 1999: Die Veränderungen der niedersächsischen Küstenlinien in den letzten 3000 Jahren und ihre Ursachen. Probleme der Küstenforschung im südlichen Nordseegebiet 26, 9-33.

BEHRE, K.-E., 2003: Eine neue Meeresspiegelkurve für die südliche Nordsee. Transgressionen und Regressionen in den letzten 10.000 Jahren. Probleme der Küstenforschung im südlichen Nordseegebiet 28, 9-63.

BEHRE, K.-E., 2005: Das Moor von Sehestedt. Landschaftsgeschichte am östlichen Jadebusen. Oldenburger Forschungen N. F. 21. Oldenburg.

BEHRE, K.-E., 2007: A new Holocene sea-level curve for the southern North Sea. Boreas 36, 82-102.

BEHRE, K.-E., 2008: Landschaftsgeschichte Norddeutschlands. Umwelt und Siedlung von der Steinzeit bis zur Gegenwart. Neumünster.

BEHRE, K.-E., 2012: Die Geschichte der Landschaft um den Jadebusen. Wilhelmshaven.

BENNEMA, J., 1954: Bodem- en Zeespiegelbewegingen in het Nederlandse kustgebied. Boor en Spade 7, 1-96.

BOERSMA, J., 2005: Colonists on the clay. The occupation of the northern coastal region. In: L. P. Louwe Kooijmans, P. van den Broeke, H. Fokkens u. A. van Gijn (Hrsg.), The prehistory of the Netherlands 2, 561-595. Amsterdam.

BOKELMANN, K., 1988: Wurten und Flachsiedlungen der römischen Kaiserzeit. Ergebnisse einer Prospektion in Norderdithmarschen und Eiderstedt. In: M. Müller-Wille, B. Higelke, D. Hoffmann, B. Menke, A. Brande, K. Bokelmann, H. E. Saggau u. H. J. Kühn, Norderhever-Projekt 1. Landschaftsentwicklung und Siedlungsgeschichte im Einzugsgebiet der Norderhever (Nordfriesland). Offa-Bücher 66. Studien zur Küstenarchäologie Schleswig-Holsteins C:1, 149-162. Neumünster.

BOS, J. M., WATERBOLK, H. T., PLICHT, J. VAN DER, u. TAAYKE, E., 2002: Sporen van ijzertijdbewoning in de terpzool van Wommels-Stapert (Friesland). Palaeohistoria 41/42, 1999/2000, 177-223.

BRANDT, K., 1972: Untersuchungen zur kaiserzeitlichen Besiedlung bei Jemgumkloster und Bentumersiel (Gem. Holtgaste, Kreis Leer) im Jahre 1970. Neue Ausgrabungen und Forschungen in Niedersachsen 7, 145-163.

BRANDT, K., 1980: Die Höhenlage ur- und frühgeschichtlicher Wohnniveaus in nordwestdeutschen Marschengebieten als Höhenmarken ehemaliger Wasserstände. Eiszeitalter und Gegenwart 30, 161-170.

BRANDT, K., 1991: Die mittelalterlichen Wurten Niens und Sievertsborch (Kreis Wesermarsch). Die archäologischen Befunde der Grabungen. Probleme der Küstenforschung im südlichen Nordseegebiet 18, 89-140.

BUNGENSTOCK, F., u. WEERTS, H. J. T., 2010: The high-resolution sea-level curve for Northwest Germany. Global signals, local effects or data artefacts? International Journal of Earth Sciences (Geologische Rundschau) 99, 1687-1706.

EY, J., 1995: Die mittelalterliche Wurt Neuwarfen, Gde. Wangerland, Ldkr. Friesland. Die Ergebnisse der Grabungen 1991 und 1992. Probleme der Küstenforschung im südlichen Nordseegebiet 23, 265-315.

FINCKENSTEIN, A. FINCK VON, 1975: Die Geschichte Butjadingens und des Stadlandes bis 1514. Oldenburger Studien 13. Oldenburg.

GEHASSE, E., 2001: Aartswoud – An environmental approach of a Late Neolithic site. In: R. M. van Heeringen u. E. M. Theunissen (Red.), Kwaliteitsbepalend onderzoek ten behoeve van duurzaam behoud van neolithische terreinen in West-Friesland en de Kop van Noord-Holland 3. Archeologische onderzoeksverslagen. Nederlandse Archeologische Rapporten 21:3, 161-201.

GRIEDE, J. W., 1978: Het ontstaan van Frieslands Noordhoek. En fysisch-geografisch onderzoek naar de holocene ontwikkeling van een zeekleigebied. [Dissertation, Vrije Univ. Amsterdam]. Fryske Akademy 531. Amsterdam.

GROENENDIJK, H., u. VOS, P., 2001: Vroege ijzertijdbewoning langs de Hunze bij Vierhuizen, Gem. De Marne (Gr.). Paleo-Aktueel 13, 70-73.

HAARNAGEL, W., 1950: Das Alluvium an der deutschen Nordseeküste. Probleme der Küstenforschung im südlichen Nordseegebiet 4. Hildesheim.

HAARNAGEL, W., 1965: Die Untersuchung einer spätbronze-ältereisenzeitlichen Siedlung in Boomborg/Hatzum, Kreis Leer, in den Jahren 1963 und 1964 und ihr vorläufiges Ergebnis. Neue Ausgrabungen und Forschungen in Niedersachsen 2, 132-164.

HAARNAGEL, W., 1969: Die Ergebnisse der Grabung auf der ältereisenzeitlichen Siedlung Boomborg/Hatzum, Kr. Leer, in den Jahren 1965 bis 1967. Neue Ausgrabungen und Forschungen in Niedersachsen 4, 58-97.

HAARNAGEL, W., 1973: Vor- und Frühgeschichte des Landes Wursten. In: E. von Lehe, Geschichte des Landes Wursten, 17-128. Bremerhaven.

HAARNAGEL, W., 1979: Die Grabung Feddersen Wierde. Methode, Hausbau, Siedlungs- und Wirtschaftsform sowie Sozialstruktur. Feddersen Wierde 2. Wiesbaden.

HOFFMANN, D., 1988: Das Küstenholozän im Einzugsbereich der Norderhever, Nordfriesland. In: M. Müller-Wille, B. Higelke, D. Hoffmann, B. Menke, A. Brande, K. Bokelmann, H. E. Saggau u. H. J. Kühn, Norderhever-Projekt 1. Landschaftsentwicklung und Siedlungsgeschichte im Einzugsgebiet der Norderhever (Nordfriesland). Offa-Bücher 66. Studien zur Küstenarchäologie Schleswig-Holsteins C:1, 51-115. Neumünster.

HOGESTIJN, J. W. H., 2001: Enkele aspekten van het nederzettingssysteem van de Enkelgraafcultuur in het westelijke kustgebied van Nederland. In: R. M. van Heeringen u. E. M. Theunissen (Red.), Kwaliteitsbepalend onderzoek ten behoeve van duurzaam behoud van neolithische terreinen in West-Friesland en de Kop van Noord-Holland 3. Archeologische onderzoeksverslagen. Nederlandse Archeologische Rapporten 21:3, 145-160.

IJZEREEF, G. F., u. REGTEREN ALTENA, J. F. VAN, 1991: Nederzettingen uit de midden- en late bronstijd bij Andijk en Bovenkarspel. Nederlandse Archeologische Rapporten 13, 61-81.

JELGERSMA, S., 1961: Holocene sea-level changes in the Netherlands. Mededelingen van de Geologische Stichting C 6:7, 1-100.

JELGERSMA, S., 1979: Sea-level changes in the North Sea basin. In: E. Oele, R. T. E. Schüttenheim, A. J. Wiggers (Hrsg.), The Quaternary history of the North Sea. Acta Universitatis Upsaliensis, Symposia Universitatis Upsaliensis Annum Quingentesimum Celebrantis 2, 233-248. Uppsala.

KNOL, E., 1993: De Noordnederlandse kustlanden in de Vroege Middeleuwen. [Dissertation, Vrije Univ. Amsterdam]. Groningen.

KNOL, E., 2013: Moorkolonisation und Deichbau als Ursache von Flutkatastrophen – das Beispiel der nördlichen Niederlande. Siedlungs- und Küstenforschung im südlichen Nordseegebiet 36, 157-170.

LINKE, G., 1979: Ergebnisse geologischer Untersuchungen im Küstenbereich südlich Cuxhaven. Probleme der Küstenforschung im südlichen Nordseegebiet 13, 39-83.

LINKE, G., 1982: Der Ablauf der holozänen Transgression der Nordsee aufgrund von Ergebnissen aus dem Gebiet Neuwerk/Scharhörn. Probleme der Küstenforschung im südlichen Nordseegebiet 14, 123-157.

LOUWE KOOIJMANS, L. P., 1974: The Rhine/Meuse delta. Four studies on its prehistoric occupation and Holocene geology. Analecta Praehistorica Leidensia 7. Leiden.

LOUWE KOOIJMANS, L. P., 1985: Sporen in het land. De Nederlandse delta in de prehistorie. Amsterdam.

MEIER, D., 2001: Landschaftsentwicklung und Siedlungsgeschichte des Eiderstedter und Dithmarscher Küstengebietes als Teilregionen des Nordseeküstenraumes. Universitätsforschungen zur prähistorischen Archäologie 79. Bonn.

MENKE, B., 1968: Ein Beitrag zur pflanzensoziologischen Auswertung von Pollendiagrammen, zur Kenntnis früherer Pflanzengesellschaften in den Marschenrandgebieten der schleswig-holsteinischen Westküste und zur Anwendung auf die Frage der Küstenentwicklung. Mitteilungen der Floristisch-Soziologischen Arbeitsgemeinschaft N. F. 13, 195-224.

MENKE, B., 1988: Die holozäne Nordseetransgression im Küstenbereich der südöstlichen Deutschen Bucht. In: M. Müller-Wille, B. Higelke, D. Hoffmann, B. Menke, A. Brande, K. Bokelmann, H. E. Saggau u. H. J. Kühn, Norderhever-Projekt 1. Landschaftsentwicklung und Siedlungsgeschichte im Einzugsgebiet der Norderhever (Nordfriesland). Offa-Bücher 66. Studien zur Küstenarchäologie Schleswig-Holsteins C:1, 117-137. Neumünster.

MIEDEMA, M., 2002: West-Fivelingo 600 v. Chr. – 1900 n. Chr. Archeologische kartering en beschrijving van 2500 jaar bewoning in Midden-Groningen. Palaeohistoria 41/42, 1999/2000, 237-445.

POTTHOFF, T., ROBBEN, F., KÜCHELMANN, H. C., u. BITTMANN, F., 2009: Die wirtschaftlichen Grundlagen eines Kleinraumes am Rand der ostfriesischen Geest – frühmittelalterliche Fundstellen des Süder Hookers in Norden, Ldkr. Aurich. Nachrichten aus Niedersachsens Urgeschichte 78, 93-119.

REINHARDT, W., 1979: Küstenentwicklung und Deichbau während des Mittelalters zwischen Maade, Jade und Jadebusen. Jahrbuch der Gesellschaft für bildende Kunst und vaterländische Altertümer zu Emden 59, 17-61.

ROELEVELD, W., 1974: The Holocene evolution of the Groningen marine-clay district. Berichten van de Rijksdienst voor het Oudheidkundig Bodemonderzoek 24, Supplement. 's Gravenhage.

ROEP, T. B., u. REGTEREN ALTENA, J. F. VAN, 1988: Paleotidal levels in tidal sediments (3800-3635 BP). Compaction, sea level rise and human occupation (3275-2620 BP) at Bovenkarspel, NW Netherlands. In: P. L. de Boer, A. van Gelder u. S. D. Nio (Hrsg.), Tide-influenced sedimentary environments and facies, 215-231. Dordrecht.

SCHMID, P., 1988: Die mittelalterliche Neubesiedlung der niedersächsischen Marsch. In: M. Bierma, O. H. Harsema u. W. van Zeist (Red.), Archeologie en landschap [Festschrift H. T. Waterbolk], 133-164. Groningen.

SCHMID, P., 1994: Oldorf – eine frühmittelalterliche friesische Wurtensiedlung. Germania 72, 231-267.

SCHMID, P., 1995: Zur mittelalterlichen Besiedlung der Dorfwurt Feddersen Wierde, Samtgde. Land Wursten, Ldkr. Cuxhaven. Probleme der Küstenforschung im südlichen Nordseegebiet 23, 243-263.

SCHOUTE, J. F. T., 1984: Vegetation horizons and related phenomena. Dissertationes Botanicae 81. Vaduz.

SCHÜTTE, H., 1908: Neuzeitliche Senkungserscheinungen an unserer Nordseeküste. Oldenburger Jahrbuch 16, 397-441.

SCHÜTTE, H., 1935: Das Alluvium des Jade-Weser-Gebiets. Ein Beitrag zur Geologie der deutschen Nordseemarschen (zugleich Erläuterungen zu den Kartenblättern über die Küstensenkung im Atlas Niedersachsen). Teile 1 u. 2. Veröffentlichungen der Wirtschaftswissenschaftlichen Gesellschaft zum Studium Niedersachsens B:13. Schriftenreihe Niedersächsischer Heimatschutz 6. Oldenburg.

SIEGMÜLLER, A., 2010: Die Ausgrabungen auf der frühmittelalterlichen Wurt Hessens. Studien zur Landschafts- und Siedlungsgeschichte im südlichen Nordseegebiet 1. Rahden/Westf.

SINDOWSKI, K. H., 1957: Die geologische Entwicklung des Wattengebietes südlich der Inseln Baltrum und Langeoog. Jahresbericht der Forschungsstelle Norderney 8, 11-36.

STEUER, H., 1979: Die Keramik aus der frühgeschichtlichen Wurt Elisenhof. Studien zur Küstenarchäologie Schleswig-Holsteins A. Elisenhof 3, 1-147. Frankfurt am Main, Bern, Las Vegas.

STRAATEN, L. M. J. U. VAN, 1954: Radiocarbon datings and changing of sea level at Velzen (Netherlands). Geologie en Mijnbouw N. S. 16, 247-254.

STRAHL, E., 2003: Reiderland. In: J. Hoops (Begr.), Reallexikon der germanischen Altertumskunde (2. Aufl.) 24, 348-361. Berlin, New York.

STRAHL, E., 2005: Die jungbronzezeitliche Siedlung Rodenkirchen-Hahnenknooper Mühle, Ldkr. Wesermarsch – Erste Bauern in der deutschen Marsch. In: M. Fansa (Hrsg.), Kulturlandschaft Marsch. Natur, Geschichte, Gegenwart. Schriftenreihe des Landesmuseums für Natur und Mensch Oldenburg 33, 52-59. Oldenburg.

STRAHL, E., 2010: Siedlungen der Vorrömischen Eisenzeit an der niedersächsischen Nordseeküste. In: M. Meyer (Hrsg.), Haus – Gehöft – Weiler – Dorf. Siedlungen der Vorrömischen Eisenzeit im nördlichen Mitteleuropa. Internationale Tagung an der Freien Universität Berlin vom 20.-22. März 2009. Berliner Archäologische Forschungen 8, 357-379. Rahden/Westf.

STREIF, H., 1971: Stratigraphie und Faziesentwicklung im Küstengebiet von Woltzeten in Ostfriesland. Geologisches Jahrbuch, Beiheft 119. Hannover.

STREIF, H., 2004: Sedimentary record of Pleistocene and Holocene marine inundations along the North Sea coast of Lower Saxony, Germany. Quaternary International 112, 3-24.

TESCH, P., 1930: Einige toelichting bij de Geologische Kaart van Nederland 1:50000. Tijdschrift van het Koninklijk Nederlands Aardrijkskundig Genootschap, Ser.2, nr. 47:4, 692-701.

WATERBOLK, H. T., 1966: The occupation of Friesland in the prehistoric period. Berichten van de Rijksdienst voor het Oudheidkundig Bodemonderzoek 15/16, 13-35.

WATERBOLK, H. T., 1994: Ezinge. In: J. Hoops (Begr.), Reallexikon der germanischen Altertumskunde (2. Aufl.) 8, 60-67. Berlin, New York.

ZAGWIJN, W. H., 1986: Nederland in het Holoceen. Geologie van Nederland 1. Haarlem.

Das Landschafts- und Bodenentwicklungsmodell der niedersächsischen Marschen für die Geologische Karte und Bodenkarte 1:50.000

The model of landscape and marshland soil evolution in Lower Saxony for Geological and Soil Maps 1:50.000

Ernst Gehrt, Irmin Benne, Ramona Eilers, Max Henscher, Karsten Krüger und Silvia Langner

Mit 13 Abbildungen und 1 Tabelle

Inhalt: Der Beitrag behandelt die bodenkundliche und geologische Neubearbeitung der niedersächsischen Marschen und deren Umsetzung in Karten im Landesamt für Bergbau, Energie und Geologie (LBEG). Diese ist notwendig, da die bisherige Vorstellung der Landschafts- und Bodenentwicklung der Marsch zu modifizieren ist. Das neu entwickelte Modell beschreibt die Rahmenbedingungen der Sedimentgenese und bodenprägenden Prozesse in vier Zeitschnitten unter Berücksichtigung von Küstenlinienverschiebungen und des anthropogenen Einflusses.

Schlüsselwörter: Niedersachsen, Marschen, Küstenholozän, Bodenkarten, Bodensystematik, Kartierung, Landschaftsgenese, Landschaftsmodell, Küstenlinienverschiebungen, Sedimentationsbedingungen, Definition Lockergesteine, Schwefeldynamik.

Abstract: The article discusses the pedological and geological reassessment of marshland areas in Lower Saxony and the incorporation of the results in the maps produced by the Landesamt für Bergbau, Energie und Geologie (Regional State Authority for Mining, Energy and Geology). A remapping of the marshland areas became necessary because the previous model of the marshland areas was outdated and had to be amended. The new model of the genesis of the landscape and the soils includes the determining factors of sediment genesis, soil development processes, shoreline displacements and changes in the anthropogenic influence.

Key words: Lower Saxony, Marshland, Holocene coastal sediments, Soil maps, Soil classification, Mapping, Landscape genesis, Landscape model, Shoreline displacements, Sedimentary conditions, Definition of soft rock sediments, Sulphur dynamics.

Dr. Ernst Gehrt, Irmin Benne, Ramona Eilers, Max Henscher, Dr. Karsten Krüger, Silvia Langner,
Landesamt für Bergbau, Energie und Geologie, Stilleweg 2, 30655 Hannover –
E-mail: ernst.gehrt@lbeg.nieder-sachsen.de – irmin.benne@lbeg.niedersachsen.de –
ramona.eilers@lbeg.niedersachsen.de – max.henscher@lbeg.niedersachsen.de –
karsten.krüger@lbeg.niedersachsen.de – silvia.langner@lbeg.niedersachsen.de

Inhalt

1 Einleitung 32

2 Modell der Landschafts-
  und Bodenentwicklung 33
  2.1 Rahmenbedingungen
      der Sedimentgenese 33
    2.1.1 Steuerung von Seeseite
          durch die Tide 33
    2.1.2 Ablagerungsräume
          und Sedimentgenese 33
    2.1.3 Sedimente der Marsch 35
  2.2 Bodenprägende Prozesse
      und deren Merkmale 38
    2.2.1 Merkmale der Schwefeldynamik
          und resultierende diagnostische
          Bodenhorizonte 38
    2.2.2 Reifung und Übergänge
          zu terrestrischen Bodenformen ... 39
  2.3 Landschafts- und Bodengenese
      als Funktion der Meeresspiegelkurve 40

  2.3.1 Vor der Zeitenwende
        (ca. 1500 bis 400 v. Chr.):
        lagunäre Phase (la) 41
  2.3.2 400 v. Chr. bis hohes Mittelalter
        (1100 n. Chr.):
        Phase der Uferwälle (ufw)
        und tonigen Gezeitensedimente (gzt) 42
  2.3.3 Hohes Mittelalter bis frühe Neuzeit
        (1100 bis 1600 n. Chr.):
        Phase der Schutzdeiche und Meeres-
        einbrüche – alte Grodensedimente (gr) ... 43
  2.3.4 Frühe Neuzeit bis heute
        (nach 1600 bis 2000 n. Chr.):
        Phase der Landgewinnung –
        junge Grodensedimente (gr) 43

3 Umsetzung der Neubearbeitung im LBEG
  und Ausblick 44

4 Zusammenfassung 45

5 Danksagung 45

6 Literatur 46

1 Einleitung

Dieser Beitrag richtet sich im Schwerpunkt auf das überarbeitete Modell der Landschaftsentwicklung und Bodengenese, das im Landesamt für Bergbau, Energie und Geologie (LBEG) innerhalb der letzten Jahre entwickelt wurde. Die Datengrundlagen und die Konzeption der Kartierung wurden schon an anderer Stelle beschrieben und werden daher nur kurz angesprochen (LANGNER u. a. 2011; EILERS u. a. 2011).

Die geologische und bodenkundliche Kartierung der Marschen liegt in Niedersachsen teilweise ca. 40 bis 50 Jahre zurück. Die bestehenden Karten der Marschgebiete (Bodenkarte 1:25.000 [BK25], Geologische Karte 1:50.000 [GK50]) beruhen zu großen Teilen auf diesen Aufnahmen. Für den Küstenraum zwischen Ems und Weser wurde darüber hinaus in den 1990er Jahren die Geologische Küstenkarte im Maßstab 1:25.000 (Profiltypen des Küstenholozäns [GPTK25]; vgl. STREIF 1998) erarbeitet, die den gesamten Sedimentkörper der holozänen Ablagerungen und Bildungen darstellt.

Schon zur Zeit der Kartierung von 1960 bis 1975 bestanden an den Landesämtern und Universitäten erhebliche Auffassungsunterschiede bezüglich der Benennung der klastischen Sedimente und Böden. Mit der Bodenkundlichen Kartieranleitung in der 4. Auflage (KA4) wurde für die Böden eine Vereinheitlichung der Benennung verabredet (AD-HOC-ARBEITSGRUPPE BODEN 1994). Im Zuge der Vorstudien zur geologischen und bodenkundlichen Kartierung der Marsch durch die Arbeitsgemeinschaft Bodensystematik der Deutschen Bodenkundlichen Gesellschaft und in den Geofakten24 (sulfatsaure Böden: SCHÄFER u. a. 2010) wurde festgestellt, dass die Schwefeldynamik als wesentlicher Prozess der Bodengenese und der Bodentypen-Benennung in der Marsch bisher nicht berücksichtigt wurde (vgl. AD-HOC-ARBEITSGRUPPE BODEN 2005).

Zusammenfassend wurden folgende Punkte sehr deutlich:
1. Die geologische und bodenkundliche Benennung und gegenseitige Abgrenzung der Sedimente und Bodentypen wurde in der Vergangenheit uneinheitlich gehandhabt.
2. Der Einfluss der Salzgehalte des Wattenmeeres und der Flüsse wurde als dominant für die Bodenentwicklung angesehen und in die benachbarten Gebiete übertragen.
3. Die Kenntnisse und Annahmen zum Verlauf der land- und seewärtigen Verlagerung der Küstenlinie in den letzten 4000 Jahren sowie die Kenntnisse zum Milieu der Ablagerungsräume liegen zwar allgemein vor, sind aber in den vorliegenden Karten unzureichend berücksichtigt worden.

4. Die Prozesse der Schwefeldynamik sind gut bekannt (vgl. z. B. BRÜMMER 1968). Die Schwefelgehalte in den Bodenhorizonten und deren räumliche Verbreitung in den Marschböden sind dagegen nur wenig untersucht.

Aus der Datensichtung ergibt sich weiterhin, dass eine Schärfung der Definitionen der Sedimentgenese, Horizontbezeichnungen und Bodentypen notwendig ist und in einigen Fällen sogar eine Neudefinition. Grundsätzlich stehen damit auch die Bodentypen der Marsch – zumindest teilweise – auf dem Prüfstand. Die einzuführenden Definitionen müssen zwischen den Fachgebieten der Geologie und der Bodenkunde abgestimmt werden.

Die Neubearbeitung der Marschen für die Bodenkarte 1:50.000 (BK50) wird, wie die BK50 insgesamt, an beratungsrelevanten Themen ausgerichtet wie z. B. sulfatsauren Böden, Fragestellungen im Rahmen von Baustellen, Grundwasserständen oder Bodenfunktionen nach Bodenschutzgesetz.

Im Grundsatz wird die geologische und bodenkundliche Neubearbeitung der niedersächsischen Marschen auf folgenden Punkten beruhen:

1. Das überarbeitete Modell der Landschafts- und Bodenentwicklung: Dieses gibt den Rahmen für die Interpretation der vorhandenen Daten vor. Ohne dieses Modell ist eine Umsetzung nicht möglich.
2. Die Verwendung der vorliegenden Daten (Bodenschätzung, digitales Höhenmodell [DGM5], Deichverläufe, Uraufnahmen der geologischen und bodenkundlichen Karten, Analysedaten) für die Neubearbeitung. Eine erneute Geländekartierung ist zum einen nicht angedacht und zum anderen auch nicht notwendig.
3. Ein einheitliches Konzept der Kartierung, der Entwurf einer Generallegende für das gesamte Kartiergebiet sowie standardisierte Auswertungen der vorliegenden Daten ermöglichen eine landesweit vergleichbare Darstellung der geologischen und bodenkundlichen Verhältnisse.
4. Exemplarische Kontrollen der Vorinformationen durch Geländeaufnahmen und Laboranalysen sorgen für die Validierung des Modells.

2 Modell der Landschafts- und Bodenentwicklung

2.1 Rahmenbedingungen der Sedimentgenese

2.1.1 Steuerung von Seeseite durch die Tide

Es wird davon ausgegangen, dass die Sedimentation in der Marsch durch die Tide gesteuert wird und die klastischen Sedimente überwiegend von der Seeseite her geliefert werden (vgl. HOSELMANN u. STREIF 2004). Die seeseitige Herkunft ist beispielsweise am Schwefel-, Kalk- und Tongehalt der Sedimente zu erkennen. Im Gegensatz dazu kommen in den Talauen am Unterlauf der niedersächsischen Flüsse keine kalkhaltigen Auenlehme vor. Da die jüngeren Uferwälle im Gebiet des Küstenholozäns jedoch kalkhaltig sind, können sie nur aus Sedimenten gebildet worden sein, die mit den Sturmfluten ins Landesinnere transportiert worden sind. Des Weiteren führen kleinere Geestflüsse wie die Oste keine tonigen Sedimente, sondern überwiegend Sand. Die tonigen Ablagerungen nördlich Bremervörde können daher nur von der Seeseite geliefert worden sein. Etwaige Ausdünnungen des Salzgehalts durch flussbürtiges Süßwasser spielen dabei eine untergeordnete Rolle.

Ein weiteres Kennzeichen der Sedimente der Marsch ist der erhöhte Gehalt an Schwefel, der aus dem Meerwasser stammt. Sulfat ($[SO_4]^{2-}$) wird von Mikroorganismen unter reduzierenden Bedingungen zum Abbau von organischen Verbindungen genutzt (BRÜMMER u. a. 1970). Das Sulfat wird dabei zu Schwefelwasserstoff reduziert und bildet mit Eisen verschiedene Verbindungen wie z. B. Eisensulfid, FeS und FeS_2 (Pyrit), oder Jarosit ($[K_2Fe_6(OH)_{12}(SO_4)_4]$). Diese Schwefelverbindungen (vgl. KRÜGER u. a. 2011) sind ein Kriterium zur Unterscheidung der Sedimente der Marsch von denen der Flussauen.

2.1.2 Ablagerungsräume und Sedimentgenese

Mit den „*Geogenetische*[n] *Definitionen quartärer Lockergesteine*" (HINZE u. a. 1989) und der bodenkundlichen Kartieranleitung (AD-HOC-ARBEITSGRUPPE BODEN 2005) liegt ein Spektrum von Möglichkeiten für die Benennung der klastischen Sedimente vor. Die folgenden Ausführungen zeigen die Rahmenbedingungen der Sedimentgenese. Die Auswahl der bei der Neubearbeitung zu verwendenden Begriffe und Kürzel folgt der Leitlinie, vorrangig bereits eingeführte Begriffe zu verwenden und nur in Ausnahmen neue Begriffe einzuführen. Vorab ist grundsätzlich festzustellen, dass die Begrifflichkeiten der bodenkundlichen Kartieranleitung die Sedimente nur unzureichend charakterisieren und diese daher für die Neubearbeitung nicht verwendet wurden.

Bezüglich der Sedimentationsräume sind grundsätzlich die Ablagerungen des *Sublitorals* (unterhalb MTnw) und des *Eulitorals* (zwischen MTnw und MThw) von denen des *Supralitorals* (oberhalb MThw) zu unterscheiden. Bei den *sublitoralen Ablagerungen* handelt es sich um Sedimente, die bei ständiger Wasserbedeckung umgelagert werden (tiefe Nordseepriele). Im Regelfall finden sich diese Sedimente nicht im oberflächennahen Bereich oder sind immer wasserbedeckt, so dass sie in der geologischen und bodenkundlichen Karte im Maßstab 1:50.000 nicht dargestellt werden.

Die *eulitoralen (intertidalen) Sedimente* werden im Tiderhythmus überflutet (= *Watt [wa]*). Es kommt im Tidewassergang zur Sedimentumverteilung, dadurch sind lediglich subhydrische initiale Bodenentwicklungen möglich. Nach der Textur werden Sandwatt, Mischwatt und Schlickwatt unterschieden (vgl. z. B. SINDOWSKI 1973; RAGUTZKI 1980).

Im *Supralitoral (supratidal)* werden die Sedimente vor allem bei den häufigen leichten Sturmfluten (mit 1,5 bis 2,5 m über MThw) abgelagert. Die deutlich selteneren schweren (ab 2,5 m über MThw) und sehr schweren (mehr als 3,5 m über MThw) Sturmfluten sind aufgrund dieser Seltenheit bei der Sedimentation weniger bedeutsam (vgl. BSH 2011). Da die Sedimente im Supralitoral bereits oxische Bedingungen aufweisen, beginnt synsedimentär die Bodenentwicklung inklusive der Schwefeldynamik.

Im Supralitoral sind verschiedene Faziesbereiche zu unterscheiden (Abb. 1). In der Nähe der Küstenlinie und an Flüssen oder Prielen finden sich in *Uferwällen (ufw)* eher grobe Sedimente mit Sturmflutschichtung. Da die Auflandung höher ist als der Meeresspiegelanstieg, geraten die supralitoralen Areale nicht dauerhaft unter den Einfluss der Tide. Mit zunehmender Entfernung vom Uferwall werden die Sedimente hinter dem Wall feinkörniger bis hin zum Ton und Schichtungsmerkmale verlieren sich. Die Sedimentationsraten der feinkörnigen Sedimente im Hinterland sind verglichen mit denen der Uferwallbereiche geringer. Diese Sedimente wurden bei der geologischen Kartierung bisher nicht abgegrenzt oder aber der sog. Auwaldfazies zugeordnet. Im Rahmen der Neubearbeitung wird als Arbeitstitel das *tonige Gezeitensediment (gzt)* eingeführt. Dabei wird ein subaerisches Sedimentationsmilieu bei vorhandener Graslandvegetation und häufigen Überflutungen angenommen. Die Abgrenzung zur subaquatischen Brackwasserablagerung mit ständiger Wasserbedeckung ist fließend.

Eine den supralitoralen Uferwällen nahestehende Variante sind die Ablagerungen, die im Kontext mit der Landgewinnung in den Groden, Poldern oder Kögen entstanden sind und im Folgenden als *Grodensedimente (gr)* bezeichnet werden. Es ist denkbar, dass diese Sedimentkörper aus einer Abfolge von mehreren nacheinander aufgeschütteten Strand- bzw. Grodenwällen

Abb. 1. Sedimente des supralitoralen Sedimentationsraums. a Mit Sturmflutschichtung – b Toniges Sediment ohne Schichtungsmerkmale und nur wenigen sehr dünnen Lagen mit organischer Substanz. Die Schnittkanten sind auf die Aufbereitung der Profilwand zurückzuführen (Fotos: LBEG 2011).

bestehen. Neben der Auflandung kommt hier die anthropogene Unterstützung durch den Einbau von Sedimentfallen oder die aktive Aufschüttung mit Werkzeugen oder Maschinen zum Tragen.

Abb. 2. Lagunäres Sediment (la) mit starkem Besatz an Pflanzenresten (Foto: LBEG 2011).

Supra- bis eulitorale Bildungen: Mit zunehmender Entfernung von der Küstenlinie nehmen der direkte Einfluss des Meerwassers und der Tideeinfluss ab. Während das Watt im Tiderhythmus „trocken" fällt, dringt die Tide nur noch bei höheren Sturmfluten ins Hinterland vor. Das Wasser fließt nur langsam ab, so dass eine längere Wasserbedeckung mit geringer Schwankung gegeben ist. Neben dem Tidewasser bekommt hier das Niederschlagswasser eine zunehmende Bedeutung. Der Zufluss von Süßwasser aus der Geest verstärkt diese Entwicklung. Mit primär geringem Salzgehalt (Brackwasser) setzt Pflanzenwachstum vor allem mit dichten, bedingt salzverträglichen Schilfbeständen ein (Abb. 2). In diesem Milieu bilden sich *brackische (br)* und *lagunäre (la)* Sedimente. Niedermoore entstehen dort, wo weder klastisches Material noch salzhaltiges Wasser hinkommen. Sie bilden sich angrenzend neben und über lagunären Bildungen. Diese Niedermoore können sich schließlich zu Hochmooren weiterentwickeln.

2.1.3 Sedimente der Marsch

Korngrößenverteilung: Das Korngrößenspektrum der Sedimente im Bereich der Marschen zeigt eine große Bandbreite. In Abhängigkeit von den Sedimentationsbedingungen reicht diese von reinen (Fein-)Sanden bis hin zu sehr tonreichen Ablagerungen (Abb. 3). Die Flächenanteile der Bodenarten zeigen deutliche Unterschiede in den verschiedenen Höhenstufen. Dies ist anhand der Bodenarten des Klassenzeichens der Bodenschätzung (Zusammensetzung des Bodens nach Korngröße) gut darzustellen (Abb. 4 u. 5).

Bei den mineralischen Bodenarten des Klassenzeichens dominiert in Höhenlagen um +0,2 m NN mit ca. 50-60 % die Bodenart Ton. Von +0,2 bis +1,5 m NN nimmt dann die Bodenart Lehm des Klassenzeichens (Bodenarten nach KA5: Tu3 bis Tu4) mit 50 % deutliche

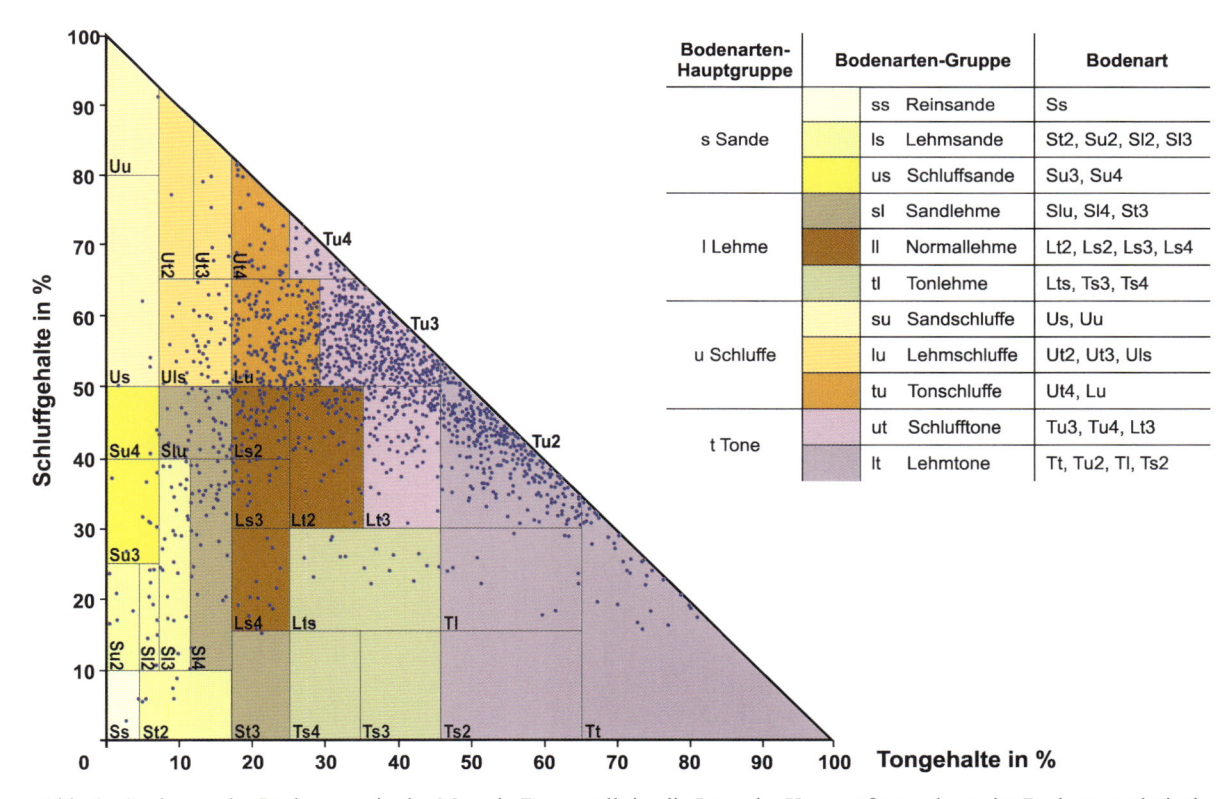

Bodenarten-Hauptgruppe	Bodenarten-Gruppe		Bodenart
s Sande	ss	Reinsande	Ss
	ls	Lehmsande	St2, Su2, Sl2, Sl3
	us	Schluffsande	Su3, Su4
l Lehme	sl	Sandlehme	Slu, Sl4, St3
	ll	Normallehme	Lt2, Ls2, Ls3, Ls4
	tl	Tonlehme	Lts, Ts3, Ts4
u Schluffe	su	Sandschluffe	Us, Uu
	lu	Lehmschluffe	Ut2, Ut3, Uls
	tu	Tonschluffe	Ut4, Lu
t Tone	ut	Schlufftone	Tu3, Tu4, Lt3
	lt	Lehmtone	Tt, Tu2, Tl, Ts2

Abb. 3. Spektrum der Bodenarten in der Marsch. Dargestellt ist die Lage der Korngrößenanalysen im Bodenartendreieck nach AD-HOC-ARBEITSGEMEINSCHAFT BODEN 2005 (KA5).

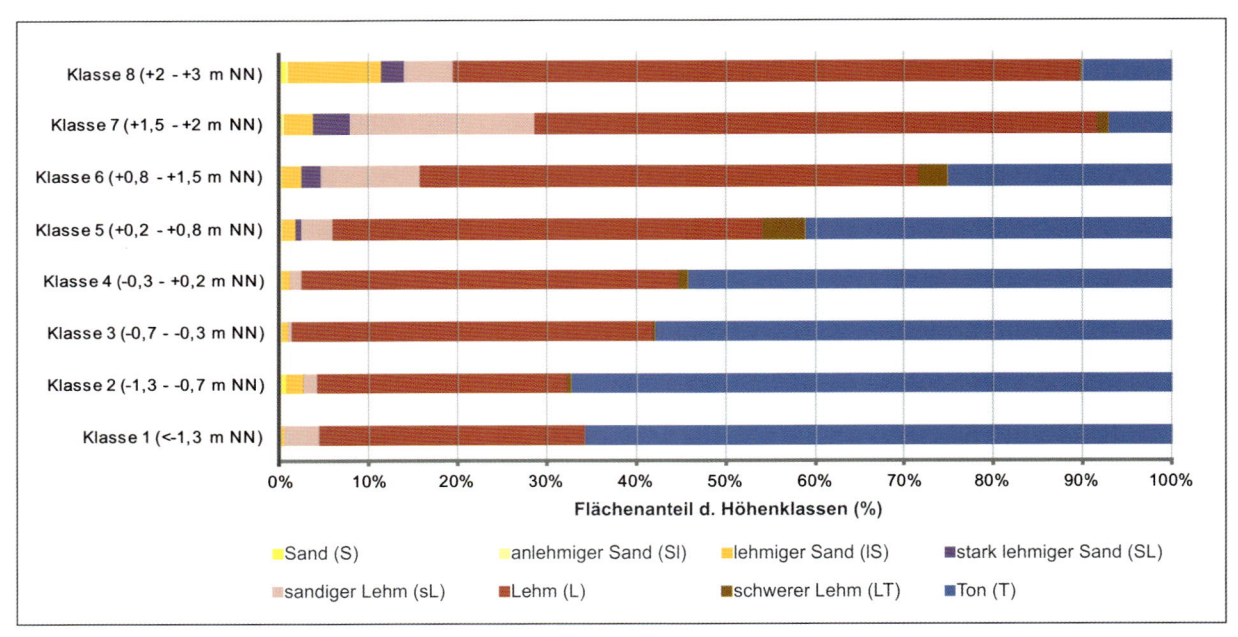

Abb. 4. Relative Flächenanteile der mineralischen Bodenarten des Klassenzeichens innerhalb der Höhenklassen (bodenkundliche Aufnahmen der Bodenschätzung).

Flächenanteile ein. Erkennbar ist auch die Zunahme der tonärmeren Bodenarten. In den jüngsten Ablagerungsgebieten höher als +1,5 m NN gehen die Flächenanteile des Tons auf unter 10 % zurück. Die Flächenanteile der Bodenarten Sand bis sandiger Lehm steigen auf über 20 %. Neben den mineralischen Bodenarten finden sich in den tiefer gelegenen Gebieten Anteile bis 50 % der Gesamtfläche an Moor im Klassenzeichen. In den mittleren Höhen gehen die Flächenanteile von Mooren auf unter 20 % zurück und fehlen in den höheren Lagen gänzlich (vgl. HENSCHER 2012).

Kohlenstoffgehalt: In den Sedimenten der Marsch steigt mit Zunahme der Tongehalte der Kohlenstoffgehalt (Bestimmtheitsmaß $R^2 = 0,79$; Werte von BRÜMMER 1968; BRÜMMER u. SCHROEDER 1971; GRUNWALDT 1969; GIANI 1983). Als Faustzahl können die in Tab. 1 wiedergegebenen Werte gelten. Mit zunehmender Höhe über NN sinken die C_{org}-Gehalte der Sedimente. Bei lagunären Sedimenten gibt es fließende Übergänge zu den Niedermooren.

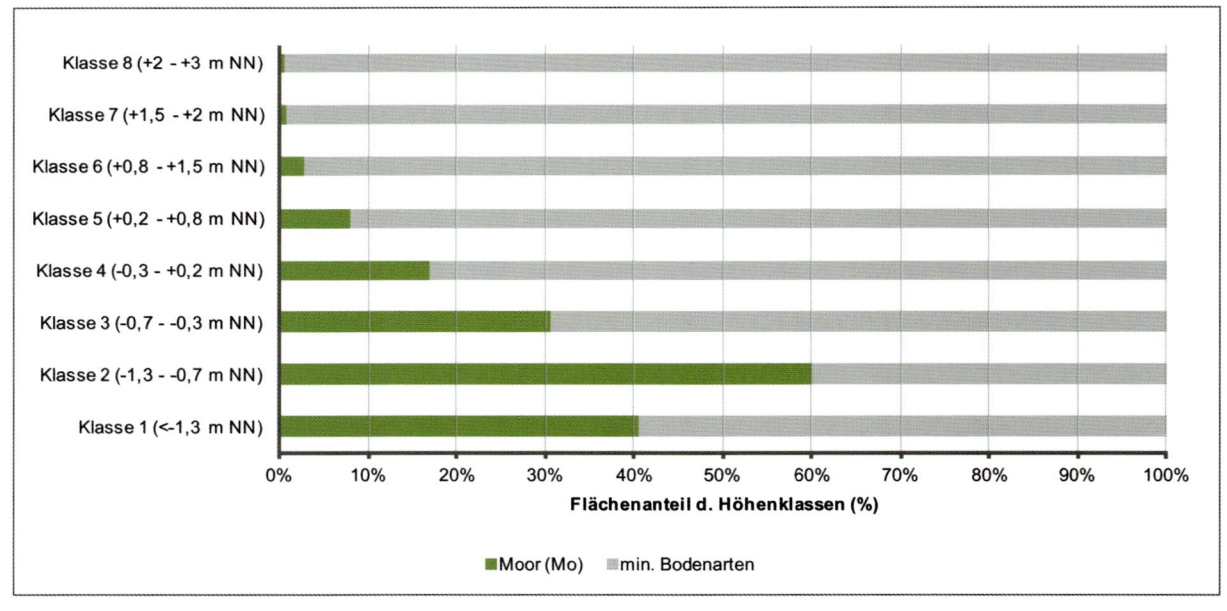

Abb. 5. Relative Flächenanteile der organischen Bodenarten des Klassenzeichens innerhalb der Höhenklassen (bodenkundliche Aufnahmen der Bodenschätzung).

Tongehalte (%)	<5	5-8	8-12	12-25	25-35	35-45	>45
C_{org}-Gehalte (%)	0,4 ± 0,3	0,4 ± 0,2	0,8 ± 0,8	1,2 ± 0,7	1,8 ± 1,4	2,2 ± 1,5	3,1 ± 2,6
Humusgehalte (%)	0,7	0,7	1,3	2,2	3,1	3,9	5,4
Humusklasse nach KA5	h1	h1	h2	h3	h3	h3	h4
Anzahl der Proben	8	21	34	166	283	352	569

Tab. 1. Relative Beziehungen von Tongehalt (= Korngrößenfraktion < 2 μm), C_{org}-Gehalt, Humusgehalt und Humusklassen nach AD-HOC-ARBEITSGEMEINSCHAFT BODEN (2005) für die Unterböden bis 110 cm u. GOF der niedersächsischen Marsch (Datengrundlage: 1433 Proben NIBIS Labordatenbank LBEG).

Carbonatgehalte: Die Carbonatgehalte in den Marschsedimenten schwanken zwischen 0 und 8 % (max. 12 %; vgl. BRÜMMER 1968; BRÜMMER u. SCHROEDER 1971; GRUNWALDT 1969; GIANI 1983; DUNTZE et al 2005; NIBIS Labordatenbank LBEG). Ohne pedogene Beeinflussung besteht wahrscheinlich ein Zusammenhang zwischen dem Ton- und Feinschluff- und dem Carbonatgehalt, wie anhand von Wattsedimenten geschlossen werden kann (vgl. z. B. BRÜMMER 1968; RAGUTZKI 1982). In den Böden ist diese Beziehung durch die Lösungs-, Umlagerungs- und Anreicherungsprozesse nicht mehr zu erkennen. Im Zusammenhang mit der Schwefeldynamik werden diese Aspekte näher erläutert. In Bezug auf die Höhenlage ist festzustellen, dass die Carbonatgehalte mit zunehmender Höhe im Mittel von 2 auf 4 % (bzw. der obere Wert der Standardabweichung von 4 auf 8 %) ansteigen (vgl. Abb. 6). Dies entspricht den Carbonatgehalten nach AD-HOC-ARBEITSGEMEINSCHAFT BODEN (2005) von schwach carbonathaltig (c3.2) bzw. stark carbonathaltig (c3.4). Während in den tief gelegenen Gebieten Areale mit freiem Kalk oberhalb von 40 cm unter GOF nur Flächenanteile unter 5 % einnehmen, steigen diese in den hochgelegenen Arealen auf etwa 70 % an. Dies ist plausibel, da sich in den höher gelegenen Gebieten die jüngeren Sedimente finden und die Entkalkung dort nicht weit fortgeschritten ist.

Salzgehalte: Die Salzgehalte der Sedimente haben nur im Außendeichbereich eine direkte Bedeutung, da dort bei erhöhten Werten das Pflanzenwachstum beeinflusst wird und daher nur salztolerante Pflanzen gedeihen können. Regional ergeben sich hier Unterschiede von der unteren zur oberen Salzwiese sowie flussaufwärts in der Brackwasserzone. Von der unteren zur oberen Salzwiese kommt es durch die abnehmende Überflutung und den zunehmenden Anteil an Niederschlagswasser zur Aussüßung. Im Übergang vom Meerwasser über das Brackwasser zum Flusssüßwasser ist festzustellen, dass die Salzgehalte schon in der Brackwasserzone deutlich geringer sind. Dabei nehmen die Chlorid- und Natriumgehalte gegenüber den Sulfatgehalten überproportional ab (ARGE ELBE 2012).

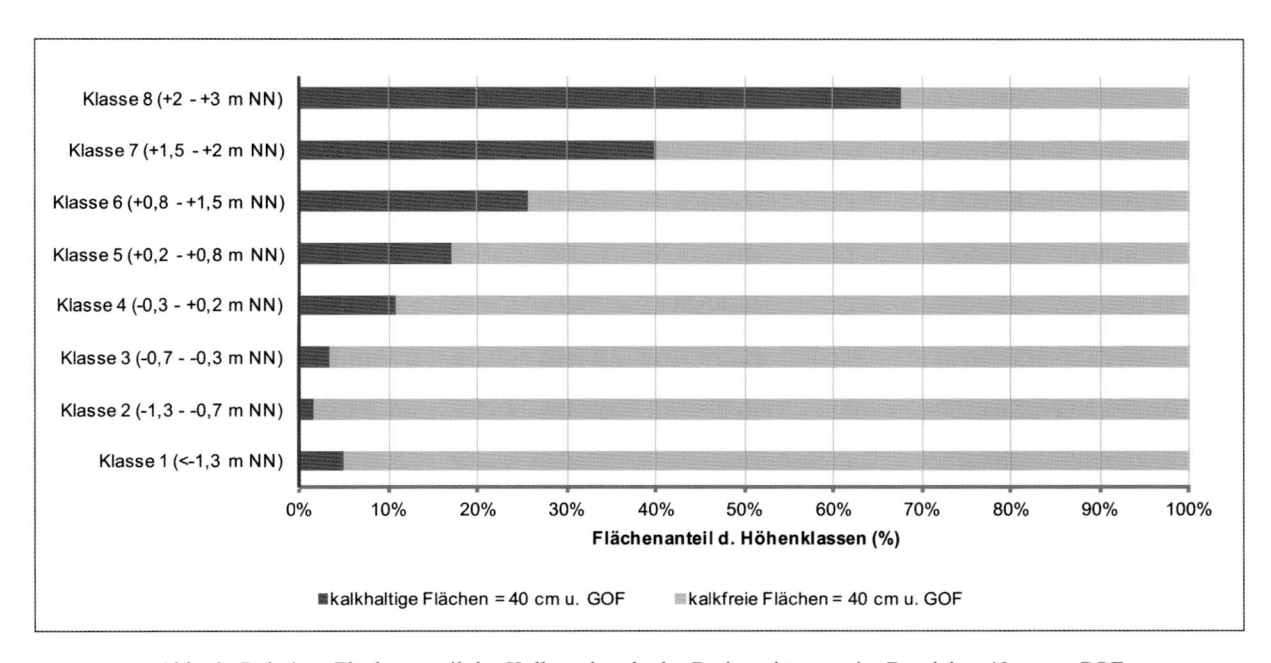

Abb. 6. Relativer Flächenanteil der Kalkmerkmale der Bodenschätzung im Bereich ≤ 40 cm u. GOF innerhalb der Höhenklassen (bodenkundliche Aufnahmen der Bodenschätzung).

Schwefelgehalte: Bei den Schwefelgehalten ist zwischen dem Gesamtschwefel, dem oxidierten Sulfat und dem reduzierten Sulfid bzw. Pyrit zu unterscheiden (vgl. GIANI 1983). Insbesondere bei den reduzierten Bindungsformen besteht das Problem, dass bei Probenahmen eine Oxidation vermieden werden muss. Zwischen den Gehalten an Gesamtschwefel und dem organischen Kohlenstoff bestehen komplexe Beziehungen. Zum einen ist ein Teil des Schwefels in der organischen Substanz gebunden, zum anderen führen die Prozesse der Schwefeldynamik zu einer An- bzw. Abreicherung des Schwefels. Dabei ist der Kohlenstoffgehalt die wesentliche Steuergröße (vgl. GIANI u. GIANI 1990; GIANI u. GEBHARDT 1984).

Im Mittel finden sich bei Mineralböden pro 1 % C_{org} anteilig 2 ‰ Gesamtschwefel in den Proben (vgl. BRÜMMER 1968; BRÜMMER u. SCHROEDER 1971; GRUNWALDT 1969; GIANI 1983). Bei Torfen mit C_{org}-Gehalten von 25 bis 35 % können die Gehalte an Gesamtschwefel bis 5 Gew.-% betragen (vgl. DELLWIG 1999). Die Gesamtschwefelvorräte unterscheiden sich dabei aber nicht so stark.

In Böden wird der Schwefelgehalt durch pedogene Umlagerungen stark beeinflusst, so dass sich in den weiter entwickelten Marschböden die genannten Beziehungen nicht mehr erkennen lassen.

2.2 Bodenprägende Prozesse und deren Merkmale

2.2.1 Merkmale der Schwefeldynamik und resultierende diagnostische Bodenhorizonte

Neben den allgemein verbreiteten Prozessen der Bodenbildung sind bei den Marschböden die Prozesse der Schwefeldynamik unter anoxischen und oxischen Bedingungen hervorzuheben. Die Schwefelverbindungen zeigen sich in charakteristischen Merkmalen, die in die Bezeichnung der Bodenhorizonte aufgenommen werden sollten. Da die bodenkundliche Kartieranleitung dieses bisher nicht vorsieht, wurde ein Vorschlag erarbeitet (KRÜGER u. a. 2011), der hier kurz wiedergegeben wird.

Der primäre Prozess ist die Festlegung des Sulfats aus dem Meerwasser unter anoxischen Bedingungen als Eisensulfid (FeS) oder Pyrit (FeS$_2$). Sulfat ($[SO_4]^{2-}$) wird von Mikroorganismen unter reduzierenden Bedingungen zum Abbau von Kohlenwasserstoffen genutzt. Das Sulfat wird dabei zu Schwefelwasserstoff (H$_2$S) reduziert und bildet mit dem Eisen verschiedene Verbindungen (z. B. Eisensulfid (FeS) oder Pyrit (FeS$_2$). Dieser Prozess läuft im Grundsatz bereits subtidal im Meeressediment ab, so dass auch die Sedimente im Eu- und Supralitoral Pyrit (ca. 1 %) enthalten. Bei hohen Grundwasserständen und reduzierenden Bedingungen kommt es aber auch im Boden zur Pyritbildung.

Abb. 7. Schwarze Färbung der Poren und der Bodenmatrix durch eingewandertes Eisensulfid (FeS) und schematische Darstellung der Reduktion von Sulfat ($[SO_4]^{2-}$) zu Eisensulfid bzw. Pyrit (FeS$_2$). Unter Sauerstoffabschluss im Grundwassermilieu entsteht durch mikrobielle Reduktion Pyrit oder Eisensulfid (Foto: LBEG 2011).

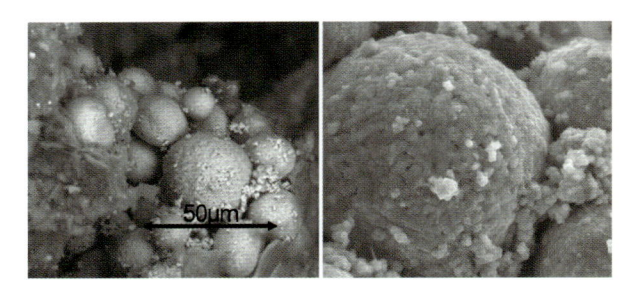

Abb. 8. Mikroskopische und rastermikroskopische Aufnahmen von Pyrit (FeS$_2$) (Fotos: LBEG 2011)

Der Prozess der Schwefelanreicherung (Pyritbildung) wird maßgeblich durch die Kohlenstoffgehalte gesteuert. Sulfat ist auch im Bereich der Brackwasserzone der Flüsse im Allgemeinen ausreichend vorhanden. Im oxischen Milieu bildet sich Schwefelsäure, wodurch zunächst der Kalk gelöst wird. Als Faustzahl gilt, dass 1 Gew.-% Pyrit-Schwefel das Lösungspotential für ca. 3 Gew.-% Kalk hat (vgl. SCHÄFER u. a. 1987). Die Lösungsprodukte des Kalks (Ca^{2+}) und das hierbei frei werdende Sulfat (SO$_4^{2-}$) werden mit dem Sickerwasser in die Tiefe verlagert und ggf. mit freiem Wasser in Drainagerohren oder Gräben abgeführt oder im Gr-Horizont als sekundäre Carbonate und als Eisensulfid (FeS) wieder ausgefällt.

Pyrit ist in Form weißer Nester (<50 μm) im Gelände zwar sichtbar, aber auch mit der Lupe nicht sicher zu identifizieren (Abb. 7 u. 8). Der Pyrit wäre als Mpy in

Abb. 9. Jarosit-Ausfällung [K$_2$Fe$_6$(OH)$_{12}$(SO$_4$)$_4$]. Schematische Darstellung der Oxidation von Eisensulfit bzw. Pyrit zu Jarosit (Foto: LBEG 2011)

Abb. 10. Eisenhydroxid-Ausfällung des Jarosit. Schematische Darstellung der Oxidation von Jarosit zu Eisenhydroxid (Foto: LBEG 2011)

den pedogenen Merkmalen und der Horizont als Gps zu beschreiben.

Das Eisensulfid (FeS) färbt die Poren oder die Matrix schwarz und ist optisch bzw. am Geruch gut zu erkennen. Das pedogene Merkmal wird als Mfs und der Horizont als Gsr gekennzeichnet.

Setzen bei Schwefelüberschuss in den Sedimenten oxidative Bedingungen ein und sind die Kalkgehalte zur Säurepufferung nicht ausreichend, bildet sich das Mineral Jarosit, volkstümlich Maibolt genannt (Abb. 9). Nach der Aufzehrung des gesamten Kalks bleibt Schwefelsäure im System, die zu einer starken Versauerung des Bodens führt. Das Merkmal Maibolt wird als Mja und der Bodenhorizont als Gjo beschrieben.

Bei weiter andauernder Oxidation wird Jarosit schließlich zu Eisenhydroxid umgewandelt (Abb. 10). Dieses stellt gewissermaßen das Endstadium der Reduktion / Oxidation der Schwefelverbindungen im Profil dar und liegt als Relikt der Schwefeldynamik vor. Für die Kennzeichnung des Merkmals wird Mei und für den Horizont Gso verwendet. Dabei ist die Frage der Abgrenzung zu normalen eisenreichen Go-Horizonten nicht abschließend geklärt.

Die Horizontierung hat für die gültigen Bodentypen zunächst keine Auswirkung. Mit den Horizonten wird die Abgrenzung zu den sonstigen Grundwasserböden herausgestellt.

Die Prozesse der Schwefeldynamik verlaufen mit wenigen Jahren bis Dekaden relativ schnell. So ist zu beobachten, dass sich bereits wenige Jahre nach Grabenvertiefung und Grundwasserabsenkung die schwefelreiche in die eisenreiche Organomarsch umwandelt. Je nach sedimentologischem Aufbau, Grundwasserverhältnissen und Fortschritt der Pedogenese können Marschböden im Resultat einzelne oder auch alle beschriebenen Merkmale aufweisen.

2.2.2 Reifung und Übergänge zu terrestrischen Bodenformen

Neben den Prozessen der Schwefeldynamik sind in der Marsch weitere Bodenprozesse zu erkennen. In der Literatur wird häufig von Reifung gesprochen, womit mehrere Prozessfaktoren gemeint sind. In den Niederlanden wird unter dem Begriff „*rijpingsklassen*" im Kern die Konsistenz des Materials von flüssig oder fließend bis fest beschrieben (vgl. DE BAKKER u. SCHELLING 1966). MÜLLER (1985) verwendet den Reifegrad in den Kategorien „*roh*" und „*unreif*".

Betrachtet man die Bodenentwicklungsreihe vom Wattboden über die Roh-, Kalk- und Klei- zur Knickmarsch, so ist neben der Entwässerung auch der Prozess der Gefügebildung zu erkennen (Abb. 11 u. 12). Bei den Kalkmarschen sind in Abhängigkeit vom Wasserstand

Abb. 11. Gefügebildung. Beginn schon im Übergang vom Watt zur Rohmarsch (Quellerbestand) (Foto: LBEG 2011).

nassere und gut belüftete Varianten vorhanden. Insbesondere die tonreicheren Kalkmarschen mit wasserdurchlässigem und gut durchlüftetem Gefüge (Abb. 12a) sind mit den konventionellen Horizontbezeichnungen nicht ausreichend zu beschreiben. Hier ist eine genaue Beschreibung und Horizontkennzeichnung notwendig. Kalkfreie, sehr tonreiche Marschböden neigen zur Ausbildung von dicht lagernden Knickhorizonten (Sq). Bei deren Bildung ist sicherlich die Entkalkung beteiligt. Inwieweit hier neben dem gefügestabilisierendem Kalk auch die Schwefeldynamik oder die Kationenbelegung am Austauscher (Ca/Mg-Verhältnis, Na-Belegung) beteiligt sind, sollte bodenchemisch und -physikalisch mit heutigen Standards untersucht und geklärt werden.

In der Marsch treten auch Übergänge zu terrestrischen Böden mit z. B. Verbraunung oder Tonverlagerung auf. So konnten 2011 in Profilgruben Merkmale der Tonverlagerung festgestellt werden. Die Eigenschaften und die Verbreitung dieser Böden sind bisher nicht geklärt und werden bei der Neubearbeitung der Bodenkarte berücksichtigt.

2.3 Landschafts- und Bodengenese als Funktion der Meeresspiegelkurve

Für die niedersächsische Küste liegen differenzierte Kurven der relativen Meeresspiegelentwicklung für das Holozän vor (z. B. BEHRE 1999; 2003; BUNGENSTOCK 2009; MÜLLER 1962; STREIF 1990; 1991; HOSELMANN u. STREIF 2004, VINK et al. 2007). Diesen Kurven ist gemeinsam, dass sie in der ersten Hälfte des Holozäns einen steilen Meeresspiegelanstieg zeigen. Dabei wurden pro Jahr >2 cm Sedimente aufgelandet. Bei ständig steigendem Meeresspiegel werden die Sedimente in großen Bereichen unter eulitoralen Bedingungen (= Watt [wa]) abgelagert.

Nach dem bereits erwähnten deutlichen Meeresspiegelanstieg flacht der Meeresspiegelanstieg in der zweiten Hälfte des Holozäns ab. Nach Behre (2003) zeigen sich im Detail sowohl Phasen eines verstärkten Meeresspiegelanstiegs, als auch des Stillstands bzw. von Meeresspiegelabsenkungen. In den transgressiven Phasen sind Sedimentationsraten von 0,4 bis 1,2 cm/Jahr anzunehmen. Die Sedimente sind eher sandig. In Phasen mit geringem oder keinem Anstieg des Meeresspiegels wurden eher feinkörnige Sedimente abgelagert (MÜLLER 1985; vgl. GIANI u. a. 2003).

Während die Modellvorstellungen für den tieferen Untergrund (Abb. 13) durch die Arbeiten aus dem ehemaligen Niedersächsischen Landesamt für Bodenforschung (NLfB) (z. B. SINDOWSKI 1973; PREUSS 1979;

Abb. 12. Entwicklungsphasen.
a Rohsediment, voll wassergesättigt und reduziert ohne Austrocknung, hier mit Sulfit und Pyrit (eGpsr), amorphes Kohärentgefüge, Bruchstücke trennen sich faserig; nach niederländischer Nomenklatur entspricht dies „half gerijpt". – b Bei Belüftung beginnt neben der Oxidation auch die Gefügebildung durch Trocknen und Schrumpfen. – c Bei weiterer Entwässerung kommt es zur Ausbildung eines polyedrischen Feingefüges. Für diesen Horizont wird die Bezeichnung eGxo vorgeschlagen (Fotos: LBEG 2011).

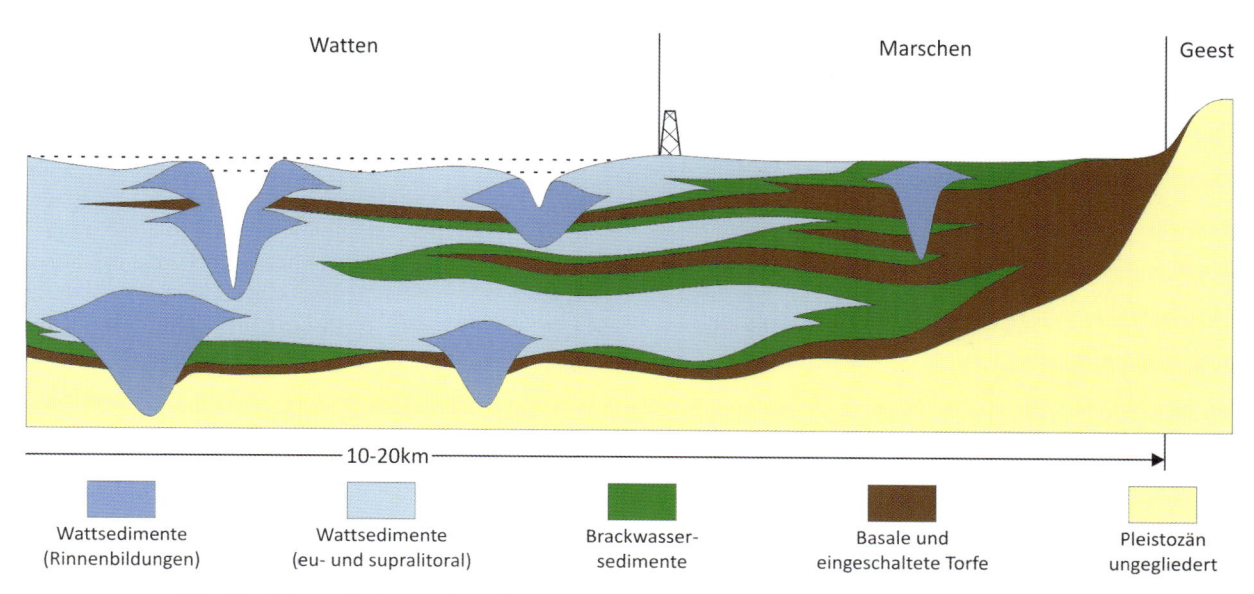

Abb. 13. Schematischer geologischer Schnitt vom Watt bis zum Geestrand (nach STREIF 1990).

Legende:
- Wattsedimente (Rinnenbildungen)
- Wattsedimente (eu- und supralitoral)
- Brackwassersedimente
- Basale und eingeschaltete Torfe
- Pleistozän ungegliedert

STREIF 1990; HOSELMANN u. STREIF 2004) gut belegt und abgesichert sind, bestehen für die oberflächennahe Zone Unsicherheiten.

Die Sedimente in einer Tiefe von 0 bis 2 m u. GOF stammen überwiegend aus der Zeit von 2000 v. Chr. bis heute und sind damit für bodenkundliche Aussagen entscheidend. In Abhängigkeit vom Meeresspiegel und dem menschlichen Einfluss sind vier Hauptphasen der Landschaftsentwicklung zu erkennen, die im Folgenden besprochen werden. Grundlage für die Modellannahmen sind die Kenntnisse aus der vorliegenden Literatur (insbesondere der Meeresspiegelkurve nach BEHRE 2003) und Beobachtungen aus den Kartierungen des LBEG in den Jahren 2009 bis 2011.

2.3.1 Vor der Zeitenwende (ca. 1500 bis 400 v. Chr.): lagunäre Phase (la)

Bis zur Zeitenwende findet eine vom Menschen weitgehend unbeeinflusste Sedimentation statt. Bei einem im Vergleich zu heute vermutlich geringeren Tidenhub (vgl. MÜLLER 1962) lagern sich eu- bis sublitoral – in schilfbestandenen Gebieten mit Ausdehnungen von zehn und mehr Kilometern – tonige Sedimente mit Pflanzenresten (lagunäre Fazies) ab. Der Übergang vom Schlickwatt über eine brackische und lagunäre Fazies zum salzarmen bis salzfreien Niedermoor ist als kontinuierlicher Übergang denkbar. Während das Watt im Tidenrhythmus noch vollständig überflutet wird, aber auch vollständig trockenfällt, bleibt während der Ebbe im brackischen bis lagunären Bereich immer häufiger Wasser der vorangegangenen Flut zurück, bis die Flut erneut vordringt. Die Wasserstände liegen damit langanhaltend über oder im Bereich der Geländeoberfläche. Durch Niederschläge und durch vom Geestrand eindringendes Süßwasser kommt es zu deutlich geringeren Salzgehalten. Im brackischen Milieu sind die Bedingungen für Pflanzenwachstum durch hohe Wasserstände und/oder zu hohe Salzgehalte noch ungünstig. Im lagunären Bereich dominieren ausgedehnte Schilfbestände (Bantelmann in BANTELMANN u. REINHARDT 1984). Im landseitig anschließenden Niedermoor sind die Salzgehalte schließlich so gering, dass auch empfindlichere Arten wachsen können. Die hohen Schwefelwerte in den Mooren am Geestrand und einzelne mineralische Straten belegen allerdings, dass auch diese Randmoore zeitweilig von sulfathaltigen Wässern erreicht wurden. Eine solche Catena wurde exemplarisch südlich Oederquart in Kehdingen an der Unterelbe erbohrt und in Profilgruben erschlossen.

Denkbar ist auch eine Variante der Landschaftsgliederung, bei der sich in der Nähe der Priele schon früh ein initialer Uferwall und somit eine natürliche Abdämmung bildeten. Im Hinterland findet sich dann die ähnliche Abfolge zum lagunären Sediment (vgl. BEHRE 1970). In Regressionsphasen trocken gefallene Gebiete des Hinterlands weisen heute im Allgemeinen Dwöge (fossile Ah-Horizonte) auf, die durch Bodenbildungen entstanden. Die ersten Rückverlagerungen der Küstenlinie werden im Zeitraum von 1500 bis 400 v. Chr. gesehen (BEHRE 2003). Diese Phase der Landschaftsentwicklung wurde nach heutigem Kenntnisstand schon vor Christi Geburt abgeschlossen. Vergleichbare Bedingungen und Sedimente finden sich heute nicht mehr in nennenswertem Umfang. In den Bereichen mit Torf und/oder Torfunterlagerung kommt es bis heute anhaltend zu Setzungen. Die Oberflächen dieser Landschaften befinden sich heute dadurch in einer Höhenlage von 0 bis >-2 m NN. Die lagunären und brackischen Ablagerungen finden sich zusammen mit Niedermooren in diesen Gebieten in einer Höhenlage von unter -0,5 m NN.

Die brackischen Sedimente in der Tiefenzone bis 2 m u. GOF sind häufig im Übergangsbereich zwischen Meer und lagunären Sedimenten als Ablagerung mit Tongehalten von über 45 % und einer Mächtigkeit bis 50 cm ausgebildet. In der Regel werden die brackischen Ablagerungen heute von den jüngeren Uferwällen über- und von eher sandigen, kalkhaltigen und durchlässigeren Wattsedimenten (Blausande, Scheversande) unterlagert. Bei der Kulturmaßnahme des Kuhlens wurden die liegenden kalkhaltigen Sande zur Melioration an die Oberfläche geholt.

Bodenprozesse: Die geringe Höhenlage bedingt, dass die Wasserstände natürlicherweise sehr hoch sind und damit die Sulfatreduktion stattfinden kann. Die Böden sind folglich durch die Bildung von Pyritschwefel im lagunären Sediment bei gleichzeitig geringen Carbonatgehalten von <3 % gekennzeichnet. Diese geringen Gehalte sind möglicherweise auf eine synsedimentäre Entkalkung (vgl. GIANI u. a. 2003) zurückzuführen, welche durch die Oxidation des Pyritschwefels vorangetrieben wird. Bereits Gehalte von 1 % Pyritschwefel würden ausreichen, um den Boden weitgehend zu entkalken. Voraussetzung dafür sind lediglich oxische Bedingungen, die in oberflächennahen Bereichen gegeben sind. In den Regressionsphasen bilden sich aufgrund der Verlandungsvorgänge Ah-Horizonte (heute Dwöge genannt). Im Wesentlichen sind zwei gut ausgebildete Dwöge aus dieser Zeitspanne bekannt. Nicht auszuschließen ist, dass es bei tieferem Meeresspiegelstand und vor allem im Bereich der lagunären Sedimente zur Jarositbildung und zur frühen starken Versauerung der Böden kommt. In den tiefsten Bereichen mit extremer Vernässung und fehlender Sedimentzufuhr breiten sich Niedermoore aus.

Für die Kultivierung war die Landschaft aufgrund der hohen Grundwasserstände mit sehr großen Schilfbeständen (Bantelmann in BANTELMANN u. REINHARDT 1984) insgesamt eher ungeeignet. Lediglich in den leicht erhöhten Spülsäumen, die zu den späteren Uferwällen überleiten, fanden sich möglicherweise etwas bessere Bedingungen. Heute wird dort der Grundwasserstand künstlich eingestellt, indem das Wasser über Schöpfwerke abgeführt wird. Diese Maßnahmen begünstigen die Oxidation und damit die Versauerung. Die Entwässerung führt zudem zur weiteren Absenkung der Landoberfläche durch Setzung der Sedimente.

2.3.2 400 v. Chr bis hohes Mittelalter (1100 n. Chr.): Phase der Uferwälle (ufw) und tonigen Gezeitensedimente (gzt)

Mit den nachchristlichen Transgressionen wird die lagunäre bzw. brackische Phase beendet. In der anschließenden Phase etablieren sich die o. g. Uferwälle mit Sturmflutschichtung. Dies ist bodenkundlich bedeutsam, da die Sedimentation im Uferwall oberhalb MThw (supralitoral) stattfindet und damit von einer synsedimentären Bodengenese auszugehen ist. Zu unterscheiden sind die Uferwälle mit Sturmflutschichtung (ufw) und die tonigen Gezeitensedimente (gzt) bzw. Auwaldfazies ohne Sturmflutmarken im Hinterland (s. Kap. 2.1.2). Die Uferwälle wachsen bis in Höhenlagen von ca. +1 m NN auf und können eine Breite von mehreren hundert Metern, an großen Flüssen auch über 1000 m erreichen. Nach BEHRE (1970) etablierte sich auf den Uferwällen schon früh die Gehölzvegetation der hochgelegenen Hartholzaue.

Das hinter dem Uferwall liegende Sietland fällt auf Höhen unter ±0 m NN, stellenweise unter -2,2 m NN (Freepsumer Meer) ab. In diesen Bereichen können sich theoretisch sehr nasse Gebiete oder auch kleinere offene Wasserflächen befinden. Die auf einigen geologischen Karten ausgewiesene Auwaldfazies, also Sedimente mit Rückständen von Hölzern der Weichholzaue (BEHRE 1970), ist wohl in diese Phase einzuordnen.

Flachsiedlungen und Wurten sind Zeugen der Besiedlung und belegen den landwirtschaftlichen Einfluss. Es ist davon auszugehen, dass die Landschaft sich in dieser Phase von der Natur- zur überwiegend als Grünland genutzten Kulturlandschaft wandelte. Am Ende dieser Phase entstehen die ersten Deiche – insbesondere um das bewirtschaftete Land zu schützen.

Bodenprozesse: Mit den Sturmfluten wachsen die Uferwälle sukzessiv auf. Mit jeder Sturmflut wird neben dem Sediment auch erneut Sulfat eingetragen und insbesondere im rückseitigen Sietland angereichert. Im Bereich der erhöhten Uferwälle kann von durchgehend oxischen Bedingungen in den oberen Dezimetern des Bodens ausgegangen werden. Im Boden befinden sich geringe Carbonatgehalte von 2 bis maximal 4 %. Es ist wahrscheinlich, dass diese synsedimentär oder kurz nach der Ablagerung unter Einfluss des nun oxidierenden Pyritschwefels und der frei werdenden Schwefelsäure gelöst und abgeführt wurden. Der geogene Schwefelgehalt von ca. 1 % kann als ausreichend für eine weitgehende Entkalkung angesehen werden. Das freigesetzte Sulfat wird als Sulfid (FeS) im Gr-Horizont wieder ausgefällt oder mit dem Sickerwasser abgeführt.

Im Sietland herrschen großräumig Bedingungen, die mit denen der unteren oder der mittleren Salzwiesen (gering kultiviertes, extensives Grünland mit hohen bis sehr hohen Wasserständen) vergleichbar sind. Die hohen Wasserstände sowie hohe Kohlenstoffgehalte sorgen großräumig für reduzierende Bedingungen, die die Neubildung von Pyrit begünstigen. Zur Oxidation und Freisetzung von Schwefelsäure aus dem Pyrit sowie zur Bildung von Jarosit (sulfatsaure Organomarschen) kommt es bei jahreszeitlich bedingten tieferen Wasserständen und während der Regressionsphasen.

2.3.3 Hohes Mittelalter bis frühe Neuzeit (1100 bis 1600 n. Chr.): Phase der Schutzdeiche und Meereseinbrüche – alte Grodensedimente (gr)

Seit etwa 1100 schützen erste Deiche, meist Ringdeiche, kleinere Gebiete. Nach und nach und mit zahlreichen Rückschlägen verbunden wurden küstenbegleitende Seedeiche zur Sicherung des Landes vor Überflutung errichtet (vgl. HOMEIER 1969). Mit diesen Deichen wird vorwiegend deichreifes, unter natürlichen Bedingungen entstandenes Land vor Sturmfluten geschützt. Bei geringer Transgressionsrate wird im Vorland vorwiegend toniges Material sedimentiert. Das scheint im gesamten Küstenbereich für diese früh eingedeichten Bereiche typisch zu sein und ist sowohl aus den Daten der Bodenschätzung als auch aus Detailkartierungen zu entnehmen (vgl. HERRMANN 1943). Wie die überwiegend tonigen Sedimente zu erklären sind, ist bisher nicht bekannt. Die Sedimente sind, wie die der nachfolgenden Phase, als Grodenablagerungen zu bezeichnen. Die Oberflächen liegen in einer Höhe um +1 m NN und somit etwa im Bereich der heutigen MThw. Bei Niedrigwasser kann das Wasser der Priele heute frei ablaufen.

Während die ersten Ringdeiche noch ein Eindringen der Sturmfluten in die Landschaft erlaubte, wurde ab 1100 mit den Seedeichen der Retentionsraum bei Sturmfluten zunehmend eingeengt (vgl. DITTMER 1954). Infolgedessen stieg der Sturmflutspiegel und die Intensität der Sturmfluten und deren Höhe nahmen in dieser Phase stark zu. Die Folge waren Deichbrüche mit katastrophalen Folgen. Große Landstriche wurden durch die ablaufenden Wassermassen erodiert und gerieten so wieder in den Einflussbereich der Tide. In den Gebieten mit solchen Meereseinbrüchen wie Dollart, Leybucht und Jadebusen finden sich Ablagerungen des Eulitorals (Watt).

Aber auch ohne Sturmflutereignisse ist anzunehmen, dass Tidewasser über die Priele weiterhin ins Landesinnere vorgedrungen ist. Das enge Nebeneinander (Distanzen unter 50 m) von kalkhaltigen Rinnensedimenten und weitgehend entkalkten Klei- oder Knickmarschen z. B. im östlichen Wangerland ist sicher auf solche Prozesse zurückzuführen. Aus stofflicher Sicht sind die Rinnen bedeutsam, da durch sie eine kontinuierliche Zufuhr von Sulfaten gegeben war.

Bodenprozesse: In den höheren Bereichen führten temporäre Überflutungen zu Materialaufträgen ähnlich den Uferwällen mit synsedimentärer Entkalkung. Im Gegensatz dazu fand in den Prielen bei Bedingungen des Eulitorals mit stetiger Nachlieferung frischen kalkhaltigen Materials keine Entkalkung statt. Die Gebiete unterliegen dementsprechend einer Differenzierung nach der Höhenlage: Während die höher gelegenen Areale synsedimentär oder relativ schnell nach der Ablagerung entkalkten (Kleimarschen), verhinderten in den tieferen Gebieten die hohen Wasserstände die Entkalkung.

Im Prinzip befindet sich in den Deichkammern kein nasses Sietland. Ausnahmen mit aktuell schwefelsauren Böden, wie z. B. in den zum Geestrand gelegenen Gebieten im Land Wursten, belegen, dass die Prozesse der Pyritbildung, Oxidation und Jarositausfällung auch in landschaftlich atypischen Bereichen auftreten können.

2.3.4 Frühe Neuzeit bis heute (nach 1600 bis 2000 n. Chr.): Phase der Landgewinnung – junge Grodensedimente (gr)

Im Deichvorland, oberhalb der MThw, weisen die Sedimente eine deutliche Sturmflutschichtung auf. Mit zunehmender Entfernung zur Küste finden sich deutlich tonigere Substrate. Diese jüngeren Sedimente sind im Allgemeinen kalkhaltig. In der letzten Phase der Landschaftsentwicklung wird die Ablagerung im Unterschied zu den vorherigen Phasen sehr stark durch die menschliche Aktivität beeinflusst. Zu dieser gehören sowohl passive Maßnahmen wie Lahnungen als auch aktive Maßnahmen, bei denen kalkhaltiges Material aus den Prielen oder Gräben auf die zwischen ihnen liegenden Beete zur Verbesserung des Bodens per Hand oder mit Maschinen aufgeschüttet wird (vgl. PROBST 1996).

Mit Anstieg des Meeresspiegels liegt auch das jeweilige Sedimentationsniveau höher. Dabei ist der Anstieg des Meeresspiegels im Wesentlichen kontinuierlich vorangeschritten. Durch den Bau der Deiche entstand jedoch eine Untergliederung in einzelne Abschnitte bzw. Stufen, die suggerieren, dass der Meeresspiegel schubweise angestiegen ist, was aber nicht der Fall ist. Diese Polderflächen, in denen die Höhe seewärts stufenweise zunimmt, werden auch mit dem Begriff Marschen- oder Poldertreppe charakterisiert.

An den Flüssen und Prielen hält im nicht eingedeichten Bereich im Landesinneren die Uferwallbildung weiter an. Kartierbares Merkmal sind die kalkhaltigen Ablagerungen in Höhen über +1 m NN entlang der Flüsse. Diese Sedimentation setzt erst mit der vollständigen Eindeichung des gesamten Tideeinflussbereiches aus.

Bodenprozesse: Im Bereich der Groden kann insbesondere in deichreifen Gebieten von durchgehend oxischen Bedingungen in den oberen Dezimetern des Bodens ausgegangen werden. Dort finden sich Carbonatgehalte von 8 bis maximal 12 %. Hier reicht der Gehalt von 1 % Pyritschwefel nicht für die synsedimentäre Entkalkung aus, wie die heutigen Carbonatgehalte mit den erwartungsgemäßen Werten nach der Pyritoxidation von 4-5 % in den Kalkmarschen zeigen. Das freigesetzte Sulfat wird im Gr-Horizont als schwarzes Sulfid (FeS) angereichert.

3 Umsetzung der Neubearbeitung im LBEG und Ausblick

Die Neubearbeitung der niedersächsischen Marschen im LBEG wird im Wesentlichen auf den vorliegenden Unterlagen der Bodenschätzung und den Merkmalsbeschreibungen der Bodenkarte 1:25.000 sowie auf der Auswertung des digitalen Höhenmodells (DGM5) aufbauen. Die Datenlage wurde umfangreich in LANGNER u. a. (2011) beschrieben. Hier soll nur ein Überblick anhand einiger Zahlen zur groben Einordnung der Informationsgrundlagen gegeben werden: Durch die Bodenschätzung wurden die landwirtschaftlich genutzten Flächen mit einem Bohrraster von 50×50 m kartiert. Für das Gebiet der Marsch liegen damit etwa 1.500.000 Grablöcher bzw. Einschläge vor. Pro festgelegtem Areal wurde je ein bestimmendes Grabloch festgehalten. Daraus ergeben sich für die Marsch etwa 50.000 Profilbeschreibungen, die digital zur Verfügung stehen. Aus der bodenkundlichen Erstkartierung kann auf etwa 7.000 Profilbeschreibungen zurückgegriffen werden. Eine wertvolle Informationsquelle sind die Merkmalsbeschreibungen (Signaturen und Raster) der Bodenkarte 1:25.000, in der beispielsweise Maiboltvorkommen sowie die Verläufe von heutigen sowie älteren Deichen dargestellt werden.

Die Erstellung der BK50 für das Gebiet der Marschen wird durch die für diesen Zweck konzipierte *„Anweisung zur Erstellung der Manuskriptkarte der Marschen"* geregelt (EILERS 2011; EILERS u. a. 2011). Für das Gebiet der Marsch wird die Geologische Karte gleichzeitig neu bearbeitet. Im Methoden Management System (MeMaS) des LBEG stehen verschiedene Möglichkeiten zur Verfügung, um für einen definierten Raum digital vorhandene Daten auszuwerten, miteinander in Beziehung zu setzen und die Ergebnisse darzustellen. So können die Informationen quellen- und themenspezifisch interpretiert, abgefragt und in Konzeptkarten für den Bearbeitungsmaßstab 1:50.000 bereitgestellt werden. Alle Unterlagen werden blattschnittfrei nach einem standardisierten Schema und mit jeweils einheitlichen Legenden erstellt.

Für die Marsch wird eine geologische Neubearbeitung vorgenommen (vgl. Kap. 1). Im Folgenden sollen die wichtigsten Meilensteine der Bearbeitung vorgestellt werden.

1. Den ersten Schritt der Bearbeitung bildet die Interpretation und Überarbeitung der vorliegenden geologischen Karte. Abgesicherte Grenzen (präholozäne Sedimente, Torfe im Liegenden der Gezeitensedimente und Moore) werden geprüft und im Grundsatz übernommen. Wie beschrieben werden lagunäre (la) und brackische (br) Sedimente, Uferwälle (ufw) und tonige Gezeitensedimente (gzt), alte und junge Grodenablagerungen (gr), Rinnenbildungen (wa), geringmächtige, liegende Torfdecken und fluviatile Gezeitensedimente (fgz) ausgewiesen.

2. Weiterhin werden die Deichlinien, basierend auf Arbeiten von HOMEIER (1969) und vom Niedersächsischen Landesamt für Denkmalpflege (NLD) zur Verfügung gestellten Daten (2012), zum integralen Bestandteil der Karte, da diese ab dem Mittelalter die Sedimentation und die Bodenentwicklung beeinflussen. Im Übergangsbereich zur Geest befindliche meerwasserbeeinflusste, also sulfatsaure Moore werden anhand der Höhe von denen der Geest getrennt dargestellt.

3. Mit der bodenkundlichen Differenzierung werden die Kriterien auskartiert, die die bodenkundliche Gliederung begründen (KRÜGER u. a. 2011; BENNE u. a. 2011). Soweit sie nicht schon in den geologischen Angaben enthalten sind, werden die Angaben zum Kalk ergänzt. In Bezug auf den Schwefel wird insbesondere die Maiboltverbreitung dargestellt (Quellen:

gedruckte Bodenkarten 1:25.000 [BK25]). Auf Grundlage der Bodenschätzung werden die Angaben zur Bodenart weiter spezifiziert. Die Grundwasserstände werden aus den hydromorphen Merkmalen, der Wasserzahl und der Bodenstufe / Zustandsstufe der Bodenschätzung im Abgleich zum Modell der Grundwasserflurabstände unter Berücksichtigung der Knickauswertung abgeleitet. Im Außendeichbereich werden auf Grundlage der Vegetationsauswertung die Salzgehalte angegeben. Die Böden der Marsch sind häufig z. B. durch Wasserregulierung, Grüppung, Spitten, Kuhlung und Tiefpflügen intensiv anthropogen überprägt, durch Abziegelungen zerstört oder durch Kleiauftrag und Wurtenbau überdeckt. Soweit möglich werden diese anthropogenen Veränderungen erfasst.

4. Jede Kartiereinheit wird abschließend in eine von acht Klassen der Höhe über NN eingeordnet. Damit ist es z. B. möglich, einzelne Faktoren des Wasserhaushalts und der Genese zu prüfen (Plausibilitätsprüfungen) und zu spezifizieren. Die resultierenden Kartiereinheiten werden in die Manuskriptkarte übernommen und nach Qualitätssicherung digitalisiert.

5. Bei den Arbeiten ist insbesondere auf Inkonsistenzen zwischen dem Modell und den Datenquellen sowie auch zwischen den verschiedenen Datenquellen untereinander zu achten. Das Vorgehen unterscheidet sich damit von der konventionellen Kartierung, da nicht durch enge Bohrmuster neukartiert wird. Modellkonforme und konsistente Aussagen der Informationsunterlagen werden übernommen. Unklare oder inkonsistente Aussagen der Unterlagen werden im Gelände geprüft. Auch die typischen Situationen (Leitprofile) werden im Gelände aufgesucht und ggf. durch Laboranalysen abgesichert. Dadurch kann das Landschaftsmodell validiert und ggf. weiterentwickelt werden.

Die Generallegende entsteht auf Grundlage der geologischen und bodenkundlichen genetischen Rahmenbedingungen (KRÜGER u. a. 2011; BENNE u. a. 2011; GEHRT u. a. 2011) und unter Berücksichtigung der vorliegenden Profil- und Labordatenbank. Die Beprobung und Laboranalytik soll vor allem Daten zu den Gehalten von Kalk und Schwefel in den verschiedenen Bindungsformen und in Relation zu den beschriebenen Phasen der Landschaftsentwicklung liefern.

4 Zusammenfassung

Dreißig Jahre nach der Erstkartierung der niedersächsischen Marschen wird im Rahmen der Erstellung der Bodenkarte von Niedersachsen im Maßstab 1:50.000 (BK50) nach gründlicher Sichtung der im Landesamt für Bergbau, Energie und Geologie (LBEG) vorliegenden Daten die Verbreitung der klastischen Sedimente und Böden neu bearbeitet.

Aufgrund der hydrologischen Gegebenheiten sind die klastischen Sedimente der Küstenregion dem Sublitoral, Eulitoral und Supralitoral zuzuordnen. Geologisch betrachtet sind einerseits die vom Meer und von den Flüssen im Küstenraum abgelagerten klastischen Sedimente und andererseits die an Ort und Stelle gewachsenen sedentären Torfe zu unterscheiden. Darüber hinaus ist die menschliche Beeinflussung (Deichbauphasen, Landgewinnung) stärker zu berücksichtigen als bisher geschehen. Für die bodenkundliche Beschreibung sind die Auswirkungen und Einflüsse der Schwefeldynamik, die Gehalte der verschiedenen Schwefelfraktionen (Sulfat, Sulfid, Pyrit) und die sich ergebenden Merkmale innerhalb der jeweiligen Horizonte zu beachten. Zudem fließen der zwischenzeitliche Erkenntniszuwachs sowie neue Grundlagendaten in die Neubearbeitung ein.

Der Neubearbeitung liegen Modellvorstellungen zugrunde, die in den letzten Jahren entwickelt worden sind und die hier zusammenfassend dargestellt werden. Sie beruht wesentlich auf Auswertungen der Bodenschätzung, des digitalen Höhenmodells von Niedersachsen (DGM5), den Merkmalsbeschreibungen der Bodenkarte 1:25.000 und Informationen zu den Deichlinien. Wenn notwendig, werden weitere Daten in die Bearbeitung einbezogen. Die Bearbeitung erfolgt aus einer Hand nach einem festen Regelwerk.

5 Danksagung

Die Ausführungen zur Neubearbeitung der niedersächsischen Marsch bauen auf zahlreichen Arbeiten auf, die an dieser Stelle nicht im Einzelnen aufgeführt werden können. Stellvertretend seien aber die Arbeiten im Verantwortungsbereich von H. Streif (LBEG, früher NLfB), L. Giani (Universität Oldenburg), G. Brümmer (Universität Bonn), K.-E. Behre (NIhK Wilhelmshaven) und W. Müller (NLfB) genannt, die die wesentlichen Grundlagen enthalten. An dieser Stelle wird ausdrücklich für die Bereitschaft zu anhaltenden und umfangreichen Diskussionen gedankt.

6 Literatur

AD-HOC-ARBEITSGRUPPE BODEN, 1994 u. 2005: Bodenkundliche Kartieranleitung (4. u. 5. Aufl.). Hannover.

ARGE ELBE, 2012: http://www.fgg-elbe.de/tl_fgg_neu/veroeffentlichungen.html. Aufruf: 28.08.2012.

BAKKER, H. DE, u. SCHELLING, J., 1966: Systeem van bodemclassificatie voor Nederland. De hogere niveaus. Wageningen.

BANTELMANN, A., u. REINHARDT, W., 1984: Anthropogene Veränderungen in der Marsch und ihre Auswirkungen auf die Landschaftsentwicklung. In: G. Kossack, K.-E. Behre u. P. Schmid (Hrsg.), Archäologische und naturwissenschaftliche Untersuchungen an ländlichen und frühstädtischen Siedlungen im deutschen Küstengebiet vom 5. Jahrhundert v. Chr. bis zum 11. Jahrhundert n. Chr., Bd. 1, 113-124. Weinheim.

BEHRE, K.-E., 1970: Die Entwicklungsgeschichte der natürlichen Vegetation der unteren Ems und ihre Abhängigkeit von den Bewegungen des Meeresspiegels. Probleme der Küstenforschung im südlichen Nordseegebiet 9, 13-49.

BEHRE, K.-E., 1999: Die Veränderungen der niedersächsischen Küstenlinie in den letzten 3000 Jahren und ihre Ursachen. Probleme der Küstenforschung im südlichen Nordseegebiet 26, 9-33.

BEHRE, K.-E., 2003: Eine neue Meeresspiegelkurve für die südliche Nordsee – Transgressionen und Regressionen in den letzten 10.000 Jahren. Probleme der Küstenforschung im südlichen Nordseegebiet 28, 9-63.

BENNE, I., EILERS, R., GEHRT, E., HENSCHER, M., KRÜGER, K., u. LANGNER, S., 2011: Die Neukartierung der niedersächsischen Marschen – Typische Böden der Marsch und ihre Horizonte. In: Deutsche Bodenkundliche Gesellschaft (Hrsg.), Böden verstehen – Böden nutzen – Böden fit machen. Jahrestagung der DBG, Kommission V, 3.-9. September 2011, Berlin. Göttingen (http://eprints.dbges.de/797/1/2.2_Typische_B%C3%B6den_der_Marsch_und_ihre_Horizonte.pdf).

BRÜMMER, G., 1968: Untersuchungen zur Genese der Marschen. Dissertation, Universität Kiel.

BRÜMMER, G., GRUNWALDT, H.-S., u. SCHRÖDER, D., 1970: Beiträge zur Genese und Klassifikation der Marschen 2. Zur Schwefelmetabolik in Schlicken und Salzmarschen. Zeitschrift für Pflanzenernährung und Bodenkunde 128, 208-220.

BRÜMMER, G., u. SCHRÖDER, D., 1971: Landschaften und Böden Schleswig-Holsteins – insbesondere Böden der Marsch-Landschaft. Mitteilungen der Deutschen Bodenkundlichen Gesellschaft 13, 7-60.

BSH [Bundesamt für Seeschifffahrt und Hydrographie] (Hrsg.), 2011: http://www.bsh.de/de/Meeresdaten/Vorhersagen/Sturmfluten/index.jsp. Aufruf: 28.08.2012.

BUNGENSTOCK, F., u. SCHÄFER, A., 2009: The Holocene relative sea-level curve for the tidal basin of the barrier island Langeoog, German Bight, Southern North Sea. Global and Planetary Change 66, 34-51.

DELLWIG, O., 1999: Geochemie von küstennahen holozänen Ablagerungen (NW Deutschland) – Rekonstruktion der Paläoumweltbedingungen. Dissertation, Universität Oldenburg.

DITTMER, E., 1954: Der Mensch als geologischer Faktor an der Nordseeküste. Eiszeitalter und Gegenwart 4/5. Hannover.

DUNTZE, O., WATERMANN, F., u. GIANI, L., 2005: Rekonstruktion des Paläomilieus und der Geo-Pedogenese kalkfreier Marschböden Niedersachsens. Journal of Plant Nutrition and Soil Science 168, 53-59.

EILERS, R., 2011: Anweisung zur Erstellung der Manuskriptkarte der Marschen für die BK50 [unveröffentlicht]. Landesamt für Bergbau, Energie und Geologie, Hannover.

EILERS, R., BENNE, I., GEHRT, E., HENSCHER, M., KRÜGER, K., u. LANGNER, S., 2011: Die Neukartierung der niedersächsischen Marschen – Von der Konzept- zur Bodenkarte. In: Deutsche Bodenkundliche Gesellschaft (Hrsg.), Böden verstehen – Böden nutzen – Böden fit machen. Jahrestagung der DBG, Kommission V, 3.-9. September 2011, Berlin. Göttingen (http://eprints.dbges.de/800/1/4_Von_der_Konzept-_zur_Bodenkarte.pdf).

GEHRT, E., BENNE, I., EILERS, R., HENSCHER, M., KRÜGER, K., u. LANGNER, S., 2011: Die Neukartierung der niedersächsischen Marschen – Landschaftsaufbau und -genese. In: Deutsche Bodenkundliche Gesellschaft (Hrsg.), Böden verstehen – Böden nutzen – Böden fit machen. Jahrestagung der DBG, Kommission V, 3.-9. September 2011, Berlin. Göttingen (http://eprints.dbges.de/793/1/1_Landschaftsaufbau_und_Genese.pdf).

GIANI, L., 1983: Pedogenese und Klassifizierung von Marschböden des Unterweserraums. Dissertation, Universität Oldenburg.

GIANI, L., AHRENS, V., DUNTZE, O., u. IRMER, S. K., 2003: Geo-Pedogenese mariner Rohmarschen Spiekeroogs. Zeitschrift für Pflanzenernährung und Bodenkunde 153, 385-388.

GIANI, L., u. GEBHARD, H., 1984: Zur Pedogenese und Klassifikation von Marschböden des Unterweserraumes 2. Die Bedeutung von Schwefelmetabolismus, Methanproduktion und Ca/Mg-Verhältnis für die Marschen-Klassifikation Salzmarschen. Zeitschrift für Pflanzenernährung und Bodenkunde 147, 704-715.

GIANI, L., u. GIANI, D., 1990: Characteristics of a marshland soil built up from marine and peat material. Geoderma 47, 151-157.

GRUNWALDT, H.-S., 1969: Untersuchungen zum Schwefelhaushalt schleswig-holsteinischer Böden. Dissertation, Universität Kiel.

HENSCHER, M., 2012: Erarbeitung eines Konzeptes zur Erfassung und Darstellung der bodenkundlichen und geologischen Entwicklung der Marsch. Diplomarbeit, Universität Hannover.

HERRMANN, F., 1943: Über den physikalischen und chemischen Aufbau von Marschböden und Watten verschiedenen Alters. Westküste – Archiv für Forschung, Technik und Verwaltung in Marsch und Wattenmeer (Kriegsheft), 72-109.

HINZE, C., JERZ, H., MENKE, B., u. STAUDE, H., 1989: Geogenetische Definitionen quartärer Lockergesteine für die Geologische Karte 1:25.000 (GK25). Geologisches Jahrbuch A:112. Stuttgart.

HOMEIER, H., 1969: Der Gestaltwandel der ostfriesischen Küste im Laufe der Jahrhunderte. Ein Jahrtausend ostfriesischer Deichgeschichte. In: J. Ohling (Hrsg.), Ostfriesland im Schutze des Deiches 2, 1-75. Leer.

HOSELMANN, C., u. STREIF, H., 2004: Holocene sea-level rise and its effect on the mass balance of coastal deposits. Quaternary International 112, 89-103.

KRÜGER, K., BURBAUM, B., FLEIGE, H., GEHRT, E., GIANI, L., u. GRÖNGRÖFT, A., 2011: Neues zu den Böden der Marsch – Profilprägende Prozesse, Merkmale und Kennzeichnung. In: Deutsche Bodenkundliche Gesellschaft (Hrsg.), Böden verstehen – Böden nutzen – Böden fit machen. Jahrestagung der DBG, Kommission V, 3.-9. September 2011, Berlin. Göttingen (http://eprints.dbges.de/796/1/2.1_Neues_zu_den_Böden_der_Marsch.pdf).

LANGNER, S., BENNE, I., EILERS, R., GEHRT, E., HENSCHER, M., u. KRÜGER, K., 2011: Die Neukartierung der niedersächsischen Marschen – Informationsgrundlagen und Konzeptkarten. In: Deutsche Bodenkundliche Gesellschaft (Hrsg.), Böden verstehen – Böden nutzen – Böden fit machen. Jahrestagung der DBG, Kommission V, 3.-9. September 2011, Berlin. Göttingen (http://eprints.dbges.de/855/1/3_Informationsgrundlagen_und_Konzeptkarten.pdf).

MÜLLER, W., 1962: Der Ablauf der holozänen Meerestransgression an der südlichen Nordseeküste und Folgerungen in Bezug auf eine geochronologische Holozängliederung. Eiszeitalter und Gegenwart 13, 197-226.

MÜLLER, W., 1985: Zur Genese der Verbreitungsmuster der Marschböden und Diskussion verschiedener Entstehungstheorien. Geologisches Jahrbuch F:19. Stuttgart.

PREUSS, H., 1979: Die holozäne Entwicklung der Nordseeküste im Gebiet der östlichen Wesermarsch. Dissertation, Universität Hannover.

PROBST, B., 1996: Deichvorlandbewirtschaftung im Wandel der Zeit. Die Küste 58, 47-60.

RAGUTZKI, G., 1980: Verteilung der Oberflächensedimente auf den niedersächsischen Watten. Jahresbericht der Forschungsstelle für Insel- und Küstenschutz der Niedersächsischen Wasserwirtschaftsverwaltung Norderney 22, 55-68.

RAGUTZKI, G., 1982: Verteilung und Eigenschaften der Wattsedimente des Jadebusens. Jahresbericht der Forschungsstelle für Insel- und Küstenschutz der Niedersächsischen Wasserwirtschaftsverwaltung Norderney 32, 31-61.

SCHÄFER, W., GEHRT, E., MÜLLER, U., BLANKENBURG, J., u. GRÖGER, J., 2010: Sulfatsaure Böden in niedersächsischen Küstengebieten. Geofakten 24. Hannover.

SCHÄFER, W., KUNTZE, H., u. BARTELS, R., 1987: Bodenentwicklung aus Spülgut in Deponieflächen. Geologisches Jahrbuch F:22. Hannover.

SINDOWSKI, K. H., 1973: Das ostfriesische Küstengebiet. Sammlung Geologischer Führer 57. Stuttgart.

STREIF, H., 1990: Das ostfriesische Küstengebiet (2.Aufl.). Sammlung Geologischer Führer 57. Stuttgart.

STREIF, H., 1991: Zum Ausmaß und Ablauf eustatischer Meeresspiegelschwankungen im südlichen Nordseegebiet seit Beginn des letzten Interglazials. In: B. Frenzel (Hrsg.), Klimageschichtliche Probleme der letzten 130.000 Jahre. Paläoklimaforschung 1, 231-249. Stuttgart.

STREIF, H., 1998: Die Geologische Küstenkarte von Niedersachsen 1:25000 – eine neue Planungsgrundlage für die Küstenregion Zeitschrift für angewandte Geologie 44, 183-194.

VINK, A., STEFFEN, H., REINHARDT, L., u. KAUFMANN, G., 2007: Holocene relative sea-level change, isostatic subsidence and the radial viscosity structure of the mantel of northwest Europe (Belgium, the Netherlands, Germany, southern North Sea). Quaternary Science Reviews 26, 3249-3275.

Pingo-Landschaft in Ostfriesland

Pingo-landscape in East Frisia

Axel Heinze, Wim Hoek und Martina Tammen

Mit 5 Abbildungen und 1 Tabelle

Inhalt: Ein Schulprojekt am Niedersächsischen Internatsgymnasium Esens untersucht Pingo-Ruinen in der Umgebung von Esens und an weiteren Stellen in Ostfriesland. Es gibt eine hohe Dichte solcher abflusslosen Hohlformen, die einen starken Bezug zur Kulturlandschaft von der Steinzeit bis heute haben.

Schlüsselwörter: Ostfriesland, Periglazial, Permafrostboden, Pingo, Kulturlandschaft.

Abstract: A project undertaken by pupils of the senior boarding school at Esens in Lower Saxony investigates the remains of pingos in the area around Esens and other places in East Frisia. There are considerable numbers of these hollow landforms with no drainage outflow, which have been an integral part of the cultural landscape from the Stone Age to the present day.

Key words: East Frisia, Periglacial landforms, Permafrost soil, Pingo, Cultural landscape.

Axel Heinze, Jahnstraße 7, 26427 Esens – E-mail: axel.heinze@gmx.de

Dr. Wim Hoek, Department of Physical Geography, University of Utrecht, Heidelberglaan 2, 3584 CS Utrecht, The Netherlands – E-mail: w.z.hoek@uu.nl

Martina Tammen, Gartenstraße 21, 26427 Esens – E-mail: mar.ta@online.de

1 Pingo-Ruinen

In einem Projekt des Niedersächsischen Internatsgymnasiums Esens in Zusammenarbeit mit dem Geographischen Institut der Universität Utrecht und dem Museum Leben am Meer in Esens wurden abflusslose Hohlformen in der Umgebung von Esens und in einzelnen Fällen in ganz Ostfriesland untersucht. Im engeren Untersuchungsbereich konnten mehr als 60 solcher Hohlformen nachgewiesen werden, bei denen es sich in den meisten Fällen um Pingo-Ruinen handelt (Abb. 1). Dies sind deutlich mehr, als bisher in der Literatur angenommen worden sind (Garleff 1968).

Pingos sind „wachsende Hügel" mit einem Eiskern, die sich im Periglazial im Bereich von Permafrostboden gebildet haben. Nach dem Ausschmelzen des Eiskernes zum Ende der Weichselzeit bildete sich in der Regel ein See, der dann mit einer Mudde verlandete. Darüber bildete sich ein Moor im Rahmen des postglazialen Anstiegs des Grundwasserspiegels. Einzelne Bodenbildungen innerhalb der Füllung belegen klimatische Schwankungen in dieser Zeit.

Es lassen sich zwei Formen der Pingo-Bildung unterscheiden: „offene" Pingos mit Kontakt zum tieferen Grundwasser in diskontinuierlichem Permafrost und „geschlossene" Pingos, die sich über kontinuierlichem Permafrost bilden. Beide Formen sind anscheinend in Ostfriesland vertreten, wie das Projekt zeigte. Für das

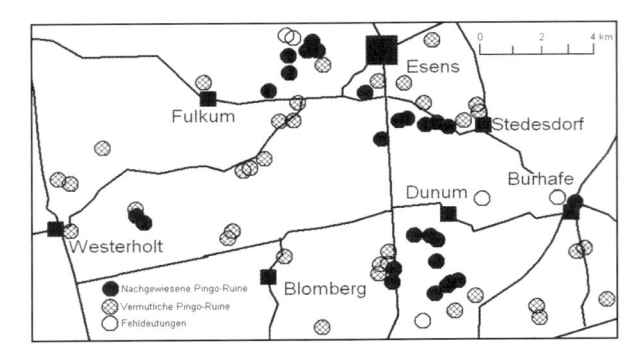

Abb. 1. Verbreitung von vermutlichen Pingo-Ruinen in der Umgebung von Esens (Grafik: A. Heinze).

Doove Meer beim Upstalsboom in Aurich-Rahe hat Holger FREUND (1995) den Nachweis einer Pingo-Ruine geführt. Ferner weist er darauf hin, dass auch das Frauenmeer bei Timmel eine Pingo-Ruine ist.

Die Pingo-Bildung scheint weitgehend unabhängig vom geologischen Untergrund zu sein. Pingo-Ruinen sind sowohl im Sand wie im Geschiebemergel, aber auch im massiven Lauenburger Ton zu finden. Typisch für die Pingo-Ruinen ist, dass die obere Sedimentschicht im Bereich der Hohlform fehlt. Sie erodierte während der Pingo-Phase mehr oder weniger vollständig. Im Umfeld der Ruinen ist oft eine Häufung von oberflächennahen Geschieben zu beobachten, die Reste der mehr oder weniger stark erodierten Randwälle.

Pingo-Ruinen haben in der Regel die Form einer flachen Schüssel mit einem Durchmesser bis über 200 m, die mit den Resten eines Randwalles umgeben ist und an einer Seite eine deutliche Abflussrinne aufweist. Im zentralen Bereich der Schüssel findet sich zumeist eine Mulde von bis zu 5 m Tiefe und bis zu 100 m Durchmesser, die durch Mudden und Torfe aufgefüllt ist. Wenn diese Mulde fehlt, ist von einem geschlossenen Pingo auszugehen.

In einzelnen Fällen konnte durch Pollenanalyse der Nachweis geführt werden, dass es sich um spätweichselzeitliche und frühholozäne Füllungen handelt (VAN DIJK 2010). Aber auch der Schichtaufbau in den erbohrten Profilen lässt in den meisten Fällen sicher erkennen, dass hier keine älteren Hohlformen vorausgegangen sind. Wenn eemzeitliche Torfe in einer solchen Mulde auftreten würden, müssten sie in aller Regel von weichselzeitlichen Flugsanden überdeckt sein. Dies wurde bisher aber noch nicht beobachtet.

Wenn die Pingo-Ruinen durch die landwirtschaftliche Nutzung nur gering überprägt sind, hat sich in ihnen in aller Regel eine Moorvegetation entwickelt. Damit sind sie unter dem Aspekt der Biodiversität in unserer Landschaft hervorragende Standorte, die in aller Regel auch als besonders geschützte Biotope ausgewiesen sind.

2 Untersuchungsmethoden

Die Schülerinnen und Schüler suchten die Hohlformen zunächst auf Karten und Luftbildern (Abb. 2). Dazu dienten die Bodenkarte von Niedersachsen 1:5000 (DGK 5 Bo) sowie die Luftbilder des Landes Niedersachsen aus dem Jahr 2003. Anschließend wurden die Objekte dann im Gelände so weit wie möglich durch Bohrungen mit dem Handbohrer bis max. 5 m Tiefe untersucht. Einzelne Bohrkerne bzw. Bohrprofile wurden dokumentiert (Abb. 3). Nach der Deutschen Grundkarte wurden Höhenschichtkarten gezeichnet, die den morphologischen Formenschatz der Pingo-Ruinen sichtbar werden lassen.

In einzelnen Fällen wurde der Glühverlust der Sedimente in den Pingo-Ruinen ermittelt (Abb. 4). Dabei wurden die klimatischen Schwankungen beim Übergang von der Weichselzeit zum Holozän sichtbar. Ferner wurde überprüft, ob Flurnamen Bezug auf die Hohlformen nehmen. Die Namen weisen überwiegend auf kleinflächige Vermoorungen hin, aber auch auf Wasserflächen oder feuchte Weiden.

Die aktuelle Nutzung des jeweiligen Geländes wurde anhand von Luftbildern kartiert. Sie besteht überwiegend aus Grünlandwirtschaft, in Einzelfällen aber auch aus Ackerbau. Pingo-Ruinen in Waldarealen sind in der Regel aufgeforstet, bieten aber gegenüber dem Umland sehr schlechte Wachstumsbedingungen. In wenigen Fällen gibt es keine landwirtschaftliche Überprägung. Unter dieser Voraussetzung ist dann eine hochmoorähnliche Vegetation mit einer deutlichen Zonierung nachweisbar.

Abb. 2. Luftbild mit drei Pingo-Ruinen bei Süddunum (Foto: Samtgemeinde Esens).

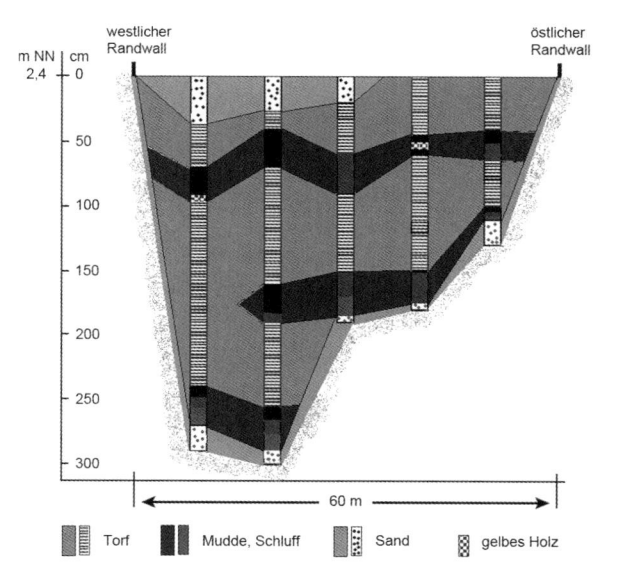

Abb. 3. Bohrprofil einer Pingo-Ruine bei Dunum
(Grafik: G. Scuda).

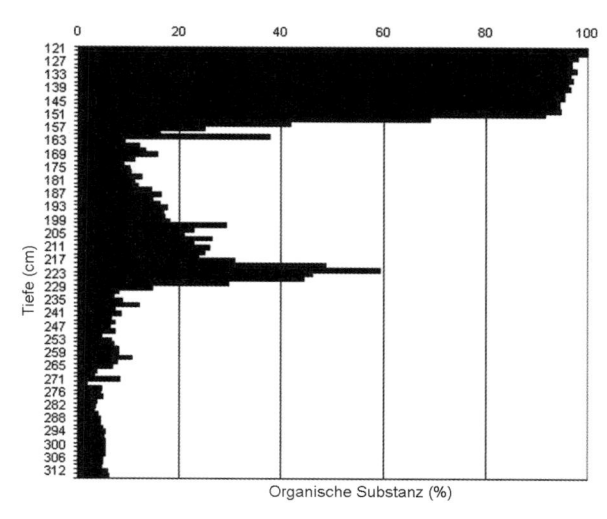

Abb. 4. Glühverlustanalyse der Mudde
einer Pingo-Ruine bei Dunum-Dammweg
mit spätweichselzeitlichem bis frühholozänem Pollengehalt
(Grafik: A. Heinze).

Die Ergebnisse der Schülerarbeiten werden zunächst auf www.pingos.kge-mediaworld.de, der Homepage des Projektes, veröffentlicht. Sie sollen später in einer Publikation zusammenhängend dargestellt werden.

3 Besondere Ergebnisse

Im Rahmen einer Baumaßnahme in Aurich-Sandhorst konnte ein geologisch-morphologisches Profil im Bereich eines Pingo-Randwalles dokumentiert werden. Es verdeutlicht die seitliche Ausdehnungsbewegung des Eiskörpers.

Im Falle des Dorfes Timmel, Ldkr. Aurich, ließ sich zeigen, dass die mittelalterliche Dorfanlage im Wesentlichen auf dem Randwall einer Pingo-Ruine angelegt worden ist. Die Landstraße, die die Ruine am westlichen Rand schneidet, ist eine Anlage des 19.

Abb. 5. Höhenschichtenkarte von Timmel
(Grafik: A. Heinze auf Grundlage der DGK 5 Bo:
2611/7 Westgroßefehn-West, 2611/8 Westgroßefehn,
2611/13 Timmel-West und 2611/14 Timmel-Ost).

Tiefe u. O. [cm]	Beschreibung
0 - 40	Feinsand, schwarz, humos (Auftragsdecke)
40 - 205	Torf, schwarz, zersetzt, homogen
205 - 209	Mudde, dunkelbraun
209 - 236	Mudde, mittelbraun
236 - 243	Feinsand, hell- bis mittelbraun
243 - 249	Torf, mittelbraun
249 - 275	Mudde, feinsandig, olivbraun
275 - 279	Feinsand, olivbraun mit 2 mm starkem hellbraunem Band
279 - 304	Mudde, olivbraun, mit Pflanzenresten
304 - 331	Grobsand, grau
331 - 370	Geschiebelehm, grau

Tab. 1. Bohrprofil in der Pingo-Ruine bei Timmel
(Beschreibung: F. Schrader).

Jahrhunderts. Die Fläche der zentralen Pingo-Ruine wurde früher als Grünland genutzt und ist im Rahmen einer Flurbereinigung zu einer Grünanlage mit Teich umgestaltet worden (Abb. 5 u. Tab. 1).

Bei einer Bohrung im zentralen Bereich einer Pingo-Ruine in Mamburg, Gde. Stedesdorf, Samtgde. Esens, wurden in 50 cm Tiefe Keramikscherben gefunden. Eine Sondierung ergab die zerscherbten Reste von zwei Gefäßen der mittleren Römischen Kaiserzeit sowie einen faustgroßen Milchquarz. Die Funde waren im Torf in ungestörter Lagerung eingebettet.

5 Literatur

BRINKKEMPER, O., BRONGERS, M., JAGER, S., SPEK, T., VAART, J. VAN DER, u. IJZERMAN, Y., 2009: De Mieden – een landschap in de Noordelijke Friese Wouden. Utrecht.

DIJK, J. VAN, 2010: Relative dating of two supposed pingo remnants near Esens, Ostfriesland, Northwest Germany. A lithological and palynological research. Semesterarbeit, Universität Utrecht.

FREUND, H., 1995: Pollenanalytische Untersuchungen zur Vegetations- und Siedlungsentwicklung im Moor am Upstalsboom, Ldkr. Aurich (Ostfriesland, Niedersachsen). Probleme der Küstenforschung im südlichen Nordseegebiet 23, 117-152.

GARLEFF, K., 1968: Geomorphologische Untersuchungen an geschlossenen Hohlformen („Kaven") des Niedersächsischen Tieflandes. Göttinger Geographische Abhandlungen 44. Göttingen.

So eine Schweinerei ...
Vergleichende Untersuchungen zum Stress bei eisenzeitlichen bis mittelalterlichen Schweinen aus dem norddeutschen Küstengebiet

What a mess ...
Comparative studies on stress in domestic pigs kept in the coastal areas of northern Germany from the Iron Age to the Middle Ages

Wolf-Rüdiger Teegen

Mit 8 Abbildungen und 4 Tabellen

Inhalt: An Zähnen von Hausschweinen aus zehn Wurtensiedlungen und (früh)städtischen Anlagen aus dem Küstengebiet von der Vorrömischen Eisenzeit bis zum Spätmittelalter wurden Vorkommen und Häufigkeit von sogenannten unspezifischen Stressmarkern, insbesondere von Wachstumsstörungen, untersucht. Es wurden vor allem transversale Schmelzhypoplasien, in geringerem Maße aber auch punktförmige und sonstige Schmelzdefekte sowie Wurzelhypoplasien festgestellt. Als Ursachen dieser unspezifischen Stressmarker kommen Krankheiten, Mangelzustände und allgemeiner Stress in Frage. Die Ergebnisse führen zu der Einschätzung, dass die Schweine auf kleinen Wurten offenbar größerem Stress ausgesetzt waren als die auf großen Wurten und vor allem in den (früh)städtischen Zentren und mittelalterlichen Städten. Hier boten sich den Schweinen vermutlich bessere Ernährungschancen, möglicherweise, weil mehr fressbarer Abfall vorhanden war. Ungefähr bei einem Drittel der Jungtiere lässt sich intrauteriner Stress nachweisen, der eine starke Belastung der Muttersauen belegt.

Schlüsselwörter: Norddeutschland, Küstengebiet, Vorrömische Eisenzeit, Römische Kaiserzeit, Völkerwanderungszeit, Mittelalter, Hausschwein, Zähne, Schmelzbildungsstörungen, Schmelzhypoplasien, Dentinbildungsstörungen, Wurzelhypoplasien.

Abstract: The presence and frequency of so-called unspecific stress-markers in domestic pigs from ten terp and (proto-)urban settlements in the coastal region of Germany (Iron Age to Late Middle Ages) were analysed with particular emphasis on developmental defects in teeth. The latter consisted mainly of linear transversal enamel hypoplasia. Less frequent were pit-type or other enamel hypoplasias and root hypoplasias or periradicular bands. These unspecific stress-markers can be caused by various diseases, dietary deficiencies and general stress. The results led to the conclusion that pigs kept in small terp settlements suffered greater stress than pigs in large terp settlements and, especially, in the (proto-)urban centres or medieval towns, which may have offered better nutrition for pigs, e.g. more edible waste. Approximately one third of the piglets suffered intrauterine stress, an indicator of high stress levels in the sow.

Key words: Northern Germany, Coastal region, Pre-Roman Iron Age, Roman Iron Age, Migration Period, Middle Ages, Domestic pig, Teeth, Enamel developmental defects, Enamel hypoplasia, Dentine developmental defects, Root hypoplasia.

Priv.-Doz. Dr. Wolf-Rüdiger Teegen, Ludwig-Maximilians-Universität München, Institut für Vor- und Frühgeschichtliche Archäologie und Provinzialrömische Archäologie / ArchaeoBioCenter, Geschwister-Scholl-Platz 1, 80539 München – E-mail: teegen@vfpa.fak12.uni-muenchen.de

Inhalt

1 Einleitung 54
2 Schmelz- und Dentinbildungsstörungen 54
   2.1 Schmelzbildungsstörungen 54
   2.2 Wurzelhypoplasien 55
   2.3 Entstehungszeitraum 56
   2.4 Material und Methoden 56
3 Ergebnisse und Diskussion 58
   3.1 Ergebnisse 58
   3.2 Diskussion 59
   3.3 Schlussfolgerungen 60
   3.3.1 Physiologischer Stress 60
   3.3.2 Anthropogener Stress 61
4 Quellen und Literatur 61

1 Einleitung

Stress bei Schweinen? Die Stressanfälligkeit von Schweinen etwa durch den Transport zum Schlachthof ist heute allgemein bekannt (WALDMANN u. WENDT 2001, 241 ff.). Aber Stress bei prähistorischen und mittelalterlichen Schweinen? Die Beantwortung dieser Frage ist Thema des Beitrags.

Stress bei prähistorischen und mittelalterlichen Schweinen lässt sich mit Hilfe von sogenannten unspezifischen Stressmarkern wie transversalen, punktförmigen und sonstigen Schmelzhypoplasien sowie Wurzelhypoplasien nachweisen. Die Auswertung dieser Marker erlaubt vielschichtige Aussagen zur Haltung und zur Stressbelastung. Stress bei Hausschweinen ist kein neues Phänomen, sondern seit den Anfängen der Schweinehaltung im Vorderen Orient im 9. Jahrtausend v. Chr. (ERVYNCK u. a. 2001) und seit dem 6. Jahrtausend v. Chr. in Mitteleuropa zu beobachten (DOBNEY u. a. 2004). Wildschweine dagegen sind von Stress normalerweise deutlich weniger betroffen.

Die diesem Bericht zugrunde liegenden Untersuchungen erfolgten in der Archäologisch-Zoologischen Arbeitsgruppe Schleswig. Für Arbeitsmöglichkeiten, Zugang zum Material, Unterstützung und Hinweise danke ich dort Prof. Dr. D. Heinrich, Prof. Dr. C. von Carnap-Bornheim und Dr. U. Schmölcke sowie Prof. Dr. W. H. Zimmermann in Wilhelmshaven.

2 Schmelz- und Dentinbildungsstörungen

2.1 Schmelzbildungsstörungen

Die Fédération Dentaire International (F. D. I. 1982) klassifiziert Schmelzbildungsstörungen beim erwachsenen Menschen wie in Tab. 1 aufgeführt. Diese Klassifikation kann auch auf Haustiere übertragen werden.

0	Normal
1	Opazität (weiß / cremefarben)
2	Opazität (gelb / braun)
3	Grubenförmige Hypoplasie
4	Hypoplasie in Form horizontaler Rillen (= transversale Schmelzhypoplasien)
5	Hypoplasie in Form vertikaler Rillen
6	Hypoplasie in Form fehlenden Schmelzes
7	Entfärbter Schmelz
8	Sonstige Schmelzdefekte

Tab. 1. Formen von Schmelzdefekten (nach F. D. I. 1982; HILLSON 1986, Tab. 2.2)

Bei archäologischen Zahnfunden lassen sich in der Regel nachweisen: lineare transversale (4) (Abb. 1-2, 4) oder punkt- bzw. grubenförmige (3) Hypoplasien (Abb. 3) sowie fleckförmige und unregelmäßige Defekte (8). Die lineare Form ist die häufigste. Die F. D. I.-Gruppen 1, 2 und 7 lassen sich aufgrund postmortaler Verfärbungen in der Regel nur schwer erkennen. Unregelmäßige Defekte nehmen oftmals große Teile der Krone ein. Die Schmelzdefektformen 5 und 6 werden nur selten beobachtet, wobei Form 6 vor allem an den Eckzähnen auftritt.

Bei transversalen Schmelzhypoplasien handelt es sich um makroskopisch und mikroskopisch erkennbare verminderte Ausbildungen des Zahnschmelzes, die als den Zahnschmelz horizontal umlaufende Rillen zu erkennen sind. Sie sind das Resultat einer Störung in der Schmelzbildung, die von der Spitze der Schmelzhöcker zur Wurzel hin erfolgt. Schmelzhypoplasien sind irreparable Störungen. Dies macht sie für Bioarchäologen so interessant, da sie nicht intravital umgebaut werden können, wie es bei den sogenannten Harrislinien möglich sein kann, die

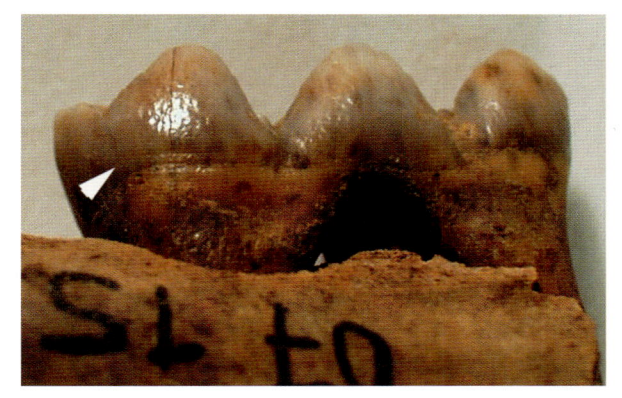

Abb. 1. Starigard (10. Jahrhundert).
Schwein, zweiter Milchbackenzahn pd4.
Transversale Schmelzhypoplasie
(Foto: W.-R. Teegen).

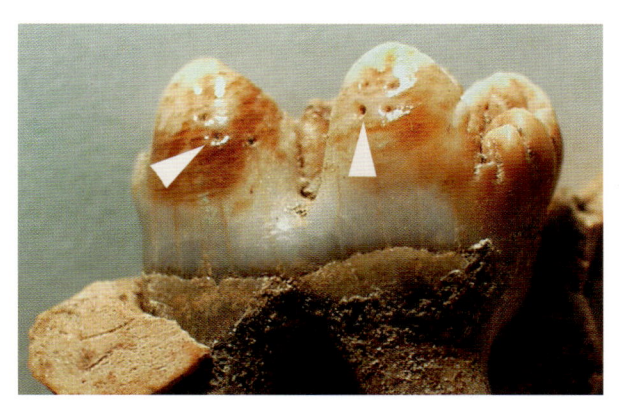

Abb. 3. Starigard (10. Jahrhundert).
Schwein, zweiter Dauerbackenzahn M2.
Punktförmige Schmelzhypoplasien
(Foto: W.-R. Teegen).

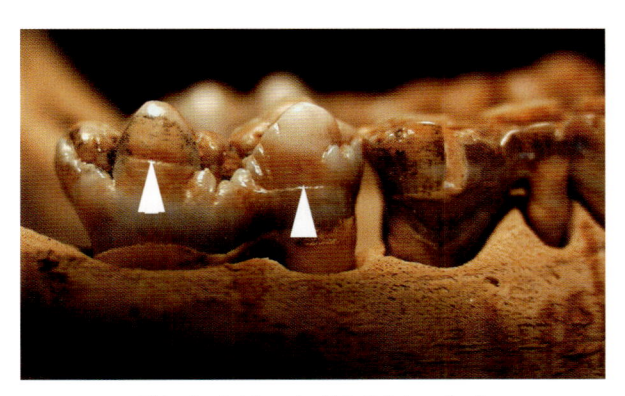

Abb. 2. Schleswig (13. Jahrhundert).
Schwein, erster Dauerbackenzahn M1.
Transversale Schmelzhypoplasien
(Foto: W.-R. Teegen).

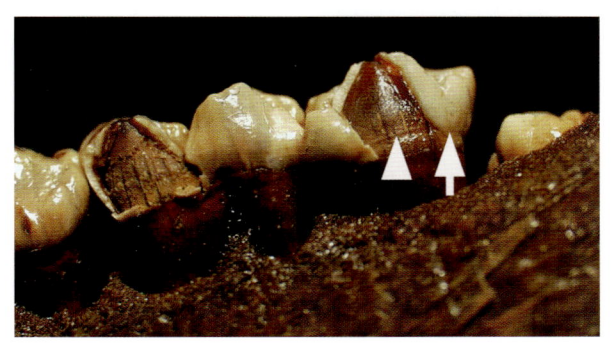

Abb. 4. Haithabu (10. Jahrhundert).
Schwein, zweiter Milchbackenzahn pd4.
Schmelzhypoplasien (Pfeil) und korrespondierende
Veränderungen am Dentin (Pfeilkopf)
(Foto: W.-R. Teegen).

auf Wachstumsstörungen der Langknochen zurückgehen. Schmelzhypoplasien können allerdings abgekaut (abradiert) werden. Daher sollten primär nicht oder nur wenig abradierte Zähne untersucht werden.

Schmelzhypoplasien an menschlichen Zähnen wurden im 19. Jahrhundert erstmals beobachtet. Ihre Untersuchung wurde von SWÄRDSTEDT (1966) in die paläopathologische Forschung eingeführt. Seitdem gehört ihre Erfassung beim Menschen zur Routine. Dennoch sind jahrgenaue Auswertungen noch immer nicht allgemein üblich.

In den 1870er Jahren konnten französische Ärzte und Naturforscher Schmelzhypoplasien auch an den Zähnen von Haus- und Wildtieren beschreiben. Bei prähistorischen und historischen Tieren – mit Ausnahme der Primaten – wurden Untersuchungen zum Auftreten von Schmelzhypoplasien vorwiegend an Schweinen durchgeführt (DOBNEY u. ERVYNCK 2000; DOBNEY u. a. 2002; 2004;

TEEGEN u. WUSSOW 2001; TEEGEN 2005; 2006). Die Zähne der Wiederkäuer sind aufgrund ihres Zementüberzugs für derartige Untersuchungen in der Regel nicht ohne weiteres zugänglich. Aber auch hier lassen sich Schmelzhypoplasien regelhaft nachweisen (TEEGEN 2006).

2.2 Wurzelhypoplasien

Wurzelhypoplasien (Abb. 5) sind ring- oder bandförmige Einschnürungen – seltener Erhebungen – an der Zahnwurzel. Im basalen Teil der Schmelzkrone können Schmelzhypoplasien in Wurzelhypoplasien übergehen. Diese werden bei Haustieren relativ häufig und beim Menschen eher gelegentlich nachgewiesen. Sie lassen sich an den Zahnwurzeln der meisten Haustierarten finden.

Die Beobachtung von Wurzelhypoplasien gelang erstmals an einigen römerzeitlichen Zahnwurzeln von

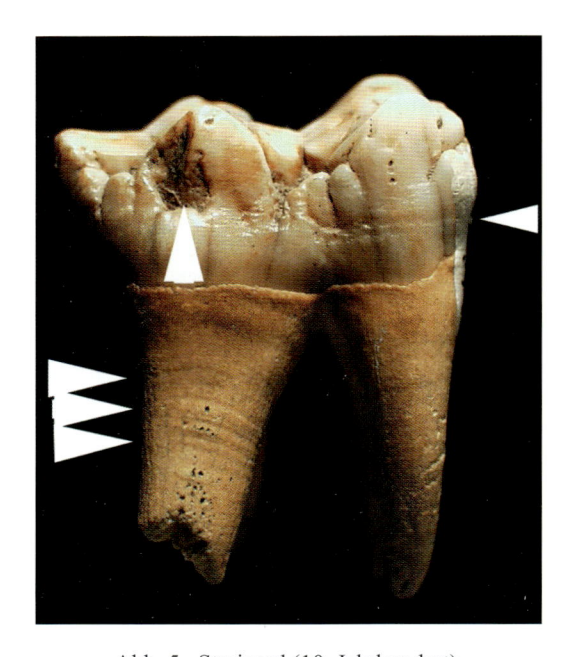

Abb. 5. Starigard (10. Jahrhundert).
Schwein. Transversale sowie punktförmige
Schmelzhypoplasien und multiple Wurzelhypoplasien
(Foto: W.-R. Teegen).

pd4	in utero (65. – 110/115. Fetaltag)
M1	in utero – 2./3. Monat
M2	3. – 10./11. Monat
M3	10. – 24. Monat

Tab. 2. Entstehungsalter der Zahnkronen spätreifer Schweine (nach McCance u. a. 1961; Tonge u. McCance 1973).

Schlachtabfällen aus Lopodunum/Ladenburg (Teegen u. Wussow 2001). Ihre besondere Bedeutung liegt darin, dass sich der am Zahnschmelz erkennbare Nachweiszeitraum von Entwicklungsstörungen (Mensch: intrauterin/Geburt bis 12 Jahre; Rind: bis 3 Jahre, Schaf/Ziege: bis 2 Jahre, Schwein: bis 2 Jahre) erweitern lässt, wenn auch die Zahnwurzeln mit in die Betrachtung einbezogen werden (Teegen 2004; 2006).

2.3 Entstehungszeitraum

Da das durchschnittliche Zahnwachstum bei den einzelnen (Haus-)Tierarten in etwa bekannt ist (Übersichten u. a. bei Habermehl 1975; Hillson 1986), kann das ungefähre Bildungsalter der Schmelzhypoplasien bei allen Haustierarten geschätzt werden (s. 2.4).

Der Nachweis von Schmelzhypoplasien ist beim Schwein auf die Ausbildung der Zahnkronen, d. h. auf das Alter zwischen dem 65. Fetaltag und etwa 2 Jahren nach der Geburt (Ausbildung der Krone des 3. Dauermolaren) beschränkt; die Tragzeit selber beträgt durchschnittlich 105 Tage. An den Wurzeln des 3. Dauermolaren lassen sich daneben noch bis etwa zum 25.-28. Monat Wurzelhypoplasien nachweisen, die in der Literatur auch periradikuläre Bänder genannt werden.

Nach McCance u. a. (1961) beginnt die Kronenanlage des ersten Dauermolaren M1 *in utero* und wird mit etwa 2-3 Monaten abgeschlossen (Tab. 2). Der M2 wird zwischen 3 und 10-11 Monaten gebildet, der M3 zwischen 10 und 24 Monaten. Diese Werte wurden an unterernährten bzw. spätreifen Schweinen ermittelt. In der Archäozoologie ist es allgemeiner Konsens, dass sich in Antike und Mittelalter die Schweine langsamer entwickelt haben als heute und dies den modernen spätreifen Rassen entspricht. Das Wachstum der heutigen (spätreifen) Wildschweine wird als Modell für die Entwicklung der prähistorischen und mittelalterlichen Schweine betrachtet.

Nach Bivin u. McClure (1976) beginnt die Schmelzbildung des Milchmolaren pd4 ungefähr um den 65. Fetaltag. Die Schmelzkappen sind ihren Angaben zufolge nach der Geburt ausgebildet (genaue Daten fehlen). Tonge u. McCance (1973) ermittelten an Röntgenbildern von unterernährten Schweinen einen Bildungszeitraum für den Schmelz zwischen dem 65. und 110./115. Fetaltag. Damit kann davon ausgegangen werden, dass die Zahnkronen der Milchmolaren um den Geburtszeitpunkt ausgebildet sind.

2.4 Material und Methoden

Die untersuchten Unterkiefer, aber auch Oberkiefer und Einzelzähne stammen aus folgenden zehn Flach- bzw. Wurtensiedlungen und (früh)städtischen Anlagen: der Flachsiedlung Hatzum-Boomborg (Becker 2012), den Großwurten Feddersen Wierde (Reichstein 1991) und Niens (Walhorn u. Heinrich 1999) in Niedersachsen sowie den Kleinwurten Haferwisch, Süderbusenwurth und Hassenbüttel (Witt 2002), der Großwurt Elisenhof (Reichstein 1994) und den frühstädtischen Anlagen Starigard/Oldenburg (Prummel 1993) und Haithabu (zuletzt Heinrich u. a. 2006) sowie der Stadt Schleswig in Schleswig-Holstein (zuletzt Heinrich, Pieper u. Reichstein 1995 – ausführliche Nachweise bei Teegen 2006). Bei der Auswahl der Fundorte wurde besonderer Wert auf solche Grabungen gelegt, die sowohl archäologisch als auch archäozoologisch und paläoethnobotanisch untersucht worden sind, um ein möglichst umfassendes Bild der Umwelt- und Lebensverhältnisse zu gewinnen. Diese Fundorte umspannen einen Zeitraum von mehr als 2000 Jahren, der von der frühen Vorrömischen Eisenzeit Norddeutschlands (ca. 500 v. Chr.) bis an das Ende des Mittelalters um 1500 n. Chr. reicht.

Von relativ wenigen Ausnahmen abgesehen, stammen die meisten Funde aus Siedlungsgrabungen und sind als Schlachtabfall anzusprechen.

Auf das Vorhandensein von Hypoplasien wurden 2410 Unterkieferfragmente untersucht (Tab. 3) und von diesen 1170 detailliert befundet und vermessen. Zusätzlich wurden zahlreiche Oberkiefer in die Studie einbezogen.

Der Entstehungszeitraum der Schmelz- und Wurzelhypoplasien lässt sich mit Hilfe verschiedener Verfahren schätzen. In den Untersuchungen, die diesem Beitrag zugrunde liegen, wurde ausschließlich makroskopisch bzw. lupenmikroskopisch befundet. Dabei wurde die Entfernung zwischen Schmelzhypoplasie („Linie") und der Schmelz-Zement-Grenze (CEJ) gemessen. Sie wird zur durchschnittlichen Kronenhöhe eines entsprechenden, nicht abradierten Zahns in Bezug gesetzt, dessen Maß also sozusagen zur „Kalibration" dient. DOBNEY u. ERVYNCK (2000, 599) entwickelten dazu eine Art der grafischen Darstellung, die auch hier angewandt wird: die Bildungszeit der einzelnen Molaren (M1-3) wird in Häufigkeitsdiagramme eingetragen.

Betrachten wir dies an einem Beispiel: Ist die Krone eines nicht abradierten M3 in der betreffenden Schweinepopulation 15 mm hoch, so beträgt das monatliche Wachstum etwa 1 mm, da die Krone des M3 im Zeitraum zwischen 10 und 24 Monaten gebildet wird (Tab. 2). Eine 1 mm über der CEJ liegende Schmelzhypoplasie entstand daher ungefähr im 23. Lebensmonat des Tieres. In einer relationalen Datenbank wurden diese Messwerte von 0 bis 13,5 mm in Klassen von 0,5 mm erfasst.

Allerdings ist zu berücksichtigen, dass sowohl beim Menschen als auch bei den Tieren die Zahnentwicklung nicht immer gleich abläuft und daher von einer mehr oder weniger großen Fehlerbreite auszugehen ist. Aus diesem Grunde sind alle im Folgenden vorgestellten Angaben, die nach der gerade beschriebenen Methode erhoben worden sind, als Schätzungen anzusehen.

Inzwischen gibt es aber ein noch genaueres Verfahren zur Altersschätzung (WITZEL 2009). Dabei wird die Anzahl der Perikymatien, d. h. der Reihen von Schmelzprismen, aus denen der Zahnschmelz aufgebaut ist, zwischen der CEJ und dem Defekt gezählt. Das kann nur mikroskopisch am Dünnschliff oder am rasterelektronenmikroskopischen Bild geschehen. Dieses vergleichsweise aufwendige Verfahren erlaubt aber auch die Abschätzung der Dauer der Wachstumsstörung.

Das Bildungsalter der Schmelzhypoplasien lässt sich in Häufigkeitsdiagrammen zusammenfassen. So kann das häufigste Bildungsalter ermittelt werden, das beispiels-

	Kiefer mit Zähnen	davon mit TSH	%
Hatzum-Boomborg	102	50	49,0
Feddersen Wierde	276	193	69,9
Haferwisch	11	9	81,8
Süderbusenwurth	13	11	84,6
Niens	15	10	66,6
Elisenhof	67	49	73,1
Starigard/Oldenburg	538	319	59,3
Haithabu	284	195	68,7
Schleswig	1074	708	65,9
Hassenbüttel	30	23	76,7
Summe / Anteil	2410	1567	65,0

Tab. 3. Häufigkeiten von transversalen Schmelzhypoplasien (TSH) beim Hausschwein.

weise Hinweise auf das Auftreten von Mangelzuständen oder Krankheiten gibt, die für bestimmte Lebensalter typisch sind. Multiples Auftreten weist u. U. auf saisonale Störungen der Zahnentwicklung hin.

2.5 Entstehungsursachen von Schmelzhypoplasien

Schmelzhypoplasien werden durch längere Wachstumsstörungen von mehreren Wochen bis zu zwei Monaten verursacht (Untersuchungen am Menschen: ROSE u. a. 1985, 289). Im Gegensatz dazu zeigen Mikrodefekte kurzfristige, unterschiedlich bedingte Störungen der Zahnentwicklung von meist nur 1-5 Tagen Dauer an (ROSE u. a. 1985, 289), die auch auf bestimmte Stellen der Zahnkrone begrenzt sein können. Sie lassen sich nur mikroskopisch im Dünnschliff nachweisen.

Bei besonders frühem Krankheits- bzw. Mangelbeginn, d. h. im fortgeschrittenen Fetalstadium oder im Säuglingsalter, können Schmelzhypoplasien auch am Milchgebiss des Menschen auftreten (BLAKELY u. GOODMAN 1985). Dies lässt sich ebenso an den Milchzähnen von Schweinen nachweisen. Im Gegensatz zum kindlichen Milchgebiss werden bei Ferkeln vergleichsweise häufig Schmelzhypoplasien nachgewiesen (s. 3.1; Abb. 1 u. 5).

Schmelzhypoplasien stehen nachweislich mit folgenden Krankheiten und Mangelzuständen in Verbindung (MILES u. GRIGSON 1990, 437-439): Vitamin D-Mangelernährung (Rachitis), Kalzium-Mangel, Infektionskrankheiten wie z. B. Tuberkulose, Traumata, Tetracyclingabe und Aufnahme von verpilztem Futter. Mangelversorgung bei zu großen Würfen kann ein weiterer Faktor sein. Bei Schafen können Schmelzhypoplasien auch durch Parasiteninfektion während des Wachstums oder durch Wassermangel erzeugt werden (SUCKLING u. a. 1983). Beim Menschen werden heute 90 verschiedene Faktoren für das Auftreten von Schmelzhypoplasien angenommen (JÄLEVIK u. NORÉN 2000, 285).

Das häufigste Bild bei rachitisbedingten Schmelzhypoplasien sind unregelmäßige Oberflächenstrukturen, bedingt durch eine unterschiedlich dicke Zahnschmelzschicht. Eine Differenzierung zwischen ernährungsbedingten und infektionsbedingten Schmelzhypoplasien gelang bislang weder bei Menschen noch bei Tieren.

3 Ergebnisse und Diskussion

3.1 Ergebnisse

An Schmelzdefekten wurden transversale Schmelzhypoplasien im Sinne schmaler (Abb. 1 u. 2) oder breiter Rillen und punkt- bzw. fleckförmige Defekte (Abb. 3) beobachtet. Störungen in der Dentinentwicklung lassen sich im (basalen) Kronenbereich (Abb. 4), vor allem aber durch Wurzelhypoplasien nachweisen (Abb. 5).

Schmelzhypoplasien bei Schweinen sind im norddeutschen Küstengebiet ein häufiges Phänomen von der Vorrömischen Eisenzeit bis zum späten Mittelalter. Der Anteil von Unterkiefern mit transversalen Schmelzhypoplasien beträgt hier 65 %. Dabei schwankt die Häufigkeit – von der Flachsiedlung Hatzum-Boomborg abgesehen – zwischen etwa 60 % und 85 % (Tab. 3). Die höchsten Werte finden sich auf kleinen Wurten und etwas niedrigere auf den großen Wurten. Die Schweine der (früh)städtischen Zentren und mittelalterlichen Städte zeigen eine vergleichsweise noch niedrigere Rate. Wegen der geringen Fundzahl sind die Angaben für die kleinen Wurten jedoch relativ unsicher.

Bemerkenswerterweise weisen die Schweine der kleinen Wurten die stärksten Schmelzdefekte auf. Die Ursachen für diese Differenzen bestanden anscheinend nicht in der Tatsache, ob die Tiere auf einer Wurt lebten, sondern in der Wurtgröße. Große Wurtensiedlungen wie die Feddersen Wierde oder Elisenhof (oder eine mittelalterliche Stadt) boten den Schweinen vermutlich bessere Ernährungsmöglichkeiten. Ob dies mit besserer Fütterung für Zucht und Verkauf in Verbindung stand oder ob einfach mehr fressbarer Abfall vorhanden war, bedarf noch weiterer Untersuchungen. Die geringste Häufigkeit von Schmelzhypoplasien zeigen die Schweine der Siedlung Hatzum-Boomborg. Hier weideten die Tiere wahrscheinlich in den botanisch nachgewiesenen Auenwäldern, die wohl recht günstige Ernährungsverhältnisse boten.

Betrachten wir die Gesamtverteilung der Linien, also der transversalen Schmelzhypoplasien, am zweiten Milchbackenzahn pd4, so erkennen wir in allen untersuchten Populationen bemerkenswerte Übereinstimmungen.

Dies wird am Beispiel der Populationen aus Hatzum-Boomborg, von der Feddersen Wierde und aus Starigard deutlich (Abb. 6). Die meisten transversalen Hypoplasien werden bei Messpositionen zwischen 0,5 mm und 1,0 mm am Zahn beobachtet, einen weiteren Peak gibt es bei etwa 3 mm. Auf die Entstehungszeit übertragen bedeutet dies, dass die meisten Schmelzbildungsstörungen gegen Ende der Fetalentwicklung bzw. um den Geburtszeitpunkt der Ferkel entstanden sind. Am M1 finden sich gehäuft Linien im Bereich von 2,0 mm und 3,5 mm oberhalb der Schmelzzementgrenze (TEEGEN 2006, Abb. 191,1). Kleinere Maxima sind bei 0,5 mm und 4,5 mm zu beobachten. Letzteres lässt sich sehr gut mit dem entsprechenden Maximum der Wurzelhypoplasien am zweiten Milchmolaren pd4 (vgl. Abb. 7, 2. Zeile) in Übereinstimmung bringen.

Von den 438 Schweineunterkiefern aus Starigard mit mindestens einem befundbaren Zahn weisen 277 entweder transversale oder punktförmige Schmelz- oder Wurzelhypoplasien auf.

Die graphische Darstellung der Verteilung der Hypoplasien (Abb. 7) zeigt folgende Ergebnisse: Sämtliche Schmelzhypoplasien des zweiten Milchmolars pd4 entstanden im letzten Trächtigkeitsmonat, wobei es zwei Peaks gibt. Die Hypoplasien des höheren Peaks entstanden kurz vor bzw. um den Geburtszeitraum, die des weniger hohen Peaks gegen Anfang des letzten Fetalmonats. Die wenigen Wurzelhypoplasien dieses Zahns sind wohl kurz nach der Geburt entstanden.

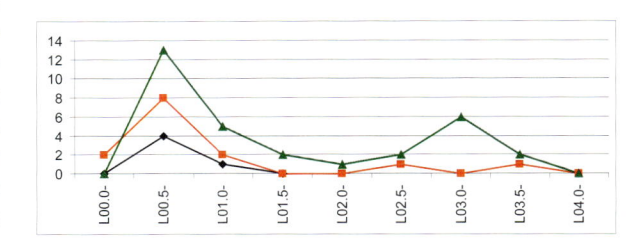

Abb. 6. Lage der transversalen Schmelzhypoplasien am zweiten Milchbackenzahn pd4 über der Schmelz-Zement-Grenze in 0,5 mm-Schritten.
Schwarz: Hatzum-Boomborg – Rot: Feddersen Wierde – Grün: Starigard (Grafik: W.-R. Teegen).

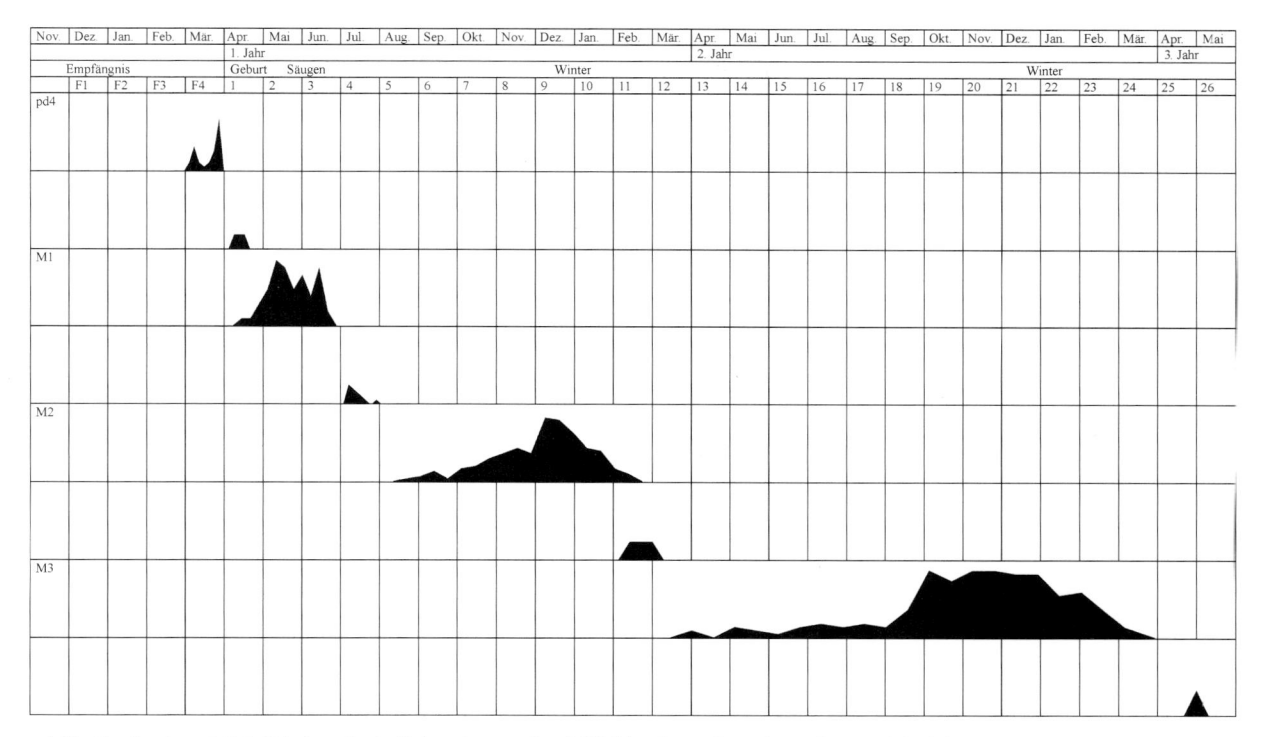

Abb. 7. Starigard (10. Jahrhundert). Schwein, zweiter Milchbackenzahn pd4 und erster bis dritter Dauerbackenzahn M1-3.
Entstehungsalter der transversalen Schmelzhypoplasien und Wurzelhypoplasien
(jeweils in der ersten bzw. zweiten Zeile) (Grafik: W.-R. Teegen).

Das stimmt mit den ersten Schmelzhypoplasien am Dauermolaren M1 überein. Diese Verteilung deutet bereits an, dass die quantitative Auswertung der Wurzelhypoplasien wichtige Aufschlüsse über den Zeitraum geben kann, der durch die Schmelzhypoplasien nicht sicher erfasst wird. Die meisten Linien des M1 sind aber im 2. sowie im 3. Lebensmonat entstanden. Daran schließen sich zeitlich die Wurzelhypoplasien des M1 an.

Das Maximum der Schmelzhypoplasien des M2 liegt im 9. Monat nach der Geburt. Wie beim M1 zeigen auch die Wurzelhypoplasien des M2 keine Übereinstimmungen mit Schmelzhypoplasien.

Ein massives Auftreten von Schmelzhypoplasien ist am M3 zwischen dem 19. und 21. (22.) Monat zu beobachten. Die Wurzelhypoplasien des M3 entstanden wohl im 25./26. Lebensmonat.

3.2 Diskussion

Die an den Dauerbackenzähnen M1 bis M3 aus Starigard nachgewiesenen Schmelzhypoplasien zeigen ein charakteristisches Verteilungsmuster. Dieses findet sich auch bei den anderen untersuchten Schweinepopulationen des Küstengebiets (TEEGEN 2006, 271-304).

Unsere Ergebnisse lassen sich gut mit den von DOBNEY u. ERVYNCK (2000) und DOBNEY u. a. (2004) erzielten vergleichen. Die genannten Autoren haben eine Reihe prähistorischer und frühgeschichtlicher Schweinepopulationen aus Großbritannien und vom europäischen Festland auf das Vorkommen von transversalen Schmelzhypoplasien untersucht. Dabei studierten sie ausschließlich die Dauermolaren.

Für die Schweinepopulationen von den britischen und belgischen Fundorten Durrington Walls, Wellin, Ename, Sugny und Londerzeel haben sie die Frequenzen sämtlicher Schmelzhypoplasien in Monatstafeln zusammengefasst (DOBNEY u. ERVYNCK 2000 – Abb. 8).

Vergleichen wir die Abb. 7 und 8, so zeigt sich eine perfekte Übereinstimmung zwischen den Serien, die einen Zeitraum von gut 5000 Jahren überspannen. Daraus ist zu folgern, dass hier – zumindest vom Neolithikum bis zum Mittelalter – ein allgemeingültiges Stressmuster der Schweine gefasst wird.

Die Gesamtverteilung zeigt außerdem ein „Grundrauschen", das vor allem im Frühjahr beobachtet werden kann. Es stellt vermutlich das Resultat individueller Stress- und Krankheitsbelastung dar und lässt sich nicht näher fassen. Möglicherweise gehören auch die Wurzelhypoplasien des M3 zu einem derartigen Phänomen (vgl. Abb. 7 unten rechts).

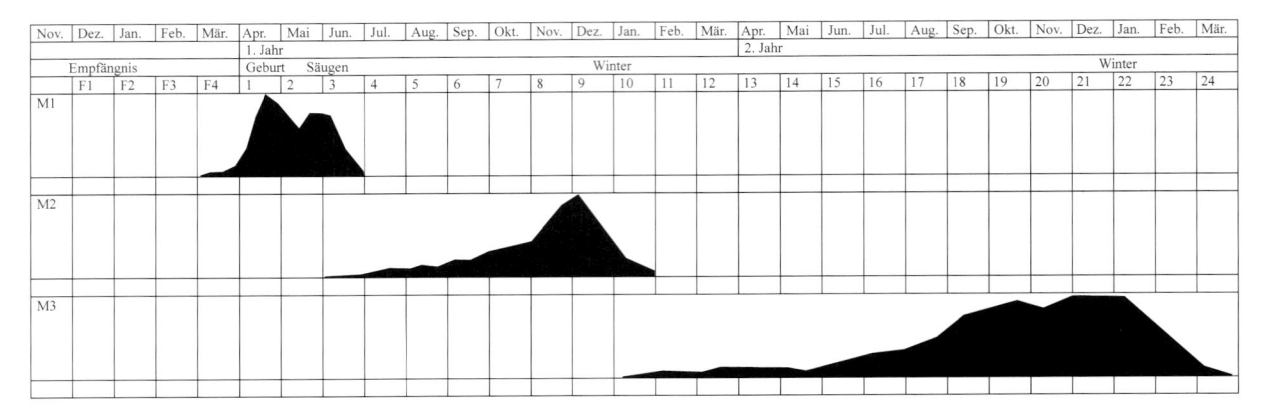

Abb. 8. Sammelserie aus England und Belgien (umgezeichnet nach DOBNEY u. ERVYNCK 2000, 605 Fig. 9).
Entstehungsalter der transversalen Schmelzhypoplasien am ersten bis dritten Dauerbackenzahn M1-3
(Grafik: W.-R. Teegen).

Wie DOBNEY u. a. (2004) an prähistorischen und rezenten Wildschweinen zeigen konnten, lassen sich an deren Zähnen entsprechende Muster nachweisen. Stress durch Trächtigkeit/Geburt, saisonalen Futtermangel vor allem im Winter und durch Krankheiten, aber auch durch soziale Verhaltensweisen sind ein allgemeines Phänomen, das sowohl Wild- wie Haustiere betrifft. Bei Hausschweinen kann dieser „natürliche Stress" aber durch anthropogene Faktoren – z. B. durch die Haltungsbedingungen – forciert werden.

3.3 Schlussfolgerungen

Zusammengefasst kann festgestellt werden: Die Analyse des Milchmolaren pd4 ergibt wichtige Hinweise zur Morbidität der Ferkel im letzten Viertel der Trächtigkeit. Bei guter Materialerhaltung können sie mit Hilfe des ersten Dauermolaren M1 validiert werden.

Die Analyse der Wurzelhypoplasien zeigt, dass diese wichtige Erkenntnisse zu Wachstumsstörungen geben können. In den meisten Fällen lassen sie sich mit dem Bildungsalter der Schmelzhypoplasien anderer Zähne korrelieren. Im Falle des M3 geben sie Aufschluss über einen Lebenszeitraum, der mit Hilfe der Schmelzhypoplasien nicht fassbar ist.

Welche Stresssituationen wirkten auf das prähistorische bzw. mittelalterliche Hausschwein ein? Dabei ist zwischen physiologischem, tierimmanentem und anthropogenem Stress zu unterscheiden.

3.3.1 Physiologischer Stress

Physiologischer Stress trifft jedes Tier in bestimmen Lebensabschnitten: Dies sind Trächtigkeit und Geburt, Pubertät / Geschlechtsreife, Brunst / Fortpflanzung, Rangordnungskämpfe (WALDMANN u. WENDT 2001, 243) (Tab. 4). Hinzu kommen die Faktoren Jahreszeit (Winter mit Verknappung des Futterangebots) und Krankheiten.

Trächtigkeit und Geburt: Wie oben dargelegt, lassen sich etwa bei einem Drittel der Schweine *in utero* entstandene Schmelzhypoplasien nachweisen, die sich am Milchmolaren pd4 zeigen. Bei einem beachtlichen Prozentsatz der Tiere sind perinatal entstandene Stressmarker zu verzeichnen, zu beobachten am ersten Dauermolaren M1. Dieser Zeitraum um den Geburtstermin war also für die Ferkel besonders gefährlich, ja sogar lebensgefährlich, wie rezente Sterberaten andeuten (WALDMANN u. WENDT 2001, 443 ff.).

Geschlechtsreife / Brunst / Fortpflanzung: Die quantitative Auswertung der Schmelzhypoplasien macht ihre Entstehung als Folge von besonderem Stress im Zuge von Geschlechtsreife und Brunst wahrscheinlich.

Trächtigkeit (vor allem der letzte Monat vor Geburt)
Geburt
Durchfälle in den Wochen nach der Geburt
Durchfälle beim Abstillen
(Kastration)
Eber ab 6 Monaten geschlechtsreif (COLUMELLA, De re rustica VII, 9, 2: *possunt tamen etiam semestris inplere feminam*)
Erste Rausche ab 8-9/12 Monaten (COLUMELLA, De re rustica VII, 9, 3: *annicula non inprobe concipit*), spätestens im zweiten Lebensjahr
19.-21. Lebensmonat: Hauptdeckzeit

Tab. 4. Besondere Stresszeiten bei Schweinen (zusammengestellt nach BILKEI 1996, WALDMANN u. WENDT 2001 sowie COLUMELLA).

Natürlich bilden Trächtigkeit und Geburt der Nachkommenschaft einen besonderen Stressfaktor für die Muttersau, der sich allerdings meist nur indirekt über die Nachkommenschaft nachweisen lässt.

Jahreszeit (Winter): Die im letzten Abschnitt genannten Stressepisoden lassen sich nicht direkt von denen des Winterhalbjahrs trennen, verläuft doch bei den meisten Schweinen die Trächtigkeit gerade in dieser Periode. Dennoch ist sicherlich mit einer Verknappung des Futterangebots zu rechnen. Nicht umsonst werden Schweine gerade in dieser Zeit geschlachtet.

Krankheiten: Wie oben dargelegt, ist in der Verteilung der Schmelzhypoplasien ein beachtliches „Grundrauschen" festzustellen. An dessen Entstehung sind sicherlich auch Krankheiten beteiligt.

Rangordnungskämpfe: Wahrscheinlich tragen auch Stressepisoden infolge von Rangordnungskämpfen (WALDMANN u. WENDT 2001, 34 ff.) zu diesem „Grundrauschen" bei.

Saisonaler Stress: Das Vorhandensein von Schmelzhypoplasien in den Eberhauern zeigt multiple Ereignisse an, die möglicherweise mit saisonalem Stress in Verbindung stehen könnten. Dies setzte sich anscheinend auch fort, nachdem M2 und M3 gebildet waren, d. h. nach 24 Monaten.

3.3.2 Anthropogener Stress

Anthropogenem Stress kommt eine besondere Bedeutung zu, wie ERVYNCK u. a. (2001) für die Schweine aus dem frühestneolithischen Çayönü (Türkei) zeigen konnten. Die Frequenzen von transversalen Schmelzhypoplasien schnellen bei den domestizierten Schweinen geradezu in die Höhe, wenn man sie mit den ortsansässigen Wildschweinen vergleicht.

Anthropogener Stress wird außer durch den Domestikationsprozess vor allem durch die Haltungs- und Fütterungsbedingungen und am Ende des Haustierlebens durch den gewaltsamen Tod bei der Schlachtung hervorgerufen. Über die Haltungs- und Fütterungsbedingungen der Schweine wissen wir – archäologisch gesehen – wenig. Für die Geest und das Binnenland ist die Waldweide historisch überliefert und war sie bis in die jüngere Vergangenheit in ländlichen Gebieten üblich.

Eberhauer wachsen permanent bis zum natürlichen Tod oder der Schlachtung des Tieres. Daher sind sie eine einzigartige biohistorische Urkunde, die zudem über den prämortalen Stress Auskunft geben kann. In der Tat finden sich sowohl im Wurzelbereich wie am apikal gelegenen Schmelz Hinweise darauf, dass oftmals eine verstärkte Hypoplasieentwicklung wenige Wochen vor dem Tod vorliegt. Die Schlachtung der Tiere dürfte im Allgemeinen im Spätherbst und Winter erfolgt sein. Dieser Jahreszeitraum ist wegen des Frostes auch für die Aufbewahrung des Fleisches ideal.

Die Schlachtung der Schweine in einer Siedlung wird wohl nicht an einem Tag, sondern innerhalb mehrerer Tage oder Wochen stattgefunden haben. Das Quieken der abgestochenen Schweine und die damit verbundene Todesangst der noch lebenden Tiere dürfte für diese eine große Stressbelastung mit sich gebracht haben. Darauf weisen auch Berichte aus Schlachthöfen hin. Untersuchungen des Leibniz-Instituts für Nutztierbiologie konnten Stressreaktionen auf arteigene Laute bei Schweinen in Form von schwankenden Herzfrequenzen nachweisen (vgl. DÜPJAN u. PUPPE 2011, 37).

Ob sich in den gehäuften basalen Hypoplasien der Eberhauer tatsächlich prämortaler Stress widerspiegelt oder „nur" der allgemeine Winterstress, muss durch weitere Untersuchungen geklärt werden.

4 Quellen und Literatur

BECKER, C., 2012: Aus dem Dunkel eines Magazins ans Licht gebracht. Archäozoologische Untersuchungen zu Hatzum-Boomborg, einer Siedlung der Vorrömischen Eisenzeit in Ostfriesland. Siedlungs- und Küstenforschung im südlichen Nordseegebiet 35, 201-294.

BILKEI, G., 1996: Sauen-Management. Jena, Stuttgart.

BIVIN, W. S., u. MCCLURE, R. C., 1976: Deciduous tooth chronology in the mandible of the domestic pig. Journal of Dental Research 55, 591-597.

BLAKELY, M. L., u. GOODMAN, A. H., 1985: Deciduous enamel defects in prehistoric Americans from Dickson Mounds. Prenatal and postnatal stress. American Journal of Physical Anthropology 66, 371-380.

COLUMELLA: Richter, W. (Hrsg.), 1982: L. I. M. Columella: De re rustica libri duodecim. Zwölf Bücher über die Landwirtschaft 2. Sammlung Tusculum. München, Zürich.

DOBNEY, K., u. ERVYNCK, A., 2000: Interpreting developmental stress in archaeological pigs. The chronology of linear enamel hypoplasia. Journal of Archaeological Science 27, 597-607.

DOBNEY, K. M., ERVYNCK, A., ALBARELLA, U., u. ROWLEY-CONWY, P., 2004: The chronology and frequency of a stress marker (linear enamel hypoplasia) in recent and archaeological populations of *Sus scrofa* in north-west Europe, and the effects of early domestication. Journal of Zoology 264, 197-208.

DOBNEY, K. M., ERVYNCK, A., LA FERLA, B., 2002: Assessment and further development of the recording and interpretation of linear enamel hypoplasia in archaeological pig populations. Environmental Archaeology 7, 35-46.

DÜPJAN, S., u. PUPPE, B., 2011: Wie Schweine fühlen. ForschungsReport 2011:1, 35-37.

ERVYNCK, A., DOBNEY, K., HONGO, H., u. MEADOW, R., 2001: Born free? New evidence for the status of *Sus scrofa* at Neolithic Çayönü Tepesi (Southeastern Anatolia, Turkey). Paléorient 27:2, 47-73.

F. D. I. (Hrsg.), 1982: Fédération Dentaire International, Commission on Oral Health, Research and Epidemiology: An epidemiological index of developmental defects of dental enamel (D. D. E. Index). International Dental Journal 32, 159-167.

HABERMEHL, K.-H., 1975: Altersbestimmung bei Haus- und Labortieren (2. Aufl.). Hamburg, Berlin.

HEINRICH, D., HÜSTER PLOGMANN, H., SCHMÖLCKE, U., u. HÜSER, K. J., 2006: Untersuchungen an Skelettresten von Tieren aus dem Hafen von Haithabu. Berichte über die Ausgrabungen in Haithabu 35. Neumünster.

HEINRICH, D., PIEPER, H., u. REICHSTEIN, H., 1995: Tierknochenfunde der Ausgrabung Schild 1971-1975. Ausgrabungen in Schleswig 11. Neumünster.

HILLSON, S., 1986: Teeth. Cambridge Manual of Archaeology. Cambridge.

JÄLEVIK, B., u. NORÉN, J. G., 2000: Enamel hypomineralization of permanent first molars. A morphological study and survey of possible aetiological factors. International Journal of Paediatric Dentistry 10, 278-289.

MCCANCE, R. A., FORD, E. H. R., u. BROWN, W. A. B., 1961: Severe undernutrition in growing and adult animals 7. Development of the skull, jaws and teeth in pigs. British Journal of Nutrition 15, 213-224.

MILES, A. E. W., u. GRIGSON, C., 1990: Coyler's variations and diseases of the teeth of animals (Überarb. Ausg.). Cambridge.

MÜLLER-WILLE, M. (Hrsg.), 1991: Starigard/Oldenburg. Ein slawischer Herrschersitz des frühen Mittelalters in Ostholstein. Neumünster.

PRUMMEL, W., 1993: Starigard/Oldenburg. Hauptburg der Slawen in Wagrien 4. Die Tierknochenfunde unter besonderer Berücksichtigung der Beizjagd. Offa-Bücher 74. Neumünster.

REICHSTEIN, H. (mit einem Beitrag von D. HEINRICH), 1991: Die Fauna des germanischen Dorfes Feddersen Wierde. Feddersen Wierde 4. Wiesbaden.

REICHSTEIN, H., 1994: Die Säugetiere und Vögel aus der frühgeschichtlichen Wurt Elisenhof. Studien zur Küstenarchäologie Schleswig-Holsteins, Serie A: Elisenhof 6, 1-214. Frankfurt am Main, New York.

ROSE, J. C., GORDON, K. W., u. GOODMAN, A. H., 1985: Diet and dentition. Developmental disturbances. In: R. I. Gilbert, J. H. Mielke (Hrsg.), The analysis of prehistoric diets, 281-305. Orlando.

SUCKLING, G. W., ELLIOT, D. C., u. THURLEY, D. C., 1983: The production of developmental defects of enamel in the incisor teeth of penned sheep resulting from induced parasitism. Archives of Oral Biology 28, 393-399.

SWÄRDSTEDT, T., 1966: Odontological aspects of a medieval population in the province of Jämtland/Mid-Sweden. Dissertation, Universität Stockholm.

TEEGEN, W.-R., 2004: Hypoplasia of the tooth root. A new unspecific stress marker in human and animal paleopathology. American Journal of Physical Anthropology, Supplement 38, 193.

TEEGEN, W.-R., 2005: Linear transverse enamel hypoplasias in medieval pigs from Germany. Starigard/Oldenburg (10th cent. AD). In: J. Davies, M. Fabis, I. Mainland, M. Richards, R. Thomas (Hrsg.), Health and diet in past animal populations. Current research and future directions. Proceedings of the 9th ICAZ Conference, Durham 2002, 89-92. Oxford.

TEEGEN, W.-R., 2006: Zur Archäologie der Tierkrankheiten von der frühen Eisenzeit bis zur Renaissance im deutschen Küstengebiet. Ungedruckte Habilitationsschrift, Universität Leipzig.

TEEGEN, W.-R., u. WUSSOW, J., 2001: Animal diseases in the Roman town Lopodunum/Ladenburg (Germany). Vortrag, Annual Meeting of the Paleopathology Association, Kansas City, U.S.A., March 2001.

TONGE, C. H., u. MCCANCE, R. A., 1973: Normal development of the jaws and teeth in pigs, and the delay and malocclusion produced by calorie deficiencies. Journal of Anatomy 115, 1-22.

WALDMANN, K.-H., u. WENDT, M., (Hrsg.), 2001: Lehrbuch der Schweinekrankheiten (3. Aufl.). Berlin.

WALHORN, A., u. HEINRICH, D., 1999: Untersuchungen an Tierknochen aus der mittelalterlichen Wurt Niens, Ldkr. Wesermarsch. Probleme der Küstenforschung im südlichen Nordseegebiet 26, 209-262.

WITT, R., 2002: Untersuchungen an kaiserzeitlichen und mittelalterlichen Tierknochen aus Wurtensiedlungen der schleswig-holsteinischen Westküstenregion. Dissertation Universität Kiel (http://eldiss.uni-kiel.de/macau/receive/dissertation_diss_722).

WITZEL, C., 2009: Morphologische Analyse von Schmelzhypoplasien als Marker für systemischen Stress – Ein Beitrag zur Patho-Biographie bei Mensch und Tier. Dissertation, Universität Hildesheim.

Tierknochen aus der Siedlung der Vorrömischen Eisenzeit und Römischen Kaiserzeit Bentumersiel bei Jemgum, Ldkr. Leer (Ostfriesland)

Animal bones from the settlement at Pre-Roman and Roman Iron Age Bentumersiel, near Jemgum, in the District of Leer (East Frisia)

Hans Christian Küchelmann

Mit 12 Abbildungen und 5 Tabellen

Inhalt: Dieser Beitrag ist eine kurze Zusammenfassung der Untersuchung von Tierknochenfunden aus den Grabungen, die das Niedersächsische Institut für historische Küstenforschung von 2006 bis 2008 in Bentumersiel bei Jemgum, Ldkr. Leer, durchgeführt hat. Dargestellt werden Artenspektren und -frequenzen, Skelettelement-, Alters- und Geschlechterverteilungen sowie osteometrische Ergebnisse. Die Daten der Fundstelle werden in einen überregionalen Bezug gesetzt.

Schlüsselwörter: Norddeutschland, Ostfriesland, Bentumersiel, Vorrömische Eisenzeit, Römische Kaiserzeit, Archäozoologie, Säugetiere.

Abstract: This is a short summary of the analysis of the animal bones from the excavations carried out by the Lower Saxony Institute for Historical Coastal Research from 2006 to 2008 at Bentumersiel, near Jemgum in the District of Leer. The species found and their frequencies are presented together with osteometric data, skeletal element, age and sex ratios. The data are correlated with information from other sites.

Key words: Northern Germany, East Frisia, Bentumersiel, Pre-Roman Iron Age, Roman Iron Age, Archaeozoology, Mammals.

Dipl.-Biologe Hans Christian Küchelmann (Knochenarbeit), Konsul-Smidt-Str. 30, 28217 Bremen – E-mail: info@knochenarbeit.de

Inhalt

1 Einleitung 64
2 Material und Methoden 66
   2.1 Fundmaterial und vorbereitende Arbeiten 66
   2.2 Archäozoologische und taphonomische Untersuchung 66

3 Ergebnisse 66
   3.1 Säugetiere 66
   3.2 Vögel 68
   3.3 Fische 68
   3.4 Räumliche und stratigraphische Verteilung der Funde 70

3.5 Vergleich der Fundkomplexe untereinander und mit dem Inventar der Altgrabung 1971-1973........... 70
3.6 Pathologien und Anomalien........... 74
3.7 Taphonomie...................... 74
3.8 Knochenhandwerk................. 75
3.9 Vergleich mit Fundstellen der Vorrömischen Eisenzeit und Römischen Kaiserzeit in Norddeutschland und den Niederlanden............... 75

3.9.1 Artenspektren und -frequenzen......... 75
3.9.2 Alters- und Geschlechterverteilung: die Nutzung der Haustiere............ 78
3.9.3 Körpergrößen..................... 79
3.10 Ökologische Aspekte................ 82
4 Zusammenfassung...................... 83
5 Danksagung........................... 83
6 Literatur 84

1 Einleitung

Die Fundstelle Bentumersiel (Gmkg. Holtgaste, Gde. Jemgum, Ldkr. Leer) liegt am linksseitigen, westlichen Ufer der unteren Ems. Bereits in den Jahren 1928-1930 wurden hier beim Abbau von Klei für eine Ziegelei archäologische Funde zutage gefördert und erste Ausgrabungen durchgeführt.

Von 1971 bis 1973 wurde die Fundstelle vom Niedersächsischen Landesinstitut für Marschen- und Wurtenforschung in Wilhelmshaven (heute Niedersächsisches Institut für historische Küstenforschung [NIhK]) unter Leitung von Klaus Brandt auf einer Fläche von 2.800 m² untersucht (im Folgenden als Altgrabung bezeichnet – BRANDT 1972; 1974; 1977). In den Jahren 2006-2008 folgten erneut Grabungen durch das NIhK unter Leitung von Erwin Strahl. Hierbei wurden acht Flächen mit insgesamt knapp 1.100 m² untersucht (Abb. 1). Mit Fläche 1 wurde der Anschluss an die Altgrabung hergestellt. Die Flächen 2-8 erschlossen stichprobenartig das Areal nördlich der Altgrabung. In allen Flächen wurden Reste einer ca. 30-50 cm starken Siedlungsschicht aufgefunden. In den Flächen 2, 6 und 8 wurden ehemalige Prielarme angeschnitten. Fläche 3 enthielt ein Brandgrab (MÜCKENBERGER u. STRAHL 2009; STRAHL 2007; 2009a; 2009b; 2010; 2011).

Nördlich der Fundstelle wurden 2008 durch den Archäologischen Dienst der Ostfriesischen Landschaft auf einem Areal von 2 ha Suchschnitte mit einer Fläche von insgesamt 8000 m² angelegt. Auch hier konnten Siedlungsspuren, Uferbefestigungen und Keramikfunde verschiedener Zeitabschnitte dokumentiert werden (PRISON 2009; 2010; 2011). Die Siedlung Bentumersiel setzte sich hier aber nicht mehr weiter fort.

Bentumersiel ist als Flachsiedlung auf dem 1-2 km breiten tonigen Uferwall der Ems angelegt worden (BRANDT 1977, 2). Der Uferwall wurde von mehreren Prielen durchbrochen, die das Siedlungsareal nach Westen und Süden begrenzten. Die Siedlung wurde spätestens im 1. Jh. v. Chr. gegründet und mindestens bis in das 3. Jh. n. Chr. genutzt. Einige Indizien – neben entsprechender Keramik auch einige Metallfunde – lassen den Schluß zu, dass an dieser Stelle bereits im 3.-2. Jh. v. Chr. eine Siedlung bestanden hat. Abgesehen von den einheimischen Funden der Vorrömischen Eisenzeit und der Römischen Kaiserzeit zeichnet sich die Fundstelle durch außergewöhnliche Funde römischer Militärausrüstung aus.

Im südlichen Drittel der Siedlung wurden kleine dreischiffige Häuser ohne Stallteil dokumentiert. Hier und in den nördlichen Flächen fanden sich auch Reste von kleinen Pfostenspeichern. Die Siedlungsfläche wurde von zahlreichen Pfostenreihen untergliedert, ferner wurden Brunnen, Gräben und befestigte Wege angetroffen. Die gesamte Siedlungsfläche umfasst ein Areal von über 20.000 m², von denen bislang ca. 20 % ausgegraben worden sind (BRANDT 1977; STRAHL 2009b; 2010; 2011; ULBERT 1977).

Abweichungen der Fundstelle von zeittypischen bäuerlichen Siedlungen des Nordseeküstenraums führten zur Hypothese einer alternativen Nutzung. Diskutiert wurden und werden ein saisonal genutzter Markt- und Stapelplatz mit Handwerkern, der bei der Versorgung römischer Legionäre von Bedeutung gewesen ist, oder auch eine Sommerweide (STRAHL 2009b, 15).

Anhand botanischer Funde ließen sich verschiedene Natur- und Kulturräume in der Umgebung der Siedlung belegen, darunter Äcker, selten überflutetes Grünland (Weideland), Wege, Feuchtwiesen, ein Auenwald entlang der Ems, ein Erlenbruchwald im vermoorten Hinterland des Uferwalls, nährstoffreiche Süßgewässer, Nieder- und Hochmoor sowie in geringer Menge Salzwiesen. Nutzpflanzen und Ackerwildkräuter belegen Ackerbau im Sommeranbau in der Nähe der Siedlung (BEHRE 1977).

Der vorliegende Artikel ist die Zusammenfassung eines detaillierten Berichts über die Untersuchung der Tierknochenfunde aus den Grabungskampagnen

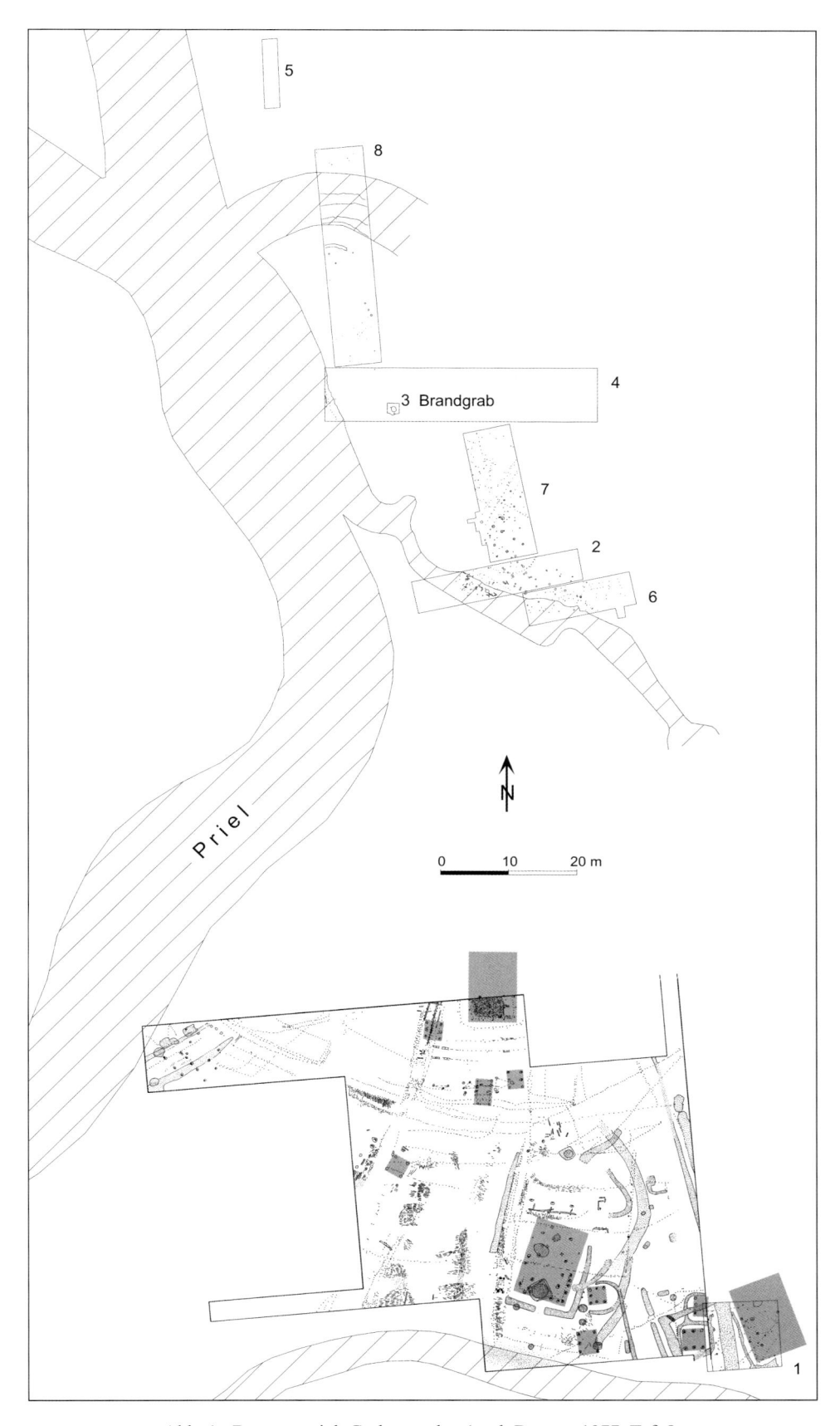

Abb. 1. Bentumersiel. Grabungsplan (nach Brandt 1977, Taf. 8 mit Ergänzung durch D. Dallaserra, M. Spohr, R. Stamm u. R. Kiepe, NIhK).

2006-2008 (KÜCHELMANN 2011), dessen Publikation in Vorbereitung ist. Aus den Grabungskampagnen 1971- 1973 wurden bereits 6.439 Tierknochenfunde untersucht (ZAWATKA u. REICHSTEIN 1977).

2 Material und Methoden

2.1 Fundmaterial und vorbereitende Arbeiten

Die Grabungsflächen waren in Quadranten von 1×1 m Kantenlänge eingeteilt, der Boden wurde in 10 cm starken Abtragsschichten abgehoben. Funde wurden durch Handsammlung geborgen und Quadrant und Abtrag zugeordnet.

Insgesamt wurden 9.513 Knochenfunde mit einem Gewicht von 181,5 kg zur Untersuchung vorgelegt (Tab. 1). Das Fundmaterial wurde in vier archäologisch differenzierbare Komplexe aufgeteilt: Gesondert behandelt wurden die Fläche 1 und das Brandgrab in Fläche 3. Der Fundinhalt der Siedlungsschicht der Flächen 2, 6, 7 und 8 wurde zusammen bearbeitet. Davon separiert wurden Funde aus dem Priel.

2.2 Archäozoologische und taphonomische Untersuchung

Die vergleichend-morphologische Bestimmung der Tierknochen wurde mit Hilfe der osteologischen Referenzsammlungen des Autors (KnA) und der Archäologisch-Zoologischen Arbeitsgruppe (AZA) am Zentrum für Baltische und Skandinavische Archäologie (ZBSA) im Archäologischen Landesmuseum Schleswig durchgeführt. An Literaturquellen wurden die Arbeiten von BOESSNECK u. a. (1964), HEINRICH (1995), KRATOCHVIL (1976), PRUMMEL u. FRISCH (1986) und SCHMID (1972) herangezogen.

Ermittelt wurden für jeden Fund die Primärdaten für Tierart, Skelettelement, Körperseite, Knochenteil, Altersstadium und Geschlecht. Altersstadien wurden anhand des Gebiss- und Epiphysenzustands nach HABERMEHL (1975; 1985) und HARRIS (1978), anatomische Maße nach VON DEN DRIESCH (1976) ermittelt. Alle Funde wurden auf taphonomische Spuren sowie auf Anomalien und Pathologien untersucht. Die Bezeichnung anatomischer Begriffe folgt der Nomenklatur von NICKEL u. a. (1992). Die Namen der Haustierarten richten sich nach der aktuellen Regelung der Zoologischen Nomenklaturkommission (ICZN) (GENTRY u. a. 2004).

Fundkomplex	Knochenzahl (KNZ)	Knochengewicht (g)
Fläche 1 Siedlungsschicht	1.128	27.266,7
Fläche 2, 6, 7, 8 Siedlungsschicht	1.516	26.716,6
Fläche 2, 6, 8 Priel	6.497	123.110,0
Fläche 3 Brandgrab	37	187,5
Streufunde	335	4.172,3
Summe	9.513	181.453,1

Tab. 1. Bentumersiel. Knocheninventar der verschiedenen Fundkomplexe aus den Grabungen 2006-2008.

3 Ergebnisse

Im Verlauf der Untersuchung wurden nach der Primärdatenerhebung zunächst die in Tab. 1 genannten Fundkomplexe getrennt voneinander ausgewertet. Um den vorgegebenen Umfang dieses Artikels nicht zu sprengen, kann auf die Detaildaten der einzelnen Fundkomplexe hier nicht näher eingegangen werden (s. hierzu KÜCHELMANN 2011). Im Folgenden werden nur das Gesamtinventar und Differenzierungen innerhalb der Fundstelle dargestellt. Anschließend werden die Ergebnisse zu denen anderer Fundstellen in Bezug gesetzt.

Im Fundmaterial vertreten sind Säugetiere, Vögel und Fische (Tab. 2). Von den 9.513 Tierknochen ließen sich 6.166 tierartlich bestimmen (= Anzahl der bestimmten Funde NISP), das entspricht 64,8 %.

Säugetiere dominieren das Tierknocheninventar mit 98,7 % der bestimmten Funde (n = 6.083) in ungewöhnlich deutlicher Form (Tab. 2, Abb. 2). Vögel sind lediglich mit 2, Fische mit 82 Funden vertreten. Die Betrachtung der Gewichtsverhältnisse pointiert das Ergebnis: Der Anteil der Säuger am Gewicht liegt bei 99,7 %, Fische machen demgegenüber nur 0,3 % und Vögel nur 0,02 % aus.

3.1 Säugetiere

Innerhalb der Säuger überwiegen die Haustiere deutlich (Tab. 2, Abb. 2): Von diesen stammen 6.058 Funde bzw. 164,1 kg, das entspricht einem Anteil von 98,3 % der NISP bzw. 99,3 % des Gewichts. Wildsäuger sind

Tierart		Knochen-zahl	relative Anzahl (%)		Gewicht (g)	relatives Gewicht (%)	
			bezogen auf KNZ	bezogen auf NISP		bezogen auf KNZ	bezogen auf NISP
Haussäugetiere	**Mammalia**						
Hausrind	*Bos taurus*	3.524	37,04	57,15	125.092,5	68,94	75,70
Schaf / Ziege	*Ovis / Capra*	1.295	13,61	21,00	9.752,9	5,37	5,90
Hausschwein	*Sus domesticus*	861	9,05	13,96	13.351,0	7,36	8,08
Pferd	*Equus caballus*	358	3,76	5,81	15.706,1	8,66	9,51
Hund	*Canis familiaris*	19	0,20	0,31	200,1	0,11	0,12
Raubtier	Carnivora	1	0,01	0,02	4,3	<0,01	<0,01
	Summe	**6.058**	**63,68**	**98,25**	**164.106,9**	**90,44**	**99,31**
Wildsäugetiere	**Mammalia**						
Rothirsch	*Cervus elaphus*	13	0,14	0,21	428,6	0,24	0,26
Reh	*Capreolus capreolus*	1	0,01	0,02	18,3	0,01	0,01
Wildschwein	*Sus scrofa*	2	0,02	0,03	103,1	0,06	0,06
Feldhase	*Lepus europaeus*	1	0,01	0,02	2,0	<0,01	<0,01
Fuchs	*Vulpes vulpes*	2	0,02	0,03	11,1	0,01	0,01
Wildkatze	*Felis sylvestris*	2	0,02	0,03	5,7	<0,01	<0,01
Biber	*Castor fiber*	4	0,04	0,06	46,9	0,03	0,03
	Summe	**25**	**0,26**	**0,41**	**615,7**	**0,34**	**0,37**
Säugetiere	**unbestimmt**						
Säugetiere	Mammalia	2.739	28,79		11.815,3	6,51	
Säugetiere, groß	Mammalia, groß	431	4,53		3.883,4	2,14	
Säugetiere, mittel	Mammalia, mittel	166	1,74		501,0	0,28	
Säugetiere, klein	Mammalia, klein	10	0,11		12,2	0,01	
	Summe	**3.346**	**35,17**		**16.211,9**	**8,93**	
	gesamt Säugetiere	**9.429**	**99,12**	**98,65**	**180.934,5**	**99,71**	**99,69**
Vögel	**Aves**						
Truthuhn	*Meleagris gallopavo*	1	0,01	0,015	37,9	0,02	0,02
Gans	Anserinae	1	0,01	0,015	2,6	<0,01	<0,01
	gesamt Vögel	**2**	**0,02**	**0,03**	**40,5**	**0,02**	**0,02**
Fische	**Pisces**						
Stör	*Acipenser sturio*	79	0,83	1,28	475,7	0,26	0,29
Karpfenfische	Cyprinidae	2	0,02	0,03	0,6	<0,01	<0,01
Fische unbestimmt	Pisces	1	0,01		1,8	<0,01	
	gesamt Fische	**82**	**0,86**	**1,31**	**478,1**	**0,26**	**0,29**
	Knochenzahl gesamt (KNZ)	**9.513**	**100,00**		**181.453,1**	**100,00**	
	Zahl bestimmter Knochen (NISP)	**6.166**		**100,00**	**165.239,4**		**100,00**

Tab. 2. Bentumersiel. Artenspektrum des Gesamtinventars der Tierknochenfunde aus den Grabungen 2006-2008.

demgegenüber nur durch 25 Funde nachweisbar. Unter den Haussäugern dominiert das Rind (*Bos taurus*) mit 57,2 % der NISP. Demgegenüber treten die kleinen Wiederkäuer Schaf (*Ovis aries*) und Ziege (*Capra hircus*) sowie das Hausschwein (*Sus domesticus*) mit 21,0 % bzw. 14,0 % deutlich in den Hintergrund. Das Pferd (*Equus caballus*) ist mit 5,8 % vertreten, der Hund (*Canis familiaris*) nur mit 0,3 % (Abb. 2a).

Da das Körper- und Fleischgewicht eines Nutztiers zu seinem Knochengewicht in einem proportionalen Verhältnis steht, geben die Gewichtsverhältnisse einen besseren Eindruck von der wirtschaftlichen Bedeutung einer Art als die Knochenzahl. Erwartungsgemäß wird hier die dominierende Rolle des Rinds noch deutlicher: 75,7 % des Gewichts der bestimmten Funde stammen vom Rind. Schaf / Ziege und Schwein treten aufgrund

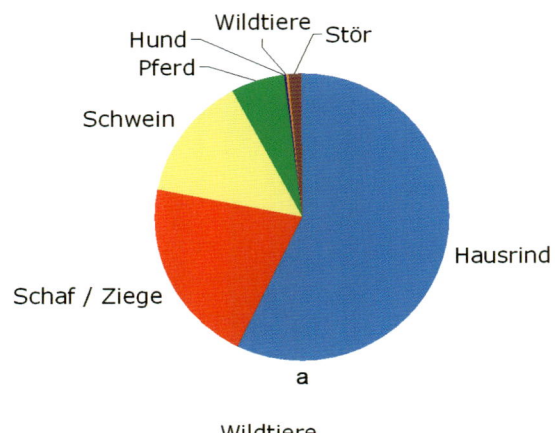

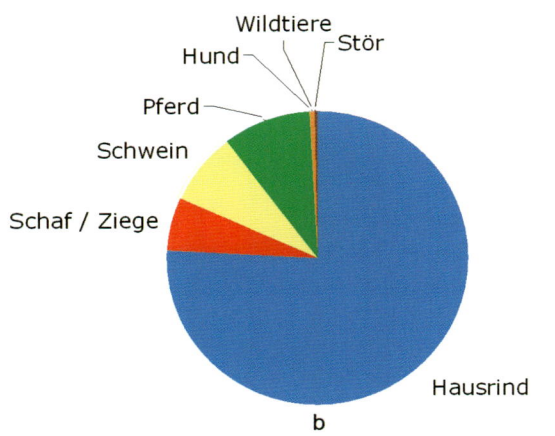

Abb. 2. Bentumersiel. Relative Häufigkeit der Arten des Gesamtinventars 2006-2008.
a nach Knochenzahl – b nach Knochengewicht
(jeweils bezogen auf die NISP)
(Grafik: H. C. Küchelmann).

ihrer geringeren Körpermasse noch weiter in den Hintergrund, die größere Körpermasse des Pferds bewirkt dessen Aufrücken an die zweite Stelle (Abb. 2b).

Bei den kleinen Wiederkäuern zeigt sich das im norddeutschen Küstengebiet übliche Überwiegen des Schafs gegenüber der Ziege: Von 1.296 Ovicapridenknochen ließen sich 78 dem Schaf zuordnen und lediglich 4 der Ziege. Es ist davon auszugehen, dass es sich auch bei den nicht artidentifizierbaren Funden überwiegend um Schafe handelt.

Wildsäuger sind trotz der geringen Fundzahl mit sieben Arten vertreten (Tab. 2). Hiervon entfallen 13 Funde auf den Rothirsch (*Cervus elaphus*). Der Rothirsch scheint eine zumindest geringe nahrungswirtschaftliche Bedeutung besessen zu haben. Durch Einzelknochen belegt sind Reh (*Capreolus capreolus*), Feldhase (*Lepus europaeus*), Fuchs (*Vulpes vulpes*) und Biber (*Castor fiber*). Zwei Schweineknochen fallen aus dem Größenvariationsbereich zeittypischer Hausschweine deutlich heraus. Sie wurden daher als Wildschweine (*Sus scrofa*) klassifiziert.

Abgrenzungsschwierigkeiten bestehen auch zwischen Wildkatze (*Felis sylvestris*) und Hauskatze (*Felis catus*). Hauskatzen gelangten in der Kaiserzeit als römische Importe zunächst in provinzialrömisches Gebiet und von dort zeitverzögert auch in das freie Germanien. Allerdings sind Belege für den Zeitraum des 1.-3. Jahrhunderts jenseits der Grenzen des Römischen Reichs selten (BECKER 2009, 92; BENECKE 1994a, 146, 364-366, Tab. 38; 1994b, 350-352). Eine Hauskatze wäre also nicht prinzipiell ausgeschlossen, aber doch außergewöhnlich. Im Material liegen zwei Katzenknochen vor. Nach den bei KRATOCHVIL (1976) genannten Kriterien handelt es sich bei einem Fund eindeutig um eine Wildkatze.

3.2 Vögel

Einer der beiden Vogelknochen stammt von einer Gans, vermutlich einer Bläss- (*Anser albifrons*) oder einer Nonnengans (*Branta leucopsis*). Beide Arten kommen im Küstengebiet als Wintergäste vor. Aus einer vermutlich rezenten Störung an der Grabungskante stammt der Knochen eines Truthahns (*Meleagris gallopavo*).

3.3 Fische

Fische sind durch 82 Funde mit 478 g im Material vertreten, darunter 79 Störknochen (*Acipenser sturio*). Größenvergleiche belegen Störe mit Längen von 1,0-2,5 m (Abb. 3). Zwei Fischreste stammen von Karpfenfischen (Cyprinidae).

Abb. 3. Bentumersiel. Stör (*Acipenser sturio*).
a Teile der Brustflosse – b Rechtes Cleithrum
(roter Rahmen: erhaltener Bereich).
Funde aus der Grabung und Vergleichselemente des Individuums AZA 80 (Totallänge 111,5 cm)
(Fotos: H. C. Küchelmann).

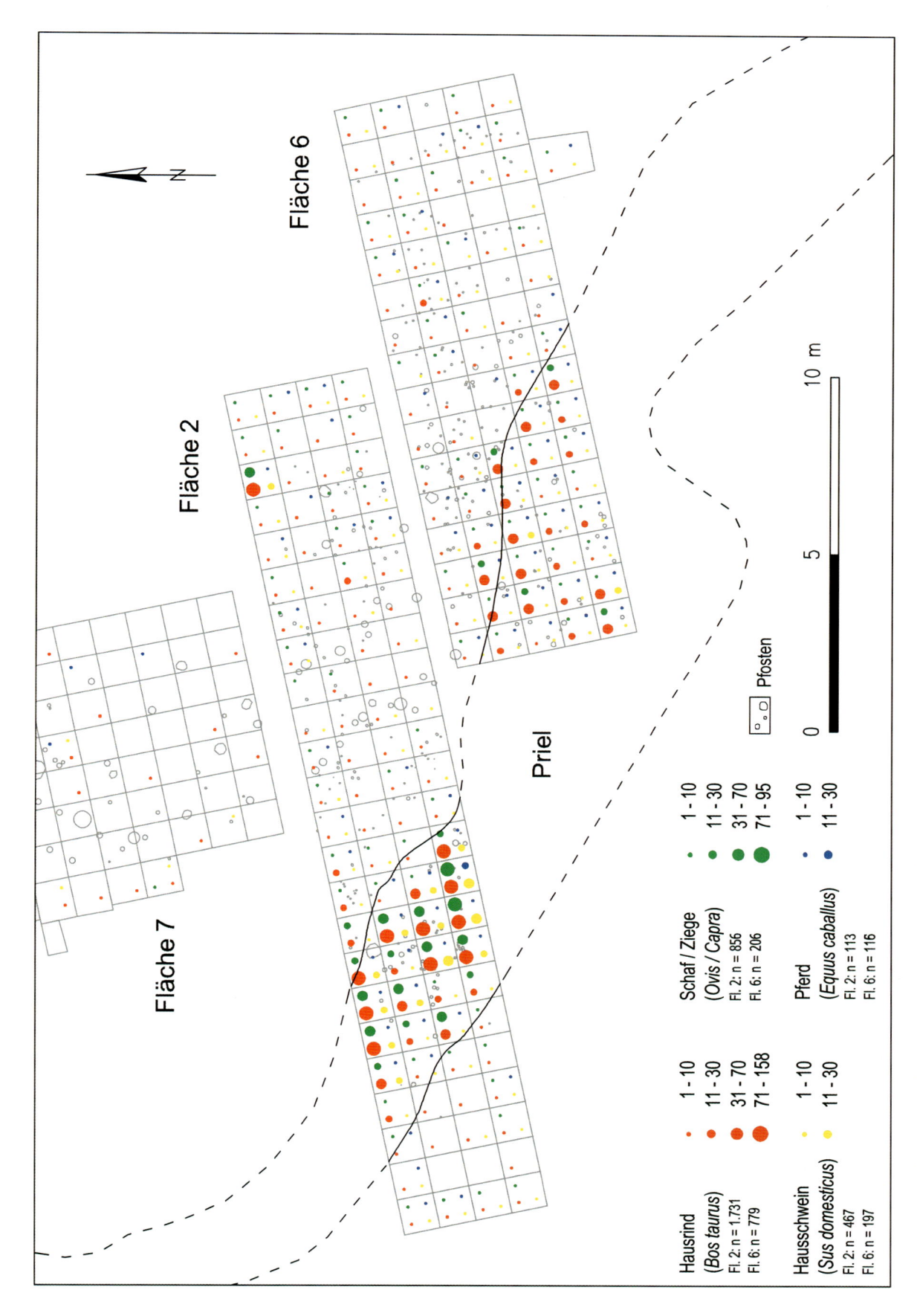

Abb. 4. Bentumersiel. Häufigkeit der Haustierknochenfunde in den Grabungsflächen 2, 6 und 7 nach Knochenzahl. (Grafik: H. C. Küchelmann u. M. Spohr, NIhK).

3.4 Räumliche und stratigraphische Verteilung der Funde

Um Verteilungsmuster der Knochenfunde erkennbar zu machen, durch die sich beispielsweise Aktivitätszentren oder -lücken belegen ließen, wurde die Zahl der identifizierbaren Funde pro Quadrant nach Tierarten getrennt auf die Grabungsflächen aufgetragen (Abb. 4). Dabei zeigt sich zunächst, dass die Fundfrequenz im Priel wesentlich höher ist als in der Siedlungsschicht. Die durchschnittlichen Fundfrequenzen pro Quadrant betragen für die Siedlungsschicht 3-7 Funde, für die Prielbereiche in Fläche 2 und 6 dagegen 79 bzw. 28 Funde. Deutlich wird ein Gradient der Fundfrequenz in der Siedlungsschicht mit einem Maximum in Fläche 1 und in den Flächen nach Norden geringer werdender Häufigkeit. Im Priel verläuft der Gradient umgekehrt: Die Frequenz nimmt im Verlauf des Priels in nordwestlicher Richtung von Fläche 6 nach Fläche 2 zu.

Noch differenzierter wird das Bild, wenn die vertikale Verteilung mit berücksichtigt wird. Die Sohle des Priels befindet sich bei ca. -1,00 m NN. Unterhalb der Prielsohle liegt parallel nach Osten verschoben ein älteres Prielbett. Während aus den Schichten des jüngeren Priels (Abtrag C-G) nur ein geringer Teil der Funde stammt, erhöht sich die Fundkonzentration auf der Sohle des älteren Priels um ein Vielfaches (Abb. 5). Bemerkenswert ist zudem, dass fast alle Wildsäuger- und Störknochen aus tiefen Schichten stammen.

3.5 Vergleich der Fundkomplexe untereinander und mit dem Inventar der Altgrabung 1971-1973

Das Artenspektrum zeigt eine nahezu vollständige Übereinstimmung in allen vier Komplexen (Altgrabung sowie neue Grabung mit Fläche 1, Siedlungsschicht der weiteren Flächen und Priel). Die Haustiere Rind, Schaf / Ziege, Schwein und Hund sind in allen Komplexen vertreten. Es gibt keine Ausnahmen von diesem Muster: weder fehlt eine Art in einem Komplex noch tritt eine weitere hinzu. Auch bei den wenigen Wildsäugerfunden ist das Ergebnis für alle Komplexe sehr gleichförmig. Der Rothirsch ist in allen vier Komplexen vertreten, die anderen Wildarten (Ur, Reh, Wildschwein, Hase, Fuchs, Wildkatze, Biber) sind, bedingt durch die geringe Fundzahl, jeweils nur in einigen Komplexen vorhanden. Auch hier zeigt sich jedoch eine gewisse Stetigkeit, insofern als Wildschwein und Biber in drei, Reh und Wildkatze in zwei Komplexen vertreten sind. Vögel kommen – mit einer Ausnahme – weder im neuen Material noch in der Altgrabung vor. Auch Fische sind insgesamt nur gering repräsentiert. Der Stör liegt aus allen vier Komplexen vor, ansonsten sind lediglich Wels (*Silurus glanis*) in der Altgrabung und Karpfenfische aus dem Priel vereinzelt belegt.

Abb. 6 zeigt die Mengen- und Gewichtsverhältnisse der Wirtschaftshaustiere in den einzelnen Fundkomplexen. In allen Fällen ist das Rind die mit Abstand häufigste Art. Es gibt jedoch Variationen im Detail: In der Altgrabung und in Fläche 1 ist die Zahl der Rinder- und Pferdeknochen hoch, während sie im Priel deutlich niedriger liegt. Nach Norden wird die Frequenz immer geringer. Umgekehrt verläuft hingegen die Fundfrequenz bei Schaf / Ziege und Schwein.

Hunde und Wildsäuger treten in allen Komplexen in übereinstimmend geringer Frequenz auf. Im Falle des Störs ist hingegen wiederum eine Gewichtung zu verzeichnen: Während in allen Siedlungsbereichen nur Einzelfunde vorkommen, konzentriert sich der überwiegende Teil der Funde auf den Priel.

Um die Häufigkeitsunterschiede interpretieren zu können, ist es notwendig, weiter ins Detail zu gehen. Wie Abb. 7 zeigt, überwiegen bei allen Wirtschaftshaustieren in allen Fundkomplexen Elemente des Schädels und der oberen Extremitäten, Stamm- und Fußelemente sind hingegen unterrepräsentiert (s. auch ZAWATKA u. REICHSTEIN 1977, 94-96).

Weitere Aussagen über die Qualität des Fundmaterials ermöglicht die Klassifizierung nach Fleischwerten (BECKER 1986, 330). Hierbei werden die einzelnen

Abb. 5. Bentumersiel. Fläche 2, Nordprofil. Mehrphasiger Priel (Foto: D. Dallasera, NIhK).

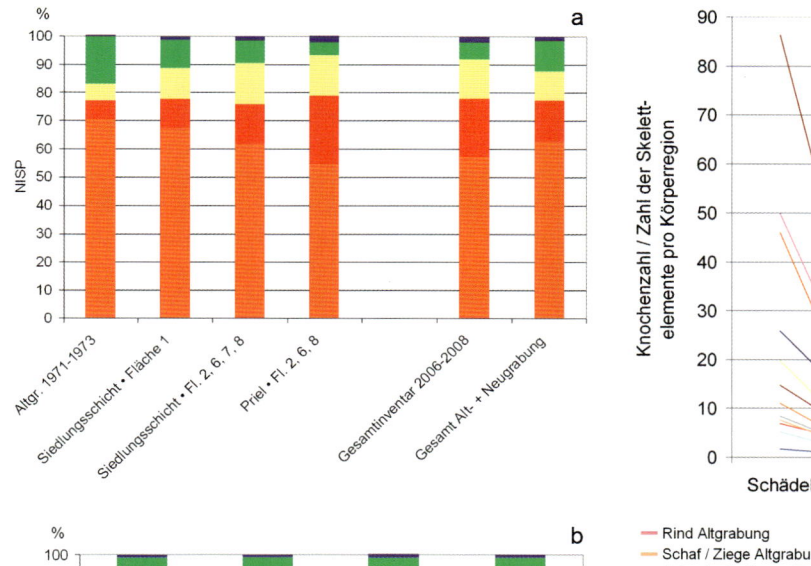

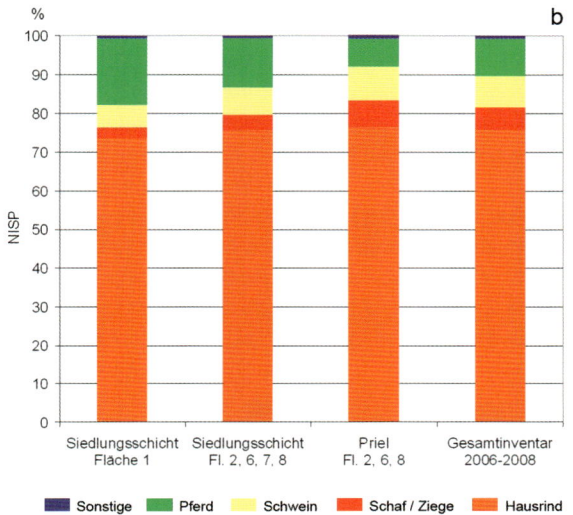

Abb. 6. Bentumersiel. Vergleich der relativen Häufigkeit der Arten in den verschiedenen Fundkomplexen.
a nach Knochenzahl – b nach Knochengewicht
(jeweils bezogen auf die NISP)
(Grafik: H. C. Küchelmann).

Skelettelemente entsprechend der Menge des sie umgebenden verwertbaren Gewebes (Muskeln, Hirn) in Klassen eingeteilt (Abb. 8). Der Index aus hochwertigen (Klasse 1-2) zu geringwertigen (Klasse 3-4) Elementen gibt die nahrungswirtschaftliche Qualität des Knocheninventars an.

Die Berechnung zeigt, dass die hochwertigen Elemente bei Rind, Schaf / Ziege und Schwein in der Regel um den Faktor 2-5 überwiegen. Üblicherweise würde ein solches Profil als Ergebnis der Weiterverarbeitung des Fleisches interpretiert werden, also als Küchen- oder Tischabfall in Abgrenzung zu primärem Schlachtabfall. Dies mag auch für Rind, Schaf / Ziege und Schwein in Bentumersiel zutreffend sein, irritierend ist jedoch, dass die vom kulinarischen Aspekt her besonders wertvollen

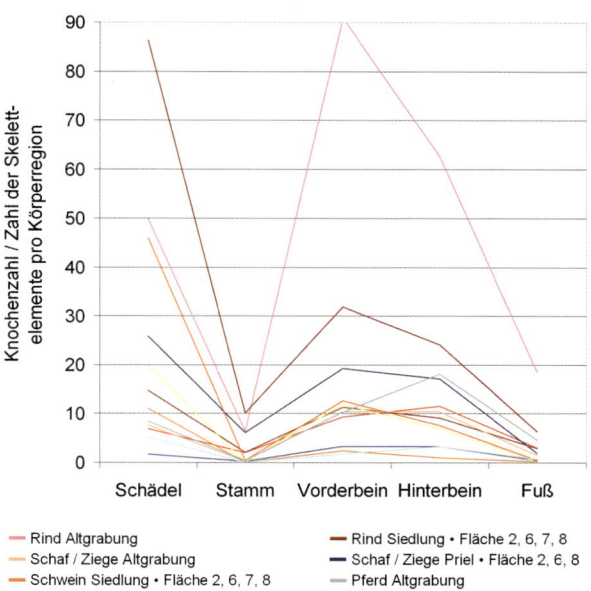

Abb. 7. Bentumersiel. Häufigkeit der Skelettelemente pro Körperregion, korrigiert nach der anatomisch bedingten Zahl der Skelettelemente pro Körperregion
(Grafik: H. C. Küchelmann).

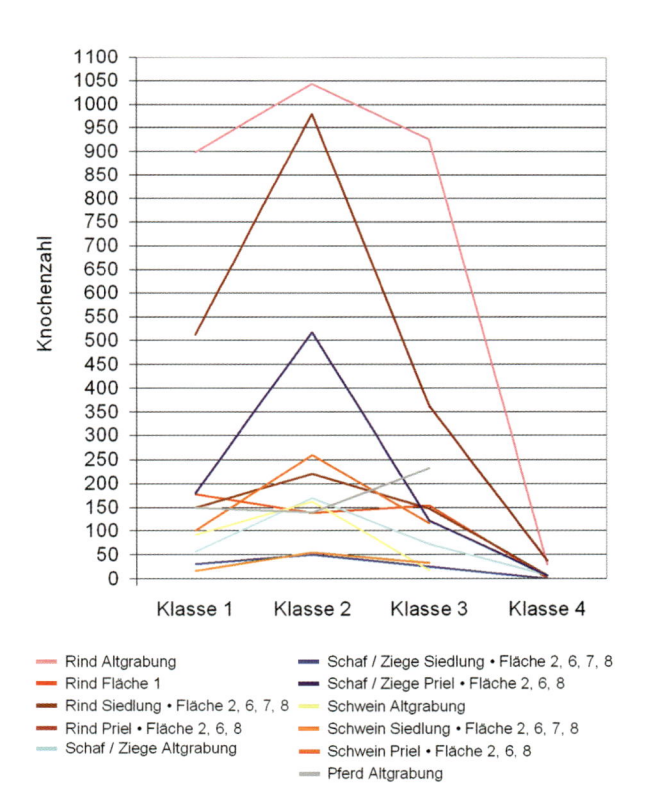

Abb. 8. Bentumersiel. Häufigkeit verschiedener Fleischwertklassen der Wirtschaftshaustiere nach Knochenzahl (Grafik: H. C. Küchelmann).

71

Stammelemente – also quasi die Bentumersieler Steaks, Koteletts und Rippchen – so ungewöhnlich deutlich unterrepräsentiert sind. Anders verhält sich die Situation beim Pferd, wo das Verhältnis von hoch- zu geringwertigen Elementen eher ausgeglichen ist.

Es hat den Anschein, als ob Füße und Stammskelett überwiegend und regelhaft aus dem Fundzusammenhang entfernt wurden. Bereits ZAWATKA u. REICHSTEIN (1977, 95) weisen für die Altgrabung auf diesen Umstand hin und erörtern die Frage des Verbleibs der fehlenden Elemente. Sie diskutieren u. a. einen *„Handel mit Teilen von Tierkörpern (z. B. Schinken)"*, verwerfen diese Hypothese aber, da die Befunde eine solche Interpretation nicht zuließen, *„es sei denn, daß man das Fehlen von Schafzehengliedern und das geringe Vorkommen von Schädeln in Bentumersiel mit einer Ausfuhr von Fellen in Zusammenhang bringt."*

Unter Abwägung der guten Erhaltungsbedingungen im Kleiboden und der akkuraten Fundbergung sind die Skelettelementrepräsentationen für ein tatsächliches Resultat anthropogener Beeinflussung zu halten. Ausgehend von der heutigen Datenlage erscheint der Abtransport von Rinderhäuten bzw. Schaffellen und evtl. auch Schweineleder mit noch darin befindlichen Fußknochen möglich und postulierbar. Die geringe Repräsentanz von Stammelementen ließe sich mit dem Abtransport von Rippen- und Wirbelsäulenpartien oder ganzen Rumpfhälften erklären. Die Schinken – also die Fleischpartien der oberen Extremitäten – scheinen hingegen zumindest zum Teil vor Ort verwertet worden zu sein.

Die Altersspektren der Rinder aus Fläche 1, Siedlungsschicht und Priel zeigen einen relativ gleichmäßigen Verlauf bis zum Erwachsenenalter von drei Jahren, danach ändert sich das Bild: Während in allen Komplexen über 40 % der Tiere ein Alter von über drei Jahren erreichen, werden in den beiden letztgenannten nur 17-19 % der Rinder über 3,5 Jahre alt, in Fläche 1 immerhin 29 %.

Hier besteht eine Abweichung zum Fundmaterial aus der Altgrabung. ZAWATKA u. REICHSTEIN (1977, 99 mit Tab. 8) fanden bei Unterkiefern und Metapodia deutlich höhere Prozentsätze älterer Tiere, Kälber hingegen fehlten. So stammten 90 % der Unterkiefer von mindestens 3 Jahre alten Individuen, darunter 72 % mit Abnutzungsspuren an den Zähnen, die auf ein höheres Alter hinweisen. Im neuen Material liegen hingegen deutlich mehr Unterkiefer von Kälbern vor (Abb. 9).

Die Altersgliederung der Rinder des neuen Materials entspricht eher dem Bild des benachbarten Jemgumkloster, das von ZAWATKA u. REICHSTEIN (1977, 100) als Altersprofil einer Rinderzuchtstätte interpretiert wird. Die Differenzen in der Altersgliederung zwischen den

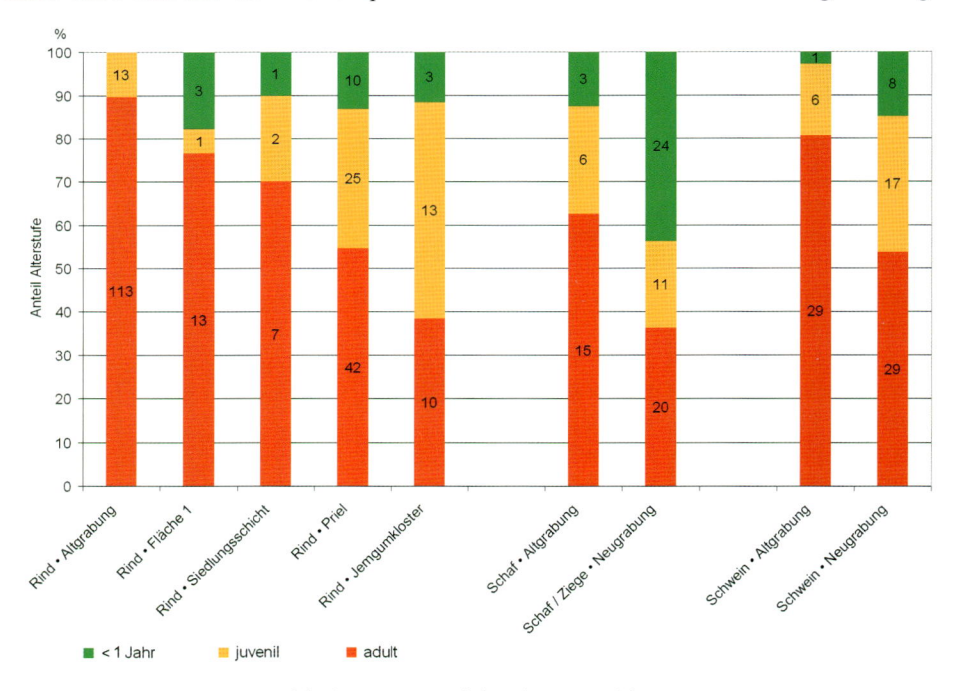

Abb. 9. Bentumersiel und Jemgumkloster.
Altersverteilung der Unterkiefer von Rind, Schaf / Ziege und Schwein in den verschiedenen Fundkomplexen nach Knochenzahl.
Als adult wurden alle Kiefer mit voll ausgebildetem Ersatzgebiss gezählt (bei Rind mit ca. 3 Jahren, bei Schaf / Ziege und Schwein mit ca. 2 Jahren)
(Grafik: H. C. Küchelmann).

beiden Fundplätzen Bentumersiel und Jemgumkloster deuten sie als *„Ausdruck unterschiedlicher Nutzungsgewohnheiten"*, definieren jedoch nicht näher, worin diese Unterschiede bestehen könnten. Zu denken wäre hier zunächst an unterschiedliche Zielrichtungen bei der Zucht.

Das Profil der neuen Grabung in Bentumersiel deutet in Richtung einer primär auf die Fleischproduktion ausgerichteten Rinderzucht. Sekundäre Produkte wie Milch, Arbeitskraft oder Zucht, die eine Haltung über das Erwachsenenalter hinaus sinnvoll machen und sich in einer erhöhten Repräsentanz älterer Individuen widerspiegeln würden, waren offensichtlich bei den Rinderfunden aus Jemgumkloster sowie bei denen aus der Siedlungsschicht und dem Priel in Bentumersiel von geringerer Bedeutung. Demgegenüber scheinen in der Altgrabung in Bentumersiel die älteren Milchkühe und eventuell auch Arbeits- und Zuchttiere fassbar.

Nun erscheint es unlogisch, innerhalb derselben Fundstelle unterschiedlich ausgerichtete Zuchtziele zu postulieren – zumindest solange nicht die Möglichkeit besteht, Fundmaterial einzelnen Wirtschaftseinheiten zuzuordnen. Wenn ältere Rinder in größerer Zahl in der Siedlung anzutreffen waren, wie das Material aus der Altgrabung belegt, warum befinden sich deren Überreste dann in bestimmten Bereichen in höherer Frequenz als in anderen? Diese Frage wird am Ende des Kapitels noch einmal aufgegriffen.

Die Altersgliederung der Ovicapriden ist in allen drei neuen Fundkomplexen in Bentumersiel ähnlich (Abb. 9, 10a). Das Spektrum ist stark gestreut, alle Altersstufen vom Neugeborenen bis zu über 5-jährigen Tieren sind belegt. Im Vergleich zur Altgrabung ist der Anteil der Lämmer unter 12 Monaten im neuen Material deutlich höher, der Anteil der über 2-jährigen geringer (Abb. 9). Über 4-jährige Tiere waren in der Altgrabung nicht nachweisbar, im neuen Material sind sie in geringer Zahl belegt. Vergleicht man die Überlebenskurven des neuen Materials (Abb. 10a) mit denen unterschiedlich bewirtschafteter Schafherden (Abb. 10b – PAYNE 1973; STEIN 1986, 39-41), so stimmt das Profil am besten mit dem einer vorwiegend auf Fleischnutzung ausgerichteten Herdenstruktur überein.

Beim Schwein zeichnen sich ebenfalls Abweichungen in der Altersgliederung zwischen Alt- und Neugrabung ab. In der Altgrabung stammen 81 % der Mandibulae von adulten, über 2-jährigen Schweinen. Darunter befinden sich auch sehr alte Individuen, bei denen es sich um Zuchttiere handeln muss. Junge Ferkel sind hingegen nur durch einen Fund belegt. ZAWATKA u. REICHSTEIN (1977, 100 f.) halten eine intensive Schweinezucht aufgrund der fehlenden juvenilen Tiere für unwahrscheinlich. In den neuen Grabungsflächen ist die

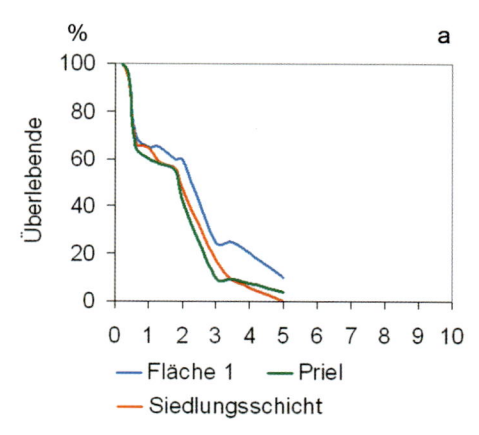

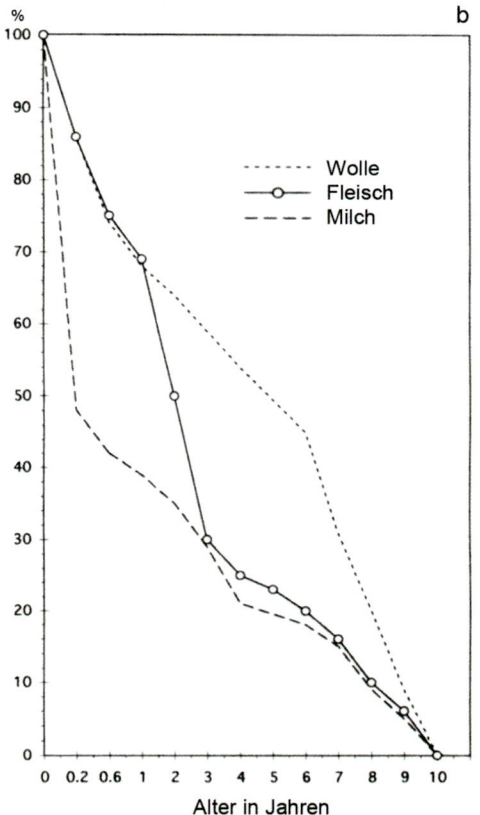

Abb. 10. Überlebenskurven von Schaf / Ziege.
a Bentumersiel – b Rezente Schafherden bei verschiedenen Nutzungsschwerpunkten
(a Grafik: H. C. Küchelmann; b nach STEIN 1986, 38 fig. 10).

Situation jedoch umgekehrt: Juvenile Tiere machen den Hauptanteil aus, sehr junge Ferkel kommen mehrfach vor, adulte Schweine sind wesentlich seltener, alte Zuchttiere sind nicht nachweisbar. Auch beim Schwein wird somit eine Verschiebung der Verhältnisse innerhalb der Siedlungsfläche deutlich (Abb. 9).

Wie bereits ZAWATKA u. REICHSTEIN (1977, 101) feststellten, wurde offensichtlich ein Teil der Pferde zur Fleischproduktion relativ jung geschlachtet, vor allem bei den Prielfunden schlägt sich aber die bei Pferden wesentliche Nutzung als Reit- und Zugtier im erhöhten Anteil alter Individuen nieder.

Auffällig ist, dass sich im Falle von Rind, Ovicapriden und Schwein höhere Anteile an Alttieren im Bereich der Altgrabung konzentrieren, während Jungtiere dort unterrepräsentiert sind (Abb. 9). Beim Pferd ist das Verhältnis umgekehrt. Auch beim Altersspektrum ist ein Gradient zwischen südlichen und nördlichen Flächen erkennbar.

Abweichungen zwischen den Komplexen bestehen auch beim Geschlechterverhältnis der Rinder. ZAWATKA u. REICHSTEIN (1977, 102) errechneten für die Altgrabung 12-15 % ♂. In Fläche 1 der neuen Grabung fanden sich 7 % ♂, im Priel 44 % ♂.

Der Vergleich der Fundkomplexe zeigt in verschiedenen Bereichen Unterschiede. Auffällige Abweichungen bestehen vor allem zwischen Priel einerseits und Altgrabung (Alt) und Fläche 1 (Fl. 1) andererseits. Das Material der Siedlungsschicht nimmt meist eine intermediäre Stellung ein. Die Abweichungen betreffen:
– Häufigkeit der Rinder:
   Alt + Fl. 1 hoch – Priel niedriger,
– Häufigkeit der Schafe:
   Alt + Fl. 1 niedrig – Priel hoch,
– Häufigkeit der Pferde:
   Alt + Fl. 1 hoch – Priel niedrig,
– Häufigkeit des Störs:
   Alt + Fl. 1 sehr niedrig – Priel höher,
– Altersverteilung der Rinder:
   Alt + Fl. 1 mehr adulte – Priel mehr juvenile Tiere,
– Altersverteilung der Schafe:
   Alt mehr adulte – Priel mehr juvenile Tiere,
– Altersverteilung der Schweine:
   Alt + Fl. 1 mehr adulte – Priel mehr juvenile Tiere,
– Altersverteilung der Pferde:
   Alt + Fl. 1 mehr juvenile – Priel mehr adulte Tiere,
– Geschlechterverteilung der Rinder:
   Alt + Fl. 1 viele Kühe – Priel wenig Kühe.

Für die Interpretation dieser Unterschiede wären ein horizontales und ein vertikales Erklärungsmodell denkbar. Das horizontale Modell ginge davon aus, dass innerhalb der Siedlung gleichzeitig Areale mit unterschiedlichen Nutzungsschwerpunkten existierten, die bewirken, dass jeweils selektive Ausschnitte des Haustierbestands in den Boden gelangt und im Fundmaterial repräsentiert sind. Dies könnten beispielsweise Areale mit Funktionen wie Tierhaltung, Schlachtung und Tierkörperzerlegung, Fleischverkauf (Marktsituation), Fleischzubereitung, Nahrungsaufnahme oder Abfallentsorgung sein (zur Entstehung von Fundvergesellschaftungen siehe z. B. BINFORD 1981, ERVYNCK 1997 und SOMMER 1991). Auf einem landwirtschaftlichen Hofareal, in dem die Erhaltung und Bewirtschaftung der Herden oberste Priorität hat und Tiere vorwiegend für den Eigenbedarf geschlachtet werden, wird sich ein anderes Arten-, Alters- und Geschlechterprofil abbilden als in einer Marktsituation, in der auf den Bedarf der Kundschaft an bestimmten Fleischsorten, Altersgruppen (z. B. Kalbfleisch, Lammfleisch, Saugferkel) oder bestimmten Geschlechtern (z. B. Hammel) reagiert wird.

Die unterschiedlichen Frequenzen, Alters- und Geschlechterprofile innerhalb der Siedlungsfläche könnten Hinweise auf solche Nutzungsbereiche innerhalb der Fundstelle liefern. Nimmt man an, dass bestimmte Körperteile – z. B. Hoch-, Quer- oder Spannrippe (nach heutigen Begriffen des Fleischerhandwerks) oder Tierhäute mit daran belassenen Füßen – bevorzugt verkauft und abtransportiert wurden, während andere Körperteile (z. B. Schulter, Hüfte, Oberschale) vor Ort zubereitet, verzehrt und entsorgt wurden und so in das Fundmaterial gelangten, ließe sich damit die ungleichmäßige Repräsentation der einzelnen Körperregionen erklären.

Das vertikale Erklärungsmodell ginge davon aus, dass im Material verschiedene Zeitstellungen repräsentiert sind, die sich durch unterschiedliche Nutzungsstrategien der Haustiere auszeichnen. Auch hierfür sprechen einige Argumente, die jedoch erst verständlich werden, wenn übergreifende chronologische und geographische Daten mit einbezogen werden (s. Kap. 3.9).

3.6 Pathologien und Anomalien

Pathologien sind im Fundmaterial selten, insgesamt wurden nur 16 pathologisch veränderte Knochen gefunden. Am häufigsten treten sie bei Rindern auf, bei denen zwölf Knochen mit Pathologien vorliegen. Das entspricht einem Anteil von 0,3 % aller Rinderknochen. In vier Fällen handelt es sich dabei um Veränderungen des Gebisses. In acht Fällen lassen sich pathologische Veränderungen an Gelenken feststellen, die als Osteoarthrosen anzusprechen sind. Diese können vermutlich mit Gelenküberlastung durch die Verwendung von Rindern als Zugtieren in Verbindung gebracht werden. Bei Pferd, Schaf und Schwein ließ sich jeweils eine Gebisspathologie feststellen. Ein Radius eines Schweins weist eine unvollständig verheilte Fraktur auf (nähere Details s. KÜCHELMANN 2011).

3.7 Taphonomie

Wie auch in anderen Marschenfundstellen sind die Erhaltungsbedingungen für organische Materialen in

Bentumersiel hervorragend. Der feinkörnige tonige Kleiboden mit dem hohen Grundwasserstand verhindert langfristig einen aeroben Abbau organischer Stoffe. Pfostenreihen und Flechtwerkwände sind nicht nur als Gruben und Verfärbungen, sondern physisch erhalten, ebenso wie Pflanzenreste, Mistschichten oder Knochen. Unter diesen Bedingungen vergehen selbst kleine und filigrane Knochen nicht. Als Beispiel mag das im Block geborgene Hundeskelett aus dem wenige hundert Meter entfernten Jemgumkloster dienen, von dem auch die winzigen Fußknochen und Schwanzwirbel erhalten blieben (KÜCHELMANN 2009). Man kann also davon ausgehen, dass grundsätzlich auch Knochen von Fischen, Vögeln und Kleinsäugern erhalten bleiben würden.

Schwieriger einzuschätzen ist der Verlust durch die Handsammlung bei der Grabung. Insbesondere kleine Fischknochen sind im Kleiboden mit bloßem Auge kaum zu erkennen und werden bei Handsammlung in der Regel übersehen. Andererseits gibt es zahlreiche Beispiele handgesammelter Grabungen, die dennoch ein vielfältigeres Artenspektrum als Bentumersiel erbrachten. So konnten z. B. in Schleswig-Schild 2.850 Fischreste geborgen werden (HEINRICH 1987).

Die Grabung Bentumersiel wurde mit großer Sorgfalt durchgeführt und selbst kleinste Knochenfragmente von z. T. unter 1 cm Größe wurden geborgen, gewaschen, getrocknet und inventarisiert. Es ist daher unwahrscheinlich, dass deutlich größere und optisch markante Knochen wie Fußelemente und Wirbel der Haussäuger oder Geflügelknochen selektiv übersehen worden sein sollten. Auch von Fischen und Vögeln wären zumindest beispielhafte Belege zu erwarten. Unter den vorliegenden Umständen ist es plausibler, dass diese Knochen tatsächlich nicht oder nur in sehr geringer Zahl vorhanden waren und die Fundverhältnisse relativ repräsentativ sind. Dieser negative Befund könnte daher doch als Hinweis auf eine von der zeittypischen Wirtschaftsweise abweichende Nutzung des Fundplatzes gewertet werden.

Für weitere Ergebnisse zu Fragmentierungsgrad, Knochenschwund, Werkzeug-, Biss- und Feuerspuren sowie Verwitterung sei wiederum auf KÜCHELMANN (2011) verwiesen.

3.8 Knochenhandwerk

Im Material sind elf Funde mit Spuren handwerklicher Bearbeitung vorhanden, das entspricht einem Anteil von 0,2 % der NISP. Darunter befinden sich zwei Objekte aus Rothirschgeweih – ein Dreilagenkamm und eine polierte Geweihspitze. An Knochenartefakten liegen zwei Spinnwirtel oder Knöpfe, zwei mögliche Speerspitzen, drei spitze Geräte und das Halbfabrikat eines Griffs oder einer Flöte vor. Sie wurden aus Knochen von Rind, Schwein und Schaf / Ziege hergestellt.

Die wenigen bearbeiteten Knochenfunde liefern keinen Hinweis auf die Tätigkeit eines auf Knochen oder Geweih spezialisierten Handwerkers. Die Verschiedenheit der Objekte sowie deren unterschiedliche Herstellungsart und Bearbeitungsform sprechen für die Anfertigung durch nicht spezialisierte Personen im Rahmen häuslicher Arbeiten.

3.9 Vergleich mit Fundstellen der Vorrömischen Eisenzeit und Römischen Kaiserzeit in Norddeutschland und den Niederlanden

Zur Einordnung der Fundstelle in einen größeren Kontext wurden die Daten von Bentumersiel denen einer Auswahl von Fundstellen der Vorrömischen Eisen- und Römischen Kaiserzeit aus Schleswig-Holstein, Nordwestniedersachsen und den Niederlanden gegenübergestellt (Tab. 3). Als Beispiele für ältere und jüngere Fundplätze wurden exemplarisch Rodenkirchen-Hahnenknooper Mühle und Elisenhof einbezogen.

3.9.1 Artenspektren und -frequenzen

Seit dem späten Neolithikum ist europaweit eine kontinuierliche Verringerung des Wildsäugeranteils im Tierknochenmaterial zu verzeichnen. Der durchschnittliche Wildsäugeranteil in den von BENECKE (1994a, 113-181, 355-376, Tab. 30-46) ausgewerteten bronze- bis kaiserzeitlichen Siedlungskomplexen (n = 255) liegt unter 10 %. Für das Nordseeküstengebiet gilt dieser Trend in verstärktem Maße, der Wildanteil liegt hier in Bronze-, Vorrömischer Eisen- und Römischer Kaiserzeit jeweils unter 1 %. Bentumersiel passt hier mit 0,3 % Wildsäugern gut ins Bild (Abb. 11). Die Bedeutung der Jagd für die Nahrungsversorgung ist also bereits lange vor Gründung der Siedlung zugunsten der Haustierhaltung in den Hintergrund getreten. Zu vermerken ist, dass die Diversität des Wildsäugerspektrums auf der Feddersen Wierde mit 15 belegten Arten höher als auf den übrigen Fundstellen ist. Aus dem Rahmen fällt hier ferner Hitzacker-Marwedel mit einem relativ hohen Anteil an Rothirschknochen.

Der Bestand an Haustieren umfasst in der Vorrömischen Eisen- und Römischen Kaiserzeit das bereits seit dem Neolithikum tradierte Spektrum von Rind, Schaf, Ziege, Schwein, Pferd und Hund. Wirtschaftsgrundlage ist dabei europaweit die Rinderhaltung, jedoch zeigen sich regionale Unterschiede. Während das Rind im

Fundstelle	Epoche Zeitstellung Sammlungsmethode	KNZ / NISP	Gewicht (kg) KNZ / NISP	Quelle
Rodenkirchen-Hahnenknooper Mühle, Ldkr. Wesermarsch	JBZ 10./9. Jh. v. Chr. Hand	6.129 / 4.416	85,4 / 64,3	Grimm 2003
Hatzum-Boomborg, Ldkr. Leer	VEZ 6. - 3. Jh. v. Chr. Hand	32.094 / 12.494	687,2 / 528,2	Becker 2012
Jemgumkloster, Ldkr. Leer	VEZ – RKZ 1. Jh. v. - 3. Jh. n. Chr. Hand	586 / 485		Zawatka u. Reichstein 1977
Bentumersiel, Ldkr. Leer	**VEZ – RKZ** **1. Jh. v. - 3. Jh. n. Chr.** **Hand**	**15.952 / 11.123**	**181,5 / 165,2** [1]	Zawatka u. Reichstein 1977; Küchelmann, vorliegende Arbeit
Englum, Prov. Groningen	VEZ – RKZ 5. Jh. v. - 4. Jh. n. Chr. Hand + Sieb	1.939 / 1.721 [2]	55,4 / 54,3	Prummel 2008
Feddersen Wierde, Ldkr. Cuxhaven	VEZ – FMA 1. Jh. v. - 3. Jh. n. Chr. Hand	? / 50.353	? / 3.352,6	Ewersen 2010; Heinrich 1974; 1991b; Reichstein 1973; 1991
Süderbusenwurth, Kr. Dithmarschen	RKZ 1. - 3. Jh. n. Chr. Hand	3.392 / 2.390	? / 139,2 [3]	Witt 2002
Hitzacker-Marwedel, Ldkr. Lüchow-Dannenberg	RKZ 2. Jh. n. Chr. Hand	8.474 / 3.221	42,6 / 33,4	Becker 2009
Haferwisch, Kr. Dithmarschen	RKZ 2. - 4. Jh. n. Chr. Hand	1.657 / 1.251	? / 35,3 [3]	Witt 2002
Tofting I, Kr. Nordfriesland	RKZ 2. - 3. Jh. n. Chr. Hand	ca. 1.668 / 1.375	? / 45,4 [3]	Witt 2002
Wijnaldum-Tjitsma	RKZ – HMA 2. – 10. Jh. n. Chr. Hand + Sieb	87.755 / 11.919		Prummel et al. 2011; 2013
Elisenhof, Kr. Nordfriesland	FMA (– SMA) 8. - 15. Jh. n. Chr. Hand	? / 12.620	? / 637,5 [3]	Heinrich 1985; 1994; Reichstein 1994

KNZ: Knochenzahl – NISP: Anzahl der tierartlich identifizierten Funde

JBZ: jüngere Bronzezeit – VEZ: Vorrömische Eisenzeit – RKZ: Römische Kaiserzeit – FMA: Frühmittelalter – HMA: Hochmittelalter – SMA: Spätmittelalter

Hand: Handsammlung – Sieb: gesiebte oder geschlämmte Proben

[1] nur Grabung 2006-2008 – [2] nur handgesammeltes Material der Perioden 1-5 – [3] nur Haussäugetiere

Tab. 3. Knocheninventare aus Norddeutschland und den Niederlanden.

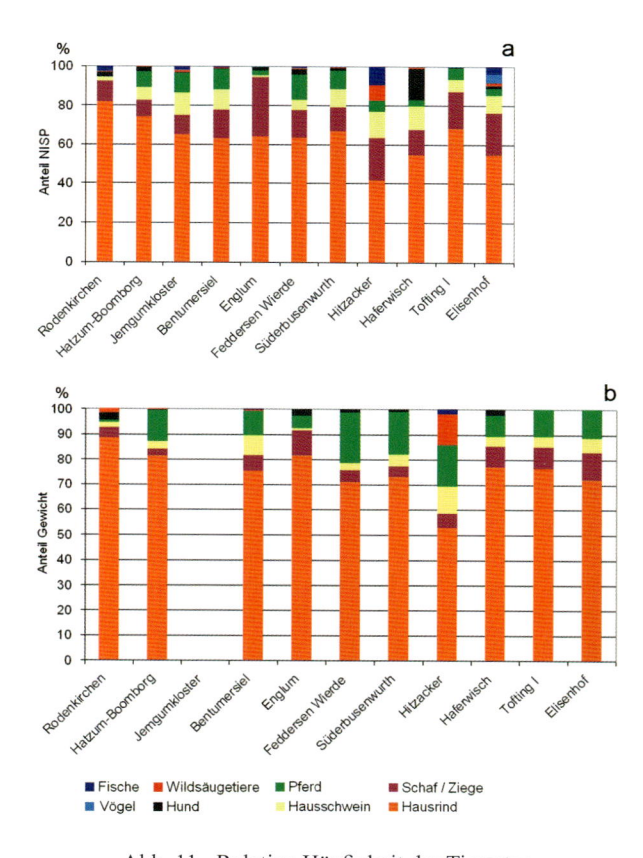

Abb. 11. Relative Häufigkeit der Tierarten
verschiedener Fundstellen Norddeutschlands
und der Niederlande.
a nach Zahl tierartlich bestimmter Funde (NISP) –
b nach Knochengewicht (Grafik: H. C. Küchelmann).

(1994a, 124, 129, 150 f.). Während der Pferdeanteil im bronzezeitlichen Rodenkirchen nur 0,1 % beträgt, liegt er in den meisten Fundstellen der Vorrömischen Eisen- bis Römischen Kaiserzeit zwischen 5 und 13 %. Besonders hoch ist der Pferdeanteil in Bentumersiel und auf der Feddersen Wierde (Abb. 11). Hunde treten in den hier aufgeführten Komplexen mit geringen Anteilen von 1-3 % auf.

Dass bei den Fischen mit einem hohen methodischen Fehler zu rechnen ist, wurde bereits in Kap. 3.7 diskutiert. Deutlich wird dies z. B. in Englum, wo das gesiebte Material 386 Fischreste enthielt, das handgesammelte aber überhaupt keine (Abb. 11a). In Wjnaldum-Tjitsma lieferten die Schlämmproben 5.211 Fischreste. In den übrigen Fundstellen wurde von Hand gesammelt, sie sind also von der Methodik vergleichbar, dennoch offenbaren sich hier deutliche Unterschiede. In Rodenkirchen fanden sich 110 Funde von sechs Meer- und Brackwasserarten, darunter 17 Störknochen. Aus Hatzum-Boomborg, Jemgumkloster und Bentumersiel liegen fast ausschließlich Störfunde vor.

Ein abweichendes Bild ergeben die Feddersen Wierde, Hitzacker und Elisenhof. Auch hier wurde nicht gesiebt, dennoch konnten jeweils ca. 300-500 Fischreste geborgen werden. Nachweisbar waren auf der Feddersen Wierde sieben marine bzw. anadrome Arten, es überwiegt der Stör. In Elisenhof war ein breites Spektrum mit dreizehn Arten belegbar. Auch hier ist der Stör mit 120 Funden eine der häufigen Arten. In Hitzacker war der Stör unter 300 Fischresten die zweithäufigste Art.

Betrachten wir das Gesamtbild, so zeichnet sich der Stör durch die Stetigkeit einerseits und durch eine relativ hohe Fundzahl im Vergleich zu den übrigen Arten andererseits aus. Stetigkeit und zumindest in einigen Fundstellen nennenswerte Frequenzen sind außerdem für Platt-, Dorsch- und Karpfenfische gegeben. Die Häufigkeit des Störs wird zu einem Gutteil durch die Größe und Auffälligkeit der Störknochen bedingt sein, aber auch andere Fischarten besitzen Skelettelemente von beeindruckender Größe, Form und Stabilität.

Die Artenarmut von Hatzum-Boomborg, Jemgumkloster und Bentumersiel und das dortige quasi ausschließliche Vorkommen des Störs im Vergleich zur Feddersen Wierde, Hitzacker und Elisenhof ist zumindest auffällig. Hierfür einen taphonomischen oder durch die Bergungsmethode bedingten Verlust als einzige mögliche Ursache anzunehmen, scheint nicht folgerichtig. Es ist zumindest nicht ausgeschlossen, dass als Ursache tatsächliche Abweichungen in der Wirtschaftsform, Nutzung natürlicher Ressourcen, Ernährungsgewohnheiten etc. in Betracht kommen.

mitteleuropäischen Tiefland durchschnittlich 40-50 % der Fundzahlen bei Komplexen der Vorrömischen Eisenzeit ausmacht, ist sein Anteil im Nordseeküstengebiet deutlich höher. Der durchschnittliche Anteil auf eisenzeitlichen Fundstellen liegt bei 79 %, auf kaiserzeitlichen bei 67 %. In dieses Bild fügen sich auch fast alle der in Tab. 3 genannten neueren Fundstellen der Vorrömischen Eisen- bis Römischen Kaiserzeit ein (Abb. 11). Bentumersiel bildet hier keine Ausnahme. Lediglich Hitzacker gleicht erwartungsgemäß eher dem binnenländischen Muster.

Im Binnenland steht das Schwein von der Fundzahl her an zweiter Stelle, im Küstengebiet seit der Bronzezeit das Schaf. BENECKE (1994a, 150) nennt einen durchschnittlichen Anteil an Schafen von 15 % im Küstengebiet in der Kaiserzeit. Auch hier liegt Bentumersiel im Trend (Abb. 11).

Der Anteil der Pferde steigt im Küstengebiet von unter 1 % in der Bronzezeit auf einen durchschnittlichen Wert von 5 % in der Vorrömischen Eisenzeit und auf 12 % in der Kaiserzeit an. Die hier ausgewählten neueren Fundstellen bestätigen die Ergebnisse von BENECKE

Dies würde bedeuten, dass Belege für den Hochseefischfang, wie sie z. B. für Englum, Feddersen Wierde und Elisenhof durch adulte Kabeljaue von über 100 cm Länge gegeben sind (HEINRICH 1991, 295; 1994, 232 f.), in Bentumersiel, Jemgumkloster und Hatzum-Boomborg ebenso fehlen wie Arten des nahegelegenen Wattenmeers (z. B. Schollen).

Ebenso ungewöhnlich ist die frappierende Diskrepanz zwischen den Vogelartenspektren von der Feddersen Wierde, Elisenhof und Wijnaldum-Tjitsma auf der einen und den übrigen Fundstellen auf der anderen Seite. Die hohe Zahl an Vogelknochen in Elisenhof erklärt sich zum Teil durch die im Frühmittelalter regelhafte Haltung von Haushühnern und -gänsen, die in den älteren Fundstellen noch fehlen. Dennoch weisen die drei Fundstellen ein sehr diverses Spektrum an Wildvogelarten auf. Auf der Feddersen Wierde ließen sich 27 Wildvogelarten bestimmen, in Elisenhof 37. An allen drei Orten scheint der Vogeljagd eine nicht unbedeutende Rolle zugekommen zu sein. Die Frage, warum auf den übrigen Fundstellen Vogelknochen nur als Einzelfunde auftreten, ist kaum schlüssig zu erklären. Vielleicht kann auch dies als ein Indiz für eine abweichende Nutzungsform oder andere Nahrungsvorlieben gewertet werden.

Zusammenfassend betrachtet fügen sich das in Bentumersiel vorgefundene Artenspektrum und die Artenfrequenzen sowohl der Wild- als auch der Haussäugetiere gut in die Verhältnisse ein, die von anderen Fundstellen der Vorrömischen Eisen- und Römischen Kaiserzeit der deutschen und niederländischen Nordseeküstenregion bekannt sind. Diskrepanzen bestehen bei Wildsäugern, Fischen und Vögeln zu Wijnaldum, Feddersen Wierde und Hitzacker. Zu vermerken ist schließlich das völlige Fehlen von Mollusken in Bentumersiel, einer nahrungswirtschaftlich relevanten Tiergruppe, die in anderen Fundstellen wie z. B. Englum, Feddersen Wierde, Wijnaldum-Tjitsma oder Elisenhof durchaus repräsentiert ist.

3.9.2 Alters- und Geschlechterverteilung: die Nutzung der Haustiere

Aussagen über die Nutzungsschwerpunkte der Haustiere erlaubt die Betrachtung der Altersgliederung und der Geschlechterstruktur. In seiner übergreifenden Auswertung stellte BENECKE (1994a) für die Rinder der bronze- bis eisenzeitlichen Siedlungen des Nordseeküstengebiets ein Dominieren adulter Tiere (43 %) und ein Geschlechterverhältnis von zwei Kühen zu einem Bullen / Ochsen fest. Dies deutet auf eine vorwiegende Haltung zur Fleischproduktion bei gleichzeitiger sekundärer Milchviehhaltung hin.

In der Römischen Kaiserzeit steigt der Anteil der adulten Tiere auf 67 % und das Geschlechterverhältnis verschiebt sich auf 2,5-3,5 ♀ : 1 ♂. Auf der Feddersen Wierde lag das Verhältnis sogar bei 4,8 ♀ : 1 ♂ (REICHSTEIN 1991). Dies ist als Beleg für die steigende Bedeutung der Milchwirtschaft in der Kaiserzeit zu werten. Auch die übrigen Fundstellen weichen nicht von diesem Muster ab. In allen Fällen ist der Anteil adulter Rinder hoch, beim Geschlechterverhältnis überwiegen die Kühe zumeist nur leicht.

In Bentumersiel beträgt das Verhältnis insgesamt 1,8 ♀ : 1 ♂ und der Anteil der adulten Tiere liegt über 50 %. Es passt also in den Rahmen, wobei das Bild eher dem eisenzeitlichen Muster der primären Fleischproduktion und sekundären Milchwirtschaft entspricht.

Auf die regelmäßige Nutzung der Arbeitskraft von Rindern weisen Pathologien an Becken und Fußgelenken hin, die sich auch in Bentumersiel andeuten. Aus anderen Fundstellen liegen zudem Joche sowie durch diese pathologisch veränderte Hornzapfen vor (BENECKE 1994a, 132-133).

Den vorliegenden Alters- und Geschlechterverhältnissen nach zu urteilen, wurden Schafe im Küstengebiet in der Bronze- und Vorrömischen Eisenzeit vor allem zur Fleischerzeugung gehalten. Die Wollnutzung lässt sich für die Küstenregion durch Textil- und Wollfunde belegen. Schafmilchnutzung war demgegenüber in der Eisenzeit eher im süddeutschen Raum verbreitet. In der Kaiserzeit scheint die Bedeutung von Milch- und Wollnutzung auch im Küstengebiet zuzunehmen. In Bentumersiel ergeben die wenigen Daten kein eindeutiges Bild.

Die Haltung der Schweine ist in der Regel generell auf Fleischnutzung ausgerichtet, jedoch können Unterschiede im Altersspektrum die Bedeutung der Zucht veranschaulichen. Für eisenzeitliche Siedlungen des europäischen Binnenlands gibt Benecke einen Durchschnitt von 6 % für die unter 1-jährigen, von 35 % für die 1-2-jährigen und von 59 % für die über 2-jährigen Tiere an, ein Hinweis darauf, dass die überwiegende Zahl von ihnen erst geschlachtet wurde, nachdem sie mindestens einmal an der Zucht beteiligt war. In der Kaiserzeit bleibt dieses Muster in der Germania libera bestehen, während im römischen Gebiet der Anteil unter 1-jähriger Ferkel im Schlachtabfall zunimmt. Das Geschlechterverhältnis ist in den römischen Fundstellen annähernd ausgeglichen, in den germanischen überwiegen die Sauen (BENECKE 1994a, 94, 133, 157 f., Abb. 54, 105).

Auch in Hatzum und auf der Feddersen Wierde entsprechen die Altersverteilungen prinzipiell den dargestellten

Gegebenheiten, beim Geschlechterverhältnis überwiegen die Sauen auf der Feddersen Wierde leicht (1,5 ♀ : 1 ♂), in Hatzum etwas stärker (4 ♀ : 1 ♂). Für Bentumersiel treffen die germanischen Verhältnisse ebenfalls zu. Der Anteil der unter 1-jährigen Tiere liegt bei 9 %, der 1-2-jährigen bei 24 % und der über 2-jährigen bei 67 % (Abb. 9). Auch das Geschlechterverhältnis von einem Eber auf zwei Sauen spricht für eine zumindest moderat vorhandene Zucht.

Beim Pferd ist neben der Nutzung als Reittier die Zucht zur Fleischerzeugung für die Nordseeküstenregion durch juvenil getötete Individuen belegbar. Auch in diesem Punkt weicht Bentumersiel nicht vom Muster der Region ab.

Generell ist zu erkennen, dass in Bentumersiel, wie in der Nordseeküstenregion allgemein, bei der Nutzung der Wirtschaftshaustiere ein Hauptgewicht auf der Fleischproduktion lag und andere Produkte wie Milch, Wolle und Arbeitskraft eher zweitrangig waren. Dies gilt in abgeschwächter Form auch für das Pferd.

3.9.3 Körpergrößen

Die Körpergröße der Rinder verringert sich seit dem Neolithikum kontinuierlich. Am Ende der Bronzezeit beträgt sie nur noch 70 % der Größe des Auerochsen. Besonders klein sind die Rinder der Nordseeküstenregion. Auch während der Kaiserzeit bleiben die Rinder in Germania libera klein, während im römisch beeinflussten Gebiet eine deutliche Größenzunahme zu bemerken ist. Die Rinder an der Küste hatten eine durchschnittliche Widerristhöhe (WRH) von 109 cm, während Rinder der römischen Provinzen im Mittel eine WRH um 127 cm besaßen (BENECKE 1994a, 134 -136, 167 f.; TEICHERT 1984; REICHSTEIN 1973).

Für die Berechnung der Körpergröße der Rinder in Bentumersiel liegen 62 Messwerte vor, der Mittelwert der WRH beträgt hier 109 cm. ZAWATKA u. REICHSTEIN (1977, 102 f.) charakterisieren die Rinder aus Bentumersiel als *„sehr kleine Tiere, gewissermaßen als Zwergrinder, wie sie seit Beginn der Eisenzeit für vor- und frühgeschichtliche Siedlungen in weiten Teilen Mitteleuropas kennzeichnend sind"*. Das Bild der Rinder aus Bentumersiel entspricht in diesem Punkt dem Bild anderer Fundorte der Germania libera (Tab. 4).

Schafe an der Nordseeküste waren in der Vorrömischen Eisenzeit mit durchschnittlich 62 cm WRH relativ groß im Vergleich zu anderen europäischen Populationen. In der Kaiserzeit wird das Bild differenzierter. An der Nordsee bleibt die Körpergröße der Schafe mit durchschnittlich 63 cm ungefähr gleich. Im germanischen Binnenland waren die Schafe im Mittel kleiner. BENECKE (1994a, 169) vergleicht sie von der Größe her mit rezenten Heidschnucken. In der römischen Provinz Germania inferior (Niederrhein) war die Körpergröße ungefähr identisch mit der in der benachbarten Küstenregion der Germania libera, während Schafe im Donaugebiet (Provinz Pannonia) mittlere WRH bis 70 cm erreichten. Bentumersiel liegt hier mit WRH von 56-66 cm (Mittelwert 63 cm) exakt im Rahmen der germanischen Vergleichswerte (Tab. 4).

Für bronzezeitliche Schweine im niederländischen Westfriesland lassen sich aus dem Knochenmaterial mittlere WRH von 68-78 cm errechnen, zeitgleiche mitteleuropäische Schweine waren größer. In der Vorrömischen Eisenzeit verringert sich die durchschnittliche WRH im Binnenland um ca. 3 cm. In der folgenden Kaiserzeit bleiben die Schweine eher klein. Der Einfluss der römischen Tierzucht wirkt sich, den derzeitigen Befunden nach zu urteilen, beim Schwein nicht in Form deutlicher Unterschiede in der Körpergröße zwischen den römischen Provinzen und der Germania libera aus. Bentumersiel fällt hier mit einer WRH von 67-79 cm (Mittelwert 71 cm) nicht aus dem Rahmen (Tab. 4).

Die Pferde an der Nordseeküste sind in der Vorrömischen Eisenzeit mit durchschnittlich 130 cm WRH relativ kleinwüchsig im Vergleich zu mitteleuropäischen Tieren. In der Kaiserzeit ist wie beim Rind eine divergierende Entwicklung zwischen germanischem und römischem Gebiet erkennbar. Germanische Pferde verbleiben mit mittleren WRH von 127-134 cm im Größenvariationsbereich eisenzeitlicher Populationen, römische Pferde sind mit mittleren WRH von 136-147 cm deutlich größer. Die Pferde in Bentumersiel liegen hier mit einer Variationsbreite von 120-144 cm und einer mittleren WRH von 133 cm im Bereich der germanischen Vergleichswerte (Tab. 4).

Bei den Hunden lassen sich seit der Bronzezeit in ganz Europa überwiegend mittelgroße bis große Tiere mit WRH zwischen 45 und 68 cm nachweisen. In der Römischen Kaiserzeit wird das Bild differenzierter. Im Bereich der Germania libera sind weiterhin vorwiegend mittelgroße bis große Hunde (WRH von 45-68 cm) belegt (Tab. 4), vereinzelt gibt es Nachweise von sehr großen Hunden mit über 70 cm WRH (BENECKE 1994a, 133, 142, 160, 175-177; KÜCHELMANN 2009; REICHSTEIN 1991). Vom Körperbau her sind die Hunde langschädelig (dolichocephal) und wolfsähnlich (lupoid). Der Unterkiefer des mittelgroßen Hunds aus Fläche 1 in Bentumersiel fügt sich in dieses Bild gut ein. Diese Tiere dienten als Wach-, Hüte-, Herdenschutz-, Jagd-, und Kriegshunde.

Tierart	Fundstelle	n	Widerristhöhe min. / max. (cm)	Widerristhöhe Mittelwert (cm)	Quelle
Rind	Rodenkirchen	4	103 / 122	109	GRIMM 2003, 202, Tab. 16-17
	Hatzum-Boomborg	42	99 / 127	113	BECKER 2012
	Jemgumkloster	2	104 / 109	107	ZAWATKA u. REICHSTEIN 1973, 103
	Bentumersiel alt	**48**	**92 / 123**	**109**	ZAWATKA u. REICHSTEIN 1973, 103, Tab. 11
	Bentumersiel neu	**14**	**99 / 126**	**108**	vorliegende Arbeit
	Englum	12	104 / 116	109	PRUMMEL 2008, 138, Tab. 8.13
	Feddersen Wierde	1.550	94 / 133	109	REICHSTEIN 1991, 49 / 50, Tab. 14 / 15
	Süderbusenwurth	32	105 / 123	112	WITT 2002, 96, Tab. 56
	Hitzacker-Marwedel	7	92 / 115	109	BECKER 2009, 85
	Haferwisch	2	104 / 108	106	WITT 2002, 54
	Tofting I	9	102 / 118	109	WITT 2002, 176, Tab. 101
	Valkenburg	*81*	*97 / 137*	*112*	*REICHSTEIN 1991, 50, Tab. 15*
	Xanten	*50*	*103 / 148*	*123*	*REICHSTEIN 1991, 50, Tab. 15*
Schaf	Rodenkirchen	6	58 / 68	64	GRIMM 2003, 203, Tab. 18 / 19
	Hatzum-Boomborg	12	58 / 68	62	BECKER 2012
	Tritsum III / VI	14	59 / 68	65	BENECKE 1994a, 361, Tab. 35
	Paddepoel	9	58 / 78	65	BENECKE 1994a, 361, Tab. 35
	Bentumersiel alt + neu	**7**	**56 / 66**	**63**	ZAWATKA u. REICHSTEIN 1973, 103 / 104; vorliegende Arbeit
	Englum	7	60 / 64	62	PRUMMEL 2008, 139, Tab. 8.15
	Feddersen Wierde	480	55 / 74	63	REICHSTEIN 1991, 98, Tab. 32
	Süderbusenwurth	13	61 / 70	64	WITT 2002, 97, Tab. 57
	Haferwisch	3	63 / 72	66	WITT 2002, 54
	Tofting I	4	62 / 69	65	WITT 2002, 178, Tab. 102
	um Nijmegen	*29*	*54 / 69*	*61*	*BENECKE 1994a, 375, Tab. 45*
	Xanten	*24*	*55 / 68*	*62*	*BENECKE 1994a, 375, Tab. 45*

Im provinzialrömischen Gebiet ist die Situation weniger einheitlich. Während überwiegend ebenfalls mittelgroße bis große Hunde zu den oben genannten Gebrauchszwecken gehalten wurden, sind in römischen Siedlungen regelmäßig auch kleinwüchsige Hunde (WRH 18-30 cm) belegt, die als Heimtiere („Schoßhündchen") dienten.

Im germanischen Gebiet sind zwergwüchsige Hunde hingegen sehr selten, bei den wenigen Belegen handelt es sich sehr wahrscheinlich um Importe aus römischen Gebieten (BENECKE 1994a, 160, 175-177; PRUMMEL 2008; REICHSTEIN 1991; WITT 2002). Die Elle eines zwergwüchsigen Tiers mit einer Widerristhöhe von knapp 30 cm (Abb. 12) belegt die Anwesenheit eines solchen Individuums in Bentumersiel und dürfte damit auf einen römischen Import hindeuten. Dieser Fund ist damit der einzige archäozoologische Hinweis auf römische Einflüsse in Bentumersiel.

Wie aus den vorhergehenden Ausführungen hervorgeht, gibt es einige archäozoologische Parameter, bei denen im Nordseeküstengebiet von der Vorrömischen Eisenzeit zur Römischen Kaiserzeit Veränderungen festzustellen sind. Dies betrifft:
– den Anstieg des Pferdeanteils,
– den Anstieg des Anteils adulter Rinder,
– den Anstieg des Anteils der Kühe,
– den Anstieg des Anteils älterer Schafe.

Es ist also zu fragen, ob sich aus den Charakteristika des archäozoologischen Fundmaterials in Bentumersiel

Abb. 12. Bentumersiel. Hund (*Canis familiaris*). Rechte Ulna eines zwergwüchsigen Hundes im Vergleich zur Ulna eines Riesenschnauzers (KnA 435), laterale Ansicht (Foto: H. C. Küchelmann).

Tierart	Fundstelle	n	Widerristhöhe min. / max. (cm)	Widerristhöhe Mittelwert (cm)	Quelle
Pferd	Hatzum-Boomborg	11	128 / 144	135	BECKER 2012
	Sievern	1	142	142	GRIMM 2002
	Paddepoel + Tritsum	11	112 / 137	129	BENECKE 1994a, 361, Tab. 36
	Bentumersiel alt + neu	**12**	**120 / 144**	**133**	ZAWATKA u. REICHSTEIN 1973, 104; vorliegende Arbeit
	Englum	3	124 / 130	126	PRUMMEL 2008, 139, Tab. 8.14
	Feddersen Wierde	331	118 / 141	130	REICHSTEIN 1991, 162, Tab. 65
	Süderbusenwurth	11	120 / 143	133	WITT 2002, 98, Tab. 58
	Haferwisch	2	134 / 141	138	WITT 2002, 54
	Nijmegen IV	*35*	*132 / 150*	*141*	*BENECKE 1994a, 376, Tab. 46*
	Xanten	*34*	*126 / 151*	*140*	*BENECKE 1994a, 376, Tab. 46*
Schwein	Rodenkirchen	1	73	73	GRIMM 2003, 203
	Hatzum-Boomborg	12	65 / 76	72	BECKER 2012
	Bentumersiel neu	**9**	**67 / 79**	**71**	vorliegende Arbeit
	Feddersen Wierde	50	65 / 90	77	REICHSTEIN 1991, 137 / 138, Tab. 51 / 52
	Rottweil	*12*	*67 / 79*	*73*	*KOKABI 1982, 90, Tab. 45*
Hund	Rodenkirchen	8	46 / 58	55	GRIMM 2003, 203 / 204, Tab. 20 / 21
	Hatzum-Boomborg	6	51 / 66	56	BECKER 2012
	Englum	6	34 / 70	50	PRUMMEL 2008, 140, Tab. 8.16
	Feddersen Wierde	164	25 / 76	59	REICHSTEIN 1991, 210, Tab. 84
	Tac-Gorsium	*338*		*54*	*REICHSTEIN 1991, 210, Tab. 84*

Bentumersiel alt: Grabung 1971-1973, neu: Grabung 2006-2008.
Kursiv: römische Fundorte zum Vergleich (Nijmegen, Valkenburg, Xanten: Prov. Germania inferior; Rottweil [Arae Flaviae], Prov. Germania superior; Tac-Gorsium, Prov. Pannonia inferior).

Tab. 4. Widerristhöhen von Haustieren nach verschiedenen Knocheninventaren aus Norddeutschland und den Niederlanden.

Hinweise auf die Datierung ergeben. Tatsächlich deuten einige Indizien auf zeitliche Zuordnungen bestimmter Komplexe hin. Zunächst ist hierbei daran zu erinnern, dass etwa die Hälfte des Fundmaterials aus den tiefen Schichten des alten Prielbetts, also aus relativchronologisch älteren Schichten stammt.

Für eine Datierung der Siedlung Bentumersiel in die Vorrömische Eisenzeit sprechen aus archäozoologischer Sicht:
– der geringe Anteil an Pferdeknochen im Priel,
– die Alters- und Geschlechterverteilung der Rinder aus dem Priel.

Für eine Datierung in die Römische Kaiserzeit sprechen:
– der hohe Anteil an Pferdeknochen in Altgrabung und Fläche 1,
– die Alters- und Geschlechterverteilung der Rinder aus Altgrabung und Fläche 1,
– der Knochen eines Zwerghunds aus Fläche 1.

Wie sich hieraus ersehen lässt, stammen die Indizien für Muster der Vorrömischen Eisenzeit nur aus dem Priel, die Indizien für kaiserzeitliche Muster aus Altgrabung und Fläche 1. Es ist anzunehmen, dass sich hier zwei unterschiedliche Zeitstellungen der Siedlung widerspiegeln und am Material trennen lassen. Es ist zu prüfen, ob sich die chronologische Verteilung der anderen Fundgattungen ähnlich verhält.

MÜCKENBERGER (2011) deutet in diesem Zusammenhang an, dass aufgrund neuerer Untersuchungen der Keramik aus Bentumersiel „das eigentliche Siedlungsgeschehen vor allem auf die vorrömische Eisenzeit eingegrenzt werden muss". Darauf weisen auch die Radiokarbondatierungen von Hölzern der Uferbefestigung des großen, westlich an der Siedlung vorbeilaufenden Priels im Bereich zwischen Bentumersiel und Jemgumkloster in das 2. Jh. v. Chr. hin (PRISON 2011, 98 und Vortrag Marschenratskolloquium Aurich 11.02.2011). In verschiedene Abschnitte der Römischen Kaiserzeit datieren hingegen Hölzer eines Knüppeldamms und mehrere Brandgräber nördlich von Bentumersiel (PRISON 2011, 98), die römischen Militaria und importierte Keramikfunde.

3.10 Ökologische Aspekte

Wenn im Material aus Bentumersiel auch nur wenige Knochen von Wildsäugern vorliegen (Tab. 2), so können über sie doch, ausgehend von zoologischen und ökologischen Erkenntnissen über die Habitatansprüche und Verhaltensweisen heutiger Wildsäuger, Anhaltspunkte für die Umweltbedingungen der Fundstelle gewonnen werden.

Von den in Bentumersiel angetroffenen Wildsäugern bewohnen Ur, Rothirsch, Reh, Wildschwein, Wildkatze und Fuchs durch Lichtungen aufgelockerte Wälder. Reh, Wildkatze und Fuchs sind dabei typische Bewohner der Waldränder und wechseln häufig in angrenzende Wiesenregionen. Das Wildschwein ist euryök, d. h. es ist in der Wahl seines Lebensraums weniger stark an den Wald gebunden und fühlt sich auch in anderen Habitaten wohl. Hasen benötigen hingegen Habitate mit offener, weniger dichter Vegetation. Der Biber lebt an Seen und anderen Gewässern mit geringer Wassertiefe (SCHMÖLCKE 2001). Fasst man diese Daten zusammen, so können für die Umgebung von Bentumersiel ergänzend zu den archäobotanischen Erkenntnissen von BEHRE (1977) aufgrund der archäozoologischen Befunde lichte Auenwaldgebiete und Wiesenbereiche angenommen werden. Der Hinweis auf bibertaugliche Gewässer ist bei der topographischen Lage der Fundstelle vermutlich überflüssig.

Von Belang ist in diesem Zusammenhang noch die Stetigkeit der Arten, das heißt die Häufigkeit ihres Auftretens innerhalb eines geographischen und zeitlichen Rahmens. Die Stetigkeit kann als Maß für den Grad der Verbreitung einer Art im Untersuchungsgebiet angesehen werden (PRUMMEL u. HEINRICH 2005; SCHMÖLCKE 2001; 2003). Hierzu wurden die in Bentumersiel vorgefundenen Wildsäugerarten denen der in Tab. 3 aufgelisteten Vergleichsfundstellen gegenübergestellt (Tab. 5). Wie daraus ersichtlich wird, ist der Rothirsch in zehn der elf Fundstellen repräsentiert, Ur, Reh und Wildschwein kommen in vier bis sechs Fundstellen vor, Fuchs, Wildkatze und Biber in jeweils drei, der Feldhase nur in Bentumersiel. Demnach waren der Rothirsch in der Vorrömischen Eisen- und Römischen Kaiserzeit sehr weit, Reh und Wildschwein relativ weit verbreitet, aber auch der Ur kommt noch regelmäßig vor. Der Hase ist selten. Das Bild deutet auf ausgedehnte Auenwaldgebiete hin.

Tierart		Rodenkirchen	Hatzum-Boomborg	Jemgumkloster	**Bentumersiel**	Englum	Feddersen Wierde	Süderbusenwurth	Hitzacker	Haferwisch	Tofting I	Elisenhof
		\multicolumn{11}{c}{NISP}										
Ur	*Bos primigenius*	1		1	**4**		6					1
Rothirsch	*Cervus elaphus*	4	18	2	**12**	1	130	5	221	1		84
Reh	*Capreolus capreolus*			3	**2**		24		23			
Wildschwein	*Sus scrofa*		1		**6**		3	2	4	1		1
Feldhase	*Lepus europaeus*				**1**				1			
Fuchs	*Vulpes vulpes*				**2**		3					15
Wildkatze	*Felis sylvestris*				**2**		4			4		
Biber	*Castor fiber*		2		**7**				8			
Sonstige		15	2			1	91	7				80
Summe		20	23	6	**36**	2	261	14	257	6	0	181

Tab. 5. Wildsäugerarten aus Bentumersiel im Vergleich zu anderen Knocheninventaren aus Norddeutschland und den Niederlanden.

4 Zusammenfassung

Das untersuchte Tierknochenmaterial der Grabungen 2006-2008 in Bentumersiel umfasst 9.513 Funde mit einem Gewicht von 181,5 kg. Von diesen waren 6.166 Funde – das entspricht 64,8 % bzw. 165,2 kg – tierartlich zu bestimmen. 98,3 % der bestimmten Funde stammen von den Haussäugetieren Rind, Schaf, Ziege, Schwein, Pferd und Hund. Unter den restlichen Funden sind sieben Wildsäugerarten (Rothirsch, Reh, Wildschwein, Feldhase, Fuchs, Wildkatze und Biber), eine Wildgans, Stör und Karpfenfische belegt. Bei den Wildtieren handelt es sich in fast allen Fällen um Einzelfunde, lediglich der Stör ist durch 79, der Rothirsch durch 13 Funde nachgewiesen. Aus der Altgrabung können zu diesem Spektrum noch der Ur und der Wels ergänzt werden.

Die dominierende und wirtschaftlich bedeutendste Tierart ist bezogen auf Knochenzahl und Knochengewicht das Rind. Der Knochenzahl nach folgen Schaf / Ziege, Schwein und Pferd. Vom Gewicht steht das Pferd an zweiter, das Schwein an dritter Stelle. Unter den kleinen Wiederkäuern sind nur wenige Ziegen nachweisbar. Der Hund ist durch lediglich 19 Einzelfunde repräsentiert.

Bei den Wirtschaftshaustieren Rind, Schaf und Schwein sind fleischreiche Körperregionen häufiger vorhanden als fleischarme, wobei dieses Bild insofern nicht dem typischen Muster entspricht, als die besonders hochwertigen Stammelemente (Rippen, Wirbel) unterrepräsentiert sind. Ebenfalls unterrepräsentiert sind Elemente des Fußskeletts.

Alle Haustiere liegen innerhalb des Größenvariationsbereichs, der von Fundstellen der Vorrömischen Eisen- und Römischen Kaiserzeit in der Nordseeküstenregion bekannt ist. Hinweise auf importierte Zuchttiere aus römischen Gebieten liegen im Knochenmaterial nicht vor. Eine Ausnahme betrifft den Hund. Eine sehr kleine Ulna belegt einen Zwerghund von ca. 30 cm Körperhöhe. Die vereinzelten Belege für kaiserzeitliche Zwerghunde im Gebiet der Germania libera werden als römische Importe interpretiert.

Spuren handwerklicher Bearbeitung weisen elf Funde auf. Abgesehen von zwei elaborierten Objekten – einem Dreilagenkamm und einer polierten Geweihspitze – handelt es sich um sehr einfach zugerichtete Artefakte.

Der horizontal- und vertikalstratigraphische Vergleich der verschiedenen Komplexe innerhalb der Grabungsfläche ergab in verschiedener Hinsicht voneinander abweichende Muster. Zunächst ist das Fundmaterial nicht gleichmäßig in der Fläche verteilt. Während aus der Siedlungsschicht nur geringe Frequenzen an Knochen geborgen worden sind, stammt der überwiegende Teil der Funde aus tiefen Schichten eines alten Prielbetts. Das Artenspektrum ist in der gesamten Siedlungsfläche einheitlich, bei den Frequenzen der Arten, der Alters- und Geschlechterverteilung gibt es hingegen Unterschiede innerhalb der Komplexe, insbesondere im Vergleich von Priel zu Altgrabung und Fläche 1 der neuen Grabung. Bei den Funden aus der Prielverfüllung gibt es Übereinstimmungen mit lokalen Mustern der Vorrömischen Eisenzeit nach Knocheninventaren aus dem Küstenbereich der Nordsee, während die Funde aus Altgrabung und Fläche 1 eher mit kaiserzeitlichen Mustern korrelieren.

Andere Charakteristika, wie z. B. das im Vergleich zur Feddersen Wierde sehr eingeschränkte, fast ausschließlich aus Wirtschaftshaustieren bestehende Artenspektrum sowie auffällige Besonderheiten in der Skelettelementverteilung, könnten als Indizien für eine besondere Funktion des Orts gewertet werden, die zur regelhaften Entfernung bestimmter Elemente aus dem Fundzusammenhang geführt hat.

Das Wildsäugerspektrum deutet auf lichten Auenwaldbestand entlang der Ems und weitere flache Gewässer in der Umgebung von Bentumersiel hin.

5 Danksagung

Danken möchte ich hiermit Erwin Strahl, Ronald Stamm, Katrin Struckmeyer, Kai Mückenberger und Annette Siegmüller (alle Niedersächsisches Institut für historische Küstenforschung) für die gute fachliche Zusammenarbeit sowie für ihre Geduld. Auch Hardy Prison (Archäologischer Dienst der Ostfriesischen Landschaft Aurich) trug wesentliche Fakten zur Beurteilung der Fundstelle bei. Dirk Heinrich danke ich für die Unterstützung bei der Bestimmung der Fische und ihm ebenso wie Ulrich Schmölcke und Wolfgang Lage für die immer wieder freundliche Aufnahme in der Archäologisch-Zoologischen Arbeitsgruppe (AZA) in Schleswig. Cornelia Becker und Wietske Prummel überließen mir freundlicherweise ihre noch unveröffentlichten Manuskripte zu Hatzum-Boomborg (jetzt BECKER 2012) und Wijnaldum-Tjitsma (in diesem Band). Rainer Wöhlke korrigierte das Manuskript. Dank geht schließlich an Wolf Teegen für die vielen fruchtbaren Diskussionen.

6 Literatur

Becker, C., 1986: Kastanas – Die Tierknochenfunde. Prähistorische Archäologie in Südosteuropa 5. Berlin.

Becker, C., 2009: Über germanische Rinder, nordatlantische Störe und Grubenhäuser – Wirtschaftsweise und Siedlungsstrukturen in Hitzacker-Marwedel. Beiträge zur Archäozoologie und Prähistorischen Anthropologie 7, 81-96.

Becker, C., 2012: Aus dem Dunkel eines Magazins ans Licht gebracht: archäozoologische Untersuchungen zu Hatzum-Boomborg, einer Siedlung der Vorrömischen Eisenzeit in Ostfriesland. Siedlungs- und Küstenforschung im südlichen Nordseegebiet 35, 201-294.

Behre, K.-E., 1977: Acker, Grünland und natürliche Vegetation während der römischen Kaiserzeit im Gebiet der Marschensiedlung Bentumersiel/Unterems. Probleme der Küstenforschung im südlichen Nordseegebiet 12, 67-84.

Benecke, N., 1994a: Archäozoologische Studien zur Entwicklung der Haustierhaltung in Mitteleuropa und Südskandinavien von den Anfängen bis zum ausgehenden Mittelalter. Schriften zur Ur- und Frühgeschichte 46. Berlin.

Benecke, N., 1994b: Der Mensch und seine Haustiere. Die Geschichte einer jahrtausendealten Beziehung. Stuttgart.

Binford, L. R., 1981: Bones – ancient men and modern myths. Studies in Archaeology 5. London.

Boessneck, J., Müller, H.-H., u. Teichert, M., 1964: Osteologische Unterscheidungsmerkmale zwischen Schaf (*Ovis aries* Linné) und Ziege (*Capra hircus* Linné). Kühn-Archiv 78:1-2, 1-129.

Brandt, K., 1972: Untersuchungen zur kaiserzeitlichen Besiedlung bei Jemgumkloster und Bentumersiel (Gem. Holtgaste, Kreis Leer) im Jahre 1970. Neue Ausgrabungen und Forschungen in Niedersachsen 7, 145-163.

Brandt, K., 1974: Die Marschensiedlung Bentumersiel an der unteren Ems. Archäologisches Korrespondenzblatt 4, 73-80.

Brandt, K., 1977: Die Ergebnisse der Grabung in der Marschsiedlung Bentumersiel/Unterems in den Jahren 1971-1973. Probleme der Küstenforschung im südlichen Nordseegebiet 12, 1-31.

Driesch, A. von den, 1976: Das Vermessen von Tierknochen aus vor- und frühgeschichtlichen Siedlungen. München.

Ervynck, A., 1997: Following the rule? Fish and meat consumption in monastic communities in Flanders (Belgium). In: G. de Boe u. F. Verhaege (Hrsg.), Environment and subsistence in Medieval Europe. Papers of the 'Medieval Europe Brugge 1997' Conference. Instituut voor het Archeologisch Patrimonium Rapporten 9, 67-81. Zellik.

Ewersen, J., 2010: Hundehaltung auf der kaiserzeitlichen Wurt Feddersen Wierde – ein Rekonstruktionsversuch. Siedlungs- und Küstenforschung im südlichen Nordseegebiet 33, 53-75.

Gentry, A., Clutton-Brock, J., u. Groves, C. P., 2004: The naming of wild animal species and their domestic derivatives. Journal of Archaeological Science 31, 645-651.

Grimm, J. M., 2002: Tierknochen aus dem Gräberfeld Sievern, Fst. Nr. 58B, Ldkr. Cuxhaven. Probleme der Küstenforschung im südlichen Nordseegebiet 27, 239-240.

Grimm, J. M., 2003: Untersuchungen an Tierknochen aus der jungbronzezeitlichen Flachsiedlung Rodenkirchen-Hahnenknooper Mühle, Ldkr. Wesermarsch. Mit einem Exkurs zu den Knochengeräten. Probleme der Küstenforschung im südlichen Nordseegebiet 28, 185-234.

Habermehl, K.-H., 1975: Die Altersbestimmung bei Haus- und Labortieren (2. Aufl.). Berlin.

Habermehl, K.-H., 1985: Die Altersbestimmung bei Wild- und Pelztieren (2. Aufl.). Berlin.

Harris, S., 1978: Age determination in the red fox (*Vulpes vulpes*) – an evaluation of technique efficiency as applied to a sample of suburban foxes. Journal of Zoology 184, 91-117.

Heinrich, D., 1974: Die Hunde der prähistorischen Siedlung Feddersen Wierde. Zeitschrift für Säugetierkunde 39, 284-312.

Heinrich, D., 1985: Die Fischreste aus der frühgeschichtlichen Marschensiedlung beim Elisenhof in Eiderstedt. Schriften aus der Archäologisch-Zoologischen Arbeitsgruppe Schleswig-Kiel 9. Kiel.

Heinrich, D., 1991: Fische, Pisces. In: H. Reichstein, Die Fauna des germanischen Dorfes Feddersen Wierde. Feddersen Wierde 4, 293-301. Wiesbaden.

Heinrich, D., 1994: Die Fischreste aus der frühgeschichtlichen Wurt Elisenhof. Studien zur Küstenarchäologie Schleswig-Holsteins, Serie A: Elisenhof 6, 215-249. Frankfurt am Main.

Heinrich, D., 1995: Untersuchungen an Skelettresten von Pferden aus dem mittelalterlichen Schleswig. Ausgrabungen in Schleswig 11, 115-177.

Kokabi, M., 1982: Arae Flaviae II – Viehhaltung und Jagd im römischen Rottweil. Forschungen und Berichte zur Vor- und Frühgeschichte in Baden-Württemberg 13. Stuttgart.

Kratochvil, Z., 1976: Das Postkranialskelett der Wild- und Hauskatze (*Felis silvestris* und *F. lybica f. catus*). Acta Scientiarum Naturalium Brno 10:6, 1-43.

Küchelmann, H. C., 2009: Ein Canidenskelett (5.-8. Jh.) aus der Wurt Jemgumkloster (Gemarkung Holtgaste, Gde. Jemgum, Ldkr. Leer/Ostfriesland). Nachrichten aus Niedersachsens Urgeschichte 78, 57-78.

Küchelmann, H. C., 2011: Tierknochen aus der Siedlung Bentumersiel bei Jemgum, Landkreis Leer (Ostfriesland). Unveröffentlicher Bericht im Archiv des Niedersächsischen Instituts für historische Küstenforschung, Wilhelmshaven.

Mückenberger, K., 2011: Landeplätze der römischen Kaiserzeit im nordwestdeutschen Küstengebiet. Poster, Marschenratskolloquium Aurich 10.-12.02.2011.

Mückenberger, K., u. Strahl, E., 2009: Ein Brandgrab des frühen 4. Jahrhunderts n. Chr. mit reichem römischem Import aus Bentumersiel, Lkr. Leer (Ostfriesland). Archäologisches Korrespondenzblatt 39, 547-558.

Nickel, R., Schummer, A., u. Seiferle, E., 1992: Lehrbuch der Anatomie der Haustiere 1. Bewegungsapparat (6. Aufl.). Berlin.

Payne, S., 1973: Kill-off patterns in sheep and goats. The mandibles from Asvan Kale. Anatolian Studies 23, 281-303.

Prison, H., 2008: Holtgaste FStNr. 2710/5:38, Gemeinde Jemgum, Wurt Jemgumkloster und südliches Vorgelände. Ostfriesische Fundchronik 2007, Nr. 19. Emder Jahrbuch 87, 2007, 233-237.

PRISON, H., 2009: Holtgaste FStNr. 2710/5:45, Gemeinde Jemgum, Nördlich Bentumersiel, Ostfriesische Fundchronik 2008, Nr. 15. Emder Jahrbuch 88/89, 2008/2009, 319-323.

PRISON, H., 2010: Holtgaste OL-Nr. 2710/5:34, Gde. Jemgum, Ldkr. Leer, ehem. Reg.Bez. W-E. Fundchronik Niedersachsen 2006/2007, Nr. 388. Nachrichten aus Niedersachsens Urgeschichte, Beiheft 13, 270-275.

PRISON, H., 2011: Holtgaste OL-Nr. 2710/5:45, Gde. Jemgum, Ldkr. Leer, ehem. Reg.Bez. W-E. Fundchronik Niedersachsen 2008/2009, Nr. 176. Nachrichten aus Niedersachsens Urgeschichte, Beiheft 14, 98-99.

PRUMMEL, W., 2008: Dieren op de wierde Englum. Jaarverslagen van de Vereniging voor Terpenonderzoek 91, 116-159.

PRUMMEL, W., ESSER, K., u. ZEILER, J. T., 2013: The animals on the terp at Wijnaldum-Tjitsma (The Netherlands) – reflections on the landscape, economy and social status. Siedlungs- und Küstenforschung im südlichen Nordseegebiet 36, 87-98.

PRUMMEL, W., u. FRISCH, H.-J., 1986: A guide for the distinction of species, sex and body side in bones of sheep and goat. Journal of Archaeological Science 13, 567-577.

PRUMMEL, W., HALICI, H., u. VERBAAS, A., 2011: The bone and antler tools from the Wijnaldum-Tjitsma terp. Journal of Archaeology in the Low Countries 3:1, 65-106 (http://dpc.uba.uva.nl/cgi/t/text/get-pdf?c=jalc;idno=0301a04).

PRUMMEL, W., u. HEINRICH, D., 2005: Archaeological evidence of former occurrence and changes in fishes, amphibians, birds, mammals and molluscs in the Wadden Sea area. Helgoland Marine Research 59, 55-70.

REICHSTEIN, H., 1973: Die Haustier-Knochenfunde der Feddersen Wierde – Allgemeiner Teil. Probleme der Küstenforschung im südlichen Nordseegebiet 10, 95-112.

REICHSTEIN, H., 1991: Die Fauna des germanischen Dorfes Feddersen Wierde. Feddersen Wierde 4. Stuttgart.

REICHSTEIN, H., 1994: Die Säugetiere und Vögel aus der frühgeschichtlichen Wurt Elisenhof. Studien zur Küstenarchäologie Schleswig-Holsteins, Serie A: Elisenhof 6, 1-214. Frankfurt am Main.

SCHMID, E., 1972: Atlas of animal bones for prehistorians, archaeologists and quaternary geologists. Amsterdam.

SCHMÖLCKE, U., 2001: Archäozoologische Hinweise zur jungsteinzeitlichen Kulturlandschaft. In: R. Kelm (Hrsg.), Zurück zur Steinzeitlandschaft – Archäologische und ökologische Forschung zur jungsteinzeitlichen Kulturlandschaft und ihrer Nutzung in Nordwestdeutschland. Albersdorfer Forschungen zur Archäologie und Umweltgeschichte 2, 77-88. Albersdorf.

SCHMÖLCKE, U., 2003: Die Stetigkeit als archäozoologische Bewertungsmethode. Beispiele aus Paläoichthyologie (frühmittelalterlicher Seehandelsplatz Groß Strömkendorf) und Paläoökologie (Neolithikum Schleswig-Holsteins). Beiträge zur Archäozoologie und Prähistorischen Anthropologie 4, 195-203.

SOMMER, U., 1991: Zur Entstehung archäologischer Fundvergesellschaftungen – Versuch einer archäologischen Taphonomie. Universitätsforschungen zur Prähistorischen Archäologie 6, 51-193. Bonn.

STEIN, G., 1986: Herding strategies at neolithic Gritille. The use of animal bone remains to reconstruct ancient economic systems. Expedition 28:2, 35-42.

STRAHL, E., 2007: Bentumersiel (Reiderland), Gmkg. Holtgaste, Gde. Jemgum, Ldkr. Leer. Nachrichten des Marschenrats zur Förderung der Forschung im Küstengebiet der Nordsee 44, 8-10.

STRAHL, E., 2009a: Die Dame von Bentumersiel an der Ems – Römischer Luxus für das Jenseits. Archäologie in Niedersachsen 12, 63-66.

STRAHL, E., 2009b: Germanische Siedler – Römische Legionäre. Die Siedlung Bentumersiel im Reiderland. Varus-Kurier 11, 12-15.

STRAHL, E., 2010: Holtgaste FStNr. 1, Gde. Jemgum, Ldkr. Leer, ehem. Reg.Bez W-E. Fundchronik Niedersachsen 2006/2007, Nr. 387. Nachrichten aus Niedersachsens Urgeschichte, Beiheft 13, 267-270.

STRAHL, E., 2011: Holtgaste FStNr. 1, Gde. Jemgum, Ldkr. Leer, ehem. Reg.Bez W-E. Fundchronik Niedersachsen 2008/2009, Nr. 171. Nachrichten aus Niedersachsens Urgeschichte, Beiheft 14, 93-94.

TEICHERT, M., 1984: Size variation in cattle from Germania Romana and Germania Libera. In: C. Grigson u. J. Clutton-Brock (Hrsg.), Animals and archaeology 4. Husbandry in Europe. BAR, International Series 227, 93-103. Oxford.

ULBERT, G., 1977: Die römischen Funde von Bentumersiel. Probleme der Küstenforschung im südlichen Nordseegebiet 12, 33-65.

WITT, R., 2002: Untersuchungen an kaiserzeitlichen und mittelalterlichen Tierknochen aus Wurtensiedlungen der schleswig-holsteinischen Westküstenregion. Dissertation Universität Kiel (http://deposit.ddb.de/cgi-bin/dokserv?idn=972288988).

ZAWATKA, D., u. REICHSTEIN, H., 1977: Untersuchungen an Tierknochenfunden von den römerzeitlichen Siedlungsplätzen Bentumersiel und Jemgumkloster an der unteren Ems/Ostfriesland. Probleme der Küstenforschung im südlichen Nordseegebiet 12, 85-128.

The animals on the terp at Wijnaldum-Tjitsma (The Netherlands) – reflections on the landscape, economy and social status

Die Tiere der Wurt Wijnaldum-Tjitsma (Niederlande) – Bemerkungen zu Landschaft, Wirtschaft und sozialem Status

Wietske Prummel, Kinie Esser and Jørn T. Zeiler

With 10 Figures and 3 Tables

Abstract: The inhabitants of Wijnaldum-Tjitsma in the Roman, Migration, Merovingian, Carolingian and Ottonian periods were farmers. They reared large numbers of sheep and cattle and kept a few pigs, horses, dogs and cats. This was not very different from the animal husbandry on other Frisian and Groningen terps. Proof of intensive fowling and fishing on the site shows that there were inhabitants who had sufficient time or were specialists in catching birds and fish to enrich their diet. A wels catfish from the Merovingian period was perhaps an exchange or gift, as were the hunted red deer, and red-deer and roe-deer skins. Some bone and antler objects from the Early Middle Ages – a small box, a flute, two spoons and pieces of decorative inlay – also indicate the presence of elite inhabitants on the terp.

Key words: The Netherlands, Wijnaldum-Tjitsma, Salt marsh, Roman period, Migration Period, Early Middle Ages, Archaeozoology, Elite.

Inhalt: Die Bewohner der Wurt Wijnaldum-Tjitsma während der Römischen Kaiser-, Völkerwanderungs-, Merowinger-, Karolinger- und Ottonenzeit waren Bauern. Sie züchteten Schafe und Rinder in großem Umfang und hielten daneben wenige Schweine, Pferde, Hunde und Katzen. Ihre Viehzucht entsprach der anderer Wurten in den niederländischen Provinzen Friesland und Groningen. Der Nachweis intensiver Jagd auf Vögel und Fische ist ein Indiz für Wurtbewohner, die die Zeit für diese spezialisierte Jagd aufbringen konnten oder überhaupt für spezialisierte Vogeljäger und Fischer. Ein Welsknochen aus der Merowingerzeit war möglicherweise ein Geschenk oder eine Tauschgabe, ebenso wie erjagte Rothirsche und Rothirsch- und Rehhäute. Auch verschiedene Geräte aus Knochen und Geweih – eine kleine Dose, eine Flöte, zwei Löffel und Intarsienplättchen – sind Anzeichen für eine Elite auf der Wurt.

Schlüsselwörter: Niederlande, Wijnaldum-Tjitsma, Marsch, Römische Kaiserzeit, Völkerwanderungszeit, Frühes Mittelalter, Archäozoologie, Elite.

Dr. Wietske Prummel, Groningen Institute of Archaeology, University of Groningen, Poststraat 6, 9712 ER Groningen, The Netherlands – E-mail: w.prummel@rug.nl

Drs. Kinie Esser, Archeoplan Eco, Oude Delft 224, 2611 HJ Delft, The Netherlands – E-mail: kinie.esser @archeoplan.nl

Dr. Jørn T. Zeiler, ArchaeoBone, Blekenweg 61, 9753 JN Haren (Gr.), The Netherlands – E-mail: abone @planet.nl

1 Introduction

The Universities of Groningen and Amsterdam (UvA) carried out large excavations on the terp (dwelling mound) Wijnaldum-Tjitsma in the northwest of the province of Friesland (The Netherlands) in 1991-93 (Fig. 1). This part of the Dutch terp area, northern Westergo, was an extensive salt marsh area before it became embanked in the 12th century AD. It was the most exposed part of the Dutch terp area, near the extensive tidal flats to the north and west, and far away from the peat bogs and sandy Pleistocene soils to the southeast.

The large gold disc-on-bow brooch made c.AD 630 in the *cloisonné* technique found on the terp in the 1950s was what prompted the excavations at Wijnaldum-Tjitsma. This brooch was seen as a sign of elite inhabitants (HEIDINGA 1997, 35-38; SCHONEVELD & ZIJLSTRA 1999; NIJBOER & VAN REEKUM 1999). The excavators therefore wanted to know more about the terp and especially about its status (HEIDINGA 1999).

The excavations demonstrated that the terp was inhabited during the Roman (AD 175-300/350), Migration (AD 425-550), Merovingian (AD 550-750), Carolingian (AD 750-850) and Ottonian (AD 850-900/950) periods. The terp was not inhabited for 75-125 years at the end of the Roman period. The new occupants, who probably came from the east, brought other types of pottery, built different houses – but no halls or palaces (GERRETS & DE KONING 1999, 82-95; NIEUWHOF 2011) and introduced new types of bone and antler tools (see 3.4)

The 1991-93 excavations yielded further precious-metal objects and also glass objects. Both materials suggest an elite society on the terp during the Merovingian and Carolingian periods (SCHONEVELD & ZIJLSTRA 1999; NIJBOER & VAN REEKUM 1999; SABLEROLLES 1999a, 240-243; 1999b, 266-269).

Thanks to extensive wet sieving, the excavations revealed large numbers of mammal, bird and fish bones as well as mollusc shells. They are very well preserved due to the humid alkaline soil. A considerable number of bone and antler tools were also found (see 3.4 and PRUMMEL et al. 2011).

Some of the many animal remains were studied by students of the University of Groningen, but publication of the material is still limited (PRUMMEL 1991; HAVERKORT et al. 1993; CUIJPERS et al. 1999, 315-316). The Netherlands Organisation for Scientific Research (NWO) furnished an Odyssee programme grant in 2009-2010 in order to make the animal-remains data available to both scientific circles and the general public. The Odyssee programme supports research on unpublished archaeological projects.

The first paper on the bone and antler tools was published in 2011 (PRUMMEL et al. 2011). A full publication of the food remains is in preparation (ESSER et al. in preparation).

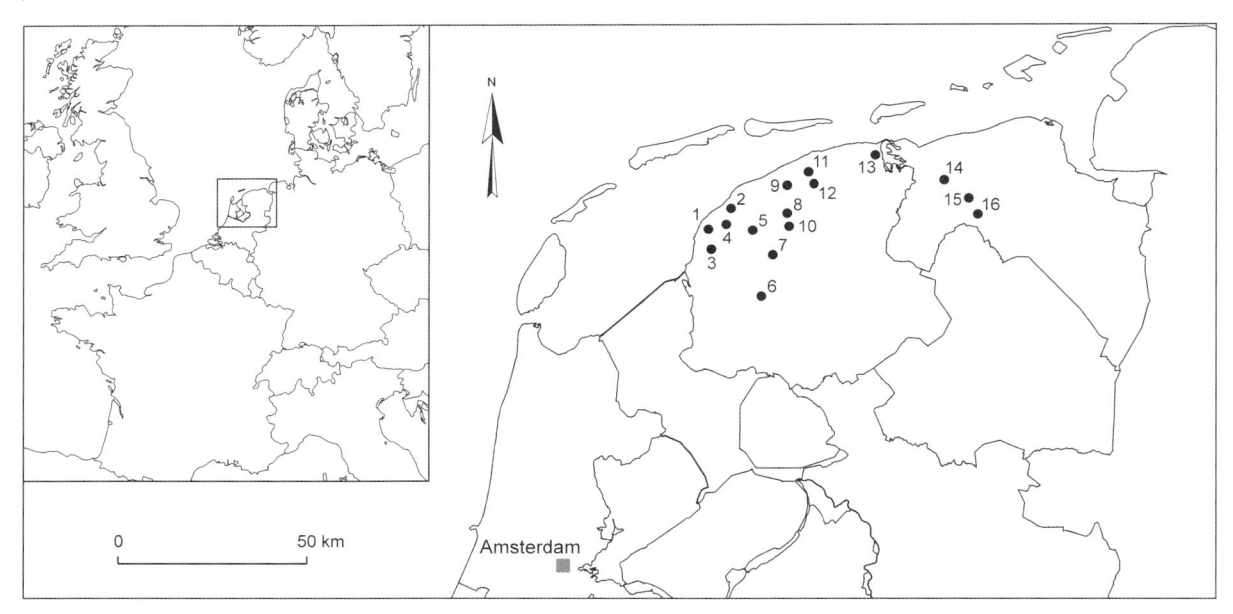

Fig. 1. Location of the terp Wijnaldum-Tjitsma (1) and other terps in Friesland and Groningen. 2 Firdgum – 3 Achlum – 4 Dongjum – 5 Dronrijp – 6 Sneek – 7 Hoxwier – 8 Jelsum – 9 Hallum – 10 Leeuwarden-Oldehoofsterkerkhof – 11 Oosterbeintum – 12 Birdaard-Roomschotel – 13 Anjum-Terpsterweg – 14 Englum – 15 Wierum – 16 Paddepoel (Graphics: E. Bolhuis).

An exhibition of the animals on the Wijnaldum-Tjitsma terp was staged at the *Archeologisch Steunpunt Wijnaldum* (Archaeological Information Centre Wijnaldum) in 2010.

The aim of this paper is to review all the results and help find an answer to the question of the status of the terp.

2 Methods

The animal remains were collected by hand and by wet sieving with a 4 mm mesh screen. After the features had been dated (GERRETS & DE KONING 1999, 74-98), a selection of the animal remains was identified by comparing them with the archaeozoological reference collections of the Groningen Institute of Archaeology (mammals, birds, fish and molluscs as well as the bone and antler tools) and Archeoplan Eco in Delft (mammals). The animal remains were analysed by the standard archaeozoological methods (REITZ & WING 2008; GROOT 2010). Some of the bone and antler needles and pins were analysed for traces of wear with the aid of the reference collection of the Laboratory for Artefact Studies of Leiden University (PRUMMEL et al. 2011, Supplementary Data).

3 Results

3.1 Mammals

Five domestic mammal species and five wild mammal species are represented in the identified unworked mammal remains, mainly food remains (Tab. 1). Most of the mammal remains are of domestic mammals, mainly sheep and cattle. Pig, horse, dog and cat remains are rare, and wild mammal remains even rarer.

Species	Roman period	Migration period	Merovingian period	Karolingian period	Ottonian period
Dog (*Canis familiaris*)	24	6	–	37	2
Cat (*Felis catus*)[1]	–	1	1	13	8
Horse (*Equus caballus*)	27	13	2	28	17
Pig (*Sus domesticus*)	40	63	49	101	13
Cattle (*Bos taurus*)	286	238	146	751	179
Sheep/goat (*Ovis aries/Capra hircus*)[2]	326	253	204	1,748	347
Roe deer (*Capreolus capreolus*)	1	–	–	–	–
Red deer (*Cervus elaphus*)	1	1	–	3	1
European polecat (*Putorius putorius*)	–	–	–	1	–
Grey seal (*Halichoerus grypus*)	–	1	–	–	–
Harbour porpoise (*Phocoena phocoena*)	–	–	–	2	–
Human (*Homo sapiens*)	1	–	–	4	2
Total	706	576	402	2,688	569

[1] Carolingian period: 16 cat remains, presumably from two cats, are counted as 2; Ottonian period: 43 cat remains, presumably from one cat, are counted as 1

[2] including remains clearly identified as sheep (*Ovis aries*)

Tab. 1. Wijnaldum-Tjitsma. Actual numbers of identified mammal remains, without worked bone and antler objects, hand collected and sieved material. The ca. 73,000 fragments of unidentifiable mammal-bones are not listed.

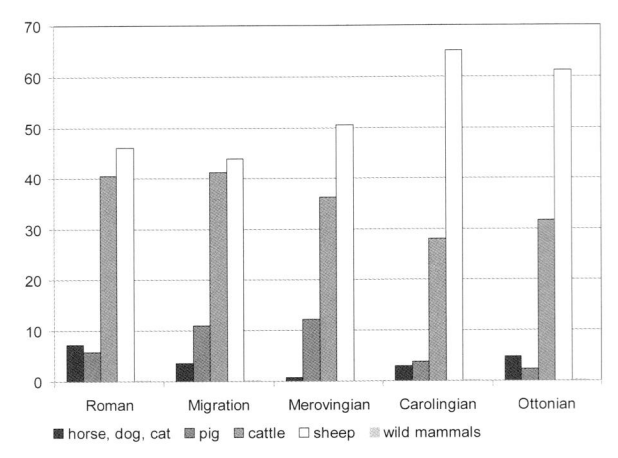

Fig. 2. Wijnaldum-Tjitsma.
Percentages of domestic mammal and wild mammal remains
(for actual numbers see Tab. 1).
Horse, dog and cat are grouped together because of the small
numbers. The same applies to the wild mammals
(Graphics: K. Esser).

No goats were kept. Hunting was not a major activity of the inhabitants of the terp (Tab. 1; Fig. 2). Special finds, dating to the Migration Period, are the skeletons of two foetal horses, probably twins, near a human baby. They are most probably the remains of a ritual (HAVERKORT et al. 1993; ESSER et al. in preparation).

Whereas cattle and sheep are almost equally represented in the Roman and Migration Period material, the number of sheep remains exceeds that of cattle in the Early Middle Ages (Merovingian and later periods) (Fig. 2). Sheep farming thus became even more important in the early medieval period than it had been in Roman times and during the Migration Period.

The kill-off patterns for sheep and cattle in the various periods show some fluctuation, but this may be coincidental (Figs. 3-4). The sheep kill-off pattern demonstrates that most sheep were slaughtered at an advanced age (Fig. 3). This means that the main product of the sheep farming was meat from fully grown animals. Wool was of secondary relevance.

The kill-off pattern for cattle is different. Quite a number of cattle were slaughtered as young animals, some even as neonates or young calves, but the majority were more than four years old (Fig. 4). This slaughtering pattern suggests that milk was an important product but that cattle were also kept for meat and traction. Other products from sheep and cattle as well as from horses and pigs were skins, tendons, manure, and bones to make bone tools.

Sheep were also kept in large numbers on other terps in Westergo (e.g. Achlum: HULLEGIE 2010, Tab. 2). The situation was quite different on the terps in the present province of Groningen where cattle were always the most numerous livestock (e.g. Wierum: PRUMMEL 2006, Tab. 5.1, and Englum: PRUMMEL 2008, Tab. 8.2). Pigs, horses and dogs were kept on the Groningen terps in similarly low numbers as at Wijnaldum-Tjitsma.

The red-deer bones in Tab. 1 are meat-bearing bones and foot bones. This suggests that red deer were hunted and brought to the terp for food. The people may have hunted near the terp or further away. Wijnaldum-Tjitsma is the only terp site in the Netherlands where the meat-bearing bones of red deer have been found so far.

The red-deer foot bones were probably brought to the terp with the skins. The only roe-deer bone in Tab. 1 is also a foot bone. A fragment of a burnt roe-deer foot bone, a metatarsus, was found in a Migration Period cremation burial on the terp (CUIJPERS et al. 1999, 315).

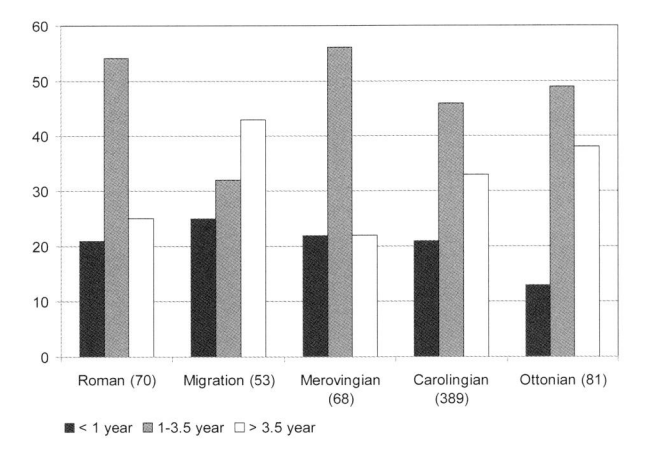

Fig. 3. Wijnaldum-Tjitsma. Postcranial age data for sheep.
X axis: age data, actual numbers,
Y axis: percentages (Graphics: K. Esser).

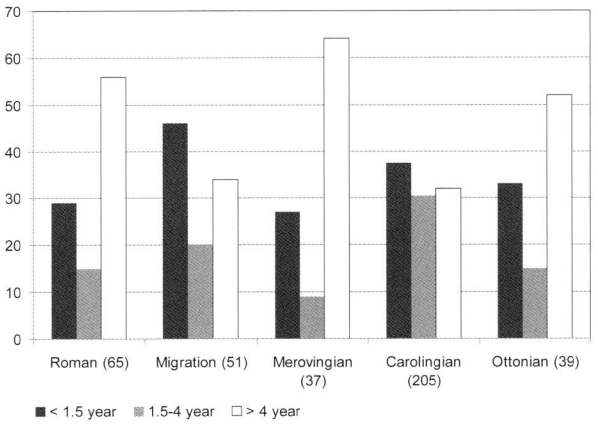

Fig. 4. Wijnaldum-Tjitsma. Postcranial age data for cattle.
X axis: age data, actual numbers,
Y axis: percentages (Graphics: K. Esser).

The deer-foot bones suggest that red and roe-deer skins were used at Wijnaldum-Tjitsma.

The postcranial bones of red deer and roe deer, i.e. not antlers, are exceptional finds for a terp site. Among the bone and antler tools, however, are many pieces of red-deer antler, which may have been imported to the terp as finished tools or as raw material (see 3.4 and PRUMMEL et al. 2011, 70).

The location of Wijnaldum-Tjitsma in a salt-marsh area bordering extensive tidal flats is illustrated by two harbour-porpoise bones, a grey-seal bone and a few large whale bones. Such small numbers suggest that there was no specific harbour-porpoise, seal or whale hunting. Grey seal and harbour porpoise were perhaps inadvertently caught in fishing gear. The grey-seal bone, a first phalanx that has been dated to the Migration Period, has cut marks, which means that the skin of the animal was used. Seal bones are regularly found on Dutch terps, but never in large numbers (CLASON 1988; PRUMMEL 1999, 418-420; PRUMMEL & HEINRICH 2005, Tab. 6; PRUMMEL 2008, 142).

The harbour-porpoise bones were the first finds of this species on a terp in the Netherlands (PRUMMEL & HEINRICH 2005, Tab. 6). However, two harbour-porpoise bones were found on the nearby early-medieval terp at Firdgum in 2011 (R. J. Kosters and J. T. van Gent, personal communication). The whale bones found at Wijnaldum-Tjitsma will have come from stranded whales. The bones of large whales, including sperm whales (*Physeter macrocephalus*), with cut marks are found on many terps in small numbers (PRUMMEL 2008, 142; HULLEGIE 2010, 38-39 [sperm whale]; terp excavations at Jelsum 2010 [right whale], Firdgum 2011 [humpback whale] and Dronrijp-Zuid 2012 [R. J. Kosters and J. T. van Gent, personal communication]).

3.2 Birds

At least 43 wild bird species are represented in the bird remains from Wijnaldum-Tjitsma: these are ducks (at least 8 species), geese and swans (at least 5 species), waders (at least 16 species) plus at least 15 other species (Tab. 2).

Ducks account for the majority of the bird remains in the Wijnaldum-Tjitsma material from all the periods except the Carolingian period (Fig. 5). Most of the duck remains are from dabbling ducks, genus *Anas*. The waders have the second highest numbers in most periods, but come first in the Carolingian period (Fig. 5). Common wader species in the Wijnaldum-Tjitsma material are godwits, ruff, plovers and dunlin.

All the other bird species, including larger birds such as the white-tailed eagle and crane, and smaller ones like the sky lark and thrush, are represented by only a few bones (Tab. 2).

Ducks and waders were by far the most frequently hunted and consumed birds: they were probably hunted with nets. Why waders increased in importance in the Carolingian period is not clear. A new fowling technique may have come into use, something like the modern plover nets (JUKEMA et al. 2001); or perhaps it was just a change in preference. Waders were still relatively important during the Ottonian period (Fig. 5).

Fowling was quite important at Wijnaldum-Tjitsma, much more so than on many of the other terps in Groningen and Friesland – even those where extensive wet sieving was done, such as Englum (PRUMMEL 2008), Achlum (HULLEGIE 2010, 22), Jelsum (excavation 2010, R. J. Kosters and J. T. van Gent, personal communication) and Oosterbeintum (excavation 2011, R. J. Kosters and J. T. van Gent, personal communication) (Fig. 1). The many remains of wild birds at Wijnaldum-Tjitsma may indicate the presence of elite inhabitants who had the time to go fowling. However, the 2011 excavation on the early-medieval terp at Firdgum, in a similarly exposed position as Wijnaldum-Tjitsma (Fig. 1), yielded a substantial number of bird bones in its sieved material (R. J. Kosters and J. T. van Gent, personal communication). The location of Wijnaldum-Tjitsma and Firdgum near extensive areas of tidal flats made fowling attractive and profitable.

Chickens were bred on the terp throughout all the periods. Perhaps domestic geese and ducks were kept as

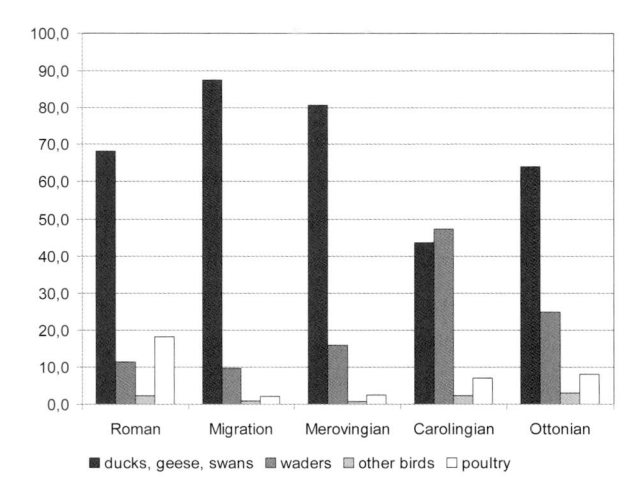

Fig. 5. Wijnaldum-Tjitsma. Percentages of bird remains (for actual numbers see Tab. 2).
The birds are classified in four groups:
ducks, geese and swans, waders, other birds and poultry
(Graphics: J. T. Zeiler).

Species	Roman	Migration	Merovingian	Carolingian	Ottonian
Wild Birds					
Ducks					
Mallard (*Anas platyrhynchos*)	16	151	222	114	48
Northern pintail (*Anas acuta*)	1	12	3	–	–
Gadwall (*Anas strepera*)	–	1	3	5	–
Shoveler (*Anas clypeata*)	1	15	5	2	2
Teal/Garganey (*Anas crecca / A. querquedula*)	3	4	34	18	11
Wigeon (*Mareca penelope*)	3	24	5	1	–
Shellduck (*Tadorna tadorna*)	1	4	1	1	–
Goldeneye (*Bucephula clangula*)	–	–	–	1	–
Duck (Anatinae)	1	83	208	65	49
Geese and swans					
(Greylag) goose (*Anser anser*)	2	2	23	19	14
White-fronted goose (*Anser albifrons*)	–	2	–	–	–
Bean goose (*Anser fabalis*)	1	–	2	1	–
Brent/Barnacle goose (*Branta bernicla / B. leucopsis*)	–	3	10	7	–
Swan (*Cygnus* sp.)	1	–	1	2	2
Subtotal	*30*	*301*	*517*	*236*	*126*
Waders					
Black-tailed, Bar-tailed godwit (*Limosa limosa, L. lapponica*)	1	7	14	68	7
Curlew (*Numenius arquata*)	–	4	1	–	3
Whimbrel (*Numenius phaeopus*)	–	–	1	6	1
Ruff (*Philomachus pugnax*)	1	4	28	61	17
Oystercatcher (*Haematopus ostralegus*)	–	–	1	–	–
Avocet (*Recurvirostra avosetta*)	–	–	–	–	1
Lapwing (*Vanellus vanellus*)	–	–	–	–	1
Ringed plover (*Charadrius hiaticula*)	–	–	1	–	–
Redshank (*Tringa totanus*)	–	1	1	–	2
Golden/Grey plover (*Pluvialis apricaria / P. squatarola*)	–	1	2	33	1
Woodcock (*Scolopax rusticola*)	–	–	–	1	–
Jack snipe (*Lymnocryptes minimus*)	1	2	1	–	1
Dunlin (*Calidris alpina*)	2	5	23	38	6
Knot (*Calidris canutus*)	–	8	21	24	2
Little/Temminck's stint (*Calidris minuta / C. temminckii*)	–	1	5	8	–
Wader (Charadriidae/Scolopacidae)	–	–	3	17	7
Subtotal	*5*	*33*	*102*	*256*	*49*

Species	Roman	Migration	Merovingian	Carolingian	Ottonian
Other species					
Red-/Black-throated diver (*Gavia stellata / G. arctica*)	–	–	–	–	1
Grey heron (*Ardea cinerea*)	–	–	1	1	–
Crane (*Grus grus*)	–	–	1	–	–
White-tailed eagle (*Haliaeetus albicilla*)	–	–	–	1	–
Short-eared owl (*Asio flammeus*)	1	–	–	1	–
Wood pigeon (*Columba palumbus*)	–	–	–	1	–
Black-headed gull (*Larus ridibundus*)	–	–	–	1	–
Gull (*Larus* sp.)	–	–	–	3	–
Crow/Rook (*Corvus corone / C. frugilegus*)	–	2	1	–	–
Jackdaw (*Corvus monedula*)	–	–	–	–	5
House sparrow (*Passer domesticus*)	–	–	1	–	–
Linnet (*Carduelis cannabina*)	–	–	1	–	–
Sky lark (*Alauda arvensis*)	–	–	–	2	–
Redwing (*Turdus iliacus*)	–	1	–	–	–
Fieldfare (*Turdus pilaris*)	–	–	–	1	–
Thrush (*Turdus* sp.)	–	–	–	1	–
Subtotal	*1*	*3*	*5*	*12*	*6*
Total wild birds	36	337	624	504	181
Poultry					
Chicken (*Gallus domesticus*)	8	6	15	37	12
cf. Domestic goose (*Anser anser f. domestica*)	–	1	–	1	1
cf. Domestic duck (*Anas platyrhynchos f. domestica*)	–	–	1	–	3
Total poultry	*8*	*7*	*16*	*38*	*16*
Total birds, identified	*44*	*344*	*640*	*542*	*197*
Birds, indet.	19	246	912	357	128
Total birds	*63*	*590*	*1,552*	*899*	*325*

Tab. 2. Wijnaldum-Tjitsma. Actual numbers of bird remains, hand collected and sieved material.

well, but this is not certain: the bones of the domestic forms of these species are larger than those of the wild forms but the measurements overlap. The proportion of chicken bones is quite high in the Roman period (Fig. 5). This is remarkable since chickens were first introduced into the Netherlands then. The new settlers who came to the terp after the hiatus at the end of the Roman period kept few chickens, but the numbers rose again in the Carolingian and Ottonian periods. On many terps, chicken bones are only found in the Carolingian and later periods (e.g. Achlum: HULLEGIE 2010, 22).

3.3 Fish and molluscs

Fish

There are at least 20 species among the fish remains recovered during the excavations, mainly by sieving (Tab. 3). These are classified as: flatfish (Pleuronectidae: plaice, flounder and dab), eel, other marine fish, anadromous fish and freshwater fish (Fig. 6).

Flatfish account for the largest number of fish remains in every period (minimum 60 % in the Merovingian period, maximum 80 % in the Ottonian period). These marine fish will have been quite common in the salt-marsh gullies and on the tidal flats to the north and west of the terp. They will have been caught with weirs, nets, spears or by treading.

Eel remains come second (Fig. 6). Eels, which are a catadromous species, will have been common in the gullies and on the tidal flats near the terp. They could have been caught with fish traps or nets. Eel fishing was rather common in most periods, but less so in the Ottonian period (Fig. 6).

Fishing for Gadidae, garfish and mullets was less important than fishing for flatfish and eel, but it increased during the Carolingian and Ottonian periods (Fig. 6). The other marine fish would have been by-catch, and the same applies to the anadromous fish species: Atlantic salmon and/or trout, allis shed and sturgeon, which are represented in small numbers (Tab. 3).

The Cyprinidae (mainly, or only, bream) are represented in small numbers in the Roman and Merovingian periods but are absent in the Ottonian period (Fig. 6). Bream is a freshwater fish that also lives in brackish water (DE NIE 1996, 42-43). Bream will have been caught in the salt-marsh gullies near the terp. Pike is represented by one fragment in the Carolingian period. This fresh water species tolerates slightly brackish water (BROUWER et al. 2008).

The Weberian apparatus of a large, 1.5-1.8 m long, wels catfish was found in a feature of Merovingian date. This species is strictly a freshwater fish, which only lives in lakes and large rivers. This specimen perhaps drifted over from Lake Almere (the present IJsselmeer) to the tidal-flat area to the west of the terp. A better explanation may be that it was an exchange gift, and thus a status indicator. No wels-catfish bones have been found on any other terp in the Netherlands so far. Wels-catfish remains were also found on the early-medieval terp at Elisenhof in Schleswig-Holstein, which was situated at the mouth of the River Elbe (HEINRICH 1994, 230-231).

The number of fish bones on the Wijnaldum-Tjitsma terp is remarkably high. Fishing, like fowling, was obviously an important activity. The inhabitants used the rich fishing grounds nearby. The composition of the fish species is not much different from that found on the other terps where sieving yielded fish bones. Flatfish and eel were the most frequently caught species everywhere and the other Wijnaldum-Tjitsma fish species, apart from the wels catfish, are regularly found on these terps as well (e.g. Achlum: HULLEGIE 2010, 21-22; Anjum: PRUMMEL & VAN GENT 2010, Tab. 2 and 4) and Firdgum [excavation 2011, R. J. Kosters and J. T. van Gent, personal communication]).

Molluscs

There are ten different species among the 5,443 mollusc remains. Most of the mussel (*Mytilus edulis*), common cockle (*Cerastoderma edule*) and common periwinkle (*Littorina littorea*) shells will have been food remains. These species are represented in large numbers (mussel and common cockle) or lesser but still large numbers (common periwinkle). Baltic tellin (*Macoma balthica*) and peppery furrow shell (*Scrobicularia plana*) were perhaps eaten as well. The shells of small molluscs, such as laver spire shell (*Hydrobia ulvae*), will have reached the terp with sods or during floods.

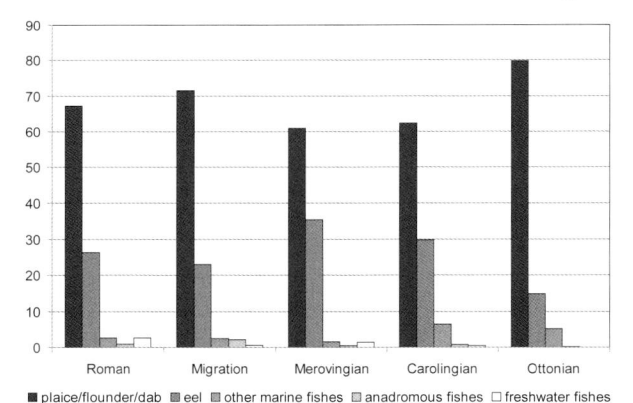

Fig. 6. Wijnaldum-Tjitsma. Percentages of fish remains (for actual numbers see Tab. 3).
The fish are classified in five groups: flatfish (plaice/flounder/dab), eel, other marine fish, anadromous fish and freshwater fish
(Graphics: W. Prummel).

Species	Group in Fig. 6	Roman	Migration	Meroving.	Caroling.	Ottonian
Smooth-hound (*Mustelus mustelus*)	other marine	–	–	–	–	2
Thornback ray (*Raja clavata*)	other marine	–	–	–	–	1
Sturgeon (*Acipenser* sp.)	anadromous	–	1	–	1	–
Atlantic herring (*Clupea harengus*)	other marine	1	7	5	1	6
Allis shad (*Alosa alosa*)	anadromous	–	1	–	1	–
Atlantic salmon/seatrout (*Salmo salar/trutta*)	anadromous	1	23	10	6	2
Pike (*Esox lucius*)	freshwater fish	–	–	–	1	–
Bream (*Abramis brama*)	freshwater fish	–	–	11	–	–
Carp fishes (Cyprinidae)	freshwater fish	3	7	18	4	–
Wels catfish (*Silurus glanis*)	freshwater fish	–	–	1	–	–
Eel (*Anguilla anguilla*)	eel	29	261	733	279	143
Garfish (*Belone belone*)	other marine	–	–	7	18	4
Atlantic cod (*Gadus morhua*)	other marine	–	–	1	2	1
Haddock (*Melanogrammus aeglefinus*)	other marine	1	–	–	–	1
Whiting (*Merlangius merlangus*)	other marine	–	9	1	2	–
Cod fishes (Gadidae)	other marine	–	8	1	24	15
European seebass (*Dicentrarchus labrax*)	other marine	–	1	–	–	1
Dab (*Limanda limanda*)	flatfishes	–	–	2	–	–
Plaice (*Pleuronectes platessa*)	flatfishes	–	–	23	4	–
Flounder (*Platichthys flesus*)	flatfishes	2	–	19	–	1
Flounder/plaice/dab (Pleuronectidae)	flatfishes	72	812	1,220	580	765
Thicklip grey mullet (*Mugil labrosus*)	other marine	1	1	–	–	–
Thinlip grey mullet (*Liza ramada*)	other marine	–	2	17	13	19
Mullets (Mugilidae)	other marine	–	1	1	–	–
Total fishes, identified		110	1,134	2,070	936	961
Fishes, indet.		33	211	615	246	69
Total fishes		143	1,345	2,685	1,182	1,030

Tab. 3. Wijnaldum-Tjitsma. Actual numbers of fish remains, hand collected and sieved material (mainly sieved material).

4 Bone and antler tools

A total of 237 bone and antler tools and 26 unfinished tools and waste pieces were found. The 237 tools can be classified as personal utensils like combs, pins, rings and beads (112); fibre and skin-working tools (64); amulets (27); skates/skating-stick tips/sledge runners (18); household utensils (11) and musical instruments (5). The small number of unfinished tools and waste (26) suggests that most of the bone/antler tools were imported to the terp (PRUMMEL et al. 2011, Tab. 1).

The personal utensils and the skates/skating-stick tips/sledge runners are completely lacking in the Roman period. These bone/antler tools were only introduced to Wijnaldum-Tjitsma by the new inhabitants during the Migration period. Bone/antler combs and skates/sledge runners are lacking on all the Frisian and Groningen terps with a Roman occupation phase (PRUMMEL et al. 2011, Tab. 7).

Red-deer antlers were the most common raw material for the bone/antler tools (44 %, unfinished tools and waste included). Most combs were made of red-deer antler. Other antler tools were pins for clothes, amulets, spindle whorls, a spoon, a handle, a checker and the tuning pin of a lyre. Cattle bones (15 %) were used for many types of tools, such as pin beaters, needles, spindle whorls (the *caput femoris*), polishing/rubbing instruments (*humerus, metacarpus* and *metatarsus*), tools for scraping and polishing pottery (ABBINK 1999, 280; STRUCKMEYER 2011, 29-36) or musical instruments (notched *costae*), a sieve (*scapula*) (Fig. 7), a spoon (*frontale* of a foetus), a little box for jewellery or make-up (*femur*), pieces of inlay, and skates/tips of skating sticks (*metacarpus* and *metatarsus*).

Other species represented among the bone/antler tools are sheep (9 %) (mainly *astragali* used as amulets), pig (5 %) (*fibulae* for needles and a pin), horse (3 %) (*radius, metacarpus* and *metatarsus* for skates/runners), elk (*Alces alces*: two waste antler pieces), a large whale (a pin beater) and a mute or whooper swan (an *ulna* for a flute). Specific bones or antler were chosen as the raw material for specific tools (PRUMMEL et al. 2011, Tab. 2 and 4).

The many fibre and skin-working tools (64: pin beaters, needles, awls, spindle whorls and polishing/rubbing instruments) show that wool, flax and leather working and basketry were important activities on the terp in all occupation periods. The pig *fibula* needles were mainly used for plant fibres, to make or repair fishing or fowling nets, or in basketry, for instance. Other needles were used for various materials (PRUMMEL et al. 2011, Supplementary Data). Fibre and skin-working tools are common on almost all the Frisian and Groningen terps (PRUMMEL et al. 2011, Tab. 7). The Merovingian period material at

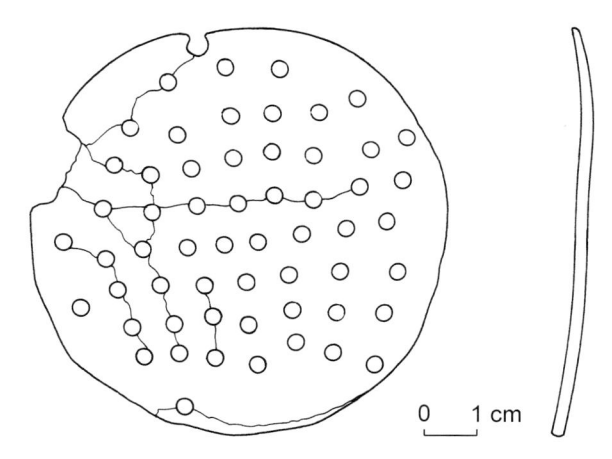

Fig. 7. Wijnaldum-Tjitsma. Sieve (find number 9325), Roman period; made from the flat (proximal) part of a cattle *scapula* (Drawing: J. M. Smit).

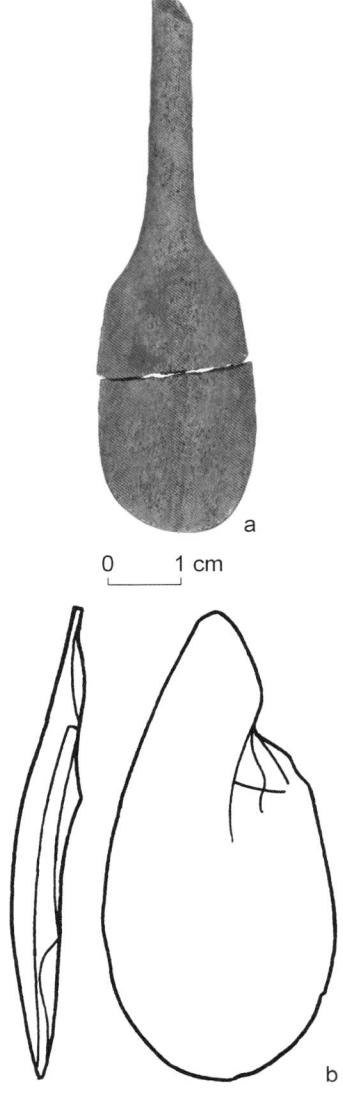

Fig. 8. Wijnaldum-Tjitsma. Spoons, Merovingian period.
 a Find number 11381, made from red-deer antler –
b Find number 7448, made from the frontal bone of a cattle foetus (Photo: W. Prummel – Drawing: J. M. Smit).

Wijnaldum-Tjitsma is exceptionally rich in fibre and skin-working tools.

Some bone/antler tools at Wijnaldum-Tjitsma are exceptional. Most of them date to the Merovingian and Carolingian periods, when an elite is thought to have lived on the terp. These are the two spoons (both Merovingian period) (Fig. 8), the jewellery or make-up box (Carolingian period) (Fig. 9), two pieces of inlay (Merovingian and Carolingian periods), the swan flute (Carolingian period) (Fig. 10), two notched cattle *costae*, probably musical instruments (Merovingian and Carolingian periods) and the tuning pin (Merovingian or Carolingian period). The box and the spoons are, so far, unique finds on terps. The other tools mentioned here are found on

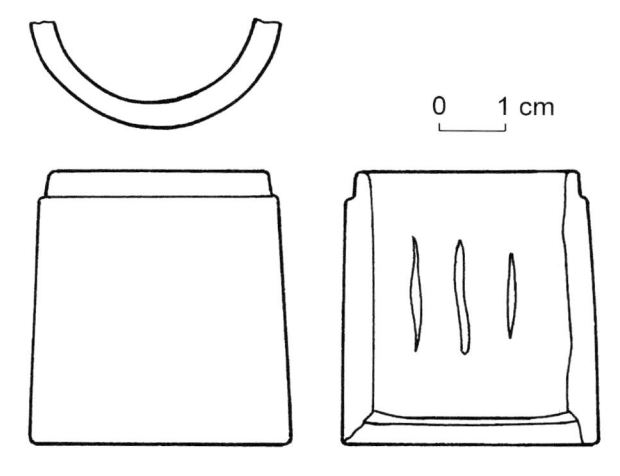

Fig. 9. Wijnaldum-Tjitsma. Fragment of a jewellery or cosmetic box (find number 9470), Carolingian period; made from a long bone, presumably a cattle *femur* (Drawing: J. M. Smit).

other terps as well, although in very small numbers or as single finds. An exception is the terp of Hallum where 13 tuning pins were found: these are undated but are presumably early medieval (VAN VILSTEREN 1987, 56).

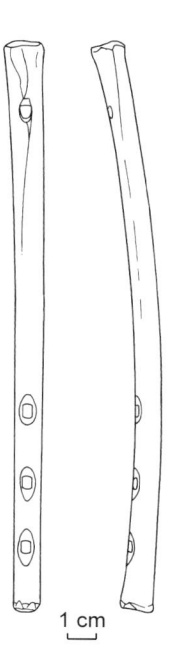

Fig. 10. Wijnaldum-Tjitsma. Flute (find number 11702), Carolingian period; made from the right *ulna* of a mute or a whooper swan (Drawing: J. M. Smit).

5 Discussion and conclusions

The inhabitants of the terp Wijnaldum-Tjitsma used the salt-marsh landscape for many activities: arable farming, fowling, fishing, clay and salt extraction, and animal husbandry – mainly large herds of sheep and cattle. The terp does not differ much from other terps in this respect. The large numbers of sheep, more than on other Frisian and Groningen terps, were probably due to the extensive salt marshes around Wijnaldum-Tjitsma, which offered ideal conditions for sheep farming (PRUMMEL 2006; 2008, 154-155).

Sheep farming intensified at Wijnaldum-Tjitsma in the Early Middle Ages. At the same time, the number of fibre and skin-working tools increased. An increase in sheep farming can also be observed on other terps in the Netherlands, for instance at Wierum (PRUMMEL 2006), Englum (PRUMMEL 2008, Fig. 8.1), Achlum (HULLEGIE 2010, Fig. 3) and Anjum (PRUMMEL & VAN GENT 2010, Fig. 18). This increase in the Early Middle Ages is perhaps connected with improved wool trade opportunities. The whole terp area was part of a trading network along the North Sea coast in the Early Middle Ages, for which Wijnaldum-Tjitsma was excellently positioned (HEIDINGA 1997, 50-52).

The much higher proportions of bird and fish bones at Wijnaldum-Tjitsma than on other terps may have two explanations. Firstly, the salt marshes and tidal flats around Wijnaldum-Tjitsma were much vaster than those around other terps, especially those in Oostergo and Groningen. Secondly, the Wijnaldum-Tjitsma inhabitants thoroughly exploited the area's possibilities for fowling and fishing. They spent time or had specialists to catch the local fauna and thus enrich their diet. The large numbers of bird and fish remains indicate that there were people at Wijnaldum-Tjitsma who could afford nutritious and varied meals. The meat-bearing red-deer bones (game), the harbour porpoise and perhaps even the wels catfish can be similarly explained.

The deer and seal skins used at the terp as well as some of the bone/antler tools, i.e. the little box, two spoons, the tuning pin for a lyre, a flute and the pieces of inlay suggest that an elite group lived there during the Early Middle Ages as well. These objects must have made life at Wijnaldum-Tjitsma more pleasant than on other terps.

To conclude, the early-medieval inhabitants of Wijnaldum-Tjitsma were terp-area farmers who invested more time in fowling and fishing to enrich their meals than the farmers on other terps. They also possessed not only prestigious metal and glass objects but also skins and bone and antler tools that are seldom found on other terps. All this may be evidence of the terp's elite status.

6 Bibliography

ABBINK, A. A., 1999: Make it and break it. The cycles of pottery. A study of the technology, form, function, and use of pottery from the settlements at Uitgeest-Groot Dorregeest and Schagen-Muggenburg 1. Roman period, North-Holland, the Netherlands. Leiden.

BROUWER, T., CROMBAGHS, B., DIJKSTRA, A., SCHEPER, A. J., & SCHOLLEMA, P. P., 2008: Vissenatlas Groningen Drenthe. Verspreiding van zoetwatervissen in Groningen en Drenthe in de periode 1980-2007. Bedum.

CLASON, A. T., 1988: De grijze zeehond *Halichoerus grypus* (Fabricius, 1791). In: M. Bierma, A. T. Clason, E. Kramer & G. J. de Langen (eds.), Terpen en wierden in het Fries-Groningse kustgebied, 234-240. Groningen.

CUIJPERS, A. G. F. M., HAVERKORT, C. M., PASVEER, J. M., & PRUMMEL, W., 1999: The human burials. In: J. Besteman, J. M. Bos, D. A. Gerrets, H. A. Heidinga & J. de Koning (eds.), The excavations at Wijnaldum. Reports on Frisia in Roman and Medieval times 1, 305-321. Rotterdam, Brookfield.

ESSER, E., ZEILER, J. T., & PRUMMEL, W., in preparation: The animals of Wijnaldum-Tjitsma. Status and occupation at an early medieval terp mound from an archaeozoological perspective.

GERRETS, D. A., & KONING, J. DE, 1999: Settlement development on the Wijnaldum-Tjitsma terp. In: J. Besteman, J. M. Bos, D. A. Gerrets, H. A. Heidinga & J. de Koning (eds.), The excavations at Wijnaldum. Reports on Frisia in Roman and Medieval times 1, 73-123. Rotterdam, Brookfield.

GROOT, M., 2010: Handboek zoöarcheologie. Materiaal en Methoden 1. Amsterdam.

HAVERKORT, C. M., HOPMAN, M., PASVEER J. M., & PRUMMEL, W., 1993: De jongste bewoners van Wijnaldum (Fr.). Paleo-aktueel 4, 123-126.

HEIDINGA, H. A., 1997: Frisia in the first millennium. Utrecht.

HEIDINGA, H. A., 1999: The Wijnaldum excavation. Searching for a central place in Dark Age Frisia. In: J. Besteman, J. M. Bos, D. A. Gerrets, H. A. Heidinga & J. de Koning (eds.), The excavations at Wijnaldum. Reports on Frisia in Roman and Medieval times 1, 1-16. Rotterdam, Brookfield.

HEINRICH, D., 1994: Die Fischreste aus der frühgeschichtlichen Wurt Elisenhof. Studien zur Küstenarchäologie Schleswig-Holsteins, Serie A: Elisenhof 6, 215-249. Frankfurt/Main.

HULLEGIE, A. G. J., 2010: Achlum 2009. An archaeozoological analysis of the periphery of a Dutch terp settlement. MA thesis, University of Groningen. http://irs.ub.rug.nl/dbi/4d21b9f585a76 (11.01.2012)

JUKEMA, J., PIERSMA, T., HULSCHER, J. B., BUNSKOEKE, E. J., KOOLHAAS A., & VEENSTRA, A., 2001: Goudplevieren en wilsterflappers. Eeuwenoude fascinatie voor trekvogels. Ljouwert, Utrecht.

NIE, H. W. DE, 1996: Atlas van de Nederlandse zoetwatervissen. Doetinchem.

NIEUWHOF, A., 2011: Discontinuity in the Northern-Netherlands coastal area at the end of the Roman period. Neue Studien zur Sachsenforschung 3, 55-66. Hannover.

NIJBOER, A. J., & REEKUM, J. E. VAN, 1999: Scientific analysis of the gold disc-on-bow brooch. In: J. Besteman, J. M. Bos, D. A. Gerrets, H. A. Heidinga & J. de Koning (eds.), The excavations at Wijnaldum. Reports on Frisia in Roman and Medieval times 1, 203-215. Rotterdam, Brookfield.

PRUMMEL, W., 1991: Resten van dieren uit de terpen Wijnaldum en Oosterbeintum. Vanellus 44, 149-153.

PRUMMEL, W., 1999: The effects of medieval dike building in the north of the Netherlands on the wild fauna. In: N. Benecke (ed.), The Holocene history of the European vertebrate fauna. Archäologie in Eurasien 6, 409-422. Rahden/Westf.

PRUMMEL, W., 2006: Dierlijk bot. In: A. Nieuwhof (ed.), De wierde Wierum (provincie Groningen). Een archeologisch steilkantonderzoek. Groningen Archaeological Studies 3, 31-45. Groningen.

PRUMMEL, W., 2008: Dieren op de wierde Englum. In: A. Nieuwhof (ed.), De Leege Wier van Englum. Archeologisch onderzoek in het Reitdiepgebied. Jaarverslag Vereniging voor Terpenonderzoek 91, 116-159.

PRUMMEL, W., & GENT, J. T. VAN, 2010: Dieren van de middeleeuwse terp Anjum-Terpsterweg. In: J. A. W. Nicolay (ed.), Terpbewoning in oostelijk Friesland. Twee opgravingen in het voormalige kweldergebied van Oostergo. Groningen Archaeological Studies 10, 249-268. Groningen.

PRUMMEL, W., HALICI, H., & VERBAAS, A., 2011: The bone and antler tools from the Wijnaldum-Tjitsma *terp*. Journal of Archaeology in the Low Countries 3, 65-106.

PRUMMEL, W., & HEINRICH, D., 2005: Archaeological evidence of former occurrence and changes in fishes, amphibians, birds, mammals and molluscs in the Wadden Sea area. Helgoland Marine Research 59, 55-70.

REITZ, E. J., & WING, E. S., 2008: Zooarchaeology (2nd ed.). Cambridge.

SABLEROLLES, Y., 1999a: The glass vessel finds. In: J. Besteman, J. M. Bos, D. A. Gerrets, H. A. Heidinga & J. de Koning (eds.), The excavations at Wijnaldum. Reports on Frisia in Roman and Medieval times 1, 229-252. Rotterdam, Brookfield.

SABLEROLLES, Y., 1999b: Beads of glass, faience, amber, baked clay and metal, including production waste from glass and amber bead making. In: J. Besteman, J. M. Bos, D. A. Gerrets, H. A. Heidinga & J. de Koning (eds.), The excavations at Wijnaldum. Reports on Frisia in Roman and Medieval times 1, 253-285. Rotterdam, Brookfield.

SCHONEVELD, J., & ZIJLSTRA, J., 1999: The Wijnaldum brooch. In: J. Besteman, J. M. Bos, D. A. Gerrets, H. A. Heidinga & J. de Koning (eds.), The excavations at Wijnaldum. Reports on Frisia in Roman and Medieval times 1, 191-201. Rotterdam, Brookfield.

STRUCKMEYER, K., 2011: Die Knochen- und Geweihgeräte der Feddersen Wierde. Gebrauchsspurenanalysen an Geräten von der Römischen Kaiserzeit bis zum Mittelalter und ethnoarchäologische Vergleiche. Studien zur Landschafts- und Siedlungsgeschichte im südlichen Nordseegebiet 2. Feddersen Wierde 7. Rahden/Westf.

VILSTEREN, V. T. VAN, 1987: Het benen tijdperk. Gebruiksvoorwerpen van been, gewei, hoorn en ivoor 10.000 jaar geleden tot heden. Assen.

Fire in a hole!
First results of the Oldenburg-Eversten excavation and some notes on Mesolithic hearth pits and hearth-pit sites

Feuer in der Grube!
Erste Ergebnisse der Ausgrabung Oldenburg-Eversten
und einige Bemerkungen zu mesolithischen Herdgruben und Herdgruben-Plätzen

Jana Esther Fries, Doris Jansen and Marcel J. L. Th. Niekus

With 7 Figures and 1 Table

Abstract: Hearth pits are a very typical Mesolithic feature in the cover-sand areas of the Northwest-European Plain. Thousands of hearth pits are known from well over 100 sites in the northern Netherlands and to a lesser extent in the neighbouring part of Germany. Extensive sites with hundreds of hearth pits, so-called 'pit clusters', were not known from the latter area until recently. The Eversten 3 site and the first results of the excavation and analyses are presented here. Excavated in 2009 by the Lower Saxony State Service for Cultural Heritage, nearly 400 hearth pits and several concentrations of flint artefacts were recorded on a sand ridge on the western periphery of the City of Oldenburg. The analyses are ongoing but, based on several radiocarbon dates, it is clear that occupation of the sand ridge started during the Early Mesolithic. Although considerably smaller, several other sites with hearth pits are known from the Weser-Ems region.

Key words: Lower Saxony, Oldenburg, The Netherlands, Mesolithic, Hearth pits, Flint artefacts, Charcoal, Archaeobotany, Radiocarbon dating.

Inhalt: Herdgruben sind in den Flugsandgebieten des nordwesteuropäischen Flachlands ein typischer Befund des Mesolithikums. Tausende dieser Gruben sind von mehr als 100 Fundplätzen in den nördlichen Niederlanden bekannt, eine kleinere Zahl auch aus den benachbarten deutschen Regionen. Hier war bislang allerdings kein Fundplatz entdeckt worden, der mehrere hundert Gruben, sog. Grubencluster, umfasst. Im vorliegenden Beitrag werden die Fundstelle Eversten 3 und erste Ergebnisse der Ausgrabung und der Analysen vorgestellt. Bei der Untersuchung im Jahr 2009 dokumentierte das Niedersächsische Landesamt für Denkmalpflege rund 400 Herdgruben und mehrere Fundkonzentrationen. Die Fundstelle liegt auf einem Flugsandrücken am westlichen Rand von Oldenburg. Weitere Auswertungen sind in Arbeit; belegt ist aber aufgrund mehrere ^{14}C-Daten schon heute, dass die Nutzung des Geländes im frühen Mesolithikum eingesetzt hat. Vergleichbare, aber kleinere Fundplätze gibt es mehrfach im Weser-Ems-Gebiet.

Schlüsselwörter: Niedersachsen, Oldenburg, Niederlande, Mesolithikum, Herdgruben, Flintgeräte, Holzkohle, Archäobotanik, ^{14}C-Daten.

Dr. Jana Esther Fries M. A., Niedersächsisches Landesamt für Denkmalpflege, Stützpunkt Oldenburg, Ofener Straße 15, 26121 Oldenburg – E-mail: jana.fries@nld.niedersachsen.de

Dipl.-Biol. Doris Jansen, Christian-Albrechts-Universität zu Kiel, Institut für Ökosystemforschung / Graduiertenschule „Human Development in Landscapes", Olshausenstraße 40, 24098 Kiel – E-mail: djansen@ecology.uni-kiel.de

Drs. Marcel J. L. Th. Niekus, Lopendediep 28, 9712 NW Groningen, The Netherlands – E-mail: marcelniekus @gmail.com

Contents

1 Introduction 100

2 The Eversten site 101
   2.1 Survey and discovery 101
   2.2 Excavation methodology 101
   2.3 Topography and soil-formation 102

3 Features and finds 102
   3.1 Plaggen trenches 102
   3.2 Hearth pits 103
   3.3 Areas with flint concentrations 104
   3.4 Finds 105

4 Preliminary results 105
   4.1 Botanical analysis 105
   4.2 Radiocarbon dating 106

5 Other sites with hearth pits in Lower Saxony . . 106

6 Concluding remarks 106

7 Acknowledgments 108

8 Bibliography 109

1 Introduction

The distribution of archaeological sites in the coversand areas along the southern shore of the North Sea is highly dependent on the topography of the landscape. Elevations near bodies of water, such as streams and lakes, are usually rich in archaeological remains. Especially abundant in these landscape settings are Mesolithic sites, and literally thousands are known from the northern Netherlands and to a lesser extent in the western part of Lower Saxony. These sites mainly consist of scatters of flint and other stone artefacts but hearth pits (cf. GROENENDIJK 1987) are also regularly found on sand ridges and knolls during excavations and other digging activities. Although Mesolithic hearth pits are found as far south as Sandy Flanders in Belgium (CROMBÉ 2005) and well into the eastern part of Germany (e.g. VOLLBRECHT 2001), their distribution is clearly concentrated in the northern part of the Netherlands, where thousands of pits have been found at well over 100 sites in the past 50 years (NIEKUS 2006).

Research conducted by Henny Groenendijk and the late John Smit in the so-called peat colonies (*Veenkoloniën*) in the Province of Groningen plays a pivotal role in the study of hearth pits. Since the early 1980s, hundreds of these pits have been recorded in this region, which is well-known for its abundance of Mesolithic sites. The excavation and analysis of sites such as Nieuwe Pekela 3 and Stadskanaal 51, coupled with experimental research (GROENENDIJK & SMIT 1990), has greatly enhanced our knowledge of the hearth-pit phenomenon. Different aspects, including the variation in the size of the pits, the types of wood used for fuel, radiocarbon dating, the relation to the flint scatters and intra-site spatial patterning, have been discussed in a number of publications (GROENENDIJK 1987; 2004; CROMBÉ et al. 1999; EXALTUS et al. 1993). Other important sites in this respect are Mariënberg in the Province of Overijssel (VERLINDE & NEWELL 2006), excavated during the 1970s and 1980s, and the Hanzelijn-Oude Land excavations in the Province of Gelderland, not far from Zwolle (KNIPPENBERG & HAMBURG 2011).

The number of hearth pits per site varies considerably, ranging from a single pit ('isolated hearth pit') to well over 750 pits as were found at a recently excavated (summer and autumn 2010) site near Dronten in the Province of Flevoland (unpublished). Other sites with hundreds of hearth pits, so-called 'pit-clusters' (PEETERS & NIEKUS 2005), are the above-mentioned sites at Nieuwe Pekela 3, Mariënberg and Hanzelijn-Oude Land, Stadskanaal 1 (NIEKUS 2006) and Zwolle-Oude Deventerstraatweg (HERMSEN 2006). Although a dozen or so sites with hearth pits are known in Lower Saxony (see section 5), pit-cluster sites were unknown until recently.

Here, we will concentrate primarily on the Oldenburg-Eversten 3 site where nearly 400 hearth pits were excavated in 2009. The analyses of the finds and features are still ongoing and this article is intended to serve as an introduction to the site. We will mainly focus on general aspects of the site such as topography and soil-formation, the excavation, and preliminary results of the analyses and radiocarbon dating. Furthermore, an overview of the sites with hearth pits in the Weser-Ems region will also be presented.

2 The Eversten site

2.1 Survey and discovery

In 2008, the City of Oldenburg planned a new residential area on its western periphery in the District of Eversten (Fig. 1). The 9.6 ha area of the project contained an elongated sand ridge that rose in parts as high as 6 m above sea level, which is a considerable elevation in the Oldenburg area. A low-lying area with a small river, the Haaren, lies to the north of the sand ridge. Such a setting, combining elevated land and a nearby stream, would have provided favourable conditions for prehistoric settlement and thus warranted archaeological investigation prior to the planned building activity.

In addition, there were extensive areas of plaggen-soil, a type of soil that has been formed since the Middle Ages by cutting heath sods (German: *Plaggen*) from an outlying area for use as bedding for cattle and then spreading the slurry-soaked bedding and waste from domestic activities on the arable fields as a fertilizer. Over several centuries, this has created an anthrosol that is quite common in the sandy geest areas of the Weser-Ems region (Lienemann 1989; Behre 2000, 143-149; Spek 2006). Prehistoric finds and features are often preserved by the overlying plaggen soil, thus increasing the chances of finding prehistoric remains.

This situation prompted the Lower Saxony State Service for Cultural Heritage (Niedersächsisches Landesamt für Denkmalpflege [NLD]) to conduct an excavation survey in the project area during the spring of 2009 (Fries 2009, 235 f.). Most of the area proved to be devoid of finds but in one section, about 1 ha in size, faint discolourations could be seen – some containing a considerable amount of charcoal. Later, more distinct features were found and a total of 40 pits and pit-like features were discovered during the survey.

Five of these features were sectioned and the second halves subjected to sieving and flotation. In addition to numerous lumps of charcoal, several small flint flakes and a microlith were recovered from these pits. Hence, it seemed probable that the pits had been dug during the Mesolithic period and that they were hearth pits. This assumption was confirmed by radiocarbon dating of a *Pinus* twig from one of the pits, which resulted in a date of 8645 ± 40 BP (KIA-37750). The calibrated date falls between 7737 and 7588 cal BC (2-sigma probability) which points to an earlier Mesolithic occupation.

Based on the results of the survey, about 450 hearth pits could be expected in the area, which measured 10,200 m². Already at this stage in the investigation it was clear that the site was one of the largest of its kind in Lower Saxony. Following the survey, a six-month excavation period was negotiated between the NLD and the City of Oldenburg, which ran from May to October 2009. The excavation was carried out under the supervision of Bettina Petrick of the NLD with a team of nine (C. Baier, H. Janisch, G. Laufer, B. Petrick M. A., V. Platen, J. Reitzema, J. Rickels, I. Schiepniewski, D. Winters). It was well supported, both logistically and technically, by the City of Oldenburg (Petrick 2010; Fries 2011)

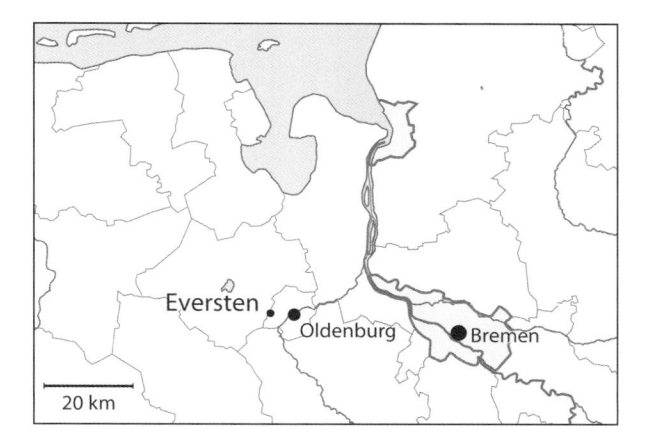

Fig. 1. The location of the Eversten site on the western periphery of the City of Oldenburg (Graphics: M. Wesemann, NLD).

2.2 Excavation methodology

All the features (natural and anthropogenic) and the surface relief were digitally recorded after removal of the topsoil by a mechanical digger. It soon became clear that the area with the hearth pits was smaller than initially thought, so the excavation area was reduced to just under 9,000 m². Time and again, flint artefacts were discovered during the excavation: in the plaggen soil, in the zone of illuviation, and even beyond any of the features recorded in the planum. All of these were recorded. After measuring, photographing, and describing the features in the planum, they were sectioned and the sections subsequently recorded in detail. This was possible because the Mesolithic surface had been destroyed by centuries of ploughing and there was little chance that the usual, more delicate, methods would yield any results.

Ten-litre soil samples were taken from every fourth hearth pit and botanical macro remains were retrieved on site by flotation (1 and 0.315 mm mesh). The second halves of all the features, plus the residue from the flotation process, were subsequently wet-sieved with mesh widths of 10 and 2 mm respectively. This produced a substantial amount of charcoal: one sample per feature was set aside for radiocarbon dating. Small flint artefacts were also recovered during the sieving process.

In addition to recording the features, two smaller areas with a relatively high number of Mesolithic flint artefacts, found during the planum excavation, were examined in greater detail. Both 'concentrations' were excavated in units measuring 50×50 cm and spits 5 cm thick. All the excavated soil around these concentrations was sieved.

A total of 17 geological sections of varying depths were recorded to assist the pedological and geological classification of the site. Luise Giani and Ricarda Makowski from the Soil Science Section of the Department of Biology and Environmental Sciences at the University of Oldenburg collected samples from ten plaggen trenches for pedological analysis.

2.3 Topography and soil-formation

The largest part of the Mesolithic site lies on a roughly 200 m long, kidney-shaped, cover-sand ridge stretching from west-northwest to east-southeast and rising to a height of more than 5.5 m above sea level, while the river Haaren (now 150 m from the sand ridge) is at 2.5 m above sea level. In prehistoric times, the slope of the ridge must have been quite steep compared to the rest of the region, but the relief is now less accentuated as a result of the plaggen deposits. The aeolian cover sand was mainly deposited during the late glacial of the Weichselian and, according to Giani's research, lies on top of a layer of alluvial sand. Despite their elevation above the Haaren plain, both sand layers are influenced by phreatic water. A podsol has formed in the cover sand and sometimes also a layer of iron pan. Since the Mesolithic features were mainly beneath the Bh or Bs horizon, it must be concluded that the pedogenesis of these soils took place after the Mesolithic (GROENENDIJK 1987; VERLINDE & NEWELL 2006, 88-92). Gleyed sands can be found on the northern and, especially, on the southern base of the slope: these gradually change to podsol gley in the north, towards the Haaren river, probably due to the stronger influence of phreatic water.

During the late-medieval period or early modern era, the soil on the slope was exposed to drastic anthropogenic changes. The digging of numerous plaggen trenches and laminar deposits of heath plaggen as well as centuries of cultivation mean that the podsol B horizon is now almost invisible. On the other hand, the plaggen deposits have prevented the deeper Mesolithic features from being destroyed by ploughing. So far as can be established, there are no signs of human occupation between the Mesolithic and the Middle Ages.

3 Features and finds

3.1 Plaggen trenches

Rows of long, parallel trenches covered large parts of the area. Some of these trenches had been dug before the plaggen was deposited, while others intersected it. They were filled with darker, humic sand and clearly stood out against the natural yellow cover sand. These trenches, totalling 306, were divided into 17 rows containing up to 31 trenches each (Fig. 2). Five of the rows ran north-northeast to south-southwest; twelve were at a right angle to the others and ran west-northwest to east-southeast. One of the rows of north-south trenches intersected four of the east-west rows. Plaggen trenches are a common phenomenon in the Weser-Ems region. They are frequently found in the dry sandy soils of the moraine landscape. The trenches were apparently dug to increase the fertility of the soil, but the details of their effects are still unclear (HEINEMANN 1960; ZOLLER 1987; MAKOWSKI 2010).

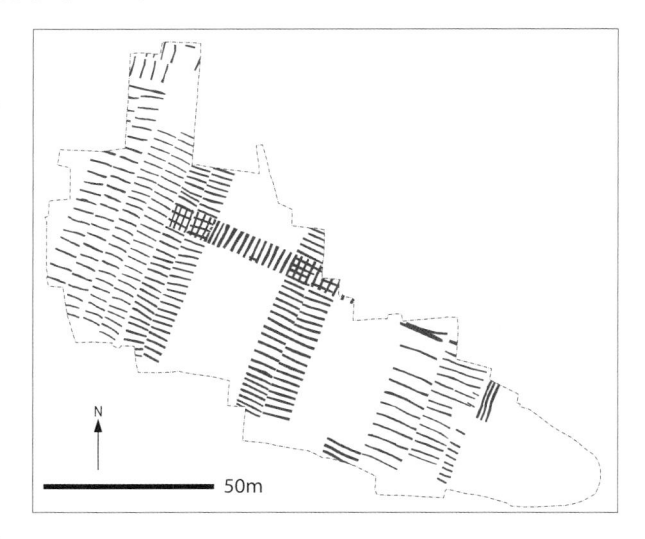

Fig. 2. The plaggen trench system
(Graphics: J. Reitzema and M. Wesemann, NLD, and V. Platen, Denkmal3D).

3.2 Hearth pits

A large number of dark-coloured pits, often containing charcoal, were recorded during the excavation. A total of 397 pits were discovered, i.e. somewhat fewer than the 450 pits expected as a result of the survey. The majority of these (n = 334) are Mesolithic hearth pits that stretched in a band 175 m in length, with an average width of 33 m, from the southwest to the northeast (Fig. 3). The Mesolithic age of 63 pits is less certain; they may date from a different period or may have had a different function. The interpretation of these features is hampered by the fact that they are transected by the plaggen trenches. Furthermore, the upper parts of the pits were removed by later ploughing, which also destroyed most of the Mesolithic surface.

The pits were unevenly distributed over the excavated area. The highest concentration was found on the upper part of the ridge and on its southern slope. Several groups of ten or more pits in close proximity to each other are visible on the excavation plan. Pairs of hearth pits, groups of three hearth pits and rows of pits were also observed. Similar spatial configurations, with radiocarbon dates pointing to contemporaneous and possibly simultaneous burning, are known from the northern Netherlands (GROENENDIJK 2004; NIEKUS 2011; in preparation). What these configurations signify in terms of hunter-gatherer behaviour – different types of campsites or different seating arrangements around the fire, for example – is not known. Nor can we rule out the possibility that the configurations are the sum of annual or seasonal visits by the same group of hunter gatherers who dug pits near the pits used in previous visits.

In the planum, the hearth pits are more or less circular with a diameter between 40 and 80 cm. The remaining depth varies between a few centimetres and 35 cm. In several instances the hearth pit had been completely destroyed; only small fragments of charcoal in animal burrows and washed-out charcoal in the B horizon indicate the former existence of a pit. Even pits in close proximity to each other varied considerably in depth, which may indicate different functions and/or a difference in the age of the pits.

The colour and visibility of the hearth pits were also highly variable. While some pits stood out clearly against the natural cover sand, others only appeared as faint greyish spots. These differences in appearance do not seem to correlate with the remaining depth of the features, but rather with differences in the amount and condition of the charcoal present. Quite a few pits contained large amounts of charcoal; sometimes even small branches could be recognised. Other pits only contained minute particles of charcoal. In section, most of the hearth pits had more or less vertical walls and an evenly rounded, basin-shaped bottom (Fig. 4). The hearth pits had no clear stratigraphy, as is the case with many other Mesolithic hearth pits (e.g. VERLINDE & NEWELL 2006, 204 f.).

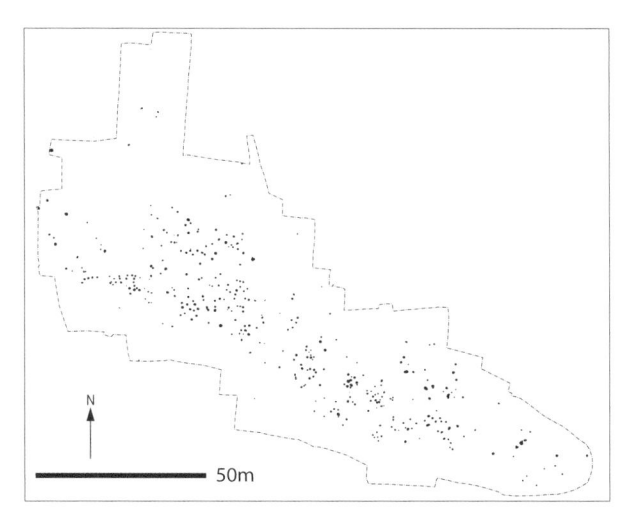

Fig. 3. The spatial distribution of hearth pits (Graphics: J. Reitzema and M. Wesemann, NLD, and V. Platen, Denkmal3D).

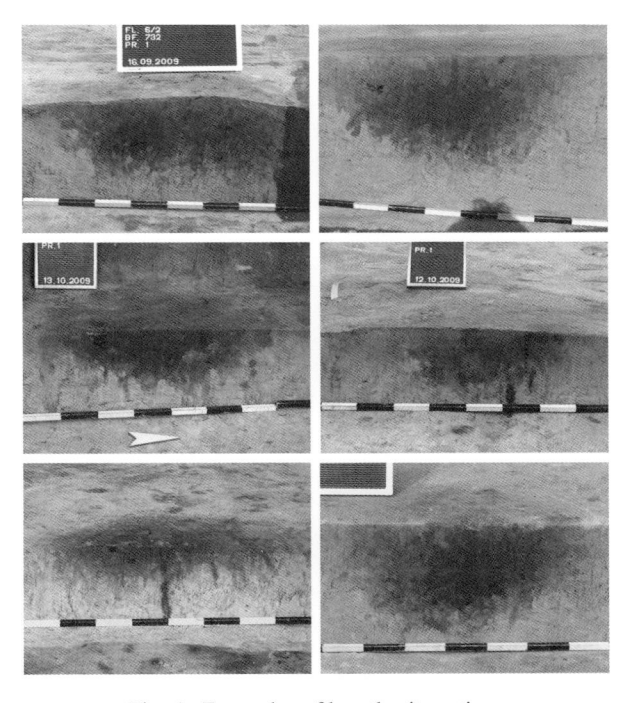

Fig. 4. Examples of hearth-pit sections (Photos: B. Petrick, J. Reitzema, and D. Winters, NLD; layout: M. Janßen, University of Oldenburg).

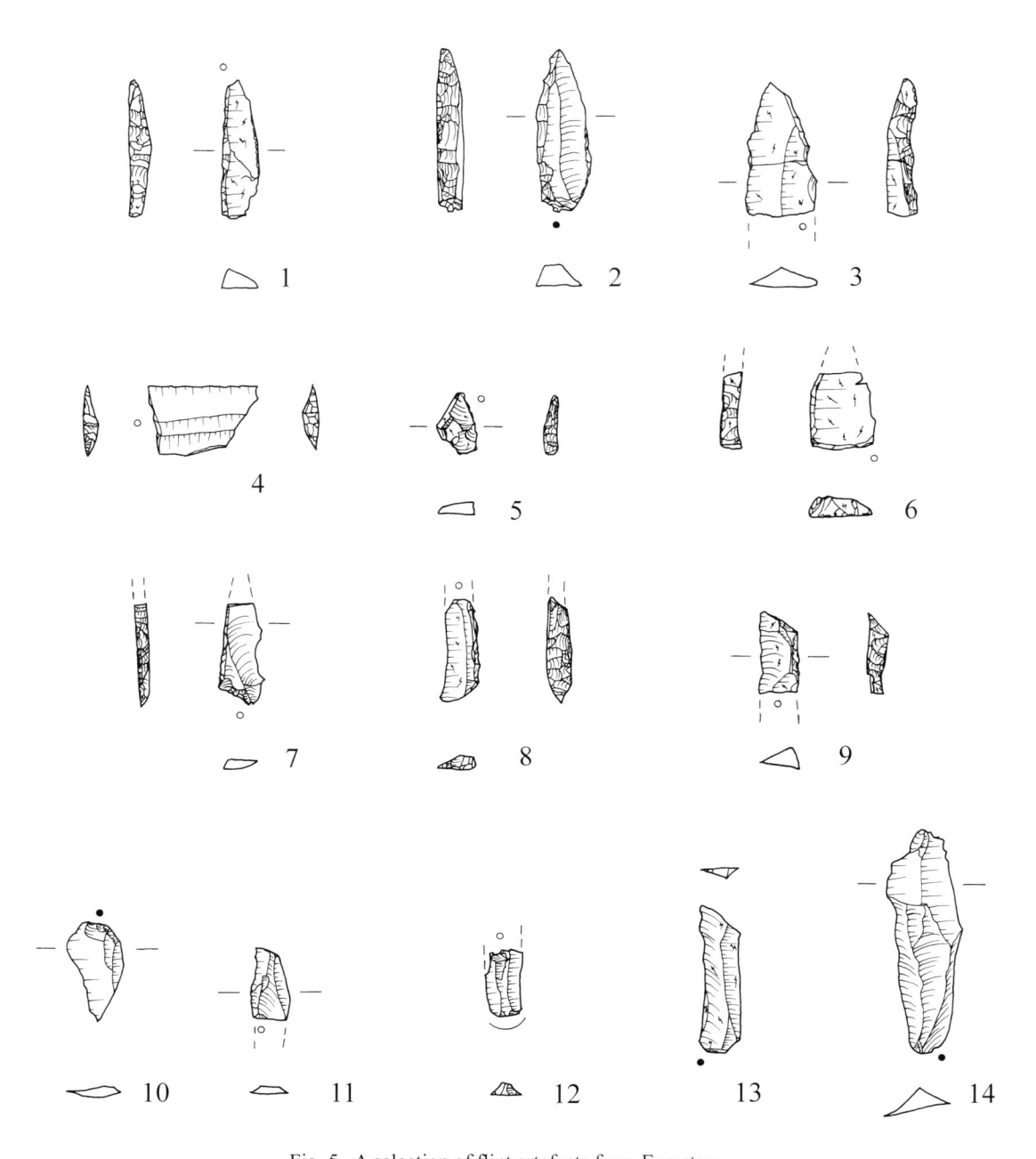

Fig. 5. A selection of flint artefacts from Eversten.
1-2 A-points – 3, 5 Fragments of points or backed bladelets – 4 Asymmetric trapeze – 6 C-point –
7-9 Fragments of scalene triangles and triangular backed blades – 10-14 Blades and bladelets. – Scale 1:1
(Drawings: A. Schwarzenberg, NLD).

The hearth pits overlapped in only three, perhaps four instances: given the large number of pits, this figure is surprisingly low but not uncommon on Mesolithic sites (GROENENDIJK 1987; VERLINDE & NEWELL 2006). Apparently the pits were still visible after a long period, perhaps marked by a different type of vegetation or as small depressions in the landscape, and hearth pits from previous visits were deliberately avoided when digging new pits.

3.3 Areas with flint concentrations

As mentioned earlier, two areas with flint artefacts were investigated in greater detail. One of these was situated on top of the sand ridge, not far from a cluster of 11 hearth pits. Here, 22 artefacts (microblades and chips) were found in a tight scatter during the preparation of the planum and the recording of the features. Only 1 m² was eventually excavated, which resulted in 58 more flint artefacts.

A larger concentration of finds was discovered in the northeastern part of the site. Here, too, dozens of flint artefacts were already retrieved by the time the topsoil had been removed. The investigated area, measuring 3×4 m, yielded a total of 444 artefacts, including three scrapers, a burin and a possible fragment of a borer. Several pieces of quartzite were found to the east of this concentration. No hearth pits were found in the immediate vicinity.

Two less dense scatters were found, but these were not investigated. One of them lay close to several hearth pits, the other was in an isolated position. Whether there was a chronological or functional relationship between the artefact concentrations and the hearth pits is unclear.

3.4 Finds

In addition to 75 late-medieval and modern pottery shards from the topsoil and plaggen trenches, 2,136 flint artefacts were recovered, including the finds from the concentrations described above. This relatively low number is not exceptional for hearth-pit sites but is partly due to the destruction of the Mesolithic surface. Over the course of centuries, thousands of artefacts became incorporated in the plaggen soil.

Despite extensive sieving of the contents of the hearth pits, relatively few artefacts were found in their fill, mainly small chips and debris. Apparently, not much flint knapping was done near the hearth pits and possibly these features were dug on the periphery of activity areas or near the edge of settlements. Nor can we rule out the possibility that flint artefacts near the hearth pits or embedded in the upper part of the fill were removed by the gradual destruction of the Mesolithic surface. In addition to the flint artefacts, larger stone fragments, predominantly granite and some sandstone, were found in 29 of the hearth pits. Most of these fragments were larger than fist-sized and show traces of burning. This suggests that they were used as cooking stones, so-called 'potboilers'.

The flint artefacts have not yet been studied in detail but microlithic points and backed bladelets seem to be the dominant types among the retouched tools. A total of 15 were found dispersed over the site (Fig. 5). Among these are five laterally retouched micropoints or A-points (nos. 1-2), an asymmetric trapeze (no. 4), a micropoint with retouched base or C-point (no. 6), and four or five fragments of scalene triangles and triangular backed blades (nos. 7-9). A few indeterminate fragments of points or backed bladelets were also found (nos. 3 and 5). Most of the points cannot be dated more precisely than Mesolithic in general: the one trapeze would indicate an occupation phase during the Late Mesolithic (after c.8000 BP).

4 Preliminary results

4.1 Botanical analysis

Due to its dimensions and the large number of samples collected, the Eversten site offers excellent opportunities for botanical analysis. Currently, charcoal samples and macro remains are being examined at the University of Kiel. The charcoal samples are being analysed by Doris Jansen and Oliver Nelle as part of the 'Prehistoric wooded environment and wood economy of Northern Central Europe' project at the Institute for Ecosystem Research / Graduate School 'Human Development in Landscapes' of the University of Kiel (Fig. 6).

The first results of the analysis of 30 charcoal samples from the hearth pits, obtained by flotation, show that *Pinus* (97 %) was the dominant type of wood used for fuel. It is remarkable that the other species (*Quercus* (2 %), *Populus*, *Alnus*, *Corylus* and *Betula*) were only present as very small pieces (<100 mg) of charcoal. This raises the question of whether they were originally burned together with the pine wood, or whether these small pieces of charcoal were displaced, for example by animals.

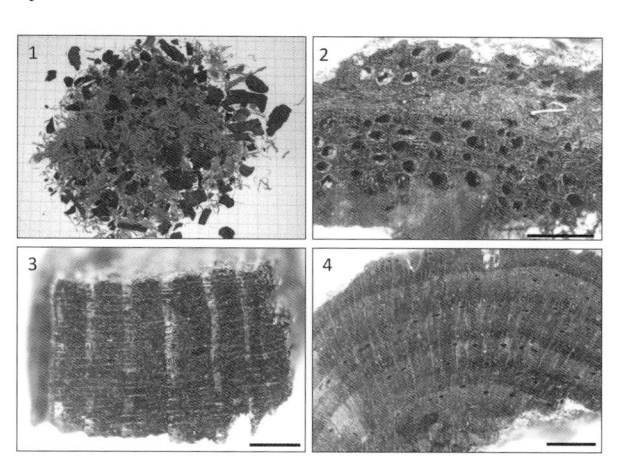

Fig. 6. Flotation sample and cross-sections of charcoal particles.
1 Flotation sample with charcoal fragments and recent plant material from the fill of a hearth pit –
2 *Quercus* with nearly parallel growth rings indicating a large diameter, i.e. use of tree trunks –
3 *Pinus*, also with nearly parallel growth rings – 4 *Pinus* with tightly curved growth rings indicating a small diameter, i.e. use of tree branches. – Length of scale bar: 1 mm
(Photos: D. Jansen, University of Kiel).

In addition to the determination of taxa, the charcoal pieces were classified by minimum diameter. This measurement was obtained from the curve of the annual growth rings and the angle of the rays (LUDEMANN & NELLE 2002; NELLE 2002; 2003). Only the pieces of *Pinus* are large enough for this classification. The results indicate that in different hearth pits different parts of the pine trees were used, from small twigs to trunks. During the processing of the samples for charcoal analysis only one sample contained any other type of botanical macro remains – a fragment of a *Corylus* nutshell.

Further analysis of botanical macro remains that were obtained from the hearth pits by flotation will be carried out by Wiebke Kirleis from the Department of Prehistory and Protohistory at the same university. This study will hopefully lead to the identification of seeds, roots, bulbs, stems, etc. that were eaten or used by the Mesolithic hunter gatherers. Comparable research has been conducted on other sites with hearth pits (e.g. PERRY 1999; 2002; VERLINDE & NEWELL 2006, 131), but these were not based on such a large number of samples as is available for Eversten.

4.2 Radiocarbon dating

In addition to the first radiocarbon date, i.e. 8645 ± 40 BP (KIA-37750), three other samples of *Pinus* charcoal from the hearth pits were submitted to the Leibniz-Laboratory for Radiometric Dating and Isotope Research at the Christian-Albrechts-University of Kiel for radiocarbon dating. The following dates were obtained: 9437 ± 48 BP (KIA-42953), 7390 ± 40 BP (KIA-42952) and 7380 ± 43 BP (KIA-42954). It is evident from these results that the sand ridge at Eversten attracted hunter gatherers throughout the Mesolithic. The 9437 BP date is the earliest for a hearth pit in the region and confirms the idea put forward by GROENENDIJK (1987) that the tradition of digging hearth pits started in the Early Mesolithic, shortly after the end of the Late Palaeolithic. A handful of early hearth-pit dates (between ca. 9500 and 9300 BP) are also known from the Westerbroek/HS-30 (GROENENDIJK 1997), Stadskanaal 1 and Epse Olthof-Noord (excavation 2005) sites in the northern Netherlands (NIEKUS 2006; 2011; in preparation). Whether the two dates around 7300 BP mark the end of the Mesolithic occupation on the sand ridge is impossible to ascertain at the moment. Clearly, a larger number of radiocarbon dates is needed to determine the duration and modalities of occupation at Eversten.

5 Other sites with hearth pits in Lower Saxony

The Oldenburg-Eversten site joins a group of comparable, but considerably smaller sites in western Lower Saxony (Fig. 7 and Tab. 1). The site nearest to Oldenburg is situated at a distance of about 8.5 km in Kayhausen, in the Municipality of Bad Zwischenahn, in the Administrative District of Ammerland (ZOLLER 1981, 9 f.; 1987, Fig. 7). Here, in 1958, Dieter Zoller discovered eleven hearth pits in a sand quarry. The pits contained charcoal, stones and burnt flints. The charcoal consisted exclusively of pine (excavation report by Zoller in the site records held by the Lower Saxony State Service for Cultural Heritage). Radiocarbon dating of charcoal from one of the hearth pits resulted in a date of 7800 ± 100 BP.

At least seven other hearth-pit sites are known from the Weser-Ems region, but several others, also examined by Dieter Zoller, were recorded in too little detail to be confirmed as hearth pits. Two more sites have been recorded further to the east in Lower Saxony (ASSENDORP 1985; GERKEN 2005), and there will certainly be more.

The number of hearth pits at all of these sites is considerably lower than at Oldenburg-Eversten, eleven is the maximum number. The absence of larger numbers of pits is probably due to the fact that the above-mentioned sites were discovered by chance and larger areas have not been investigated. Most of the sites in Ammerland were in fact discovered during sand quarrying and the hearth pits near Achmer, in the District of Osnabrück, were discovered during the excavation of a burial mound. The same goes for Stöcken, another site outside the Weser-Ems region (ASSENDORP 1985).

6 Concluding remarks

In this article we have briefly discussed the Eversten site and some preliminary results of the excavation. It is clear that the site offers good opportunities for a deeper understanding of Mesolithic hearth pits and pit-cluster sites in general, and we will address several issues during forthcoming analyses. One important question is whether the contents of the features (charcoal, botanical remains, lithics) can shed some light on the function(s) of Mesolithic hearth pits. Over the years, many different possible functions have been put forward, such as pits for the drying or smoking of non-food items (GROENENDIJK 1987), 'cooking-pits'

Nr.	Site	Municipality	District	Number of pits	Lab.no.	^{14}C age (BP)	Calibrated age (BC)	References
1	Eversten	City of Oldenburg	City of Oldenburg	c.400	KIA-37750 KIA-42952 KIA-42953 KIA-42954	8645 ± 40 7390 ± 40 9437 ± 48 7380 ± 43	7737-7588 6391-6105 9111-8572 6380-6098	Petrick 2010; Fries et al., in this publication
2	Bad Zwischenahn (Kayhausen)	Bad Zwischenahn	Ammerland	11	KN-1592	8010 ± 80	7139-6658	Zoller 1957, 199 f.; 1981, 9 f.; 1989, 192 no. 20, 231 no. 14; Site records at Lower Saxony State Service for Cultural Heritage
3	Bad Zwischenahn (Rostrup)	Bad Zwischenahn	Ammerland	>3				Zoller 1981, 10; 1989, 210 no. 91
4	Bad Zwischenahn (Hellermoor)	Bad Zwischenahn	Ammerland	1				Zoller 1989, 235 no. 73.5 II; Site records at Lower Saxony State Service for Cultural Heritage
5	Menstede-Coldinne	Großheide	Aurich	1	Hv-12322	6606 ± 55	5624-5480	Kitz 1986; Schwarz 1995, 30 f.
6	Hesel	Hesel	Leer	6	Hv-20474 Hv-20478 Hv-20472 Hv-20473	7645 ± 95 7870 ± 95 7910 ± 95 8535 ± 70	6677-6260 7046-6510 7063-6573 7721-7478	Bärenfänger 1997, 37-40
7	Loga	Leer	Leer	c.40				Kegler 2011
8	Druchhorn	Ankum	Osnabrück	1	GrN-10540	7980 ± 70	7064-6681	Wulf & Schlüter 2000, 10, 208
9	Achmer	Bramsche	Osnabrück	>5	GrN-12401 GrN-12406 GrN-12408 GrN-12409 GrN-12407	9340 ± 240 7990 ± 50 7770 ± 50 7720 ± 50 7145 ± 50	9281-7968 7058-6700 6682-6480 6640-6468 6099-5899	Lindhorst 1985; Wulf & Schlüter 2000, 9 f., 337-339

Tab. 1. Mesolithic hearth pits in the Weser-Ems region.

The radiocarbon dates (2-sigma probability) were calibrated with Calib Rev 6.1.0 Beta (Stuiver & Reimer 1993) and data set Intcal09.14c (Reimer et al. 2009).

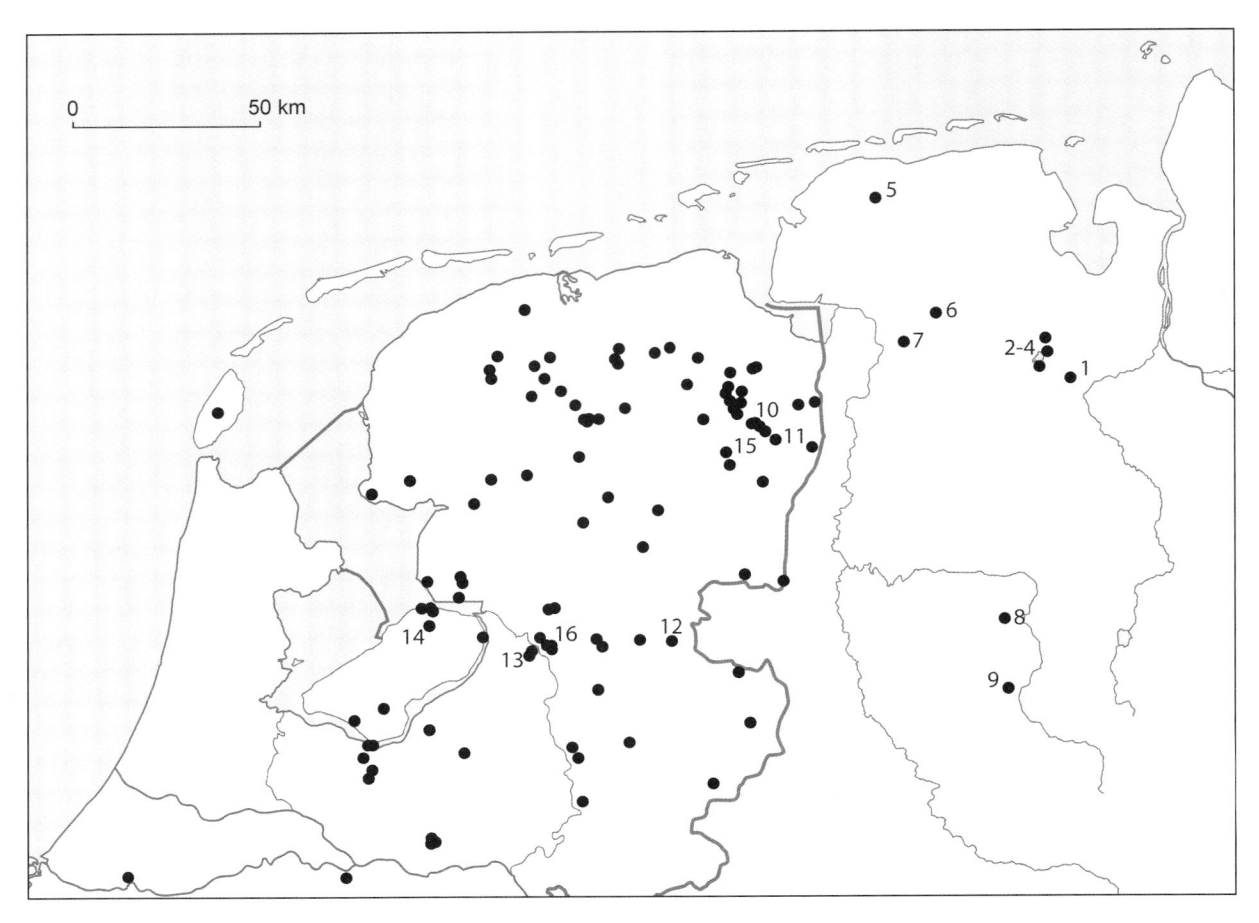

Fig 7. Hearth pits in western Lower Saxony and in the northern Netherlands.
Northern Netherlands: only sites with radiocarbon-dated hearth pits – Western Lower Saxony: all sites with hearth-pits.
The numbers refer to the sites listed in Tab. 1 or mentioned in the text.
1 Oldenburg-Eversten – 2-4 Hellermoor, Kayhausen, Rostrup, all in Bad Zwischenahn Municipality –
5 Großheide-Menstede-Coldinne – 6 Hesel – 7 Leer-Loga – 8 Ankum-Druchhorn – 9 Bramsche-Achmer –
10 Nieuwe Pekela 3 – 11 Stadskanaal 51 – 12 Mariënberg – 13 Hanzelijn-Oude Land – 14 Dronten –
15 Stadskanaal 1 – 16 Zwolle-Oude Deventerstraatweg
(Graphics: M. Wesemann, NLD, and E. Bolhuis, University of Groningen / Groningen Institute of Archaeology).

for drying, roasting or smoking meat (GROENENDIJK 1987; JANSEN & PEETERS 2001), the processing of plants (PERRY 1999; 2002), the production of charcoal (HERMSEN 2006) and the production of resin (KUBIAK-MARTENS et al. 2011).

Furthermore, a larger number of radiocarbon dates will permit the study of the intra-site spatial patterning of the hearth pits (including configurations) and long-term trends, such as continuity and cessation of occupation, hiatuses, etc. This in turn can also provide a starting point for a regional analysis (WATERBOLK 1985; NIEKUS 2006).

7 Acknowledgments

Scientific essays are never the work of just one individual. In writing this article, we received much support of various kinds. We wish to thank Luise Giani and Ricarda Makowski (University of Oldenburg) for pedological advice, Julian Wiethold (INRAP Metz) for corrections and expertise concerning the radiocarbon dates, Andrea Schwarzenberg (NLD) for the production and montage of flint drawings, Matthias Janßen (University of Oldenburg) for translating part of the text and his help in the production of graphics, as well as Michael Wesemann (NLD) for his manifold support.

Doris Jansen's research is supported by a grant from the Graduate School 'Human Development in Landscapes' at the University of Kiel, which also financed the radiocarbon dating of three samples.

8 Bibliography

ASSENDORP, J., 1985: Ein Fenster in die Vergangenheit. In: K. Wilhelmi (ed.), Ausgrabungen in Niedersachsen. Archäologische Denkmalpflege 1979-1984. Berichte zur Denkmalpflege in Niedersachsen, Beiheft 1, 78-80. Stuttgart.

BÄRENFÄNGER, R., 1997: Aus der Geschichte der Wüstung „Kloster Barthe", Landkreis Leer, Ostfriesland. Ergebnisse der archäologischen Untersuchungen in den Jahren 1988 bis 1992. Probleme der Küstenforschung im südlichen Nordseegebiet 24, 9-252.

BEHRE, K.-E., 2000: Frühe Ackersysteme, Düngemethoden und die Entstehung der nordwestdeutschen Heiden. Archäologisches Korrespondenzblatt 30, 135-151.

CROMBÉ, P. (ed.), 2005: The last hunter-gatherer-fisherman in Sandy Flanders (NW Belgium). The Verrebroek and Doel excavation projects 1. Archaeological Reports Ghent University 3. Ghent.

CROMBÉ, P., GROENENDIJK, H. A., & VAN STRYDONCK, M., 1999: Dating the Mesolithic of the Low Countries – some practical considerations. In: J. Evin, C. Oberlin, J. P. Daugas & J. F. Salles (eds.), Actes du colloque "C14 et Archéologie". 3ème Congrès International, Lyon, 6-10 avril 1998. Mémoires de la Société Préhistorique Française 26. Revue d'Archéométrie 1999, Supplément, 57-63. Paris.

EXALTUS, R. P., GROENENDIJK, H. A., & J. L. SMIT, 1993: Voortgezet onderzoek op de mesolithische vindplaats NP-3. Paleo-Aktueel 4, 22-25.

FRIES, J. E., 2009: Eversten, FStNr. 3. Krfr. Stadt Oldenburg. In: J. E. Fries, Bericht der archäologischen Denkmalpflege 2008, Prospektionen Nr. 1. Oldenburger Jahrbuch 109, 235-236.

FRIES, J. E., 2011: Gruben, Gruben und noch mehr Gruben. Die mesolithische Fundstelle Eversten 3, Stadt Oldenburg (Oldbg.). Die Kunde N. F. 61, 2010, 21-37.

GERKEN, K., 2005: Oldendorf 52, Ldkr. Rotenburg (Wümme). Eine Fundstelle der beginnenden spätmesolithischen Phase im nordniedersächsichen Tiefland. In: M. Fansa, F. Both & H. Haßmann (ed.), Archäologie – Land – Niedersachsen. Archäologische Mitteilungen aus Nordwestdeutschland, Beiheft 42, 362-365. Oldenburg.

GROENENDIJK, H. A., 1987: Mesolithic hearth-pits in the veenkoloniën (prov. Groningen, the Netherlands), defining a specific use of fire in the Mesolithic. Palaeohistoria 29, 85-102.

GROENENDIJK, H. A., 1997: Op zoek naar de horizon. Het landschap van Oost-Groningen en zijn bewoners tussen 8000 voor Chr. en 1000 na Chr. Groningen.

GROENENDIJK, H. A., 2004: Middle Mesolithic occupation on the extensive site NP3 in the peat reclamation district of Groningen, The Netherlands. In: International Union of Prehistoric and Protohistoric Sciences (ed.), Actes du XIVe congrès UISPP, Université de Liège, Belgique, 2-8 septembre 2001, section 7: Le Mésolithique. BAR, International Series 1302, 19-26. Oxford.

GROENENDIJK, H. A., & SMIT, J. L., 1990: Mesolithische Herdstellen. Erfahrungen eines Brennversuchs. Archäologische Informationen 13, 213-220.

HEINEMANN, L., 1960: Gräben und Grabensysteme unter Plaggenböden des Emslandes. Jahrbuch des Emsländischen Heimatvereins 8, 19-32.

HERMSEN, I., with contributions by NIEKUS, M., & PRUMMEL, W., 2006: Zwolle. Mesolithische haardkuilen of houtskoolmeilers aan de Vrouwenlaan. Verslag van een noodopgraving met brandkuilen en vuursteen uit de tijd van jagers en verzamelaars in Zwolle. Archeologische Rapporten Zwolle 39. Zwolle.

JANSEN, J. B. H., & PEETERS, J. H. M., 2001: Geochemische aspecten – verkenningen in enkele toepassingsmogelijkheden. In: J. W. H. Hogestijn & J. H. M. Peeters (eds.), De Mesolithische en Vroeg-Neolithische vindplaats Hoge Vaart-A27 (Flevoland) 6. Rapportage Archeologische Monumentenzorg 79. Amersfoort.

KEGLER, J. F., 2011: Mesolithische Kochgruben. Loga FStNr. 2710/6:61, Stadt Leer. In: Ostfriesische Fundchronik 2010, Nr. 20. Emder Jahrbuch 91, 252-253.

KITZ, W., 1986: Die Fundstelle 13 bei Coldinne, Ldkr. Aurich – ein mesolithisches Jägerlager. Archäologische Mitteilungen aus Nordwestdeutschland 9, 1-10.

KNIPPENBERG, S., & HAMBURG, T., 2011: 4. Sporen en structuren. In: E. Lohof, T. Hamburg & J. Flamman (eds.), Steentijd opgespoord. Archeologisch onderzoek in het tracé van de Hanzelijn-Oude Land. Archol-Rapport 138. ADC-Rapport 2576, 115-208. Leiden, Amersfoort.

KUBIAK-MARTENS, L., KOOISTRA, L. I., & LANGER, J. J., 2011: 12. Mesolithische teerproductie in Hattemerbroek. In: E. Lohof, T. Hamburg & J. Flamman (eds.), Steentijd opgespoord. Archeologisch onderzoek in het tracé van de Hanzelijn-Oude Land. Archol-Rapport 138. ADC-Rapport 2576, 497-512. Leiden, Amersfoort.

LIENEMANN, J., 1989: Anthropogene Böden Nordwestdeutschlands in ihrer Beziehung zu historischen Landnutzungssystemen. Probleme der Küstenforschung im südlichen Nordseegebiet 17, 77-117.

LINDHORST, A., 1985: Der Federmesser-Fundplatz von Achmer, Stadt Bramsche, Landkreis Osnabrück. In: K. Wilhelmi (ed.), Ausgrabungen in Niedersachsen. Archäologische Denkmalpflege 1979-1984. Berichte zur Denkmalpflege in Niedersachsen, Beiheft 1, 63-68. Stuttgart.

LUDEMANN, T., & NELLE, O., 2002: Die Wälder am Schauinsland und ihre Nutzung durch Bergbau und Köhlerei. Freiburger Forstliche Forschung 15. Freiburg.

MAKOWSKI, R., 2010: Entstehung, Morphologie, Verbreitung und pedologische Charakterisierung von Plaggeneschgräben am Beispiel des Bloherfelder Angers. Bachelorarbeit, Universität Oldenburg.

NELLE, O., 2002: Zur holozänen Vegetations- und Waldnutzungsgeschichte des Vorderen Bayerischen Waldes anhand von Pollen- und Holzkohleanalysen. Hoppea – Denkschriften der Regensburgischen Botanischen Gesellschaft 63, 161-361.

NELLE, O., 2003: Woodland history of the last 500 years revealed by anthracological studies of charcoal kiln sites in the Bavarian Forest, Germany. Phytocoenologia 33, 667-682.

NIEKUS, M. J. L. T., 2006: A geographically referenced ^{14}C database for the Mesolithic and the early phase of the Swifterbant culture in the northern Netherlands. Palaeohistoria 47/48, 2005/2006, 41-99.

Niekus, M. J. L. T., 2011: Ruimtelijke configuraties van mesolithische haardkuilen in Noord-Nederland. Paleo-Aktueel 22, 16-23.

Niekus, M. J. L. T., in preparation: Spatial configurations of hearth-pits on Mesolithic and Early-Middle Neolithic sites in the northern Netherlands.

Peeters, H., & Niekus, M. J. L. T., 2005: Het Mesolithicum in Noord-Nederland. In: J. Deeben, E. Drenth, M.-F. van Oorsouw & L. Verhart (eds.), De Steentijd van Nederland. Archeologie 11/12, 201-234. Zutphen.

Perry, D., 1999: Vegetative tissues from Mesolithic sites in the Northern Netherlands. Current Anthropology 49:2, 231-237.

Perry, D., 2002: Preliminary results of an archaeobotanical analysis of Mesolithic sites in the veenkoloniën, Province of Groningen, the Netherlands. In: S. Mason & J. Hather (ed.), Hunter-gatherer archaeobotany. Perspectives from the northern temperate zone, 108-116. London.

Petrick, B., 2010: Eine mesolithische Großküche in Oldenburg – der Herdgrubenfundplatz Eversten. Archäologie in Niedersachsen 13, 91-94.

Reimer, P. J., Baillie, M. G. L., Bard, E., Bayliss, A., Beck, J. W., Blackwell, P. G., Bronk Ramsey, C., Buck, C. E., Burr, G. S., Edwards, R. L., Friedrich, M., Grootes, P. M., Guilderson, T. P., Hajdas, I., Heat, T. J., Hogg, A. G., Hughen, K. A., Kaiser, K. F., Kromer, B., McCormac, F. G., Manning, S. W., Reimer, R. W., Richards, D. A., Southon, J. R., Talamo, S., Turney, C. S. M., Plicht, J. van der, & Weyhenmeyer, C. E., 2009: IntCal09 and Marine09 radiocarbon age calibration curves, 0-50,000 years cal BP. Radiocarbon 51, 1111-1150.

Schwarz, W., 1995: Die Urgeschichte in Ostfriesland. Leer.

Spek, T., 2006: Entstehung und Entwicklung historischer Ackerkomplexe und Plaggenböden in den Eschlandschaften der nordöstlichen Niederlande (Provinz Drenthe). Ein Überblick über die Ergebnisse interdisziplinärer Forschung aus neuester Zeit. Siedlungsforschung 24, 219-250.

Stuiver, M., & Reimer, P. J., 1993: Extended ^{14}C database and revised CALIB radiocarbon calibration program. Radiocarbon 35, 215-230.

Verlinde, A. D., & Newell, R. R., 2006: A multi-component complex of Mesolithic settlements with Late Mesolithic grave pits at Mariënberg in Overijssel. In: B. J. Groenewoudt, R. M. van Heeringen & G. H. Scheepstra (eds.), Het zandeilandenrijk van Overijssel. Bundel verschenen ter gelegenheid van de pensionering van A. D. Verlinde als archeoloog in, voor en van Overijssel. Nederlandse Archeologische Rapporten 22, 83-270. Amersfoort.

Vollbrecht, J., 2001: Das Mesolithikum am Nordrand eines Moores bei Reichwalde, Ostsachsen. Die Kunde N. F. 52, 145-172.

Waterbolk, H. T., 1985: The Mesolithic and early Neolithic settlement of the northern Netherlands in the light of radiocarbon evidence. In: R. Fellmann, G. Germann & K. Zimmermann (ed.), Jagen und Sammeln. Festschrift für Hans-Georg Bandi zum 65. Geburtstag. Jahrbuch des Bernischen Historischen Museums 63-64, 1983-1984, 273-281. Bern.

Wulf, F.-W., & Schlüter, W., 2000: Archäologische Denkmale in der kreisfreien Stadt und im Landkreis Osnabrück. Materialhefte zur Ur- u. Frühgeschichte Niedersachsens B:2. Hannover.

Zoller, D., 1957: Ein Glockenbecherfund im Ammerland. Die Kunde N. F. 8, 198-200.

Zoller, D., 1981: Neue jungpaläolithische und mesolithische Fundstellen im nordoldenburgischen Gebiet. Archäologische Mitteilungen aus Nordwestdeutschland 4, 1-12.

Zoller, D., 1987: Ergebnisse und Probleme der Untersuchungen von rezenten Dörfern und Ackerwirtschaftsfluren mit archäologischen Methoden. Archäologische Mitteilungen aus Nordwestdeutschland 10, 47-67.

Zoller, D., 1989: Beiträge zur archäologischen Landesaufnahme für den Landkreis Ammerland. Oldenburger Jahrbuch 89, 195-239.

Looking for a place to stay –
Swifterbant and Funnel Beaker settlements in the northern Netherlands and Lower Saxony

Wo bleiben?
Siedlungen der Swifterbant- und der Trichterbecherkultur
in den nördlichen Niederlanden und in Niedersachsen

Daan C. M. Raemaekers

With 12 Figures and 5 Tables

Abstract: This article addresses the archaeological record of the northern Netherlands and the northern part of Lower Saxony for the time from the Neolithic Swifterbant Culture to the Funnel Beaker Culture (*c.*4500-2800 cal.BC). For the period 4500-3400 cal.BC (Swifterbant Culture and *Frühneolithikum*), the lack of settlement sites in the dry-land areas is to a large extent due to poor preservation conditions and the absence of diagnostic artefacts. For the subsequent Funnel Beaker period, the focus shifts to the location of possible settlement sites in the northern Netherlands.

Key words: Northern Netherlands, Lower Saxony, Neolithic, Swifterbant Culture, Funnel Beaker Culture, Settlement, Site formation processes.

Inhalt: Der Beitrag befasst sich mit der archäologischen Überlieferung im Norden der Niederlande und Niedersachsens für die Zeit von der Swifterbant- bis zur Trichterbecherkultur (kal. ca. 4500-2800 v. Chr.). Für den Zeitraum von kal. 4500-3400 v. Chr. (Swifterbant-Kultur und Frühneolithikum) ist das Fehlen von Fundstellen auf den trockenen Standorten zum Großteil auf den Mangel an Leitformen und schlechte Erhaltungsbedingungen zurückzuführen. Für die Zeit der nachfolgenden Trichterbecherkultur wird die Frage möglicher Siedlungsstandorte in den nördlichen Niederlanden diskutiert.

Schlüsselwörter: Nördliche Niederlande, Niedersachsen, Neolithikum, Swifterbant-Kultur, Trichterbecherkultur, Siedlung, Formationsprozesse.

Prof. Dr. Daan C. M. Raemaekers, University of Groningen, Groningen Institute of Archaeology, Poststraat 6, 9712 ER Groningen, The Netherlands – E-mail: d.c.m.raemaekers@rug.nl

This publication was supported by a sabbatical leave granted by the University of Groningen, Faculty of Arts.

Contents

1 Introduction 112
2 Part 1: Pre 3400 cal.BC Neolithic 112
   2.1 Introduction 112
   2.2 The Neolithic Swifterbant Culture
       (4500-4000 cal.BC) 113
   2.3 The *Frühneolithikum* phase
       (4000-3400 cal.BC) 116
   2.4 The 4000 cal.BC transition 118
3 Part 2: TRB West group settlements 119
   3.1 Introduction 119
   3.2 A review of proposed TRB house plans ... 119
   3.3 Site location
       and the preservation of features 123
   3.4 Dutch TRB settlements: an update 126
4 Conclusions 126
5 Bibliography 127

1 Introduction

The archaeological remains of the Swifterbant Culture and the Funnel Beaker Culture (TRB) are generally considered to be very different. While the former culture is almost exclusively found on settlement sites in the Dutch wetlands, the latter is characterized by its megalithic monuments. Nevertheless, the remains of both cultures are found in the northern part of the Netherlands and in Lower Saxony and constitute two consecutive stages in the Neolithic of this area. This article focuses on developments in the settlement patterns and suggests that special attention be paid to exploring this research avenue in the coming years. The article is divided into two parts. Part 1 discusses the available evidence for the period 4500-3400 cal.BC, most of which comes from wetland sites: the focus here is on the identification of contemporaneous sites in the dry-land areas. Part 2 deals with the sparse evidence of TRB settlements in the dry-land areas of the northern Netherlands.

2 Part 1: Pre 3400 cal.BC Neolithic

2.1 Introduction

In terms of the archaeological evidence, the period before *c.*3400 cal.BC displays remarkable differences between the northern Netherlands and Lower Saxony. While the wetland areas of the Netherlands indicate a gradual Neolithisation certainly before 4000 cal.BC, Neolithic evidence in the northern part of Lower Saxony is, at first glance, only visible from around 3400 cal.BC. This apparent dichotomy in the evidence is questioned here. The wetland evidence from the Netherlands is therefore discussed first, followed by a presentation of the evidence of the transition in the dry-land areas.

Before discussing the artefact evidence from this period, it is necessary to point out the differences in terminology on either side of the present-day national border (Fig. 1). While Dutch Neolithic chronology follows the Rhineland phases of the Central European Chronology

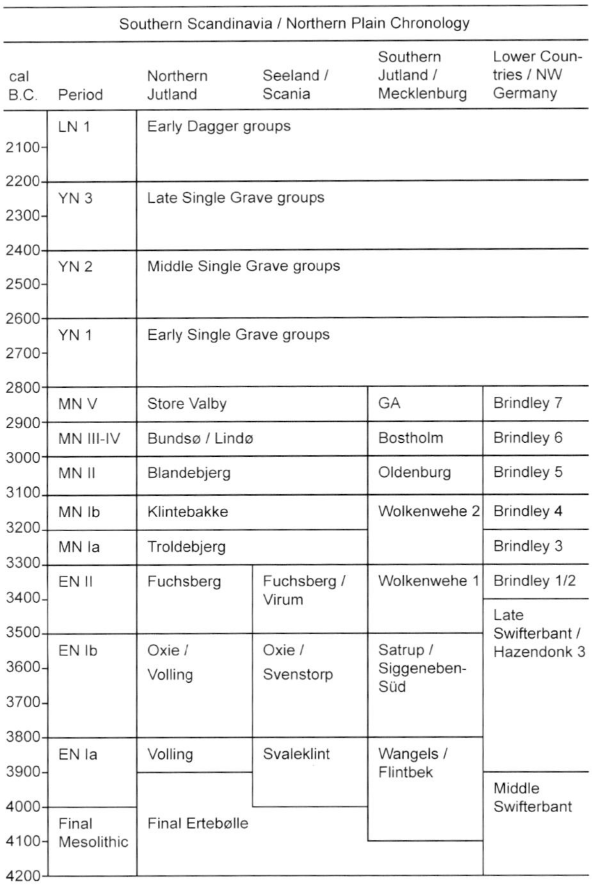

Fig. 1. Neolithic Phases
in different areas of northern Europe.
LN: Late Neolithic – YN: Younger Neolithic –
MN: Middle Neolithic – EN: *Frühneolithikum* –
GA: Globular Amphorae
(after Müller 2011, Fig. 4, modified).

cal B.C.	Period	Southern Scandinavia / Northern Plain Chronology			
		Northern Jutland	Seeland / Scania	Southern Jutland / Mecklenburg	Lower Countries / NW Germany
2100-	LN 1	Early Dagger groups			
2200- 2300-	YN 3	Late Single Grave groups			
2400- 2500-	YN 2	Middle Single Grave groups			
2600- 2700-	YN 1	Early Single Grave groups			
2800- 2900-	MN V	Store Valby		GA	Brindley 7
3000-	MN III-IV	Bundsø / Lindø		Bostholm	Brindley 6
3100-	MN II	Blandebjerg		Oldenburg	Brindley 5
3200-	MN Ib	Klintebakke		Wolkenwehe 2	Brindley 4
3300-	MN Ia	Troldebjerg			Brindley 3
3400-	EN II	Fuchsberg	Fuchsberg / Virum	Wolkenwehe 1	Brindley 1/2
3500- 3600- 3700-	EN Ib	Oxie / Volling	Oxie / Svenstorp	Satrup / Siggeneben-Süd	Late Swifterbant / Hazendonk 3
3800- 3900-	EN Ia	Volling	Svaleklint	Wangels / Flintbek	
4000- 4100- 4200-	Final Mesolithic	Final Ertebølle			Middle Swifterbant

(VAN DEN BROEKE et al. 2005, Fig. 1.10 and Note 28), the Neolithic in northern Germany follows the North European Chronology. As a result, the term Early Neolithic (*Vroeg Neolithicum, Frühneolithikum*) refers to a different period on either side of the border. In the Netherlands the terms refers to the Danubian cultures (5300-4200 cal.BC), while in northern Europe it refers to the first phase of the TRB Culture (4000-3400 cal.BC). For the sake of clarity, this article follows the North European Chronology.

2.2 The Neolithic Swifterbant Culture (4500-4000 cal.BC)

Wetlands

Thanks to its relatively flat topography and the postglacial relative sea level rise (e.g. VAN DE PLASSCHE et al. 2005, Fig. 7) some 50 % of the land surface of the Netherlands consists of wetlands: areas with Holocene clastic sedimentation or peat formation. These Holocene covering layers have resulted not only in relatively good preservation conditions, but also in the periodic sealing of archaeological sites, thus allowing a comparatively detailed chronology (Fig. 2).

As a result, there is a fine-grained chronology of the introduction of Neolithic elements into the northern Netherlands (Fig. 3). The first novelty was the production of ceramics in the Swifterbant style, from around 5000 cal.BC. There is no evidence of animal husbandry or cereal cultivation in the period 5000-4500 cal.BC so one might speak of a ceramic Mesolithic. From *c.*4500 cal.BC, small numbers of bones from domestic animals are found. The determination of the presence of domestic cattle and pigs relies solely on morphological factors and should be interpreted with caution (as a DNA analysis of Rosenhof made clear: SCHEU et al. 2007), but sheep and goats are not found as wild species in this

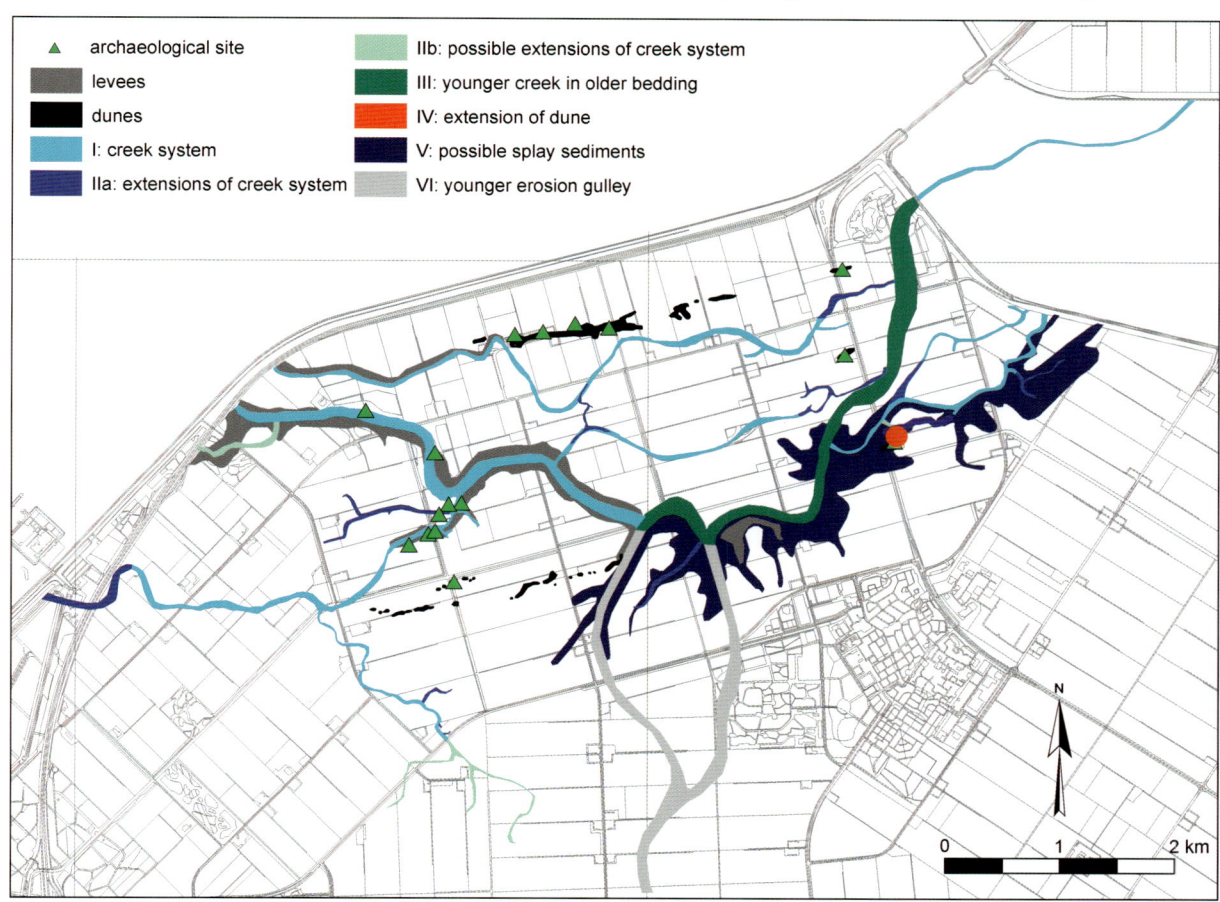

Fig. 2. The Swifterbant region with creek system and river dunes.
This region is an example of the excellent quality of the sites in the Dutch wetlands. Frequent sedimentation and continuous wetland conditions have sealed in a series of settlement sites dated 4300-4000 cal.BC along the prehistoric creek system. The region also has a series of archaeological sites with dry-land characteristics: the river dunes were occupied intermittently throughout the Mesolithic and the early part of the Neolithic (up to *c.*3700 cal.BC)
(Graphics: L. Leenen after DRESSCHER & RAEMAEKERS 2010, Fig. 3).

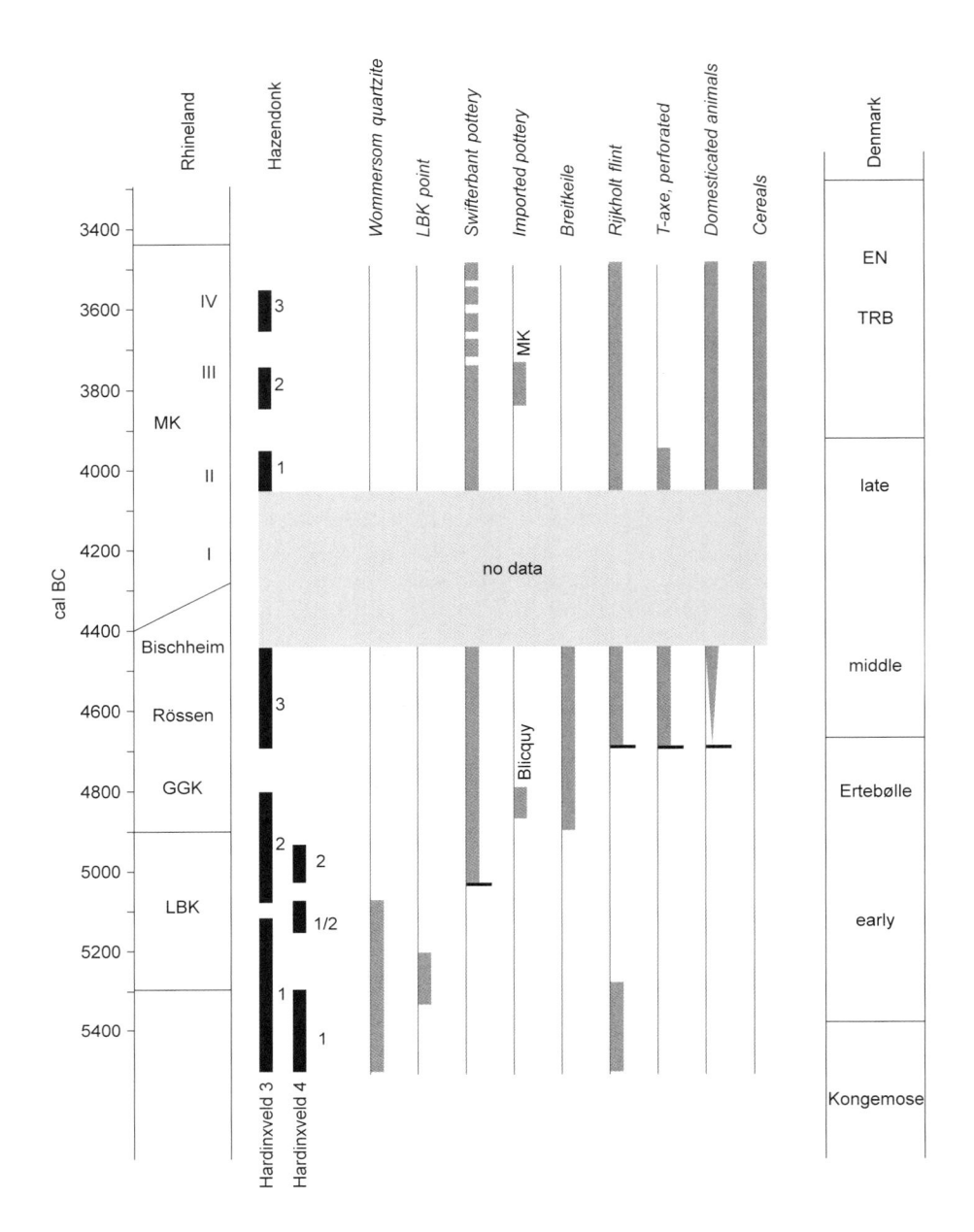

Fig. 3. The introduction of new elements into the Swifterbant area.
MK: Michelsberg Culture – GGK: Grossgartach Culture – LBK: Linear Pottery Culture –
EN: *Frühneolithikum* – TRB: Funnel Beaker Culture (after LOUWE KOOIJMANS 2003, Fig. 77.22).

part of Europe so their bones are more reliable evidence of this early date. From *c.*4200 cal.BC, cereal remains are found on all Swifterbant sites, suggesting that cereal cultivation was a common practice in these communities (CAPPERS & RAEMAEKERS 2008). This interpretation is underlined by the presence of cereal fields at the Swifterbant S2, S3 and S4 sites (micro morphological evidence: HUISMAN et al. 2009).

An issue of special interest is the supposed nutritional importance of cereals, in other words the size of the cultivated fields. At S4, the size of the cultivated field was at least 10×5 m as all the relevant features were found in this area. The maximum size was determined by the size of the decalcified layer in the field area, estimated to be some 1600 m² (pers. comm. I. Woltinge 2007). In any case, from our modern perspective, we can only speak of modest fields and the activity is perhaps better characterized as horticultural rather than agricultural.

A typical Swifterbant wetland site can be described by combining the evidence from two major sites near Swifterbant, i.e. S2 and S3. The site would have both features and finds. First and foremost, the features would consist of a series of reed depositions that led to the gradual build-up of a find layer. Hearths and human burials as well as numerous postholes and posts would be found in this layer. The finds would consist of sherds, flint artefacts, other stone artefacts, the bones of mammals, fish and birds, waterlogged and carbonized botanical macro remains and wooden artefacts.

Dry lands

The landscape areas without Holocene clastic sedimentation or peat formation might be called dry lands. What would be left of the rich archaeological record on the wetland sites? It is obvious that animal and human bones and uncarbonized plant remains would not survive here, but ceramics would also not survive outside soil features. Swifterbant ceramics are rather brittle and often plant-tempered. As a rule, the porous sherds have a sponge-like texture and disintegrate easily when subjected to repeated freezing and thawing. That leaves us with flint artefacts, other stone artefacts and pollen diagrams as evidence of human presence in the dry lands.

The flint industry on Swifterbant sites is rooted in the Mesolithic (DECKERS 1982; DEVRIENDT in preparation).

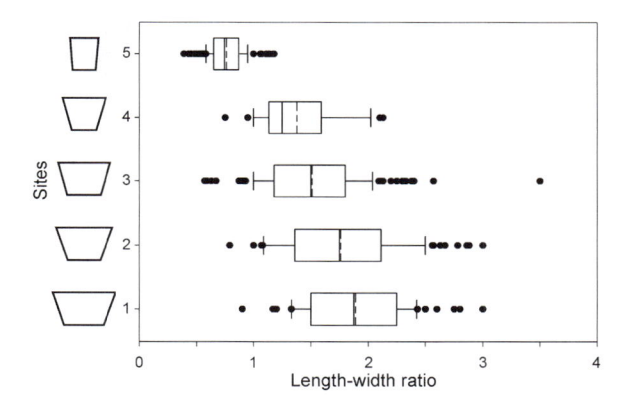

Fig. 4. Boxplots visualizing the morphological development of trapezes in the northern Netherlands.
Left side of the boxes: 25th percentile – Right side of the boxes: 75th percentile – Whiskers: 9th and 10th percentiles – Continuous line in boxes: median – Dotted line in boxes: average value.
1 Hempens-Waldwei (8200-7600 BP) – 2 Bergumermeer S-64B (7400-6200 BP) – 3 Almere Hoge-Vaart (6500-5600 BP) – 4 Swifterbant levee sites (Swifterbant Culture; 4200-4000 cal.BC) – 5 Various TRB megalithic tombs (3400-2800 cal.BC) (after NIEKUS 2009, Fig. 8, modified).

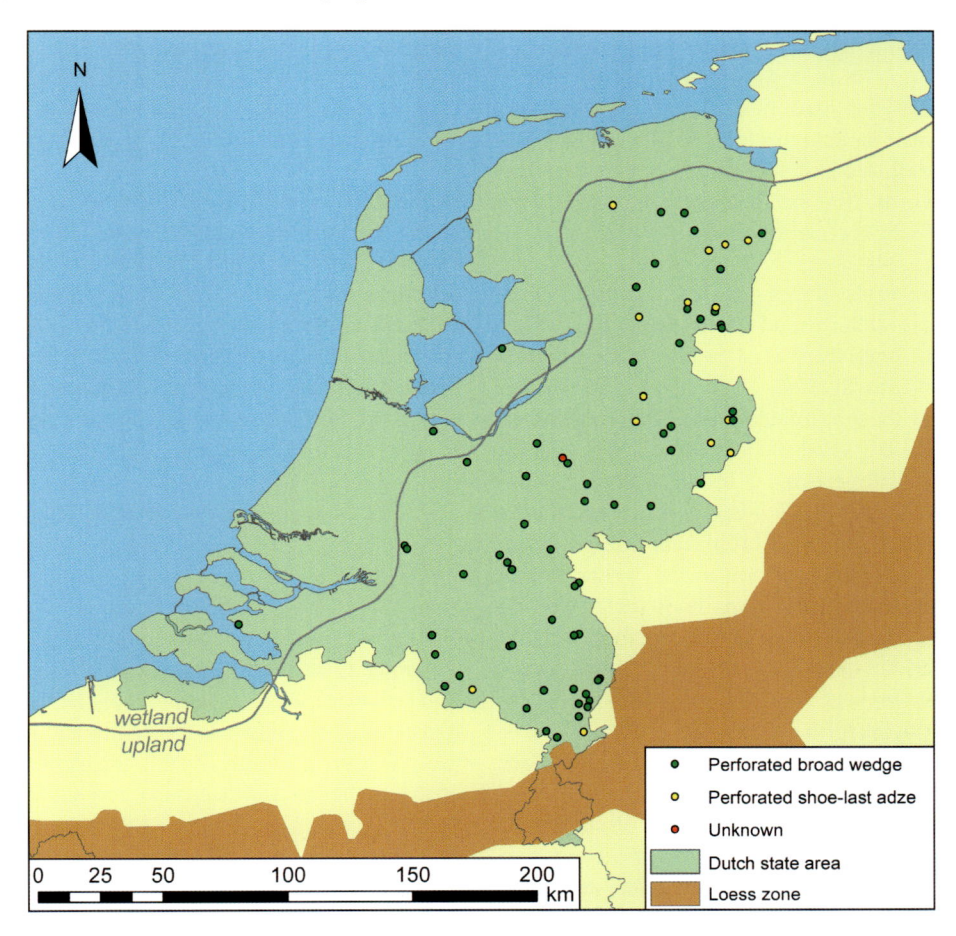

Fig. 5. Spatial distribution of perforated shoe-last adzes and broad wedges in the Netherlands (after RAEMAEKERS et al. 2011, Fig. 12).

Phase	Subsistence characteristics
Neolithic Occupation Phase 1 4050-3450 cal.BC Neolithic Swifterbant Culture *Frühneolithikum* phase	– Clearance by felling and/or girdling – Feeding livestock in winter: harvesting of leaves and twigs, especially of *Ulmus* and *Tilia* and the remains of cereal plants – Feeding livestock in summer: small-scale woodland pasture with Gramineae, *Plantago lanceolata* and *Rumex* – Small-scale cultivation of *Hordeum* sp. and *Triticum* sp. – Major part of primeval forests untouched
Neolithic Occupation Phase 2 3450-2600 cal.BC TRB Culture	– Clearance with limited use of fire – Feeding livestock in winter: diminished use of leaves and twigs, use of heather – Feeding livestock in summer: woodland pasture – Small-scale cultivation of *Hordeum* sp. and *Triticum* sp. – Large parts of primeval forests untouched

Tab. 1. Characteristics of Neolithic Occupation Phases (after BAKKER 2003, Tab. 25).

It is important to note that the most frequently found projectile point at the type site Swifterbant S3 is the broad trapeze. Metric analysis indicates that there was a trend towards ever narrower trapezes in the Late Mesolithic and Swifterbant period, but there was wide variation in each phase (NIEKUS 2009 – Fig. 4). It is therefore impossible to date a single trapeze to either the Late Mesolithic or the Neolithic Swifterbant phase. All broad trapezes are classified as Late Mesolithic in the Dutch national database, which results in a gap between Late Mesolithic and TRB in the occupation history. In other words, flint artefacts cannot assist us as a sign of Swifterbant occupation of the dry lands.

The other stone tools are of greater assistance. Traditionally, perforated broad wedges (*durchlochte Breitkeile*) have been attributed to the Rössen period (VERHART 2000, 39; PEETERS et al. 2004, 116) and it is plausible that these artefacts were in circulation as late as 4000 cal.BC (RAEMAEKERS et al. 2011, 4-8). The distribution of perforated broad wedges is virtually confined to the dry lands (with the fragments from Swifterbant as the most prominent outliers): this is because the Neolithic surface in the wetlands has been covered up, thus masking any finds there (Fig. 5). Several dozens of such tools have been found in the northern Netherlands and Lower Saxony, which demonstrate human presence in the dry lands. A comparison between the older perforated shoe-last adze (*durchlochter hoher Schuhleistenkeil*) and the younger perforated broad wedge exposes several interesting contrasts: the shoe-last adzes are more often found, unbroken, in wetland settings; the broad wedges are more commonly found as fragments in dry-land settings. This difference in the deposition pattern might indicate that the broad wedges were used to fell trees (RAEMAEKERS et al. 2011, Tab. 7).

The pollen diagrams from this period reveal intriguing correlations (BAKKER 2003, 235-252). First of all, Bakker presents several diagrams that show a standard three-phase Neolithic occupation. The first phase – Neolithic Occupation Phase 1 – is dated to 4050-3450 cal. BC and starts with the transition to the *Frühneolithikum* phase discussed below. Neolithic Occupation Phase 1 is characterized by evidence of small-scale clearances (Tab. 1), which fits neatly in the pattern of the wetland horticultural remains.

While the Swifterbant wetland sites dominate our view of this period, the number of sites in the dry lands is larger if all the perforated wedges are counted as representing separate sites. This shows that the Swifterbant Culture should not be considered *a priori* as a wetland phenomenon. The absence of cultural indicators of the Swifterbant flint industry is a serious hindrance in locating Swifterbant settlement sites in the dry lands.

2.3 The *Frühneolithikum* phase (4000-3400 cal.BC)

Wetlands

Our knowledge of this phase comes only from the Dutch wetlands. One might suppose that the limited information is the result of less frequent use of the wetlands, but it is equally possible that the geological layers dating to this phase have not survived to the same extent as those of the earlier phase discussed above. The Swifterbant area may be an example of the latter option. Around 4000 cal.BC, the levee settlement sites were covered by a new layer of clay. There is increasing evidence that this did not lead to the abandonment of the area. Of relevance here is the fact that this new clay layer was in turn covered by a layer of rather coarse detritus: the

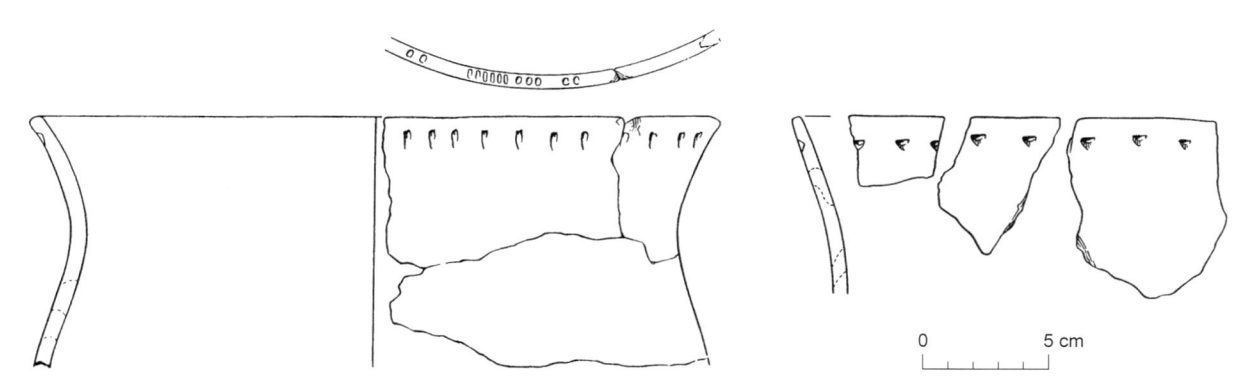

Fig. 6. Two post-4000 cal.BC pots from Swifterbant-S3 (after DE ROEVER 2004, Figs. 15d, 19n).

remains of the erosion of a thick peat layer. If the depth of the transition from clay to detritus is correlated with the regional groundwater curves (e.g. VAN DE PLASSCHE et al. 2005, Fig. 8) it becomes apparent that *in situ* sediments post-dating 3700 cal.BC are not to be expected in the Swifterbant region.

Evidence of occupation has been found on two sites in the Noordoostpolder district: Schokkerhaven-E170 and Schokland-P14. At Schokkerhaven-E170 only a small test trench was excavated and the site is hardly published (see RAEMAEKERS 2005, 23-26, with references), while Schokland-P14 is a huge site that was recently published (TEN ANSCHER 2012). The new finds from Swifterbant S25 will be presented here instead.

The investigation of Swifterbant S25 started in 2008 with an auguring programme around one of the river dunes in the hope of finding refuse layers with preserved organic remains. In fact, it transpired that the river dunes on which trenches S21-S24 were located had previously been surrounded by a wide area that can be described as an alder carr. Access to the dune seems to have been restricted to an area in the north where a newly found branch of the creek system came within 10 m of the river dune (RAEMAEKERS & GEUVERINK 2009, Fig. 1). In 2009 and 2010, several trenches were excavated in this 'entrance area', designated S25.

Analysis is still in progress, but several observations can already be mentioned. First of all, the excavation yielded some 5 kg of flint. A scan of this material by Hans Peeters and Izabel Devriendt indicated that it differs from the other flint assemblages in the region (DECKERS 1982; DEVRIENDT in prep.) and is more like the TRB assemblage from Bouwlust, some 50 km away and about 900 years younger (PEETERS 2001). Secondly, the approximately 50 sherds present a homogeneous assemblage, which also differs from the sherd material on the levee sites. On average, the pottery is thinner and more often tempered with stone material; decoration is less frequent and less varied. Thirdly, the depth of the finds was correlated with a regional groundwater curve (VAN DE PLASSCHE et al. 2005, Fig. 8), which indicated that the assemblage dates to around 3900-3800 cal.BC. In other words, S25 is the first site in the Swifterbant region to provide evidence of post-4000 cal.BC occupation. Although the aim was to collect well-preserved material, the clay held few bones. However, their excellent quality made it clear that the limited number was not linked with preservation conditions but rather with deposition.

With this observation in mind, two pots from S3 may be interpreted as dating to the same period (Fig. 6). Not only are they similar to the S25 ceramics, they also stand out in the S3 assemblage. Moreover, micro-morphological research on S2 and S4 indicates that the use of both sites continued after the build-up of the find layers: there is evidence of cultivation in the clay layer that covers the settlements (HUISMAN et al. 2009, 188-189). In all, it can be concluded that there is evidence of post-4000 cal.BC occupation of the Swifterbant region on most of the sites.

Site characteristics are similar to those of the pre-4000 cal.BC Swifterbant Culture in terms of site location, the presence of burials on settlement sites and subsistence.

Dry lands

Dry-land remains from the *Frühneolithikum* phase are rare. An exception is the site at Wetsingermaar, which is located on a Pleistocene outcrop, now about 2 m below the surface, that is part of the Hondsrug, the Saalien glacial ridge at the centre of the TRB megalithic tomb distribution. The site was discovered in 2000 as a result of building activity (FEIKEN et al. 2001) and further researched by extensive coring in 2005 and 2011 and the excavation of a 3×3 m test pit in 2005. It is clear that the site covers an area of at least 1.5 ha and has a high density of sherds and flints. The single ^{14}C date on charcoal (GrA 4700 ± 40 BP) indicates

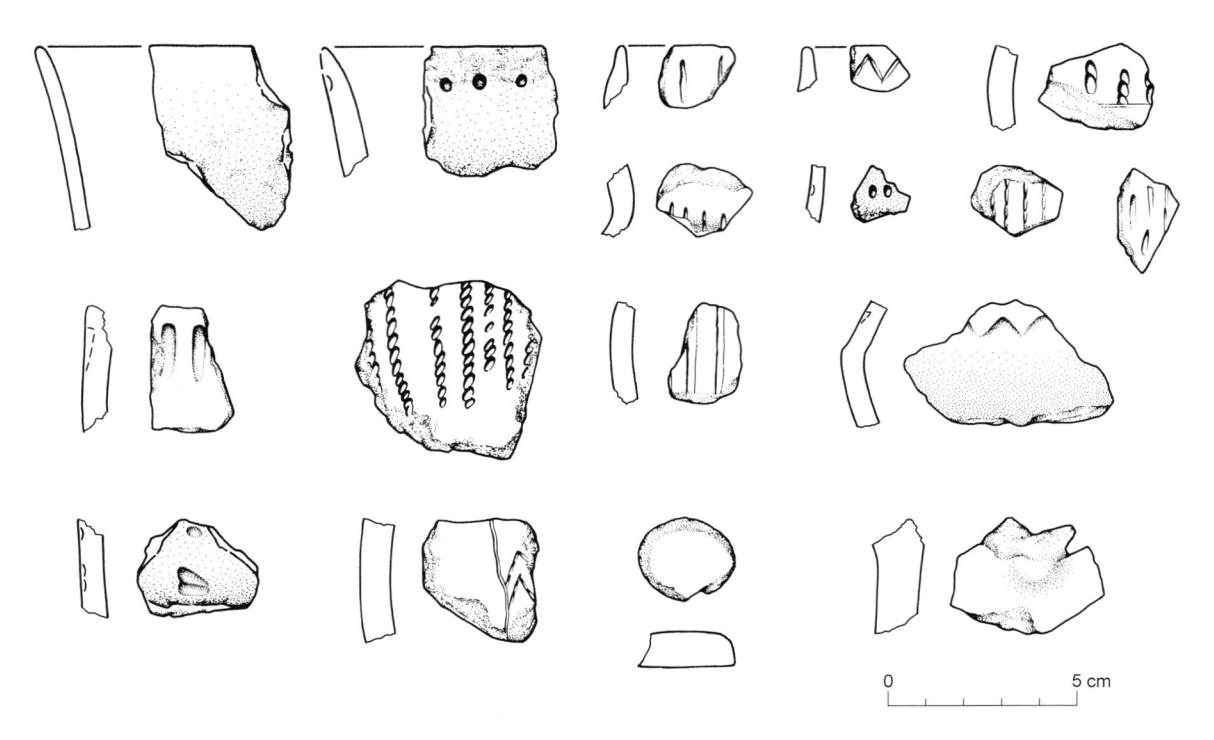

Fig. 7. Sherds from Wetsingermaar (after RAEMAEKERS et al. 2012).
(Graphics: M. Los-Weijns and S. E. Boersma, University of Groningen, Groningen Institute of Archaeology).

occupation around the time of the transition to the TRB West Group. Despite its deep position, Wetsingermaar is considered a dry-land site because it lacks one of the two wetland-site characteristics: a fine-grained chronological resolution. Its position on a Pleistocene outcrop gives it a long time depth: indeed, the flints from the test pit include some Mesolithic artefacts. Its pottery is similar to the Swifterbant S25 pottery described above, but includes more types of simple decoration (Fig. 7). Most striking is the presence of one sherd with a twisted rope decoration.

Diagnostic artefacts for this period are rare. In the southern part of the Netherlands, sites of the Hazendonk Group provide triangular points with surface retouch (e.g. Schipluiden: VAN GIJN et al. 2006, Fig. 7.8: e.g. 1726, 10355), and similar points are known from the northern Netherlands (e.g. Hempens: NOENS 2011, Fig. 75). On the basis of this hypothesis one might envisage a strategy for locating more settlement sites in the dry-land area. A GIS analysis of surface finds might indicate which of these points are located near wetland areas, i.e. peat deposits and creek sediments. An assessment of such locations by means of coring and test trenches might provide much needed evidence of occupation in combination with preserved botanical and zoological remains.

Other stone artefacts, such as axes, seem to have been little studied in the area under review here. The literature on axes (*Felsgesteinbeile*) indicates that various types occur in northern Germany and Denmark (e.g. KLASSEN 2004, 208-215), but whether there are types that are restricted to this phase in our area is unclear.

This phase is part of Bakker's Neolithic Occupation Phase 1 (BAKKER 2003, 267-268), in which only small-scale clearances occur.

2.4 The 4000 cal.BC transition

The change that took place around 4000 cal.BC seems to be limited to material culture, and more specifically to ceramics and flint technology. The relatively coarse Swifterbant pottery with its characteristic plant temper and a wide variety and abundance of decoration was replaced by relatively thin-walled stone-tempered pottery with little and less varied decoration. Moreover, the typical S-shaped pots were replaced by beakers with straighter rim zones, reminiscent of funnel beakers. A complicating factor in comparing Dutch ceramics with ceramics from northern Europe is the unfortunate misunderstanding in the terminology regarding coiling (Fig. 8). A new technological trait in the Dutch ceramics of the *Frühneolithikum* is the change in the orientation of the coils on the shoulder, which is also known from the *Frühneolithikum* in Denmark (Fig. 9). The Dutch ceramics from the *Frühneolithikum* are clearly more similar to the early TRB ceramic traditions in

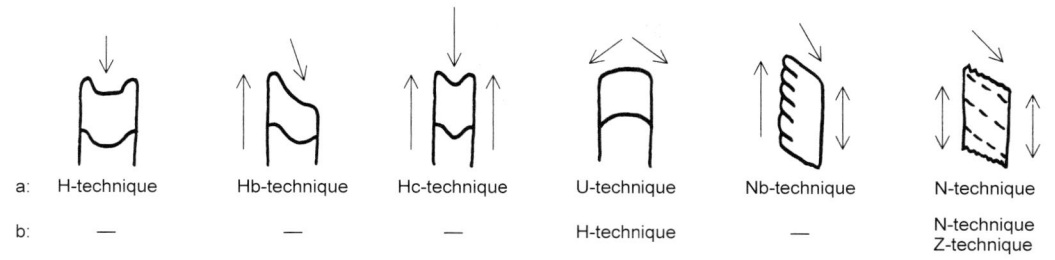

Fig. 8. Comparison of international (a) and Dutch (b) terminology for coiling techniques
(after STILBORG & BERGENSTRÅHLE 2000, Fig. 5).

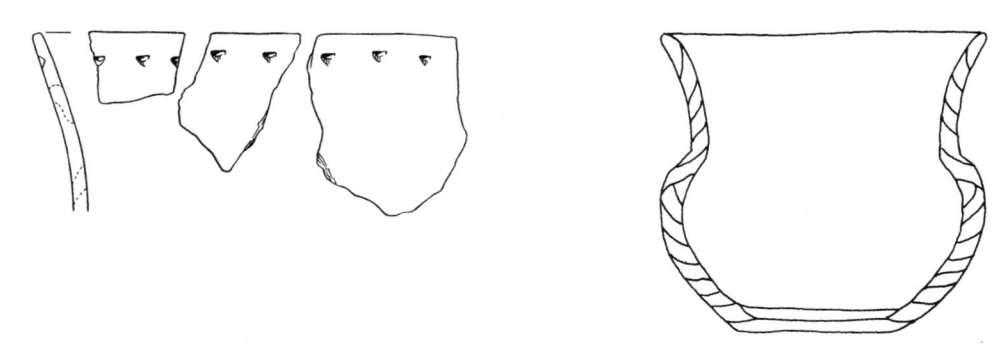

Fig. 9. Comparison of coiling techniques: a *Frühneolithikum* pot from Swifterbant-S3 (after DE ROEVER 2004, Fig.19n)
and a typical Danish contemporary (after KOCH 1998, Fig. 96.12). – Not to scale.

northern Europe than their predecessors, Swifterbant and Ertebølle, are to one another (RAEMAEKERS 1997; 1999a; 1999b; STILBORG 1999).

Flint technology is more difficult to analyse, due to the lack of published assemblages from the *Frühneolithikum*. The Swifterbant S25 material gives the impression that around 4000 cal.BC there was a shift from a technology predominantly based on blades to a more ad hoc flake technology, as also known from later TRB settlements (PEETERS 2001, 675).

Other aspects reveal no change: the same site locations continued to be used, while subsistence was still based on an apparently successful combination of hunting, gathering, animal husbandry and cultivation.

3 Part 2: TRB West group settlements

3.1 Introduction

While the lack of diagnostic artefacts is the major hindrance to settlement research on the Neolithic phase described above, this is not the reason for the near absence of known TRB settlements in the Netherlands. The TRB megalithic tombs already attracted the attention of early researchers and have kept them busy ever since: most literature on the Dutch TRB is related to the tombs and their contents. As a result, we are relatively well informed on ceramic typochronology (BRINDLEY 1986), tomb morphology (BAKKER 1992) and tomb topography (BAKKER 1982; WIERSMA & RAEMAEKERS 2011). The many stray finds of axes have also received attention (TER WAL 1986; WENTINK 2006) as have the various peat finds (cattle horn sheaths: PRUMMEL & VAN DER SANDEN 1995; pots: BAKKER & VAN DER SANDEN 1995; peat trackways: VAN DER SANDEN 2002).

At the same time, little attention has been paid to the settlement research, mostly due to the prominence of later house plans in the area. This section provides an overview of the available data and presents a hypothesis concerning site location.

3.2 A review of proposed TRB house plans

A description of TRB house plans in the Netherlands is short: no clear house plans have been published. The most promising site is Bouwlust, where a rectangular spread of postholes was found (Fig. 10.8). The published data do not allow it to be interpreted as part of a specific building tradition, but its attribution to TRB is certain, thanks to its Holocene setting and TRB finds.

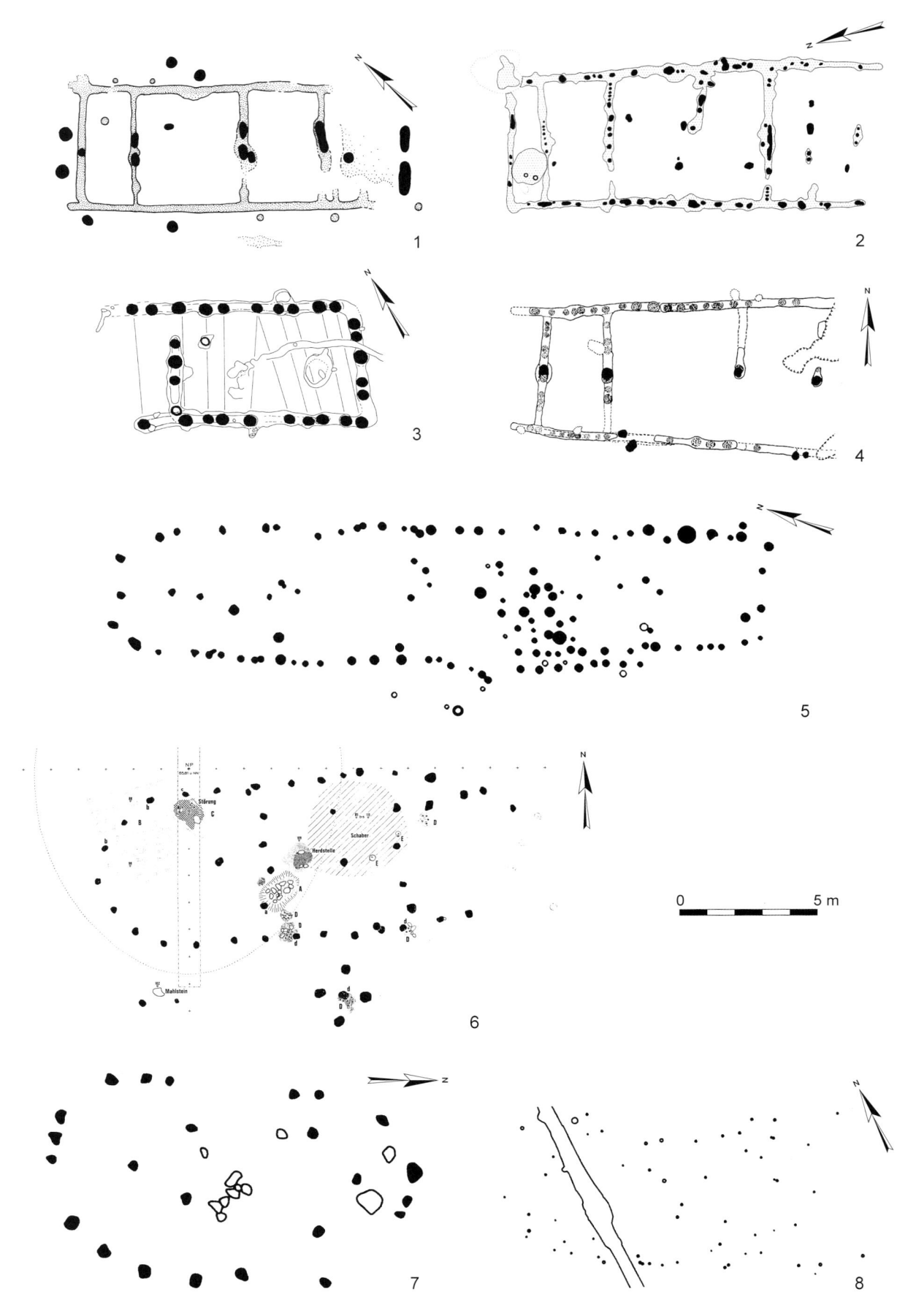

House plan	¹⁴C Dates BP / BC (Calibration: OxCal 4.1; 1 sigma)	Finds TRB	Finds Other	Score	References
Flögeln 1	Hv 8450: 4500 ± 65 BP / 3370 – 2936 cal.BC	yes	no	***	Zimmermann 1980
	Hv 8451: 9275 ± 85 BP / 8716 – 8298 cal.BC				
	Hv 8452: 4795 ± 60 BP / 3697 – 3377 cal.BC				
	Hv 8453: 4400 ± 65 BP / 3335 – 2900 cal.BC				
	Hv 8454: 4730 ± 85 BP / 3693 – 3350 cal.BC				
Flögeln 2	no	yes	?	**	Zimmermann 2008
Penningbüttel A	no	yes	no	**	Assendorp 2000
Penningbüttel B	no	yes	no	**	Assendorp 2000
			total / average	8.5 / 2.1	
Rullstorf	KI 4897: 4580 ± 40 BP / 3500 – 3104 cal.BC	yes	yes	**	Gebers 2004; pers. comm.
	KI 4898: 4440 ± 30 BP / 3331 – 2931 cal.BC				
Wittenwater	no	yes	yes	*	Voss 1965
Engter	no	yes	yes	*	Rost & Wilbers-Rost 1992
Bouwlust	no	yes	no	**	Hogestijn & Drenth 2000/2001
			total / average	6.0 / 1.3	

Tab. 2. Characteristics of TRB settlements in Lower Saxony and the Netherlands.

Would an excursion to Lower Saxony help us to gain a better insight into the TRB building tradition? Several house plans that are said to date to the TRB period have been excavated in Lower Saxony over the last decades (Fig. 10.1-7). The differences between the seven house plans are striking. While it is possible that several building traditions existed side by side (e.g. WATERBOLK 2009, types Elp and Borger A, both dating to the Late Bronze Age), it seems wise to review their attribution to the TRB Culture with caution. The primary literature on these house plans has therefore been studied in order to determine whether three parameters for their TRB attribution are fulfilled: ¹⁴C dates in the TRB period for finds within the house plan are considered the first parameter; the second parameter is the presence of TRB material culture; the third is the absence of material culture from other archaeological periods (Tab. 2).

With these parameters as a starting point, it is striking to note that the four most similar house plans (Flögeln 1 and 2 and Penningbüttel A and B) have an average score of 2.1 while the three remaining house plans (Wittenwater, Rullstorf and Engter) have an average score of 1.3. This is an important clue that the attribution of the last three to the TRB Culture is less secure. For this reason, the following is based on the four more certain house plans from Lower Saxony (Tab. 3).

The two most striking similarities between the four house plans are their size (on average 11.1 m in length and 4.9 m in width) and the presence of wall ditches that point to the existence of internal walls. Also noteworthy is the fact that one plan is trapezoidal, the other three rectangular. The trapezoidal form is known from earlier phases of the Neolithic (Rössen Culture), but also from two sites in the southern Netherlands that are dated to the TRB period (Vlaardingen-Stein; excavated by the Archeologisch Centrum Vrije Universiteit – Hendrik Brunsting Stichting, unpublished). If the building technology is considered, it is clear that there are both two-aisled house plans with a double row of posts forming the central row (Flögeln 1 and 2 and Penningbüttel B) and a one-aisled plan (Penningbüttel A). There is also variation in terms of their orientation.

Here, it is proposed that the three two-aisled house plans represent a building tradition in which the northwestern side is the focal point of the building, visualized

Fig. 10. Proposed TRB house plans from Lower Saxony and the Netherlands (after NÖSLER et al. 2011, Fig. 2). 1 Flögeln 1 (after ZIMMERMANN 1980, Fig. 2) – 2 Flögeln 2 (after ZIMMERMANN 2008, Fig. 11. 3) – 3 Penningbüttel A (after ASSENDORP 2000, Fig. 3) – 4 Penningbüttel B (after ASSENDORP 2000, Fig. 4) – 5 Rullstorf (after GEBERS 2004, Fig. 1) – 6 Wittenwater (after VOSS 1965, Fig. 2) – 7 Engter (after ROST & WILBERS-ROST 1992, Fig. 3) – 8 Bouwlust (after HOGESTIJN & DRENTH 2000/2001, Fig. 8). – Scale 1:200.

House plan	Length (m)	Width (m)	Form	Orientation	Central row
Flögeln 1	12.8	4.8	rectangular	NW-SO	yes
Flögeln 2	12.9	5.0	rectangular	NNO-SSW	yes
Penningbüttel A	7.0	4.5	rectangular	WNW-OSO	no
Penningbüttel B	>11.8	4.5-6.0	trapezoid	W-O	yes
Bouwlust	11.0	4.0	rectangular	NW-SO	yes

Tab. 3. Characteristics of five selected TRB house plans.

by means of a heightened front. This proposal is based on the position of the double row of central posts in Flögeln 1. From east to west the distance between the pairs of poles clearly increases. If the beams connecting the pairs of central posts are in turn connected horizontally (this is an assumption) and the outer posts are all the same height (another assumption), this has an important morphological effect. The sloping beams connecting the outer posts with the central posts would have a steeper angle at the western end than at the eastern end, thus focusing visual attention on the western end (Fig. 11). A similar construction can be envisaged for Flögeln 2. A comparable effect may have been obtained at Penningbüttel B by means of a different strategy: here, the western end is narrower than the eastern end. Starting from the same two assumptions (horizontally connected central posts and equal heights for all the outer posts) this building strategy would also result in steeper sloping beams at the western end. In this way, too, a more prominent western front is created.

Evidence of 'micro traditions' in building can be seen in two details. First of all, the two Flögeln house plans indicate that the wooden frame created by central posts, outer posts and superstructure is not related to the interior subdivision into separate rooms. In contrast, at Penningbüttel B some of the central posts are part of the interior walls. A second detail that connects the two Flögeln plans is the presence of a 'disturbance' of the wall trenches to the left of the heightened front. For Flögeln 2 it was proposed that an altar stone had been positioned here. A similar suggestion could be made for the other Flögeln house. The striking similarity of the features together with the observation that, for Flögeln 1 at least, the 'disturbance' was reconstructed as an outer post leads us to the conclusion that alternative interpretations need to be considered. Perhaps, in both instances, we are looking at post holes rather than an altar stone.

The Lower Saxony house plans help to determine the quality of the Bouwlust posthole scatter. To start with, the dating of this site is based not on ^{14}C dates but on the presence of TRB cultural material and the absence of material from other archaeological periods. This gives the Bouwlust ground plan a score of 2. Although the distribution of the postholes has not yet been studied in detail, it is clear that there is a rectangular shape, which in size fits well with the examples from Lower Saxony. To conclude, a detailed analysis of the Bouwlust site would provide an important contribution to our understanding of TRB settlements.

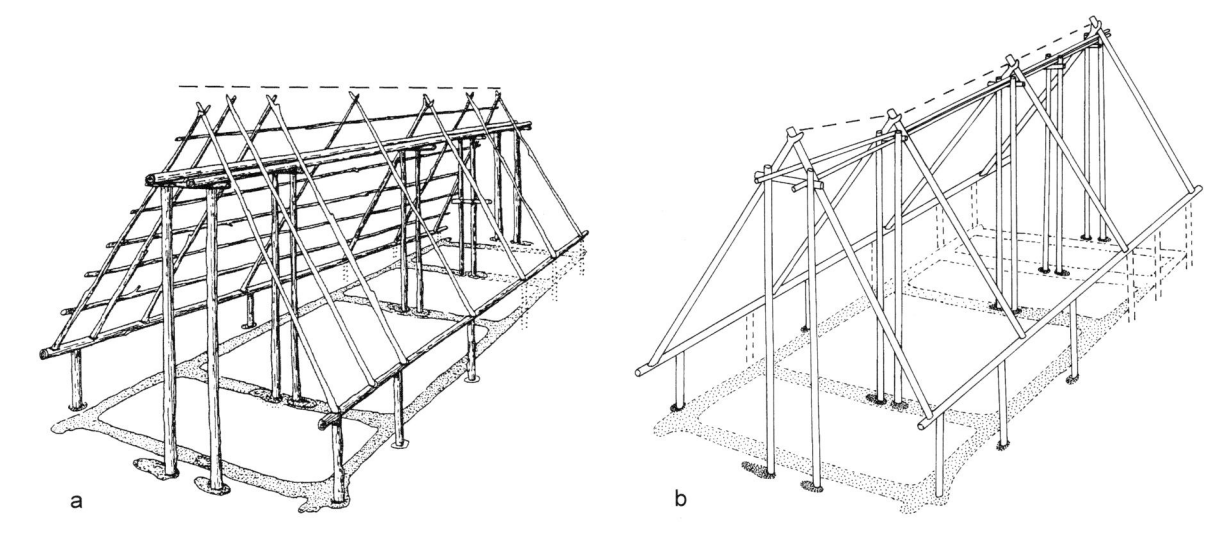

Fig. 11. Reconstruction of Flögeln 1.
a After ZIMMERMANN 2000, 113 Fig. 2C – b After D. Raemaekers (Drawing: M. Los-Weijns, GIA).

3.3 Site location and the preservation of features

TRB people were agriculturalists, judging from the presence of the charred remains of emmer-wheat and naked-barley grains, and various pollen diagrams with a clear *landnam* and weed flora such as *Plantago lanceolata* (BAKKER 2003, 268-270). If one accepts the assumption that cultivation was of economic significance, it is possible to formulate a hypothesis on the landscape setting of the TRB cultivated fields. The hypothesis is built up along these lines:

1. New cultivated fields are created by opening up the primeval forest (BAKKER 2003, 268-270).
2. The location of these fields is determined on the basis of both the fertility and the workability of the soil. While the TRB people were certainly not physical geographers, they would have been able to identify the preferred locations from their knowledge of the vegetation (cf. LOUWE KOOIJMANS 1997, 19, conclusion 2).
3. Although both fertility and workability are important, the ability to work the soil is a primary concern: the ard is a type of plough less suited to heavy soils. The preferred locations are therefore sandy soils that are poor in loam (SPEK 2004, 129).
4. Such locations lose their nutrients relatively easily and are then abandoned.
5. New cultivated fields are created, thus restarting the cycle.

This hypothesis regarding the location of cultivated fields can be expanded to include settlement location:

6. Because of the economic importance of agricultural produce, settlements are located near the cultivated fields.
7. As a result, settlements are usually also located on sandy soils poor in loam (SCHIRNIG 1980).
8. Such sandy soils poor in loam not only lose their nutrients relatively easy, but the same soil processes result in the degradation of the archaeological features as well.

In practice, this hypothesis is not confirmed: research on TRB settlements with preserved features is finding locations that do not fit the hypothesis! There is evidence that the TRB people also exploited loam-rich areas. The most explicit example is at Anlo. Here the former *Biologisch-Archaeologisch Instituut* (BAI) excavated not only an Urnfield cemetery and several Late Neolithic burial mounds, but also a palisaded terrain often referred to as a cattle kraal (WATERBOLK 1960, 77-83). It is a roughly triangular area surrounded by three overlapping palisades, the smallest enclosing about 0.23 ha, the largest 0.48 ha.

Of interest here is what WATERBOLK (1960, 61) writes about the visibility of TRB features: *"The sub-soil of the area is formed by a more or less flat boulder-clay ... It reaches the surface in the north-eastern part of the excavation. Here the soil was loamy ... In the middle and southern part of the area this boulder-clay is covered by a so-called cover sand ... Towards the south-west it increases in thickness ... As a result of these varying geological and pedological circumstances, the quality and aspects of the archaeological soil traces differ a great deal over the area. As an example the foundation trenches* [of the palisades] *may be mentioned. In the ... boulder-clay they showed as distinct black tracks; on the higher cover sand parts, however, they were extremely faint."* This quote indicates that the preservation of TRB features is possible in areas where the soil is rich in loam.

In order to find TRB settlements on loam-rich soils, all the possible TRB settlements in Drenthe were selected from the Dutch national database of archaeological information, ARCHIS. The result was a group of 77 sites, in which there are clearly no megalithic tombs, flat graves or single deposits. These 77 sites were then subdivided into two groups on the basis of the presence of ceramics, flint and other stone material. The 42 sites with two or three categories are here considered to be settlements; the 35 other sites have only one category of material and are considered 'possible settlements' and will therefore not be discussed further here. A subsequent GIS analysis made clear that the latter sites have a different spatial distribution to those considered as settlements. This suggests that not all the sites in the category 'possible settlements' can be interpreted as settlements. The group probably contains other site types as well.

The landscape around the 42 settlements was studied with the help of a digital soil map (scale 1:50,000) reduced to four map units: soils rich in loam, soils poor in loam, wetlands and other areas (such as built-up areas). Their percentage presence in Drenthe was determined next. All the settlements were then related to the map units. It was thus possible to determine not only in which map unit the settlements were located, but also whether the settlements are overrepresented or underrepresented in the four landscape zones (Tab. 4). This made clear that settlements are overrepresented on soils poor in loam, i.e. were in accordance with the hypothesis (BAKKER 1982, 103; WIERSMA & RAEMAEKERS 2011).

While most settlements confirm the hypothesis, it is intriguing to note that nine settlements were found on soils rich in loam. One of the possible reasons for these deviant site locations is linked with the scale of the map: the soil map has a scale of 1:50,000, which is related to an average of one core sample per hectare. In theory, more detailed soil research might relocate the

	Settlements		Possible settlements		Drenthe
	n	%	n	%	%
Soils rich in loam	9	21	9	26	13
Soils poor in loam	27	64	18	51	13
Soil unknown	4	10	5	14	51
Wet	2	5	3	9	23
Total	42	100	35	100	100

Tab. 4. Relation between soil characteristics and the location of supposed TRB settlements.

nine settlements to soils poor in loam. Another option is that while the cultivated field was located on soil poor in loam, the adjacent settlement was on a different type of soil. A final option might be to rethink the proposed definition of settlements, which is related to surface scatters with two or three categories of material culture. These options are not considered further here.

A Google Earth view of the nine settlements on soils rich in loam showed that one was located on a golf course and therefore not available for excavation. The remaining eight sites were visited on 16 February 2011 (Fig. 12 and Tab. 5). Two settlements were located far from the road and subsequently dismissed. Some coring was carried out at the other six locations. Table 5 shows not only the soil characteristics, but also the known archaeological information. Three sites are of particular interest:

Site 2: This is the only site with intact soil layers, indicating that preservation would be best here.
Site 3: Located near megalithic tomb D32.
Site 6: This site yielded two flakes of Helgoland flint, a type of flint that is rare in the Netherlands (BEUKER 2010, 33-40). Fieldwork might make clear whether Helgoland flint was worked here.

Site	ARCHIS	TRB finds	Remarks	Literature	Thickness covering layer (cm)	Soil layers intact
1	11954	sherds and various flints including scrapers, transverse arrowheads, blades, flakes, cores, a borer and a knife fragment		none	dismissed because of location on golf course	
2	18885	sherds, a quern stone, knapping stone and various flints		JAGER 1993, cat.nr. 42	20	yes
3	18911	sherds including a clay disc fragment, a whetstone and various flints including a scraper and axe	near megalithic tomb D32-Odoorn	JAGER 1993, cat.nr. 69	30	no
4	18917	ceramic lug fragment and transverse arrowhead		JAGER 1993, cat.nr. 74	dismissed because of location in forest	
5	18945	sherds and various flints including a scraper		none	25	no
6	18969	sherds including a clay disc fragment and various flints including a scraper, flakes, and a transverse arrowhead	two flakes of Helgoland flint	JAGER 1993, cat.nr. 125	35	no
7	18996	sherds and various flints including flakes and a scraper		JAGER 1993, cat.nr. 152	dismissed because of location in forest	
8	19028	sherds and various flints including a scraper		JAGER 1993, cat.nr. 252	30	no
9	19094	sherds and various flints including a scraper		JAGER 1993, cat.nr. 185	30	no

Tab. 5. Characteristics of the nine supposed TRB settlements in Drenthe.

Fig. 12. The location of supposed TRB settlements near Odoorn (site 1 is located some 40 km to the west) (Data: ARCHIS – Graphics: E. Bolhuis, University of Groningen, Groningen Institute of Archaeology).

On checking the information available at the Groningen Institute of Archaeology, where the records of all the BAI research activities are kept, it was found that Site 3 in Tab. 5 is not only in ARCHIS (No. 18911), but also in the BAI system, where there is a one-page day report (LANTING 1972).

It read (translation D. R.): *"In the week of 16-22 October 1972 a small assessment was undertaken. Near the southwest corner of the land parcel with the megalithic tomb [D. R.: D32-Odoorn], parallel to its southern border, a c.30 m long and 4 m wide trench was excavated. Perpendicular to this trench and oriented to the south, a c.10 m long and 4 m wide trench was dug. This extension was needed because a diffusely limited 'pit' with grey filling was found in the centre of the long trench. In and around the 'pit' were some 'postholes' with black filling, mostly without any visible charcoal particles. The character of these features remained unclear, even after further levelling. The presence of several animal burrows in the 'pit' was a handicap. In the pit were found: a rock as large as a fist with a polished side, the burnt tip of a flint axe and two undecorated sherds. Several undecorated sherds and one decorated TRB sherd with a lug were found in the surrounding yellow sand. While the test trench yielded little, it is apparently positive that visible pits and postholes were found in this TRB settlement."*

Intriguing in the above quote is the shift from *'pit'* and *'postholes'* to *pit* and *postholes*. While Lanting appears cautious at first, he gains confidence during the report and is apparently convinced by the time he finishes it. Eureka! The report is not only an excellent starting point for further fieldwork because it acknowledges the presence of TRB features, but also because it agrees with our hypothesis. Without knowledge of this observation, site 3 was selected because of its location on sandy soil rich in loam. Both the field drawings and finds are to be studied in the near future.

In May and June 2011, site 3 was investigated by a group of first-year students supervised by Research-Master student Eva Hopman and the author. The 1972 trenches were located to the south of the D32-Odoorn tomb, but this area is not available for research now. Instead, a trench some 20 m to the north of the tomb was excavated. The 3×45 m trench revealed that the top layers had been disturbed before 1920: in that year, the land parcel around D32-Odoorn was marked out with several stone posts, one of which was located in our trench and had cut through the disturbed layers.

125

Consequently, apart from a small number of stray finds, there was no actual find scatter. The excavation did produce a dozen vague features with a homogeneous light-grey fill and charcoal particles.

In 2012 the ^{14}C dates on charcoal from two features indicate that the poorly preserved features are much younger than TRB. Feature 20 dates 3360 ± 30 BP (GrA 51501): 1120-910 cal.BC. Feature 4 dates 2840 ± 30 BP (GrA 51500): 1740-1530 cal.BC. These outcomes indicate that poorly preserved features are certainly not restricted to the period before the Middle Bronze Age. Soil analysis will be done to determine the loam content of the features.

3.4 Dutch TRB settlements: an update

The apparent absence of house plans continues throughout the Neolithic until the Middle Bronze Age. Here, the focus is on settlement location and the preservation of features. However, the continuing near absence of house plans followed by a sudden boom from the Middle Bronze Age onwards needs to be explained. Obviously, there is no gradual increase in the number of house plans that could be related to an increase in population. Perhaps a different building method in the Bronze Age, with posts sunk deeper into the ground, is an explanation; but given the absence of house plans prior to the Bronze Age this is difficult to assess. Another option is a change in settlement location from soils poor in loam (with poor preservation of features) to soils rich in loam (with better preservation of features). A preliminary inventory of ARCHIS data indeed suggests a gradual increase in settlement sites on soils rich in loam, from 20 % to 40 %, in the period studied here (pers. comm. E. Hensbroek 2011). This change indicates that the proposed technical restrictions regarding the use of the ard had been solved. The growing preference for nutrient-rich soils is underlined by the observation that 75 % of the Celtic Fields are found on loam-rich soils (Spek 2004, 142).

4 Conclusions

Settlement data for the period discussed are unevenly distributed both geographically and chronologically. While the Neolithic phase of the Swifterbant Culture (4500-4000 cal.BC) is relatively well-known in the Dutch wetlands, the sandy soils of the northern Netherlands and the neighbouring areas in Germany furnish little evidence. It is concluded that the cultural indicator for sites of this period may be the perforated broad wedge (dated 5000-4000 cal.BC), while the typical projectile point of this period, the trapeze, is generally interpreted as Late Mesolithic.

The subsequent *Frühneolithikum* phase (4000-3400 cal. BC) is sparsely documented in the entire area. The few known sites indicate that triangular points with surface retouch can perhaps be considered as cultural indicators. Research on surface sites with these points in sandy areas next to peat or creek sediments might provide much-needed evidence in the sandy areas.

The third phase under study is that of the TRB Culture (3400-2800 cal.BC). For this period, an impressive archaeological record is available. While Lower Saxony provides us with several settlements and ideas about building traditions, the Dutch evidence is sparse. The present analysis focuses on research strategies to find settlements on the Dutch sandy soils, and is based on the hypothesis that the location of the agricultural fields was preferably on soils that are poor in loam. It was proposed that this preference resulted in a similar preference for settlements, and consequently a limited preservation of features.

The above makes clear that further research is needed for a deeper insight into settlement patterns in this period. Nevertheless, an important observation needs to be mentioned. While the phasing in our area suggests an important break at the start of the TRB West Group period, around 3400 cal.BC, the major break in the North European chronology is around 4000 cal.BC with the transition from the Ertebølle Culture to the TRB Culture (Fig. 1).

Two further observations need to be mentioned. Firstly, the *Frühneolithikum* in Ostholstein is strikingly similar to the Neolithic Swifterbant Culture in terms of the importance of wild food resources and site location. It is proposed that the transition to a more 'Neolithic life style' took place around the beginning of the Middle Neolithic (Midgley 2008, 3-5; contra Hartz et al. 2000, 149). In other words, similar developments in subsistence strategies occurred on both sides of the River Elbe.

Secondly, some of the characteristics of the TRB West Group, such as the richly decorated sets of ceramics and the construction of megalithic tombs, are not known at the start of the *Frühneolithikum* in Denmark, but are related to later developments. The earliest megalithic tombs are dated to *c*.3700 cal.BC (Midgley 2008, 11), while the ceramics decorated with complex stab-and-drag (*Tiefstich*) patterns are characteristic of the Middle Neolithic TRB (Koch 1998, 99-102: group V.2). This nuance is needed to appreciate the fact that the developments leading to the TRB cultural groups known as the North Group and West Group are not as different as often perceived.

5 Bibliography

Anscher, T. ten, 2012: Leven met de Vecht. Schokland-P14 en de Noordoostpolder in het Neolithicum en de Bronstijd. Amsterdam.

Assendorp, J. J., 2000: Die Bauart der trichterbecherzeitlichen Gebäude von Penningbüttel, Niedersachsen. In: R. Kelm (ed.), Vom Pfostenloch zum Steinzeithaus. Archäologische Forschung und Rekonstruktion jungsteinzeitlicher Haus- und Siedlungsbefunde im nordwestlichen Mitteleuropa. Albersdorfer Forschungen zur Archäologie und Umweltgeschichte [1], 116-125. Heide.

Bakker, J. A., 1982: TRB settlement patterns on the Dutch sandy soils. Analecta Praehistorica Leidensia 15, 87-124.

Bakker, J. A., 1992: The Dutch hunebedden. Megalithic tombs of the Funnel Beaker. International Monographs in Prehistory, Archaeological Series 2. Ann Arbor.

Bakker, J. A., & Sanden, W. A. B. van der, 1995: Trechterbekeraardewerk uit natte context. De situatie in Drenthe. Nieuwe Drentse Volksalmanak 112, 132-148.

Bakker, R., 2003: The emergence of agriculture on the Drenthe plateau. A palaeobotanical study supported by high-resolution ^{14}C-dating. Archäologische Berichte 16. Bonn.

Beuker, J. R., 2010: Vuurstenen werktuigen. Technologie op het scherpst van de snede. Leiden.

Brindley, A. L., 1986: The typochronology of TRB West Group pottery. Palaeohistoria 28, 93-132.

Broeke, P. van den, Fokkens, H., & Gijn, A. L. van, 2005: A prehistory of our time. In: L. P. Louwe Kooijmans, P. W. van den Broeke, H. Fokkens & A. L. van Gijn (eds.), The prehistory of the Netherlands, 17-32. Amsterdam.

Cappers, R. T. J., & Raemaekers, D. C. M., 2008: Cereal cultivation at Swifterbant? Neolithic wetland farming on the North European plain. Current Anthropology 49, 385-402.

Deckers, P. H., 1982: Preliminary notes on the neolithic flint material from Swifterbant. Helinium 22, 33-39.

Devriendt, I., in preparation: Swifterbant stones. Groningen.

Dresscher, S. J., & Raemaekers, D. C. M., 2010: Oude geulen op nieuwe kaarten. Het krekensysteem bij Swifterbant (prov. Flevoland), Paleo-aktueel 21, 31-38.

Feiken, H., Niekus, M. J. L. T., & Reinders, H. R., 2001: Wetsingermaar. Een neolithische vindplaats in de gemeente Winsum (Gr.). Paleo-aktueel 12, 54-59.

Gebers, W., 2004: Rullstorf. 20 Jahre Archäologie am Rand der Elbmarsch. In: H. Haßmann, M. Fansa & F. Both (eds.), Archäologie – Land – Niedersachsen. 25 Jahre Denkmalschutzgesetz. 400000 Jahre Geschichte. Archäologische Mitteilungen aus Nordwestdeutschland, Beiheft 42, 412-413. Oldenburg.

Gijn, A. L. van, Betuw, V. van, Verbaas, A., & Wentink, K., 2006: Flint, procurement and use. In: L. P. Louwe Kooijmans & P. F. B. Jongste (eds.), Schipluiden. A neolithic settlement on the Dutch North Sea coast, c. 3500 cal BC. Analecta Praehistorica Leidensia 37/38, 129-166.

Hartz, S., Heinrich, D., & Lübke, H., 2000: Frühe Bauern an der Küste. Neue ^{14}C-Daten und aktuelle Aspekte zum Neolithisierungsprozeß im norddeutschen Ostseeküstengebiet. Prähistorische Zeitschrift 75, 129-152.

Hogestijn, J. W. H., & Drenth, E., 2000/2001: In Slootdorp stond een Trechterbeker-huis? Over midden- en laat-neolithische huisplattegronden uit Nederland. Archeologie 10, 42-79.

Huisman, D. J., Jongmans, A. G., & Raemaekers, D. C. M., 2009: Investigating Neolithic land use in Swifterbant (NL) using micromorphological techniques. Catena 78, 185-197.

Jager, S. J., 1993: Odoorn, het landinrichtingsgebied 'Odoorn'. Een archeologische kartering, inventarisatie en waardering. Nederlandse Archeologische Rapporten 16. Amersfoort.

Klassen, L., 2004: Jade und Kupfer. Untersuchungen zum Neolithisierungsprozess im westlichen Ostseeraum unter besonderer Berücksichtigung der Kulturentwicklung Europas 5500-3500 BC. Jutland Archaeological Society Publications 47. Aarhus.

Koch, E., 1998: Neolithic bog pots from Zealand, Møn, Lolland and Falster. Nordiske Fortidsminder B:16. Copenhagen.

Lanting, J. N., 1972: Odoorn, gem. Odoorn. Verkennend onderzoekje op TRB-nederzetting bij hunebed D32. Unpublished report, Biologisch-Archaeologisch Instituut (BAI), University of Groningen, Institute of Archaeology, Archive.

Louwe Kooijmans, L. P., 1997: Denkend aan Holland ... Enige overwegingen met betrekking tot de prehistorische bewoning in de Nederlandse delta, aangeboden aan François van Regteren Altena. In: D. P. Hallewas, G. H. Scheepstra & P. J. Woltering (eds.), Dynamisch landschap. Archeologie en geologie van het Nederlandse kustgebied. Bijdragen aan het symposium op 3 november 1995 ter gelegenheid van het afscheid van J. F. van Regteren Altena, van 1 mei 1963 tot 24 november 1995 als archeoloog werkzaam bij de Rijksdienst voor het Oudheidkundig Bodemonderzoek te Amersfoort, 9-25. Assen.

Louwe Kooijmans, L. P., 2003: The Hardinxveld sites in the Rhine/Meuse Delta, the Netherlands, 5500-4500 cal BC. In: L. Larsson, H. Kindgren, K. Knutsson, D. Loeffler & A. Åkerlund (eds), Mesolithic on the move. Papers presented at the Sixth International Conference on the Mesolithic in Europe, Stockholm 2000, 608-624. Oxford.

Midgley, M. S., 2008: The megaliths of northern Europe. London.

Müller, J., 2011: Megaliths and Funnel Beakers. Societies in change 4100-2700 BC. Kroon-Vordraacht 13. Amsterdam.

Niekus, M. J. L. T., 2009: Trapeze shaped flint tips as proxy data for occupation during the Late Mesolithic and the Early to Middle Neolithic in the northern part of the Netherlands. Journal of Archaeological Science 36, 236-247.

NOENS, G., 2011: Een afgedekt mesolithische nederzettingsterrein te Hempens/N31 (gemeente Leeuwarden, provincie Friesland, Nl). Algemeen kader voor de studie van een lithische vindplaats. Archaeological Reports Ghent University 7. Ghent.

NÖSLER, D., KRAMER, A., JÖNS, H., GERKEN K., & BITTMANN, F., 2011: Aktuelle Forschungen zur Besiedlung und Landnutzung zur Zeit der Trichterbecher- und Einzelgrabkultur in Nordwestdeutschland – ein Vorbericht zum DFG-SPP „Monumentalität". Nachrichten aus Niedersachsens Urgeschichte 80, 23-45.

PEETERS, J. H. M., 2001: Het vuursteenmateriaal van de Trechterbekervindplaats Bouwlust bij Slootdorp (gem. Wieringermeer, prov. N. H.). In: R. M. van Heeringen & E. M. Theunissen (eds.), Kwaliteitsbepalend ondezoek ten behoeve van duurzaam behoud van neolithische terreinen in West-Friesland en de Kop van Noord-Holland 3. Archeologische onderzoeksverslagen. Nederlandse Archeologische Rapporten 21, 661-716. Amersfoort.

PEETERS, H., HOGESTIJN, J. W., & HOLLEMAN, T., 2004: De Swifterbantcultuur. Een nieuwe kijk op de aanloop naar voedselproductie. Abcoude.

PLASSCHE, O. VAN DE, BOHNCKE, S. J. P., MAKASKE, B., & PLICHT, J. VAN DER, 2005: Water-level change in the Flevo area, central Netherlands (5300-1500 BC). Implications for relative mean sea-level rise in the western Netherlands. Quaternary International 133/134, 77-93.

PRUMMEL, W., & SANDEN, W. A. B. VAN DER, 1995: Runderhoorns uit de Drentse venen. Nieuwe Drentse Volksalmanak 112, 8-55.

RAEMAEKERS, D. C. M., 1997: The history of the Ertebølle parallel in Dutch Neolithic studies and the curse of the point-based pottery. Archaeological Dialogues 4, 220-234.

RAEMAEKERS, D. C. M., 1999a: Dutch Swifterbant and Swedish Ertebølle. A debate on regionality and ceramic analysis. A response to Stilborg's plea for regional analysis. Archaeological Dialogues 6, 52-55.

RAEMAEKERS, D. C. M., 1999b: The articulation of a 'New Neolithic'. The meaning of the Swifterbant Culture for the process of neolithisation in the western part of the North European plain. Archaeological Studies Leiden University 3. Leiden.

RAEMAEKERS, D. C. M., 2005: An outline of Late Swifterbant pottery in the Noordoostpolder (province of Flevoland, the Netherlands) and the chronological development of the pottery of the Swifterbant culture. Palaeohistoria 45/46, 2003/2004, 11-36.

RAEMAEKERS, D. C. M., AALDERS, Y. I., BECKERMAN, S. M., BRINKHUIZEN, D. C., DEVRIENDT, I., HUISMAN, H., DE JONG, M., MOLTHOF, H. M., NIEKUS, M. J. L. TH., PRUMMEL, W., & VAN DER WAL, M., 2012: Wetsingermaar (municipality of Winsum, province of Groningen). An early TRB settlement site? Palaeohistoria 53/54, 2011/2012, 1-24.

RAEMAEKERS, D. C. M., & GEUVERINK, J., 2009: Boren bij Doug's duin. Op zoek naar vindplaatsen bij Swifterbant (Fl.). Paleo-aktueel 20, 32-37.

RAEMAEKERS, D. C. M., GEUVERINK, J., SCHEPERS, M., TUIN, B. P., LAGEMAAT, E. VAN DE, & WAL, M. VAN DER, 2011: A biography in stone. Typology, age, function and meaning of Early Neolithic perforated wedges in the Netherlands. Groningen Archaeological Studies 14. Groningen.

ROEVER, J. P. de, 2004: Swifterbant-aardewerk. Een analyse van de neolithische nederzettingen bij Swifterbant, 5e millennium voor Christus. Groningen Archaeological Studies 2. Groningen.

ROST, A., & WILBERS-ROST, S., 1992: Die vorgeschichtliche Besiedlung am Kalkrieser Berg zwischen Engter und Schwagtorf. Germania 70, 344-349.

SANDEN, W. A. B. VAN DER, 2002: Structuren in het Drentse veen. Nieuwe Drentse Volksalmanak 119, 186-216.

SCHEU, A., HARTZ, S., SCHMÖLCKE, U., TRESSET, A., BURGER, J., & BOLLONGINO, R., 2007: Ancient DNA provides no evidence for independent domestication of cattle in Mesolithic Rosenhof, Northern Germany. Journal of Archaeological Science 35, 1257-1264.

SCHIRNIG, H., 1980: Großsteingräber und Bodenarten im Landkreis Uelzen. In: T. Krüger & H.-G. Stephan (eds.), Beiträge zur Archäologie Nordwestdeutschlands und Mitteleuropas. Festschrift für K. Raddatz. Materialhefte zur Ur- und Frühgeschichte Niedersachsens 16, 301-309. Hildesheim.

SPEK, T., 2004: Het Drentse esdorpenlandschap. Een historisch-geografische studie. Utrecht.

STILBORG, O., 1999: Dutch Swifterbant and Swedish Ertebølle. A debate on regionality and ceramic analysis. Archaeological Dialogues 6, 47-51.

STILBORG, O., & BERGENSTRÅHLE, I., 2000: Traditions in transition. A comparative study of the patterns in the Late Mesolithic ceramic phase at Skateholm I, III and Soldattorpet in Scania, Sweden. Lund Archaeological Review 6, 23-42.

VERHART, L. B. M., 2000: Times fade away. The neolithization of the southern Netherlands in an anthropological and geographical perspective. Archaeological Series Leiden University 6. Leiden.

VOSS, K. L., 1965: Stratigrafische Notizen zu einem Langhaus der Trichterbecherkultur bei Wittenwater, Kr. Uelzen. Germania 43, 343-351.

WAL, A. TER, 1996: Een onderzoek naar de depositie van vuurstenen bijlen. Palaeohistoria 37/38, 1995/1996, 127-158.

WATERBOLK, H. T., 1960: Preliminary report on the excavations at Anlo in 1957 and 1958. Palaeohistoria 8, 59-90.

WATERBOLK, H. T., 2009: Getimmerd verleden. Sporen van voor- en vroeghistorische houtbouw op de zand- en kleigronden tussen Eems en IJssel. Groningen Archaeological Studies 8. Groningen.

WENTINK, K., 2006: Ceci n'est pas une hache. Neolithic depositions in the northern Netherlands. Leiden.

WIERSMA, J. J., & RAEMAEKERS, D. C. M., 2011: Over de plaats van leven en dood in het neolithicum. Een landschapsbenadering van de trechterbekercultuur in Drenthe. In: M. J. L. T. Niekus (ed.), Gevormd en omgevormd landschap. Van prehistorie tot Middeleeuwen, 32-43. Assen.

ZIMMERMANN, W. H., 1980: Ein trichterbecherzeitlicher Hausgrundriss von Flögeln-Im Örtjen, Kr. Cuxhaven. In: T. Krüger & H.-G. Stephan (eds.), Beiträge zur Archäologie Nordwestdeutschlands und Mitteleuropas. Festschrift für K. Raddatz. Materialhefte zur Ur- und Frühgeschichte Niedersachsens 16, 479-489. Hildesheim.

ZIMMERMANN, W. H., 2000: Die trichterbecherzeitlichen Häuser von Flögeln-Eekhöltjen im nördlichen Elbe-

Weser-Gebiet. In: R. Kelm (ed.), Vom Pfostenloch zum Steinzeithaus. Archäologische Forschung und Rekonstruktion jungsteinzeitlicher Haus- und Siedlungsbefunde im nordwestlichen Mitteleuropa. Albersdorfer Forschungen zur Archäologie und Umweltgeschichte [1], 111-115. Heide.

ZIMMERMANN, W. H., 2008: Phosphate mapping of a Funnel Beaker Culture house from Flögeln-Eekhöltjen, district of Cuxhaven, Lower Saxony. In: H. Fokkens, B. J. Coles, A. L. van Gijn, J. P. Kleijne, H. H. Ponjee & C. G. Slappendel (eds.), Between foraging and farming. An extended broad spectrum of papers presented to Leendert Louwe Kooijmans. Analecta Praehistorica Leidensia 40, 123-129. Leiden.

Aktuelle Forschungen zur Besiedlung Nordwestdeutschlands während der Zeit der Trichterbecherkultur

Current research on the settlement of northwestern Germany at the time of the Funnel Beaker Culture

Hauke Jöns

Inhalt: In den vergangenen Jahren hat die Erforschung der trichterbecherzeitlichen Besiedlung Nordwestdeutschlands vor allem in Folge der Einrichtung des Schwerpunktprogramms „Frühe Monumentalität und soziale Differenzierung" durch die Deutsche Forschungsgemeinschaft zahlreiche neue Impulse erhalten. Aktuelle Sondagen und Ausgrabungen haben zur Entdeckung und partiellen Freilegung mehrerer neolitischer Siedlungen geführt, deren weitere Analyse voraussichtlich zur Gewinnung neuer Erkenntnisse u. a. zur kulturellen Genese der Westgruppe der Trichterbecherkultur sowie zu deren Hausbau und gesellschaftlichen Organisation führen wird. Darüber hinaus haben palynologische Untersuchungen zeigen können, dass in Nordwestdeutschland genauso wie in den angrenzenden Siedlungsgebieten der Trichterbecherkultur bereits ab der Mitte des 4. Jahrtausends v. Chr. mit Veränderungen der Vegetation gerechnet werden muss, die als Folgen der neolithischen Wirtschaftsweise interpretiert werden können.

Schlüsselwörter: Nordwestdeutschland, Neolithikum, Trichterbecherkultur, Siedlung, Hausbau, Gesellschaftliche Ordnung, Wirtschaftsweise, Vegetation.

Abstract: Recent research on the settlement of northwestern Germany at the time of the Funnel Beaker Culture was given new impetus when the German Research Foundation's Special Research Programme 'Early Monumentality and Social Differentiation' was set up. Ongoing sondages and excavations have discovered and partially exposed several Neolithic settlements. Their further analysis is expected to yield new information, for example on the cultural genesis of the Western Group of the Funnel Beaker Culture, house construction and social system. Moreover, palynological investigations have been able to show that in northwestern Germany as well as in neighbouring settlement areas of the Funnel Beaker Culture changes occurred in the vegetation from the middle of the 4th millennium BC already, which can be interpreted as the result of the Neolithic economic system.

Key words: Northwestern Germany, Neolithic, Funnel Beaker Culture, Settlement, House construction, Social system, Economic system, Vegetation.

Prof. Dr. Hauke Jöns, Niedersächsisches Institut für historische Küstenforschung, Viktoriastr. 26/28, 26382 Wilhelmshaven – E-mail: joens@nihk.de

Inhalt

1 Forschungsstand 132
2 Das Schwerpunktprogramm „Monumentalität" der Deutschen Forschungsgemeinschaft . . 133
3 Neue Projekte in Nordwestdeutschland 133
   3.1 Forschungsziele 133
   3.2 Landschafts- und Vegetationsentwicklung . . 134
   3.3 Forschungen an Großsteingräbern 135
   3.4 Siedlungen und Hausbau 136
   3.5 Graben- und Erdwerke in der Westgruppe der Trichterbecherkultur? 137
4 Literatur 137

1 Forschungsstand

Die Kulturlandschaft des westlichen Europas wird in weiten Teilen von Megalithgräbern geprägt, die häufig in Gruppen angeordnet sind. Sie sind der verbleibende Rest von ursprünglich einmal mehr als 40.000 Großsteingräbern unterschiedlicher Konstruktion, die mehrheitlich in der Zeit zwischen 3500 und 3000 v. Chr. errichtet worden sind (zusammenfassend FURHOLT u. MÜLLER 2011, 18 Abb. 1). Vor allem ihre Architektur, aber auch die den Verstorbenen beigegebenen Ausrüstungen haben bereits im Mittelalter zu Spekulationen über die Entstehung der Großsteingräber geführt und verstärkt seit dem 19. Jahrhundert das Interesse von Forschern geweckt (BENGEN 2000).

Der Transport und die Integration der häufig mehrere Tonnen schweren Felsblöcke in die Monumente wurde damals – und wird noch heute – als große logistische Herausforderung begriffen, der in vorindustrieller Zeit nur mit einer gewaltigen gemeinschaftliche Anstrengung begegnet werden konnte (MÜLLER 1990). Seit dem Ende des 2. Weltkriegs gelten die Megalithgräber deshalb auch als Indikatoren radikaler gesellschaftlicher Veränderungen, die in Folge des Wechsels der ökonomischen Basis von der aneignenden zur produzierenden Wirtschaftsweise entstanden und mit der Etablierung neuer Kommunikationssysteme und ritueller Vorstellungen verbunden waren (zusammenfassend MÜLLER 2011).

Die sukzessive Einführung von Haustierhaltung und Ackerbau führte außerdem zu Veränderungen der Vegetation und damit der Landschaft (BEHRE 2008, 238 ff.; KALIS u. MEURERS-BALKE 1998). Hatten zunächst Viehhaltung und der Anbau von Getreide auf kleinen Feldern nur geringe Auswirkungen auf den Bestand der Wälder, änderte sich dies, als man damit begann, den Wald für die Gewinnung von Ackerflächen abzuholzen und zurückzudrängen.

Im nördlichen Mitteleuropa ist die Neolithisierung genauso wie der Bau der Großsteingräber unmittelbar mit der Trichterbecherkultur (TBK) verbunden, deren Lebensraum sich im Zeitraum zwischen 4100 und 2800 v. Chr. von den nördlichen Niederlanden bis nach Dänemark und Südschweden im Norden erstreckte und im Osten auch das nördliche Polen und Teile der westlichen Ukraine umfasste (MIDGLEY 1992; MÜLLER u. a. 2012, 30 Abb. 1). Auch wenn die Großsteingräber bei der Diskussion um die Bestattungssitten der TBK in der Forschungsliteratur eine besondere Stellung innehaben, so ist doch festzustellen, dass die Gemeinschaften dieser Kultur während der gesamten Dauer ihrer Existenz auch Körpergräber in Form von Flachgräbern sowie vereinzelt Brandgräber angelegt haben (WOLL 2003; KOSSIAN 2005); diese Grabformen sind jedoch nur in sehr viel geringerem Umfang erforscht als die Megalithgräber, mit deren Errichtung mehrheitlich erst am Ende des Frühneolithikums bzw. während des Mittelneolithikums begonnen wurde (FURHOLT u. MÜLLER 2011, 20 Abb. 2).

Ebenfalls in der Zeit zwischen dem Beginn der 2. Hälfte und dem Ende des 4. Jahrtausends v. Chr. kam es in großen Teilen des Siedlungsgebiets der Trichterbecherkultur zur Errichtung von Plätzen, die durch Wälle und Gräben eingefasst waren (KLATT 2009). Ca. 100 dieser meist als Erd- oder Grabenwerke bezeichneten Anlagen sind zum überwiegenden Teil in den vergangenen drei Jahrzehnten vor allem durch die Auswertung von Luftbildern entdeckt und dann mit Hilfe geophysikalischer Methoden prospektiert worden. Wiederholt wurden bei Grabungen in diesen Anlagen Deponierungen von Opfergaben entdeckt, die zu der Annahme geführt haben, dass die Einhegungen nicht primär als Befestigungen zu werten, sondern vielmehr als Begrenzung von Kultplätzen zu interpretieren sind. Es wird deshalb allgemein angenommen, dass die Erdwerke zentralörtliche Funktionen besaßen (zusammenfassend MÜLLER 2011, 22 ff.).

Über das Siedlungswesen der Trichterbecherkultur ist hingegen noch relativ wenig bekannt, auch wenn bereits ca. 200 Hausgrundrisse dieser Kultur – vor allem im südlichen Skandinavien – nachgewiesen werden konnten. Sie erlauben erste Aussagen über die strukturelle Gliederung der Siedlungen und die Konstruktionsformen der Gebäude in der Nordgruppe der Trichterbecherkultur (MÜLLER 2011, 50 ff.). In den außerhalb Skandinaviens gelegenen Siedlungsräumen der Trichterbecherkultur ist es hingegen bislang nur an wenigen Fundplätzen gelungen, gut erhaltene Spuren und Überreste unbefestigter Siedlungen zu entdecken und Gebäudegrundrisse zu identifizieren. Es verwundert daher nicht, dass auch das strukturelle Verhältnis von Erdwerken, Großsteingräbern und bäuerlichen Siedlungen in diesen Räumen noch immer als weitgehend ungeklärt betrachtet werden muss.

Es kann somit festgestellt werden, dass trotz der in großer Zahl vorhandenen Hinterlassenschaften der Trichterbecherkultur erstaunlich wenig über ihre außerhalb Skandinaviens siedelnden Gesellschaften bekannt ist, die in dieser Zeit des Umbruchs gelebt und die in der archäologischen Überlieferung deutlich fassbaren, gewaltigen gesellschaftlichen Veränderungen getragen haben.

2 Das Schwerpunktprogramm „Monumentalität" der Deutschen Forschungsgemeinschaft

Damit ist der Forschungsstand kurz umrissen, der die Basis für die 2008 erfolgte Einrichtung eines Schwerpunktprogramms (SPP) zum Thema „Frühe Monumentalität und soziale Differenzierung. Zur Entstehung und Entwicklung neolithischer Großbauten und erster komplexer Gesellschaften im nördlichen Mitteleuropa" durch die Deutsche Forschungsgemeinschaft (DFG) bildete. Dieses Programm bietet seither die Möglichkeit, neue interdisziplinäre Untersuchungen zu den Lebensverhältnissen der Trichterbechergesellschaften des norddeutschen Raums durchzuführen (MÜLLER 2012).

Im Rahmen des Schwerpunkts kommt der Evaluierung der regionalen Siedlungsmuster eine zentrale Bedeutung zu, um die strukturellen Beziehungen zwischen unbefestigten Siedlungen, Grabenwerken, Deponierungen, nicht-megalithischen Gräbern und Großsteingräbern zu analysieren. Weitere Ziele sind die Untersuchung der Nahrungsmittelwirtschaft sowie der Austauschbeziehungen und deren Veränderungen im Bereich der unterschiedlichen regionalen Gruppen der Trichterbechergesellschaften, um die Produktions- und Distributionsmuster zu rekonstruieren. Nicht weniger anspruchsvolle Ziele stellen die Ergründung der gesellschaftlichen Verhältnisse und Strukturen – also der sozialen Differenzierung – innerhalb der Gesellschaften der Trichterbecherkultur und die Rekonstruktion der klimatischen und vegetationsgeschichtlichen Veränderungen dar, die die Lebensbedingungen der TBK geprägt haben. Um diese Ziele zu erreichen, ist die Anwendung eines interdisziplinären Methodenkanons Voraussetzung, der in den Kultur- und Sozialwissenschaften, aber auch in den Geo- und Biowissenschaften entwickelt wurde (zusammenfassend HINZ u. MÜLLER 2012).

3 Neue Projekte in Nordwestdeutschland

3.1 Forschungsziele

Auch die Erforschung der in Nordwestdeutschland angesiedelten Westgruppe der Trichterbecherkultur hat durch das Schwerpunktprogramm „Monumentalität und soziale Differenzierung" in den vergangenen drei Jahren zahlreiche neue Impulse bekommen (zuletzt KRAMER u. a. 2012). Aus dem Raum zwischen Elbe und Ems sind zahlreiche, meist in Gruppen gelegene Großsteingräber bekannt, die in unterschiedlichem Umfang archäologisch erforscht worden sind (zusammenfassend FANSA 2000).

Weiterführende Untersuchungen zur Landnutzung, zur Besiedlungsstruktur oder zur gesellschaftlichen Organisation hatten bislang meist nur punktuell und auf lokaler Ebene stattgefunden. Insbesondere über den Hausbau, aber auch über die Form und die innere Struktur der Siedlungen war bis zum Beginn des Schwerpunktprogramms nur sehr wenig bekannt, obwohl Konzentrationen von Feuersteinwerkzeugen und Keramikscherben vielerorts auf Wohnplätze der TBK hindeuteten.

Dieser unbefriedigende Forschungsstand ist vermutlich zum großen Teil den naturräumlichen Voraussetzungen geschuldet. Zum einen sind die Böden in den Geestgebieten häufig so stark durch Verbraunung und Podsolierung geprägt, dass die Verfüllung neolithischer Befunde heute weitgehend ausgeblichen und kaum noch zu identifizieren ist. Tatsächlich sind die wenigen bislang bekannt gewordenen Siedlungsbefunde mehr oder weniger zufällig unter Kolluvien oder Eschböden entdeckt worden. Zum anderen ist die neolitische Oberfläche in den heutigen Marschgebieten meist unter Kleilagen unterschiedlicher Mächtigkeit begraben, da sie in Folge des holozänen Anstiegs des Meeresspiegels der Nordsee im Rhythmus von Ebbe und Flut von Sedimenten überdeckt wurde (zusammenfassend STRAHL 2004).

Neolithische Siedlungen können somit sowohl auf der Geest als auch in den Marschgebieten kaum im Rahmen von systematischen archäologischen oder geophysikalischen Prospektionsarbeiten gefunden werden. Die besten Chancen zur Entdeckung neolithischer Siedlungsspuren bieten deshalb die systematische Beobachtung großflächiger und raumgreifender Bauarbeiten wie sie z. B. bei der Anlage neuer Gewerbe- oder Wohngebiete oder bei Maßnahmen zur Verbesserung der Verkehrs- oder Versorgungsinfrastruktur durchgeführt werden (z. B. MENNENGA u. a. im Druck).

Auf den ersten Blick scheinen zahlreiche Erkenntnisse über die Veränderungen der Vegetation und der Landschaft im Zeitraum des Übergangs vom Mesolithikum zum Neolithikum für den Raum zwischen Elbe und Ems gesichert, da in diesem Gebiet bereits seit langem zahlreiche palynologische Untersuchungen durchgeführt wurden (u. a. BEHRE u. KUČAN 1994). Bei genauerer Betrachtung wird hingegen deutlich, dass die festgestellten Pollenspektren häufig nur in geringem Umfang durch absolutchronologische Datierungen zeitlich fixiert werden konnten und daher Fragen nach den Auswirkungen der Einführung der neolithischen

Wirtschaftsweise und der Dynamik dieses Prozesses meist nicht in der erforderlichen Präzision beantwortet werden können.

Vor dem Hintergrund des dargestellten Forschungsstands verwundert es nicht, dass sich das innerhalb des oben genannten Schwerpunktprogramms von der DFG geförderte Projekt „Voraussetzungen, Struktur und Folgen von Siedlung und Landnutzung zur Zeit der Trichterbecher- und Einzelgrabkultur in Nordwestdeutschland" als ein Ziel gesetzt hat, vor allem mit Hilfe der Pollenanalyse die Entwicklungen von Klima, Vegetation und Landschaft während des 5. bis 2. Jahrtausends v. Chr. hochauflösend zu rekonstruieren. Dabei kommt der absolutchronologischen Datierung der markanten Veränderungen und der identifizierbaren anthropogenen Faktoren besondere Bedeutung zu (zuletzt KRAMER u. a. 2012).

Ein weiteres Ziel des Vorhabens ist es, die strukturellen Beziehungen zwischen unbefestigten Siedlungen, Megalithgräbern, nicht megalithischen Gräbern, Depotfunden und ggf. von Grabenwerken besser zu verstehen. Darüber hinaus gilt es, neue Erkenntnisse zum Hausbau, der Ökonomie und der Struktur neolithischer Siedlungen zu gewinnen (NÖSLER u. a. 2011).

Die Untersuchungen konzentrieren sich auf fünf Kleinregionen, in denen der bereits erreichte Forschungsstand so gut ist, dass hier die Voraussetzungen vorhanden sind, um im Rahmen des Vorhabens die formulierten Fragestellungen zu bearbeiten. Die Kleinregionen Flögeln und Wanna, beide Ldkr. Cuxhaven, befinden sich im Nahbereich der Nordseeküste, so dass das dortige Leben während des Neolithikums auch durch den Anstieg des Meeresspiegels beeinflusst gewesen sein dürfte (BEHRE 2005). Die Kleinregionen Hümmling im Emsland, Wildeshauser Geest und Lavenstedt, Ldkr. Rotenburg (Wümme), liegen hingegen im küstenfernen Hinterland. In allen Kleinregionen sind Konzentrationen von Großsteingräbern bekannt. Weiterhin sind jeweils auch Hinweise auf gut erhaltene neolithische Siedlungsreste und Moore vorhanden, in denen die Verfügbarkeit von stratifizierten Pollenarchiven zu erwarten ist.

Wichtige Erkenntnisse über die innere Organisation der Trichterbechergesellschaft in Nordwestdeutschland und die Intensität des kulturellen Austausches zwischen den verschiedenen Siedlungsgebieten der Trichterbecherkultur verspricht auch ein weiteres im Rahmen des SPP gefördertes Projekt. Bereits aus dem Titel des Vorhabens „Tradition, Technologie und Kommunikationsstrukturen des Töpferhandwerks der Trichterbecherkultur" geht hervor, dass hier das keramische Fundmaterial als kulturhistorische Informationsquelle verstanden wird, die nicht nur für die Datierung genutzt werden kann (NÖSLER u. a. 2012). Vielmehr wird von der detaillierten technologischen Analyse von Keramikfunden aus dem gesamten Siedlungsgebiet der Trichterbecherkultur erwartet, dass über die Rekonstruktion der Technologie des lokalen Töpferhandwerks in unterschiedlichen Siedlungsräumen Aussagen über die lokalen, regionalen und ggf. auch überregionalen kulturellen Verbindungen gewonnen werden können. Auf lokaler Ebene bietet der Einsatz naturwissenschaftlicher Methoden die Möglichkeit, Fragen nach dem Spezialisierungsgrad des Töpferhandwerks bzw. nach der wiederholt postulierten Produktion und Selektion von Keramikgefäßen für den Gebrauch im Siedlungskontext bzw. bei Grablegen zu untersuchen. Die im Rahmen des Projekts durchgeführten naturwissenschaftlichen Keramikanalysen können somit neue Erkenntnisse zur gesellschaftlichen Differenzierung und Organisation der Trichterbecherkultur erbringen (STRUCKMEYER im Druck).

Auch außerhalb des DFG-Schwerpunktprogramms „Monumentalität" sind in Nordwestdeutschland in den vergangenen Jahren Untersuchungen an neolithischen Fundplätzen aufgenommen bzw. durchgeführt worden. Dies erfolgte meist im Rahmen von Ausgrabungen, die aufgrund von Baumaßnahmen durchgeführt werden müssen (z. B. HUTHMANN u. ALPINO 2012).

Eher einen musealen Hintergrund haben hingegen aktuelle Forschungen in den Niederlanden, zu deren Zielen es gehört, neue Erkenntnisse zum Siedlungs- und Bestattungswesen der Trichterbecherkultur in den Provinzen Friesland, Groningen und Drenthe zu gewinnen (RAEMAEKERS 2013). Diese Untersuchungen sind Teil des von der Ems-Dollart-Region im Rahmen des Interreg-Programms geförderten Projekts „Land der Entdeckungen" (JÖNS u. a. 2013), das es sich zum Ziel gesetzt hat, die kulturgeschichtliche Entwicklung des friesischen Küstenraums für die breite Öffentlichkeit aufzubereiten und eine repräsentative Auswahl der Funde in mehreren Ausstellungen zu präsentieren (OSTFRIESISCHE LANDSCHAFT 2013).

Abschließend sei darauf hingewiesen, dass sich gegenwärtig zwei Dissertationsprojekte mit der Auswertung von Altgrabungen an einigen Großsteingräbern Ostfrieslands (MATERNA 2013) und mit GIS-Analysen der räumlichen Anordnung von Großsteingräbern im Emsland (MENNE 2012) beschäftigen.

3.2 Landschafts- und Vegetationsentwicklung

Die Rekonstruktion der vegetationsgeschichtlichen Entwicklung des Raums zwischen Elbe und Ems im

Zeitraum zwischen dem 5. und 3. Jahrtausend v. Chr. basierte in den vergangenen 20 Jahren vor allem auf Untersuchungen, die im Rahmen des Projekts „Siedlungskammer Flögeln" am Kleinstmoor „Swienskuhle" durchgeführt worden sind (BEHRE u. KUČAN 1994). Die hier dokumentierten Pollenspektren führten in Verbindung mit einer Sequenz von ¹⁴C-Datierungen zur Entwicklung eines Modells der lokalen Vegetationsentwicklung, nach dem es während der ersten Hälfte des 4. Jahrtausends v. Chr. nur zu moderaten Veränderungen der Vegetation gekommen ist. Daraus wurde geschlossen, dass die in dieser Phase praktizierte Laubfutterwirtschaft nur geringe Auswirkungen auf die Vegetation gehabt hat (zuletzt BEHRE 2008). Eine deutlich fassbare Öffnung der Landschaft durch Waldweide und die Anlage von Feldern für den Anbau von Kulturpflanzen im Sinne einer Landnahme wurde hingegen erst für das Ende des 4. Jahrtausends v. Chr. angenommen. Sollte sich dies bestätigen, wäre die Vegetation in den Altmoränen- und Sanderlandschaften Nordwestdeutschlands erst mehrere Jahrhunderte nach den nördlich der Elbe gelegenen Jungmoränengebieten von einer um 3500 v. Chr. festzustellenden markanten Öffnung der Landschaft betroffen gewesen (FEESER u. a. 2012; DÖRFLER u. a. 2012; KIRLEIS u. a. 2012).

Die Überprüfung der absolutchronologischen Stellung des Flögelner Profils durch neue AMS-¹⁴C-Datierungen und durch Vergleichsuntersuchungen an ungestörten, hochauflösenden Pollenprofilen des Küstenraums, aber auch von anderen Lokalitäten der nordwestdeutschen Altmoränenlandschaften ergibt sich somit als ein weiteres Ziel der aktuellen Forschungen (zusammenfassend KRAMER u. a. 2012).

Von besonderem Interesse sind in diesem Zusammenhang palynologische Untersuchungen, die im Bereich des Hümmlings, Ldkr. Emsland, an Pollenprofilen aus der Bockholter Dose und dem Holschkenfehn durchgeführt worden sind (KRAMER u. a. im Druck). Dabei konnte festgestellt werden, dass der Ulmenfall in der Zeit zwischen kal. 4200 und 4100 v. Chr. stattgefunden hat; aufgrund der geringen Verbreitung der Ulme in dem Gebiet ist dieses Ereignis aber nur schwer greifbar. Zeitgleich kam es zu einer leichten Öffnung der Vegetation. Ein im Holschkenfehn festgestellter leichter Anstieg des Adlerfarns kann als Hinweis gedeutet werden, dass Viehwirtschaft in Form von Waldweide und Laubfutterwirtschaft stattgefunden hat. Ein gesicherter Nachweis für eine neolitische Wirtschaftsweise bleibt jedoch aus.

Eine nachhaltige Veränderung in der Artenzusammensetzung des Waldes ist dann um die Mitte des 4. Jahrtausends v. Chr. festzustellen. Im Profil des Holschkenfehns treten zwischen kal. 3500 und 2600 v. Chr. verstärkt Siedlungszeiger auf; zeitgleich ist ein Rückgang des Baumpollens festzustellen, so dass von einer deutlichen Öffnung des Waldes ausgegangen werden kann. Diese Veränderungen der Vegetation lassen den Schluss zu, dass in unmittelbarer Nähe des Holschkenfehns eine neolithische Siedlung bestanden hat.

3.3 Forschungen an Großsteingräbern

Auch wenn im Rahmen der o. g. Projekte in Nordwestdeutschland keine Grabungen an Großsteingräbern durchgeführt worden sind, konnten doch zumindest für die nordseenahen Untersuchungsräume neue Erkenntnisse zur Konstruktion der Megalithgräber in den Gemarkungen Wanna und Flögeln im Ldkr. Cuxhaven gewonnen werden. Einige der dort im Häveschenberger Moor und Ahlenmoor gelegenen Großsteingräber weisen in ihrer Konstruktion die Besonderheit auf, dass sie keine Überhügelung zeigen und somit als offene Felsmonumente genutzt worden sein müssen. Diese Besonderheit wurde erst erkennbar, nachdem sich die Oberfläche der Hochmoore infolge der Entwässerung im Zuge des Torfabbaus und der Moorkultivierung gesenkt hatte und die Großsteingräber wieder sichtbar und zugänglich wurden (zusammenfassend BEHRE 2005).

Da während der Errichtungs- und Nutzungszeit der Gräber eine Transgression der Nordsee zu einem Anstieg des Grundwasserspiegels führte und sich außerdem die Niederschläge in den küstennahen Geestgebieten erhöhten, kam es zunächst zur Ausbildung großflächiger Niedermoore und schließlich zur Entstehung von Hochmooren, so dass die bis dahin dominierenden Eichenmischwälder zurückgedrängt wurden (BEHRE 2008). Vor diesem Hintergrund wurde lange Zeit in der Forschung angenommen, dass es im Zuge der Vermoorung zur Reduktion der potentiellen Siedlungs- und Wirtschaftsflächen gekommen sein muss und dabei auch die Standorte von Siedlungen und Gräberfeldern von Moor überwachsen worden sein könnten. Wäre dies zutreffend, könnte der Grund für die fehlende Überhügelung der Großsteingräber somit eher in der sich ändernden Umwelt und dem verstärkten Moorwachstum zu sehen sein als in einer ungewöhnlichen Grabarchitektur.

Im Rahmen des Projekts „Siedlung und Landnutzung zur Zeit der Trichterbecher- und Einzelgrabkultur" wurden deshalb palynologische und moorstratigraphische Untersuchungen an insgesamt acht ursprünglich vom Moor überwachsenen Großsteingräbern bei Wanna durchgeführt. Diese Untersuchungen hatten das Ziel zu klären, in welchem zeitlichen Verhältnis der Beginn des Moorwachstums zum Bau und zur Nutzung der Großsteingräber stand. Dabei konnten immerhin noch bei fünf Anlagen intakte Torfschichten oberhalb des pleistozänen Untergrunds geborgen werden. Die im Durchschnitt 1 m mächtigen Torfprofile zeigen eine Stratigraphie, die darauf schließen lässt, dass das Moor in Folge eines ungestörten Wachstums entstanden ist. Die palynologischen Analysen ergaben in Verbindung mit ^{14}C-Daten, dass die untersten Schichten erst während der späten Bronzezeit oder der Vorrömischen Eisenzeit gebildet wurden. Daraus folgt, dass das Leben der neolithischen Siedler vermutlich deutlich weniger von der Ausdehnung der Moore beeinflusst worden ist, als dies bislang angenommen wurde und dass die nicht erfolgte Überhügelung der Großsteingräber eher kulturell als umweltgeschichtlich zu deuten ist (Nösler u. a. 2011; Kramer u. a. 2012).

3.4 Siedlungen und Hausbau

Wie bereits ausgeführt, konnten in Nordwestdeutschland bislang nur wenige Spuren von Gebäuden entdeckt werden, die unzweifelhaft der Westgruppe der TBK zuzuordnen sind (Nösler u. a. 2011). Die große kulturhistorische Bedeutung der Gebäudereste von Flögeln-Eekhöltjen, Ldkr. Cuxhaven, und der konstruktiv weitgehend vergleichbaren Gebäudereste aus Osterholz-Pennigbüttel, Ldkr. Osterholz, wird entsprechend in der Forschung allgemein hervorgehoben. Diese Gebäude besaßen einen rechteckigen bis trapezförmigen Grundriss, waren zweischiffig konstruiert und wiesen zumindest in einzelnen Fällen die Innenräume unterteilende Wände auf. Diese Konstruktion wird allgemein als typische Hausform der TBK-Westgruppe angesehen (zuletzt Raemaekers 2013).

Die ebenfalls im nordwestdeutschen Raum entdeckten jungsteinzeitlichen Gebäudegrundrisse von Wittenwater, Engter und Rullstorf (Kramer u. a. 2012, 321 Fig. 2), weichen hingegen konstruktiv deutlich von den Gebäuden aus Flögeln und Pennigbüttel ab, so dass die vollständige Vorlage des Fundmaterials dieser Fundplätze ein Desiderat bleibt. Erst wenn ihm Rechnung getragen worden ist, kann fundiert diskutiert werden, wie die unterschiedlichen Bauweisen kulturhistorisch zu interpretieren sind.

Vor dem Hintergrund dieses Forschungsstands verwundert es daher nicht, dass es ebenfalls zu den vorrangigen Zielen der aktuellen Forschungsprojekte zur TBK-Westgruppe gehört, neue Erkenntnisse zum Hausbau und zur inneren Struktur jungsteinzeitlicher Siedlungen zu gewinnen (Nösler u. a. 2011; Kramer u. a. 2012; Jöns u. a. 2013). Besonders erfolgversprechend sind Untersuchungen, die seit 2010 in Lavenstedt, Ldkr.

Rotenburg (Wümme), durchgeführt werden. Dort wurde eine Siedlung der Trichterbecherkultur entdeckt, die eine Ausdehnung von ca. 2 ha besaß und auf einem markant aus der umgebenden feuchten Niederung herausgehobenen, sandigen Geestsporn lag. Bodenkundliche Untersuchungen haben zeigen können, dass Rodungen, Beweidung und Trittbelastung im Bereich des Siedlungsplatzes und in dessen näherem Umfeld vermutlich bereits im Neolithikum schnell zu einem flächenhaften Abtrag der leicht erodierbaren Oberböden geführt hat.

Bei den Ausgrabungen hier gelang es, eine mit zahlreichen Artefakten durchsetzte Siedlungsschicht von bis zu 90 cm Mächtigkeit zu erfassen und insgesamt in einem Ausschnitt von ca. 500 m² Größe auszugraben. Dabei wurde ein umfangreiches Fundmaterial geborgen, das in erster Linie aus Feuersteinartefakten, Mahl- und Klopfsteinen sowie Keramikscherben besteht. Diese Funde belegen, dass die Siedlung in der Zeit zwischen 3350 und 2800 v. Chr. bestanden hat. Ihre räumlich-statistische Analyse wird es voraussichtlich ermöglichen, Aktivitätszonen innerhalb der Siedlung auszuweisen, so dass mit neuen Erkenntnissen zur inneren Struktur einer Siedlung der Trichterbecherkultur zu rechnen ist.

Zu den kulturhistorisch bedeutendsten Befunden aus Lavenstedt gehören ein Brunnen sowie die Pfostengruben eines zweischiffigen Gebäudes, dessen Konstruktion nur zum Teil Übereinstimmungen mit den TBK-Grundrissen von Flögeln und Pennigbüttel aufweist, dafür jedoch Parallelen zu TBK-Hausbefunden aus Schleswig-Holstein und Südskandinavien (freundliche Mitteilung von M. Mennenga, Wilhelmshaven).

Für die Siedlungsforschung der TBK-Westgruppe nicht minder interessant ist ein bislang nur durch wenige Gruben repräsentierter Siedlungsplatz, der in der Gemarkung Sievern, Ldkr. Cuxhaven, entdeckt wurde (Nösler u. a. 2011). Bei den bislang durchgeführten Sondagen konnten u. a. zwei Flintbeile, Querschneider und Bohrer sowie vereinzelte Keramikscherben geborgen werden. Die Analyse erster ^{14}C-Proben hat ergeben, dass die Siedlung bereits in der Zeit um kal. 3900 v. Chr. existiert hat und somit für die kulturelle Genese der Trichterbecherkultur in Nordwestdeutschland von großer Bedeutung ist. Insbesondere für die Frage einer möglichen Beeinflussung durch die frühe Trichterbecherkultur der Nordgruppe bzw. die Hazendonk-Phase der niederländischen Swifterband-Kultur (Jöns u. a 2013, 124; Raemaekers 2013) können vermutlich durch die geplante detaillierte Auswertung der Funde aus Sievern neue Informationen gewonnen werden.

3.5 Graben- und Erdwerke in der Westgruppe der Trichterbecherkultur?

Wie bereits oben beschrieben, sind bislang keine Graben- oder Erdwerke im Siedlungsgebiet der Westgruppe der Trichterbecherkultur entdeckt worden (zusammenfassend KLATT 2009, 50). Es ist deshalb ein Ziel der laufenden Untersuchungen zu überprüfen, ob diese Beobachtung die historische Realität widerspiegelt, dem Forschungsstand geschuldet ist oder ob einfach noch nicht die richtigen Methoden eingesetzt worden sind, um solche Anlagen in den Altmoränen- und Sanderlandschaften des nordwestdeutsch-niederländischen Küstenraums zu entdecken.

Ausgehend von einem luftbildarchäologischen Befund und einem geomagnetischen Messbild, in denen sich bei Werlte, Ldkr. Emsland, und Holzhausen, Ldkr. Vechta, grabenartige Strukturen ähnlich Befunden aus Schleswig-Holstein und Dänemark (vgl. FRITSCH u. a. 2010) andeuteten, wurden hier archäologische Sondagen in Verbindung mit bodenkundlichen und geologischen Untersuchungen durchgeführt (NÖSLER u. a. 2011; MENNENGA u. a. im Druck). In beiden Fällen konnte dabei erkannt werden, dass die Strukturen geologisch bedingt bzw. Folge rezenter Bodenausgleichsmaßnahmen waren und somit kein Zusammenhang mit einer jungsteinzeitlichen Besiedlung besteht. Es bleibt somit zumindest vorerst dabei, dass es im Siedlungsgebiet der TBK-Westgruppe wohl tatsächlich keine Graben- und Erdwerke gegeben hat.

4 Literatur

BEHRE, K.-E., 2005: Die Einengung des neolithischen Siedlungsraumes in Nordwestdeutschland durch klimabedingte Faktoren – Meeresspiegelanstieg und großflächige Ausbreitung von Mooren. In: D. Gronenborn (Hrsg.), Klimaveränderung und Kulturwandel in neolithischen Gesellschaften Mitteleuropas, 6700-2200 v. Chr. RGZM-Tagungen 1, 209-220. Mainz.

BEHRE, K.-E., 2008: Landschaftsgeschichte Norddeutschlands. Umwelt und Siedlung von der Steinzeit bis zur Gegenwart. Neumünster.

BEHRE, K.-E., u. KUČAN, D., 1994: Die Geschichte der Kulturlandschaft und des Ackerbaus in der Siedlungskammer Flögeln, Niedersachsen, seit der Jungsteinzeit. Probleme der Küstenforschung im südlichen Nordseegebiet 21. Oldenburg.

BENGEN, E., 2000: O Wunner, o Wunner. Wat ligg hier woll unner? Großsteingräber zwischen Weser und Ems im Volksglauben. Archäologische Mitteilungen aus Nordwestdeutschland, Beiheft 31. Oldenburg.

DÖRFLER, W., FEESER, I., BOGAARD, C. VAN DEN, DREIBRODT, S., ERLENKEUSER, H., KLEINMANN, A., MERKT, J., u. WIETHOLD, J., 2012: A high-quality annually laminated sequence from Lake Belau, Northern Germany. Revised chronology and its implications for palynological and tephrochronological studies. The Holocene 22, 1413-1426.

FANSA, M., 2000: Großsteingräber zwischen Weser und Ems. Archäologische Mitteilungen aus Nordwestdeutschland, Beiheft 33. Oldenburg.

FEESER, I., DÖRFLER, W., AVERDIECK, F.-R., u. WIETHOLD, J., 2012: New insight into regional and local land use and vegetation patterns in eastern Schleswig-Holstein during the Neolithic. In: M. Hinz u. J. Müller (Hrsg.), Siedlung, Grabenwerk, Großsteingrab. Studien zu Gesellschaft, Wirtschaft und Umwelt der Trichterbechergruppen im nördlichen Mitteleuropa. Frühe Monumentalität und soziale Differenzierung 2, 159-190. Bonn.

FRITSCH, B., LINDEMANN, M., MÜLLER, J., u. RINNE, C., 2010: Entstehung, Funktion und Landschaftsbezug von Großsteingräbern, Erdwerken und Siedlungen der Trichterbecherkultur in der Region Haldesleben-Hundisburg. Vorarbeiten und erste Ergebnisse. Archäologie in Sachsen-Anhalt, Sonderband 13. Halle.

FURHOLT, M., u. MÜLLER, J., 2011: The earliest monuments in Europe – Architecture and social structures (5000-3000 cal BC). In: M. Furholt, F. Lüth u. J. Müller (Hrsg.), Megaliths and identities. Early monuments and Neolithic societies from the Atlantic to the Baltic. Frühe Monumentalität und soziale Differenzierung 1, 15-32. Bonn.

HINZ, M., u. MÜLLER, J. (Hrsg.), 2012: Siedlung, Grabenwerk, Großsteingrab. Studien zu Gesellschaft, Wirtschaft und Umwelt der Trichterbechergruppen im nördlichen Mitteleuropa. Frühe Monumentalität und soziale Differenzierung 2, 317-336. Bonn.

HUTHMANN, J., u. ALPINO, N., 2012: Bestattungen der Einzelgrabkultur. Berichte zur Denkmalpflege in Niedersachsen 2012:1, 15-16.

JÖNS, H., GROENENDIJK, H. A., RAEMAEKERS, D. C. M., KEGLER, J. F., MENNENGA, M., u. NÖSLER, D., 2013: Auf der Suche nach der Trichterbecherkultur = Op zoek naar de trechterbekercultuur. In: Ostfriesische Landschaft (Hrsg.), Land der Entdeckungen. Die Archäologie des friesischen Küstenraums = Land van ontdekkingen. De archeologie van het Friese kustgebied, 122-135. Aurich.

KALIS, A. J., u. MEURERS-BALKE, J., 1998: Die „Landnam"-Modelle von Iversen und Troels-Smith zur Neolithisierung des westlichen Ostseegebietes, ein Versuch ihrer Aktualisierung. Prähistorische Zeitschrift 73, 1-24.

KIRLEIS, W., KLOOSS, S., KROLL, H., u. MÜLLER, J., 2012: Crop growing and gathering in the northern German Neolithic. A review supplemented by new results. Vegetation History and Archaeobotany 21, 221-242.

KLATT, S., 2009: Die neolithischen Einhegungen im westlichen Ostseeraum. In: T. Terberger (Hrsg.), Neue Forschungen zum Neolithikum im Ostseeraum. Archäologie und Geschichte im Ostseeraum 5, 7-134. Rhaden/Westf.

KOSSIAN, R., 2005: Nichtmegalithische Grabanlagen der Trichterbecherkultur in Deutschland und den Niederlanden. Veröffentlichungen des Landesamtes für Denkmalpflege und Archäologie Sachsen-Anhalt – Landesmuseum für Vorgeschichte 58. Halle (Saale).

Kramer, A., Bittmann, F., u. Nösler, D., im Druck: New insights into vegetation dynamics and settlement activities in Hümmling, north-western Germany, with particular reference to the Neolithic. Vegetation History and Archaeobotany.

Kramer, A., Mennenga, M., Nösler, D., Jöns, H., u. Bittmann, F., 2012: Neolithic land use history in Northwestern Germany – First results from an interdisciplinary research project. In: M. Hinz u. J. Müller (Hrsg.), Siedlung, Grabenwerk, Großsteingrab. Studien zu Gesellschaft, Wirtschaft und Umwelt der Trichterbechergruppen im nördlichen Mitteleuropa. Frühe Monumentalität und soziale Differenzierung 2, 317-336. Bonn.

Materna, J., 2013: Zur Forschungsgeschichte der Großsteingräber von Tannenhausen bei Aurich und Leer-Westerhammrich. Siedlungs- und Küstenforschung im südlichen Nordseegebiet 36, 191-198.

Menne, J., 2012: Megalithgräber im Emsland. Der Hümmling im Fokus geographischer Informationssysteme. In: M. Hinz u. J. Müller (Hrsg.), Siedlung, Grabenwerk, Großsteingrab. Studien zu Gesellschaft, Wirtschaft und Umwelt der Trichterbechergruppen im nördlichen Mitteleuropa. Frühe Monumentalität und soziale Differenzierung 2, 337-346. Bonn.

Mennenga, M., Karle, M., Brandt, I., Kramer, A., u. Jöns, H., im Druck: Neolithisches Erdwerk oder Gelifluktionsloben? Geo-archäologische Forschungen an einem geomagnetischen Befund aus Holzhausen, Ldkr. Oldenburg. Journal of Neolithic Archaeology.

Midgley, M., 1992: TRB culture – The first farmers of the North European plain. Edinburgh.

Müller, J., 1990: Arbeitsleistung und gesellschaftliche Leistung bei Megalithgräbern. Das Fallbeispiel Orkney. Acta Praehistorica et Archaeologica 22, 9-35.

Müller, J., 2011: Megaliths and funnel beakers. Societies in change 4100-2700 BC. Kroon-voordracht 33. Amsterdam.

Müller, J., 2012: Vom Konzept zum Ergebnis... In: M. Hinz u. J. Müller (Hrsg.), Siedlung, Grabenwerk, Großsteingrab. Studien zu Gesellschaft, Wirtschaft und Umwelt der Trichterbechergruppen im nördlichen Mitteleuropa. Frühe Monumentalität und soziale Differenzierung 2, 15-25. Bonn.

Müller, J., Brozio, J. P., Demnick, D., Dibbern, H., Fritsch, B., Furholt, M., Hage, F., Hinz, M., Lorenz, L., Mischka, D., u. Rinne, C., 2012: Periodisierung der Trichterbecher-Gesellschaften. Ein Arbeitsentwurf. In: M. Hinz u. J. Müller (Hrsg.), Siedlung, Grabenwerk, Großsteingrab. Studien zu Gesellschaft, Wirtschaft und Umwelt der Trichterbechergruppen im nördlichen Mitteleuropa. Frühe Monumentalität und soziale Differenzierung 2, 29-33. Bonn.

Nösler, D., Kramer, A., Jöns, H., Gerken, K., u. Bittmann, F., 2011: Aktuelle Forschungen zur Besiedlung und Landnutzung zur Zeit der Trichterbecher- und Einzelgrabkultur in Nordwestdeutschland – ein Vorbericht zum DFG-SPP. Nachrichten aus Niedersachsens Urgeschichte 80, 23-45.

Nösler, D., Struckmeyer, K., u. Jöns, H., 2012: Neue Forschungen zur Tradition, Technologie und Kommunikationsstrukturen des Töpferhandwerks der Trichterbecherkultur. Erste Ergebnisse archäometrischer Untersuchungen. In: M. Hinz u. J. Müller (Hrsg.), Siedlung, Grabenwerk, Großsteingrab. Studien zu Gesellschaft, Wirtschaft und Umwelt der Trichterbechergruppen im nördlichen Mitteleuropa. Frühe Monumentalität und soziale Differenzierung 2, 463-471. Bonn.

Ostfriesische Landschaft (Hrsg.), 2013: Land der Entdeckungen. Die Archäologie des friesischen Küstenraums = Land van ontdekkingen. De archeologie van het Friese kustgebied. Aurich.

Raemaekers, D. C. M., 2013: Looking for a place to stay – Swifterbant and Funnel Beaker settlements in the northern Netherlands and Lower Saxony. Siedlungs- und Küstenforschung im südlichen Nordseegebiet 36, 111-129.

Strahl, E., 2004: Archäologie der Küste. Marsch, Watt, Ostfriesische Inseln. In: M. Fansa, F. Both u. H. Haßmann (Hrsg.), Archäologie – Land – Niedersachsen. 25 Jahre Denkmalschutzgesetz – 400000 Jahre Geschichte. Archäologische Mitteilungen aus Nordwestdeutschland, Beiheft 42, 495-510. Stuttgart.

Struckmeyer, K., im Druck: Archaeometric analysis of pottery technology in the Funnel Beaker Culture – A case study: Tannenhausen, East Frisia (Germany). Journal of Neolithic Archaeology.

Woll, B., 2003: Das Totenritual der frühen nordischen Trichterbecherkultur. Saarbrücker Beiträge zur Altertumskunde 76. Bonn.

Early medieval peatbog reclamation in the Groningen Westerkwartier (northern Netherlands)

Frühmittelalterliche Erschließung der Moore im Groninger Westerkwartier (nördliche Niederlande)

Henny Groenendijk and Peter Vos

With 9 Figures

Abstract: The onset of early medieval peat reclamation in the Lauwers region, near the Frisian-Groningen border, is thought to have begun in the Carolingian period. Two recently investigated sites in this region, Stroobos-Dorp and Gaarkeuken, inform us about a colonizing stage as early as the Merovingian period, and about the early medieval field system, well preserved thanks to the Lauwers depositions that sealed the farmland. The authors question the beginning of strip cultivation, suggesting that the colonists first concentrated their farms and fields on small sandy elevations near the Lauwers river, and that the long fields, widespread in the High and Late Middle Ages, developed subsequently when the inland peatbog was reclaimed. It is argued that subsistence farming just inland from the saltmarsh was anything but unproductive, and persisted even though the fields were periodically flooded as the Lauwers estuary expanded into a tidal basin.

Key words: Netherlands, Lauwers tidal basin, Westerkwartier, Stroobos-Dorp, Gaarkeuken, Early Middle Ages, Peat reclamation, Strip cultivation.

Inhalt: Die frühmittelalterliche Urbarmachung der Moore im Bereich der Lauwers auf der Grenze zwischen Friesland und Groningen wurde herkömmlich in die karolingische Zeit datiert. Zwei neu entdeckte Fundstellen in dieser Region, Stroobos-Dorp und Gaarkeuken, geben Aufschluss über eine frühere Kolonisierungsphase bereits während der Merowingerzeit sowie über das frühmittelalterliche Flursystem, da die Fundstellen von Ablagerungen der Lauwers überdeckt und daher gut konserviert sind. Der Beginn der Kultivierung nach dem Prinzip des Aufstreckrechts wird diskutiert unter der Annahme, dass die Pioniere ihre Bauernhöfe zunächst auf kleinen Sandanhöhen in direkter Nähe zur Lauwers konzentrierten und dass sich das Aufstrecksystem, das im hohen und späten Mittelalter weit verbreitet war, erst im Zuge der Binnenkolonisation der Moore entwickelte. Es wird die Auffassung vertreten, dass die Subsistenzwirtschaft im Hinterland der Marsch sehr produktiv war und dass man sich zu behaupten wusste, auch in Zeiten, als das Land während der Ausweitung des Lauwers-Ästuars in ein Gezeitenbecken periodisch überflutet wurde.

Schlüsselwörter: Niederlande, Lauwers-Ästuar, Westerkwartier, Stroobos-Dorp, Gaarkeuken, Frühes Mittelalter, Moorkultivierung, Aufstreckflur.

Prof. Dr. Henny Groenendijk, Provincie Groningen, Postbus 610, 9700 AP Groningen / Groninger Instituut voor Archeologie, Poststraat 6, 9712 ER Groningen, The Netherlands – E-mail: h.groenendijk@ provinciegroningen.nl / h.a.groenendijk@rug.nl

Drs. Peter Vos, Deltares, Postbus 177, 2600 MH Delft, The Netherlands – E-mail: peter.vos@ deltares.nl

Contents

1 Introduction 140

2 The Westerkwartier region 140

   2.1 Natural environment
and human colonization 140

   2.2 Occupation of the peat belt
fringing the Pleistocene interior 142

3 The key sites of Stroobos-Dorp
and Gaarkeuken 144

3.1 Dating Dorp: material culture 144

3.2 The field system of Dorp 146

3.3 The field system of Gaarkeuken 147

3.4 The layout of the settlements 151

4 The livelihood of a farming community 152

5 Final remarks 154

6 Acknowledgements 154

7 References 155

1 Introduction

Until the end of the 20th century, the research of medieval peatbog reclamation in the northern Netherlands and adjacent Ostfriesland depended on historical-geographical approaches with some support from archaeology and palaeobotany. Specific interest went to the period of the High and Late Middle Ages, when large-scale reclamations in the form of *strip cultivation* (UK), *Aufstrecken* (D), *opstrekken* (NL) – creating parallel strips of farmland from fixed bases, with fixed widths and indefinite lengths – encroached on the peatbogs that fringed the Pleistocene elevations. In fact, this subject has always been receptive to some form of interdisciplinary research, an attitude which intensified from the 1980s onwards, yet with very different results. This is demonstrated by the range of topics investigated by e.g. WASSERMANN (1985), LIGTENDAG (1995), GROENENDIJK & SCHWARZ (1991), HALBERTSMA (1963), DE LANGEN (1992), BESTEMAN (1990) and BORGER (2007) for the regions of Ostfriesland, Groningen, Friesland and Noord-Holland. In spite of this focus on large-scale reclamation, previous phases of colonization of the peatbog were far less recognisable, due to invisibility (e.g. obscured by later medieval parcellation or marine sedimentation) or disappearance (peat compaction and marine erosion). As for the Early Middle Ages, a lot of questions regarding the vested right of reclamation, the morphology of the plots and the farming system remained unanswered, particularly owing to lack of research into early medieval field systems.

Meanwhile, in Friesland this gap has been steadily filled in as the result of continued interest in the issue on the part of the Fryske Akademy, the Province of Fryslân (Friesland), the Groningen Institute of Archaeology and the Rijksdienst voor het Cultureel Erfgoed (MOL et al. 1990; DE LANGEN 1992 and 2011; KNOL 1993, BRINKKEMPER et al. 2009). It was shown that in Fryslân a colonization phase in the Late Pre-Roman Iron Age and the Roman period was followed by new peat reclamation initiatives in the Merovingian period.

Until recently, the earliest evidence of peat reclamation in the Province of Groningen dated from the Carolingian period and consisted of stray finds. But since 2000, new information has come from the Groningen Westerkwartier, where civil-engineering excavations uncovered two key sites documenting even earlier, Merovingian peatland exploitation: Stroobos-Dorp and Gaarkeuken (VOS & GROENENDIJK 2005; GROENENDIJK & VOS 2010; VOS et al. 2011). The present paper incorporates the most recent interpretation of these two sites. The transformation of the Lauwers streamlet into an estuary and a basin of the Wadden Sea plays a major role. Lauwers floodings resulted in the deposition of a thin layer of marine clay, preserving the medieval horizon underneath, and it is this circumstance that has enabled us to combine archaeological and geological approaches. The uncovered evidence sheds some light on the behaviour of the early medieval farmers in a setting of increasing marine influence in this part of Frisia.

2 The Westerkwartier region

2.1 Natural environment and human colonization

Currently the Lauwers river, a stream connecting the northern edge of the Fries-Drents Plateau and the Wadden Sea, with a length of about 25 km, forms part of the boundary between the modern provinces of Groningen and Fryslân. As one of the borders within the tripartite Frisia as it emerged after the Frankish conquests, this watercourse separated historical Frisia's Western Lauwers and Eastern Lauwers parts. By that

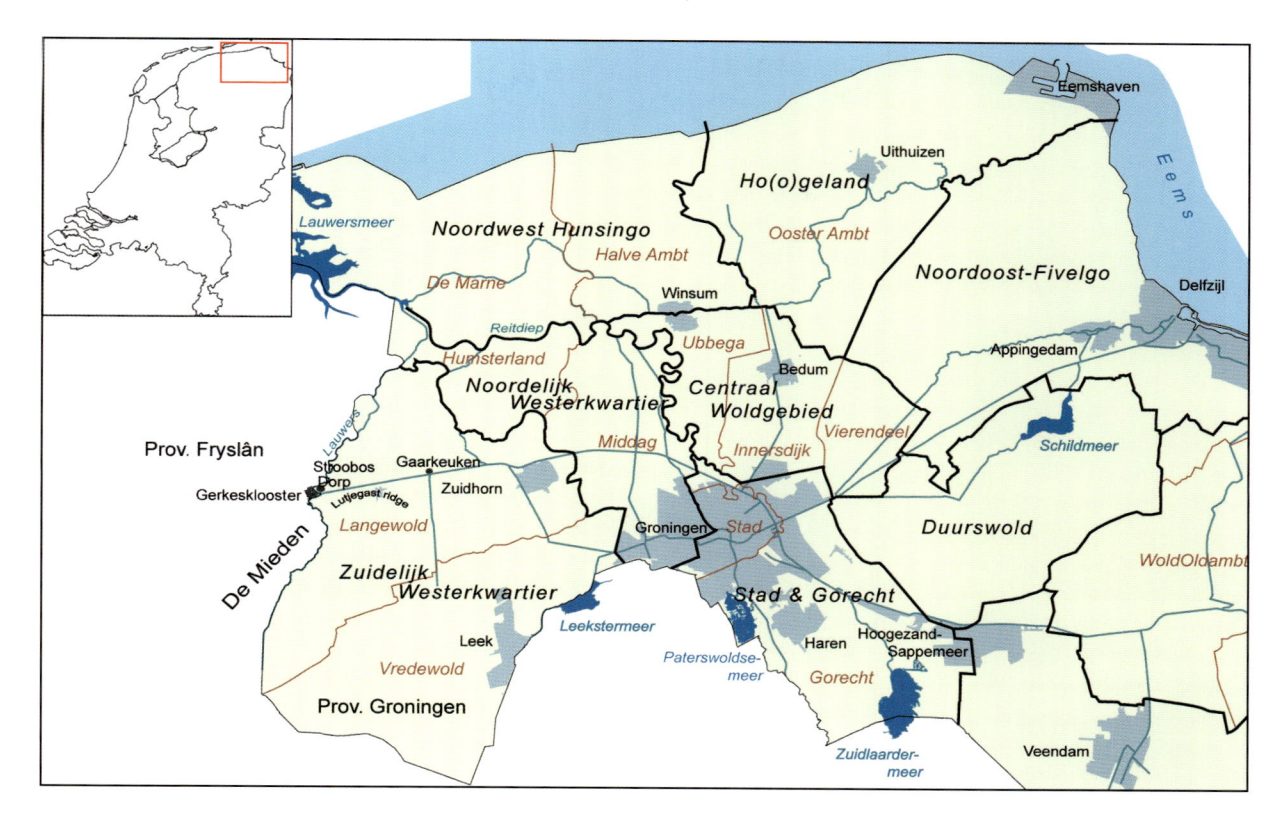

Fig. 1. Historical (text in red) and modern political nomenclature of the landscapes and sites in the western part of the province of Groningen as occurring in the text. – Insert: Location within the Netherlands (Drawing: I. J. van Dijck, Provincie Groningen).

time, the high saltmarsh bordering the lower reaches of the Lauwers river was intensively occupied, with the *pagi* Oostergo and Hunsingo to the west and east, respectively.

In the Lauwers catchment area, from source to intertidal flat, we come across different landscapes. The westernmost part of Hunsingo in early-modern times became a political unit belonging to the Groninger Ommelanden, by the name of Westerkwartier (Fig. 1). Bordered by the Lauwers in the west and the Reitdiep in the north, the Westerkwartier comprises a sandy part in the south and marshland in the north, the two parts marked by very different states of archaeological knowledge. The southern part, subdivided into the late medieval political units of Langewold and Vredewold, is dominated by low ridges consisting of Saalian boulder clay, boulder sand and coversand. These Pleistocene elevations had become peat-covered since the Atlantic-Subboreal transition. All of the ridges were colonised in the Middle Ages, carrying the characteristic linear settlements associated with peat reclamation in the form of strip farming.

The northern part of the Westerkwartier partly consists of an old saltmarsh belt which was dissected by the incipient Lauwers tidal inlet from the 7th century AD onwards. The formation of tidal channels eventually created the 'isles' of Middag and Humsterland – nowadays a listed national landscape. Middag and Humsterland are part of the old saltmarsh occupied as early as the Middle Pre-Roman Iron Age (Nieuwhof 2007). A large tidal channel called Reitdiep took an eastward course, shortcutting the systems of the Lauwers and the Hunze river. North of the Reitdiep lies the former saltmarsh known as De Marne, part of which is old saltmarsh occupied since the Early or Middle Pre-Roman Iron Age (Groenendijk & Vos 2002). But the greater part consists of a series of parallel marsh ridges silted up from the 6th century AD onwards, as the coastline between the estuaries of the Lauwers and the Hunze shifted northward. The earliest colonization of these ridges is archaeologically recorded in the 7th century AD (Knol 1993; Groenendijk 2006).

Further up the Lauwers river, the archaeological void is striking. In contrast to the abundant saltmarsh habitation in the Late Pre-Roman Iron Age and Roman period, no such sites have been recorded in the sandy part of the catchment area. Nevertheless, this zone must have served as an important hinterland for the nearby marshland dwellers, all the more since the distance from the saltmarsh to the Pleistocene elevations is relatively short here (see 2.2). In the Early Middle Ages all

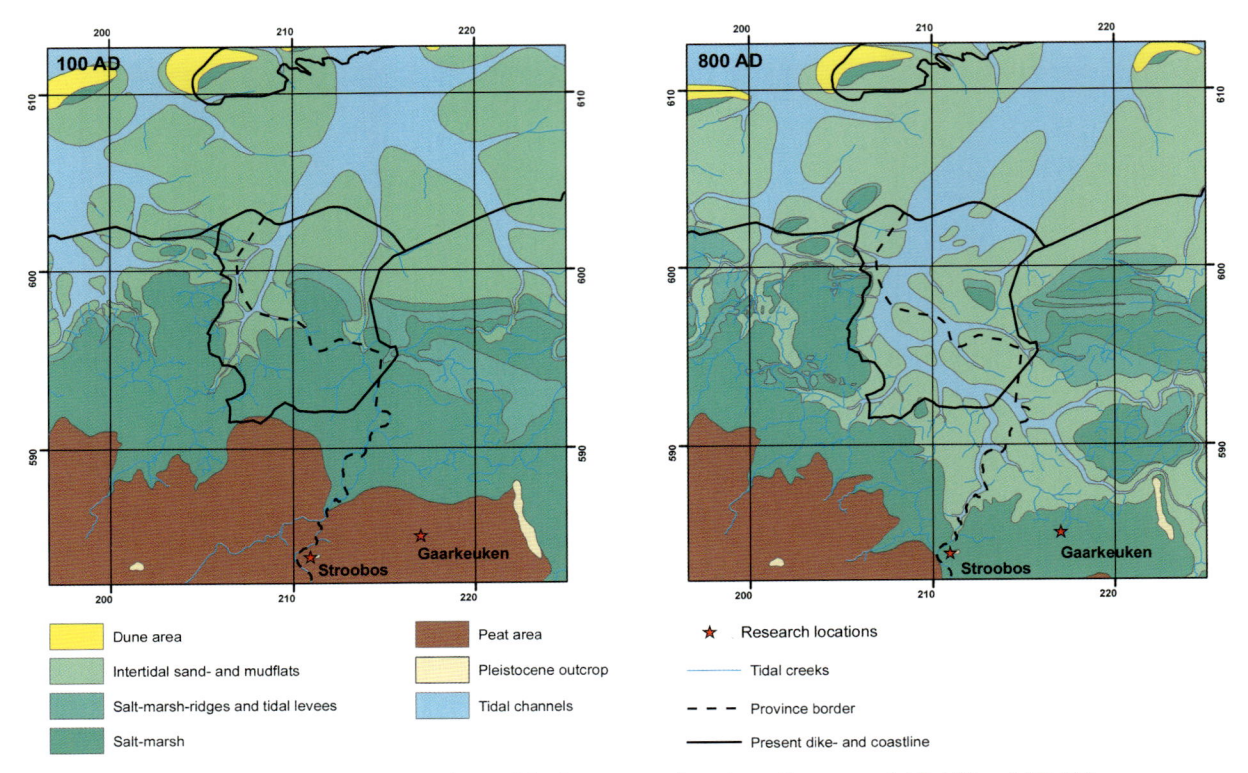

Fig. 2. Landscape reconstructions of the Lauwers region, time slices around AD 100 and AD 800 (adapted from Vos et al. 2011, 20, Abb. 2b).

glacial ridges, locally known as *gasten*, reaching from 1 to 6 m above Ordnance Level, were covered by peatbog. This paper deals especially with early medieval occupation in this peaty zone, where the *gasten* became submerged as the peat blanket increased in thickness. In this transitional zone, tidal influence took effect from the 7th century AD onwards.

2.2 Occupation of the peat belt fringing the Pleistocene interior

By the turn from antiquity to the Early Middle Ages, a vast peatbog extended behind the old saltmarsh belt (GRIEDE & ROELEVELD 1982). BEHRE (1999 and pers. comm.) reminds us of the enormous spread of bogs all along the Pleistocene elevations that backed the coast of Ostfriesland and the northern Netherlands. DE LANGEN (2011) emphasizes the existence at the beginning of the Christian era of a vast peat belt in Friesland between the marshland and the Pleistocene interior, with great potential for exploitation. By contrast, the Westerkwartier peat belt between saltmarsh and Pleistocene spurs is quite narrow (Fig. 2). This topography brings the saltmarsh in almost direct contact with the peat-covered Pleistocene elevations, which reduces the various landscape zones and their exploitation potential, compared to Western Lauwers Frisia. A similar zone reduction occurs further east, where the boulder-clay ridge of the Hondsrug near the city of Groningen touches the saltmarsh belt.

In the Westerkwartier, peatbogs had started as fenland in glacial valleys at about 3000 BC. This is supported by a dendrodate of 2254 ± 6 BC for a drowned oak tree at the fen base in the Grootegastermolenpolder, immediately south of the Lutjegast ridge (STICHTING RING 2005). We also have two radiocarbon dates for the peat base at Stroobos-Dorp: one of around 3275 BC in a depression at the foot of Bronsema's sand ridge, and one of around 2300 BC on the slope of the Lauwers valley, some 700 m further west (VOS & GROENENDIJK 2005, 47 f.). Presumably, different local drainage conditions explain this difference in age. On the regional scale, it may have been some time before the peat also covered the crests of the Westerkwartier sand ridges. BRINKKEMPER et al. (2009, 80) draw attention to the tree-pollen component in the early medieval peat horizon of the bordering Mieden area, which documents the survival of forest on a sandy substratum. Still, most of the present *gasten*, with the exception of the elevations in the southernmost part, must have been peat-covered by the Early Middle Ages.

Therefore the early settlement of the Westerkwartier Pleistocene implies the colonization of a peatbog landscape, be it with the sandy subsoil within reach. Approaching this peatbog from the saltmarsh, the colonizers would find a bog blanket, far less undulating than the present topography would suggest. From the Lauwers valley, the lateral influence of the stream would quickly decline. As a result of peat oxidation, the present topography shows a greater likeness to the situation in the Atlantic than to the early medieval landscape.

We agree with the Frisian scholars who studied the peat area west of the Lauwers and concluded that the reclamation of the bog started out from the edge of the saltmarsh, and subsequently from the natural watercourses draining the bog, which provided easy access. Drainage, effected by ditches at right or oblique angles to the watercourses, soon caused peat subsidence, which allowed accelerated expansion into the bog (MOL et al. 1990; DE LANGEN 1992 and 2011; BRINKKEMPER et al. 2009). Discussing the earliest reclamation in Achtkarspelen, an area immediately west of the provincial border, MOL et al. (1990, 19 ff.) explained how the original difference in elevation between the bog surface and the water level of the stream would have facilitated freshwater runoff, which offered the opportunity of creating fields on top of the peat. Regarding the riverine reclamations, it is unclear whether the pioneers took up residence close to the Lauwers river from the very beginning or whether settlement was preceded by a phase of seasonal exploitation. Neither is it known whether the pioneers started their cultivation by immediately digging drainage ditches, dividing the bog into long parallel strips, or whether settlement started in nuclei on elevations in the peat landscape. In Fryslân evidence is increasing for an early medieval origin of the parallel parcel structure, or at least for continuity in the dominant orientation from early medieval times onwards, as found at Sneek-Scharnegoutum, Sneek-Tinga and Sneek-Akkerwinde (DE LANGEN 2011, 83 f.).

The alleged continuity in the longitudinal layout of the fields from Merovingian through Carolingian up to high medieval times has prompted a quest for the roots of the vested right of land extension. But exposing the origins of this vested right, such a determining element in the linear villages of the High and Late Middle Ages, has proved extremely tough. WASSERMANN (1985 and 1995), who made a profound study of this phenomenon in the peatbog region of Ostfriesland, there traces the special right of expansion through stripwise reclamation known as *Aufstreckrecht* back to the 10th-11th century, when large-scale reclamation of the inland bogs took place. DE LANGEN (2011, 86) proposes a model of gradual development towards the regulated strip cultivation of the High and Late Middle Ages. But then what did the pioneer settlements look like? To shed more light on these early initiatives, we have to turn to archaeological evidence.

On the Ostfrisian *Geest*, i.e. the Pleistocene interior, depopulation or at least a substantial diminution of the population is noticeable between the Late Pre-Roman Iron Age and the 7th century AD. Then a reoccupation seems to have occurred from the *Geest* margins towards the central parts, and it is even conceivable that a residual population inhabited the edges of the *Geest* throughout the 5th and 6th centuries AD (summarizing: BÄRENFÄNGER 2002, 288 ff.). The neighbouring, isolated *Geest* district of Westerwolde lacks all traces of habitation between the Late Pre-Roman Iron Age and the 7th/8th century AD, as a result of what is thought to have been a total depopulation. Habitation of the edges was no option here, as Westerwolde was entirely surrounded by peatbog and lacked any direct access to the saltmarsh belt (GROENENDIJK 1997). As for the *gasten* of the Westerkwartier, the occupation already faded away after the Middle Bronze Age, not to reappear before the 7th century AD. For a long time, the only solid proof of early medieval habitation in the Westerkwartier was a cremation burial from the northern slope of the Marum ridge, radiocarbon-dated cal AD 656-772 (WATERBOLK 1958; GROENENDIJK & KNOL 2007). The Marum ridge lies 11 km south of the Lutjegast ridge.

Two other important sites worth mentioning, facing Stroobos on the opposite side of the Lauwers valley, are Gerkesklooster and Hoogstraten. Like Stroobos-Dorp, both sites are situated on the northernmost *gast* of the Westerkwartier (VOS et al. 2011, fig. 2).

The village of Gerkesklooster is named after a Cistercian monastery founded there in 1249, but its predecessor was called *Wigerathorp*, referring to an older family name. In 1960, due north of the village, the provincial archaeologist of Fryslân, G. Elzinga, recovered *Kugeltopf* sherds dating from the 9th and 10th centuries AD from a pit dug, very significantly, into the sandy subsoil. The fill of the pit partly contained peat and the feature was sealed by marine clay sediment (unpublished, Fries Museum Leeuwarden inventory FM 1960-V-9/13). The Gerkesklooster find context is very similar to the settlement pit at Stroobos-Dorp as uncovered in 2003 (see 3.1). Half a kilometre to the south, again close to the Lauwers river, *Kugeltopf* pottery was found in 1971 during the demolition of an old farmstead called Hoogstraten (the soil profile of which is not known to us). This pottery dates back to the 8th or 9th century AD (unpublished, Fries Museum Leeuwarden inventory FM 1971-IV-3/14). DE LANGEN (1992, fig. 64) and BRINKKEMPER et al. (2009, 98) when referring to the Carolingian occupation of Gerkesklooster, presume the presence of an unrecorded dwelling mound (*terp*), but overlook the fact that the colonists selected a peat-covered sand elevation for their settlement.

The similarity between the sites of Gerkesklooster, Hoogstraten and Stroobos-Dorp in our opinion is sufficient evidence to presume human habitation along the Lauwers valley in the transition zone between peat-covered Pleistocene and saltmarsh as early as the 7th or 8th century AD. In this area the valley widens, where the Lauwers joins up with the Oude Ried channel (detailed mapping in BRINKKEMPER et al. 2009, 73). Though geographically still restricted these few dots on the map represent the outset of peatbog colonization in the Lauwers area in Merovingian times. We want to emphasize that this colonization, which must have taken shape before our oldest radiocarbon dates, preceded the development of the Lauwers tidal system, as will be pointed out in the following paragraphs.

3 The key sites of Stroobos-Dorp and Gaarkeuken

The village of Stroobos, just on the Frisian-Groningen border, lies along the Van Starkenborghkanaal, a main shipping route between the lake IJsselmeer and the river Ems (Fig. 3). In 2003 the water department of the Province of Groningen set out to cut off a bend in this waterway between Stroobos and the hamlet of Dorp. At Dorp a medieval site had been discovered in the 1960s. The new canal bank would slice through the historical field system of Dorp. This is why in 2002 and 2003 archaeological and geological observations were made over a length of 800 m between Dorp and Stroobos. These are known as the Stroobos-Dorp investigations.

Gaarkeuken is a hamlet also situated on the Van Starkenborghkanaal, 6.5 km east of Stroobos. Here the Province of Groningen in 2001 established a soil depot by removing the clayey topsoil over an area of c. 20 ha. On a small coversand dune, traces of a Mesolithic encampment were recorded, but next the attention was drawn to the old peat surface, in which the former landowner had spotted clay-filled ditches. Archaeological and geological observations were made here in 2001, 2009 and 2010, which are referred to as the Gaarkeuken project.

Stroobos-Dorp and Gaarkeuken are complementary sites in the sense that Stroobos-Dorp yielded settlement features and environmental indicators at the interface of sand and saltmarsh, whereas Gaarkeuken reveals a field system in an extensive peat landscape, whose corresponding settlement could not be located. Both are inland sites as viewed from the early medieval coastline.

3.1 Dating Dorp: material culture

A lucky circumstance was the uncovering of an early medieval waste pit at the foot of Bronsema's sand outcrop in 2003, which yielded key evidence about the age of the settlement Dorp. At several other locations too, settlement indicators were encountered.

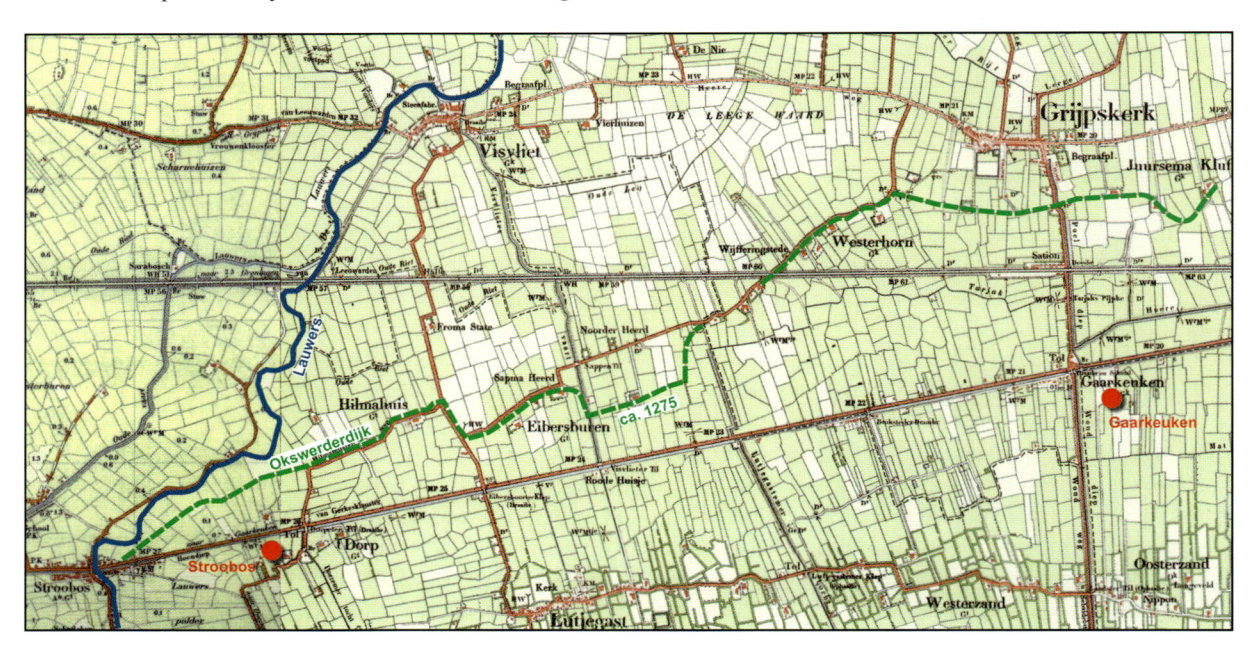

Fig. 3. The Stroobos-Dorp and Gaarkeuken area on the Chromotopografische Kaart des Rijks 1:25.000 (1902), sheets 77 and 78 (Graphics: H. Jansen, Provincie Groningen).

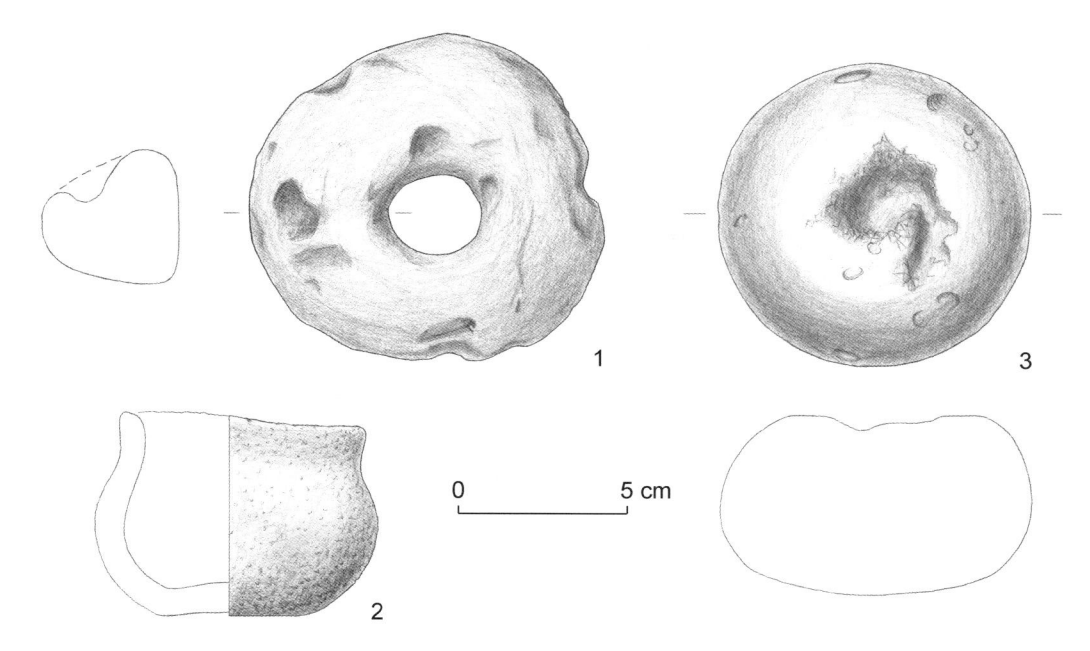

Fig. 4. Stroobos-Dorp. Settlement finds from the Bronsema sand quarry.
1 Annular loomweight, soft fabric and roughly shaped, probably made of boulder clay –
2 Miniature, hand-shaped *Kugeltopf* with flat bottom, hard fabric, tempered with sand and grog –
3 Blackish glass 'linen smoother', c. 975 gr. – Private collection
(Drawing: S. E. Boersma, Groningen Institute of Archaeology, Rijksuniversiteit Groningen).

Three provenance groups can be distinguished:
a) stray finds from the private Bronsema sand quarry, exploited over a long time until the 1960s, when the outcrop was levelled. The finds were collected both by the landowners and by amateur archaeologist H. de Haan, who once brought 'a bucketful of potsherds' to the Fries Museum in Leeuwarden (pers. comm. Mr H. Bronsema). However, the only material to be retained is in the private collection of Mr Bronsema, which includes a complete miniature *Kugeltopf*, a *Kugeltopf* rim sherd, loomweights of a conical and an annular shape, a spindle whorl and a glass 'linen smoother' (Fig. 4). All finds are interpreted as settlement material. The ceramic body and the firing temperature of the *Kugeltopf* finds date them to the High, perhaps Late Middle Ages. Annular loomweights already occur in early medieval contexts, whereas 'linen smoothers' are long-lived but occur only from the 9th century onwards. These smoothers are, intriguingly, connected with linen or wool manufacturing and finishing, and are believed to play a role in the production of marketable goods (BARTELS 2009);
b) finds occurring in the 2002 test pit, comprising a late medieval *Kugeltopf* rim, a tiny sherd of glazed redware and bricks of late medieval/early modern manufacture (for the context of these finds, see 3.2);
c) finds occurring in the 2003 trench, comprising the contents of the waste pit immediately east of Bronsema's sand outcrop (see 3.2) and one early or high medieval *Kugeltopf* sherd with a stamped decoration, from a clay-filled ditch.

The lower fill of the waste pit consisted of clods of peat and humic sand, while along the steep sides, clods of podsolized sand had dropped into the pit. Among the settlement waste were encountered 14 fragments of bone of cow, pig, sheep and sheep/goat (one piece burnt); a sheep/goat mandible yielded a ^{14}C age of 1233 ± 40 BP / cal AD 650-761 (as calculated from measured abundance, normalized to δ^{13}C = -25 p; UtC 12613). Furthermore the pit contained a dump of shells of full-marine mussels, apparently kitchen waste, with a ^{14}C age of 1651 ± 32 BP / cal AD 707-769 (for the marine environment with 402 years reservoir age; UtC 12614). Pottery from the same context comprised two body sherds of organically tempered fabric (probably *terpen* ware) and 25 *Kugeltopf* sherds, tempered with stone grit and diagnostically less useful (apparently dating to the High or Late Middle Ages). Finally, five fragments of stone can also be considered settlement waste.

Though no clay sedimentation was observed in the lower part of the waste pit, the depression must have been flooded occasionally or periodically with salt or brackish water, as evidenced by diatoms like *Diploneis interrupta*, *Navicula cincta* and *Paralia sulcata*. Direct contact with the marine zone is also suggested by pollen of *Hippophae rhamnoides* (sea buckthorn, a poor pollen distributor). Here, a sandy environment and a saltmarsh environment existed in conjunction (Vos & Groenendijk 2005, sample SO2, Figs. 6, 7 and 10, appendices 6d and 7d).

Finally, it is remarkable that at Stroobos-Dorp the pottery indicates a younger age than do the radiocarbon dates. The pottery manufacture and style of Stroobos-Dorp suggests a Carolingian age, whereas the dating of the settlement waste (UtC 12613 and 12614) points to a Merovingian start. We should consider the environmental parallel with Gerkesklooster, where the oldest recovered pottery can be attributed to the Carolingian period, though this settlement too might reveal older roots if organic remains were radiocarbon-dated.

3.2 The field system of Dorp

In 2002, a 40-m-long test trench was cut 600 m west of the Bronsema farmstead in order to study the soil profile. Undisturbed Lauwers clay was found here overlying a 0.15 m thick, anthropogenic soil horizon, developed in a low, podsolized coversand ridge at about 0.5 m above Ordnance Level (Fig. 5). It must be said that the observed location lay in a shallow depression between two sand elevations, both now levelled. Yet a peat horizon was absent here, possibly absorbed into the tilth. The latter was two-phased, both phases with clear-cut bases, indicating cultivation by means of a spade or plough. The upper tilth layer was the most humic, indicating a supply of peaty material. This probably came in the shape of sods serving as *plaggen* manure, but their application could equally have been intended to fill in the shallow depression. The slight thickness of this anthropogenic layer can be explained by oxidation of its humic component. Diatom analysis of this layer, as well as of the clay sediment above it, revealed marine organisms indicative of salt marsh, especially *Diploneis interrupta*, whereas the pollen analysis of the same samples indicated arable land at the location or in the direct vicinity. This field, at c. 0.5 m above Ordnance Level, was flooded only during extreme high water, and probably was cultivated until the definitive flooding. Still, the heavy clay deposited here excludes severe water erosion. Though the upper tilth horizon under the marine clay contained a small sherd of glazed late-medieval redware, it probably is an intrusive element, and given the scarcity of rye pollen we believe that this anthropogenic layer dates from the Early Middle Ages.

Should we imagine any form of flood defence here, keeping the Lauwers at bay? We assume that the Okswerderdijk of c. 1275 was effective to some extent, albeit not perfectly. In our trench the westward field

Fig. 5. Stroobos-Dorp (2002).
Double tilth horizon of 15-20 cm thickness.
Lower (1) and upper (2) horizon under Lauwers clay (3).
Mark the sharp lower boundaries
(Photo: H. Groenendijk, Provincie Groningen).

boundary consisted of an old, deep ditch, filled with marine clay. A *Kugeltopf* sherd and brick debris at the base witness its existence in the Late Middle Ages or Early Modern period. This would mean a persisting tidal influence even after the construction of the Okswerderdijk.

The field described above was part of the westernmost territory of Dorp. Given its position at c. 0.5 m above Ordnance Level and the elevation of the Bronsema ridge at an estimated 1.5-2.5 m above Ordnance Level, farming must have been achievable on the sandy outcrops throughout the Lauwers estuary's expanse. So, close to the Lauwers valley and despite the river's incalculable behaviour and its estuarine effect throughout the catchment area, the crofters maintained their fields on the sandy elevations slightly above Ordnance Level. It is imaginable that the flooding and consequent salinity of the lower-lying fields did not seriously disturb their cropping calendar.

An 800-m ditch, dug in 2003, cut across the field layout of Dorp as it came to us through the first cadastral survey of 1811-1832 and still dominates the parcel structure (Fig. 6). North of the local road Dorpsterweg, the fields fan out in a westerly direction, into a bend of the Lauwers river. The opportunity of sectioning the Dorp field system urged us to look out for any man-made ditches, fossilized by the deposition of marine clay. However, in the long section the identification of fossil ditches proved extremely difficult if not impossible: hardly any distinction could be made between

Fig. 6. Field pattern around the hamlet of Dorp (centre) in a bend of the river Lauwers, as in the cadastral survey, c. 1832. The Bronsema farmstead is the one with a deviating orientation (black circle). – White: Arable land – Green: Grassland. – On the far left the village of Stroobos (Source: www.hisgis.nl/groningen).

'old' and 'subrecent' features. The original ditches and trenches in the peaty surface must have vanished as a result of peat compaction and decay – or of subsequent deepening. On the other hand it is imaginable that a small creek due west of Bronsema's sand elevation originated in a ditch, which was scoured out by tidal erosion. The shells found in the bottom did not yield a reliable radiocarbon date, owing to the 'old water effect'.

The present ditches in the fields of Dorp extend 1.0 to 1.5 m below Ordnance Level. Once the peat blanket had subsided, the drainage of the fields required deep ditches, whether cutting through sand elevations or through depressions. Therefore it remains questionable that at Stroobos-Dorp any pre-Lauwers ditches should overlap with post-Lauwers ditches. On the cadastral survey map of 1811-1832, the farmland appears to be divided into parallel fields of different widths. In the 2002 trench the late medieval ditch (not identifiable at the modern surface nor occurring on the cadastral survey) allowed the reconstruction of a field width of c. 60 m. But otherwise the quest for 'original' field boundaries appears a risky undertaking. Even south of the Dorpsterweg, the more obvious strip fields are anything but regularly spaced. In fact, at Stroobos-Dorp we found no clear evidence of any correlation between the strip parcelling and the pioneer settlement.

3.3 The field system of Gaarkeuken

At Gaarkeuken we lack evidence of the settlement, but were able to study a pre-Lauwers field system. Only when the Lauwers clay horizon was removed as part of the civil engineering project did the opportunity arise of spotting ditches filled with undisturbed Lauwers sediments. This revealed patches of a pre-Lauwers ditch pattern, even if we failed to obtain a full overview.

Here the marine deposits resulted in the abandonment of the plots, and it is our impression that the uncovered ditch pattern immediately preceded the definitive flooding. Although we do not possess radiocarbon data on the submersion of the Gaarkeuken area, as we do for Stroobos-Dorp, we presume the drowning to be contemporaneous, that is around AD 700, or slightly later, as Gaarkeuken is situated 6.5 km east of the Lauwers. Gaarkeuken came within the influence of yet another tidal channel, branching off the Lauwers valley in an easterly direction, called Oude Riet (not to be confused with the Oude Ried west of the Lauwers). An uncertain factor is the original elevation of the peat surface. This may have been higher than at Stroobos-Dorp, as the latter was situated closer to the Lauwers stream with more rapid freshwater run-off and hence less favourable conditions for peat growth. Hence the cultivated peatbog surface at Gaarkeuken may have been protected from flooding somewhat longer (see Fig. 2).

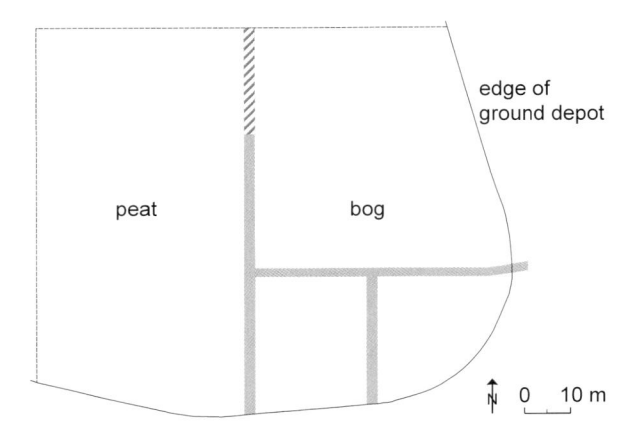

Fig. 7. Gaarkeuken (2001).
Ditch pattern in a patch of peat bog,
as reconstructed from kite photography (30-40 m altitude)
(Drawing: I. J. van Dijck, Provincie Groningen).

The ditch pattern of Gaarkeuken evokes some reflections on the origin and function of the field system. On several occasions we found ditches running N – S and ditches at right angles to this apparently predominant orientation (Fig. 7). All ditches are straight; only in one instance did a transverse ditch show a slight bend. The ditches observed range in width from 1.20-1.60 m and 2.10-2.70 m, apparently forming two categories. The reason of this bipartition could not be traced. It must be stressed that all observed ditches were regular in shape and neatly cut. Sometimes their sides still presented the clay-filled negatives of individual spade cuts, proof that the ditch had been dug or widened shortly before inundation. Cross-sections showed almost identical profiles with vertical sides and a flat base. In non-eroded circumstances, no V- or U-shaped bases were found. The flat bases and shallow remaining depths of 5 to 20 cm suggest little drainage capacity, but we must bear in mind the considerable vertical compaction of the peat layer since the Early Middle Ages. Medieval peat reclamation brought about an enormous loss of volume, and BORGER (2007) mentions surface subsidence figures of up to several metres. Recorded peat subsidence in comparable submerged landscapes suggests a volume reduction by roughly 40 % (CASPARIE & MOLEMA 1990, 276 f.). Applying this calculation would increase the original ditch depths at Gaarkeuken to an average of 0.5 m – a figure that would enhance their drainage capacity to some extent.

There is no clear difference in dimensions between the running ditches and the cross-ditches; they all seem of the same importance from the morphological point of view. It is remarkable that the ditches seldom run for great lengths; only twice did we record a N – S ditch of 60 m or more and one N – S ditch of probably 120 m length. Unfortunately our observations were far from complete. On another occasion we recorded two remarkable E – W ditches, running parallel only one metre apart and ending abruptly, both ditches 1.30-1.60 m wide, only 5 cm deep and again with flat bases. This peculiar double cross-ditch seems to have a boundary function rather than to belong to a drainage system, and adds some weight to the importance of the E – W elements in the Gaarkeuken area.

To the north lay a zone where the clay-filled ditches changed into erosion gullies, with irregular contours and depths; the impact of the Lauwers inundations became noticeable at the peat surface. This erosion phenomenon coincides with a steeply dipping Pleistocene surface and an accordingly increasing thickness of the peat layer.

At the northernmost edge of the Gaarkeuken soil depot, an excavation trench was made in 2010 to study the soil profile. From top to bottom this profile showed a clay deposit of 0.40 m thickness, a slightly eroded peat surface and a remaining peatbog stratum 1.30 m thick (Fig. 8). This peat layer had been torn and lifted by marine flooding which left an underlying deposit of intrusive, humic clay ('elevation clay'). This phenomenon occurred at a time when the peatbog was relatively dry, and can be considered the first severe marine impact on the Gaarkeuken area. Next, the whole peat stratum, elevation clay included, had been sharply cut by a deep, man-made, steep-sided ditch right down to the Pleistocene subsoil. The fill consisted of a blue, unmatured creek clay.

This E – W ditch, visible over a length of c. 8 m but continuing in both directions, was apparently designed as a drainage channel. Its special function again underlines the importance of E – W elements in the field system. Its course suggests that the drainage of the area was expected to function in an E – W direction as well, and was probably linked to a more extensive drainage system beyond our view. Its size, of 2 m width at a present depth of 1,70 m (the original depth must have exceeded 2 m, taking into account the peat subsidence) seems a bit on the small side for a drainage canal though, while its steep sides would have caused problems in maintaining this profile in the long run.

Therefore it is plausible that this measure was a rushed decision, taken under pressure of circumstance, but obviously intended to reach the sandy subsoil. The immediate cause may have been a sudden risk of flooding, but to what extent this measure interfered with or boosted the existing freshwater drainage system cannot be established. Still, it seems that the definitive flooding, witness a blue clay fill at the base of the drainage canal, followed soon after this intervention. At a higher

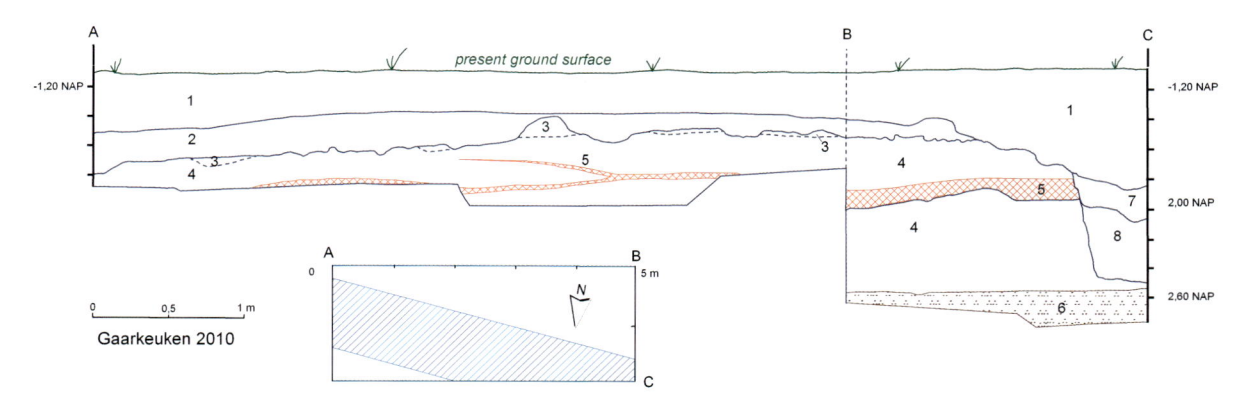

Fig. 8. Gaarkeuken (2010). Soil section in the 'erosion zone' of the peatbog.
1 Recent ploughsoil and subrecent ditch fill – 2 Pale grey Lauwers clay – 3 Remnant of medieval ploughsoil –
4 Oligotrophic peat – 5 Elevation clay – 6 Sandy subsoil – 7 Short-lived ditch bottom – 8 Blue-grey Lauwers clay
(Drawing: I. J. van Dijck, Provincie Groningen).

level, a temporary ditch base could be distinguished in the ditch fill. Widening upwards, this ditch must have survived into recent times, as the remaining shallow depression was filled up with tilth. This ditch, conceived as an emergency measure and ending up as a 'normal' ditch, was a continuous element in the drainage pattern from even before the definitive marine flooding.

The environmental evidence about the Gaarkeuken peat area was mainly derived from the 2010 excavation trench. The tilth, surviving in pockets, showed a mix of pollen of *Sphagnum* type, Cerealia (*Hordeum* type) and *Plantago lanceolata*. Rye was absent among the farmland indicators. The underlying peatbog produced high *Calluna* percentages, indicating a dry heather vegetation before the area became farmland. The clay deposit above produced evidence from three communities, viz. marine influence, especially represented by Dinoflagellates; pollen inherited from the peatbog; and a freshwater component from the interior, as shown by a relatively high *Pediastrum* percentage (Fig. 9).

Diatoms were absent in these horizons. However, the intrusive clay horizon ('elevation clay') found at a deeper level and representing the first real flooding, contained for the greater part marine and brackish water diatoms, such as *Cymatosira belgica*, *Paralia sulcata* and *Delphineis surirella*, as well as *Diploneis interrupta*, *Navicula cincta* and *Navicula peregrina*. These indicate a saltmarsh environment with inland influences. A second 'elevation clay' sample contained almost exclusively marine diatoms, pointing to various phases of tidal intrusion. Finally, the clay fill of the man-made ditch that represents the succeeding stage of human intervention, also produced almost exclusively marine diatoms, indicating that by then the area was fully under tidal influence (Vos et al. 2011, 9 f.).

To summarise the results of the environmental sampling: the marine indicators and the presence of *Carpinus*, as well as the absence of *Secale* in the tilth date the farming activities to between the Roman period and c. AD 1000.

If we consider the N – S orientation of the field system as predominant, this could be influenced by its post-Lauwers appearance. The prevailing longitudinal structure can be unravelled into separate parcels that do not run exactly parallel, but fan out slightly from west to east. Over a distance of 1 km the direction varies from 356° in the west to 3° in the east. Though it was impossible to determine the exact orientation of every individual pre-Lauwers ditch, the N – S ditches observed show the same orientation as their nearby post-Lauwers counterparts. In this we see an argument to assume a continuity both in orientation and in the parcel pattern before and after the clay deposition. However, this unmistakable similarity in the N – S orientation might obscure the importance of E – W ditches in the period preceding the ultimate flooding, as manifested by the double E – W ditch and the deep E – W drainage canal in the peat surface.

Further, the small plots created by the cross-ditches are puzzling, although we have not been able to document the dimensions of a single entire plot. Only once did we measure the short side of a plot within its ditches as 23 m. It is evident that the observed ditches in the Gaarkeuken peat were laid out according to a deliberate design, both morphologically and in their pattern. It seems that the drainage function of the ditches was subordinate to another principle, demanding rectangular fields with neatly cut boundary trenches. Possibly the shape of the plots reflects a property system. This premise touches upon the guiding principles of the reclamation effort. Was there a public authority that stimulated wilderness development, as has been demonstrated for the *cope* reclamations in 11th-century Holland? There, the consent served the common interest of the reclamation, as well as the public rights of the pioneers, especially in remote areas where the unwritten rules of the village territory were void (VAN DER LINDEN 1956; summarizing: BORGER 2007, 59 ff.). Remoteness may indeed apply to the Gaarkeuken area, whose presumed settlement is still a guess. Yet the *cope* regulations are considered a high medieval practice, connected with a count's authority, and this certainly does not go for early medieval Frisia.

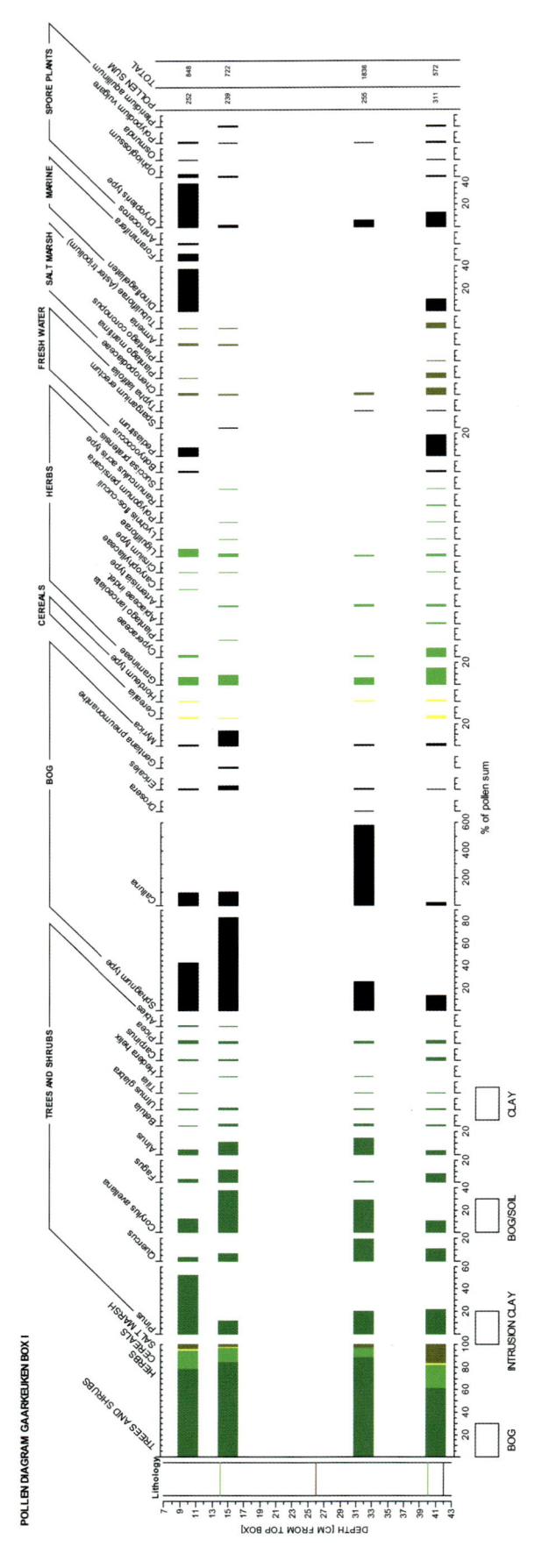

Turning to the northerly saltmarsh region of De Marne, we may find a comparable field pattern on the newly accreted saltmarsh ridges, which were progressively occupied from the 7th century AD. There, as at Gaarkeuken, the virgin field system is characterized by a morphologically similar 'irregular block parcelling' and it is not unlikely that this originated with the development of private property. Private landed property already existed by the Early Middle Ages and the comparatively uniform landscape may have facilitated the unfolding of an undifferentiated, if slightly irregular field pattern (GROENENDIJK 2006, 531 f.).

On the other hand, the field pattern presents arguments in favour of a drainage system, too. Once acquainted with the unpredictable shrinkage of the peat layer and the ensuing seasonal waterlogging, the peat crofters may have wanted to spread the risk by creating a network of relatively narrow ditches, a form of freshwater drainage management. However, this presumed adaptation would not account for the predominance of the running ditches as the principal element in the high and late medieval strip field system, which would have led to considerable problems when poorly drained patches were incorporated. Still, creating a sequence of modestly-sized plots enclosed by ditches functioning both as boundaries and as drainage channels, does seem a suitable adaptation to the environmental conditions in a reclaimed peat landscape. Sophisticated water management would require the benefit of years of experience, rather than being implemented from the very beginning.

In brief, at Gaarkeuken, north of the Matsloot, we did not encounter a field system that can be clearly associated with the high- and late-medieval long fields of strip cultivation, with running ditches going on for kilometres and more. Indeed, we ran into an embarrassing

Fig. 9. Gaarkeuken (2010).
Pollen diagram corresponding with Fig. 8,
from sampled zones 2, 3, 4 and 5
(from Vos et al. 2011, 25, Abb. 10).

deficit of knowledge with regard to field layout preceding such strip cultivation, which is so familiar to us through early modern cartography and recent relics. Within the limitations of the Gaarkeuken observations, we recorded rectangular plots, neatly laid out and bounded by ditches that were presumably dug not long before the definitive Lauwers flooding.

At the same time, we noticed their striking similarity to the local post-Lauwers parcelling, a marked consistency in orientation and rectangularity, but irregular in their dimensions. This similarity does not imply that the pre- and post-Lauwers ditches coincided. If indeed any of the pre-Lauwers ditches coincided with the later ones in the Lauwers clay, they would have been obliterated and hidden from view. It is obvious that the historical ditch pattern is strongly reminiscent of the field system just before it was drowned by the Lauwers flooding.

3.4 The layout of the settlements

The intriguing question, already referred to, is whether the early medieval peat reclamation started as long fields from the very beginning. At the settlement level, we would like to know whether the first colonists settled in scattered farmsteads or in clusters of farmsteads, and whether the farmsteads were aligned.

Little can be said about the character of the early medieval settlement at Stroobos-Dorp. In the 19th century, the hamlet of Dorp, then also referred to as Opdorp (meaning as much as 'the village at the end of the fields') exhibits all features of a linear development (see Fig. 6). The oldest mapped situation in the cadastral survey of 1811-1832 shows four farmsteads in a row within the Dorp territory, their longitudinal axes parallel with the long fields, except for one farmstead, the Bronsema property. This farmstead, thought to be of mid-16th-century date, is the only one built at an angle to the fields; it is on this very property that the early medieval settlement traces came to light. Supposing that the 16th-century Bronsema farmstead was the distant successor of an early medieval farming unit, this deviating orientation might reflect a more haphazard placement of the first buildings. A later transition to a system of parallel fields with the farmhouses lined up at the basis is imaginable here, since Dorp could only expand southward. Any northward shift of the settlement was blocked by the Lauwers stream (see Fig. 6).

The already mentioned early medieval sites of Gerkesklooster and Hoogstraten, together with Stroobos-Dorp, certainly stress the importance of the sandy outcrops within the Lauwers basin as bases for opening up the peat landscape. This implies that these peat-covered elevations were recognizable in the contemporary topography. Owing to the naturally irregular shapes of sand elevations, it is conceivable that the habitations of the first colonists formed nuclei from where the cultivation of the peat wilderness started out. At a later stage, and with more settlers in the neighbourhood, farming required a more regulated field system, viz. in long strips. The idea of isolated pioneer units initially farming irregular fields, instead of a linear development from the very beginning, is supported by the situation on some of the larger *gasten*. There, irregularly shaped parcels cluster around the highest point on the rise and form a deviating enclave surrounded by the prevailing strip system. In East Groningen this is exemplified by Wagenborgen and Winschoten; in the Westerkwartier we can regard Marum as a representative (VELDHUIS 2011, 66 ff.). The irregular pattern of field boundaries may reflect the earliest medieval occupation. This leads to the provisional conclusion that the earliest medieval reclamations on the edges of the Pleistocene interior did not take the form of classical strip cultivation.

The Gaarkeuken area now forms part of the Oosterzand territory. The linear village of Oosterzand, 1-1.5 km south of Gaarkeuken, is situated on the Lutjegast ridge. It is imaginable that the peat colonists came from the northern saltmarsh and that Oosterzand is a result of the age-long settlement shift from north to south. If the primaeval settlement lay northward, we cannot, however, trace a watercourse in the old peat landscape which might have functioned as a reclamation base; only at 3 km to the north do we encounter a creek system in the bordering saltmarsh zone. Perhaps the entire southern edge of the marshland should be regarded as a reclamation base, as was proposed by BRINKKEMPER et al. (2009, 80 ff.) and DE LANGEN (1992 and 2011) for the adjacent Frisian peat belt. However, an argument to postulate a primaeval settlement on the Lutjegast sand ridge is the strong resemblance in orientation to the present Oosterzand fields, which towards the north still slightly fan out.

An important question to be raised here is what the land loss after the final Lauwers inundation brought about in the Gaarkeuken area. Was the medieval ditch pattern, obliterated by the floods, maintained in the marine clay that formed a layer of on average 0.5 m thickness? Here we must distinguish the areas north and south of the Matsloot (see Fig. 3). The Matsloot, an E – W canal dug after the Lauwers flooding, divides the Oosterzand territory with its S – N orientation into two. The Matsloot itself indeed demonstrates the changed drainage conditions after the peat landscape had been submerged and newly reclaimed. South of the Matsloot we find strip cultivation, so characteristic of the linear villages in the Westerkwartier. North of the Matsloot the parcelling is definitely less regular in width and length, although the N – S orientation is maintained.

Our soil observations touch upon the part directly north of the Matsloot. Within the observed 500 m from S to N we already saw a considerable increase of erosion of the peat surface. Towards the north, i.e. closer to the tidal channel of the Zuider Riet, the erosion effects rapidly increase. Even old creeks such as the Tarjak can be recognized here, leaving very irregularly shaped parcels. The transition to 'irregular block parcelling', characteristic of the older saltmarsh, can be observed up to where the embankment known as Okswerderdijk was thrown up about AD 1275.

We assume that the parallel lots south of the Matsloot, where the clay layer tails off against the northern slope of the Lutjegast ridge, echo the medieval strips. However, in the area north of the Matsloot, with its irregular field boundaries but still observing the main N – S orientation, it is much harder to distinguish any reparcelling after the Lauwers inundation phase. In Zeeuws-Vlaanderen (southwestern Netherlands), submerged landscapes underwent a complete reconstruction once the surface was dry again (Vanslembrouck et al. 2005). Yet we are inclined to think that in our study area, due north of the Matsloot, only a slight degree of reallocation took place. Cross-ditches disappeared, some running ditches were not reexcavated, but the main field orientation was retained, since the ditch and canal pattern in the buried peat surface runs exactly parallel to the present one in the clay surface.

Further north, where erosion cleared away most of the peat blanket, the situation may be completely different. The course of the Okswerderdijk embankment (see Fig. 3), running about 3 km north of Oosterzand and curving strongly in the direction of Stroobos (passing at a distance of just 500 m north of Dorp) indeed indicates how far the impact of the tidal channel Zuider Riet extended over the field system of Gaarkeuken, in comparison to the impact from the Lauwers on the field system of Dorp. The threat to Stroobos-Dorp was an immediate one, but had little impact on the village's economy, as its fields stretched southward into the interior. The impact on the economy of Gaarkeuken (or Oosterzand, strictly speaking) must have been more severe, as the greater part of its fields was involved.

4 Livelihood of a farming community

Some final remarks should be made on the economic activities and husbandry of the Westerkwartier crofters in the Early Middle Ages, even though we can present only small glimpses of the zoological and botanical material (Vos & Groenendijk 2005).

The list of crop plants of both sites is not particularly extensive, comprising Cerealia (cereal in general) and *Hordeum* type (barley) at Gaarkeuken. Pollen counts of *Secale* (rye) as documented at Stroobos-Dorp are too low to derive from an early medieval crop plant. At the same time, Stroobos-Dorp offers us a glimpse of the further menu. This appears to have been a rich one, on the fringe of a marine habitat. The vegetable produce was supplemented with shellfish as well as dairy products and meat from livestock, such as cow, pig, sheep and maybe goat. The bones of these animals occasionally show traces of butchering, which means that they were eaten. This diversity of protein sources at Stroobos-Dorp does not point to a scanty livelihood. Indeed it suggests a high degree of adaptability to local conditions if any of these sources should be cut off.

This is of course no denial of the hardships caused by marine flooding or indeed storm surges, for the Lauwers inundations eventually ruined the farmland of both Stroobos-Dorp and Gaarkeuken by leaving a layer of heavy clay. Yet periodic flooding may have had a far less deleterious impact on the crofters' economy than one might expect on the basis of the accounts of devastating floods in the late medieval chronicles. Stroobos-Dorp, situated in the intermediate zone between the Lauwers inlet and the peat-covered Pleistocene, was flooded only during storm surges, combining spring tide and storm. The low-dynamic clay deposits point to gradual sedimentation, leaving the fields dry and well accessible to man and livestock for most of the year.

An adaptation to marine influences at Stroobos-Dorp is suggested by the exploitation of the lower-lying fields as salt meadow, as is evident from the presence of Cerealia (cereals) and culture indicators such as *Plantago lanceolata* and *Plantago maior* (plantain), Asteraceae Liguliflorae (dandelion fam.), *Convulvulus arvensis* (bindweed), *Polygonum aviculare* (knotwort), *Spergula arvensis* type (spurry), *Rhinanthus* type (rattle), Caryophyllaceae (carnation fam.) and *Succisa pratensis* (devil's-bit scabious) in a clay-filled creek at the foot of Bronsema's sand ridge. This spectrum points to hay-making or grazing in the direct vicinity and the presence of arable land at some distance. Compared to the spectrum from the top of the cultivated peat, species such as *Rumex acetosa* (dock), *Lotus* type and *Artemisia* (mugwort) have now disappeared (Vos & Groenendijk 2005, 29 f.).

The crofters of Stroobos-Dorp, with their refuge on the sandy elevations, seem to have been flexible enough to withstand the period of Lauwers inundations between c. AD 700 and 1200. In the Gaarkeuken area we are less informed on this subject. Seeking an upland refuge may have meant a settlement shift to the Oosterzand ridge.

Assuming that the 'linen smoother' from Stroobos-Dorp was an instrument used in wool processing (BARTELS 2009), it is obvious to suppose a relationship between it and the sheep bones from the waste pit at the foot of Bronsema's sand elevation. Although we lack certainty about the date of the 'linen smoother', the potential link is worth mentioning. One might object that 'linen smoothers' were equally used in linen production, but the palynological spectrum shows no evidence of flax cultivation.

For the region Oostergo in adjacent Fryslân, DE LANGEN (1992, 273 ff.) describes the position of early medieval settlement areas respective to the coast, suggesting that the settlers made optimum use of the distinct landscape zones from the coast to the interior. On the settlement level, this may apply to the parcelling system, too. In the subsistence phase preceding the market economy (which in Oostergo, according to DE LANGEN 1992) emerged in the late 9th or 10th century), people might already have 'invented' the system of strip cultivation, thus covering various landscape gradations and allowing a broad-spectrum subsistence economy with surplus yields if circumstances were favourable. As regards the change from subsistence to market economy, much research still has to be done.

The colonists of Stroobos-Dorp must soon have realized that reclaiming the thin peatbog cover stretching southward would provide a good agricultural resource because of the good accessibility of the sandy subsoil with its favourable tilling conditions. Creating the ideal arable layer, given the available techniques, was much easier in peat-on-sand areas than on purely peaty soils or on heavy Lauwers clay. Absorbing a mineral component (mostly podsolised sand from the B horizon) into a humic matrix would improve the soil texture, as was commonly practised in late medieval peat-on-sand soils in the east of Groningen (GROENENDIJK & SCHWARZ 1991, 52). Little wonder that the pre-Lauwers arable layer of Dorp showed a mixture of sand and humic material, as sandy elevations abounded here. However, this does not mean that sand was deliberately added.

At Gaarkeuken we lack objects referring to the material culture of a settlement. Cerealia and *Hordeum* type and the presence of *Plantago lanceolata* indicate farmland on top of the peat, the upper layer of which is lacking as a result of water erosion. The tilth horizon was only found in pockets (see excavation trench 2010). Its matrix derived from a very oligotrophic peatbog and in contrast to Stroobos-Dorp, no admixture of sand was observed. The lack of such soil improvement may be a consequence of the sand scarcity in this area, and to some extent marks the more vulnerable position of the Gaarkeuken crofters. Of course this supposition should first be tested at more sites, for instance where the Lauwers clay deposit tails off against the Lutjegast sand ridge and the pre-Lauwers tilth horizon may be better preserved.

Did the settlers at Stroobos-Dorp and Gaarkeuken exploit the peat otherwise than for agriculture, say as a fuel or for salt extraction? No evidence was found that the cutting of turves was practised, neither in the form of extraction pits, nor in the form of peat bricks that, once dried, remain afloat during inundations and are often found embedded in aquatic deposits. It should be emphasized that particularly at Gaarkeuken we did have the opportunity of detecting any extraction pits, but in fact found none. Diatom and pollen analyses of the Gaarkeuken peat layer revealed an oligotrophic peatbog, so salt extraction by burning salt-saturated peat would not have been possible here. Nor did we encounter any ferruginous peat which could have been mined for bog iron, as was probably undertaken in the neighbouring IJzermieden, be it at an uncertain date (BRINKKEMPER et al. 2009, 89). Apart from this, in the East Groningen peat belt mining bog iron seems not to have been practised before the Late Middle Ages (GROENENDIJK 1989, 292 ff.).

At Stroobos-Dorp, the pit with settlement waste at the foot of Bronsema's sand ridge contained angular clods of oligotrophic peat. We interpreted these clods as the result of digging over the then ground surface (in the 7th-8th century the sand ridge was still peat-covered). The same may go for Gerkesklooster, where the potsherds were encountered in pits filled with sand and peat. Presumably Gerkesklooster was the same sort of pioneer reclamation as Stroobos-Dorp, where peat extraction was no major concern. Both were farming settlements that never developed into local centres, be it that the history of Gerkesklooster changed course when a Cistercian monastery was established there in the 13th century.

BRINKKEMPER et al. (2009, 89) have stressed the adverse conditions and marginal revenues that the early medieval colonists of the Mieden region had to cope with. In our view, this notion arises from the idea that any successful peat colonization was counteracted by the increasing marine impact in the basin of the Lauwers and its branches. We want to put forward a somewhat different opinion. Well aware that our evidence was gathered only in the zone where the northernmost sand ridges of the Westerkwartier dip beneath the peat layer, we still believe that our conclusions are not site-specific, and may apply to part of the more extensive Mieden area, too.

Most probably, exploitation of the peat landscape had already begun before marine influence became apparent and started to widen the Lauwers estuary and its branches Oude Ried (Fr.) and Oude Riet (Gr.). Moreover, the subsequent periodic flooding does not seem to have hampered the crofters too much. At Stroobos-Dorp they stayed put where they had first settled; and it may well be that successful peat colonization in the transition zone, the subsequent reclamation of the inland bog and the development of privately owned farmland, together with the opportunity of including marine ingredients in the menu, acted in favour of consolidating the settlement Dorp. Though it is hard to distinguish between gradual landscape change and sudden events, like floods leaving a considerable layer of clay, it is imaginable that people adjusted their criteria for suitable land as the marine transgression proceeded. For Stroobos-Dorp this would involve an economic adaptation especially for the lower-lying fields, where stock farming became an alternative option.

5 Final remarks

We are in need of new views on old landscapes, especially when these landscapes are buried under younger sediment. But dealing with the daily stuff of supervising a regional government's plans or resisting commercial pressures when embedded in a market-oriented company, archaeologists are sometimes forced to adopt less academic strategies. In our case, the strategy was to follow the activities that accompanied the straightening of a bend in the shipping route of the Van Starkenborghkanaal, and surveying an area designated as a soil dump. Given the circumstances, we made optimum use of the opportunities.

A limitation of our study was the restricted approach: only geological, biological and archaeological methods were employed. No retrospective study of the historical property structure of the peat reclamations or the effect of catastrophies on the layout of the plots was undertaken. The same goes for modern technical applications such as HISGIS (Historical-Geographical Information System as developed by the Fryske Akademy) or integral reconstructions involving written sources such as land registry records. Additional studies in this area would without doubt have offered a wider perspective. Yet our principal aim was to demonstrate that observing soil features relating to field systems can unlock a hidden and unknown archive.

6 Acknowledgements

For the finishing touches to this paper we want to express our gratitude to Dr Otto Brinkkemper (Rijksdienst voor het Cultureel Erfgoed, Amersfoort) for explaining the changing views on early medieval landscapes; to Dr Jan Kegler (Ostfriesische Landschaft, Aurich) for commenting on the *Geest* occupation in Ostfriesland; to Prof. Dr Gilles de Langen (Provincie Fryslân, Leeuwarden) for updating us on the most recent research in Fryslân; to Dr Ernst Taayke (Noordelijk Archeologisch Depot, Nuis) for identifying the Gerkesklooster and Hoogstraten pottery; and to Xandra Bardet for editing the English text.

Furthermore, we want to thank those who assisted in starting up the project: Mr A. Arkies (Westerzand), the former landowner at Gaarkeuken who was the first to draw attention to the clay-filled ditches in the peat surface; Ms C. Tulp (De Steekproef, Zuidhorn) who prepared the field drawings at Stroobos-Dorp; Mr H. Breedland (Provincie Groningen, Groningen) who performed the kite photography at Gaarkeuken; Mr R. van der Kraan (TNO, Utrecht) for illustrating the Stroobos-Dorp development stages; Mr S. de Vries (Deltares, Utrecht) for assisting in the field work at Stroobos-Dorp and mapping the Gaarkeuken data; and Mr K. Siegers (Provincie Groningen, Groningen) who set the terms for palaeo-geographical research at both locations within a major civil-engineering project.

7 References

BÄRENFÄNGER, R., 2002: Befunde einer frühmittelalterlichen Siedlung bei Esens, Ldkr. Wittmund (Ostfriesland). Probleme der Küstenforschung im südlichen Nordseegebiet 27, 249-300.

BARTELS, M. H., 2009: Early medieval glass linen smoothers from the emporium of Deventer. A comparative study of the context and use of glass linen smoothers in Deventer, the Low Countries and north-western Europe (AD 700-1200). In: H. Clevis (ed.), Medieval material culture. Studies in honour of Jan Thijssen, 95-113. Zwolle.

BEHRE, K.-E., 1999: Die Veränderungen der niedersächsischen Küstenlinien in den letzten 3000 Jahren und ihre Ursachen. Probleme der Küstenforschung im südlichen Nordseegebiet 26, 9-33.

BESTEMAN, J. C., 1990: North Holland AD 400-1200 – turning the tide or tide turned? In: J. C. Besteman, J. M. Bos & H. A. Heidinga (eds.), Medieval archaeology in the Netherlands, 91-120. Assen.

BORGER, G. J., 2007: Het verdwenen veen en de toekomst van het landschap. Rede in verkorte vorm uitgesproken bij het afscheid van het ambt van hoogleraar in de Historische Geografie aan de Universiteit van Amsterdam op woensdag 29 augustus 2007. Amsterdam.

BRINKKEMPER, O., BRONGERS, M., JAGER, S., SPEK, T., VAART, J. VAN DER, & IJZERMAN, Y., 2009: De Mieden. Een landschap in de noordelijke Friese Wouden. Publikatiereeks Fryske Akademy 1032. Utrecht.

CASPARIE, W. A., & MOLEMA, J., 1990: Het middeleeuwse veenontginningslandschap bij Scheemda. Palaeohistoria 32, 271-289.

GRIEDE, J. W., & ROELEVELD, W., 1982: De geologische en paleogeografische ontwikkeling van het noordelijk zeekleigebied. Geografisch Tijdschrift 16:5, 439-454.

GROENENDIJK, H. A., 1989: Dollartflucht oder allmähliche Siedlungsverschiebung? Ein Steinhaus und Wirtschaftsspuren aus dem späten Mittelalter im überschlickten Moor bei Vriescheloo (Gem. Bellingwedde, Prov. Groningen). Palaeohistoria 31, 267-305.

GROENENDIJK, H. A., 1997: Op zoek naar de horizon. Het landschap van Oost-Groningen en zijn bewoners tussen 8000 voor Chr. en 1000 na Chr. Regio- en landschapsstudies 4. Groningen.

GROENENDIJK, H. A., mit einem Beitrag von J. A. ZIMMERMAN, 2006: Dorfwurt Ulrum (De Marne, Prov. Groningen). Eine Fundbergung im Jahre 1995 als Anregung zur Benutzung hydrologischer Messdaten bei der Erhaltung von Großwurten. Palaeohistoria 48/49, 529-553.

GROENENDIJK, H. A., & KNOL, E., 2007: Marum-Oude Diep en Lellens-Borgweg (Gr.). Aanzet tot nieuwe inzichten in grafbestel door ^{14}C dateringen. Paleo-Aktueel 18, 100-106.

GROENENDIJK, H., & SCHWARZ, W., 1991: Mittelalterliche Besiedlung der Moore im Einflußbereich des Dollarts. Ergebnisse und Perspektiven. Archäologische Mitteilungen aus Nordwestdeutschland 14, 39-68.

GROENENDIJK, H., & VOS, P., 2002: Vroege IJzertijdbewoning langs de Hunze bij Vierhuizen, gem. De Marne (Gr.). Paleo-Aktueel 13, 70-73.

GROENENDIJK, H., & VOS, P., 2010: Stroobos en Gaarkeuken. Sleutelsites middeleeuwse veenontginning in het Groninger Westerkwartier (Gr.). Paleo-Aktueel 21, 85-93.

HALBERTSMA, H., 1963: Terpen tussen Vlie en Eems. Een geografisch-historische benadering. Groningen.

KNOL, E., 1993: De Noordnederlandse kustlanden in de Vroege Middeleeuwen. PhD thesis, Vrije Universiteit Amsterdam. Groningen.

LANGEN, G. J. DE, 1992: Middeleeuws Friesland. De economische ontwikkeling van het gewest Oostergo in de vroege en volle middeleeuwen. Groningen.

LANGEN, G. J. DE, 2011: De gang naar een ander landschap. De ontginning van de (klei-op-) veen-gebieden in Fryslân gedurende de late ijzertijd, Romeinse tijd en middeleeuwen (van ca. 200 v. Chr. tot ca. 1200 n. Chr.). In: M. J. L. T. Niekus (ed.), Gevormd en omgevormd landschap van prehistorie tot middeleeuwen, 70-95. Assen.

LIGTENDAG, W. A., 1995: De Wolden en het water. De landschaps- en waterstaatsontwikkeling in het lage land ten oosten van de stad Groningen vanaf de volle middeleeuwen tot ca. 1870. Regio- en landschapsstudies 2. Groningen.

LINDEN, H. VAN DER, 1956: De Cope. Een bijdrage tot de rechtsgeschiedenis van de openlegging der Hollands-Utrechtse laagvlakte. Assen.

MOL, J. A., NOOMEN, P. N., & VAART, J. H. P. VAN DER, 1990: Achtkarspelen-Zuid/Eestrum. Een historisch-geografisch onderzoek voor de landinrichting. Leeuwarden.

NIEUWHOF, A. (ed.), 2007: De Leege Wier van Englum. Archeologisch onderzoek in het Reitdiepgebied. Jaarverslagen van de Vereniging voor Terpenonderzoek 91. Groningen.

SCHAÏK, R. W. M. VAN, 2008: Een samenleving in verandering – de periode van de elfde en twaalfde eeuw. In: M. G. J. Duijvendak, H. Feenstra, M. Hillenga & C. G. Santing (eds.), Geschiedenis van Groningen 1, 125-167. Zwolle.

SCHWARZ, W., 1995: Archäologische Quellen zur Besiedlung Ostfrieslands im frühen und hohen Mittelalter. In: K.-E. Behre & H. van Lengen (eds.), Ostfriesland. Geschichte und Gestalt einer Kulturlandschaft, 75-92. Aurich.

STICHTING RING – CENTRUM VOOR DENDROCHRONOLOGIE (ed.), 2005: Grootegastermolenpolder. Intern Rapport nr. 2005035, dendrocode GGF0001. Amersfoort.

STREURMAN, H. J., 2007: Overslibde wierde op oeverwal Oude Tocht bij Den Ham. Historisch Jaarboek Groningen 2007, 153-154. Groningen.

VANSLEMBROUCK, N., LEHOUCK, A., & THOEN, E., 2005: Past landscapes and present-day techniques. Reconstructing submerged medieval landscapes in the western part of Sealand Flanders. Landscape History 27, 52-64. Exeter.

VELDHUIS, T., 2011: Nederzettings- en ontginningsgeschiedenis van Vredewold in het Westerkwartier van de provincie Groningen (ca. 700 - ca. 1500 AD). Master thesis, Rijksuniversiteit Groningen.

VOS, P. C., & GROENENDIJK, H. A., 2005: Geolandschappelijk en archeologisch onderzoek Stroobos. TNO Rapport NITG 05-073-A. Utrecht.

Vos, P. C., Bunnik, F. P. M., Cremer, H., & Groenendijk, H. A., 2011: Geolandschappelijke verkenning op het terrein van het voormalige provinciale gronddepot Oosterzand, nabij Gaarkeuken (gemeente Grootegast, Groningen). Deltares Rapport 1202679-008. Delft.

Vos, P. C., & Langen, G. J. de, 2010: Geolandschappelijk onderzoek. De vorming van het landschap voor en tijdens de terpbewoning en het ontstaan van de Lauwerszee. In: J. A. W. Nicolay (ed.), Terpbewoning in oostelijk Friesland. Twee terpopgravingen in het voormalige kweldergebied van Oostergo. Groningen Archaeological Studies 10, 63-93. Groningen.

Wassermann, E., 1985: Aufstrecksiedlungen in Ostfriesland. Ein Beitrag zur Erforschung der mittelalterlichen Moorkolonisation. Göttinger Geographische Abhandlungen 80. Göttingen.

Wassermann, E., 1995: Siedlungsgeschichte der Moore. In: K.-E. Behre & H. van Lengen (eds.), Ostfriesland. Geschichte und Gestalt einer Kulturlandschaft, 93-111. Aurich.

Waterbolk, H. T., 1958: Een 8^e-eeuwse urn uit Marum (Gr.). Groningse Volksalmanak 1958, 125-126. Groningen.

Moorkolonisation und Deichbau als Ursache von Flutkatastrophen – das Beispiel der nördlichen Niederlande

Fen reclamation and dike building as a cause of flood disasters – the example of the northern Netherlands

Egge Knol

Mit 6 Abbildungen

Inhalt: Die an der südlichen Nordsee am Grenzbereich zwischen Marsch und Geest im Sietland gelegenen Niedermoore wurden seit karolingischer Zeit kolonisiert. Anfangs war die Kolonisation erfolgreich, bald setzten jedoch infolge der Absenkung des Grundwasserspiegels irreversible Oxidationsprozesse an der Mooroberfläche ein. Das führte zu einer permanenten Bodensenkung und als Folge davon bereits nach zwei Jahrhunderten zu Problemen mit dem Abfluss von Oberflächenwasser von der sandigen und weitflächig mit Moor bedeckten Geest: Das Wasser blieb jetzt im Sietland wie in einer Schüssel stehen und floss nicht mehr ab. Um Überschwemmungen des abgesunkenen Gebiets durch den gestörten Wasserabfluss zu verhindern, musste die Bevölkerung hier gemeinschaftlich sowohl Entwässerungskanäle (Tiefs) ausheben und diese bedeichen als auch Binnendeiche mit Sielen bauen. Solche Maßnahmen lassen sich bis mindestens in das 11./12. Jahrhundert zurückverfolgen. Aber noch bis ins 19. Jahrhundert wurden Restgebiete außendeichs liegender Marsch bewirtschaftet, wobei die Höfe hier auf Wurten standen. Bei Sturmfluten staute sich das Wasser vor den Seedeichen auf, was die Gefahr von Deichbrüchen heraufbeschwor.

Schlüsselwörter: Nördliche Niederlande, Mittelalter, Moorkolonisation, Überflutung, Entwässerungskanal, Deich, Siel.

Abstract: Along the southern coast of the North Sea, the fens between the coastal marshes and the Pleistocene uplands (*Geest*) have been colonised since Carolingian times. Initially the settlers were successful, but then the drainage of the fens started an irreversible process of peat oxidation, which led to steady subsidence in the region. After two centuries, serious problems arose in connection with surface water flowing from the sandy, largely bog-covered *Geest*: the water became trapped in sinks, unable to drain away. In order to prevent the water from inundating the sunken regions, the inhabitants had to join forces in digging drainage channels enclosed by dikes as well as in building inland dikes with sluices. These activities can be traced back to at least the 11th or 12th century. Nevertheless, remnants of the salt marshes outside the dikes were exploited well into the 19th century, with the local farmers living on dwelling mounds. During storm floods, water would build up on the seaward side of the dikes with the consequent risk of them being breached.

Key words: Northern Netherlands, Middle Ages, Fen reclamation, Inundation, Drainage channel, Dike, Sluice.

Dr. Egge Knol, Groninger Museum, Museumeiland 1, 9711 ME Groningen, The Netherlands –
E-mail: eknol@groningermuseum.nl

Inhalt

1 Vorbemerkung 158
2 Frühe Deiche, Siele und Tiefs 158
3 Absenkung der Landoberfläche 158
4 Paläogeografie 160
5 Erschließung der Moore 162
6 Regulierung des Oberflächenwassers 163
7 Deichbau und Grodenbesiedlung 165
8 Flutkatastrophen und Meereseinbrüche 166
9 Ausblick 167
10 Literatur 167

1 Vorbemerkung

Bereits in der Römischen Kaiserzeit wurden in der unbedeichten Marsch der nördlichen Niederlande kleine Bereiche innerhalb höher aufgelandeter Marschgebiete in der Umgebung von Wurten mit niedrigen Sommerdeichen versehen. Ein landesweiter, durchgehender Küstenschutz wird allgemein in das 12. bis 13. Jahrhundert n. Chr. datiert (Kühn u. Panten 1989, 13-14; Huisman 1992; Ey 2010; van Schaik 2008, 144-145). Aber warum sollten Wurtenbewohner, die sich bereits seit rund 1500 Jahren an ein Leben in der unbedeichten Marsch angepasst hatten, eine komplette Eindeichung durchführen wollen? Eine Erklärung für die Errichtung der frühen Küstenschutzanlagen mag in der nachfolgend dargestellten Entwicklung der Küstenlandschaft liegen. Wie hier zu zeigen ist, war der Deichbau nicht nur mit großen Vorteilen, sondern auch mit Nachteilen verbunden, denn bei Sturmfluten sind eingedeichte Marschen wesentlich empfindlicher und verwundbarer als unbedeichte.

2 Frühe Deiche, Siele und Tiefs

Bereits 1864 hatte Westerhoff (1864, Anm. 137) darauf hingewiesen, dass Kinder – noch ohne jede Kenntnis vom Deichbau – bereits bei Pfützen oder am Strand damit beginnen, kleine Wälle als Deiche zu errichten. Diese Beobachtung macht glaubhaft, dass die Idee, kleine Ackerflächen mit Sommerdeichen zu schützen, sehr nahe liegt und daher anzunehmen ist, dass sie eine Frühform des Deichbaus darstellten. Solche niedrigen Sommerdeiche konnten in den Niederlanden für die Römische Kaiserzeit und das Frühmittelalter nachgewiesen werden (Bazelmans u. a. 1999; Nicolay 2010, 116-118). Schutz vor den schweren Wintersturmfluten boten sie allerdings kaum. Im Frühjahr konnten die Sommerdeiche jedoch die keimenden Pflanzen vor dem Seewasser schützen. In den 1960er und 1970er Jahren stellten Botaniker in Norddeutschland und Nordgroningen Untersuchungen im Deichvorland an, um herauszufinden, ob auch dort Ackerbau möglich sei. Die Ergebnisse übertrafen die Erwartungen. Mit verschiedenen Pflanzen, wie zum Beispiel Ackerbohne, Hafer und Gerste, konnten recht gute Ernteergebnisse erzielt werden. Eine einzelne Überflutung wirkte sich bestenfalls in der kritischen Phase des Aufkeimens gravierend aus (Körber-Grohne 1967; van Zeist u. a. 1976; Bottema u. a. 1980).

Aufgrund ihrer geringen Höhe wurden diese frühen Deiche im Laufe der Jahre eingeebnet und sind daher fast überall verschwunden. Ländereien, die im Schutz dieser Deiche lagen, konnten nach schweren Stürmen mit heftigen Regenfällen unter Stauwasserproblemen leiden. Zur Abhilfe wurden bereits in der Vorrömischen Eisenzeit Siele in Form von ausgehöhlten, mit Klappen versehenen Baumstämmen eingesetzt. Solche Einrichtungen wurden in den Niederlanden in der Umgebung von Vlaardingen gefunden (de Ridder 1999), für die Römische Kaiserzeit aber auch in einer Grabung der Ostfriesischen Landschaft im Reiderland bei Holtgast nahe Bentumersiel (Prison 2009). Im Rahmen historisch-geografischer Untersuchungen wurden im Mittelalter errichtete, die Kernfluren schützende Ringdeiche rekonstruiert (Ey 2005; 2007). So hat der Mensch vermutlich schon immer in kleinem oder größerem Umfang Dämme und Deiche gebaut. Nur wann und warum wurde eine „Seeburg" errichtet – ein rein defensiver Meeresdeich, der unsere gesamte Küstenregion schützen sollte?

3 Absenkung der Landoberfläche

Das nordniederländische Küstengebiet wird von Marschen eingenommen. Landeinwärts schließen sich Moore an, welche sich bis in das pleistozäne Hinterland erstrecken. Wie sich in den letzten Jahrzehnten

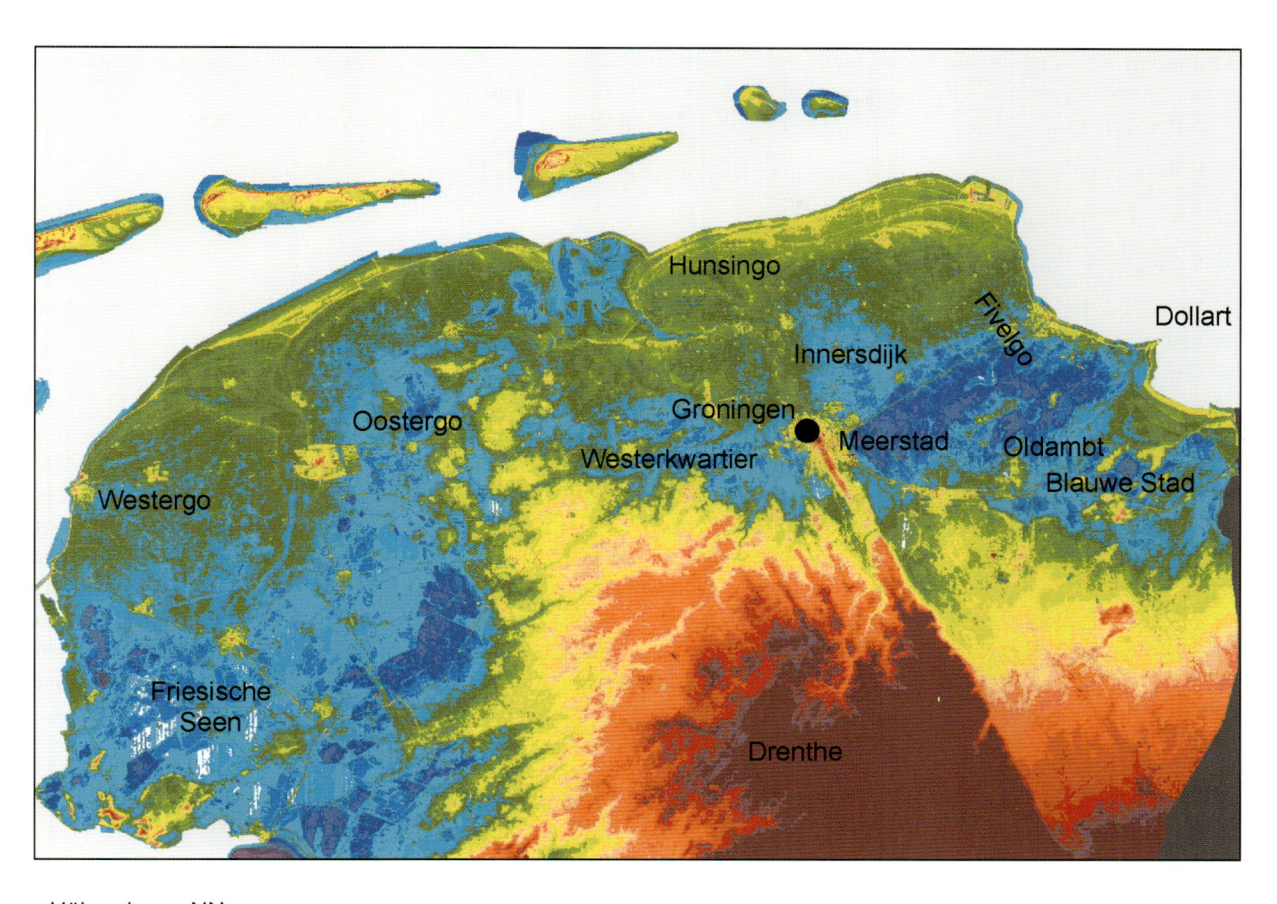

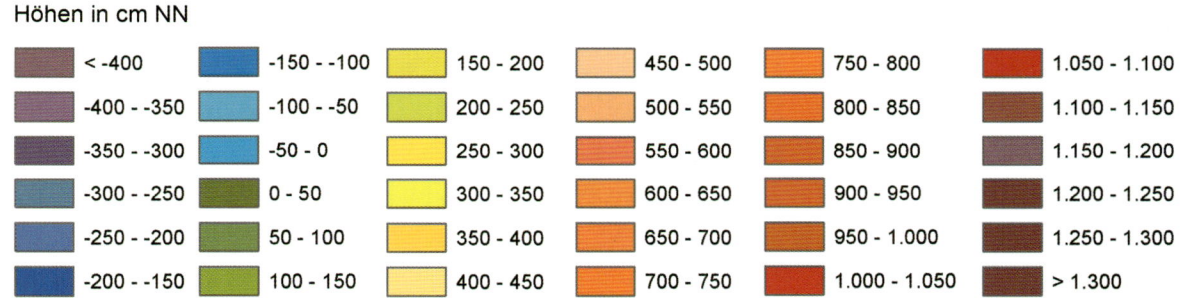

Abb. 1. Höhenplan der nördlichen Niederlande
(Actueel Hoogtebestand Nederland [AHN], Amersfoort).

herausstellte, ist dieses Moorgebiet viel ausgedehnter, als es bisher angenommen wurde. Hinter der aufsedimentierten küstennahen Marsch, die in Nordgroningen als „Hogeland" bezeichnet wird, befindet sich eine ausgedehnte Niederung (Abb. 1). Sie beginnt im Westen am IJsselmeer, geht dann über in die friesischen Seen, verläuft durch Oostergo, das Groninger Westerkwartier, die Gebiete von Innersdijk rund um Bedum und von Meerstad bis ins Oldambt, um sich dann über die niederländisch-deutsche Landesgrenze hinaus jenseits der Ems und südlich der Krummhörn bis an die Geest bei Aurich fortzusetzen. Hier und da wird diese Niederung von Sandrücken durchschnitten, im Großen und Ganzen handelt es sich aber um ein tiefliegendes Gebiet.

Die charakteristische Flurform im Sietland war eine Streifenflur, die jedoch durch Flurbereinigungen stark verändert wurde. Vergleichbare Fluren waren häufig auch in den niedrig gelegenen Moorgebieten Hollands anzutreffen. Forschungen in den 1950er Jahren zeigten, dass die Oberflächen der dortigen Moorgebiete einst viel höher gelegen haben müssen. Durch die Entwässerung und die nachfolgende Oxidation des Moores hatte sich der Boden langsam, aber stetig immer weiter abgesenkt. Dort, wo einst eine landwirtschaftliche Nutzung in vollem Umfang möglich gewesen war, konnte schließlich aufgrund von Vernässung nur noch Viehzucht betrieben werden. Diese Veränderungen waren in den Niederlanden keine Einzelfälle (BORGER 2007; SLOFSTRA 2008). Wie sich herausstellte, waren auch die großen Niederungen in Groningen und Friesland einst vermoort gewesen (ROELEVELD 1974; GRIEDE u. ROELEVELD 1982; CLINGEBORG 1981; DE LANGEN 1992; KNOL 1993).

4 Paläogeografie

Die junge Landschaft an der Nordseeküste hat sich in den vergangenen Jahrtausenden sehr verändert. Bereits im 16. Jahrhundert wurde sie erfasst und kartiert. Im Jahr 1574 fertigte der Flame Jacob van der Meersch für die Stadt Emden eine Karte mit einer Rekonstruktion des Reiderlands vor dem Durchbruch des Dollarts an. Trotz der wenig zuverlässigen Details vermittelt die Karte einen guten Eindruck von der Region (Abb. 2 – KNOTTNERUS 2011). Sibrandus Leo veröffentlichte 1579 eine Karte von Friesland – dem Norden der heutigen Niederlande –, wie es zu Zeiten von Kaiser Augustus ausgesehen haben soll (DE RIJKE 2006). Diese Karte hat für Jahrhunderte unser Bild von den Niederlanden zur Römischen Kaiserzeit geprägt (Abb. 3).

Erst im Jahr 1963 begann die Rekonstruktion der niederländischen Landschaft für bestimmte Zeitscheiben und zwar auf der Grundlage von geologischen, archäologischen und historischen Daten (PONS u. a. 1963). Die ersten Ergebnisse waren zwar informativ, wiesen aber nach neueren Erkenntnissen noch Mängel auf. Mit jedem neuen geologischen Profil und jeder neuen Ausgrabung wird jetzt das rekonstruierte Gesamtbild der Landschaft schärfer.

In den Karten ließ sich die Abfolge von Marsch, Moor und Geest bzw. pleistozänem Sand gut erkennen. Bodenkartierungen verdeutlichten, dass es früher mehr Moorgebiete als heute gab. Weitere Aufschlüsse u. a. unter Friedhöfen zeigten, dass sogar höhere Sandkuppen wie zum Beispiel die in Hellum östlich von Slochteren gelegene einst mit Moor überdeckt waren (BOERSMA 1967; 1974-75; KNOL 1993).

Abb. 2. Das Reiderland vor dem Einbruch des Dollart.
Kopie einer Karte von J. van der Meersch 1574 durch H. W. Folckerts 1722. Collectie Groninger Museum 0000.3217.

Abb. 3. Das alte Friesland zur Zeit von Kaiser Augustus.
Karte von Friesland, Insert-Karte von S. L. Leovardiensis 1579. Collectie RHC Groninger Archieven 1536-5112

Vergleicht man ältere mit neueren Kartierungen, so zeigen die neueren eine zunehmend größere Ausdehnung der Moorgebiete in früherer Zeit (Abb. 4 – Roeleveld 1974; Griede u. Roeleveld 1982; Zagwijn 1986; Knol 1993; 2010; Vos u. Knol 2005; Vos u. de Langen 2008). Archäologen und historische Geografen waren bald der Ansicht, dass die Sandgebiete von Oostergo, Westerkwartier und den Groninger Woldgebieten früher von Mooren bedeckt waren, die heute verschwunden sind. Das passte gut zu der Erkenntnis, dass zwar Befunde aus dem Neolithikum und der Bronzezeit einerseits sowie aus dem

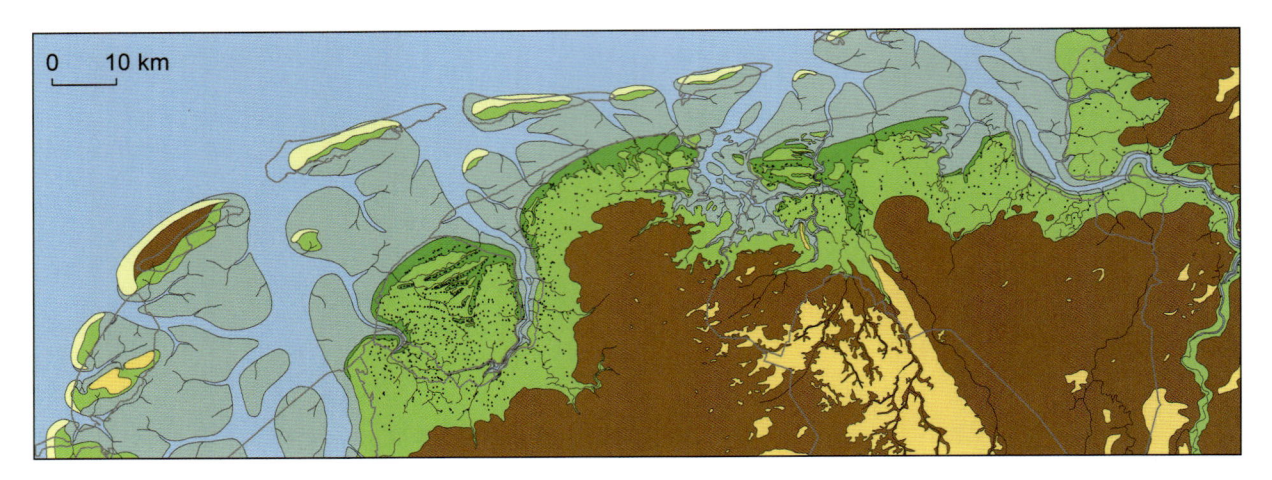

Abb. 4. Paläogeografische Karte der nördlichen Niederlande um 800 n. Chr. (nach Vos u. KNOL 2005, 134 f.).

Mittelalter andererseits zu verzeichnen sind, aber fast keine aus den Zeiten dazwischen. Die Veränderung in der Ausdehnung der Moore war daher auch Ausgangspunkt vieler Untersuchungen (JUK 1981; WASSERMANN 1985; MOL u. a. 1990; CASPARIE u. MOLEMA 1990; GROENENDIJK u. SCHWARZ 1991; DE LANGEN 1992; 2011; KNOL 1993; NOOMEN 1993a; 1993b; MOLEMA 1991; 1994; 2011; LIGTENDAG 1995; KORTEKAAS 1996; FOKKENS 1998; PETZELBERGER u. a. 1999; BAKKER 2001; 2002; 2003; SCHWARZ 2004; 2005; KNOTTNERUS 2005; 2008; SPEK 2008; GROENENDIJK u. BÄRENFÄNGER 2008; BRINKKEMPER u. a. 2009).

5 Erschließung der Moore

In zahlreichen Untersuchungen zur Besiedlung der Sietländer in den nördlichen Niederlanden wird eine bedeutende Phase der Moorkultivierung gefasst, die um 900 n. Chr. begann und ihren Höhepunkt im 10. Jahrhundert erreichte (DE LANGEN 1992, 130; LIGTENDAG 1995, 931; BAKKER 2003, 105). Diese Kultivierung wies zwei unterschiedliche Formen auf. Zum einen ging sie von Wurtenreihen aus und reichte von diesen in die tiefer gelegenen Böden. Beispiele hierfür sind die nördlich vom späteren Damsterdiep und südlich vom späteren Dokkumerdiep gelegenen Wurtenreihen (DE LANGEN 1992; LIGTENDAG 1995; KNOL 2006; KNOTTNERUS 2005, 43-44; 2008, 41-47). Eine zweite Kultivierungsform setzte an den Ufern natürlicher Wasserläufe an, von wo aus sich die Parzellen ins Moor hinein erstreckten (MOL u. a. 1990).

Die Erschließung erfolgte in langen Streifen, entsprechend dem so genannten „Recht van Opstrek" bzw. „Aufstreckrecht". Das Land wurde in Streifenparzellen aufgeteilt, die etwa senkrecht zur Siedlungsachse verliefen. Von dieser Achse als Basis aus durfte man sich so lange ins Moorgebiet vorarbeiten, bis man auf die Parzellen der Siedler stieß, die das Moor aus anderer Richtung für sich erschlossen (WASSERMANN 1985). Weil das entwässerte Moorland oxidierte und sich infolgedessen langsam absenkte, traten allerdings bei ungünstigen Wetterlagen Probleme durch Stauwasser auf. Um diese zu umgehen, drangen die Kolonisten immer weiter in die noch höher gelegenen inneren Moorgebiete vor, bis schließlich das ganze Land erschlossen und parzelliert war. Auf historischen topografischen Karten ist diese Parzellierung eindrucksvoll zu erkennen. Die Verbreitung der streifenförmigen Parzellen deckt sich gut mit den Niederungen, die Streifen verlaufen aber auch weiter über Sandrücken hinweg.

Die Kolonisation schritt anfangs sehr zügig voran. Im 12. Jahrhundert konnten sich viele Moorsiedlungen schon eine Kirche aus Tuffstein leisten (DE LANGEN 1992, Abb. 18; DE OLDE 2002; 2003). Allerdings ging auch die Oberflächenabsenkung unerbittlich weiter. Mit ihr kam die ursprünglich wohlhabende Region in Schwierigkeiten und die tiefer gelegenen Sietlandregionen wurden immer ärmer; an den einstigen Wohlstand erinnerte man sich schließlich nicht mehr.

Die Oberflächenabsenkung hatte nämlich gravierende Folgen: Das Wasser, das aus dem Hochmoor im Hinterland früher über die Moorgräben und durch die Marsch zum Meer abfloss, sammelte sich nun in den neu entstandenen Senken. Dies führte zur Bildung von Seen, welche schließlich die gesamte Niederung ausfüllten. Detaillierte Karten zeigen, dass die Streifenparzellierung über Seen und Inseln verläuft. So zieht sie etwa im Nordosten von Groningen über das Schildmeer hinweg (Abb. 5). In einigen dieser Seen wurde auch Keramik gefunden (KNOL 1993, 41-42; BAKKER

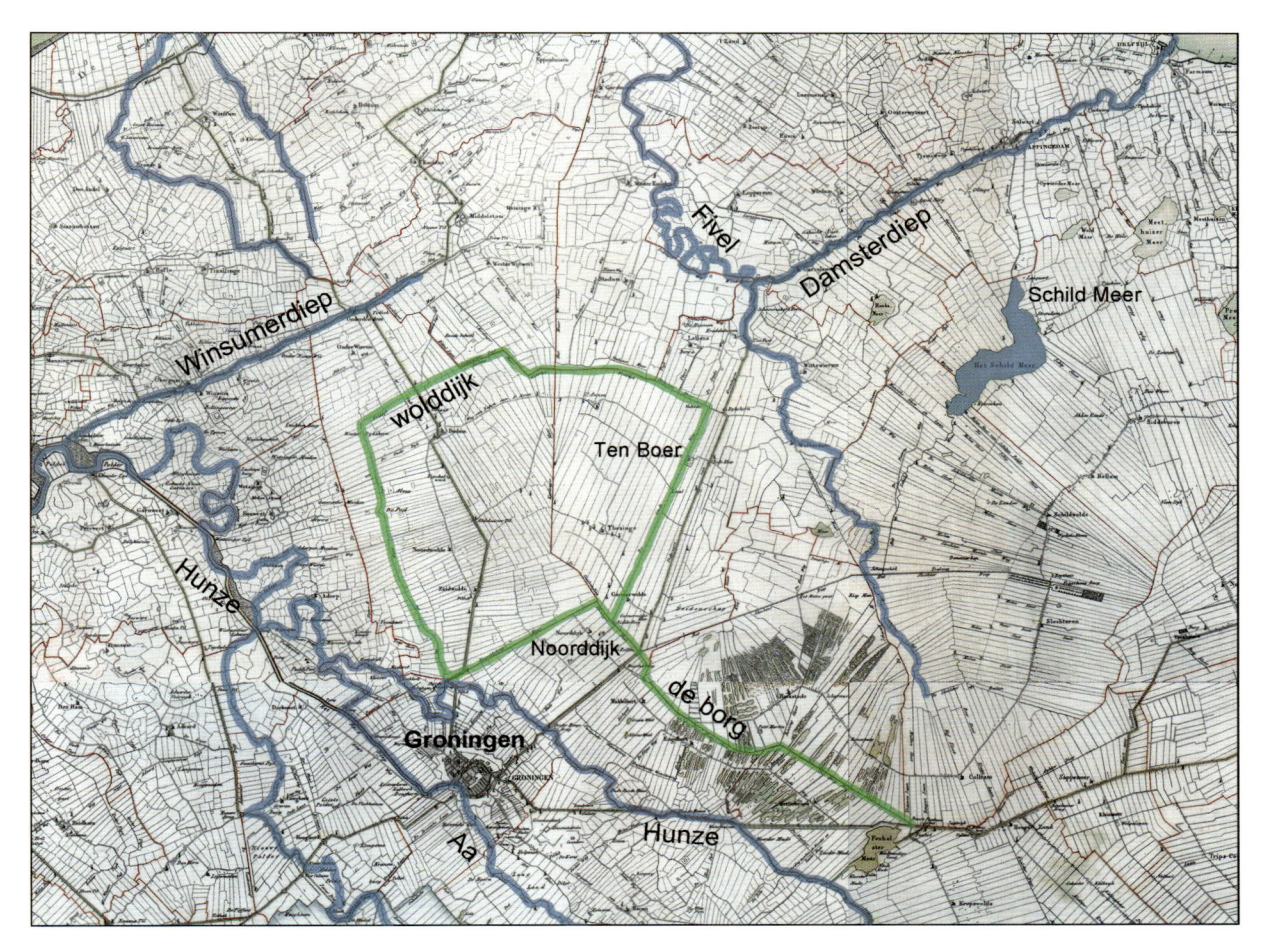

Abb. 5. Wolddijk und Borg. Ausschnitt aus der Topographischen Karte von J. H. Jappé u. W. C. van Baarsel 1838, verändert. Collectie RHC Groninger Archieven 817-841/1-4.

2001, 114; 2003; SCHWARZ 2004; GROENENDIJK u. VAN DER SANDEN 2007).

Die Moorkolonisation nach dem Aufstreckrecht verlief durchaus mit lokal unterschiedlicher Geschwindigkeit. So kam die Erschließung der Moorgebiete östlich der Stadt Groningen viel später in Gang als die Kolonisation von Norden her. Daher liegt die Grenze zwischen dem Parzellenblock von Ten Boer einerseits (innerhalb des „Wolddijk") und demjenigen von Noorddijk und Umgebung andererseits (direkt südlich des „Wolddijk") auch nicht in der Mitte des damaligen Moores, sondern nahe der Stadt Groningen. Diese Grenze wird vom „Wolddijk" nachgezeichnet (Abb. 5). Die Einwohner von Noorddijk hatten viel weniger Möglichkeit zur Landerschließung als jene, die von Ten Boer aus ins Moor vordrangen, weil sie bereits sehr schnell auf die südliche Flurgrenze von Ten Boer stießen (KNOL 2006).

6 Regulierung des Oberflächenwassers

Das Problem des Stauwassers versuchte man durch den Bau von Entwässerungskanälen – wie dem Winsumer- und dem Damsterdiep in Groningen – zu lösen. Im Jahr 1057 verlieh König Heinrich IV. den Orten Winsum und Garrelsweer Markt-, Münz- und Zollrecht (HENSTRA 2007). Hieraus wird ersichtlich, dass beide „Diepen" bzw. Kanäle in Funktion waren und damit beide Marktflecken Aussicht auf wachsenden Wohlstand hatten. Für einige Zeit waren diese Entwässerungsmaßnahmen erfolgreich, allerdings konnte nun auch das Meerwasser weiter landeinwärts vordringen. Die „Diepen" mäandrierten aber und die Folgen davon waren schließlich noch schwerwiegender als das ursprüngliche Problem.

Daraufhin wurden diese Wasserläufe spätestens im 12. Jahrhundert mit begleitenden Deichen („Zijtwenden" bzw. Sietwendungen) versehen und, wo nötig, mit Schleusen ausgestattet. Auch größere Flüsse wie die Hunze wurden bedeicht. Die Sietwendungen kanalisierten das aus dem Hinterland in Richtung zur Küste fließende Wasser. Da die Sietwendungen auf der Grenze zwischen benachbarten Kirchspielen angelegt wurden, hielten sie das Wasser der jeweils angrenzenden Bauerschaften fern (Beispiele bei VAN DER BROEK 2011).

Die Entwässerung erfolgte über Siele. Die frühesten mittelalterlichen Beispiele hierfür sind ein Siel aus dem 13. Jahrhundert im niederländischen Buitenpost (Prov. Friesland) sowie ein weiteres aus dem 14. Jahrhundert, das bei Stollhammer Ahndeich in Butjadingen (Ldkr. Wesermarsch) gefunden wurde (REINDERS 1988; BRANDT 1984). Vergleichbare Einrichtungen zur Wasserregulierung waren auch im Groningerland vorhanden.

Zur Instandhaltung solcher Siele wurden Sielverbände gegründet, die in „schepperijen" unterteilt waren (LIGTENDAG 1995). Alle Landeigentümer mussten Beiträge zur Instandhaltung der Deiche, Gräben und Siele entrichten. Aus dieser Zeit sind leider keine Dokumente erhalten geblieben, in denen etwas über jene frühen Genossenschaften berichtet wird. Solche Zusammenschlüsse muss es aber bereits in der Kolonisationsphase gegeben haben. Bau und Besiedlung der Wurten sind ohne derartige Genossenschaften kaum vorstellbar. Durch den Bau von Wehren und künstlichen Entwässerungsanlagen wurde die Arbeit auf genossenschaftlicher Basis noch intensiviert.

Es gab also zum einen Probleme mit Meerwasser, das über die „Diepen" ungehindert ins Landesinnere eindringen konnte, und zum anderen mit Stauwasser, das man aus dem Hinterland abführen wollte. Gegen das Meerwasser versah man um 1300 das Damsterdiep mit einem Siel und zwei landwärts hintereinander geschalteten Schleusen. Drei Sielverbände arbeiteten von nun an als General-Sielverband für die drei Siele zusammen. Auch am Winsumerdiep wurden Siele gebaut. Anfangs versah man die Hunze bzw. das Reitdiep unterhalb der Mündung des Winsumerdieps ebenfalls mit Sielen. Von 1313 bis 1322 waren diese Maßnahmen auch erfolgreich, aber dann wurde der Ansturm der Nordsee doch zu stark. Um 1323 entschloss man sich daher, Siele bereits weiter landeinwärts an der Mündung des Winsumerdieps zu errichten (SCHROOR 2007).

Außerdem existierten acht Sielverbände, die das aus Drenthe kommende Oberflächenwasser mithilfe eines langgezogenen Deichs – dem so genannten „Borgwal" – kanalisierten (Abb. 5 – LIGTENDAG 1995).

Die frühen Einrichtungen zur Wasserregulierung waren in erster Linie darauf ausgerichtet, das Binnenwasser abzuführen. Aber auch vom Meer her drohte Gefahr. Solange die Mooroberflächen aber noch hoch lagen, konnte das Wasser der Nordsee nicht bis hierhin vordringen. Durch die Absenkung der neu kultivierten Moorgebiete blieb jedoch nach jeder Überflutung Wasser in den Senken stehen.

So gab es im Woldgebiet um Bedum ernsthafte Probleme mit dem vom Meer her eingedrungenen Wasser, wie noch an Spuren von Wasserrinnen zu erkennen ist (ROELEVELD 1974, 65-66). Dies war der Anlass zum Bau des „Wolddijk" (Abb. 5). Zunächst verlief er – heute bekannt als „Olde Dijk" – über das Dorf Bedum, später wurde er dann zum heutigen Ringdeich „Wolddijk" ausgebaut. Erwähnt wurde der „Olde Dijk" vermutlich bereits für das Jahr 1249 in der Chronik des Emo van Huizinge. Somit dürfte sein Bau ins späte 12. oder frühe 13. Jahrhundert zu datieren sein. Der Verlauf des Deichs nimmt kaum Rücksicht auf die alte Parzellierung. Er diente dazu, sowohl das Wasser der Hunze als auch das Nordseewasser von den Siedlungs- und Wirtschaftsflächen fernzuhalten (KOOI 1997).

Vermutlich war der „Olde Dijk" aber noch nicht stark genug für einen ausreichenden Schutz der Ländereien, denn durch den Einbruch der Lauwerszee in Friesland ging immer mehr Land verloren. Im späten 12. bzw. frühen 13. Jahrhundert gab es offenbar hier noch keine durchgehenden Seedeiche – erst später deutet dann der treffende Begriff „Seeburg" darauf hin. Jetzt aber war die Hunze ein unruhiges Gewässer geworden, von dem immer wieder eine Überflutungsgefahr ausging. Damit war ein zusätzlicher Schutz gegen das aus westlicher Richtung andrängende Wasser notwendig geworden.

Entlang der natürlichen Wasserläufe mit Ursprung im Hinterland – in die zeitweise auch das Nordseewasser eindrang – sedimentierten im Laufe der Jahrhunderte breite und relativ hohe Uferwälle auf. Diese waren stabil und wurden nicht so leicht erodiert. Infolge der nach und nach entstandenen Senken im Moor verringerte sich jedoch die Wasserabfuhr aus dem Sietland, weshalb die alten Wasserläufe allmählich verschlickten. Nach dem Bau von Küstendeichen beschleunigte sich dieser Prozess der Verlandung sogar noch. Im Laufe des Mittelalters verloren alte Wasserläufe wie De Heekt, De Fivel, De Oude Delte zwischen Warffum und Usquert, der Unterlauf der Hunze oder die Paesens in Friesland gänzlich ihre Funktion. Das Wasser wurde jetzt zu den neueren Schleusen hin und weiter ins Reitdiep bzw. ins Dokkumer Grootdiep umgeleitet.

7 Deichbau und Grodenbesiedlung

Die Küstenbewohner verstanden es im Mittelalter bereits seit 1500 Jahren, im ungeschützten Marschland auf ihren Wurten zu leben. Durch die fortschreitende Bodensenkung im Hinterland war aber eine neue Situation entstanden: Jetzt floss das Wasser nicht mehr wie früher nach jeder Überflutung zurück in die Nordsee, sondern blieb in den Senkungsgebieten stehen und behinderte die Bewirtschaftung der neu erschlossenen Gebiete.

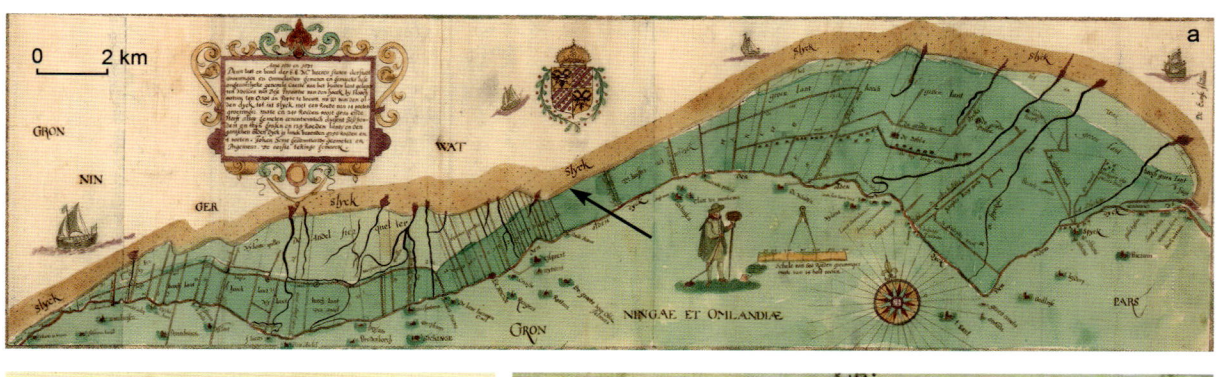

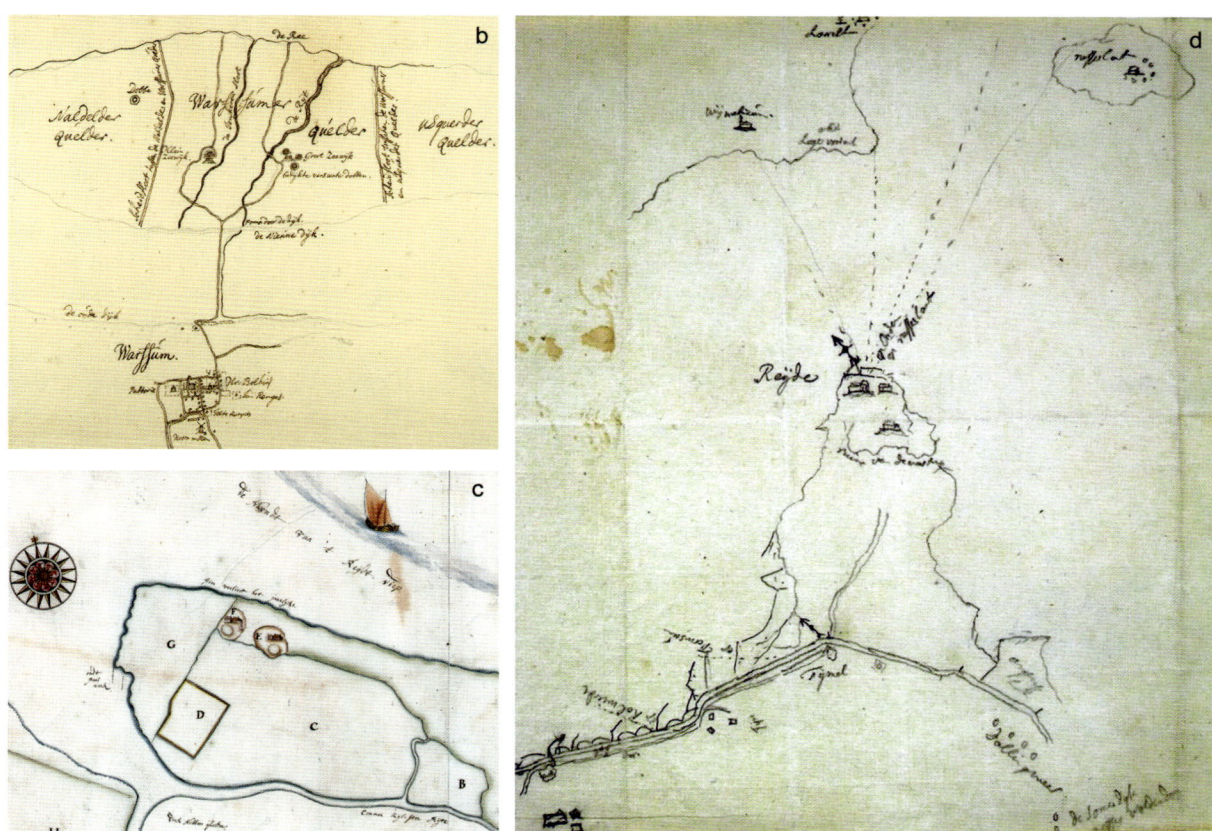

Abb. 6. Besiedlung außendeichs.
a Uithuizermeeden. Kopie der Grodenkarte von J. Sems 1631 durch R. Alberts 1641. Collectie RHC Groninger Archieven 817-1085. – b Nördlich von Warffum. Skizzenkarte von Th. Beckeringh ca. 1750-80. Groninger Universiteitsbibliotheek, Sammlung G. Acker Stratingh, Karte 52. – c Ruigezand im Mündungsgebiet des Reitdieps. Ausschnitt der Grodenkarte aus dem Groot Caarteboek von H. W. Folckerts 1728. Collectie RHC Groninger Archieven 1536-5315. – d Reide. Skizzenkarte von Th. Beckeringh ca. 1750-80. Groninger Universiteitsbibliotheek, Sammlung G. Acker Stratingh, Karte 87.

Jetzt suchte man eine Lösung im Deichbau. Angesichts der bekannten Datierungen von Kanälen, Deichen, Sielen und anderen wasserbaulichen Einrichtungen, welche im 11. und 12. Jahrhundert der Melioration der tief liegenden Gebiete dienten, muss es seit dieser Zeit zumindest entlang der Ems einen durchgehenden Deich gegeben haben. So bestätigen Berichte über Instandhaltungsarbeiten am Emsdeich im Jahr 1219, dass damals bereits Ems und Heekt bedeicht gewesen sind (DE BOER 2009; KNOTTNERUS 2005; 2008).

Durch die Kultivierung der Moore hatte sich die landwirtschaftliche Nutzfläche im Norden der Niederlande mehr als verdoppelt. Die neuen Gemeinden agierten immer selbstständiger, so dass sich Teilregionen der alten Gaue weitgehend unabhängig machten. Beispiele in Groningen sind hierfür Vredewold, Langewold, Oldambt und Reiderland. Die Erfahrungen mit der Entwässerung im Sietland konnten nun auch beim Unterhalt der Seedeiche genutzt werden. Die Deiche wurden in Abschnitte unterteilt und die jeweiligen Anlieger waren für die Unterhaltung der betreffenden Deichabschnitte verantwortlich.

In der Regel wurde ein Seedeich nie am äußersten Rand der Marsch errichtet, so dass große Marschflächen im Deichvorland verblieben, wo man weiterhin bis ins 18. und 19. Jahrhundert hinein auf Hauswurten wohnte. Auch nach den katastrophalen Überflutungen von 1686, 1717 und 1825 – die zahllose Opfer forderten – wurden die Bauernhöfe hier wieder bewirtschaftet. Das zeigen folgende Beispiele aus dem Groninger Umland.

Im Nordwesten der heutigen Gemeinde Uithuizermeeden befand sich ein aufsedimentierter Groden, in welchem 1635 mehr als einen Kilometer landeinwärts ein Sommerdeich parallel zur Grodenkante angelegt wurde. Nach mehreren Erhöhungen baute man diesen nach der Weihnachtsflut von 1717 zu einem Küstenschutzdeich aus (Abb. 6a: s. Pfeil). Uithuizermeeden außendeichs – wie dieses Gebiet genannt wird – war bereits damals seit vielen Jahrhunderten besiedelt.

Bei Warffum und Den Andel lagen vier bewohnte Wurten außendeichs, wie eine Skizzenkarte aus dem Ende des 18. Jahrhunderts zeigt (Abb. 6b). Sie wurden erst 1811 zusammen mit dem Nordpolder eingedeicht. Der Wurtenforscher Westerhoff (1801-1874) hatte diese noch mit eigenen Augen gesehen: *„Ich – noch ein Kind – sah, wie im Spätherbst des Jahres 1811 der ganze, schon eingedeichte Nordpolder überflutet wurde und die vier damals noch existierenden Wurten aus den schäumenden Wogen hervorragten"* (Übersetzung E. K. nach WESTERHOFF 1864, 100). Auf der Skizzenkarte Abb. 6b sind neben einigen Gehöften auf Hauswurten – so Groot und Klein Zeewijk – auch Fethinge zu erkennen. Dabei handelt es sich um Süßwasserteiche für das Vieh, die hier von einem ringförmigen Deich umgeben sind. Solche Fethinge waren außendeichs häufiger anzutreffen als die Hauswurten selbst und sind ebenfalls vom Deichvorland in Friesland bekannt.

Westlich von Vierhuizen gab es im 17. Jahrhundert einen Bauernhof im Deichvorland, der nach der Überlieferung der Rest eines außendeichs liegenden Dorfes war (BUURSMA 2009, 3 u. 11-15). Der Polder Ruigezand wurde 1794 eingedeicht. Vorher lagen die beiden Höfe hier jeder auf einer Wurt mit einem Fething außendeichs (Abb. 6c). Auch am „Punt van Reide" lebte man noch sehr lange außendeichs. Hier standen früher drei kleine Fischerhäuschen auf Hauswurten, von denen das letzte 1875 verlassen wurde (Abb. 6d – KNOL u. a. in Vorbereitung).

8 Flutkatastrophen und Meereseinbrüche

Überflutungen durch See- und Binnenwasser waren eine indirekte Folge der Moorkolonisation. An manchen Stellen, wo das kultivierte Land nur durch einen schmalen Uferwall von der Küste getrennt war – so auch an der Ems – senkte sich die Landoberfläche schließlich unter das mittlere Sturmflutniveau ab (VOS 2009; KNOTTNERUS 2011). Zwar können heute die hohen Deiche das Wasser zurückhalten, damals waren sie aber hierfür in der Regel noch zu schwach. Überdies war im Küstengebiet das Fehdewesen sehr verbreitet, wobei sich die lokalen Machthaber regelmäßig bekämpften. Dabei war auch die Beschädigung von Sielen und Deichen der jeweils anderen Seite üblich.

Über 1500 Jahre lang konnte man auf dem unbedeichten Land mit den Überflutungen leben, da sich das Wasser in dieser Zeit noch über den gesamten Groden verteilte. Vor den Deichen wurde es jetzt aber sehr hoch aufgestaut (BEHRE 2008, 97-102). Spätestens seit dem 14. Jahrhundert geschah dann auch an der unteren Ems im heutigen Dollartgebiet das Unvermeidliche (KNOTTNERUS 2011): Das Wasser brach durch die Siele herein. Zweimal täglich kam die Flut und durch die zunehmende Erweiterung der Meeresbucht strömten immer mehr Wasser ein und aus. So wurde die Gezeitenamplitude immer größer. Innerhalb von etwa 150 Jahren war das Land am Dollart dann vollständig vom

Meer überflutet. Nur wenige Reste des Emsuferwalls in Form des „Punt van Reide", des Nesserlands bei Emden und des Reiderlands westlich der Ems blieben erhalten (KNOL 2008; UPHOFF 2008).

In zahlreichen Studien zur Entstehung des Dollarts wurden die mangelhafte Stärke der Deiche bzw. die Vernachlässigung der Deich- und Sielinstandhaltung als wichtige Faktoren für Flutkatastrophen hervorgehoben (BREUER 1965; BEHRE 2008, 97-102; KNOTTNERUS 2011). Die beiden letzteren Arbeiten weisen darüber hinaus auf die infolge der Moorkolonisation eingetretene Absenkung der Landoberfläche als entscheidendes Risiko für Überflutungen hin. Der natürliche Uferwall bot nur begrenzten Schutz vor Überflutungen und ein Durchbruch konnte nicht ausbleiben. Diese Erkenntnis von Seiten der Geologie verändert das frühere Bild der Landschaftsentwicklung.

Der Dollart brach dann im späten Mittelalter ein. Zuvor war in einem vergleichbaren Prozess die Lauwerszee entstanden (GROENENDIJK u. VOS 2002; 2010; NICOLAY u. VOS 2010). Auch in diesem Gebiet gab es einige aus dem Moor kommende und ins Wattenmeer mündende Flüsse, wovon die Lauwers der wichtigste war. Hinter einem küstenparallelen Uferwall mit Wurtsiedlungen lag hier ein ausgedehntes Moorgebiet, und bereits im 8. Jahrhundert kam es dort zur ersten Besiedlung. Nach Entwässerung und Landabsenkung entstand durch Überflutung des Moores Salztorf, der später zur Salzgewinnung abgegraben wurde. Solche Aktivitäten machten jedoch das Gebiet aufgrund der erneuten Absenkung der Landoberfläche ebenfalls sehr empfindlich für weitere Meereseinbrüche. Bereits im Laufe des Frühmittelalters entstand hier eine große Meeresbucht. Die alten Entwässerungslinien über die Hunze auf Groninger Seite sowie die Paesens auf friesischer Seite verschlickten schnell, und das eingebrochene Gebiet wurde eingedeicht.

Vergleichbare Prozesse, bei denen die Kultivierung von Moorgebieten zu Absenkungen der Landoberfläche führte und das Eindringen von Meerwasser begünstigte, haben offensichtlich zu den Einbrüchen von Leybucht und Jadebusen geführt. Auch hier wird der Salztorfabbau solche Prozesse noch beschleunigt haben (SIEGMÜLLER u. BUNGENSTOCK 2010).

9 Ausblick

Mit der Kolonisation des vermoorten Sietlands und der Errichtung von Deichen störte der Mensch das natürliche Gleichgewicht zwischen Watten und Marschen. Das vor den Deichen hoch aufgestaute Wasser konnte bei Deichbrüchen zur immensen Bedrohung werden. Somit gefährdete der Mensch durch Deichbau und Moorkultivierung letztendlich seine eigene Existenz.

Bereits in der Römischen Kaiserzeit wurden einige Moorrandbereiche kolonisiert. Bei Bedum, Overschild und Ten Boer, aber noch deutlicher in Friesland sind Spuren davon sichtbar. Die Kolonisation führte u. a. zu Absenkungen der Landoberfläche und nachfolgend zu Überschwemmungen mit der Ablagerung von Marschensediment (ELZINGA 1962; WALDUS 1999; KNOL 2006; GERRETS 2010, 77-104; DE LANGEN 2011). Künftige Detailuntersuchungen sollen diese Beobachtungen präzisieren.

Eine zweite mittelalterliche Kolonisationsperiode verlief – u. a. in der Nähe von Groningen – mehrphasig. Zwischen den Kolonisationsphasen wuchs einerseits das Moor erneut auf, andererseits wurden durch Überschwemmungen auch Marschensedimente abgelagert.

Daneben ist für mehrere Regionen – so in Friesland und am Jadebusen – festzustellen, dass seit dem Mittelalter auch der Salztorfabbau in den ehemals vom Meer überfluteten Moorgebieten degradierende Auswirkungen auf die Landschaft hatte, indem er dem Einbruch von Meeresbuchten Vorschub leistete (GRIEDE 1978; NICOLAY 2010; BEHRE 2005; SIEGMÜLLER u. BUNGENSTOCK 2010).

Wenn entsprechende Gebiete überflutet wurden, wurde zumeist auch viel Nutzland vernichtet. Allerdings besaßen die zum Meer fließenden Wasserläufe – je nachdem ob sie durch Marsch oder Moor flossen – Einzugsgebiete unterschiedlicher mechanischer Widerstandsfähigkeit. Entsprechend unterschiedlich stark wirkte sich die Erosionskraft von Meereseinbrüchen aus, wobei hinzukommt, dass solche Ereignisse zu ganz verschiedenen Zeiten stattfanden. Künftige vergleichende geologische Untersuchungen entsprechender Einzugsgebiete dürften hierzu neue Erkenntnisse erbringen.

10 Literatur

BAKKER, G., 2001: Het ontstaan van het Snekermeer in relatie tot de ontginning van een laagveengebied 950-1300. Tijdschrift voor Waterstaatsgeschiedenis 10, 54-66.

BAKKER, G., 2002: Echten en Oosterzee, ontginning en vervening, bijna duizend jaar maaiveldverlaging. It Beaken 64:2, 129-160.

BAKKER, G., 2003: Veenontginningen in Wymbritseradeel en Doniawerstal vanuit Goënga, Sneek, IJlst, Oosthem en Abbega 900-1300. It Beaken 65:3/4, 87-124.

BAZELMANS, J., GERRETS, D. A., KONING, J. DE, u. VOS, P. C., 1999: Zoden aan de dijk. Kleinschalige bedijking van akker- en hooiland in de late prehistorie en protohistorie van noordelijk Westergo. De Vrije Fries 79, 7-74.

BEHRE, K.-E., 2005: Meeresspiegelbewegungen, Landverluste und Landgewinnungen an der Nordsee. Siedlungsforschung 23, 19-46.

BEHRE, K.-E., 2008: Landschaftsgeschichte Norddeutschlands. Umwelt und Siedlung von der Steinzeit bis zur Gegenwart. Neumünster.

BOER, E. DE, 2009: Verwikkelingen in de middeleeuwse dijkschepperij van Holwierde. Historisch Jaarboek Groningen 2009, 6-23.

BOERSMA, J. W., 1967: Oudheidkundig bodemonderzoek in de Nederlands Hervormde Kerk te Hellum (Groningen). Berichten van de Rijksdienst voor het Oudheidkundig Bodemonderzoek 17, 141-155.

BOERSMA, J. W., 1974-75: De kerk van Stederwalda te Thesingburen (gem. Ten Boer). Groningse Volksalmanak 1974-75, 184-197.

BORGER, G. J., 2007: Het verdwenen veen en de toekomst van het landschap. Rede in verkorte vorm uitgesproken bij het afscheid van het ambt van hoogleraar in de Historische Geografie aan de Universiteit van Amsterdam op woensdag 29 augustus 2007. Amsterdam.

BOTTEMA, S., HOORN, T. C. VAN, WOLDRING, H., u. GREMMEN, W. H., 1980: An agricultural experiment in the unprotected salt marsh 2. Palaeohistoria 22, 127-140.

BRANDT, K., 1984: Der Fund eines mittelalterlichen Siels bei Stollhammer Ahndeich, Gem. Butjadingen, Kr. Wesermarsch, und seine Bedeutung für die Landschaftsentwicklung zwischen Jadebusen und Weser. Probleme der Küstenforschung im südlichen Nordseegebiet 15, 51-64.

BREUER, H., 1965: Dollart und Ems. Die Folgen der Dollartbildung für das Gebiet der unteren Ems. Jahrbuch der Gesellschaft für bildende Kunst und vaterländische Altertümer zu Emden 45, 11-90.

BRINKKEMPER, O., BRONGERS, M., JAGER, S., SPEK, T., VAART, J. VAN DER, u. IJZERMAN, Y., 2009: De Mieden. Een landschap in de Noordelijke Friese Wouden. Publikatiereeks Fryske Akademy 1032. Utrecht.

BROEK, J. VAN DER, 2011: Een kronkelend verhaal. Nieuw licht op de oude Hunze. Assen.

BUURSMA, A., 2009: Kerkepadwandeling Zoutkamp-Vierhuizen. Groningen.

CASPARIE, W. A., u. MOLEMA, J., 1990: Het middeleeuwse veenontginningslandschap bij Scheemda. Palaeohistoria 32, 271-289.

CLINGEBORG, A. E., 1981: Het Groninger woudgebied, een voormalig veenlandschap? Boor en Spade 20, 184-205.

ELZINGA, G., 1962: Nederzettingssporen van rond het begin onzer jaartelling bij Sneek. De Vrije Fries 45, 68-99.

EY, J., 2005: Früher Deichbau und Entwässerung im nordwestdeutschen Küstengebiet. In: J. Klápště (Hrsg.), Watermanagement in medieval rural economy. Ruralia 5, Památky archaeologické, Supplementum 17, 146-151. Prag.

EY, J., 2007: Early dike construction in the coastal area of Lower Saxony. In: J. J. J. M. Beenakker, F. Horsten, A. de Kraker u. H. Renes (Hrsg.), Landschap in ruimte en tijd. Liber amicorum aangeboden aan prof. dr. Guus J. Borger bij gelegenheid van zijn 65e verjaardag en zijn afscheid als hoogleraar in de historische geografie aan de Universiteit van Amsterdam en de Vrije Universiteit, 92-99 u. 230. Amsterdam.

EY, J., 2010: Initiation of dike construction in the German clay district. In: H. Marencic, K. Eskildsen, H. Farke u. S. Hedtkamp (Hrsg.), Proceedings of the 12th International Scientific Wadden Sea Symposium „Science for Nature Conservation and Management", Wilhelmshaven, 30 March – 3 April 2009. Wadden Sea Ecosystem 26, 129-133. Wilhelmshaven.

FOKKENS, H., 1998: Drowned landscape. The occupation history of the western part of the Frisian-Drentian Plateau, 4400 BC – AD 500. Assen, Amersfoort.

GERRETS, D. A., 2010: Op de grens van land en water. Dynamiek van landschap en samenleving in Frisia gedurende de Romeinse tijd en de Volksverhuizingstijd. Groningen Archaeological Studies 13. Groningen.

GRIEDE, J. W., 1978: Het ontstaan van Frieslands Noordhoek. Dissertation, Vrije Universiteit Amsterdam.

GRIEDE, J. W., u. ROELEVELD, W., 1982: De geologische en paleogeografische ontwikkeling van het noordelijk zeekleigebied. Geografisch Tijdschrift 16, 439-454.

GROENENDIJK, H., u. BÄRENFÄNGER, R., 2008: Gelaagd landschap, veenkolonisten en kleiboern in het Dollardgebied. Archeologie in Groningen 5. Bedum.

GROENENDIJK, H., u. SANDEN, W. A. B. VAN DER, 2007: Een verdronken weg in het Zuidlaardermeer, verslag van een ongewoon onderzoek. Nieuwe Drentse Volksalmanak 2007, 131-187.

GROENENDIJK, H., u. SCHWARZ, W., 1991: Mittelalterliche Besiedlung der Moore im Einflussbereich des Dollarts. Ergebnisse und Perspektiven. Archäologische Mitteilungen aus Nordwestdeutschland 14, 39-68.

GROENENDIJK, H., u. VOS, P., 2002: Outside the terp landscape. Detecting drowned settlements by using the geo-genetic approach in the coastal region north of Grijpskerk (Groningen, the Netherlands). Berichten van de Rijksdienst voor het Oudheidkundig Bodemonderzoek 45, 57-80.

GROENENDIJK, H. A., u. VOS, P., 2010: Stroobos en Gaarkeuken. Sleutelsites middeleeuwse veenontginning in het Westerkwartier (Gr.). Paleo-Aktueel 21, 85-93.

HENSTRA, D. J., 2007: De Winsumer koninklijke oorkonde van 1057. In: A. T. Popkema (Hrsg.), Fon jelde – opstellen van D. J. Henstra over middeleeuws Frisia, 145-157. Groningen.

HUISMAN, K., 1992: Zur Bedeichungsgeschichte im westerlauwersschen Friesland. In: T. Steensen (Hrsg.), Deichbau und Sturmfluten in den Frieslanden, 37-45. Bredstedt.

JUK, T. B., 1981: Het Maarvliet. Noorderbreedte 5:6, 161-166.

KNOL, E., 1993: De Noordnederlandse kustlanden in de Vroege Middeleeuwen. Dissertation, Vrije Universiteit Amsterdam.

KNOL, E., 2006: Vroege bewoning langs de Fivel en op het veen. In: P. W. Pastoor (Hrsg.), Boerderijen gemeente Ten Boer en Overschild 1595-2005, 18-26. Bedum.

KNOL, E., 2008: Nessereiland, de oostelijkste punt van Reiderland. Groninger Historisch Jaarboek 2008, 20-35.

KNOL, E., 2010: Het verleden van kwelders, wierden en dijken, werk voor natuurwetenschappers. In: G. J. Borger, P. Breuker u. H. de Jong (Hrsg.), Van Groningen tot Zeeland.

Geschiedenis van het cultuurhistorisch onderzoek naar het kustlandschap, 11-27, 65-68, 145-149. Hilversum.

KNOL, E., BUURSMA, A., u. FEENSTRA, H., in Vorbereitung: De Punt van Reide – een sterk restant van een oeverwal.

KNOTTNERUS, O. S., 2005: Fivelboezem – de erfenis van een verdwenen rivier. Bedum.

KNOTTNERUS, O. S., 2008: Natte voeten, vette klei. Oostelijk Fivelingo en het water. Bedum.

KNOTTNERUS, O. S., 2011: Verdronken dorpen. Groninger Kerken 28:1, 3-8.

KÖRBER-GROHNE, U., 1967: Geobotanische Untersuchungen auf der Feddersen Wierde. Feddersen Wierde 1. Wiesbaden.

KOOI, P., 1997: Het archeologisch onderzoek in de Walfriduskerk van Bedum. Groninger Kerken 14:1, 5-14.

KORTEKAAS, G., 1996: Graven in Lieuwerderpolder. Hervonden Stad 1996, 51-62.

KÜHN, H. J., u. PANTEN, A., 1989: Der frühe Deichbau in Nordfriesland. Archäologisch-historische Untersuchungen. Nordfriisk Instituut 94. Bredstedt.

LANGEN, G. J. DE, 1992: Middeleeuws Friesland. Groningen.

LANGEN, G. J. DE, 2011: De gang naar een ander landschap. In: M. NIEKUS (Hrsg.), Gevormd en omgevormd landschap van prehistorie tot middeleeuwen, 70-97. Assen.

LIGTENDAG, W. A., 1995: De Wolden en het water. Groningen.

MOL, J. A., NOOMEN, P. N., u. VAART, J. H. P. VAN DER, 1990: Achtkarspelen-Zuid/Eestrum. Een historisch-geografisch onderzoek voor de landinrichting. Leeuwarden.

MOLEMA, J., 1991: Archeologische verkenningen in de landinrichtingsgebieden Achtkarspelen, Eestrum en Drachten (Fr.). Paleo-Aktueel 2, 77-81.

MOLEMA, J., 1994: Van de Mieden, Egeste en Broke. De middeleeuwse nederzettingsgeschiedenis van het zuidwestelijk Wold-Oldambt in kort bestek. Palaeohistoria 33-34, 311-320.

MOLEMA, J., 2011: Verdwenen kerken van veenontginningsnederzettingen. Groninger Kerken 28:1, 9-15.

NICOLAY, J. A. W., 2010: De nederzettingssporen en hun fasering. In: J. Nicolay (Hrsg.), Terpbewoning in oostelijk Friesland. Twee opgravingen in het voormalige kweldergebied van Oostergo. Groningen Archaeological Studies 10, 94-131. Groningen.

NICOLAY, J. A. W., u. VOS, P. C., 2010: De bewoningsgeschiedenis van Dongeradeel en het belang van middeleeuwse zoutwinning in Friesland. In: J. Nicolay (Hrsg.), Terpbewoning in oostelijk Friesland. Twee opgravingen in het voormalige kweldergebied van Oostergo. Groningen Archaeological Studies 10, 173-215. Groningen.

NOOMEN, P. N., 1993a: St. Gangolfus in de Izermieden. Een „Wüstung" in Achtkarspelen. It Baeken 55, 32-40.

NOOMEN, P. N., 1993b: St. Gangolfus in de Izermieden. Dupliek. It Baeken 55, 207-211.

OLDE, H. DE, 2002: Tufstenen kerken in Groningen. Oude Groninger Kerken 19:1, 4-30.

OLDE, H. DE, 2003: Tufstenen kerken in Groningen. Een nalezing. Oude Groninger Kerken 20:1, 15-19.

PETZELBERGER, B. E. M., BEHRE, K.-E., u. GEYH, M., 1999: Beginn der Hochmoorentwicklung und Ausbreitung der Hochmoore in Nordwestdeutschland – Erste Ergebnisse eines neuen Projektes. Telma 29, 21-38.

PONS, L. J., JELGERSMA, S., WIGGERS, A. J. u. JONG, J. D. DE, 1963: Evolution of the Netherlands coastal area during the Holocene. Verhandelingen van het Koninklijk Nederlands Geologisch Mijnbouwkundig Genootschap, Geologische Serie 21/22, 197-208.

PRISON, H., 2009: Von Prielen und Sielen. Archäologie in Niedersachsen 12, 127-129.

REINDERS, R. R., 1988: Een dertiende-eeuwse sluis in de Oude Ried bij Buitenpost. In: M. Bierma, A. T. Clason, E. Kramer u. G. J. de Langen (Red.), Terpen en wierden in het Fries-Groningse kustgebied, 260-269. Groningen.

RIDDER, T. DE, 1999: De oudste deltawerken van West-Europa. Tweeduizend jaar oude dammen en duikers te Vlaardingen. Tijdschrift voor Waterstaatsgeschiedenis 8:1, 10-22.

RIJKE, P. J. DE, 2006: Frisa dominium, kaarten van de provincie Friesland tot 1850. Geschiedenis en cartografie. 't Goy-Houten.

ROELEVELD, W., 1974: The Holocene evolution of the Groningen marine-clay district, Berichten van de Rijksdienst voor het Oudheidkundig Bodemonderzoek 24, Supplement, 1-132.

SCHAÏK, R. VAN, 2008: Een samenleving in verandering. De periode van de elfde en twaalfde eeuw. In: M. G. J. Duijvedak, H. Feenstra, M. Hillenga u. C. Santing (Hrsg.), Geschiedenis van Groningen 1. Prehistorie – Middeleeuwen, 125-167. Zwolle.

SCHROOR, M., 2007: De waterstaat van de gemeente Winsum en omstreken, 1300-1850. In: J. Tersteeg (Red.), Winsum 1057-2007, 107-124. Winsum.

SCHWARZ, W., 2004: Mittelalterliche Funde am und im Großen Meer, Landkreis Aurich, Archäologische Mitteilungen aus Nordwestdeutschland 26, 63-113.

SCHWARZ, W., 2005: Morsaten, Moorsiedler im frühmittelalterlichen Norder- und Brokmerland. In: H. Schmid, W. Schwarz u. M. Tielke (Hrsg.), Tota Frisia in Teilansichten. Hajo van Lengen zum 65. Geburtstag. Abhandlungen und Vorträge der Ostfriesischen Landschaft 82, 13-40. Aurich.

SIEGMÜLLER, A., u. BUNGENSTOCK, F., 2010: Salztorfabbau im Jadebusengebiet. Prospektion von anthropogenen Landabsenkungen und ihren Folgen. Nachrichten aus Niedersachsens Urgeschichte 79, 201-220.

SLOFSTRA, J., 2008: De kolonisatie van de Friese veengebieden. In: K. Huisman u. R. Salverda (Hrsg.), Diggelgoud. 25 jaar Argeologysk Wurkferbân. Archeologisch onderzoek in Fryslân, 206-230. Leeuwarden.

SPEK, T., 2008: De verdwijning van wet hoogveen en het ontstaan van het woudenlandschap in de Zuidoosthoek van Friesland. In: K. Huisman u. R. Salverda (Hrsg.), Diggelgoud. 25 jaar Argeologysk Wurkferbân. Archeologisch onderzoek in Fryslân, 231-241. Leeuwarden.

UPHOFF, R., 2008: Nesserland – Von der Marscheninsel zum Teil des Emder Hafens. In: M. Stöber, K. H. Schneider u. O. Grohmann (Hrsg.), Insel-Reflexionen. Carl-Hans Hauptmeyer zum 60. Geburtstag, 44-47. Hannover.

VOS, P., 2009: Ontstaansgeschiedenis van het Eems-Dollardgebied. Kaartbeelden en landschapsvormende processen. Unveröffentlichtes Manuskript.

VOS, P., u. KNOL, E., 2005: Wierden ontstaan in een dynamisch getijdenlandschap. In: E. Knol, A. C. Bardet u. W. Prummel (Red.), Professor van Giffen en het geheim van de wierden, 118-135. Veendam.

VOS, P., u. LANGEN, G. J. DE, 2008: Landschapsgeschiedenis van het terpengebied van Noordwest-Friesland in kaartbeelden. In: K. Huisman u. R. Salverda (Hrsg.), Diggelgoud. 25 jaar Argeologysk Wurkferbân. Archeologisch onderzoek in Fryslân, 310-323. Leeuwarden.

WALDUS, W., 1999: Vergraven en verdronken. Het archeologisch onderzoek van een overslibde nederzetting uit de Late IJzertijd en de Romeinse IJzertijd bij Teerns. De Vrije Fries 79, 75-92.

WASSERMANN, E., 1985: Aufstrecksiedlungen in Ostfriesland. Ein Beitrag zur Erforschung der mittelalterlichen Moorkolonisation. Abhandlungen und Vorträge zur Geschichte Ostfrieslands 61. Aurich.

WESTERHOFF, R., 1864: Twee hoofdstukken uit de geschiedenis van ons dijkwezen. Groningen.

ZAGWIJN, W. H., 1986: Nederland in het Holoceen. 's Gravenhage.

ZEIST, W. VAN, HOORN, T. C. VAN, BOTTEMA, S., u. WOLDRING, H., 1976: An agricultural experiment in the unprotected salt marsh. Palaeohistoria 18, 111-153.

Pay peanuts, get monkeys –
on the ritual context of medieval miniature bronze cauldrons

Für einen Groschen in der ersten Reihe sitzen –
Zum rituellen Kontext von mittelalterlichen Miniatur-Grapen aus Bronze

Vincent T. van Vilsteren

With 10 Figures

Abstract: This paper presents two miniature bronze cauldrons found in association with two 14th-century dikes. The unfinished status of the cauldrons is remarkable. It is suggested they may have been buried deliberately as foundation deposits. Similar prehistoric and medieval depositions support this hypothesis.

Key words: The Netherlands, Late Medieval, Bronze cauldrons, Dikes, Foundation deposits, Rituals.

Inhalt: Der Beitrag behandelt zwei Miniatur-Grapen aus Bronze, die in Verbindung mit zwei Deichen des 14. Jahrhunderts gefunden worden sind. Der unfertige Zustand der Grapen ist bemerkenswert. Es wird vorgeschlagen, sie als bewusste Bauopfer zu interpretieren. Ähnliche prähistorische und mittelalterliche Deponierungen unterstützen diese Annahme.

Schlüsselwörter: Niederlande, Spätmittelalter, Bronzegrapen, Deiche, Bauopfer, Rituale.

Drs. Vincent T. van Vilsteren, Drents Museum, Postbus 134, 9400 AC Assen, The Netherlands –
E-mail: v.vilsteren@drenthe.nl

1 Miniature bronze cauldrons from Noordeinde und Ridderkerk

Bronze cauldrons are no longer rare in the Netherlands. By means of a – not yet complete – inventory over the last few years, we are now aware of more than 200 objects in the collections of museums, archaeological departments and private individuals. This inventory is also regularly bringing to light remarkable discoveries. This article will focus on two bronze cauldrons with very specific characteristics. Together, they tell a remarkable story that reveals a new aspect of cauldrons.

1.1 Noordeinde

The first cauldron was found in the hamlet Noordeinde in the polder Oosterwolde in the municipality Oldebroek (prov. Noord Gelderland) in 1980. The finder, Mr A. van 't Oever, found the cauldron when, in aid of the construction of a new gate near his house, he was digging a hole for a support post. At a depth of approx. 1 m, he found the cauldron in clean clay, in the incline

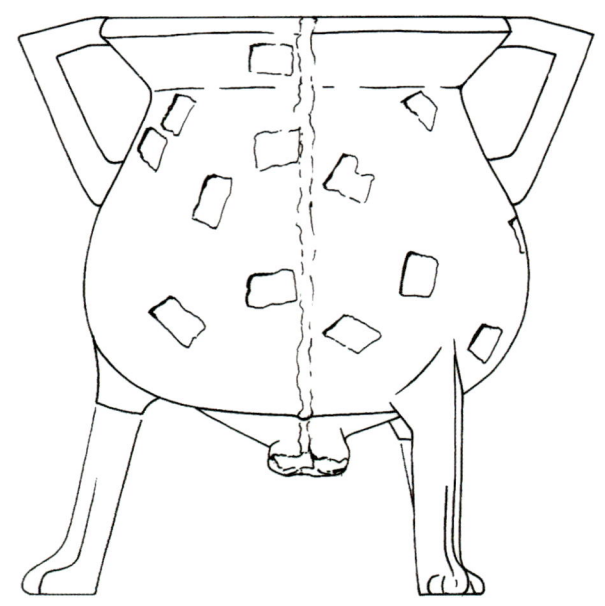

Fig. 1. Noordeinde, prov. Noord Gelderland. The little cauldron (H. 12.5 cm) with its casting blob and chaplets
(Photo and drawing: Rijksdienst voor het Cultureel Erfgoed, Amersfoort).

of a ditch. The find was reported to the Rijksdienst voor Oudheidkundig Bodemonderzoek (nowadays Rijksdienst voor het Cultureel Erfgoed [Government Department for Cultural Heritage]) in 1983. On that occasion, drawings and photographs of the cauldron were taken to the Government Department in Amersfoort. The find remained in the possession of Mr van 't Oever. It found its place on his windowsill, and was occasionally used as an ashtray. In 2007, the cauldron fell, resulting in a crack in its side and the breaking off – again – of its one remaining leg. This then led the owners to the decision to throw it away, a fate that occurs more often to archaeological finds in private ownership. Only recently such an occurrence was described by Siegers (2009).

The finding at Noordeinde concerns, or rather concerned, a small bronze cauldron which had relatively high legs (Fig. 1). Of these legs only one – with claw-shaped foot – had remained. The other two legs had been broken off at an earlier stage; it is not known whether this breakage took place at the time of discovery, or earlier. The total height was no more than 12.5 cm. Without the legs, the mini-cauldron itself was no more than 8 cm high. The volume of the mini-cauldron can be measured as approx. 200 cm³. As is usually the case with bronze cauldrons like these, this miniature specimen had two hook-shaped ears. Its accompanying, usually twisted iron handle obviously had not been preserved. A maker's brand, as is often found under the ridge, could not be established in this case.

A remarkable fact about the cauldron from Noordeinde is that the casting blob on the underside was still present, in this case still 1.5 cm long. This blob can always be found at the bottom of a cauldron, but since a bronze cauldron is cast upside down, it can be found on the upside during the casting, where the bronze is cast into the casting mould. Normally, the casting blob was removed by the founder by means of sawing or filing before the cauldron was delivered to the customer. Only rarely will a casting blob be found in a bronze cauldron. We will get back to its significance later on.

Another remaining part of the casting process is the casting seam. This can be seen clearly between the two ears. Although the mini-cauldron itself can no longer be studied, the casting seam seems to be prominently present. This can be seen particularly clearly in the black and white photograph. Usually, the casting seam was filed, at least to such an extent that all burrs were gone. This certainly does not seem the case with the cauldron from Noordeinde. The photographs seem to indicate that nothing was done to the casting seam after the casting process.

A third remainder of the casting process are the small squares which are scattered across the surface. These squares are in fact the small chaplets or spacers which were used before casting to keep the inner and outer mould separate. In this way an even, overall width was achieved for the sides. These chaplets were usually small square pieces of bronze, which would be dissolved into the molten bronze during casting, and should not be visible after cooling. The fact that the Noordeinde cauldron still shows the chaplets indicates in fact that the temperature of the bronze during casting was not quite high enough. A good cauldron will not show impressions of the chaplets after casting (DRESCHER 1969, 291-292). Occassionally it did occur that dissolving of the chaplets with the liquid bronze was found lacking, and the chaplets fell off later. One example is a pot found off the coast of Goeree (VAN VILSTEREN 2008, 39).

In fact, the Noordeinde cauldron is technically speaking a failed product not suitable for trade.

1.2 Ridderkerk

The second cauldron was found on November 25, 2006 in a plot on the Waaldijk (housenr. 171/173) in Ridderkerk (prov. Zuid Holland). The finder, Mr Dirk de Jong, found the cauldron in earth dug up during the construction of an indoor swimming pool for a new villa. The earth was thrown at the back of the plot, where the bronze cauldron was discovered in the loose earth. In addition, some fragments of bone, some shards of grey earthenware, two monetary coins, two fragments of insignias and a belt fitting were found. Although some fragments of Roman bricks were found, it was obvious that there were no foundations or other signs of previous buildings.

The Ridderkerk find is a small bronze cauldron, clearly even less high on its legs than the Noordeinde cauldron (Fig. 2). In the case of the Ridderkerk cauldron, all three legs have survived. The shape of the mini-cauldron is much less pouchlike than that of the Noordeinde cauldron; it could be described as globular. The ears have been placed more towards the bottom. Its total height is only 11 cm. Not counting the legs, the body of the cauldron is no more than 9 cm high. The volume of the cauldron is, measured up to the neck, only 500 cm³. In this case as well, the twisted handle is missing, apart from some rust crumbs near the ears.

Similar to the Noordeinde find, the Ridderkerk cauldron has a casting blob on the underside, i.e. it was not removed in a proper fashion. The length of this casting blob is approx. 1.5 cm. The casting seam as well is still clearly visible, and in this case again it can be seen between the two ears. There are however no visible marks of the small square chaplets; they have apparently been completely dissolved into the liquid bronze. There is no sign of a brand or mark

1.3 Dating

The Noordeinde cauldron was found without any accompanying find. Dating has to be done based solely on the cauldron itself. The type of cauldron with high legs can easily be placed in the 14th century. There are numerous, excellently dated examples from both national and international finds to support such a dating.

The Ridderkerk cauldron is not pouchlike, but more globular. This might indicate the cauldron to be even older than the Noordeinde cauldron. Although a 13th century dating could be possible, the accompanying finds seem to support a dating in the 14th century, should the cauldron and its accompanying finds have originally belonged together.

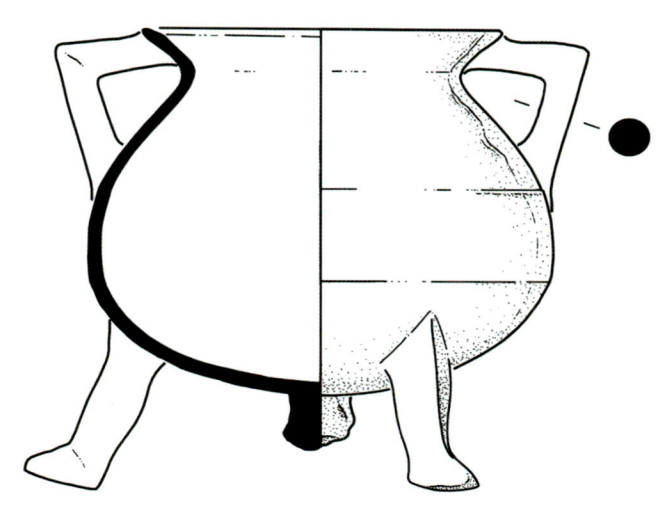

Fig. 2. Ridderkerk, prov. Zuid Holland. The little cauldron (H. 11.0 cm) fits in the hand easily (Photo: D. de Jong – Drawing: Bureau Oudheidkundig Onderzoek Rotterdam).

1.4 The find sites

The Noordeinde cauldron was found close to the Zomerdijk (summer dyke), just to the east of the built-up area of the village of Noordeinde. At this site, the body of the dike was levelled in the 1960s, and the resulting clay was distributed onto the surrounding land. The old dyke traces can still be seen in aerial photographs. It is to be suspected that the mini-cauldron was originally buried when the dyke was constructed. The levelling of the dyke made it possible for the cauldron to be found in the clay of the old dyke body in 1980. On old maps, the Zomerdijk is still called the Noodwendiger Dijk; until the construction of the Afsluitdijk in 1932 it functioned as the northern border of the Oosterwolde polder.

The development of this area which was subsequently drained and reclaimed should most likely be dated to the 12th century (VAN TRIEST & HULST 1986, 221). The diking-in of the southern part will most likely have taken place in the 13th century. The northern part was not based on peat but largely on clay. The subsidence in this part was significantly less, and diking-in was not done until the 14th century. The construction of the Zomerdijk near Noordeinde was historically well documented. In 1359, the Duke of Gelre, in a letter concerning the dyke, gives precise instructions concerning the construction, care and maintenance of the dyke (VAN TRIEST 1981, 88).

For now, we will assume that the Noordeinde bronze cauldron was buried under the dyke body or in the incline at its construction in 1359 as a sort of building offering. Arguments for this theory will be offered below.

The Ridderkerk cauldron was found in earth from the dyke body of the Waaldijk, known locally as Rijsoord, a name recorded in 11th century documents. Rijsoord is in the Zwijndrechtse Waard on the banks of the Waal river. Archaeological research has shown that these banks were inhabited in the 11th century (kindly remark drs. Ton Guiran, Bureau Oudheidkundig Bodemonderzoek Rotterdam).

The Zwijndrechtse Waard was intensively inhabited in the Middle Ages (HAGEMAN 1991, 50). Even during the great flood of 1373 the Zwijndrechtse Waard was not lost. The river Waal was dammed on both sides in 1331, which probably caused problems at high water, and prompted the inhabitants of Rijsoord to raise the bank with a dyke body. It can be assumed that the Ridderkerk cauldron was buried as a building offer during the construction of this Waaldijk. The mini-cauldron's dating would support a deposition around 1331.

2 Research

2.1 Findings

Over 13 years of inventorying and researching of bronze cauldrons in the Netherlands and surrounding countries has led to a better understanding of the find circumstances and peculiarities of bronze cauldrons from the Middle Ages (VAN VILSTEREN 1998, 2000a, 2001, 2005a, 2005b, 2007, 2008). When interpreting these finds, a number of findings are of importance:

1. Hardly ever are the cauldrons found together with settlement refuse. The cauldrons therefore have not been discarded as waste. Usually the cauldrons are found as solitary, complete cauldrons. When they are found together with other objects, there is usually only one other or a few complete objects, such as a copper kettle, a stoneware jug, a tin mug or a glass linen smoother. These objects were, at the time they were put into the earth, more than usable and therefore considered valuable.
2. The number of cauldrons found is too large to be considered accidentally lost, forgotten or misplaced. By now, the number of cauldrons listed in the Netherlands is more than 200.
3. The cauldrons were too valuable to have been simply disposed of. A number of written sources show that in the Middle Ages, even broken bronze cauldrons were taken to the tinker for repairs or to the founder to be melted and recast.
4. Quite a few of the cauldrons are damaged. Sometimes a leg is missing, or a piece of the rim or side. In some cases it is clear that the damage could not have occurred accidentally, but was intentional. In general, taking into account the robustness of bronze cauldrons, the percentage of damaged cauldrons is so high that in many cases intentional damage seems most likely.
5. Remarkably, the cauldrons are often found in a wet context, such as rivers, canals, moors or swampy areas near brooks.

2.2 'Offerings'

In light of the observations above it is unlikely the bronze cauldrons would have been discarded as rubbish. Even if they were worn through or damaged, their

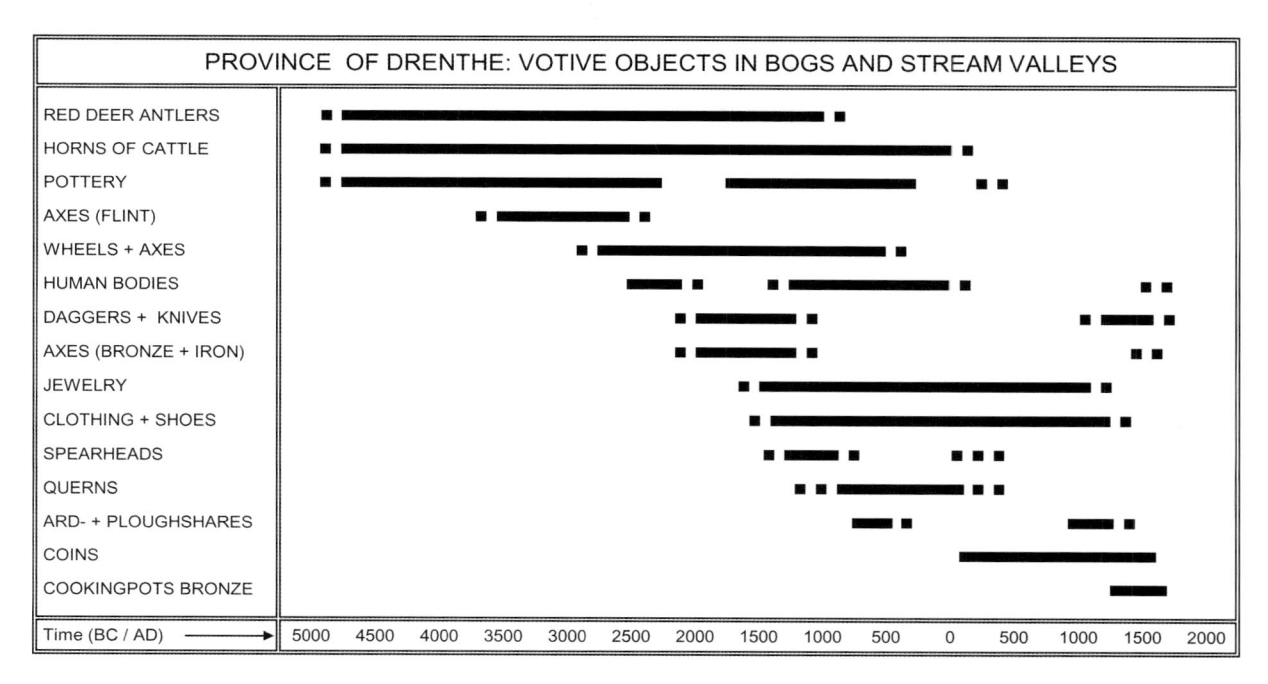

PROVINCE OF DRENTHE: VOTIVE OBJECTS IN BOGS AND STREAM VALLEYS

RED DEER ANTLERS	~4800–1500 BC
HORNS OF CATTLE	~4800–500 BC
POTTERY	~4800 BC – 2000 AD
AXES (FLINT)	~3500–3000 BC
WHEELS + AXES	~2800–1000 BC
HUMAN BODIES	~2000 BC – 2000 AD
DAGGERS + KNIVES	~2000 BC – 2000 AD
AXES (BRONZE + IRON)	~2000 BC – 2000 AD
JEWELRY	~1500 BC – 1500 AD
CLOTHING + SHOES	~1500 BC – 1500 AD
SPEARHEADS	~1500 BC – 500 AD
QUERNS	~1500 BC – 500 AD
ARD- + PLOUGHSHARES	~1500 BC – 2000 AD
COINS	~0 – 2000 AD
COOKINGPOTS BRONZE	~1500–2000 AD

Fig. 3. As new materials, technology and artefacts emerge, new offerings enter the spectrum (Graphics: Drents Museum, Assen).

residual value was such that they would not have been carelessly tossed aside. The damage found often seems intended to make the cauldron unserviceable for common use.

All of this brings to mind associations with the routine practice in pre- and protohistory to render offerings defective before deposition, in a sense providing extra confirmation of the objects' withdrawal from normal use. From the moment the objects are offered, they become the possession of a supernatural power.

The fact that the bronze cauldrons are often found in so-called wet contexts makes it hard to believe they were being hidden in order to be retrieved at a later moment. Rivers, canals, swamps and bogs are not the most obvious places for later retrieval. Depositing objects in places such as these connects to a tradition dating back to prehistory, namely the offering in bogs, rivers and lakes or near fords. Research in Drenthe over the last fifteen years shows that in various periods in the past many diverse objects were offered (Fig. 3). In many cases bogs appear to be the chosen place of offering; in the Southern Netherlands (large) rivers were often chosen.

Research on bog finds shows that offering continued after the Roman period. Various categories of objects from the medieval period prove to connect directly, both in find circumstances and pattern of distribution, to the offerings from pre- and protohistory. As examples I will mention merely coin hoards (VAN VILSTEREN 2000b), so-called Hanseatic bowls (VAN VILSTEREN 2004) and bellarmines (VAN DER SANDEN 2004). In the same fashion, bronze cauldrons can be considered offerings.

It is, however, not easy to fathom the character of these offerings. Various explanations are possible, depending on specific circumstances and peculiarities of the find.

2.3 Remarkable aspects

The two small bronze cauldrons from Noordeinde and Ridderkerk carry with them three specific circumstances, which may lead to an interpretation of 'offerings'.

Firstly, both cauldrons are unfinished. There is the unmistakable fact of the casting blob; a bronze founder would not deliver his goods in such a state. Of all cauldrons now known in the Netherlands, only a few have a casting blob. The prominent casting seam is another sign that the cauldrons were not finished. It seems obvious that the fact that the cauldrons were not finished means that they were made as offerings; since the cauldrons would not be used as cooking pots, it would not be necessary to remove both casting blob and casting seam. It could be supposed that in this manner a deal with the bronze founder could be made for a reduction in the asking price.

Secondly, both cauldrons are fairly small. In comparison to other bronze cauldrons, those from Noordeinde and Ridderkerk are to be considered miniature cauldrons. An average bronze cauldron has a diameter of some 20 to 25 cm with a matching volume of a few litres. The larger cauldrons have a diameter of over 30 cm. The largest cauldron known in the Netherlands has a diameter of 40 cm (van Vilsteren 2008), while the collection of the museum in Schwerin (north-eastern Germany) contains an even larger cauldron at a height of 55 cm from 1592. The volume of this cauldron is no less than 74 litres (Drescher 1982-83, 171). The mini-cauldrons from Noordeinde and Ridderkerk are so small that they could hardly be used as cooking pots. If they were not meant to be used as such, i.e. if they were intended as offerings, it was not necessary to use a regular cooking pot as offering. A matter of wishing to pay peanuts …

Thirdly, both cauldrons are connected to a dyke. Although neither cauldron was found directly in a dyke excavation, it seems reasonable to assume that both were buried under the dyke body. In the following section consideration will be given to the question of whether connection to a dyke may be an argument to strengthen the interpretation of offerings.

2.4 Unfinished

It occurs more often that objects intended as offerings are not always properly finished by the bronze founder. Quite a few of the 3,000 decorated rings offered during the Latène period near a sulphur spring in North Italian Moritzing near Bolzano clearly show a casting seam (Steiner 2002, 515). They were never worn, and were bought from the bronze founder as offerings.

Closer to home, in Brabant and Drenthe, we find similar evidence of this phenomenon. Van der Sanden (2009, 60) mentions a number of examples of depositions from the Bronze Age in which obviously imperfect artefacts – with casting imperfections, casting seams etc. – were clearly considered good enough as offerings. An even more illustrious example concerns the swordlike Bronze Age daggers of Jutphaas and Ommerschans. Since the holes for the hilt are missing, they simply could not have been used as weapons, and therefore, van Ginkel & Verhart (2009, 88) conclude *"they cannot have been made for any other purpose than a ritual purpose"*. The Jutphaas dagger was offered in the river Lek, the Ommeschans dagger was placed together with other objects on a birch platform in a wet hollow.

Another good example of an unfinished deposition is the copper kettle dredged from the river Meuse near Horn. This medieval offering could even be seen as semi-finished. The triangular flaps to which the handle was to be attached had not been pierced, which means there was no way in which the kettle could be hung (Bogaers 1959, 94).

Of course, unfinished products do not only concern depositions of bronze or copper. We find the same in objects of other materials. As early as the Neolithic period, semi-finished products were deposited in the bogs as offerings. Fine examples are the half-finished flint axe from a depot near Nieuw-Dordrecht (Harsema 1981) or the two half-finished wagon wheels from the Bolleveen in Midlaren (van der Waals 1964, 96). In yet another village in Drenthe – in Taarlo –, and on several occasions, three half-finished rim pieces for a wheel with spokes ($2^{nd}/3^{rd}$ century AD), on one occasion even arranged in a perfect triangular shape, were deposited in the Bolveen, an area of the bog in which many traces of ritual acts have been found (van Vilsteren 1996, 134).

When a deposit is found to be unfinished, this appears to strengthen the case for an interpretation of having been knowingly deposited 'as an offering'.

2.5 Miniatures

Another aspect of the two bronze cauldrons from Noordeinde and Ridderkerk is their size. In the case of this sort of mini-cauldrons, one is often inclined not to think of functional objects, but to interpret them instead as toys. Not wishing to immediately exclude this possibility, it might be good to emphatically include another option. Miniature models of specific objects have been found regularly in depositions. Examples of this are known from periods as early as the Iron Age.

At the site mentioned before near the sulphur spring in Moritzing near Bolzano, of the 3,000 decorated rings found a large number constituted miniature renderings of a normal ring. Steiner (2002, 511) concludes that these miniature rings were apparently made specifically for the purpose of offering, and that they are not quite as finished as they normally would have been. These rings cannot have had a practical purpose.

At another location in Mechel, approx. 50 km south-west of Bolzano, the majority of the finds consisted of fibulae, on the whole much smaller than normal fibulae such as found in settlements or graves. Marzatico (2002, 738) in his publication on these findings notes that this deals with *"specialised production of objects as offerings in a cultus site"*.

Many such objects are thought to have a symbolic rather than a practical function. This is specifically true of bronze plate fibulae which are extremely fragile and therefore of no practical use. The same site near Mechel has rendered a number of miniature models of large bronze situlae (Fig. 4). The miniatures from bronze plate look like toy buckets from a doll's house (MARZATICO 2002, fig. 4). In some instances, these votive gifts from the 5th and 4th century BC were knowingly flattened before deposition (MARZATICO 1997, 84).

There are various other examples from periods in both pre- and protohistory in which a direct connection can be made between offerings in miniature and the shrine from which they were offered. Huge numbers of such finds are known from Egypt. During the three year long excavation of the Abu Roash temple, no less than 45,000 miniature earthenware pots were found (ALLEN 2006, 20).

WARMENBOL (2001, 617) thinks the usage of depositing miniature models of various objects was brought from the Mediterranean to north-western Europe in the late Bronze Age. In his opinion, the countless miniature weapons found in the caves of Han in the Ardennes cannot be explained as anything but deliberate deposits in the sanctuary which functioned at that site for centuries. It is most likely that they were thrown into the water from the wooden platform constructed at the site.

The Netherlands also bears witness to the connection between miniatures and sanctuaries. Between 2000 and 2007, near the Paradeplaats in Bergen op Zoom – no more than 500 m from the Schelde, as the crow flies –, a small pool was excavated which clearly functioned as an open air sanctuary during the Roman period. A number of miniature round-bellied amphoras was found: based on rim fragments these account for at least 456 individual items. NIEMEIJER (2009, 43) assumes that the miniature amphoras were specifically produced for a ritual at this sanctuary, but does not state whether they were offered for their contents or as objects. Bergen op Zoom is, in addition to well-known find sites at Domburg and Colijnsplaat (Nehalennia-altars), the third location near the Schelde in which a sanctuary was found. A similar concentration of miniatures amphoras was found near a rectangular structure in Born-Buchten at the Meuse river. This structure is interpreted as a sanctuary, possibly dedicated to the goddess Arcuana (VAN DER MEIJ 2004).

Very intriguing is the Salisbury hoard, which was found in England in 1988. This enormous treasure, buried approx. 200 BC, contained no less than 535 bronze objects from the Bronze and Iron Age. Among the Iron Age

Fig. 4. Mechel-Valemporga (Trentino).
Three of the miniature cauldrons from the cult place.
The height of the one below measures 3.4 cm without handle
(Photo: W. Sölder, Tiroler Landesmuseum Ferdinandeum, Innsbruck).

Fig. 5. Salesbury hoard (Wiltshire).
Among the deposited items were no less than 46 miniature kettles with a possibly religious function. The diameter varies from 1.8 to 7.0 cm (after STEAD 1998, fig. 9).

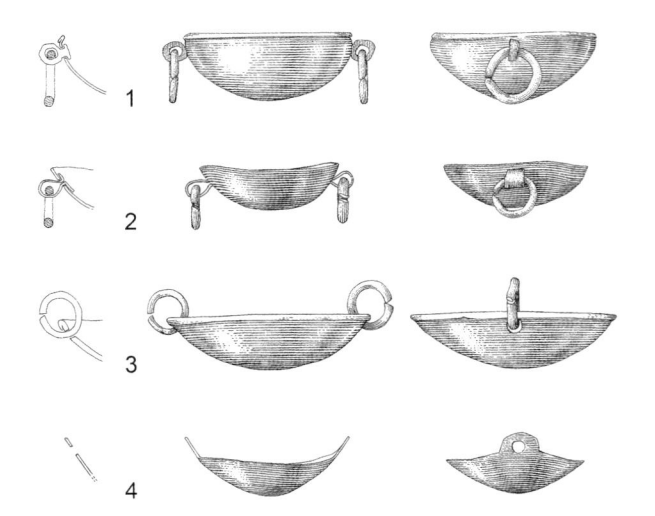

objects there are no less than 24 miniature shields and 46 miniature kettles (Fig. 5). In his book on this hoard, Ian Stead concludes that the function of the miniature shields was clearly religious, which might equally be true of the miniature kettles (STEAD 1998, 123).

3 Offerings under dykes and banks

3.1 Building offerings

The fact that both the Noordeinde and the Ridderkerk bronze cauldrons can be associated with dykes leads inevitably to the question of whether the construction of such a dyke may have called for a building offering. We are familiar with such practices from historical times in connection with the building of stone houses, and from pre- and protohistory several examples are known in connection with wooden houses. The construction of a bank or dyke is, even more than the building of a house, a matter in which a large part if not the whole of a community was involved. Dykes and banks are large earthen works, which are rarely completely dug up. The chance of finding building offerings under such an earthen work is relatively small. Yet some examples do exist.

Near the gigantic walls raised in the late Bronze Age on the Hesselberg (near Nuremberg, Bavaria) a bronze cauldron containing 33 bronze arrowheads was found in a smaller bank in 1939. The cauldron is tentatively considered a possible building offering (SPRINGER 2005, 5). Another example is the enormous complex of banks near Maiden Castle in the south of England. During an expansion in the 2nd century BC, at the spot where a new bank was built against the old bank, the grave of a man (between 22 and 30 years old) was found. CAPELLE (2000, 207) interprets this grave without doubt as a building offering for the construction of the new bank.

Of note is the Roman encampment discovered near Hedemünden, in the district of Göttingen (Lower Saxony), in 2003, which functioned as a base for campaigns led by Drusus between 11/10 and 8/7 BC. The extensive excavations included an intensive research of the banks.

No less than six *dolabrae* (pioneer axes) were found under the bank of the central encampment (Fig. 6), which led excavator district archaeologist Dr. Klaus Grote to conclude: *„Bei den Funden, allesamt wertvolle Bauwerkzeuge, muss es sich um rituelle Bauopfer handeln"* [As to these finds, all of them valuable tools, it must be a matter of ritual building sacrifices (translated by the author)] (Göttinger Nachrichten, August 11, 2010).

3.2 Animal offerings

Very interesting in this regard is a novel by German author Theodor STORM, *Der Schimmelreiter* (1888). The story is set on the German North sea coast in the middle of the 19th century and features Hauke, son of a dyke reeve. At some point, just before a new dyke is finished, Hauke is to inspect the labourers' work. He then discovers that the labourers want to bury a stray dog alive in the dyke. Popular belief has it that the work will not prosper without a living offering: *„Soll Euer Deich sich halten, so muss was Lebiges hinein!* [...] *das haben unsere Grossväter schon gewusst* [...]. *Ein Kind ist besser noch; wenn das nicht da ist, tut's auch wohl ein Hund!"* (STORM 1888, 100). Hauke saves the dog from certain death and gives it to his daughter.

As research for this novel, Theodor Storm studied various standard works on dyke construction and superstition and consulted numerous persons over the course of three years. In his edition of Storm's novel, Heribert KUHN (1999, passim) describes how thorough the author was in his preparations for the novel. Theodor Storm himself writes in 1886 (KUHN 1999, 153): *„Dennoch ist der Schimmelreiter begonnen, allerlei Studien sind dazu gemacht"* [Nevertheless the *Schimmelreiter*

mentality bears out the popular belief that the making of offerings is fundamental to the success of the construction project. It is by no means illogical to see that this reflects the ancient practice of burying an animal as a building offering. That this is not mere fantasy may be illustrated by the following examples, in which animal building offerings feature in the construction of large earthen works.

In the inner city of Münster (North Rhine-Westphalia), when a new episcopal domain was settled on the Domhof in the Carolingian period, shortly after AD 889 this residence was surrounded by a powerful bank. During excavations, the graves of a horse and a dog were found in direct relation to this bank. Winkelmann (1966, 45) interprets these finds as *"ancient offerings to the new triumphing god, intended to ask for benefits and blessings for a lasting defence wall surrounding a newly arranged civitas and thus for the new city"* (translated by the author).

Something similar was found in Lübeck (Schleswig-Holstein). During an excavation in 1978, the skeleton of a cow was found together with a complete pot at the foot of the large bank built in 817 and surrounding Alt Lübeck. Since no offerings could be buried in the wall itself, HELLMUTH ANDERSEN (1981, 82) stated in his publication that he could not interpret this other than *"a building offering at the foot of the bank"* (translated by the author).

More than 350 years later, the settlement of Old Hamburg was raised in one gigantic operation. It has been calculated that this enormous job included the removal of some 850.000 m³ of earth within a very short time frame. At a certain place at the base of this enormous raise an offering pit was found in which a horse had been laid, carefully covered with twigs (Fig. 7), which

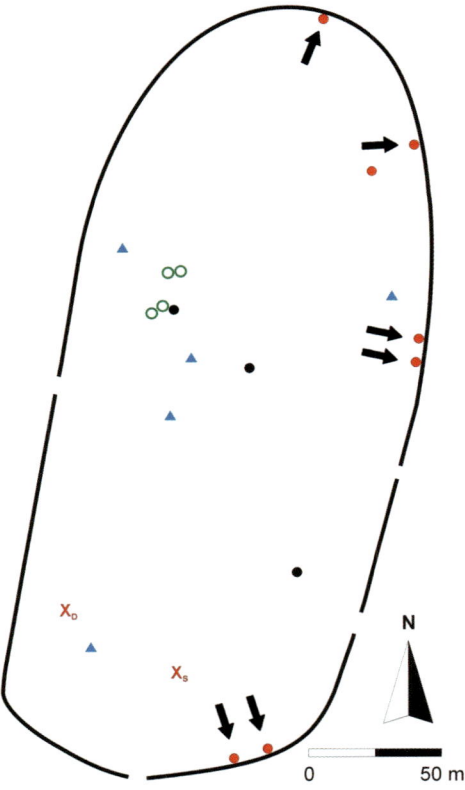

Fig. 6. Hedemünden (Lower Saxony). On six different places (arrows) under the wall of area 1 of the Roman encampment a *dolabra* was deposited as a foundation-offering (Photo and drawing: Landkreis Göttingen, Archäologische Denkmalpflege).

has started, various studies are made for it (translated by the author)].

Although the story is fictitious, we may assume that it has a reasonable basis in reality. Thus 19th century

Fig. 7. Hamburg-Reichenstrasseninsel. During the 1977 excavation a horseskeleton was discovered at the base of the massive raise dating from around AD 1180 (after BUSCH 2000, 219).

is not what one would expect in the burial of a cadaver. Beneath the horse was a small hole, in which chicken eggs wrapped in a cloth were found. In this case as well, the excavator interprets the burial of the horse (approx. AD 1180) as deliberate, intended as a building offering (BUSCH 2000, 218).

3.3 Dyke offerings

In conclusion, the characteristics and peculiarities of the miniature cauldrons from Noordeinde and Ridderkerk, including their find spots, give ample reason to interpret them as dyke offerings, probably intended to ask for blessings for this labour-intensive work.

Further research will probably discover more of this kind of deposition. Obviously, these need not be miniature bronze cauldrons; they could be bronze cauldrons of all sizes. One example is a cauldron found in the base of a levelled dyke just east of Schokland on lot P35 (Nieuwland Erfgoedcentrum, Lelystad, inv.nr. Z1965/II/28). Surrounding this former island in the Zuiderzee, numerous remains of levelled dykes are to be found, which might yet contain interesting finds (VAN DER HEIDE 1965, 271). In addition, various other objects may have been used as dyke offerings.

Similarly, such finds may be expected in Germany in areas where dykes were constructed. Based on current knowledge I think that a thorough analysis of the many finds of bronze cauldrons, documented by Hans Drescher during his working life (e.g. DRESCHER 1969, 1982-83) could yield surprising results: possibly dyke offers, and many other forms of deposits.

I will give some examples of objects found in Germany that might merit a re-interpretation. Firstly, an as yet unpublished small cauldron that was found in Farsleben

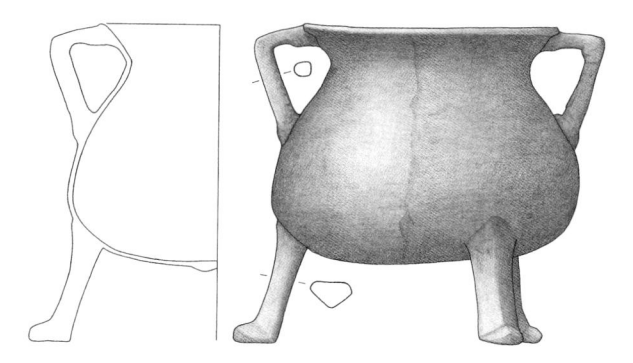

Fig. 8. Farsleben (Saxony-Anhalt). A little bronze cauldron (H. 11,4 cm) was deposited under the foundation of a 14th/15th century house (Drawing: M. Wiegmann, State Office for Heritage Management and Archaeology).

Fig. 9. Hilchenbach (North Rhine-Westphalia). Bricked into a wall of the convent Keppel this little cauldron (H. 13 cm) was discovered (Photo: Dr. E. Isenberg, Hilchenbach).

(Saxony-Anhalt) in 2003 *"unter einem alten Fundament des 14./15. Jahrhunderts"*, i.e. under an old foundation of the 14th/15th century (State Museum of Prehistory Halle, inv.nr. 2004:27378 – Fig. 8). In this case the construction of a stone building may have been the reason to bury a building offering under the foundation.

The same could be expected of a 14th century bronze cauldron found bricked into a hollow space in a wall of the convent Keppel in Hilchenbach (North Rhine-Westphalia) in 2007 (Fig. 9). The wall in which the cauldron was found was not built until 1904, which leads to the supposition that a labourer must have found the cauldron while demolishing the old wall, and subsequently bricked it into the new wall as a new-building offering (ISENBERG 2007a, 2007 b).

Both the Farsleben cauldron and the Keppel cauldron have a casting blob on the underside. Neither could have been used as a cooking pot, due to their small size. The same is true for a find in Buxtehude (Lower Saxony), found in the *Brunkhorstschen Wiesen* (Brunkhorst Meadows) in 1995 (HABERMANN 1998). In this case it may be possible that for example upon division of the wetland area, previously communal property, the development led to the offering.

The same could be said of the find of 4 cauldrons near Görlsdorf (Brandenburg) in 1935 (unpublished find mentioned in MUNOZ [2004, 77]; local museum Angermünde; found 28 May 1935; reference number II/2/24

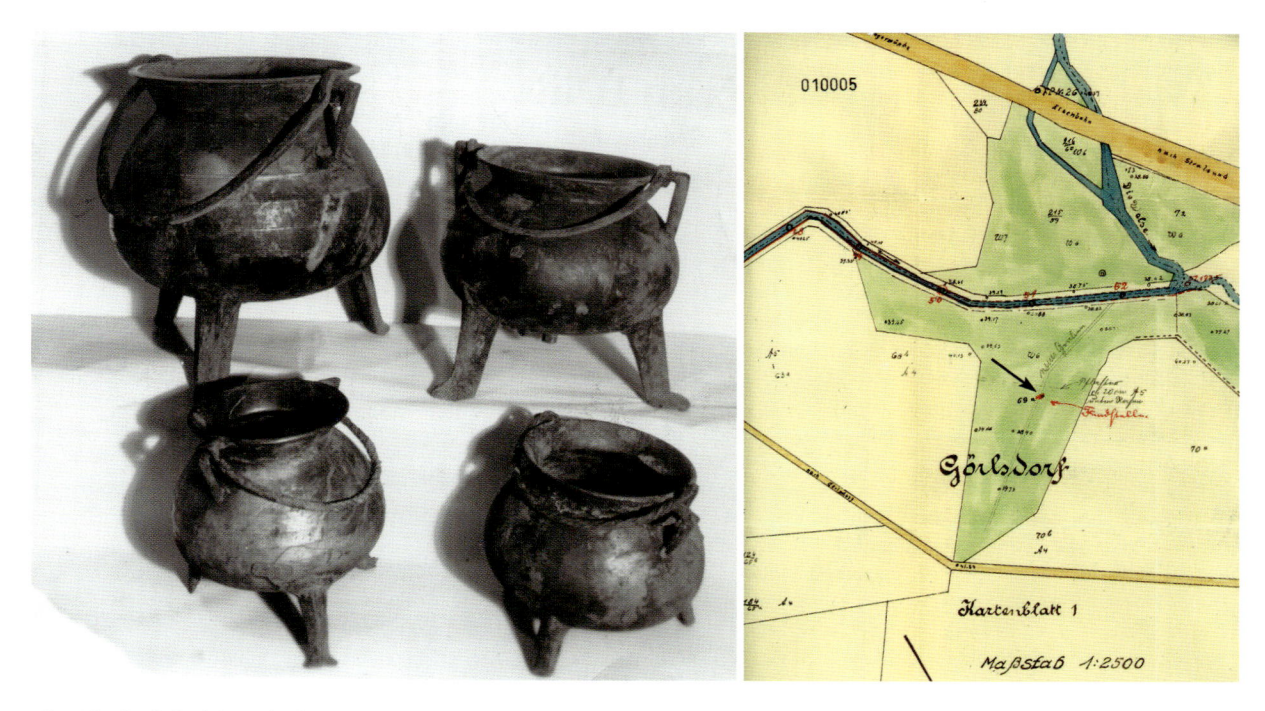

Fig. 10. Görlsdorf (Brandenburg). Four bronze cauldrons (H. 16-30 cm) were deposited where a former road crosses a little stream (Photo and drawing: Brandenburgisches Landesamt für Denkmalpflege).

– Fig. 10). In this case as well, the find spot was a damp meadow near a drain ditch. At some point in the 14th or 15th century, no less than four bronze cauldrons were buried together. An old note about the find spot states that near the find spot ancient paving below grass (*"altes Pflaster unter Rasen"*) has been determined. It seems as if the cauldrons were a building offer for the construction of a road through this area.

4 Literature

ALLEN, S., 2006: Miniature and model vessels in ancient Egypt. In: M. Bárta (red.), The old kingdom. Art and archaeology. Proceedings of the conference held in Prague, May 31-June 4, 2004, 19-24. Prague.

BOGAERS, J. E., 1959: Twee vondsten uit de Maas in midden-Limburg. Berichten van de Rijksdienst voor Oudheidkundig Bodemonderzoek 9, 85-97.

BUSCH, R., 2000: Pferdeopfer auf der Reichenstrasseninsel in Hamburg. In: R. Busch (ed.), Opferplatz und Heiligtum. Kult der Vorzeit in Norddeutschland. Veröffentlichungen des Helms-Museums, Hamburger Museum für Archäologie und die Geschichte Harburgs 86, 218-219. Neumünster.

CAPELLE, T., 2000: Bauopfer. In: R. Busch (ed.), Opferplatz und Heiligtum. Kult der Vorzeit in Norddeutschland. Veröffentlichungen des Helms-Museums, Hamburger Museum für Archäologie und die Geschichte Harburgs 86, 207-211. Neumünster.

DRESCHER, H., 1969: Mittelalterliche Dreibeintöpfe aus Bronze. Bericht über die Bestandsaufnahme und Versuch einer chronologischen Ordnung. Neue Ausgrabungen und Forschungen in Niedersachsen 4, 287-315.

DRESCHER, H., 1982-1983: Zu den bronzenen Grapen des 12.-16. Jahrhunderts aus Nordwest-Deutschland. In: J. Wittstock (red.), Aus dem Alltag der mittelalterlichen Stadt. Hefte des Focke-Museums 62, 157-174. Bremen.

GINKEL, E. VAN, & VERHART, L., 2009: Onder onze voeten – De archeologie van Nederland. Amsterdam.

HABERMANN, B., 1998: … und manchmal hilft der Zufall – Ein bronzener Grapen aus Buxtehude. Archäologie in Niedersachsen 1, 119-121.

HAGEMAN, R. J. B., 1991: IJsselmonde – een archeologische kartering, inventarisatie en waardering. BOOR-Rapporten 8. Rotterdam.

HARSEMA, O. H., 1981: Het neolithische vuursteendepot van Nieuw Dordrecht, gem. Emmen en het optreden van lange klingen in de prehistorie. Nieuwe Drentse Volksalmanak 98, 113-128.

HEIDE, G. D. VAN DER, 1965: Van Landijs tot Polderland – tweeduizend eeuwen Zuiderzeegebied. Amsterdam.

HELLMUTH ANDERSEN, H., 1981: Der älteste Wall von Alt Lübeck. Zur Baugeschichte des Ringwalles. Lübecker Schriften zur Archäologie und Kulturgeschichte 5, 81-94.

ISENBERG, E., 2007a: Geheimnisvoller Bronzegrapen – Zufallsfund wahrscheinlich noch aus Keppels Klosterzeit. Heimatland – Beilage zur Siegener Zeitung Jg. 185, Nr. 285, 8. Dezember 2007, 47.

ISENBERG, E., 2007b: Geheimnisvoller Bronzegrapen in der Wand. Jahrbuch – Gymnasium Stift Keppel 2007, 200-206.

KUHN, H., 1999: Kommentar zu T. Storm, Der Schimmelreiter. Suhrkamp-Basisbibliothek 9. Frankfurt am Main.

MARZATICO, F., 1997: Mechel, Flur Valemporga, Gem. Cles, Nonsberg (Trentino). In: L. Zemmer-Plank (ed.), Kult der Vorzeit in den Alpen. Opfergaben – Opferplätze – Opferbrauchtum, 84-85. Innsbruck.

MARZATICO, F., 2002: Mechel, località Valemporga, Cles (Valle di Non, Trentino). In: L. Zemmer-Plank (ed.), Kult der Vorzeit in den Alpen. Opfergaben – Opferplätze – Opferbrauchtum 1, 735-741. Bozen.

MEIJ, L. VAN DER, 2004: Arcanua te Born-Buchten. Uitwerking en onderzoek van het Romeinse complex te Born-Buchten. Master's thesis, University of Leiden.

MUNOZ, F., 2004: Die Bronzegrapen des Stadtmuseums Berlin. Jahrbuch Stadtmuseum Berlin 9, 2003, 53-80.

NIEMEIJER, R. A. J., 2009: Bergen op Zoom, Paradeplaats. Een bijzonder vondstcomplex met mini-amforen. Auxiliaria 9. Nijmegen.

SANDEN, W. A. B. VAN DER, 2004: Een 16de-eeuwse tinnen papkom uit Orvelterveen. Naar een archeologie van de toverij. Nieuwe Drentse Volksalmanak 121, 184-203.

SANDEN, W. A. B. VAN DER, 2009: Een speerpunt uit het dal van het Oostervoortsche Diep bij Norg (Dr.). Paleo-aktueel 20, 58-61.

SIEGERS, S., 2009: Hoe zit het met de toekomst van ons verleden? The Coinhunter Magazine 108, 11-12.

SPRINGER, T., 2005: Archäologische Funde vom Hesselberg. Kulturgut – Aus der Forschung des Germanischen Nationalmuseums H. 5, 3-5.

STEAD, I. M., 1998: The Salisbury hoard. Stroud.

STEINER, H., 2002: Spätumenfelder- bis frühlatènezeitliche Weiheopfer bei Moritzing-Schwefelbad (Bozen). In: L. Zemmer-Plank (red.), Kult der Vorzeit in den Alpen. Opfergaben – Opferplätze – Opferbrauchtum 1, 503-518. Bozen.

STORM, T., 1888: Der Schimmelreiter. Mit einem Kommentar von H. Kuhn. Suhrkamp-Basisbibliothek 9. Frankfurt am Main 1999.

TRIEST, J. C. VAN, 1981: „Omme noetsz will der zee" – Bijdrage tot de historische geografie van Oosterwolde, Elburg en Doornspijk in de middeleeuwen. Master's thesis. University of Amsterdam.

TRIEST, J. C. VAN, & HULST, R. S., 1986: Ontginning en bewoning van de polder Oosterwolde. Een reconstructie. In: M. Dieleman (ed.), Metamorfose van de stad. Recente tendensen van wonen en werken in Nederlandse steden. Een bundeling van lezingen gehouden tijdens de Nederlandse Geografendagen, Utrecht, 2-4 april 1986, 219-226. Amsterdam.

VERMUNT, M., CLERCQ, W. DE, & DEGRYSE, P., 2009: An extraordinary deposit. A Roman sanctuary with miniature amphorae in Bergen op Zoom. In: H. van Enckevort (red.), Roman material culture. Studies in honour of Jan Thijssen, 201-212. Zwolle.

VILSTEREN, V. T. VAN, 1996: Pars pro toto. Over offers, wagenwielen, haarvlechten en nog zo wat. Nieuwe Drentse Volksalmanak 113, 130-147.

VILSTEREN, V. T. VAN, 1998: Voor hutspot en de duivel. Over de betekenis der ‚zoogenaamde Spaansche legerpotten'. Nieuwe Drentse Volksalmanak 115, 142-170.

VILSTEREN, V. T. VAN, 2000a: ‚Die potten in deze ruwe veenen'. Aanvullende vondsten van zgn. Spaansche legerpotten. Nieuwe Drentse Volksalmanak 117, 169-187.

VILSTEREN, V. T. VAN, 2000b: Hidden, and not intended to be recovered. An alternative approach to hoards of medieval coins. Jaarboek voor Munt- en Penningkunde 87, 51-64.

VILSTEREN, V. T. VAN, 2001: Een Spaanse pot avant-la-lettre. Terra Nigra 152, 10-16.

VILSTEREN, V. T. VAN, 2004: Bijgeloof in Bunne. Middeleeuwse bronzen schotels uit Drentse venen. Nieuwe Drentse Volksalmanak 121, 159-176.

VILSTEREN, V. T. VAN, 2005a: For hotchpot and the devil. The ritual relevance of medieval bronze cauldrons. Acts of the XIVth UISPP Congress, University of Liège, Belgium, 2-8 September 2001. BAR, International Series 1355, 13-19. Oxford.

VILSTEREN, V. T. VAN, 2005b: Een bronzen pot met een onverklaarbaar gat. Westerheem 54, 134-135.

VILSTEREN, V. T. VAN, 2007: Het sprookje van de keukenjonker. Over de interpretatie van bronzen potten bij kasteelopgravingen. Westerheem 55, 2-13.

VILSTEREN, V. T. VAN, 2008: Een dikke duitser in het Gat. Over afgedankt huisraad, virtuele schepen en een behouden vaart. De Ouwe Waerelt 8:24, 32-42.

WAALS, J. D. VAN DER, 1964: Prehistoric disc wheels in the Netherlands. Groningen.

WARMENBOL, E., 2001: Bronze Age miniatures. A small contribution. In: W. H. Metz, B. L. van Beek & H. Steegstra (red.), Patina. Essays presented to Jay Jordan Butler on the occasion of his 80th birthday, 611-619. Groningen, Amsterdam.

WILLEMSEN, A., 2000: Poppen goed precies bekeken. Verzameling, herkomst en functie van loodtinnen miniatuurtjes. In: D. Kicken, A. M. Koldeweij & J. R. ter Molen (red.), Gevonden Voorwerpen. Opstellen over middeleeuwse archeologie voor H. J. E. van Beuningen. Rotterdam Papers 11, 347-355. Rotterdam.

WINKELMANN, W., 1966: Ausgrabungen auf dem Domhof in Münster. In: A. Schröer (ed.), Monasterium. Festschrift zum siebenhundertjährigen Weihegedächtnis des Paulus-Domes zu Münster, 25-54. Münster.

Das Siedlungsgebiet Sandhorst bei Aurich – Ergebnisse der archäologischen Untersuchung eines Gewerbegebiets von 1 km² Größe

The settlement area at Sandhorst near Aurich – results of the archaeological investigation of a commercial zone measuring 1 km²

Sonja König, Thies Evers und Martin Müller

Mit 3 Abbildungen

Inhalt: Der Artikel stellt die vorläufigen Ergebnisse großflächiger Prospektionen und Ausgrabungen auf einem ursprünglich von Feuchtgebieten umgebenen Geestrücken bei Sandhorst nahe Aurich in Ostfriesland dar. Spuren menschlicher Nutzung reichen bis in das Jungpaläolithikum zurück. Bestattungsplätze des Neolithikums, der Bronze- und Vorrömischen Eisenzeit schließen sich an. Siedlungstätigkeit lässt sich für die Vorrömische Eisenzeit und das Frühe bis Hohe Mittelalter nachweisen, wobei sich vielfältige Aussagemöglichkeiten zur Siedlungstopographie ergeben.

Schlüsselwörter: Niedersachsen, Ostfriesland, Geest, Paläolithikum, Bronzezeit, Vorrömische Eisenzeit, Mittelalter, Bestattungen, Siedlungstopographie.

Abstract: This article presents the preliminary results of large-scale surveys and archaeological excavations on a Pleistocene ridge at Sandhorst, near Aurich in East Frisia, which was originally surrounded by wetlands. The investigations yielded information on the settlement topography. Human presence dates back to the late Palaeolithic. Burials dating to the Neolithic, Bronze Age and Iron Age have been found and settlements existed in the Pre-Roman Iron Age and the Early to High Middle Ages.

Key words: Lower Saxony, East Frisia, Pleistocene sandy soil, Palaeolithic, Bronze Age, Pre-Roman Iron Age, Middle Ages, Burials, Settlement topography.

Dr. Sonja König, Thies Evers M. A., Martin Müller M. A., Ostfriesische Landschaft, Archäologischer Dienst, Hafenstraße 11, 26603 Aurich – E-mail: koenig@ostfriesischelandschaft.de – thiesevers@gmx.de – martin_mueller63@web.de

1 Das Untersuchungsgebiet

Im Vorfeld der Errichtung eines Gewerbegebiets in Sandhorst etwa 5 km nordöstlich von Aurich musste eine Fläche von ca. 1×1 km archäologisch untersucht werden (Abb. 1). In dem Gebiet zwischen Dornumer Straße (Landesstraße 7), Kreihüttenmoorweg, Boomkampsweg und der Bundesstraße 210 (Esenser Straße) sowie an der Sandhorster Ehe fanden seit Juli 2009 archäologische Prospektionsarbeiten sowie aus den Ergebnissen resultierende archäologische Ausgrabungen statt. Die gesamte Fläche von ca. 100 ha wurde zunächst prospektiert. Aufgrund der Ergebnisse wurden bis 2011 auf ca. 16 ha Ausgrabungen in neun Arealen notwendig und durchgeführt, weitere 1,4 ha wiesen bei der Prospektion Befunde auf und stehen 2012 noch zur Ausgrabung an.

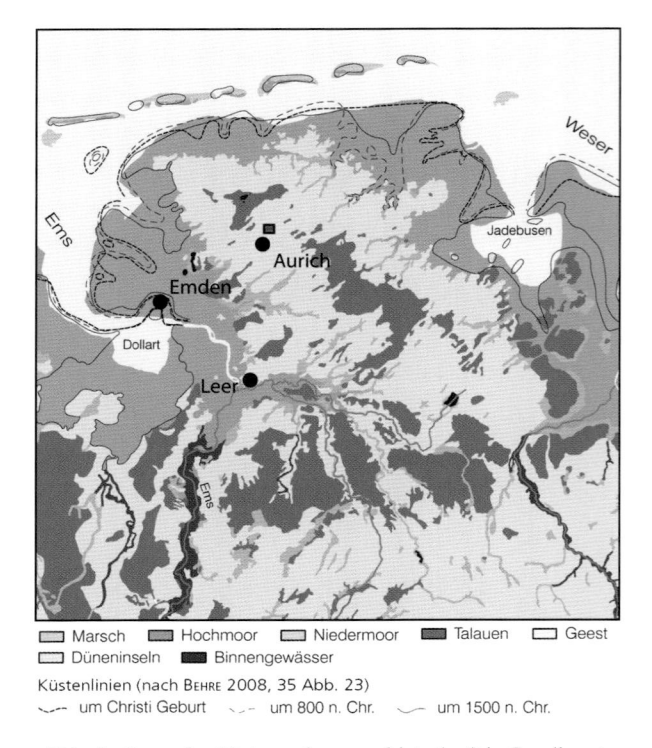

Abb. 1. Lage des Untersuchungsgebiets (rot) in Sandhorst, Stadt Aurich, Ldkr. Aurich.
(Grafik: H. Reimann, Ostfriesische Landschaft).

zeitliche Grabhügel und Pfostensetzungen, Urnenbestattungen und Bestattungen in Kreisgräben der Vorrömischen Eisenzeit, Teile von Siedlungen der späten Bronzezeit, der Vorrömischen Eisenzeit, des Früh- und Hochmittelalters sowie Kultivierungsspuren der Frühen Neuzeit.

Das Ausgraben großer Flächen in einem sehr zügigen Tempo ist, wie besonders die Zeiten der wirtschaftlichen Veränderungen in den neuen Bundesländern deutlich gezeigt haben, normal geworden. Mehr und mehr steigt jetzt der Flächenverbrauch in Regionen, welche zunächst eher ländlich geprägt erscheinen, und führt damit auch hier zu entsprechenden Ausgrabungen. Aus denkmalpflegerischer Sicht ist diese Entwicklung aufgrund mehrerer Aspekte zwiespältig zu sehen. Ein Bestandsschutz der nachgefragten Areale ist – zumal wenn der Bestand an archäologischen Denkmälern hier gar nicht bekannt ist – aufgrund der wirtschaftlichen Interessen kaum möglich. Die Kompensation für die wirtschaftliche Nutzung in Form von Prospektionen und Ausgrabungen liefert jedoch bei großflächigen Maßnahmen zumeist aussagefähige Ergebnisse. Der Umfang dieser besseren Aussagemöglichkeiten beruht dabei nicht oder nicht allein auf der Qualität und den technischen Möglichkeiten der Untersuchungen, sondern auf den größeren Ausgrabungsflächen, welche die Wahrscheinlichkeit der Beobachtung ganzer Häuser bzw. ganzer Siedlungen oder Siedlungsräume erhöhen.

Nach Abschluß der Untersuchungen in Sandhorst, der 2012 zu erwarten ist, ist eine umfangreiche Auswertung der Grabungsergebnisse sowie deren Publikation geplant. Die hier vorab vorgelegten Ergebnisse bilden daher nur einen ersten Überblick sowie eine Perspektive für die weiteren Auswertungsmöglichkeiten.

Bodenkundlich gesehen handelt es sich bei den untersuchten Flächen um ein ehemaliges, heute abgetorftes Hochmoor, das im südlichen Bereich in einen Geestrücken aus Pseudogley-Podsol übergeht, der eine Höhe von über +10,00 m NN erreicht. Aufgrund der nahezu flächigen Untersuchungen kann das Verhältnis von bebauten zu unbebauten Arealen im Bezug zum Naturraum ebenso dargestellt werden wie die siedlungstopographischen Aspekte für die Auswahl der einzelnen Siedlungsplätze in den unterschiedlichen Epochen.

Bei den bisher ausgegrabenen Fundstellen handelt es sich um einen Platz der Hamburger Kultur, bronze-

Die Ergebnisse der einzelnen Grabungsflächen werden im Folgenden dargestellt (Abb. 2).

2 Die Grabungsergebnisse

2.1 Fläche I (Sandhorst, OL-Nr. 2410/9:32)

Westlich der Dornumer Straße wurden auf einer Fläche von insgesamt 1.400 m² eine Prospektion und anschließend eine Ausgrabung durchgeführt. Auf einer pleistozänen Geländekuppe aus Flugsand wurden zwei Kreisgräben und eine Pfostenkreisanlage aufgedeckt.

Die leicht ovale Pfostenkreisanlage mit einem Durchmesser von 13,40 m bestand aus 38 Pfostengruben. Im Inneren ließen sich zehn weitere Pfostengruben ohne erkennbaren Bezug zum Pfostenkreis nachweisen. Datierbares Fundmaterial liegt nicht vor, vergleichbare Strukturen sind jedoch aus der Bronzezeit aus Ostfriesland bekannt, z. B. aus Wiesens, Ldkr. Aurich, oder Westerholt, Ldkr. Wittmund (WILHELMI 1985).

Unmittelbar südöstlich an den Pfostenkreis schloss sich ein Kreisgraben von 5,00 m Durchmesser mit zentralem Urnengrab an. Der Kreis war im Nordwesten geöffnet. Nahezu im Zentrum befand sich eine Urnenbestattung, die eine Pinzette sowie Fragmente eines Gefäßes enthielt.

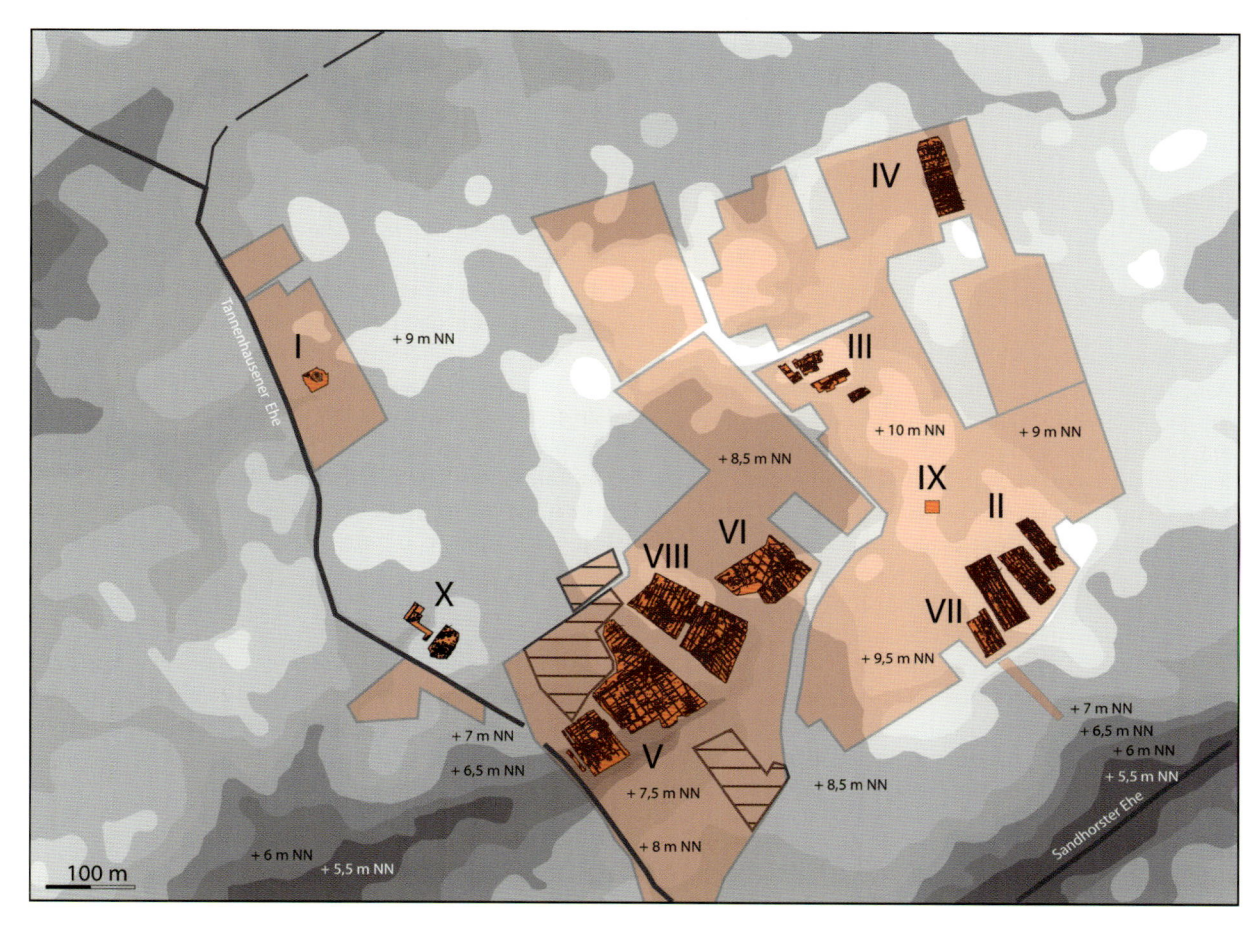

Abb. 2. Sandhorst, Stadt Aurich. Untersuchungsgebiet mit Höhenschichten.
Die prospektierten Flächen sind rosa markiert. Die bereits ausgegrabenen Flächen sind orange hinterlegt und durch den Befundeintrag zu erkennen sowie mit römischen Zahlen nummeriert. Die 2012 zu untersuchenden Flächen sind schraffiert (Grafik: G. Kronsweide u. H. Reimann, Ostfriesische Landschaft).

Die zweite Kreisgrabenanlage mit einem Durchmesser von 4,20 m grenzte unmittelbar südlich an die gerade beschriebene an. Die wiederum im Nordwesten gelegene Unterbrechung des Grabens wies eine Breite von lediglich 0,30 m auf. Die Urnenbestattung befand sich im Zentrum des Kreisgrabens. Beide Urnenbestattungen können in die frühe Vorrömische Eisenzeit datiert werden.

Ca. 2 m südwestlich der Pfostenkreisanlage verliefen zwei schmale, flache Gräbchen bzw. Rinnen mit Unterbrechungen in einem leichten Bogen an der Pfostensetzung vorbei. Die Spuren zeigten einen Abstand von ca. 1,25 m zueinander, eine Breite von 0,10-0,20 m und eine Tiefe von maximal 0,07 m.

2.2 Fläche II (Sandhorst, OL-Nr. 2511/1:45)

Die Fläche II besteht aus zwei Teilflächen. Die östliche Teilfläche umfasst ein ca. 4.800 m² großes Areal auf einer nach Norden und Süden abfallenden Geestkuppe. Insgesamt wurden 401 Befunde dokumentiert.

In der Südhälfte des Schnittes befand sich ein Kreisgraben der Vorrömischen Eisenzeit. Dieser wies einen Durchmesser von 3,60 m und eine Breite von 0,40 m auf. Eine Bestattung war nicht vorhanden, doch konnten aus dem Graben umfangreiche Mengen Keramik geborgen werden.

In der Fläche wurde weiterhin ein dreischiffiges Ost – West orientiertes Haus identifiziert, das zahlreiche Erneuerungsphasen aufweist. Das Haus ist ca. 30 m lang und ca. 7 m breit und besitzt abgerundete Enden. Aufgrund des keramischen Fundmaterials datiert das Gebäude in die Vorrömische Eisenzeit. In der Nordhälfte der Fläche ließen sich ein weiteres dreischiffiges Ost – West ausgerichtetes Gebäude von 15,70 m Länge und 5,50 m Breite, drei 4-Pfosten-Speicher von 2,00×2,00 m Größe, ein 6-Pfosten-Speicher von 2,60×2,00 m Ausdehnung sowie ein Rutenberg von 4,00 m Durchmesser nachweisen.

Die westliche Teilfläche weist eine Fläche von ca. 5.000 m² auf und erbrachte 321 Befunde in Form

185

von Pfostengruben, Gräben und Gruben. Neben drei 4-Pfosten-Speichern ist ein West – Ost ausgerichtetes Pfostengebäude der Vorrömischen Eisenzeit von ca. 12 m Breite und ca. 30 m Länge vorhanden. Ca. 17 m nordwestlich des Hauses befand sich ein Brandschüttungsgrab aus der gleichen Zeit.

2.3 Fläche III (Sandhorst, OL-Nr. 2511/7:11)

Ausgrabungsfläche III besteht aus vier einzelnen Grabungsschnitten. Die Areale mit einer Gesamtfläche von ca. 3.500 m² waren durch Wallhecken und Gräben voneinander getrennt, so dass kein flächiges Bild der Siedlungsstrukturen erfasst werden konnte. In den Ausgrabungsflächen zeichneten sich Strukturen eines frühmittelalterlichen Weilers ab. In einer Abfolge von Nordwest nach Südost wiederholte sich dreimal eine Gebäudefolge aus einem West – Ost ausgerichteten Nebengebäude und einem östlich davon gelegenen ebenfalls West – Ost ausgerichteten größeren Gebäude. Neben Pfostengruben waren Wandgräbchen und wandbegleitende Gräbchen erhalten geblieben. Die Hofplätze weisen ferner mehrere Speicher auf, wobei in diesem Areal die Speicher mit Kreisgraben und ein bis zwei zentralen Pfosten überwogen.

Die nördliche Hofstelle besteht aus einem dreischiffigen, von einem Gräbchen umgebenen Gebäude von ca. 7 m Breite und ca. 13 m Länge, einem weiteren Gebäude mit ca. 6 m Breite und ca. 10 m Länge, das ebenfalls von einem Gräbchen umfasst wurde, sowie einem runden Speicher bzw. Rutenberg von 8 m Durchmesser und einem Brunnen. Die mittlere Hofstelle setzt sich zusammen aus einem Gebäude von ca. 6 m Breite und ca. 11 m Länge sowie westlich davon wiederum einem kleineren Gebäude von ca. 9×8 m Größe und einem Speicher. Die südliche Hofstelle umfasst ein ca. 8 m breites und auf ca. 1 m Länge erhaltenes Haus. Der Abschluss konnte nicht erfasst werden. Dazu treten drei zeitlich aufeinander folgende Rutenberge mit Kreisgraben und zentralen Pfosten von ca. 8 m Durchmesser.

Das Fundmaterial umfasst neben Fragmenten von Mahlsteinen aus Basaltlava ausschließlich frühmittelalterliche muschelgrusgemagerte Keramik.

2.4 Fläche IV (Sandhorst, OL-Nr. 2511/7:9)

Bei den Prospektionsmaßnahmen wurden 2009 südlich des Kreihüttenmoorwegs auf 0,64 ha Fläche 2600 Befunde aufgedeckt, deren Interpretation unklar ist. Unter einer 0,30-0,40 m mächtigen Humusschicht steht ein sehr kompakter, rötlichbrauner feiner Sand an, der das Oberflächenwasser staut. In diesem zeichnen sich Gräben und Gruben als schwarze Verfärbungen ab. Eine Entwässerung wurde im 20. Jahrhundert durch eine Vielzahl von parallel verlaufenden, West – Ost orientierten Gräben erzielt.

Nicht eindeutig anzusprechen sind hingegen die zahlreichen kleinen unregelmäßigen Gräben, die sich auf tieferem Niveau in eine Anzahl von mehr oder weniger langovalen parallelen Grubenreihen auflösen. Die Einzelgruben stoßen mit ihren Längsseiten aneinander, sind jedoch in Längsrichtung versetzt angeordnet. Die Länge der Gruben beträgt 0,45-0,70 m bei einer Breite von 0,40-0,55 m und einer Tiefe von maximal 0,30 m. Die Grubensohlen sind flach. Die Gräben bzw. Grubenreihen verlaufen nicht in geraden Linien wie die Gräben des 20. Jahrhunderts, sondern in großen Bögen in vier Richtungen.

Die Funktion dieser Grubenreihen ist unklar. Denkbar sind Eingrabungen, mit denen die oberste Schicht des gewachsenen Bodens durchstoßen wurde, damit das Oberflächenwasser besser versickern konnte

2.5 Fläche V (Sandhorst OL-Nr. 2510/3:114)

Die Fläche V ist in vier Grabungsschnitte unterteilt, von denen bisher erst zwei untersucht worden sind; die beiden nördlichen Flächen stehen in 2012 an. Das moderne Geländerelief fällt auf einer Länge von 300 m leicht von Norden nach Süden von +8,90 m NN auf +5,90 m NN ab. Im südlichen Senkenbereich sind unterhalb des Pflughorizonts die nacheiszeitlichen Sandaufwehungen soweit erodiert, dass der Lauenburger Ton hier an die Oberfläche tritt. In diesem Bereich befinden sich einige Dutzend Lehmentnahmegruben, von denen sich mehrere in das beginnende Hochmittelalter datieren lassen; die Lagerstätte wurde jedoch auch in moderner Zeit noch genutzt.

In der bisher untersuchten 2,5 ha großen Fläche lassen sich zwei Siedlungsbereiche klar voneinander trennen. Während sich eine Siedlungsfläche der Vorrömischen Eisenzeit auf den höher gelegenen nördlichen Sandrücken beschränkt, bevorzugten nachfolgende Siedler im frühen Mittelalter den tiefer liegenden Senkenbereich. Aus dem eisenzeitlichen Befundspektrum konnten sechs 4-Pfosten-Speicher und ein ungewöhnlicher 10-Pfosten-Speicher untersucht werden. Eine große Lehmentnahmegrube von 5-6 m Durchmesser und 1,40 m Tiefe enthielt mehrere recht gut erhaltene Holzgeräte, darunter einen schmalen Spaten, Geräteschäfte und Keile sowie einen ausgehöhlten Baumstamm von 1 m Länge und ca. 0,40 m Innendurchmesser.

Für die frühmittelalterliche Siedlungsperiode des 8.-11. Jahrhunderts konnten insgesamt sechs Hausgrundrisse und sieben Grassodenbrunnen nachgewiesen werden. In einem Gebäude war noch *in situ* ein Teil eines Lehmfußbodens mit Feuerstelle erhalten. Rechteckige Umfassungsgräben um die Häuser herum und ovale Zaungräbchen in der Umgebung vermitteln einen Eindruck von den ursprünglichen Grundstücksgrenzen. Die Verteilung der Keramikfunde deutet bereits auf eine längere Dauer der Siedlung im Mittelalter und ihre allmähliche räumliche Verlagerung hin.

2.6 Fläche VI/VIII (Sandhorst OL-Nr. 2410/9:31)

Diese Fläche erstreckt sich in einer Ausdehnung von ca. 3,5 ha über einen sandigen Geestrücken mit einer Höhe zwischen +8,90 m und +7,60 m NN. Teilweise finden sich in geringer Tiefe unter dem Sand Geschiebelehmschichten mit Lauenburger Ton, so dass sich im darüber liegenden Sand durch Stauwasser stellenweise massive natürliche Eisenanreicherungen gebildet haben. Wie durch die Ausgrabung nachgewiesen werden konnte, wurden sowohl Ton wie auch Raseneisenerz als Rohstoffe in früherer Zeit gezielt abgebaut und vor Ort weiter verarbeitet. Insgesamt konnten etwa 1500 Befunde dokumentiert werden, die einen Zeitraum von der älteren Vorrömischen Eisenzeit bis in das frühe Mittelalter abdecken.

Im nordwestlichen Teil der Fläche wurden außer zwei bisher undatierten Kreisgräben von 10,00 m Durchmesser sechs eisenzeitliche Brandgräber sowie die Überreste von mindestens drei dreischiffigen Häusern aus der jüngeren Bronze- oder älteren Vorrömischen Eisenzeit entdeckt.

Die Nutzung der Südosthälfte des Flurstücks während der Vorrömischen Eisenzeit beschränkte sich offensichtlich auf die Anlage von Lehmabbaugruben. Ein dreischiffiger Bau von ca. 7×22 m Ausmaß lieferte leider kein datierbares Fundmaterial, dürfte unter typologischen Gesichtspunkten jedoch am ehesten in die Römische Kaiserzeit gehören. Möglicherweise stammen auch einige ebenfalls undatierbare, aber in der Nähe liegende 4-Pfosten-Speicher aus dieser Zeit.

Eine intensivere Nutzung des Geländes lässt sich erst wieder für das 8.-9. Jahrhundert nachweisen, als drei Wohn- und/oder Wirtschaftsgebäude in lockerer Bebauungsdichte auf dem Gelände standen, darunter ein 7×20 m großer Bau, in dessen Wandgräbchen sich drei Phasen erkennen lassen. Fünf Grassodenbrunnen, eine Grube für den Abbau von Raseneisenerz und Reste eines Verhüttungsofens ergänzen diese Befunde. Die Fundamente der Grassodenwände der Brunnen bildeten lose im Vier- oder Fünfeck übereinander gelegte Hölzer, bei denen es sich entweder um Birkenstämme oder um wiederverwendetes Bauholz handelte. Möglicherweise liegt hier ein Indiz für Bauholzmangel bereits im frühen Mittelalter vor.

Innerhalb des Fundmaterials sind die große Zahl frühmittelalterlicher Schwalbennesthenkel aus Muschelgruswware, ein hölzerner Ardbestandteil und mehrere Konstruktionshölzer einer Egge hervorzuheben. Drei versandete Bachläufe ermöglichen es, das Geländerelief des frühen Mittelalters recht gut zu rekonstruieren.

Bis zu drei verschiedene Wölbackergrabensysteme, teils NNO – SSW, teils NW – SO verlaufend, belegen die Veränderung der Flurgrenzen seit Beginn der Neuzeit.

2.7 Fläche VII (Sandhorst OL-Nr. 2511/1:47)

Unmittelbar an der Bundesstraße 210 wurden auf zwei benachbarten Flurstücken vor- und frühgeschichtliche Befunde entdeckt. Auf dem westlichen Flurstück wurden auf einer Fläche von ca. 2.800 m² weit über einhundert Pfostengruben und Gruben dokumentiert. Neben mehreren 4-Pfosten-Speichern waren Wirtschaftsgebäude mit sechs bzw. acht Pfosten vorhanden. Ein NNW – SSO ausgerichteter Speicher wird von einem späteren Gebäude geschnitten, das NW – SO ausgerichtet ist. Alle Gebäude gehören einer dieser beiden Ausrichtungen an. Des Weiteren wurde ein auch Brunnen festgestellt, dessen Sohle mit einem Einbau aus Birkenknüppeln mit einem Durchmesser von 6-8 cm befestigt war. Die geborgene Keramik ist durchgehend mit Gesteinsgrus gemagert und kann in die Vorrömische Eisenzeit datiert werden.

Auf dem östlich benachbarten Flurstück wurden auf einer Fläche von etwa 6.500 m² weitere Pfostengruben, Wandgräbchen und Gruben sowie eine Kreisgrabenanlage von ca. 6,00 m Durchmesser untersucht. Der Kreisgraben war in seinem Umriss fast vollständig erhalten. Reste einer Bestattung konnten nicht mehr festgestellt werden. Keramikscherben mit Granitgrusmagerung aus dem Kreisgraben sprechen für eine Datierung in die Vorrömische Eisenzeit.

Auf dem östlichen Flurstück wurden im Bereich des Siedlungsareals der Vorrömischen Eisenzeit Abschläge und Absplisse aus Feuerstein aufgelesen. Fast alle bisher geborgenen Artefakte bestehen aus einem rötlich-braunen Flint. Nach den bisher vorliegenden Fundstücken wurden hier vornehmlich regelmäßige Klingen hergestellt. Unter den Artefakten sind aber auch eine geknickte Rückenspitze, ein Kratzer sowie ein Bohrer als eindeutige Werkzeuge zu finden. Bemerkenswert ist eine Kerbspitze der Hamburger Kultur aus grauem Flint, die stichelbahnartige Aussplitterungen aufweist. Mehrere Kernkantenklingen sowie weitere Abschläge, die der Kernpflege dienten, zeugen von dem hohen handwerklichen Können der Steinbearbeiter.

Als einziger Befund ist eine längliche graue Verfärbung von ca. 1,85×0,35 m Ausdehnung zu nennen, die zahlreiche Holzkohlereste enthielt. Da innerhalb der Verfüllung z. T. gebrannte Felsgesteine und einzelne ungebrannte Feuersteinfragmente auftraten, liegt die Vermutung nahe, dass es sich hier um eine ausgewaschene Feuerstelle handeln könnte.

Kernfrische Abschläge sowie die wenigen Werkzeuge deuten auf einen spätjungpaläolithischen Rastplatz hin. Das Areal wurde daher auf einer Fläche von 295 m² gezielt ausgegraben, wobei die Abträge geschlämmt wurden. Die abschließende Auswertung steht noch aus.

2.8 Fläche IX (Sandhorst OL-Nr. 2411/7:11)

Die Fläche IX wird außer von verschiedenen verlandeten Bachläufen von einer Wasserschöpfstelle dominiert. Vom Grund dieser Grube konnten Fragmente einer gedrechselten Holzschale aus Erlenholz geborgen werden (Holzartenbestimmung Dr. F. Bittmann, NIhK). Die Schale ist zu gut einer Hälfte erhalten und hat einen Durchmesser von 21 cm bei einer Höhe von 10,6 cm. Im Boden der Holzschale befinden sich sechs in Rautenform angeordnete und relativ grobe Löcher von ca. 1 cm Durchmesser. Die wohl nachträglich gebohrten Löcher deuten auf eine Zweitverwendung der Schale – möglicherweise zur Käseherstellung – hin.

2.9 Fläche X (Sandhorst OL-Nr. 2510/3:93)

Bereits 1995 wurden zwei Areale von zusammen ca. 2.000 m² ausgegraben, wo neben Siedlungsstrukturen der Vorrömischen Eisenzeit vor allem drei Bestattungen der Einzelgrabkultur gefunden worden sind (Schwarz 1999, 108 f.).

3 Zur Siedlungstopographie

Zusammenfassend kann die Abfolge von Nutzung und Besiedlung des untersuchten Gebiets bei Sandhorst wie folgt dargestellt werden. Die älteste Fundstelle stammt aus dem Jungpaläolithikum (Fläche VII: Abb. 3a). Darauf folgt zeitlich eine Fundstelle mit Bestattungen der Einzelgrabkultur (Fläche X: Abb. 3b). Aus der Bronzezeit sind zwei Areale mit Bestattungen überliefert (Fläche I und VIII: Abb. 3c). Erst aus der Vorrömischen Eisenzeit liegen sowohl Bestattungen (Fläche I, II, VII, VIII: Abb. 3d) als auch Gebäudestrukturen (Fläche II, VII, VIII, X: Abb. 3d) vor. Siedlungsstrukturen aus dem Frühmittelalter sind in vier Bereichen ausgegraben worden (Fläche III, V, VI, VIII: Abb. 3e). Nur zwei Fundstellen sind noch von hochmittelalterlichen Siedlungsstrukturen geprägt (Fläche V, VIII: Abb. 3f). Neuzeitliche Strukturen sind schließlich in einem Areal am Rande des Untersuchungsgebiets zu verzeichnen (Fläche IV: Abb. 3g).

Die Ausgrabungen werden im Jahre 2012 fortgesetzt und abgeschlossen. Nach ihrem Ende werden sich umfangreiche Auswertungen anschließen. Aufgrund der Analyse der durch die großflächige Grabung gewonnenen Ergebnisse werden Aussagen zur Siedlungstopographie in einer zusammenhängenden Siedlungsgebiet auf der ostfriesischen Geest möglich sein.

4 Literatur

Behre, K.-E., 2008: Landschaftsgeschichte Norddeutschlands. Umwelt und Siedlung von der Steinzeit bis zur Gegenwart. Neumünster.

Schwarz, W., 1999: Sandhorst OL-Nr. 2510/3:93, Gde. Stadt Aurich, Ldkr. Aurich, Reg.Bez. W-E. In: Fundchronik Niedersachsen 1998, Nr. 165. Nachrichten aus Niedersachsens Urgeschichte, Beiheft 2, 108-109. Stuttgart.

Wilhelmi, K., 1985: Älterbronzezeitliche Grabanlagen mit Pfostenzuwegung in Westniedersachsen und ihre englischen Muster. In: K. Wilhelmi (Hrsg.), Ausgrabungen in Niedersachsen. Archäologische Denkmalpflege 1979-1984. Berichte zur Denkmalpflege in Niedersachsen, Beiheft 1, 163-168. Stuttgart.

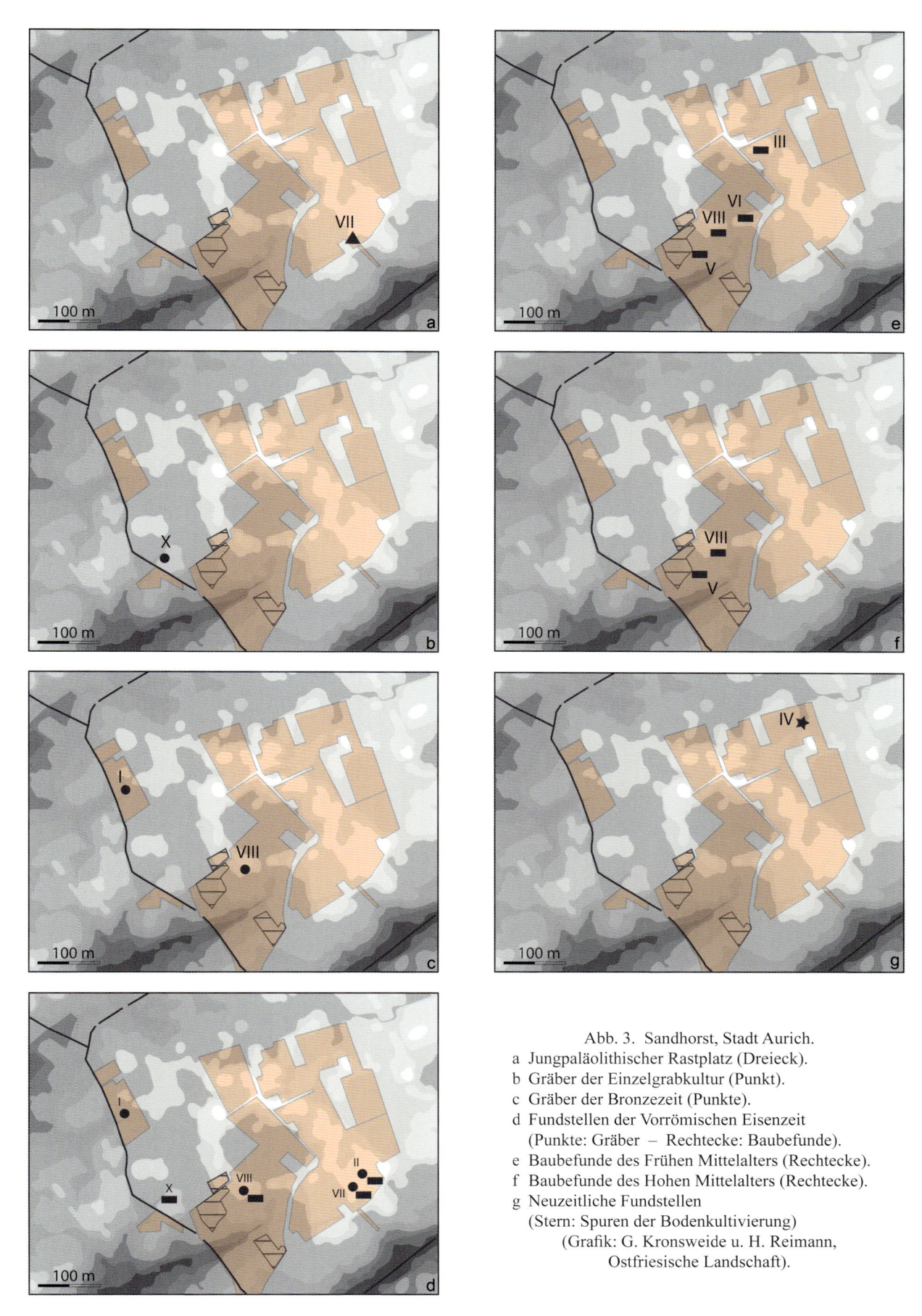

Abb. 3. Sandhorst, Stadt Aurich.
a Jungpaläolithischer Rastplatz (Dreieck).
b Gräber der Einzelgrabkultur (Punkt).
c Gräber der Bronzezeit (Punkte).
d Fundstellen der Vorrömischen Eisenzeit
  (Punkte: Gräber – Rechtecke: Baubefunde).
e Baubefunde des Frühen Mittelalters (Rechtecke).
f Baubefunde des Hohen Mittelalters (Rechtecke).
g Neuzeitliche Fundstellen
  (Stern: Spuren der Bodenkultivierung)
    (Grafik: G. Kronsweide u. H. Reimann,
      Ostfriesische Landschaft).

Zur Forschungsgeschichte der Großsteingräber von Tannenhausen bei Aurich und Leer-Westerhammrich

On the history of research on the megalithic tombs of Tannenhausen, near Aurich, and Leer-Westerhammrich

Jennifer Materna

Mit 3 Abbildungen

Inhalt: Im Folgenden wird ein Dissertationsprojekt zu den beiden einzigen näher bekannten Großsteingräbern in Ostfriesland bei Aurich und Leer-Westerhammrich vorgestellt. Ausgehend von der für Norddeutschland vorliegenden Literatur werden der neolithische Naturraum und die Wirtschaftsweise der trichterbecherzeitlichen Bevölkerung skizziert.

Schlüsselwörter: Ostfriesland, Aurich, Leer, Geest, Marsch, Neolithikum, Trichterbecherkultur, Großsteingrab, Forschungsgeschichte, Landschaftsentwicklung, Wirtschaft.

Abstract: A project for a doctoral thesis is presented here. It concerns the only two better-known megalithic tombs in East Frisia, which are located near Aurich and at Leer-Westerhammrich. The Neolithic landscape and the economic activities of the Funnel Beaker Culture population are described, based on the research publications available for northern Germany

Key words: East Frisia, Aurich, Leer, *Geest* landscape, Marshes, Neolithic, Funnel Beaker Culture, Megalithic tombs, History of research, Landscape development, Economy.

Jennifer Materna M. A., Longbentonstr. 60, 45739 Oer-Erkenschwick – E-mail: j-materna@t-online.de

Inhalt

1 Einleitung 192

2 Forschungsgeschichte 192
   2.1 Großsteingräber von Tannenhausen 192
   2.2 Mutmaßliches Großsteingrab von Leer-Westerhammrich 196

3 Entwicklung der neolithischen Landschaft 196
   3.1 Ostfriesische Halbinsel 196
   3.2 Tannenhausen bei Aurich 196
   3.3 Leer-Westerhammrich 197

4 Literatur 198

1 Einleitung

Die Trichterbecherkultur ist Thema des seit 2009 laufenden Schwerpunktprogramms der Deutschen Forschungsgemeinschaft „Frühe Monumentalität und soziale Differenzierung" (www.monument.ufg.uni-kiel.de). Diesem großangelegten Forschungsvorhaben ist das hier vorgestellte Dissertationsprojekt der Verfasserin an der Westfälischen Wilhelms-Universität in Münster durch Kooperationen mit dem Niedersächsischen Institut für historische Küstenforschung (NIhK) in Wilhelmshaven, der Christian-Albrechts-Universität zu Kiel und weiteren Teilprojekten des Schwerpunktprogramms angegliedert. Ferner wird es vom Archäologischen Dienst und Forschungsinstitut der Ostfriesischen Landschaft in Aurich unterstützt.

Im Gegensatz zu anderen Regionen, die innerhalb des Schwerpunktprogramms untersucht werden, sind aus Ostfriesland nur wenige Großsteingräber bekannt (Abb. 1). Von insgesamt sechs hier ehemals vorhandenen oder zu vermutenden Gräbern sind die beiden von Tannenhausen bei Aurich die am besten erhaltenen mit drei verbliebenen Steinen sowie zahlreichen Funden und Befunden. Von den Gräbern Leer-Westerhammrich, Brinkum und Utarp sind lediglich Standort und Funde bekannt. Die Ansprache des Stapelsteins bei Etzel als Großsteingrab ist bis heute strittig (SCHWARZ 1995, 58 ff.). Ebenfalls problematisch ist das sog. Megalithgrab von Dunum, Ldkr. Wittmund. Die umfassende Zerstörung des Steingrabs und der Mangel an aussagekräftigem Fundmaterial lassen nur eine vage Datierung zu (FAASCH 2011).

Die Untersuchung der Großsteingräber in Tannenhausen und eines mutmaßlichen Großsteingrabs von Leer-Westerhammrich im Hinblick auf die Trichterbecherkultur in Ostfriesland ist Ziel des laufenden Dissertationsprojektes. Basierend auf der vergleichenden Auswertung von Funden und Befunden und unter Hinzunahme weiterer Quellengattungen wie etwa Siedlungen regionaler und überregionaler Provenienz soll so gut wie möglich ein Bild der Trichterbecherkultur in Ostfriesland gezeichnet werden. Im Rahmen des Projektes sind Erkenntnisse zu einzelnen Themenkomplexen wie etwa der neolithischen Kolonisation, der Gesellschaftsstruktur der Trichterbecherkultur oder auch der Einbindung Ostfrieslands in das Gefüge der Westgruppe der Trichterbecherkultur zu erwarten.

Anhand der hier vorgestellten Forschungsgeschichte zu den Großsteingräbern von Tannenhausen und Leer-Westerhammrich wird ersichtlich, dass die Gräber zwar Eingang in die Wissenschaftsliteratur gefunden haben, eine erneute und vor allem umfassende Analyse im Hinblick auf die weitere Forschung jedoch sinnvoll und erstrebenswert ist. In einem ersten Schritt erfolgt die Bearbeitung der Keramik mit dem am Institut für Ur- und Frühgeschichte der Christian-Albrechts-Universität zu Kiel entwickelten Aufnahmesystem „Nordmitteleuropäische Neolithische Keramik" (NoNeK), das Merkmale der Gestaltung und Herstellungstechnik berücksichtigt (www.nonek.uni-kiel.de).

Im Folgenden werden erste Ergebnisse des Projektes vorgestellt.

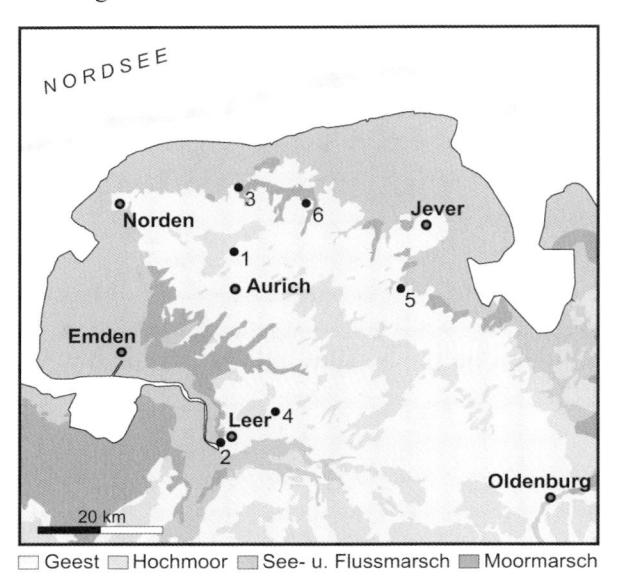

Abb.1. Gesicherte und mutmaßliche Großsteingräber in Ostfriesland.
1 Tannenhausen, Ldkr. Aurich – 2 Leer-Westerhammrich, Ldkr. Leer – 3 Utarp, Ldkr. Wittmund – 4 Brinkum, Ldkr. Leer – 5 Etzel, Ldkr. Wittmund – 6 Dunum, Ldkr. Wittmund (Grafik: G. Kronsweide, Ostfriesische Landschaft).

2 Forschungsgeschichte

2.1 Großsteingräber von Tannenhausen

Grundlage des Dissertationsprojektes waren zunächst die beiden Großsteingräber von Tannenhausen, Stadt Aurich. Aus der Mitte der kleinen Ortschaft, die wenige Kilometer nördlich von Aurich liegt und erst 1801 durch den Rentmeister Tannen als Kolonie gegründet worden ist (BYL u. GEYER 1988), war bereits seit Ende des 18. Jahrhunderts ein Großsteingrab bekannt.

Im Frühjahr 1780 fand in Tannenhausen eine erste Grabung an der Fundstelle der beiden Großsteingräber statt.

Mathias von Wicht der Jüngere geht in seinem Bericht über diese Grabung zunächst auf die Lage und das Aussehen der erhalten gebliebenen Steine ein, die bis zu den Untersuchungen in den 1960er-Jahren nur ein einziges Großsteingrab vermuten ließen (CREMER 1928). Von Wicht beschreibt das Grab als eine Vertiefung in der Mitte einer Dünenreihe mit zwei großen Granitblöcken. Einer der beiden Blöcke wurde zur Seite gewälzt und an der nunmehr freigelegten Stelle eine Nachgrabung durchgeführt, bei der einige Scherben und kalzinierte Knochen gefunden wurden (CREMER 1928). Die Scherben wurden als Reste von Urnenbegräbnissen identifiziert, der Befund selbst galt als *„heidnischer Altar"* (CREMER 1928, 227). Obwohl von Wicht aufgrund der Gefäßformen und der Fundlage der Scherben Zweifel an der Deutung der Funde und Befunde hatte (CREMER 1928), ergriff er nicht die Möglichkeit, die bestehende Lehrmeinung zu den Steinen zu widerlegen.

Nach diesem ersten schriftlichen Beleg für eine Grabung finden sich weitere Angaben vor allem bei norddeutschen Heimatforschern, die Tannenhausen in ihren beschreibenden und auflistenden Werken anführen. Ziel dieser Forscher war es, Landschaft, Wirtschaftsweise und Eigenheiten ihrer Heimat zu dokumentieren. Insbesondere in den Werken von F. Arends wird Tannenhausen angeführt. Dabei geht es Arends nicht etwa um die Deutung der Fundstelle, er beschränkt sich auf eine Beschreibung und vermisst die Steine. Arends nennt zunächst drei, in einem späteren Werk sogar vier Steine (ARENDS 1818; 1824). Dieser vierte Stein wurde vermutlich zur weiteren Verwendung abtransportiert und ist heute nicht mehr erhalten.

Erst in den 70er-Jahren des 19. Jahrhunderts kommt es wieder zu Untersuchungen in Tannenhausen. In einem kurzen Bericht des Amtssekretärs Rose werden Tätigkeiten eines Dr. Pannenborgs lobend erwähnt (ROSE 1878). Über den Umfang der vermutlich 1878 durchgeführten Untersuchung des Großsteingrabs ist jedoch nichts bekannt. Auch BRANDES (1879, 121) weist auf eingehende Untersuchungen in Tannenhausen hin, mit denen wohl die von Pannenborg gemeint sind. Diese finden in der Literatur jedoch keine weitere Erwähnung. Der Seminarlehrer Brandes ist es, der 1876/77 eine erste systematische Grabung der Fundstelle durchführt (BRANDES 1879).

Waren bislang ausschließlich die Funde von Interesse gewesen, so beachtet Brandes auch Bodenbeschaffenheit und Stratigraphie. Diese Beobachtungen veranlassen ihn dazu, eine Rekonstruktion des Bauvorgangs eines Großsteingrabs zu wagen (BRANDES 1879, 122). Seiner Ansicht nach wurde zunächst ein Loch der erforderlichen Größe gegraben, danach wurde der Boden geebnet und eine Lage Steingeröll darauf verteilt. Auf diese Lage stellte man nun die Urnen, bedeckte sie mit weiterem Geröll und verfüllte die Lücken mit Asche und Leichenbrand. Diese Schicht wurde festgestampft, anschließend wurden die Steinblöcke aufgestellt und die äußere Form mit einer Überhügelung hergestellt. BRANDES (1879, 120) betrachtet Großsteingräber als eine von vier Arten an *„altheidnischen Begräbnisstätten"* im nordwestdeutschen Raum.

In einem katalogartigen Teil seines Berichts führt BRANDES (1879, 123 ff.) alle Fundstücke – darunter auch solche aus Eisen – auf und stellt für die Keramik überregionale Bezüge zum Oldenburger, Osnabrücker und Meppener Raum her. Davon abgesehen bleibt die Untersuchung Brandes im Hinblick auf die Datierung der Funde aber ergebnislos. Zwar spricht BRANDES (1879, 120) die Großsteingräber aufgrund fehlender oder nur sehr selten vorkommender Metallfunde als die ältesten Gräber an, einen weiterführenden Datierungsansatz für Tannenhausen gibt er jedoch nicht. Das Vorkommen von Metallfunden in Tannenhausen bleibt unreflektiert. Brandes erkennt nicht, dass es sich hierbei um spätere Nachbestattungen handeln könnte. Die im Zuge der Grabung entdeckten Funde gingen in den Besitz des Ostfriesischen Landesmuseums Emden über, wo sie sich noch heute – bis auf einige verschollene Stücke – befinden.

Im Rahmen seines Werks „Die heidnischen Alterthümer Ostfrieslands" führt P. Tergast die Tannenhausener Funde mit auf und veröffentlicht erstmals auch Abbildungen von ihnen (TERGAST 1879, Taf. I,4.7; II,16; IV,27.28.30.31; VII,58). Insbesondere die von Brandes gefundenen Eisenteile zieht er für eine Datierung heran. Seines Erachtens nach kann aufgrund von deren Lage in ungestörtem Fundzusammenhang davon ausgegangen werden *„...dass das Alter des Steingrabes nicht über die Eisenzeit hinausreichen kann"* (TERGAST 1879, 13). Die Eisenteile stellen für Tergast einen *terminus post quem* dar, der die Grundlage für eine zweifelsfreie relativchronologische Datierung bildet.

Während die Grabung von Brandes nach heutigen Maßstäben in Grundzügen wissenschaftlich war, deuten die in den 1920er-Jahren dem Verein für Heimatschutz und Heimatgeschichte in Leer übergebenen und im dortigen Heimatmuseum aufbewahrten Funde auf kleinere unsachgemäße Grabungen auf der Fundstelle hin (ZYLMANN 1925, 83 f.; 1926, 105).

P. Zylmann ist schließlich der Erste, der die zu dieser Zeit noch als einzelnes Grab angesehene Anlage von Tannenhausen 1927 in einem Aufsatz näher untersucht und die bis dahin gewonnenen Erkenntnisse kritisch betrachtet (ZYLMANN 1927). Während Brandes die Großsteingräber lediglich als älteste Grabform anspricht,

193

ist sich Zylmann ihrer Datierung in das Neolithikum bewusst. Erstmals erscheint ein Lageplan der Anlage sowie eine Kartierung der von Brandes gemachten Metallfunde (ZYLMANN 1927, Taf. I,1). Zylmann widerlegt die Datierung Tergasts, da es dank des Forschungsstands seiner Zeit unstrittig ist, dass Eisenfunde in eindeutig steinzeitlichen Gräbern als Beigaben von jüngeren Sekundär- oder Nachbestattungen anzusehen sind (ZYLMANN 1927, 26). Mit den Tannenhausener und vielen weiteren Funden unternimmt es Zylmann erstmals, die Urgeschichte Ostfrieslands zu rekonstruieren und in einer Monographie mit Verbreitungskarten anschaulich zu präsentieren (ZYLMANN 1933).

Erst ab 1962 erfolgten eingehendere wissenschaftliche Grabungen, nachdem das Gelände von der Ostfriesischen Landschaft mit Unterstützung des Marschenrats angekauft worden war. Die Fundstelle war durch einen Ende der 1950er-Jahre begonnenen Sandabbau bedroht und wurde durch den Ankauf vor ihrer endgültigen Zerstörung bewahrt. Die Grabungen wurden von der Niedersächsischen Landesstelle für Marschen- und Wurtenforschung in Wilhelmshaven (heute Niedersächsisches Institut für historische Küstenforschung) in Zusammenarbeit mit der Ostfriesischen Landschaft durchgeführt und standen zunächst unter der Leitung von W. Reinhardt (1962) und dann von cand. phil. Ingo Gabriel (1963, 1965). Die Funde dieser Untersuchungen befinden sich bei der Ostfriesischen Landschaft in Aurich.

Wichtigste Erkenntnis neben Einblicken in die Landschaftsbildung im Neolithikum war 1962, dass die Fundstelle in Tannenhausen aus zwei und nicht, wie bislang angenommen, nur aus einem Grab bestanden hat (REINHARDT 1962a; 1962b; 1963).

Bereits 1963 erfolgte daher eine weitere Grabung, deren Ziel die Untersuchung der neu entdeckten sog. Ostkammer war (GABRIEL 1964). Die Schnitte des Vorjahrs wurden dazu erweitert und vertieft und eine weitere Fläche wurde im Südosten geöffnet, da hier der Zugang zur Ostkammer vermutet wurde. Neben zahlreichen Scherben fanden sich die Standspuren einiger Trägersteine sowie Reste der Verkeilsteine, des Trockenmauerwerks und der Kammerpflasterung. Traufwasserlinien sprachen nach GABRIEL (1964, 147) für eine Anzahl von vier Decksteinen auf der Kammer (keine Angabe mehr in GABRIEL 1966). SCHWARZ (1995, Abb. 20) dagegen rekonstruiert ausgehend von den zu überbrückenden Lücken zwischen den Trägersteinen sechs Decksteine.

Zum Abschluss der Untersuchung der Ostkammer erfolgte 1965 eine weitere Grabung. Dabei konnte anhand von Pfostenspuren eine Holzkonstruktion als Zugang zur Kammer nachgewiesen werden (GABRIEL 1966, 96). Des Weiteren zeigten die Befunde, dass die beiden Kammern nicht gemeinsam überhügelt waren, sondern dass jede Kammer ihren eigenen Hügel hatte (GABRIEL 1966, 85).

Mitte der 1980er-Jahre erfolgte eine eingehendere Untersuchung der Keramik im Rahmen einer Magisterarbeit von C. Neutzer. Basierend auf einem Ausschnitt der Keramik von 65 rekonstruierten Gefäßen und einigen weiteren Bruchstücken nahm NEUTZER (1987) eine Klassifizierung des Materials anhand der Typologiesysteme von KNÖLL (1959) und BAKKER (1979a) vor. Der weitaus größere Teil der Keramikfunde blieb jedoch unbearbeitet, da nur für die Klassifizierung besonders geeignete Stücke aufgenommen wurden. NEUTZER (1987, 55) datierte die Belegungsdauer der beiden Gräber auf die Zeit von ca. 2700 bis 2270 v. Chr. – eine Zeitspanne, die nach heutigem Kenntnisstand bereits der Einzelgrabkultur entspricht.

Die Durchsicht des unbearbeiteten Materials durch die Verfasserin brachte die Erkenntnis, dass weitere chronologisch aussagekräftige Funde vorhanden sind. Eine zeitliche Differenzierung der beiden Großsteingräber ist nicht möglich, da ihnen die Keramik nicht mehr getrennt zugeordnet werden kann.

Dass sich das Gebiet von Tannenhausen durch eine Konzentration trichterbecherzeitlicher Fundstellen auszeichnet, konnte SCHWARZ (1990, 124) zeigen.

Aufgrund der Untersuchungen lassen sich die Großsteingräber von Tannenhausen wie folgt beschreiben (Abb. 2): Die beiden Ganggräber liegen unmittelbar nebeneinander in einer Flucht. Aufgrund ihrer annähernd nordost-südwestlichen Ausrichtung werden sie als West- und Ostkammer angesprochen. Beide Kammern waren jeweils überhügelt.

Von der sog. Westkammer konnten bislang acht Tragsteine an ihren Standspuren nachgewiesen werden, ein Tragstein (GABRIEL 1966, 91: „östliche[r] Schlußstein") befindet sich noch *in situ*. Die Kammer hat aus fünf Jochen bestanden. Nachweisbar sind drei vollständige Joche sowie zwei weitere, bei denen aber den beiden Tragsteinen auf der südlichen Längsseite die Pendants auf der gegenüberliegenden nördlichen Seite fehlen. Im Falle des von Westen gesehen zweiten Tragsteins auf der südlichen Seite wäre es denkbar, dass auch zum zweiten Joch noch der erste Tragstein auf der nördlichen Seite gehört. Dann wären hier durch drei Tragsteine zwei Joche gebildet worden. Der vierte Tragstein auf der südlichen Seite dürfte sein Pendant im nicht untersuchten Bereich der nördlichen Seite der Kammer haben. Von den vermutlich fünf Decksteinen sind

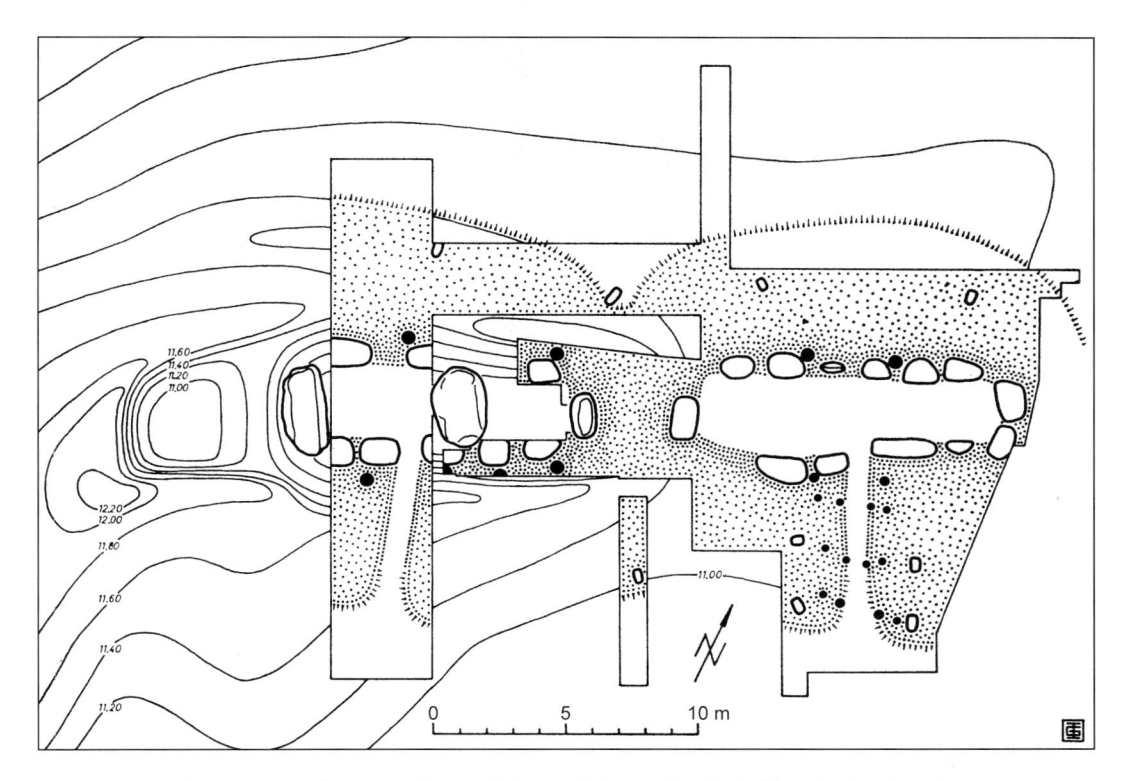

Abb. 2. Tannenhausen, Ldkr. Aurich. Idealisierter Plan der beiden Großsteingräber
(nach GABRIEL 1966, 95 Abb. 2).

zwei erhalten geblieben. Die Maße der Kammer lassen sich nur mit Einschränkungen ermitteln, da diese nicht vollständig ausgegraben worden ist. Die lichte Breite beträgt zwischen 2 m und 2,50 m, die Länge ca. 9 m. Der Zugang befindet sich auf der südlichen Längsseite.

Die sog. Ostkammer wurde im Gegensatz zur Westkammer vollständig ergraben, so dass hier sämtliche Standspuren der Tragsteine nachgewiesen werden konnten. Insgesamt handelt es sich um sechs Joche. Davon ausgehend, dass zur Errichtung von zwei Jochen wiederum nur drei Tragsteine verwendet worden sind – wie in der östlich vom Eingang gelegenen Hälfte der Kammer geschehen –, lassen sich sechs Decksteine vermuten (so SCHWARZ 1995, Abb. 20). Dem von Westen gesehen ersten Tragstein der nördlichen Längsseite sowie dem zweiten der südlichen Längsseite stehen keine Pendants gegenüber. Vielmehr finden sich hier große Lücken, die vermutlich durch kleinere Zwischensteine und Trockenmauerwerk geschlossen gewesen sind (GABRIEL 1966, 92). Ein solcher Zwischenstein fand sich *in situ* an Stelle eines dritten Tragsteins in der nördlichen Längsseite. Das Innenmaß der Kammer beträgt in der Länge etwa 11,20 m, die Breite variiert zwischen 2,20 m auf der östlich und 2,80 m auf der westlich des Eingangs gelegenen Seite.

Der Zugang zur Ostkammer befindet sich ebenfalls auf der südlichen Längsseite. Spuren von zwei Doppelreihen von Pfosten lassen darauf schließen, dass der Gang wohl vollständig aus Holz gebaut gewesen ist. Jeweils zwei auf beiden Seiten des Gangs gefundene Standspuren weisen auf eine spätere Aufrichtung von Steinen auf dem Hügel hin. Sowohl die Anzahl als auch ihre – im Verhältnis zur Lauffläche des Gangs – geringe Eintiefung schließen die Verwendung der Steine zur Abstützung des Gangs aus (GABRIEL 1966, 95).

LAUX (1991, 63) geht auf die Gräber von Tannenhausen in seiner Arbeit zur Entwicklungsgeschichte der Großsteingräber in Niedersachsen und Westfalen ein. Die sog. Ostkammer ist seiner Meinung nach zunächst als kleine rechteckige Kammer angelegt und später zur größeren trapezförmigen Kammer umgebaut worden. Als Beleg für diese Annahme sieht Laux eine leichte Veränderung der Bauweise der westlichen Hälfte der Kammer an, bei der die Tragsteine der südlichen Längsseite auffällig aus der ursprünglichen Flucht herausgenommen und die Zwischenräume zwischen ihnen vergrößert worden sind.

Der einzige in der westlichen Hälfte der südlichen Längswand vorhandene Zwischenraum weist jedoch keinerlei Veränderung gegenüber den anderen Zwischenräumen auf. Die am westlichen Ende dokumentierte Lücke weist eher auf die Verwendung eines nicht mehr nachweisbaren Zwischensteins oder

Trockenmauerwerks hin, insbesondere da eine solche Vorgehensweise an anderer Stelle der Kammer bereits Verwendung fand. Es muss also nicht zwingend eine veränderte Bauweise angenommen werden.

2.2 Mutmaßliches Großsteingrab von Leer-Westerhammrich

Das Projekt wurde 2010 um die Bearbeitung von Funden der Trichterbecherkultur aus dem Westerhammrich am nordwestlichen Stadtrand von Leer nahe der Ems erweitert, die vermutlich auch aus einem Großsteingrab stammen. Diese Funde waren 2010 von den Gebrüdern Hartog mit ihren Privatsammlungen an die Ostfriesische Landschaft abgegeben worden.

Die Geschichte des mutmaßlichen Großsteingrabs vom Westerhammrich stellt sich völlig anders als die der Gräber von Tannenhausen. Im landwirtschaftlich genutzten Westerhammrich – als „Hammrich" wird ein saisonal überschwemmtes Weide- und Mahdland bezeichnet (BÄRENFÄNGER 1993) – konnten nur noch Funde geborgen werden. Die Steine des mutmaßlichen Megalithgrabs hier müssen schon vor langer Zeit abtransportiert und anderweitig genutzt worden sein. Schriftliche Nachrichten über ein Großsteingrab fehlen.

Beim Aussanden der Geestkuppe, auf der sich die Fundstelle befindet, stellten die Brüder Heinz und Paul Hartog in den Jahren 1963 und 1964 besonders in zwei Abraumschüttungen der Sandentnahmestelle Fundmaterial mit zahlreichen Scherben sicher (BAKKER 1979b). Aus diesen konnten sie eine Anzahl von unvollständigen Gefäßen zusammensetzen. Des Weiteren bemerkten die Brüder Feldsteine, Granitbrocken und plattiges Gestein in der Nähe eines Findlings, die wahrscheinlich als Reste eines Großsteingrabs angesehen werden müssen, jedoch nicht weiter archäologisch untersucht oder dokumentiert worden sind.

Im Zuge der Archäologischen Landesaufnahme in Ostfriesland wurden die Funde bereits 1964 von K. Wilhelmi erfasst. Ihre Dokumentation war schließlich die Grundlage für eine Bearbeitung durch J. A. BAKKER (1979b), der nur einen Teil der Funde im Original sehen konnte und sich ansonsten auf deren Fotos stützen musste. Aus diesem Grund bezeichnete BAKKER (1979b, 89) seine Arbeit auch als „*nicht abschließend*". Immerhin gelang es ihm, anhand der Fotos 84 Gefäße zu unterscheiden und sie entsprechend der Zuordnung zu seinen typologischen Stufen der Keramik der Westgruppe der Trichterbecherkultur (BAKKER 1979a) in die Zeit von etwa 2550 bis 2150 v. Chr. – nach „*konventioneller* [also unkalibrierter] ^{14}C-*Skala*" – zu datieren (BAKKER 1979b, 92).

3 Entwicklung der neolithischen Landschaft

3.1 Ostfriesische Halbinsel

Geest, Marsch und Moor sind die drei Naturräume, die die Ostfriesische Halbinsel kennzeichnen und gliedern (BEHRE 1998). Die Geest war ursprünglich von einem Eichenmischwald bedeckt, nach der Datierung der Moorbasis des Auricher Moors und des Marcardsmoors setzte aber ab ca. 6650 vor heute eine Vermoorung ein (PETZELBERGER, BEHRE u. GEYH 1999, 34). Durch die Vermoorung in seinem Lebensraum eingeschränkt, übte der Mensch seinerseits Einfluss auf die Natur aus. Die Pollenkurven reflektieren die durch die Wirtschaftsweise anthropogen veränderte Vegetation.

Die erste markante Schwankung ist der sog. Ulmenfall, der allgemein auf ca. 4000 v. Chr. datiert wird (BEHRE 2008, 57; 2001, 29). Basierend auf der wirtschaftlichen Nutzung der Ulme, der sog. Laubfutterwirtschaft, und einer durch den Ulmensplintkäfer übertragenen Virusinfektion zeichnet sich in den Pollenkurven ein Rückgang dieser Baumart ab (BEHRE 2008, 139). Zusammen mit dem Aufkommen von Getreide und Siedlungszeigern markiert der Ulmenfall den Beginn der neolithischen Lebensweise im Norden (BEHRE 2001, 29).

Der sog. Lindenfall hat ebenfalls eine wichtige Markerfunktion. Verursacht durch die umfassende Fällung von Linden zur Anlage von Äckern, zeigt er zusammen mit dem weiteren Anstieg der Pollenkurven von Getreide, Siedlungszeigern und vor allem Gräsern den Wechsel der Wirtschaftsweise an (BEHRE 2001, 31; 2002, 41; 2008, 141). Mit ihm begann die sog. Landnam-Phase, die für verstärkten Ackerbau und die Haltung des Viehs in den Wäldern steht (BEHRE 2002, 41). Durch Fraßschäden lichteten die Wälder weiter auf und es entstanden eine Hudewald-Landschaft sowie regelrechte Weideflächen (BEHRE 2002, 41). Durch die Überbeanspruchung verheideten die Weidebereiche immer mehr und wurden schließlich zu ersten Heideflächen (BEHRE 2001, 33; 2002, 43; 2008, 143). Für Nordwestdeutschland wird der Beginn der Landnam-Phase auf ca. 3000 v. Chr. datiert (BEHRE 2008, 140).

3.2 Tannenhausen bei Aurich

Bereits 1957 publizierte Udelgard Grohne ein pollenanalytisches Standardprofil für Tannenhausen (GROHNE 1957). Anhand der umfassenden Auswertung dieses

Standardprofils konnte sie die generellen Stadien der Landschaftsentwicklung auch lokal nachweisen. Die Pollenkurven belegen eine zunächst dichte Bewaldung, die später auflockerte und von Moorflächen unterbrochen wurde. Der Ulmenfall konnte in Tannenhausen auf 4985 ± 120 Jahre BP datiert werden (GROHNE 1957, 19). Die Kalibrierung mit Calib 6.0 ergibt bei 1 Sigma ein Alter von 3820-3660 v. Chr. Der Lindenfall und der damit verbundene Beginn der Landnam-Phase spiegelt sich ebenfalls im Tannenhausener Standardprofil wider, eine absolutchronologische Datierung fehlt jedoch.

Die Ergebnisse des Standardprofils konnten anhand weiterer Untersuchungen zu einem Bohlenweg im nahe gelegenen Meerhusener Moor bestätigt werden. Einer ersten Grabung 1959, durch die sich der Verlauf und der Aufbau des Bohlenwegs rekonstruieren ließen (REINHARDT 1973, 60 ff.), folgte 1967 eine pollenanalytische Untersuchung (KUČAN 1973, 65 ff.). Die Pollendiagramme von Tannenhausen und vom Bohlenweg weisen große Ähnlichkeit auf.

Die Verheidung von Weideflächen lässt sich auch in Tannenhausen nachweisen. Ein Besenheidepodsol direkt unter den Gräbern zeigt, dass hier vorher eine Heidefläche bestanden hat (BEHRE 2002, 44).

3.3 Leer-Westerhammrich

Über die naturräumliche Situation auf dem Westerhammrich ist bislang kaum etwas bekannt. Anders als in Tannenhausen gibt es vom Westerhammrich kein Pollendiagramm, anhand dessen die neolithischen Wirtschaftsweisen lokal belegt werden könnten. Einzig die Lage des Westerhammrich auf der Geest – also im gleichen Naturraum wie Tannenhausen – ließe die Möglichkeit zu, durch ähnliche Lebensbedingungen auf ähnliche Wirtschaftsweisen zu schließen.

Allerdings muss in Betracht gezogen werden, dass der Geestvorsprung, auf dem sich der Westerhammrich befindet, bis in die Niederung der Ems reicht und somit zugleich Teil der Flussmarsch ist. Dies bedeutet, dass der Westerhammrich von Überschwemmungen betroffen sein konnte – ein Umstand, der in Tannenhausen nicht zum Tragen kam. Über die Häufigkeit und Auswirkungen der Überschwemmungen ist wenig bekannt (BÄRENFÄNGER 1993, 34). Jedoch war der Westerhammrich bereits vor 800 n. Chr. bis auf seine zentrale Kuppe von Sedimentablagerungen bedeckt (BÄRENFÄNGER 1993, 52).

In diesem Rahmen kann ein mögliches Bild vom Westerhammrich im Neolithikum aufgezeigt werden: Der Geestvorsprung reicht bis in die Niederung und erhebt sich über diese; der Bewuchs der Geest hier wird möglicherweise ähnlich dem von Tannenhausen gewesen sein. Der Uferwall entlang der Ems weist mit dem zonengegliederten Auenwald einen eigenen Pflanzenbestand auf. Einem Tideröhricht direkt am Ufer folgen im ansteigenden Gelände zunächst Weidenwald und -gebüsch, schließlich Harthölzer wie Erle, Esche, Ulme und Eiche (BEHRE 1985, 86 f. – Abb. 3). Das Aufkommen dieses Auenwalds, wie er auf der westlichen Seite der unteren Ems nachgewiesen werden konnte (BEHRE 1970, 30), wird auf mindestens 4000 v. Chr. datiert (BEHRE 1999, 19). Er hat also in der Zeit der Nutzung des Westerhammrichs durch die Trichterbecherkultur bestanden.

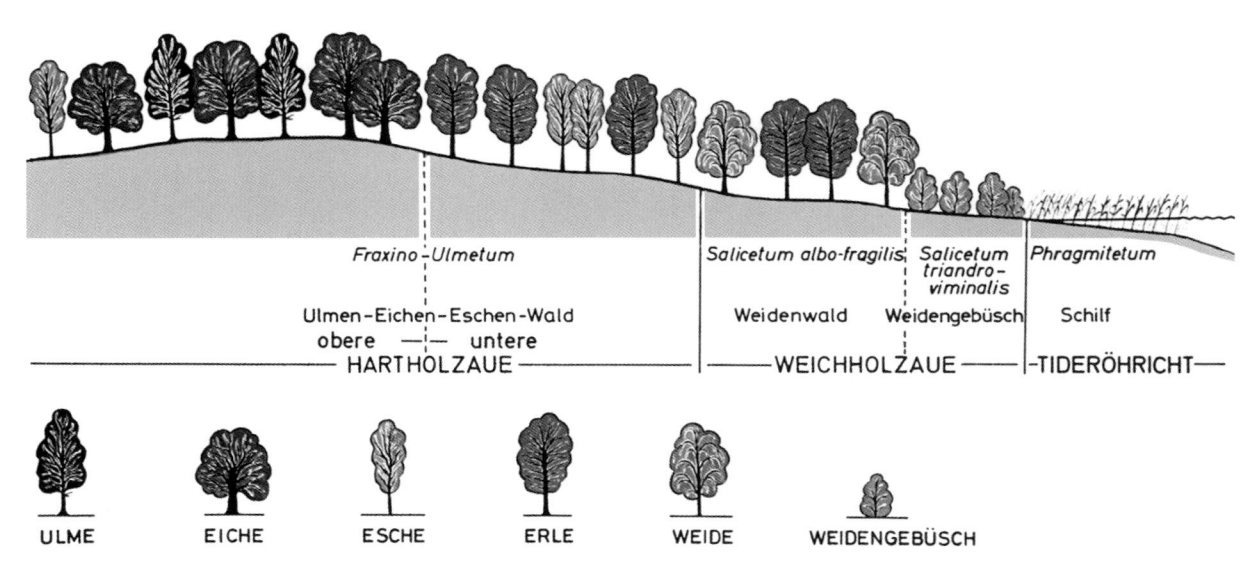

Abb. 3. Rekonstruktion der natürlichen Auenwälder auf dem Uferwall der Ems während der Vorrömischen Eisenzeit um etwa 600 v. Chr. (nach BEHRE 1998, 21 Abb. 15).

4 Literatur

ARENDS, F., 1818: Ostfriesland und Jever in geographischer, statistischer und besonders landwirthschaftlicher Hinsicht 1. Emden.

ARENDS, F., 1824: Erdbeschreibung des Fürstenthums Ostfriesland und des Harlingerlandes. Emden.

BÄRENFÄNGER, R., 1993: Der Westerhammrich bei Leer. Ein bedeutendes Fundgebiet an der unteren Ems. Berichte zur Denkmalpflege in Niedersachsen 13, 52-55.

BAKKER, J. A., 1979a: The TRB West Group. Studies in the chronology and geography of the makers of Hunebeds and Tiefstich Pottery. Cingula 5. Amsterdam.

BAKKER, J. A., 1979b: Ein vergessenes Megalithgrab zu Leer (Ostfriesland). Probleme der Küstenforschung im südlichen Nordseegebiet 13, 85-97.

BEHRE, K.-E., 1970: Die Entwicklungsgeschichte der natürlichen Vegetation im Gebiet der unteren Ems und ihre Abhängigkeit von den Bewegungen des Meeresspiegels. Probleme der Küstenforschung im südlichen Nordseegebiet 9, 13-48.

BEHRE, K.-E., 1985: Die ursprüngliche Vegetation in den deutschen Marschgebieten und deren Veränderung durch prähistorische Besiedlung und Meeresspiegelbewegungen. Verhandlungen der Gesellschaft für Ökologie 13, 85-96.

BEHRE, K.-E., 1998: Die Entstehung und Entwicklung der Natur- und Kulturlandschaft der ostfriesischen Halbinsel. In: K.-E. Behre u. H. van Lengen (Hrsg.), Ostfriesland. Geschichte und Gestalt einer Kulturlandschaft (3. Aufl.), 5-37. Aurich.

BEHRE, K.-E., 1999: Naturraum und Kulturlandschaftsentwicklung Ostfrieslands. In: R. Bärenfänger (Red.), Ostfriesland. Führer zu archäologischen Denkmälern in Deutschland 35, 10-27. Stuttgart.

BEHRE, K.-E., 2001: Umwelt und Wirtschaftsweisen in Norddeutschland während der Trichterbecherzeit. In: R. Kelm (Hrsg.), Zurück zur Steinzeitlandschaft. Albersdorfer Forschungen zur Archäologie und Umweltgeschichte 2, 27-38. Heide.

BEHRE, K.-E., 2002: Zur Geschichte der Kulturlandschaft Nordwestdeutschlands seit dem Neolithikum. Berichte der Römisch-Germanischen Kommission 83, 39-68.

BEHRE, K.-E., 2008: Landschaftsgeschichte Norddeutschlands. Umwelt und Siedlung von der Steinzeit bis zur Gegenwart. Neumünster.

BRANDES, H., 1879: Das Steingrab in Tannenhausen. Jahrbuch der Gesellschaft für bildende Kunst und vaterländische Alterthümer zu Emden 3:1, 119-125.

BYL, J., u. GEYER, S., 1988: Tannenhausen – ein Ort mit Geschichte. Ausstellung 9.4.-12.6.1988, Historisches Museum Aurich. Veröffentlichungen des Historischen Museums Aurich 1. Aurich.

CREMER, U., 1928: Das Steingrab zu Tannenhausen im Jahre 1780. Blätter des Vereins für Heimatschutz und Heimatgeschichte (Leer) 1, 225-227.

FAASCH, F., 2011: Das zerstörte Megalithgrab von Dunum, Kreis Wittmund. Ein Beispiel für die Beziehung zwischen frühmittelalterlichen Bestattungen und neolithischen Grabanlagen. Bachelorarbeit, Universität Hamburg.

GABRIEL, I., 1964: Das Megalithgrab zu Tannenhausen. Ein Vorbericht über die Ausgrabungsergebnisse, besonders die des Jahres 1963. Friesisches Jahrbuch 1964. Jahrbuch der Gesellschaft für bildende Kunst und vaterländische Altertümer zu Emden 44, 141-154.

GABRIEL, I., 1966: Das Megalithgrab zu Tannenhausen, Kr. Aurich. Ein zusammenfassender Vorbericht über die Ausgrabungsergebnisse, besonders die des Jahres 1965. Neue Ausgrabungen und Forschungen 3, 82-101.

GIFFEN, A. E. VAN, 1927: De hunebedden in Nederland. Utrecht.

GROHNE, U., 1957: Zur Entwicklungsgeschichte des ostfriesischen Küstengebietes auf Grund botanischer Untersuchungen. Probleme der Küstenforschung im südlichen Nordseegebiet 6, 1-48.

KNÖLL, H., 1959: Die nordwestdeutsche Tiefstichkeramik und ihre Stellung im nord- und mitteleuropäischen Neolithikum. Münster.

KUČAN, D., 1973: Pollenanalytische Untersuchungen zu einem Bohlenweg aus dem Meerhusener Moor (Kr. Aurich/Ostfriesland). Probleme der Küstenforschung im südlichen Nordseegebiet 10, 65-67.

LAUX, F., 1991: Überlegungen zu den Großsteingräbern in Niedersachsen und Westfalen. Neue Ausgrabungen und Forschungen in Niedersachsen 19, 21-99.

NEUTZER, C., 1987: Die Trichterbecherkeramik der Megalithgräber von Tannenhausen. Magisterarbeit, Universität Münster.

PETZELBERGER, B. E. M., BEHRE, K.-E., u. GEYH, M. A., 1999: Beginn der Hochmoorentwicklung und Ausbreitung der Hochmoore in Nordwestdeutschland. Erste Ergebnisse eines neuen Projektes. Telma 29, 21-38.

REINHARDT, W., 1962a: Bericht über die Grabung des Megalithgrabes von Tannenhausen bei Aurich. Archäologischer Dienst der Ostfriesischen Landschaft, Aurich, Ortsakte Tannenhausen.

[REINHARDT, W.], 1962b: Tannenhausen (bei Aurich). Mitteilungsblatt des Marschenrates zur Förderung der Forschung im Küstengebiet der Nordsee 1, 11.

REINHARDT, W., 1963: Tannenhausen, Kreis Aurich. Mitteilungsblatt des Marschenrates zur Förderung der Forschung im Küstengebiet der Nordsee 2, 13-14.

REINHARDT, W., 1973: Zwei vorgeschichtliche Wege im Meerhusener Moor (Kr. Aurich/Ostfriesland). Probleme der Küstenforschung im südlichen Nordseegebiet 10, 59-64.

ROSE, F., 1878: Die vorchristlichen Denkmäler Ostfrieslands. Ostfriesisches Monatsblatt für provinzielle Interessen 6:7, 289-301.

SCHWARZ, W., 1990: Besiedlung Ostfrieslands in ur- und frühgeschichtlicher Zeit. Abhandlungen und Vorträge zur Geschichte Ostfrieslands 71. Aurich.

SCHWARZ, W., 1995: Die Urgeschichte in Ostfriesland. Leer.

TERGAST, P., 1879: Die heidnischen Alterthümer Ostfrieslands. Emden.

ZYLMANN, P., 1925: Vorgeschichtliches. Blätter des Vereins für Heimatschutz und Heimatgeschichte (Leer) 4, 83-84.

ZYLMANN, P., 1926: Vorgeschichtliches. Blätter des Vereins für Heimatschutz und Heimatgeschichte (Leer) 5, 104-105.

ZYLMANN, P., 1927: Die Steingräber von Tannenhausen und Utarp. Ostfriesland – Ein Kalender für Jedermann 14, 23-31.

ZYLMANN, P., 1933: Ostfriesische Urgeschichte. Darstellungen aus Niedersachsens Urgeschichte 2. Hildesheim, Leipzig.

Eine bronzezeitliche Ringwallanlage bei Cuxhaven im südlichen Elbemündungsgebiet

A circular Bronze Age enclosure at Cuxhaven in the southern Elbe estuary area

Andreas Wendowski-Schünemann und Ulrich Veit

Mit 10 Abbildungen und 1 Tabelle

Inhalt: Der untersuchte Ringwall liegt nur wenige hundert Meter von der Küste entfernt auf der niedrigen Geest südwestlich von Cuxhaven-Duhnen. Die im Gelände noch gut sichtbare Anlage besteht aus einem Hauptwall, einem deutlich niedrigeren Vorwall sowie einem vorgelagerten Sohlgraben. Der Hauptwall mit rund 40 m Innendurchmesser besaß ursprünglich einen nach Osten gerichteten Zugang. Die Ausgrabungen erbrachten den Nachweis, dass der Wallkörper ausschließlich aus Heideplaggen aufgebaut ist. ^{14}C-AMS-Datierungen des organischen Materials der durch den Wall versiegelten alten Oberfläche belegen, dass der Duhner Ringwall bereits vor rund 3500 Jahren, also am Übergang von der frühen zur älteren Nordischen Bronzezeit, errichtet worden ist. Im Innern des Ringwalls zeigten sich Spuren einer jungsteinzeitlichen Besiedlung des Platzes (Trichterbecherkultur / Einzelgrabkultur), jedoch keine Belege für eine bronzezeitliche Nutzung.

Schlüsselwörter: Niedersachsen, Cuxhaven, Bronzezeit, Ringwall.

Abstract: The circular Bronze Age enclosure is located only a few hundred metres from the coast, on the lower part of the Pleistocene uplands (*Geest*) of the German North Sea coast to the southwest of Cuxhaven-Duhnen. The enclosure, which is still visible today, consists of a main rampart, a smaller outer bank and a small ditch. The main inner rampart, with a diameter of about 40 m, once had an east-facing entrance. Excavations proved that the rampart had been constructed solely of heath sods. ^{14}C-AMS-radiocarbon analyses of materials from the former surface, now covered by the main rampart, indicate that it was built around 3500 BP, at the transition from the Early to the Older Nordic Bronze Age. Traces of Neolithic settlement activity (Funnel Beaker Culture / Single Grave Culture) could be detected inside the enclosed area, but there was no evidence of Bronze Age occupation.

Key words: Lower Saxony, Cuxhaven, Bronze Age, Circular enclosure.

Andreas Wendowski-Schünemann M. A., Stadtarchäologie Cuxhaven, Altenwalder Chaussee 2, 27474 Cuxhaven – E-mail: andreas.wendowski-schuenemann@cuxhaven.de

Prof. Dr. Ulrich Veit, Universität Leipzig, Professor für Ur- und Frühgeschichte, Ritterstraße 14, 04109 Leipzig – E-mail: ulrich.veit@uni-leipzig.de

Inhalt

1 Einleitung 200
2 Forschungsgeschichte 201
3 Untersuchungen 2001 bis 2009 203
4 Wallschnitte 2002 und 2006 204
5 Nachuntersuchung im Torbereich 2007 bis 2009 205
6 Ergebnis 207
7 Literatur 208

1 Einleitung

Bei dem auf der Geest südlich von Cuxhaven-Duhnen gelegenen Erdwerk „Am Kirchhof" (früher „Judenkirchhof") handelt es sich um eine Ringwallanlage der frühen bis älteren Bronzezeit. Es sei hier vorweggenommen, dass die zeitliche Einstufung aufgrund des Fehlens datierender Funde jener Zeit ausschließlich über naturwissenschaftliche Untersuchungen erfolgt ist. Sie fanden begleitend zu den Ausgrabungen statt, die die Archäologische Denkmalpflege der Stadt Cuxhaven und das Institut für Ur- und Frühgeschichte und Archäologie des Mittelalters der Eberhard Karls Universität Tübingen hier in einem gemeinsamen Projekt zwischen 2002 und 2009 durchgeführt haben.

Die kreisrunde Wallanlage besteht aus einem heute noch bis zu 1,20 m hohen Hauptwall mit vorgelagertem kleinerem Wall und Sohlgraben. Sie hat einen Innendurchmesser von rund 40 m (Abb. 1). Die Anlage ist, wenngleich in einigen Abschnitten abgetragen und in anderen rekonstruiert, außerordentlich gut erhalten, was sich daraus erklärt, dass das Areal nie landwirtschaftlich genutzt worden ist. Das Gelände ist heute Landschaftsschutzgebiet und Teil des Küstenheidenprojektes.

Ungewöhnlich wie seine Größe und Erhaltung ist auch die Lage des Ringwalls im Gelände: Er liegt nur wenige hundert Meter von der Nordseeküste entfernt am Übergang von der Geest zum Watt (Abb. 2). Dieser Übergang ist morphologisch als Steilkante von einigen Metern Höhe ausgeprägt. Es ist bekannt, dass diese geomorphologische Situation auch während der Bronzezeit annähernd so bestanden hat. Damals gab es allerdings noch ein ausgedehntes Küstenrandmoor, die eigentliche Wasserkante lag um einiges seewärts (LINKE 1979).

In der direkten Umgebung des Ringwalls gibt es weitere archäologische Denkmäler, darunter auch Grabhügel der Bronzezeit und der Vorrömischen Eisenzeit. Die nachringwallzeitlichen Befunde, die während des Projektes archäologisch erschlossen wurden – der Grabhügel der jüngeren Vorrömischen Eisenzeit im Innenraum mit einem frühkaiserzeitlichen Brandgrab als Nachbestattung sowie ein weiterer Hügel außerhalb der Wallanlage – werden hier nicht näher behandelt (s. VEIT, WENDOWSKI-SCHÜNEMANN u. SPOHN 2011).

Bislang nicht untersucht wurde ein niedriger Damm, der sich bogenförmig an der Ringwallanlage entlang zieht und weit nach Südosten abbiegt (Abb. 1). Über seine Funktion und Zeitstellung liegen daher keine Informationen vor. Es bleibt offen, ob er in einem funktionalen Zusammenhang mit dem Ringwall steht.

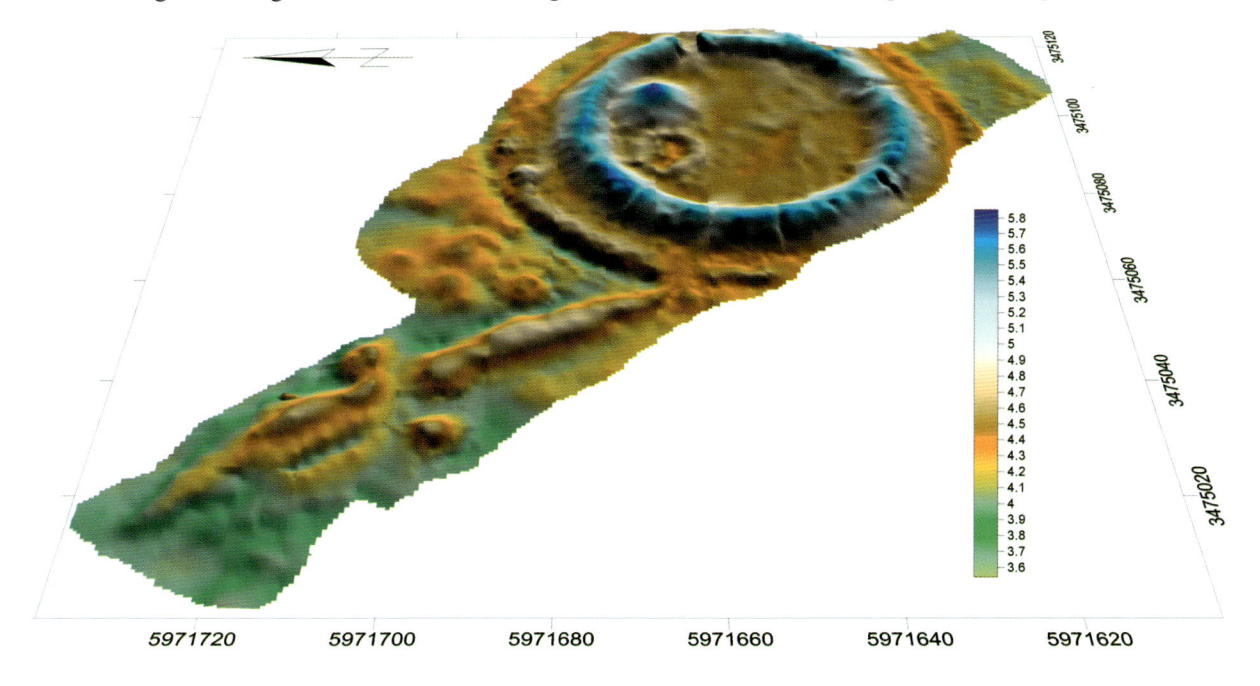

Abb. 1. Ringwall Cuxhaven-Duhnen.
Digitales Geländemodell der Anlage und von Teilen ihres Umfelds (isometrische Ansicht von West).
Neben Haupt- und Vorwall, Berme und Sohlgraben zeichnen sich mehrere Grabhügel innerhalb und außerhalb des Ringwalls ab sowie ein noch ungeklärter Damm. Der Durchbruch im Osten des Hauptwalls markiert den Torweg der Wallanlage (Aufnahme und Grafik: Arcontor OHG Niedersachsen 2009).

Abb. 2. Luftaufnahme der Duhner Heide.
Im Vordergrund der Ringwall, am rechten Bildrand die Nordsee; Blickrichtung nach Südwesten; um 1960 (?)
(Foto: Archiv Stadtarchäologie Cuxhaven).

Auch im weiteren Umfeld sind verschiedene archäologische Fundplätze bekannt. Es handelt sich um Grabhügel sowie um Fundstreuungen von Silexartefakten. Die Analyse zeigt, dass dieses Material, für das eine mittel- bzw. spätneolithische Zeitstellung angenommen wird (LÜBKE 1997), primär als Abfall der Steingeräteherstellung zu bewerten ist, wir es hier also mit Werkplatzresten zu tun haben.

Silices fanden sich auch im Hauptwall sowie im Innenraum der Wallanlage, hier zusammen mit einigen Stücken verzierter, stark verwitterter Keramik. Dabei wird es sich ebenso um Reste neolithischer Werkplätze handeln, die möglicherweise im Siedlungszusammenhang standen. Die wenigen keramischen Funde der neuen Ausgrabungen lassen sich zum einen dem Neolithikum (Trichterbecherkultur oder Einzelgrabkultur) zuordnen, zum anderen stehen sie im Zusammenhang mit den Grabhügeln und sind damit der jüngeren Vorrömischen Eisenzeit zuzuweisen (VEIT, WENDOWSKI-SCHÜNEMANN u. SPOHN 2011). Eindeutig bronzezeitliche Funde fehlen bisher.

2 Forschungsgeschichte

Zum Zeitpunkt des Projektstarts im Jahre 2001 galt der Duhner Ringwall als frühmittelalterliche Befestigungsanlage. Über Jahrzehnte hinweg war die Forschung bei dieser Datierung Carl Schuchhardt gefolgt (so WEIDEMANN 1976, 200-201; TRÜPER 2000, 70), der durch seine Untersuchungen im Jahre 1905 zu folgendem Schluss gekommen war: *„Die Burg steht mit ihrer doppelten Wallinie in Verwandtschaft mit dem Nammer Lager und der Düsselburg und muss wie sie der sächsischen Zeit vor oder bis auf Karl d. Gr. angehören"* (SCHUCHHARDT 1916, 103). Eine eingehendere Begründung für seinen Datierungsansatz gab Schuchhardt aber nicht. Auch fehlten Funde, die einen solchen Zeitansatz hätten rechtfertigen können, so dass einzig der formale Vergleich der verschiedenen Anlagen als Grundlage für einen Jahrzehnte geltenden Datierungsansatz dienen konnte. Wie wenig überzeugend dieser Vergleich ist, zeigt allein schon die Betrachtung der durch die Wälle umschlossenen Flächen: Das sogenannte Nammer Lager ist mit rund 25 ha um ein Vielfaches größer als die Duhner Wallanlage mit 0,12 ha.

Die Schuchhardt'sche Argumentation ließ an der Gesamtinterpretation des Duhner Befundes Zweifel aufkommen, die durch weitere Unstimmigkeiten verstärkt wurden. Zwar hatte Schuchhardt die wesentlichen

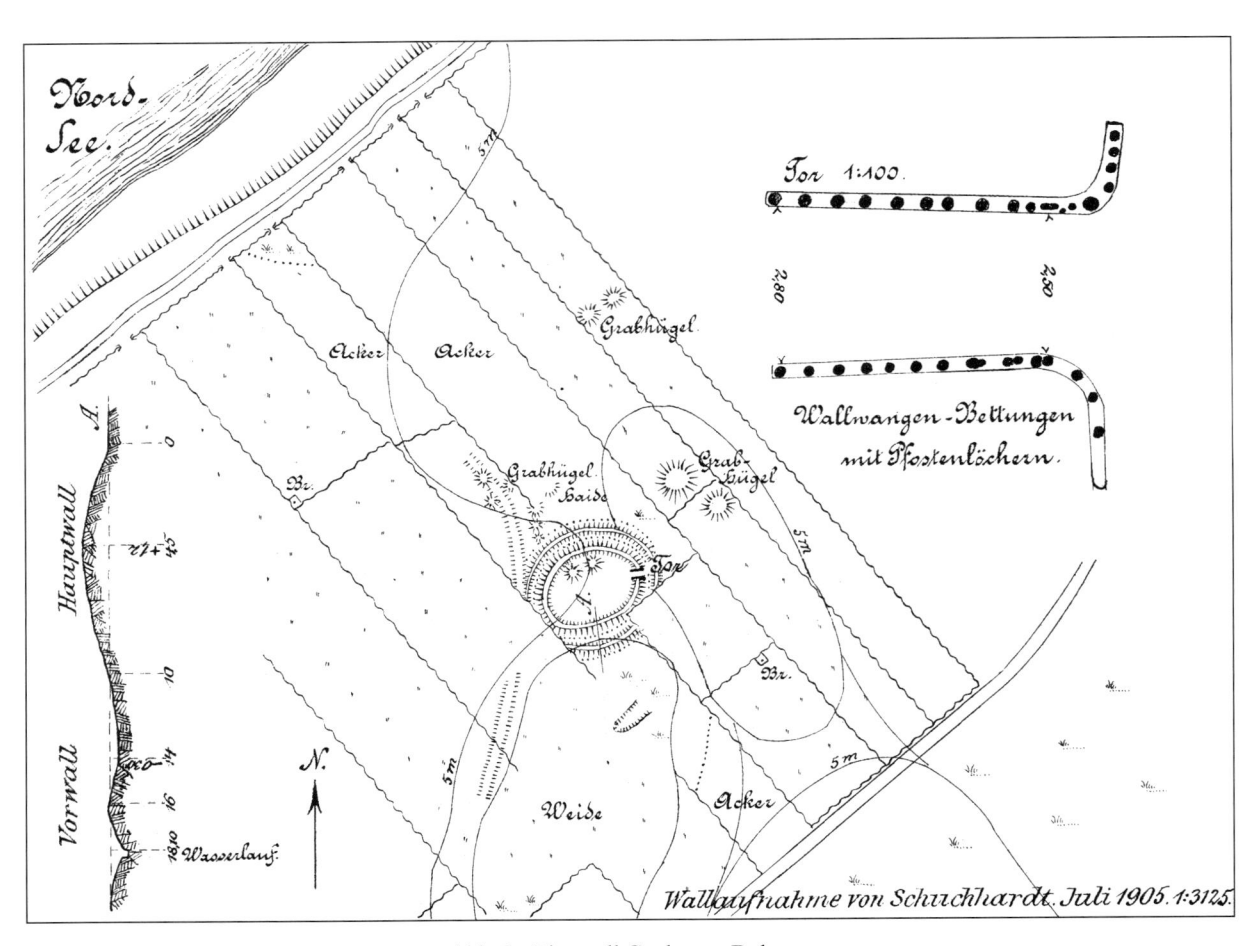

Abb. 3. Ringwall Cuxhaven-Duhnen.
Aufmaß der Anlage aus dem Jahr 1905 nach SCHUCHHARDT (1916, Blatt 67A).
Im Umfeld des Ringwalls sind, in zum Teil fehlerhafter Kartierung, mehrere Grabhügel dargestellt,
von denen einige heute zerstört sind.

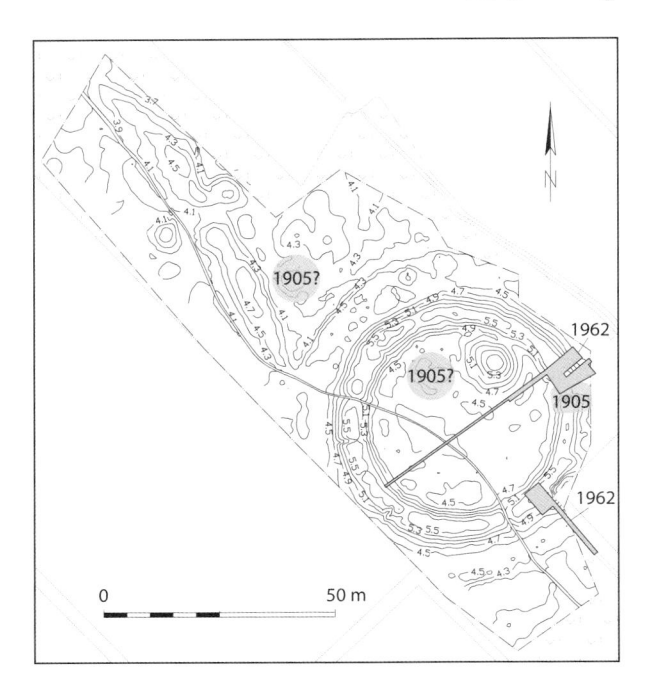

Ergebnisse seiner Untersuchungen im Rahmen des groß angelegten Atlaswerkes zu den vorgeschichtlichen Befestigungen in Niedersachsen vorgelegt, seine dort veröffentlichte topografische Aufnahme zeigt jedoch eine ovale Ringwallanlage von 55×45 m Größe (SCHUCHHARDT 1916 – Abb. 3). Ebenso berichtet Schuchhardt von einem verzierten Gefäß, das er aus einem Grabhügel im Zwickel zwischen Damm und Wall, also außerhalb des Ringwalls, ausgegraben und der damaligen Schulsammlung übergeben habe (nach JAHRESBERICHT 1906). Das dort unter „Duhnen, Ringwall" geführte Gefäß (Museum Cuxhaven 348) ist jedoch unverziert.

Abb. 4. Ringwall Cuxhaven-Duhnen.
Höhenschichtenplan der Anlage mit Flächen der Grabungen
von C. Schuchhardt 1905 und B. Gaude 1962,
soweit aus den verfügbaren Unterlagen rekonstruierbar
(Aufnahme und Grafik: Arcontor OHG Niedersachsen;
Ergänzungen: D. Seidensticker, Universität Tübingen).

Abb. 5. Ringwall Cuxhaven-Duhnen.
Ostwall mit Grabungsschnitt von B. Gaude 1962.
Zu erkennen sind die Plaggenschichtung des Walls
und die alte Oberfläche an der Wallbasis (Foto: B. Gaude).

Eine weitere Untersuchung, von der wir jedoch erst 2010 Kenntnis bekamen, fand 1962 statt (GAUDE 1963). Im Zusammenhang mit der Beseitigung von Schäden am Wall hatte der damalige Kreiskulturpfleger Karl Waller diese Ausgrabungen angeregt, sie zunächst auch selbst begonnen, dann jedoch von der Lehramtsstudentin Britta Gaude fortführen lassen. Sie legte einen breiten Schnitt durch den östlichen Hauptwall, den Vorwall und den Graben an und konnte so den Aufbau der beiden Wälle dokumentieren (Abb. 4-5). Des Weiteren wurde ein schmaler Suchschnitt von 50 cm Breite quer durch den Innenraum angelegt und im ehemaligen Torbereich erheblich verbreitert. Wie sich bei unseren Nachgrabungen im Torbereich zeigte (s. Kap. 5), verfehlte Gaude die Schuchhardt'schen Altgrabungen dabei nur um wenige Dezimeter.

3 Untersuchungen 2001 bis 2009

Aus dem geschilderten Forschungsstand zur Ringwallanlage „Am Kirchhof" ergaben sich verschiedene Fragestellungen. Unbekannt war ihr tatsächliches Alter; über ihre Bauweise lagen – bis auf den Torbereich – kaum brauchbare Erkenntnisse vor; Funde gab es nicht und über die Funktion der Anlage wurde zwar spekuliert, gesicherte Fakten ließen sich aber nicht beibringen.

Am Beginn unserer Untersuchungen standen im Jahr 2001 großflächige Prospektionen des Ringwalls und des Außengeländes. Dazu wurden zunächst rund 1,7 ha Fläche geomagnetisch untersucht (POSSELT & ZICKGRAF 2001), darüber hinaus wurde der Innenraum der Wallanlage zusätzlich noch elektromagnetisch sondiert (GEOPHYSIK LORENZ 2002). Während die Geomagnetik kaum archäologische Verdachtsflächen auszuweisen vermochte, was mit einiger Wahrscheinlichkeit dem spezifischen Untergrund – einer podsolierten Braunerde mit kräftiger Orterdebildung – geschuldet ist, ließ die Geoelektrik mehrere Bodenanomalien im Innenraum erkennen. Sie zeigten jedoch keinen interpretierbaren strukturellen Zusammenhang, also keine Gebäudegrundrisse oder andere signifikante Strukturen.

Der Erhaltungszustand des Hauptwalls ließ erkennen, dass mit Störungen des Schichtaufbaus zu rechnen war. Um entsprechende *in situ*-Befunde des Walls auszuweisen, erfolgten Bohrungen im westlichen, nördlichen und südlichen Teil des Hauptwalls, lediglich der östliche Teil blieb aufgrund üppiger Vegetation unberücksichtigt. Durch die Bohrergebnisse und den Erhaltungszustand von Hauptwall, Vorwall und Graben konnte die Lage der ersten Grabungsflächen festgelegt werden.

Unsere Ausgrabungen der Jahre 2002 bis 2009 konzentrierten sich auf vier Bereiche (Flächen 1 bis 4: Abb. 6). Die Untersuchungen am Hauptwall, Vorwall und Graben (Fläche 1, „Südwallgrabung") dienten der Klärung der Bauweise und der Gewinnung brauchbarer Proben für eine naturwissenschaftliche Datierung, denn es stand von vornherein fest, dass mit datierbaren Funden nicht unbedingt gerechnet werden konnte.

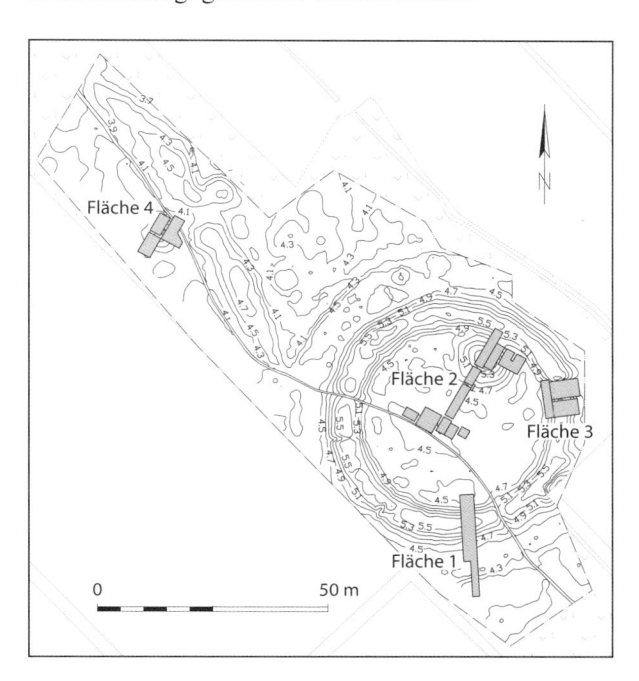

Abb. 6. Ringwall Cuxhaven-Duhnen.
Höhenschichtenplan der Anlage mit Grabungsflächen 1 bis 4 der Jahre 2002 bis 2009
(Aufnahme und Grafik: Arcontor OHG Niedersachsen;
Ergänzungen: D. Seidensticker, Universität Tübingen).

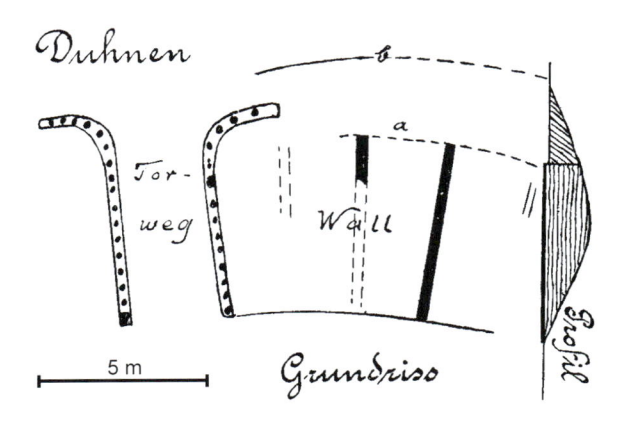

Abb. 7. Ringwall Cuxhaven-Duhnen.
Torweg nach der Ausgrabung von Schuchhardt 1905
mit Pfostensetzungen der Torwangen sowie Befunde der Wallbasis mit Schwellbalken im Bereich der südlichen Torwange
und vereinfachtes Profil des Schnitts durch den Hauptwall
(nach SCHUCHHARDT 1916, Abb. 118).

Abb. 8. Ringwall Cuxhaven-Duhnen.
Profil des Schnitts durch den Südwall 2002 (Fläche 1)
mit deutlich erkennbarer Plaggenstruktur
(im oberen Bereich durch Bodenbildung aufgelöst)
und alter Oberfläche an der Wallbasis (Foto: U. Veit).

Die Untersuchungen im Innenraum (Fläche 2) sollten klären, ob hier Befunde vorhanden sind, die Rückschlüsse auf eine frühere Bebauung geben könnten. Die Ausgrabungsflächen orientierten sich teilweise an zuvor gemessenen Bodenanomalien (GEOPHYSIK LORENZ 2002) in diesen Bereichen. Sodann galt es den Aufbau und die Funktion des Innenraumhügels zu erkunden (Fläche 2), wobei auch hier besonders nach Datierungsanhalten Ausschau gehalten wurde. Schließlich bot sich die Gelegenheit, die Ergebnisse der Südwallgrabung (Fläche 1) auch im Nordwall zu überprüfen. Hier bestand erneut die Möglichkeit einer Beprobung der Wallschichten für eine ^{14}C-AMS-Datierung.

Schließlich erfolgten erneute Grabungen im Torbereich (Fläche 3), den zuvor schon Carl Schuchhardt freigelegt hatte (Abb. 7 u. 9-10). Da über Schuchhardts Grabungen keine Unterlagen vorhanden sind – sie haben wahrscheinlich einen Brand während des Zweiten Weltkrieges nicht überstanden – wollten wir die Lage des ergrabenen Torbereiches und ggf. noch erhaltene Originalbefunde aufdecken, dokumentieren und beproben. In einer weiteren Projektphase wurde ein Grabhügel geöffnet, der sich in direkter Nachbarschaft zum Ringwall befindet (Fläche 4). Die Ergebnisse dieser Untersuchung sind an anderer Stelle publiziert worden (VEIT, WENDOWSKI-SCHÜNEMANN u. SPOHN 2011).

4 Wallschnitte 2002 und 2006

Aufgrund der Untersuchungen von Schuchhardt im Jahre 1905 stand zu vermuten, dass im Wall mit hölzernen Konstruktionen zu rechnen war (SCHUCHHARDT 1916). Er hatte im Torbereich Teile des südlich anschließenden Wallkörpers freigelegt und dabei an der Basis des Walls Schwellbalken im Abstand von 2,50 m zueinander zu erkennen geglaubt (Abb. 7). Sie sollen konstruktiv für das Halten einer irgendwie gearteten Palisadenverblendung bestimmt gewesen sein. Aus diesem Grunde wurde für den Wallschnitt 2002 (Fläche 1) eine Breite von 3 m festgelegt, bestand doch so die Chance, potentiell vorhandene Holzbalkenkonstruktionen zu erfassen. Nur im Bereich von Vorwall und Graben musste die Grabungsfläche wegen einiger größerer Bäume verengt werden.

Entgegen Schuchhardts Vorstellungen stellte sich allerdings heraus, dass der in Fläche 1 weitgehend ungestörte Wallkörper bis an seine Sohle ausnahmslos aus Heideplaggen bestand (Abb. 8). Lediglich in den oberen Dezimetern der Profile war die Plaggenstruktur durch lang anhaltende Bodenbildung verwischt. Dies entspricht dem Befund der Grabungen von B. Gaude, die ebenfalls keinerlei Anzeichen von Schwellbalken oder anderen Befunden, die auf Holzeinbauten hätten schließen lassen, gefunden hatte (GAUDE 1963). Wie in Fläche 1 bestand auch im Bereich ihres Schnitts der Wall ausschließlich aus Heideplaggen (Abb. 5).

Im Wallkörper eingeschlossen war eine größere Anzahl Silices von unterschiedlicher Größe und Formung. Diese sind zweifellos zusammen mit den Heideplaggen, die im näheren Umfeld der Anlage abgebaut worden sein müssen, in den Wallkörper gelangt. Nach STEGMAIER (2006) sprechen sowohl die große Anzahl vollständig erhaltener, unmodifizierter Grundformen wie auch der relativ hohe Anteil an Artefakten mit Kortex für die Reste eines ehemaligen Schlag- bzw. Werkplatzes (STEGMAIER 2006, 493). Dies deckt sich mit den Ergebnissen der Analyse des in den Jahren 2004 und 2006 geborgenen Silexfundmaterials aus dem Innenraum der Wallanlage (Fläche 2).

An der Basis der Wallaufschüttung des Hauptwalls zeigte sich eine durchgehende dunkle Schicht mit hohem organischem Anteil (Abb. 8). Hierbei handelte es sich um die komprimierte Vegetationsschicht, die kurz vor Errichtung des Walls bestand. Das darin enthaltene organische Material, verkohlte Stängel und Wurzeln von Heidepflanzen sowie Reste von unverkohlten Perigonblättern (Blätter der Blütenhülle) von Binsen, kann mit Hilfe von ^{14}C-AMS-Datierungen einen Anhalt für den Zeitpunkt der Wallerrichtung liefern.

In methodischer Hinsicht sind Holzkohlen der Heidevegetation für eine Altersbestimmung des Ringwalls allerdings problematisch, da mit ihnen zwar das Alter der Heide bzw. der Holzkohle bestimmt werden kann, jedoch keine gesicherten Aussagen über die Verweildauer der verbrannten Heide im Oberboden der alten Oberfläche getroffen werden können. Zur Absicherung bedurfte es deshalb einer Kontrollmessung an unverkohlter und deshalb im Oberboden kurzlebiger organischer Substanz, in diesem Fall der Perigonblätter der Binse. Die Mehrzahl der Proben bestand aus verkohltem Wurzelwerk der Heidevegetation. Nur im Bereich von Fläche 1 konnte auch unverkohltes organisches Material gewonnen werden. Hier wird sich die unmittelbare Nähe zu dem bekannten Twellbergmoor vorteilhaft ausgewirkt haben. Das Vorhandensein ausreichender Menge unverkohlter Substanz gestattete die geforderte Kontrollmessung.

Für die Proben aus dem Bereich der begrabenen Oberfläche unter dem Hauptwall in Fläche 1 wie auch in Fläche 2 ergaben sich dabei die in Tab. 1 unter Nr. 1, 4 und 7 aufgelisteten Werte.

Es fällt auf, dass die Datierungen der Holzkohleproben und der Binsenblätter um einige Jahrhunderte differieren. Während die Probe aus dem nördlichen Wallabschnitt (Nr. 7, Fläche 2) eine Mischung zwischen Holzkohle und organischer Fraktion darstellt – eine Trennung in reine Holzkohle und reine Binsenblätter war nicht möglich –, ließ sich bei den Proben des südlichen Wallabschnitts (Nr. 1 u. 4, Fläche 1) diese Differenzierung vornehmen.

Der Unterschied von ca. 300-500 Jahren in den Datierungen bei den Proben des südlichen Wallabschnittes (Nr. 1 u. 4, Fläche 1) ist also in der Probenbeschaffenheit und dem unterschiedlichen Ausmaß der Kontamination durch jüngere Huminstoffe begründet (VEIT u. WENDOWSKI-SCHÜNEMANN 2006, 484 mit Anm. 14). Der fragile Zustand der zusammenhaftenden Perigonblättchen ließ eine chemische Extraktion der Huminstoffe mit Natriumhydroxid nicht zu, ohne die Blättchen dabei unbrauchbar zu machen.

Für H. Erlenkeuser, den Bearbeiter der Proben, stehen die erzielten Datierungen dennoch in einer verständlichen Ordnung und belegen ein Alter des Bodenhorizontes unter dem Wall (begrabene Oberfläche) zwischen 3200 und 3500 ^{14}C-Jahren BP. Um wie viel das eine Alter (durch kontaminierte Huminstoffe) zu jung oder das andere Alter (wegen der langen Verweildauer früher entstandener Holzkohle im Oberboden) zu hoch ist, muss indes noch offen bleiben (VEIT u. WENDOWSKI-SCHÜNEMANN 2006, 484 Anm. 14).

5 Nachuntersuchung im Torbereich 2007 bis 2009

Als Schuchhardt 1905 mit seinen Grabungen in Duhnen begann, war im Osten der Ringwallanlage noch ein Tordurchlass sichtbar. Bei Grabungen in diesem Areal – die übrigens nur zwei Tage dauerten – stieß Schuchhardt auf die Wandgräben einer nördlichen und südlichen Torwange mit einer unterschiedlichen Anzahl an Pfostensetzungen (Abb. 7). Die Torwangen, die einen Torweg von 2,80 m Breite an der Wallinnenfront und 2,50 m Breite an der Wallaußenfront offen ließen, knicken an der Wallaußenfront nach außen um.

Durch die erneute Freilegung des gesamten Torbereichs (Fläche 3) konnte die Arbeitsweise Schuchhardts nachvollzogen werden: Er hatte in einer ersten Orientierungsgrabung zunächst in der nördlichen Torwange den Wandgrabenbefund erfasst und ihn in seinem Verlauf in Teilen freigelegt. Schuchhardt begnügte sich anscheinend mit dem Erkennen des Wandgrabenverlaufs und der Pfostensetzungen, ohne den Befund vollständig auszugraben. Die tiefer gegründeten Pfostensetzungen blieben daher zum Teil erhalten und boten uns die Möglichkeit, Schuchhardts Befunde zu überprüfen.

Vom nördlichen Torwangenbefund ausgehend legte Schuchhardt einen Sondierungsschnitt nach Süden an, wobei die südliche Torwange erfasst wurde. Wie zuvor schon bei der nördlichen Torwange folgte Schuchhardt auch hier nur dem Wandgrabenbefund, legte diesen teilweise frei und dokumentierte entsprechende Pfostensetzungen. Auch hier sind manche Pfostengruben in ihren unteren Teilen erhalten geblieben und boten so die Möglichkeit einer Überprüfung.

Nr.	Probennr. (Jahr der Entnahme)	Probenart / Entnahmetiefe unter GOK (cm)	Fläche / Befund	Datierung BP	Datierung kalibriert (2 σ)	Zeitstellung	Bemerkung
1	KIA 22777 (2002)	Holzkohle 110-120	Fläche 1, Bef. 43: Wallbasis, begrabene Oberfläche	3502 ± 25	1884-1742 BC (95,4 %)	19./18. Jh. v. Chr.	
2	KIA 22778 (2002)	Holzkohle 35-40	Fläche 1, Bef. 24: Feuerstelle	3704 ± 27	2196-2167 BC (7,6 %) 2146-2025 BC (85,0 %)	22./21. Jh. v. Chr.	
3	KIA 25321 (2004)	Holzkohle 40	Fläche 2, Bef. 1-08, Brandgrubengrab	2000 ± 15	41-8 BC (40,1 %) 3 BC - AD 29 (47,7 %)	um Chr. Geb.	
4	KIA 26993 (2002)	Juncus Perigonblättchen 110-120	Fläche 1, Bef. 43: Wallbasis, begrabene Oberfläche	3172 ± 39	1520-1387 BC (93,5 %)	16.-14. Jh. v. Chr.	
5	KIA 26994 (2002)	Holzkohle 110-120	Fläche 1, Bef. 43: Wallbasis, begrabene Oberfläche	112 ± 37	AD 1802-1938	zu jung; Verunreinigung oder rezente Wurzeln	
6	KIA 31467 (2006)	Holzkohlenlage 90-100	Fläche 2, Bef. 7: Basis Innenraumhügel	2160 ± 29	356-286 BC (34,9 %) 215-106 BC (50,1 %)	4.-1. Jh. v. Chr.	vgl. KIA 34641 (Nr. 10)
7	KIA 31468 (2006)	Holzkohle und organ. Fraktion 70-90	Fläche 2, Wallbasis, begrabene Oberfläche	3132 ± 27	1459-1372 BC (84,9 %) 1343-1317 BC (7,6 %)	15./14. Jh. v. Chr.	Alter stimmt sehr gut mit KIA 26993 (Nr. 4) überein
8	KIA 31471 (2006)	Holzkohle 0,53	Fläche 2, Grube Mitte Ringwall	1424 ± 26	AD 597-663 (92,5 %)	6./7. Jh. n. Chr.	
9	KIA 31472 (2006)	Holzkohle in Bodenprobe 60	Fläche 2, Bef. 2: Grube (?) Innenraumhügel	1239 ± 25	AD 707-753 (31,2 %) AD 758-784 (17,0 %) AD 787-880 (41,6 %)	7./9. Jh. n. Chr.	
10	KIA 34641 (2007)	Holzkohle 100-110	Fläche 2, Bef. 3: Basis Innenraumhügel	2105 ± 28	197-50 BC (95,4 %)	2./1. Jh. v. Chr.	vgl. KIA 31467 (Nr. 6)
11	KIA 38370 (2008)	Holzkohle 70-80	Fläche 4: Basis Außenhügel	2074 ± 22	170-41 BC (95,4 %)	2./1. Jh. v. Chr.	
12	KIA 40367 (2009)	Holzkohle 35-40	Fläche 4, Bef. 8: Randbereich Außenhügel	2065 ± 26	168-36 BC (89,4 %)	2./1. Jh. v. Chr.	
13	KIA 43666 (2009)	Sediment 110-120	Fläche 3, Bef. 09/3: Pfosten südl. Torwange	> AD 1954	zu jung; entspricht ^{14}C-Gehalt der Atmosphäre aus dem Jahr 1977		
14	KIA 43667 (2009)	Sediment 110-120	Fläche 3, Bef. 09/3: Pfosten südl. Torwange	> AD 1954	zu jung; entspricht ^{14}C-Gehalt der Atmosphäre aus dem Jahr 1981		

Tab. 1. Ringwall Cuxhaven-Duhnen. ^{14}C-AMS-Datierungen des Leibniz-Labors für Altersbestimmung und Isotopenforschung der Christian-Albrechts-Universität zu Kiel.

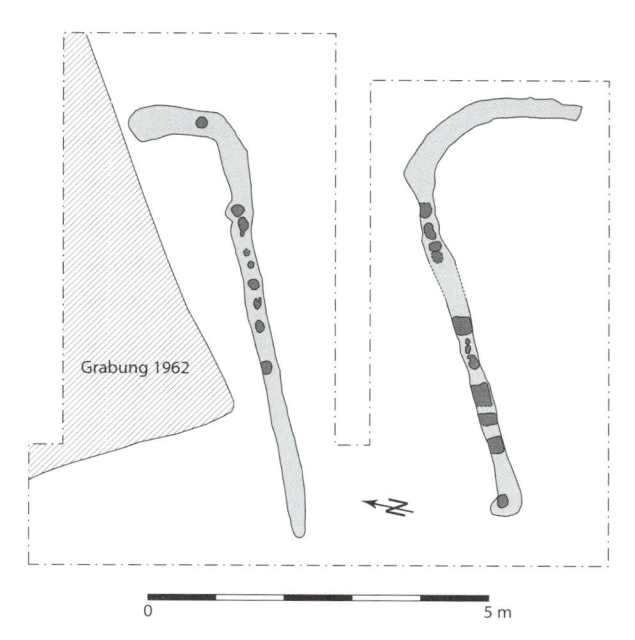

Abb. 9. Ringwall Cuxhaven-Duhnen.
Torweg nach den Grabungen 2007-2009 (Fläche 3)
mit den beiden bereits von Schuchhardt 1905 untersuchten
Torwangen; nördlich davon die Grabung Gaude 1962
(Zeichnung: J. Spohn u. D. Seidensticker,
Universität Tübingen).

Abb. 10. Ringwall Cuxhaven-Duhnen.
Torbereich während der Ausgrabungen 2009 (Fläche 3)
mit nördlicher Torwange (links)
und Verfüllung der Grabung Gaude 1962 (rechts)
(Foto: Stadtarchäologie Cuxhaven).

Die erhalten gebliebenen Pfostenbefunde (Abb. 9 u. 10) enthielten zwar dunkles Sediment und waren als Pfostensetzungen vom hellen Untergrund zu unterscheiden, Holzreste oder Holzkohle ließen sich makroskopisch aber nicht erkennen. Dennoch erfolgte eine Beprobung für eine ^{14}C-AMS-Datierung bei jenen Pfostensetzungen, die auffällig dunkel waren. Tatsächlich war eine Datierung möglich, es ergab sich jedoch ein neuzeitliches Alter. Vermutlich war es während der alten Grabung zu einer Kontamination des Probenmaterials mit organischen Resten gekommen. Eine zeitgleiche Errichtung von Hauptwall und Toranlage kann demnach nicht bewiesen werden. Sie bleibt aber – ungeachtet der unterschiedlichen Konstruktionsweisen mit Plaggen und Hölzern – wahrscheinlich.

Unsere Nachgrabung zeigte auch, dass der Grabungsschnitt von B. Gaude im Jahre 1962 die von Schuchhardt geöffnete Fläche nur um wenige Dezimeter verfehlte. Die genaue Lage des Tordurchlasses war also offenbar schon zu dieser Zeit nicht mehr erkennbar.

6 Ergebnis

Nach Abschluss der Arbeiten stellt sich das Duhner Erdwerk im südlichen Elbemündungsgebiet heute als kleine Ringwallanlage dar, die nicht erst in frühmittelalterlicher Zeit, sondern bereits vor rund 3500 Jahren errichtet worden ist, also im Übergang von der frühen zur älteren Nordischen Bronzezeit im Elbe-Weser-Raum. Dieser Zeitabschnitt ist im engeren und weiteren Umfeld des Duhner Ringwalls archäologisch ausgesprochen schlecht überliefert. Überhaupt ist die Quellenlage zur Bronzezeit in Cuxhaven dürftig, da es kaum verwertbare Ausgrabungen entsprechender Grabhügel gibt und Siedlungsplätze dieser Zeitstellung bislang überhaupt noch nicht aufgedeckt worden sind (Wendowski-Schünemann 2002; 2003).

Schon während des Neolithikums hatte man im Bereich des Ringwalls Silexwerkzeuge hergestellt, wobei der Abfall liegen blieb, die Werkzeuge selbst aber mitgenommen wurden. Die Frage, ob diese „Werkzeugschmieden" in einem Siedlungszusammenhang zu sehen sind, muss vorerst unbeantwortet bleiben, eindeutige Siedlungsbefunde wurden jedenfalls nicht aufgedeckt. Nach einer unbestimmten Zeit ohne erkennbare Nutzung kam es am Übergang von der frühen zur älteren Bronzezeit dann zur Errichtung der kleinen Wallanlage, über deren Funktion weder Funde noch Befunde Auskunft geben. Auch bleibt unklar, wie lange sie genutzt worden ist.

Eine weitere Nutzung noch während der mittleren Bronzezeit (Montelius Per. III) lässt sich durch den benachbarten Grabhügel Twellberg I belegen; ein weiterer großer, heute zerstörter Grabhügel – Twellberg II – ist überliefert. Welchen Umfang die Nutzung des Areals damals tatsächlich eingenommen hat, ist durch die Zerstörung von Denkmalen heute kaum noch zu ermitteln.

Rund 1200 Jahre später wurden auf dem Areal kleine Grabhügel errichtet. Sie finden sich sowohl innerhalb des Walls als auch im umliegenden Gelände. Um Christi Geburt erfolgte schließlich eine Bestattung in einem Brandgrubengrab im Randbereich des Innenraumhügels. Da wir den Hügel nicht vollständig untersucht haben, muss mit weiteren Brandgräbern gerechnet werden. Eine letzte archäologisch nachweisbare Nutzung erfuhr das Areal während des frühen Mittelalters, als im Innern des Ringwalls eine Grube angelegt wurde, deren Funktion jedoch nicht näher bestimmt werden konnte.

Insgesamt betrachtet haben wir mit dem Duhner Ringwall ein Erdwerk vorliegen, das nicht nur außerordentlich gut erhalten ist, sondern bislang auch einmalig im nordeuropäischen Kulturraum zu sein scheint.

7 Literatur

GAUDE, B., 1963: Die Grabung der Ringwallanlage Judenkirchhof bei Cuxhaven-Duhnen im Jahre 1962. Unveröffentlichte Semesterarbeit, Pädagogische Hochschule Oldenburg (Betreuer: W. Haarnagel), Archiv Stadtarchäologie Cuxhaven.

GEOPHYSIK LORENZ, 2002: Ringwallanlage „Judenkirchhof" Cuxhaven-Duhnen. Geophysikalische Erkundung. Unveröffentlicher Bericht, Stadtarchäologie Cuxhaven.

JAHRESBERICHT 1906: Die Dr. Reinecke-Sammlung. In: Höhere Staatsschule in Cuxhaven, Bericht über das XV. Schuljahr 1905/06, 17. Cuxhaven.

LINKE, G., 1979: Ergebnisse geologischer Untersuchungen im Küstenbereich südlich Cuxhaven. Ein Beitrag zur Diskussion holozäner Fragen. Probleme der Küstenforschung im südlichen Nordseegebiet 13, 39-83.

LÜBKE, H., 1997: Gutachten zur Sammlung Kurt Langner im Auftrag der Stadt Cuxhaven. Unveröffentlichtes Manuskript, Stadtarchäologie Cuxhaven.

POSSELT & ZICKGRAF, 2001: Bericht über die archäologisch-geophysikalische Prospektion des Ringwalles „Judenkirchhof" bei Duhnen, Stadt Cuxhaven im Oktober 2001. Unveröffentlichter Bericht, Stadtarchäologie Cuxhaven.

SCHUCHHARDT, C., 1916: Judenkirchhof b. Duhnen, westlich Cuxhaven. In: A. von Oppermann u. C. Schuchhardt, Atlas vorgeschichtlicher Befestigungen in Niedersachsen. Originalaufnahmen und Ortsuntersuchungen, Heft 9 (Karte Blatt 67A) und Heft 11, 102-103 Nr. 128 (Text und Abbildungen). Hannover.

STEGMAIER, G., 2006: Zu den Silexartefakten aus der Ringwallanlage von Cuxhaven-Duhnen, Niedersachsen (Grabungskampagne 2002). Archäologisches Korrespondenzblatt 36, 487-493.

TRÜPER, H. G., 2000: Ritter und Knappen zwischen Weser und Elbe. Die Ministerialität des Erzstifts Bremen. Schriftenreihe des Landschaftsverbandes der ehemaligen Herzogtümer Bremen und Verden 12. Stade.

VEIT, U., u. WENDOWSKI-SCHÜNEMANN, A., 2006: Eine bronzezeitliche Ringwallanlage in Cuxhaven-Duhnen, Niedersachsen. Vorbericht über die archäologischen und naturwissenschaftlichen Untersuchungen (2002-2005). Archäologisches Korrespondenzblatt 36, 473-486.

VEIT, U., WENDOWSKI-SCHÜNEMANN, A., u. SPOHN, J., 2011: Ein bronzezeitlicher Ringwall und Gräber der vorrömischen Eisenzeit in Cuxhaven-Duhnen, Niedersachsen. Archäologische und naturwissenschaftliche Untersuchungen 2004 bis 2009. Nachrichten aus Niedersachsens Urgeschichte 80, 47-71.

WEIDEMANN, K., 1976: Frühmittelalterliche Burgen im Land zwischen Elbe- und Wesermündung. In: Römisch-Germanisches Zentralmuseum Mainz (Hrsg.), Das Elb-Weser-Dreieck 2. Führer zu vor- u. frühgeschichtlichen Denkmälern 30, 165-211. Mainz.

WENDOWSKI-SCHÜNEMANN, A., 2002: Die Bronzezeit in Cuxhaven. Forschungsstand und Bronzefunde. Jahrbuch der Männer vom Morgenstern 80, 2001, 9-42.

WENDOWSKI-SCHÜNEMANN, A., 2003: Grabhügel und Grabhügelgruppen in Cuxhaven. Untersuchungen zum Bestand einer gefährdeten Denkmalgruppe. Jahrbuch der Männer vom Morgenstern 81, 2002, 11-80.

New research on the finds from Ezinge – an inventory of the human remains

Neue Untersuchungen der Funde von Ezinge – Ein Inventar der menschlichen Reste

Annet Nieuwhof

With 10 Figures

Abstract: In 2011, a one-year research project started, aimed at the study and publication of the find material from the excavations at Ezinge in the Province of Groningen, which were carried out by Albert Egges van Giffen in the 1920s and 1930s. In advance of this project, an inventory was made of the human remains from Ezinge. It is hoped that the inventory will contribute to a better understanding of burial customs in the salt-marsh area in prehistoric and protohistoric periods. This article will present and discuss the results of the inventory of human remains found at Ezinge, and provide some new insights.

Key words: Netherlands, Ezinge, North Sea coast, Salt-marsh area, Pre-Roman Iron Age, Roman Iron Age, Burial customs, Inhumation, Single human bones, Excarnation.

Inhalt: 2011 begann ein einjähriges Forschungsprojekt mit dem Ziel, das Fundmaterial der Grabungen von A. E. van Giffen in den 1920er- und 1930er-Jahren in Ezinge, Prov. Groningen, zu erfassen und zu publizieren. Im Vorgriff auf dieses Projekt wurden die menschlichen Reste aus Ezinge aufgenommen. Das Inventar soll zu einem besseren Verständnis der Bestattungsriten in den vor- und frühgeschichtlichen Perioden im Küstengebiet der Nordsee beitragen. Die Ergebnisse dieser Bestandsaufnahme werden vorgelegt und diskutiert; einige neue Erkenntnisse werden vorgestellt.

Schlüsselwörter: Niederlande, Ezinge, Nordseeküste, Marsch, Vorrömische Eisenzeit, Römische Kaiserzeit, Bestattungsritual, Körperbestattung, Einzelne menschliche Knochen, Entfleischung.

Drs. Annet Nieuwhof, University of Groningen, Groningen Institute of Archaeology, Poststraat 6, 9712 ER Groningen, The Netherlands – E-mail: a.nieuwhof@rug.nl

Contents

1 Introduction 210
2 An inventory of the human bones 211
3 Human remains from the pre-Roman and Roman Iron Ages 213
   3.1 Inhumations 213
   3.2 Single bones 216
4 Conclusion 218
5 References 218
6 Catalogue of the human bones from Ezinge ... 220

1 Introduction

In 2008, the Netherlands Organisation for Scientific Research (NWO) started a four-year research programme aimed at studying and publishing previously unpublished archaeological field research carried out between 1900 and 2000; in particular, excavations that are still relevant for current research and that are potentially of international importance, qualify for the programme. One of the projects financed by this so-called Odyssee programme is a one-year research project to study the find material from the famous excavations at Ezinge in the Province of Groningen, carried out by Professor Albert Egges van Giffen in the 1920s and 1930s.

Ezinge is one of the many Dutch dwelling mounds (called *terpen* in Friesland; *wierden* in Groningen) where quarrying of the fertile terp soil was carried out in the 19th and early 20th century (Fig. 1). In 1923, the well-preserved organic remains that came to light during quarrying activities at this terp caught the attention of van Giffen, who had been investigating terps for fifteen years already. Between 1923 and 1930, he studied sections and excavated small areas while commercial levelling of the terp continued. From 1931 to 1934, commercial digging was suspended in favour of a large-scale excavation of an area measuring about 2 ha in the northern part of the terp. This was only a small portion of the original 16 ha covered by the terp before more than two thirds of it disappeared as a result of levelling or excavating.

The excavation attracted much international attention; the many impressive remains of large, three-aisled farmhouses were especially striking. For the first time, it was shown that prehistoric houses were not simple huts, but well-built, spacious farmhouses. The article in *Germania* by van Giffen (1936), with drawings of a reconstruction of the terp settlement in the salt-marsh landscape, became very influential and led to high expectations. The longhouses of Ezinge came to be seen as typical of the terp region and, more generally, of the Northwest European Plain. However, a full study of the find material and the publication of all the finds and features was not completed by van Giffen, nor by his successors, although small studies of specific find categories or new insights into, for instance, chronology have been published since (e.g. van Giffen 1963; Miedema 1983; Waterbolk 1994; Boersma 1999).

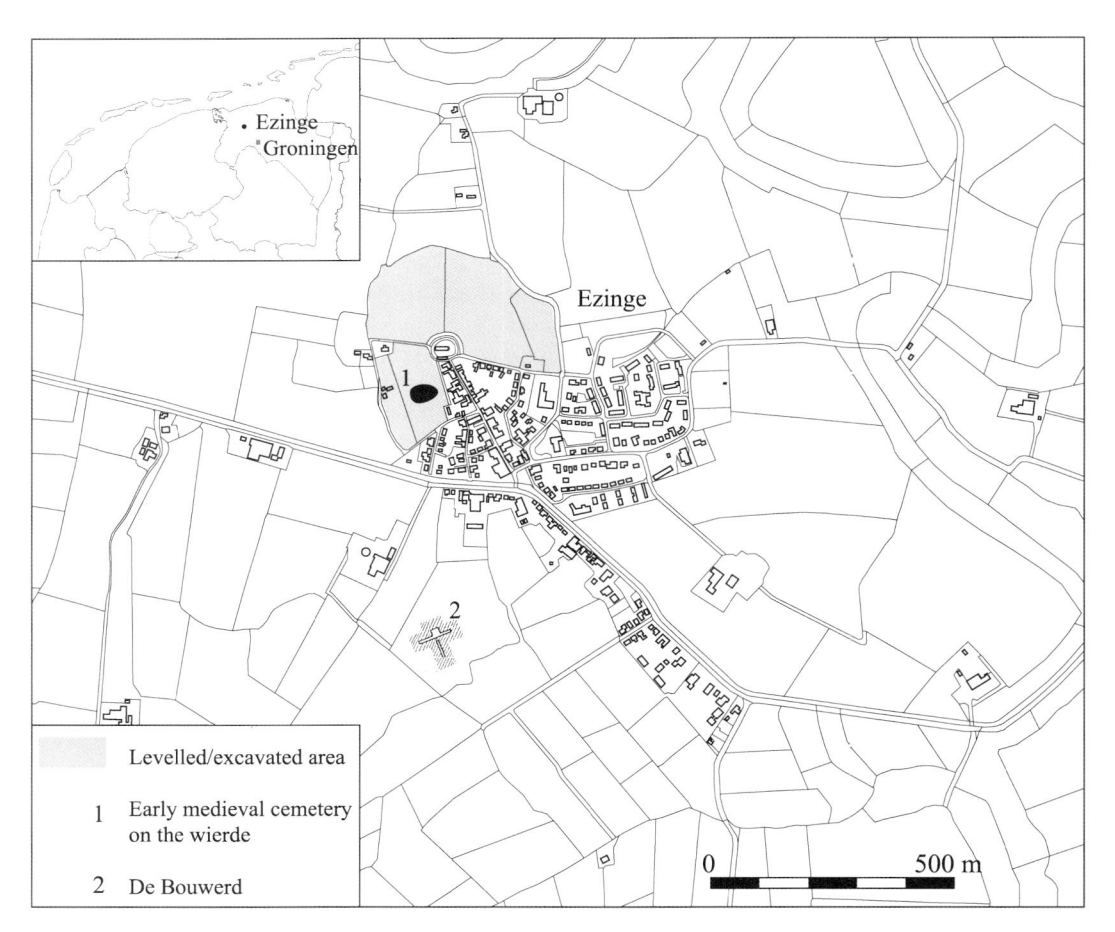

Fig. 1. Location of Ezinge, showing the positions of early medieval cemeteries (Graphics: A. Nieuwhof).

This Odyssee research project concentrates on the find material from the excavations at Ezinge. The main focus of the project is on handmade pottery (studied by the author), but bone objects, Roman pottery and metal objects will also be studied – by Wietske Prummel, Tineke Volkers, and Egge Knol respectively. The final objective of the project is to make a complete inventory of all the dated finds and features. With such an inventory it will be possible to study, date – and ultimately publish – the many structures found during the excavations. However, dating is not the only purpose of this study. Among the areas of special interest are the production and typological evolution of objects, the origin of imported goods, and the many different situations in which the objects were used and discarded.

The project started January 2011, so no results can be presented yet. However, some preliminary work on the Ezinge material has already been done by the author as part of her research on the traces of rituals, including burial customs, in the coastal region of the northern Netherlands. This has already shown that the finds and features were well recorded, and that the fairly well-established stratigraphy permits a provisional phasing and dating of the features.

This paper will present the results of the inventory of the human remains found at Ezinge, which was part of the study of burial customs. The dating of the finds is based on stratigraphy, on a number of pottery dates and on the preliminary study of habitation phases by WATERBOLK (1994). Since only a small part of the find material has been studied and dated as yet, the dates are not always certain. The results of the Odyssee project will hopefully provide greater certainty on the dates.

2 An inventory of the human bones

It is not an exaggeration to say that the search for human remains at Ezinge resembled the work of a detective. Human remains were not recorded or collected systematically during the excavation. They seem, rather, to have been ignored. Many human bones, especially skulls, were given away to visitors. One of these visitors, a physician from the village of Eenrum, received an almost complete skeleton: in 1984, it was still being used for first aid lessons. Other human bones were used in practical jokes (DELVIGNE 1984, 27). Clues leading to the rediscovery of the human remains were not easy to find and often consisted of no more than a photograph without a description, or an inconspicuous icon or remark on a drawing. By combining such clues, it was often possible to more or less reconstruct a find. However, it is unlikely that the resulting inventory is complete.

Only two skeletons, one lifted *en bloc*, were recovered; a small number of single bones were also found in the archaeological depot. Only one burial was described in a publication (Fig. 2 – VAN GIFFEN 1928, 44). This could be taken as an indication that human burials were extremely rare at Ezinge, much more so than at Feddersen Wierde, as were published by HAARNAGEL (1979, 230 ff.). However, although it still cannot be denied that human burials are indeed very rare and certainly do not represent the entire population of Ezinge, the search for human remains from Ezinge did produce a list of 13 adult inhumations and 13 finds of single human bones; three of the single bones were worked. The list is presented in the catalogue following this article (see chapter 6 with Fig. 10). 11 of the burials and 11 of the single bones could be dated to the pre-Roman and Roman Iron Ages, while the remaining finds are of uncertain or much younger date.

Such a list can well be compared to the twelve adult inhumations and four inhumations of children from all habitation phases found at Feddersen Wierde. There are differences as well: inhumations of children, apart from one skull of uncertain origin, were not recorded at Ezinge, while finds of single bones have not been reported from Feddersen Wierde.

The occupation of Ezinge started in the 5th century BC, and has continued until the present day. Human remains may be expected from the entire period of habitation, including the modern era. The most recent burials were found near the present cemetery on the highest part of the terp just beneath the topsoil (Fig. 3), and must belong to an earlier phase of the cemetery. They were depicted on an excavation drawing as directly overlying early-medieval features, which indicates that the terp has hardly increased in height since the early Middle

Fig. 2. Ezinge. Burial d: 1926-170 (VAN GIFFEN 1928, 44), 2nd or 1st century BC (Photo: University of Groningen, Groningen Institute of Archaeology).

Fig. 3. Ezinge. Burial i: 1931-659, older phase of the present cemetery (Photo: University of Groningen, Groningen Institute of Archaeology).

Ages. There are no records of other graves that could be dated to the period after Christianization.

In the archaeology of the salt-marsh area of the northern Netherlands, the 4th century AD is known as a period of discontinuity; the area was largely abandoned during this period, although Ezinge was possibly one of a small number of dwelling mounds where habitation continued (BAZELMANS 2001; NIEUWHOF 2011). After this period, new ways of dealing with the dead were introduced (KNOL 2009). Formal cemeteries appeared, with cremations as well as inhumations, and the use of such mixed cemeteries continued until well into the 8th century. Bodies were placed in inhumation graves in various positions, e.g. crouched or supine, in wooden or tree-trunk coffins, or without a recognizable container; cremations were urned or unurned.

Grave goods were quite common. Women could be buried with beads, brooches, and a knife; men with weapons. In general, there is a broad spectrum of grave goods, including amulets and conspicuous animal remains such as bird bones. Burials of dogs and horses have often been found in such cemeteries (PRUMMEL 1993; 1999).

Two early-medieval cemeteries are known from Ezinge (Fig. 1). One of them, situated in the south-western part of the terp, was destroyed during quarrying without being recorded. All that remains of this cemetery are two globular pots, which had served as cremation urns and have been dated to the 8th century AD (VAN GIFFEN 1926, 26; KNOL 2007, 68). The other is the cemetery at *De Bouwerd*, a small terp 300 m to the south of Ezinge, which was partly excavated in 1933 (KNOL 2007; HIJSZELER 2007). This cemetery contained at least 22 inhumations and six cremations, all dated to the 7th and 8th centuries AD, as well as a number of animal burials. The burial of two horses and a dog in this cemetery (now in the Museum Wierdenland in Ezinge) is well known.

The burial customs of earlier periods in the Dutch coastal area are less well known. Single inhumations have been found, but there are so few of them that they cannot be taken to represent the usual form of burial. Cremations are even rarer; only two cremation burials that date from before the 4th century AD are known in this area (BOERSMA 1988, 75; TAAYKE 1996, 53). There are recorded rumours or uncertain dates for four others, while three cremations date to no earlier than the late Roman Iron Age but are probably younger. Single human bones are regular finds in many terp excavations. They are often interpreted as coming from disturbed graves.

Most modern Dutch authors assume that cremation must have been the common form of burial during the pre-Roman and Roman Iron Ages (VAN ES 1966, 49-50; WATERBOLK & BOERSMA 1976; HESSING 1993, 25; TAAYKE 2005, 163; KNOL 2005, 185). Although there is hardly any evidence to support this hypothesis, it is not so farfetched. There is evidence that cremation was practiced in the Pleistocene inland in these periods, although cremation burials from these periods are not commonly found in that area either. The chance of finding cremation remains in the salt-marshes is very remote if they were buried without a container and later covered by sediment. It is almost certain that the cemeteries in the salt-marsh area did not include inhumations; it is hardly conceivable that all such cemeteries would have escaped discovery in the course of agricultural or other activities. Some authors have suggested that other explanations (such as excarnation) should also be considered (HESSING 1993, 30; BOS 1995, 88; HESSING & KOOI 2005, 634). Judging by the diversity of finds, it seems likely that there must have been more than one way of dealing with the dead.

Most archaeologists working on the German coastal area, also implicitly or explicitly assume that there must always have been cemeteries near the settlements in the coastal area but that these are difficult to recognize because cremation burials contain only a small portion of the remains of the pyre (e.g. MARTENS 2009, 334), or they have been destroyed by post-depositional processes, such as erosion, later sedimentation, or agricultural practices (e.g. HAARNAGEL 1979, 232; SCHÖN 1999, 42). It is generally expected that – some day – cemeteries from before the late Roman Iron Age will be found in the terp area.

Nevertheless, it must be noted that none of the cemeteries found so far in the German salt-marsh area, i.e. at Dingen, Barward and Fallward, date to earlier than the 3rd or perhaps (Barward) the 2nd century AD (HAARNAGEL 1979, 16-17; GENRICH 1941; PLETTKE 1940; SCHÖN 1999). Earlier burials, whether cremations or inhumations, always appear to be isolated.

It is clear that any opportunity to study human remains from the salt-marsh area should be seized, in order to better understand prehistoric and protohistoric burial customs in this area. The human remains from Ezinge provide such an opportunity, even though they were not as carefully excavated and recorded as would have been desirable for this purpose. The finds of pre-Roman and Roman Iron Age human remains at Ezinge will be discussed below.

3 Human remains from the pre-Roman and Roman Iron Ages

3.1 Inhumations

Two of the Ezinge burials were located inside or under houses (c: 1925-no number; j: 1931-803); all the other burials were found outside houses, usually at some distance but within 10 to 20 m. Although the dates are not always precise enough to establish a relationship with a specific house or house phase with certainty, it seems likely that the dead were buried in the yards of the farmhouses. The same applies to the two graves found in sections outside the excavated area (a: 1924-97; d: 1926-170). It should be noted that the area outside the settlement was not properly excavated; there may be burials in a wider area than could be established here.

Single burials have been found further from the centre of the terp at other terp settlements; for instance at Englum, just 2 km from Ezinge (NIEUWHOF 2008). At Feddersen Wierde, too, a number of burials were found outside the actual settlement, in the salt-marsh alongside creeks or in pits in the fill of creeks, notably single burials of adults from the first habitation phases (1st century BC – 2nd century AD) (HAARNAGEL 1979, 232 ff.: nos. 3, 5, 7, and 8). Later inhumations at Feddersen Wierde were associated with houses (nos. 10, 11 and 12) or roads (nos. 9 and 13), while a burial from the 4th or 5th century AD (no. 15) was found on the terp but at the edge of the settlement. All the burials of children were found in or near houses.

So far as was recorded, most skeletons found at Ezinge were in a supine position. One (d: 1926-170) was reported to have been found lying on some grass, just like some of the skeletons found by van Giffen (VAN GIFFEN 1928, 44), and like one of the burials at Feddersen Wierde (HAARNAGEL 1979, 234: no. 3). Two skeletons, both from the early Roman Iron Age, found near each other, were in different positions. One was lying on its side in crouched position (f: 1929-no number); the other (g: 1930-415) was strongly flexed (Fig. 4). The body may have been forced into this position by binding the legs to the body. The arms were apparently left free.

Grave goods are reported for three of the burials. Skeleton h: 1930-415 was not only exceptional in its strongly flexed posture, but also because it was reported as having been found with a number of animal bones and potsherds; only six body sherds were collected. Moreover, a spindle whorl was found above the head (no. 400). These finds can perhaps be considered grave goods.

The second burial that was supposedly found with grave goods, q: 1932-'1343', was apparently one of a pair of graves (Fig. 5). A small decorated pot, of a 1st century AD type, was reportedly found near the feet of the skeleton and was initially used to date the burial. However, this skeleton was recovered and it was possible to radiocarbon date one of the bones (see catalogue in chapter 6). From this date and from the stratigraphy, it can be concluded that the burial has to be dated to the late 2nd or the 3rd century rather than the 1st century AD. This implies that the small pot was not part of the burial but came from a somewhat deeper feature – or it was a century-old heirloom.

The first possibility is supported by the absence of the protruding parts of the skeletons in both graves; all four feet and one hand that were near the edges of the

Fig. 4. Ezinge. Burial g: 1930-415, 2nd or 1st century BC. A skeleton with strongly flexed legs in a rectangular pit, found together with a spindle whorl, potsherds and animal bones (Photo: University of Groningen, Groningen Institute of Archaeology).

Fig. 5. Ezinge. Burials q: 1932-'1343' (left) and r: 1932-1343 (right), middle Roman Iron Age (Photo: University of Groningen, Groningen Institute of Archaeology).

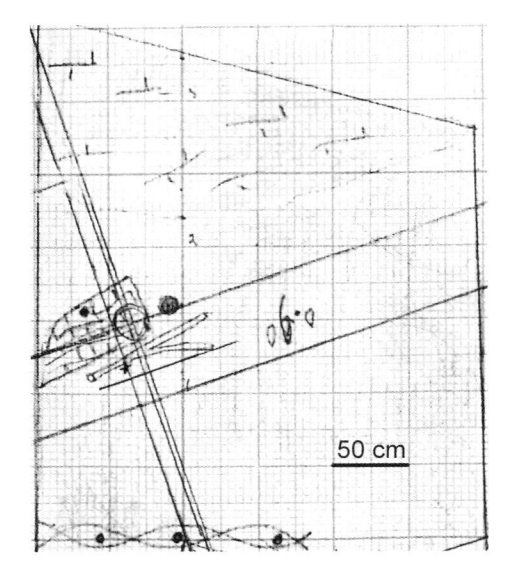

Fig. 6. Ezinge. Burial z: 1934-no number, 3rd or 2nd century BC. Only the upper half of the skeleton was excavated: it was found with a forked branch (Photo: University of Groningen, Groningen Institute of Archaeology).

burial pits were missing, but not the hands that were lying close to the bodies. Skeletons without feet and hands are not uncommon, e.g. the children at Feddersen Wierde (HAARNAGEL 1979, 230 ff.). These were probably intentionally removed prior to burial. At Ezinge, however, there is a conspicuous difference between skeletal parts near the edge of the feature and those near the body, which suggests that the missing hand and feet only disappeared during the excavation. The pot may also have been associated with the graves only after they had been excavated.

An inhumation found at the end of the excavation (z: 1934-no number) was accompanied by a forked branch that had been placed along the upper body. The drawing that was made of it (Fig. 6) suggests it had been placed with care, so that it might be considered a grave gift. Its meaning is unknown.

Most burials were found as isolated single graves, but in two cases, two graves were found close together. The older of these pairs is dated to the early Roman Iron Age and consists of the two graves with bodies in unusual positions, one crouched and one strongly flexed. Although these two graves are from about the same period, there might well be decades between them.

The skeleton that was excavated first, probably the later of the two (f: 1929-no number), was found in a settlement layer: a burial pit was not identified. The skeleton that was excavated the following year (g: 1930-415: Fig. 4) is presumably the earlier of the two. It was found in a rectangular pit, with a grave goods as described above. Both burials are located within 10 m of a farmhouse, for which several overlying phases from the pre-Roman and Roman Iron Ages were excavated. It seems likely that they were both buried by members of this household. The location of the older burial was probably remembered, possibly by marking it in some way; the younger burial may then have been placed close to it on purpose.

The other pair of graves consists of the two numbered 1932-1343 and '1343' (Fig. 5). The smaller, eastern, grave is older, although it cannot be established how much older. The western grave dates to the late 2nd or 3rd century AD. Unlike the other pair of graves, these two are very similar in body posture (supine) and orientation (to the northeast). The two graves together give the impression of a very small cemetery, located about 15-20 m from a house of the same period.

The occurrence of such a small cemetery in this period may perhaps be taken as a prelude to a trend that set in later in the 3rd century, when cemeteries appeared with inhumations as well as cremations. Such early cemeteries have not only been found in Lower Saxony, at Dingen and Barward, as mentioned above, but also in the Province of Drenthe at Wijster (VAN ES 1967, 409-521) and Midlaren-De Bloemert (TUIN 2008, 531-539), and in the Province of Noord-Holland at Castricum-Oosterbuurt (HAGERS & SIER 1999, 85 and 187-197) and Schagen-Muggenburg (HAGERS & SIER 1999, 86). As these examples show, mixed cemeteries appeared in the northern Netherlands already in the 3rd century AD, long before the arrival of new inhabitants in the northern coastal area in the 5th century, to whom the introduction of mixed cemeteries in the Netherlands had previously been attributed (see chapter 2).

The change in burial customs in Noord-Holland, where earlier graves are as rare as they are in the northern coastal areas, has been described as a possible consequence of socio-political unrest at the end of the Roman Iron Age (Bazelmans et al. 2004). However, if we compare the graves with the early cemeteries with inhumations in Drenthe and Lower Saxony, they may rather be part of a northern trend that was not necessarily caused by the changing socio-political situation at the end of the Roman Period. This trend had already started in the 3rd century AD, and may have had precursors like the pair of graves at Ezinge. However, though this pair of graves may mark a new trend, isolated graves are still found in this period. Two graves from the 3rd century AD were both found close to the west walls of contemporaneous houses.

Some general remarks can be made on the position and orientation of the burials. Body posture at Ezinge was usually supine, but two bodies lying on their sides with, respectively, flexed and strongly flexed knees, show that other positions also occur in this period. The orientation of the burials differed; all directions except to the north and to the east were found.

Similar observations can be made for Feddersen Wierde where bodies were found in a supine position, or lying on their side with flexed or strongly flexed knees; in one case, the tendons of the knees must have been cut to allow the lower legs to be bent upwards (Haarnagel 1979, 235). At Feddersen Wierde, bodies were oriented towards the north, the northwest, the west, the south and the southeast, but, here too, never to the east (Haarnagel 1979, 238 and Abb. 53). It is not possible to establish whether the avoidance of the east is indeed a pattern, or whether it has any meaning at all.

The twelve burials from the pre-Roman and Roman Iron Ages found at Ezinge cannot represent the entire population of the settlement during this period. The relatively small number suggests that inhumation was only practiced in exceptional cases. The question is why were some people interred while others received a different type of treatment after death. Several explanations for unusual burials have been suggested in the past (e.g. Beck 1970; Hill 1995, 12-13; Wait 1995, 495; Hessing 1993). Most authors agree that the people who were interred were not chosen randomly but were considered special in some way. They may have been people of influence, virtue or special descent or, on the contrary, outcasts, slaves, criminals or people who were feared for some reason.

It is also possible that the occasions were special, rather than the people. Special occasions might, for example, have been the first death in a new settlement or a new household, or perhaps the threat of famine or infectious diseases. The deceased who were interred may have died of natural causes, but may also have been the victims of human sacrifice, as was recently suggested by Gerrets (2010, 114). The inhumations in terp settlements may be comparable to the human sacrifices in bogs (cf. van der Sanden 1996). Human sacrifices were possibly used to influence coming events in a positive way, although we can be certain that there was no seasonal human sacrifice followed by inhumation, for instance to assure good crops. In that case, many more graves would have been found. The above-mentioned factors may also have been combined; offenders against specific rules might have been dedicated to the gods by being killed, or leaders might have been sacrificed for the wellbeing of the group (cf. Metcalf & Huntington 1991, 179-188).

It is not possible to decide with certainty to which category the interred people of Ezinge belong. Nevertheless, some of the characteristics of the burials may be indicative. The first of these concerns the bones themselves. Unfortunately, only two skeletons were recovered and the cause of death could not be established for any of the bodies, including these two. One of the skeletons that were recovered (q: 1932-'1343'), shows traces of a painfull illness. Such a condition is indeed reminiscent of bog bodies, which often have deformities as well (van der Sanden 1996). It is possible that people with such disorders ran a higher risk of being chosen for human sacrifice than healthy people.

However, it is not known whether the percentage of deformities in bog bodies is representative of the population as a whole, or is considerably higher. Only in the latter case might a physical imperfection have played a role. The same goes for inhumations in the salt-marsh area, including Ezinge. The small number of inhumations, let alone this one skeleton, does not permit any conclusions about the general health of the population, nor about the reasons why people were possibly selected as human sacrifices.

According to the available information, the bodies seem to have been deposited with care. One of them (d: 1926-170: Fig. 2) was reported to be lying on some grass, which would indicate that these were not the remains of outsiders whose bodies were disposed of heedlessly. Careful placement of the body, however, does not exclude the possibility that the inhumations do represent human sacrifices. Many of the bog bodies were also carefully deposited. One skeleton may not have been complete (v: 1933-1538), but no details are known: the damage may only have occurred during excavation. If it occurred shortly after death, it is conceivable that parts of this body were used in other rituals (see chapter 3.2).

The best lead is perhaps the location of the burials. They all seem to be associated with specific houses. At least two burials were even found inside houses. In some cases, we can be fairly certain of the association, in other cases the house to which a burial belonged cannot be determined with certainty. Nevertheless, burials associated with houses are not suggestive of outsiders or of offenders against specific social rules. They may be compared to the children who were buried in several houses at Feddersen Wierde; they probably died of natural causes and were buried close to their families (see BEILKE-VOIGT 2007, 180 ff.).

Similarly, adults buried in or near houses may well have been relatives who for some reason received exceptional treatment after death. What this reason was, is open to speculation. They may have been people who were held in high esteem for their personal qualities or accomplishments, people who died of specific diseases, or who were the first family member to die in a new house. Human sacrifice cannot be entirely excluded. It is possible that they were group members who were chosen by lot to be sacrificed, or had agreed to be sacrificed for the group's welfare. Whatever the reason for their special treatment, the result is that they were buried within the grounds of the household to which they probably belonged during their lifetime. They thus functioned as a link between the families and their land.

Inhumation was only one way of disposing of the dead. There must have been other ways as well. Cremation is a possibility, but there are no signs of cremation at Ezinge. Other burial customs may be connected with the presence of single human bones in several of the features.

3.2 Single bones

Most of the single human bones found at Ezinge are skulls or parts of skulls. One record only mentions *"human bones"* without specifying them. Three of the skull pieces were worked; two of these striking objects were bowl shaped, another was a small, perforated object (Figs. 7-9). The perforation suggests it may have

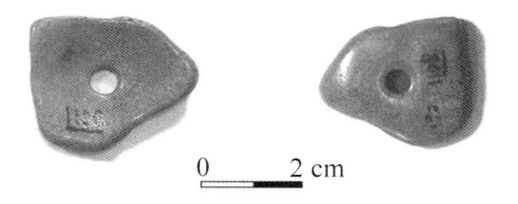

Fig. 7. Ezinge. M: 1932-1108. Worked fragment of a human skull, early Roman Iron Age (Photo: A. Nieuwhof).

Fig. 8. Ezinge. X: 1933-1687. Worked skull fragment, 141×120 mm; late pre-Roman Iron Age (Photo: Groningen Museum).

served as an amulet, but there are no traces of wear that indicate it had been used as a pendant on a string.

Three possible skulls were dated to the pre Roman and Roman Iron Age. Another skull was dated to the 4th or 5th century AD (l: 1932-955) and is thus at least 300 years younger than the other single bones. It was found in a layer within the settlement itself. A fifth skull dates to the early Middle Ages. Most of the single human bones date from the pre-Roman Iron Age or the early Roman Iron Age. Five or six of the single bone assemblages were found inside a house, three or four were found in byres. Four of the single bones were located near houses. All the worked bones were found outside but close to houses, while the unworked skull pieces were all found inside houses. This division suggests a depositional pattern, but the number is not large enough to establish such a pattern with certainty.

Single human bones from this period are regularly found in excavations in this area, and elsewhere. It is not easy to explain such finds. Archaeologists have often chosen to ignore them as inexplicable objects, or as possible reflections of some strange and perhaps gruesome practice. If they are paid more attention, they are often explained as the remains of accidentally disturbed graves. However, that explanation is usually not very satisfying and even improbable. Disturbed burials are hardly ever found, even less often than complete burials, and far less frequently than single human bones. Moreover, there seems to be an over-representation of skull pieces (not only at Ezinge), which is strange if one assumes that they come from accidentally disturbed burials. In such a case, a selection of specific parts of the skeleton would not be expected. It seems clear that parts of the skull were either deliberately selected or were all that was left after a process in which the rest of the body disappeared.

Fig. 9. Ezinge. Y: 1934-1780. Worked skull fragment, 105×100 mm; early Roman Iron Age (Photo: Groningen Museum).

The excavation at nearby Englum, carried out in 2000, brought to light a relatively large number of single human bones, even more than at Ezinge (NIEUWHOF 2008). Many of these bones were skulls or parts of skulls, together with a small number of other skeletal parts such as a few hand bones and the shaft of a fibula. Eight skulls were deposited in a layer of dung that had been added to raise the level for the construction of a new podium. The assemblage was dated to the middle pre-Roman Iron Age.

The evidence leads us to the conclusion that these skulls must be the remains of a process of excarnation; that they had been collected and used in a secondary ritual – in this case a foundation ritual related to the construction of the new podium. Later offerings in the same layer indicate that the dead whose skulls had been deposited here were considered as ancestors. The skulls must therefore be the remains of relatives rather than outsiders. A similar explanation is likely for the single bones found at Ezinge.

Excarnation can take place below or above ground. Below-ground excarnation involves the burial and later exhumation of the complete skeleton, or of selected parts. Although this may seem an exotic way to treat the dead, it should be remembered that it is still practiced in rural parts of modern Greece (DANFORTH & TSIARAS 1982).

Above-ground excarnation implies that the corpse is kept somewhere until natural decay has removed the soft tissue. The bones, or some of them, can then be collected – or left where they are until they have completely disappeared. Given that disturbed graves, or empty elongated pits that could have served as burial pits, are not common finds, above-ground excarnation seems the most likely explanation for most of the finds of single human bones.

However, the partial skeleton that was found at Ezinge (t: 1933-1538) – if indeed it was already a partial skeleton before the excavation – may be taken as an indication that, in some cases, parts of skeletons were removed from inhumations as well. Below-ground as well as above-ground excarnation allows for the selection of specific body parts, such as skulls.

The bones that were collected from decomposed bodies must have been considered meaningful objects. They may have been *"inalienable possessions"* as defined by WEINER (1985; 1992): inalienable possessions are important to their owners because they define the identity of individuals or groups (families) within societies. They may be associated with ancestors, or charged with symbolic meaning. Losing these objects weakens the group's life force, so an attempt will always be made to keep them in the family.

Inalienable possessions may be valuable objects, such as a royal family's crown jewels, but may also be inconspicuous personal belongings like textiles, or even names or ceremonies (WEINER 1992, 11). There is proof that human bones sometimes serve as inalienable possessions elsewhere (e.g. WEINER 1985, 218-219). The deposition of personalized objects that are perhaps inalienable objects, such as human bones, will not necessarily be an offering to a supernatural being. Deposits of such objects can be expected within or near a house, on land belonging to the family, or in the graves of family members (WEINER 1985, 218-219). The deposition of inalienable objects adds meaning and status to the family and its ancestral land, and plays a role in defining its identity.

It does not seem too farfetched to see the deposits of human bones at Ezinge in the light of the theory of inalienable objects. They were all deposited in or near houses and may well be the remains of relatives that were collected after excarnation and kept for a while before being ritually deposited. Worked human bones must be considered a special class of inalienable possessions: it is unlikely that such objects functioned as ordinary household utensils. It is more likely that they were used in household rituals prior to being deposited near the house.

The youngest single bones found at Ezinge were both worked skull fragments (m: 1932-1108 and y: 1934-1780), dated to the 1st century AD. The youngest find of a single human bone at Englum (a vertebra; NIEUWHOF 2008, 230) was dated to the same period. It is possible that the practice of collecting human bones and giving them a new role came to an end in the Roman Iron Age. However, the single skull from the 4th or 5th century indicates that some form of practice involving human bones existed in this period, too, although perhaps not the same as that in earlier periods.

4 Conclusion

An inventory of the human remains found during archaeological research in the 1920s and 1930s at Ezinge produced a list of 13 inhumation burials and 13 single bones. Of these remains, 11 burials and 11 single bones could be dated to the pre-Roman and Roman Iron Ages. Almost all the burials were isolated, in line with the general observation of burial customs in the coastal area; cemeteries only appear later.

The bodies were in a supine or crouched position, in one case strongly flexed. The orientation was in any direction except north and east. Grave goods were only found in two cases, both were inhumations from the pre-Roman Iron Age or perhaps the 1st century AD: one of these was the strongly flexed skeleton that was found with various objects; the other was the body in a supine position that was found with a forked branch. All the bodies were associated with houses: some were buried inside a house, while others were found close to a house.

The number of isolated burials is too small to represent the entire population of Ezinge. There must, therefore, have been other types of burial as well. Why it was decided to inter the people whose skeletons were found cannot be established: they may have been special people, or the cause or time of their deaths may have been unusual, or they may have been the victims of human sacrifice. The location of the burials suggests that they were members of the group rather than outsiders. Their graves must have functioned as a link between the families and their land.

The location of inhumations from the middle Roman Iron Age seems to indicate a new order, although numbers are very small. Two were found close to the west wall of contemporaneous houses while two others, both in the same position and with the same orientation, were found next to each other. This pair of graves anticipates a new trend that started at the end of the Roman Iron Age: instead of isolated graves, mixed cemeteries appear in this period in the coastal areas of the northern Netherlands and Lower Saxony. Examples from Noord-Holland and Drenthe show that, as in Lower Saxony, this trend started already in the 3rd century AD.

The single bones that have been found are usually parts of skulls, some of which were worked. The large percentage of skull parts indicates that these bones do not come from disturbed graves, but were collected after the process of excarnation was completed. Such bones may have been considered inalienable possessions, to be used in secondary rituals that established and maintained group identities. Inhumation was the exception and there is no evidence of cremation, so excarnation may have been the common burial practice until inhumation or cremation burial in cemeteries replaced the older customs. However, the find of a skull from the 4th or 5th century suggests that the custom of depositing single bones was not entirely abandoned.

5 References

Bazelmans, J., 2001: Die spätrömerzeitliche Besiedlungslücke im niederländischen Küstengebiet und das Fortbestehen des Friesennamens. Emder Jahrbuch für historische Landeskunde Ostfrieslands 81, 7-61.

Bazelmans, J., Dijkstra, M. F. P., & Koning, J. de, 2004: Holland during the first millennium. In: M. Lodewijckx (ed.), Bruc ealles well. Archaeological essays concerning the peoples of north-west Europe in the first millennium A.D. Acta Archaeologica Lovaniensia Monographiae 15, 3-36. Leuven.

Beck, H., 1970: Germanische Menschenopfer in der literarischen Überlieferung. In: H. Jankuhn (ed.), Vorgeschichtliche Heiligtümer und Opferplätze in Mittel- und Nordeuropa. Abhandlungen der Akademie der Wissenschaften, Philologisch-Historische Klasse 3:74, 240-258. Göttingen.

Beilke-Voigt, I., 2007: Das „Opfer" im archäologischen Befund. Studien zu den sog. Bauopfern, kultischen Niederlegungen und Bestattungen in ur- und frühgeschichtlichen Siedlungen Norddeutschlands und Dänemarks. Berliner Archäologische Forschungen 4. Rahden/Westf.

Boersma, J. W., 1988: Een voorlopig overzicht van het archeologisch onderzoek van de wierde Heveskesklooster (Gr.). In: M. Bierma, A. T. Clason, E. Kramer & G. J. de Langen (eds.), Terpen en wierden in het Fries-Groningse kustgebied, 61-87. Groningen.

Boersma, J. W., 1999: Back to the roots of Ezinge. In: H. Sarfatij, W. J. H. Verwers & P. J. Woltering (eds.), In discussion with the past. Archaeological studies presented to W. A. van Es, 87-96. Zwolle.

Bos, J. M., 1995: Archeologie van Friesland. Utrecht.

Brongers, J. A., 1967: Protohistoric worked human skull bone in the Netherlands. Berichten van de Rijksdienst voor het Oudheidkundig Bodemonderzoek 17, 29-34.

Danforth, L. M., & Tsiaras, A., 1982: The death rituals of rural Greece. Princeton.

Delvigne, J. J., 1984: De wierde van Ezinge op de schop. Ezinge.

Es, W. A. van, 1966: Friesland in Roman times. Berichten van de Rijksdienst voor het Oudheidkundig Bodemonderzoek 15-16, 37-68.

Es, W. A. van, 1967: Wijster, a native village beyond the imperial frontier 150-425 A.D. Palaeohistoria 11, 1-595.

Genrich, A., 1941: Bericht über die Untersuchungen auf der Barward (Gemarkung Imsum, Kreis Wesermünde).

Probleme der Küstenforschung im südlichen Nordseegebiet 2, 157-170.
GERRETS, D. A., 2010: Op de grens van land en water. Dynamiek van het landschap en de samenleving in Frisia gedurende de Romeinse tijd en de Volksverhuizingstijd. Groningen Archaeological Studies 13. Groningen.
GIFFEN, A. E. VAN, 1926: Resumé van de in de laatste vereenigingsjaren verrichte werkzaamheden ten behoeve van de terpenvereeniging. Jaarverslagen van de Vereniging voor Terpenonderzoek 9-10, 9-35.
GIFFEN, A. E. VAN, 1928: Mededeeling omtrent de systematische ondezoekingen, verricht in de jaren 1926 en 1927, ten behoeve van de terpenvereeniging, in Friesland en Groningen. Jaarverslagen van de Vereniging voor Terpenonderzoek 11-12, 30-44.
GIFFEN, A. E. VAN, 1936: Der Warf in Ezinge, Provinz Groningen, Holland, und seine westgermanischen Häuser. Germania 20, 40-47.
GIFFEN, A. E. VAN, 1963: Het bouwoffer uit de oudste hoeve te Ezinge (Gr.). Helinium 3, 246-253.
HAARNAGEL, W., 1979: Die Grabung Feddersen Wierde. Methode, Hausbau, Siedlungs- und Wirtschaftsformen sowie Sozialstruktur. Feddersen Wierde 2. Wiesbaden.
HAGERS, J.-K. A., & SIER, M. M., 1999: Castricum-Oosterbuurt, bewoningssporen uit de Romeinse tijd en middeleeuwen. ROB Rapportage Archeologische Monumentenzorg 53. Amersfoort.
HESSING, W. A. M., 1993: Ondeugende Bataven en verdwaalde Friezinnen? Enkele gedachten over de onverbrande menselijke resten uit de ijzertijd en de Romeinse Tijd in West- en Noord-Nederland. In: E. Drenth, W. A. M. Hessing & E. Knol (eds.), Het tweede leven van onze doden. Nederlandse Archeologische Rapporten 15, 17-40. Amersfoort.
HESSING, W. A. M., & KOOI, P. B., 2005: Urnenvelden en brandheuvels. Begraving en grafritueel in late bronstijd en ijzertijd. In: L. P. Louwe Kooijmans, P. W. van den Broeke, H. Fokkens & A. L. van Gijn (eds.), Nederland in de prehistorie, 631-654. Amsterdam.
HIJSZELER, C. C. W. J., 2007: Kort verslag van de opgraving van het vroeg-middeleeuwse rijengrafveld op "De Bouwerd" bij Ezinge. Jaarverslagen van de Vereniging voor Terpenonderzoek 83-90, 90-103.
HILL, J. D., 1995: Ritual and rubbish in the Iron Age of Wessex. British Archaeological Reports, British Series 242. Oxford.
KNOL, E., 2005: Rijke en aantrekkelijke kustlanden. Noord-Nederland in de vroege middeleeuwen. In: E. Knol, A. C. Bardet & W. Prummel (eds.), Professor van Giffen en het geheim van de wierden, 183-193. Veendam, Groningen.
KNOL, E., 2007: Het Karolingische grafveld De Bouwerd bij Ezinge. Jaarverslagen van de Vereniging voor Terpenonderzoek 83-90, 62-89.
KNOL, E., 2009: Anglo-Saxon migration reflected in cemeteries in the Northern Netherlands. In: D. Quast (ed.), Foreigners in early medieval Europe. Thirteen international studies on early medieval mobility. Monographien des Römisch-Germanischen Zentralmuseums 78, 113-129. Mainz.
MARTENS, J., 2009: Vor den Römern. Eliten in der vorrömischen Eisenzeit. In: S. Burmeister & H. Derks (eds.), 2000 Jahre Varusschlacht. Konflikt, 334-341. Stuttgart.

METCALF, P., & HUNTINGTON, R., 1991: Celebrations of death. The anthropology of mortuary ritual. Cambridge.
MIEDEMA, M., 1983: Vijfentwintig eeuwen bewoning in het terpenland ten noordwesten van Groningen. PhD-thesis, Vrije Universiteit Amsterdam.
NIEUWHOF, A., 2008: Restanten van rituelen. In: A. Nieuwhof (ed.), De Leege Wier van Englum. Archeologisch onderzoek in het Reitdiepgebied. Jaarverslagen van de Vereniging voor Terpenonderzoek 91, 187-248.
NIEUWHOF, A., 2011: Discontinuity in the Northern-Netherlands coastal area at the end of the Roman Period. In: T. A. S. M. Panhuysen (ed.), Transformations in North-Western Europe (AD 300 - 1000). Proceedings of the 60th Sachsensymposium, 19.-23. September 2009, Maastricht. Neue Studien zur Sachsenforschung 3, 55-66. Hannover.
PLETTKE, A., 1940: Der Urnenfriedhof Dingen, Kr. Wesermünde. Hildesheim.
PRUMMEL, W., 1993: Birds from four coastal sites in the Netherlands. Archaeofauna 2, 97-105.
PRUMMEL, W., 1999: Animals as grave gifts in the Early Medieval cremation ritual in the North of the Netherlands. In: H. Sarfatij, W. J. H. Verwers & P. J. Woltering (eds.), In discussion with the past. Archaeological studies presented to W. A. van Es, 205-212. Zwolle.
SANDEN, W. A. B. VAN DER, 1996: Through nature to eternity. The bog bodies of Northwest Europe. Amsterdam.
SCHÖN, M. D., 1999: Feddersen Wierde, Fallward, Flögeln. Archäologie im Museum Burg Bederkesa, Landkreis Cuxhaven. Bad Bederkesa.
TAAYKE, E., 1996: Die einheimische Keramik der nördlichen Niederlande 600 v. Chr. bis 300 n. Chr., Teil 3. Mittel-Groningen. Berichten van de Rijksdienst voor het Oudheidkundig Bodemonderzoek 42, 9-85.
TAAYKE, E., 2005: Het noordelijk kustgebied in de ijzertijd en Romeinse tijd. In: E. Knol, A. C. Bardet & W. Prummel (eds.), Professor van Giffen en het geheim van de wierden, 153-165. Veendam, Groningen.
TUIN, B., 2008: Graven aan de rand. Onderzoek van de akkers grenzend aan De Bloemert. In: J. A. W. Nicolay (ed.), Opgravingen bij Midlaren. 5000 jaar wonen tussen Hondsrug en Hunzedal. Groningen Archaeological Studies 7, 521-543. Groningen.
WAIT, G. A., 1995: Burial and the otherworld. In: M. J. Green (ed.), The Celtic world, 489-511. London, New York.
WATERBOLK, E. H., 1969: Brieven over de aanloop tot de oprichting der Vereniging voor Terpenonderzoek. Jaarverslagen van de Vereniging voor Terpenonderzoek 51, 36-96.
WATERBOLK, H. T., 1994: Ezinge. In: J. Hoops (Begr.), Reallexikon der germanischen Altertumskunde 8 (2. Aufl.), 60-76. Berlin, New York.
WATERBOLK, H. T., & J. W. BOERSMA, 1976: Bewoning in vóór- en vroeghistorische tijd. In: W. J. Formsma et al. (eds.), Historie van Groningen. Stad en land, 13-74. Groningen.
WEINER, A. B., 1985: Inalienable wealth. American Ethnologist 12, 210-227.
WEINER, A. B., 1992: Inalienable possessions. The paradox of keeping-while-giving. Berkeley, Los Angeles, Oxford.

6 Catalogue of the human bones from Ezinge

EZINGE human remains

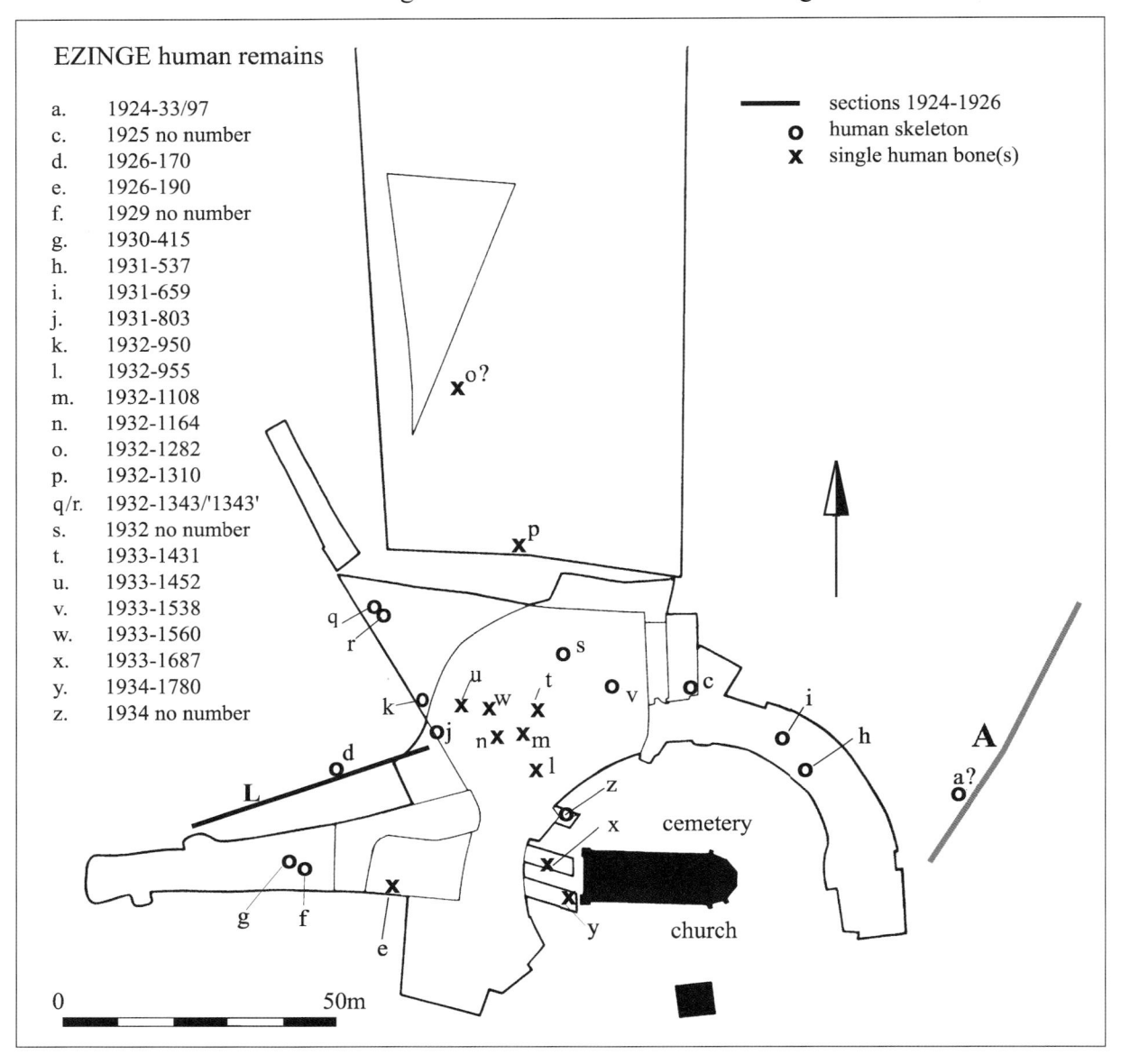

- a. 1924-33/97
- c. 1925 no number
- d. 1926-170
- e. 1926-190
- f. 1929 no number
- g. 1930-415
- h. 1931-537
- i. 1931-659
- j. 1931-803
- k. 1932-950
- l. 1932-955
- m. 1932-1108
- n. 1932-1164
- o. 1932-1282
- p. 1932-1310
- q/r. 1932-1343/'1343'
- s. 1932 no number
- t. 1933-1431
- u. 1933-1452
- v. 1933-1538
- w. 1933-1560
- x. 1933-1687
- y. 1934-1780
- z. 1934 no number

— sections 1924-1926
o human skeleton
x single human bone(s)

Fig. 10. Ezinge. The locations of human remains in excavation trenches and sections (Graphics: A. Nieuwhof).

The finds are listed in excavation order.

a. A record in the finds book for 1924 mentions a *skeleton* that had been found while excavating a section (section A); the location of the skeleton was not recorded.
Find number: 1924-97.

b. During levelling in 1925, a physician from Ezinge found a human *skull with mandible*, "north-northeast of the church, under the dung, at the bottom of the terp". The skull was well preserved. It is quite possible that the skull was collected from a complete skeleton.
Date: Stratigraphic evidence; 2nd-1st century BC.
Museum/find number: BAI 1925/VI-7.

c. A *skeleton* in a supine position is shown on the excavation drawing of one of the levels of the trench excavated in 1925 (almost invisible in van Giffen 1926, Afb. 6, XIII). The skeleton was buried beneath a house dated to c.200 BC; the head was oriented to the west.
Date: 3rd-2nd century BC.
Find number: 1925-no number.

d. A photograph from 1926 shows a *skeleton*. It is in a supine position with the arms folded on the stomach and the head turned to the left (Fig. 2). The head was

220

oriented to the west. The body was reported to have been placed on some grass. This was the only burial published by van Giffen (1928, 44). The bones were collected, but are no longer complete. They probably belonged to an adult female (pers. comm. B. P. Tuin, Municipality of Groningen).
Date: Based on the stratigraphy and the stratigraphically consistent association with *streepband*-pottery; 2nd or 1st century BC.
Find number: 1926-170.

e. According to the finds book for 1926, a *cranium* was found in line with several posts. It is not clear whether a complete cranium was found, or only the left *os parietale*, which is all that now remains.
Date: 1st century BC or AD.
Find number: 1926-190.

f. A *skeleton* in a crouched position is shown on an excavation drawing of 1929. It is not recorded in the finds book. The head is oriented to the northeast; the body is lying on its right side. It was found just a few metres from another burial, which was excavated the following year (see g).
Date: 1st century AD.
Find number: 1929-no number.

g. A *skeleton* in an unusual position was photographed in 1930 (Fig. 4).
The skeleton was lying on its side in a strongly flexed position with the head bent back as though the pit were too small. The right arm seems to be hanging below the body; since it was resting on soil that had not yet been removed in the excavation it must have been in its original position. This implies that the burial pit was deep enough to allow the arm to hang down. The bent legs lying so close to the body suggest that the lower body was forced into this position, probably by binding. The left shoulder blade and some of the ribs were placed on the rib cage for the photograph; the missing left arm was probably removed during the excavation.
On the field drawing, the location of the head is shown in the south-eastern corner of a rectangular pit. The body was more or less oriented to the southeast. According to the finds book, potsherds and animal bones were found with the skeleton. A spindle whorl was found higher up in the fill of the same pit, above the head. An early-medieval glass bead with the same find number must be an intrusion from above, or was mistakenly numbered 400 after the excavation.
Date: 1st century BC – 1st century AD.
Find number: Skeleton with animal bones and potsherds: 1930-415. Spindle whorl: 1929-400.

h. In 1931, a *cranium* was recorded in the finds book as having been found high up in the terp at +4.34 m NAP. This level suggests that it comes from an earlier phase of the present cemetery.
Date: Post-medieval.
Find number: 1931-537.

i. A *skeleton* and the shadow of the photographer can be seen on a photo from the same year (Fig. 3). The skeleton was found with several others under the path around the cemetery on the terp, about 1 m below the surface. These graves are part of an older phase of the present cemetery. This was not the grave that was preserved *en bloc* (contra Delvigne 1984, 59-60).
Date: Post-medieval.
Find number: Possibly 1931-659, according to the finds book a skeleton was found at +4.03 m NAP.

j. In the same year, a *skeleton* was recorded as having been found in a section. An unnumbered skeleton in supine position was shown in the so-called 'large section' that was made in the same year. It is very likely that this is the skeleton numbered 803 in the finds book at the end of the excavation (it is the last number for that year), although the bones were probably not kept. The skeleton in the drawing was apparently located in the floor of one of the houses, in the area behind the section that was excavated later. The head was oriented to the southeast.
Date: 2nd or 1st century BC.
Find number: 1931-803.

k. On one of the excavation drawings from 1932, the word *"skelet"* (skeleton) was written near a small circle representing a skull. The find was numbered, but not described. The orientation and position cannot be deduced from the drawing. The skeleton was found somewhat deeper than the surrounding area, some metres to the west of a contemporaneous house: 1343 and '1343' were found to the north of this same house.
Date: The stratigraphy and finds in the surrounding area suggest the 3rd century AD.
Museum/find number: 1932-950.

l. On the same drawing as the previous item, a *skull* was depicted with a find number. Details were not recorded.
Date: Stratigraphy: 4th-5th century AD.
Museum/find number: 1932-955.

m. The inventory given in Miedema (1983, 259-260, Fig. 215.4) lists a small, more or less triangular, perforated object made from a *human skull fragment*. The surface on both sides is extremely shiny, probably from intensive handling (Fig. 7). The finds book also

recorded two loom weights and two broken pots under the same find number. The assemblage was found outside the east wall of one of the houses.
Date: The associated pots date the assemblage to the 1st century AD.
Find number: 1932-1108.

n. In 1932, a *skull fragment and mandible* were recorded together with a perforated bone (probably animal). The find number now only applies to a human mandible. The finds came from one of the houses.
Date: 1st century BC or AD.
Find number: 1932-1164.

o. In the same year, the *cranium of a child* was recorded. The find number has not been located on any of the excavation drawings; it is probably one of two identical numbers, 1283, shown on the drawings.
Date: Roman Iron Age.
Find number: 1932-1282.

p. In 1932, yet another *cranium* was recorded. It was found just north of the settlement.
Date: Pottery, early Middle Ages.
Find number: 1932-1310.

q-r. An excavation drawing and a photograph from 1932 show *two inhumation graves* close together, both oriented to the northeast. Both bodies are in a supine position. The photo shows that the most protruding parts, the feet of both bodies and the right hand of the northwestern skeleton, are missing; they were probably removed during excavation before the skeletons were discovered.
The skeletons do not have find numbers on the excavation drawing. According to the finds book, the find number in the largest, northwestern grave represents a "small pot from a grave". The find number is shown near the feet. The pot was illustrated in the *Germania* article by van Giffen (1936, Beilage 4, Abb. 2) and is of a 1st or early 2nd century AD type. A radiocarbon date (see below) indicates that the pot cannot have been associated with the northwestern grave, unless it was an heirloom that was at least several decades old at the time of burial. The pot may have been deposited in an older and deeper feature beneath the northwestern burial pit. The burial pit of the eastern grave is not visible on the field drawings for the higher, late Roman Iron Age, levels but the western grave is: this indicates an age difference between the graves.
The photograph was taken just before one of the bodies was lifted *en bloc*. According to the finds book, the more eastern of the two graves is the one numbered 1343; however, the grave on the left was the one lifted.

This skeleton is still kept *en bloc* and is now in the Museum Wierdenland in Ezinge.
An examination showed that this skeleton was that of a man at least 25-35 years old. He must have been in severe pain during his lifetime as his left shoulder and right hip were badly damaged by a condition that might be described by the general term 'degenerative osteoarthritis'. The original shape of the joint was no longer visible as it had been replaced by new, reactive bone growth. This indicates that the condition was probably not caused by tuberculosis (internal report B. P. Tuin, Municipality of Groningen).
Date: The skeleton that was lifted was radiocarbon dated to 1740 ± 40 BP, cal AD 170-410 (95.4%). The uppermost excavation level in which this burial pit was visible, was generally dated to the middle Roman Iron Age, with features from the 2nd and 3rd century AD. The eastern grave is somewhat older. This means that both burials date to the middle Roman Iron Age, with the western grave no earlier than the late 2nd century AD.
Find number: Eastern skeleton: 1932-1343 (the western skeleton is numbered '1343' in this article). Pot 1932-1176.

s. On an excavation drawing from 1932, the word *"skelet"* is written to the west of one of the buildings. This must refer to a human skeleton.
Date: Stratigraphy: 3rd century AD.
Find number: 1932-no number.

t. In 1933, the finds book listed a *fragment of a human cranium*. The field drawing shows it was found in a stall box.
Date: 4th or 3rd century BC.
Find number: 1933-1431.

u. The *upper part of a skull* was recorded in 1933. The excavation drawing places this find number in the byre section of a house.
Date: 4th or 3rd century BC.
Find number: 1933-1452.

v. In 1933, the finds book recorded *"bones of a skeleton"*. The excavation drawing shows a number of articulated bones: an upper arm, the rib cage and the pelvis, with the note: *"parts of a skeleton"*. An elongated feature, probably the burial pit, is shown at the same location in the level below, but the association was apparently not realised at the time. The skeleton was possibly complete.
Date: 4th or 3rd century BC.
Find number: 1933-1538.

w. In the same year, "sherds and *human bones*" were recorded. The find number was placed in the middle of

the byre of the same house where no. 1452 was found.
Date: 4th or 3rd century BC.
Find number: 1933-1560.

x. In 1933, a *worked skull fragment* (Fig. 8), shaped like a bowl, was found deep in a section of one of the small trenches that were dug in the area of the present cemetery. The object was described by BRONGERS (1967, 33).
Date: The find was made in a feature beneath a layer in which potsherds from the beginning of the 1st century AD were found. These date the find to probably the late pre-Roman Iron Age.
Find number: 1933-1687 (Brongers mistakenly refers to no. 1678).

y. During the 1934 season, a further *worked skull fragment* (Fig. 9), shaped like a bowl and with a hole near the rim, was found in another of the small trenches that were dug in the area of the present cemetery. The find was in a pit or ditch dug from a higher level. This object was also described by BRONGERS (1967, 33).
Date: Associated potsherds date the find to the 1st century AD.
Find number: 1934-1780.

z. The upper half of a *skeleton* was sketched on the excavation drawing of one of the small trenches at the foot of the church, which was excavated in 1934. The head was oriented to the south; the lower half was not excavated. A forked branch was drawn to the left of the body. There was a posthole near the head, although the burial was probably not inside a house but rather some metres to the east of a contemporaneous house.
Date: The depth within the terp and the association with a number of houses that are probably contemporaneous suggest the 2nd century BC.
Find number: 1934-no number.

Neues zu Entwicklung und Gehöftstrukturen der kaiser- bis völkerwanderungszeitlichen Siedlung von Flögeln, Ldkr. Cuxhaven

New information on the development and structure of farmsteads in the Roman Iron Age and Migration Period settlement of Flögeln in the District of Cuxhaven

Daniel Dübner

Mit 5 Abbildungen

Inhalt: Der Artikel stellt Ergebnisse neuer Forschungen zur Siedlung des 1. bis 6. Jh. n. Chr. von Flögeln vor. Die kaiserzeitliche Bebauung wurde anhand von Keramikdatierungen und stratigrafischen Beziehungen in 13 Phasen gegliedert. In der völkerwanderungszeitlichen Siedlung konnten verschiedene wiederkehrende Muster der Gehöftgestaltung ausgemacht werden.

Schlüsselwörter: Niedersachsen, Elbe-Weser-Dreieck, Römische Kaiserzeit, Völkerwanderungszeit, Siedlung, Gehöfte, Siedlungsentwicklung, Siedlungsstruktur.

Abstract: This article presents the results of new research on the 1st to 6th century AD settlement at Flögeln. The Roman Iron Age structures are divided into 13 chronological phases based on stratigraphy and the associated datable ceramics. Various recurrent layout patterns were determined for farmsteads of the Migration Period.

Key words: Lower Saxony, Elbe-Weser-Triangle, Roman Iron Age, Migration Period, Settlement, Farmsteads, Settlement development, Settlement structure.

Daniel Dübner M. A., Niedersächsisches Institut für historische Küstenforschung, Viktoriastr. 26/28, 26382 Wilhelmshaven – E-mail: duebner@nihk.de

1 Einleitung

Der bekannte Fundplatz Flögeln-Eekhöltjen liegt im Elbe-Weser-Dreieck im Norden Niedersachsens, am Nordrand einer allseitig von Mooren umgebenen Geestinsel auf einer kleinen, etwas in die Niederung vorgeschobenen Landzunge. Er wurde im Rahmen eines von der Deutschen Forschungsgemeinschaft geförderten Projekts in den Jahren 1971-1985 vom Niedersächsischen Institut für historische Küstenforschung unter Leitung von W. Haio Zimmermann auf insgesamt 11,5 ha archäologisch untersucht (Abb. 1). Ein erster ausführlicher Vorbericht, der auch bereits einige Überlegungen zu Struktur und Entwicklung der Siedlung enthielt, erschien 1976 (SCHMID u. ZIMMERMANN 1976). Zahlreichen weiteren Zwischenberichten folgte die Vorlage der Baubefunde (ZIMMERMANN 1992) sowie der vegetationsgeschichtlichen Untersuchungen (BEHRE u. KUČAN 1994). Die Bearbeitung der restlichen Befunde – Zäune, Gruben und Grubenmeiler – sowie der Bebauungsabfolge und Siedlungsstruktur erfolgt derzeit durch den Verf. im Rahmen eines Promotionsvorhabens an der Universität Halle-Wittenberg. Parallel dazu werden in zwei weiteren Dissertationen die Keramik durch Daniel Nösler (Universität Hamburg; NÖSLER u. STILBORG 2010) und die neolithischen Steinartefakte durch Anselm Drafehn (Universität Köln) ausgewertet.

Flögeln war eine der ersten Siedlungen der Römischen Kaiser- und der Völkerwanderungszeit auf der nordwestdeutschen Geest, die großflächig ausgegraben wurde und dadurch große Bekanntheit in der archäologischen Forschung erlangte. Während in Dänemark und den Niederlanden eine ganze Reihe vergleichbarer Siedlungen untersucht und ausgewertet wurde – zu nennen wären hier bekannte Namen wie Hodde, Vorbasse, Hjemsted Banke und Nørre Snede in Jütland sowie Wijster, Bennekom, Peelo und Oss in den Niederlanden (neuere Übersichten s. ETHELBERG 2003; WATERBOLK 2009) –, behielt Flögeln in Nordwestdeutschland lange Zeit singulären Status. Ergänzend sind lediglich Publikationen kleinerer Grabungen zu

Abb. 1. Flögeln-Eekhöltjen, Ldkr. Cuxhaven. Gesamtplan der Siedlung (Grafik: M. Spohr u. D. Dübner, NIhK).

nennen (JÖNS 1993; 1997; LEHMANN 2002 u. a.), während die größeren Fundplätze Gristede, Ldkr. Ammerland (KAUFMANN 1999), Rullstorf, Ldkr. Lüneburg (GEBERS 1995), Loxstedt, Ldkr. Cuxhaven (ZIMMERMANN 2001), Groß Meckelsen, Ldkr. Rotenburg (Wümme) (TEMPEL 2004) und Wittstedt, Ldkr. Cuxhaven (SCHÖN 2005), noch einer umfassenden Auswertung harren. Loxstedt wird ebenso wie Flögeln derzeit durch D. Nösler und den Verf. bearbeitet, während Gristede und Groß Meckelsen Gegenstand der Dissertationen von Iris Kaufmann bzw. Jan Bock (beide Universität Göttingen) sind.

2 Zur Siedlungsentwicklung während der Römischen Kaiserzeit

Ein Hauptaugenmerk der Arbeit des Verf. liegt auf der Rekonstruktion der Bebauungsabfolge. Grundlage dafür sind zum einen die Datierungen durch Funde, in erster Linie Keramik, die aber naturgemäß nur eine recht grobe Gliederung bieten, zum anderen Befundüberschneidungen und sonstige relativchronologisch relevante Beobachtungen, die mit Hilfe des von Klaus und Mads Kähler Holst an der Universität Aarhus entwickelten Programms „Tempo" ausgewertet wurden (zur Methode s. KÄHLER HOLST 1999).

Die Vielzahl der erfassten Überschneidungen (insgesamt 1184) ließ zunächst hoffen, im kaiserzeitlichen Ostteil der Grabungsfläche, wo sich dank der relativ platzkonstanten Besiedlung die Überlagerungen konzentrieren, allein aus den stratigrafischen Beziehungen die Bebauungsabfolge ermitteln und die Ergebnisse durch die Keramikdatierungen überprüfen zu können. Diese Erwartung hat sich nur in wenigen Teilbereichen erfüllt, was vor allem aus den ungünstigen Beobachtungsbedingungen für Überschneidungen in den von Bänderparabraunerde geprägten Bereichen resultiert (ZIMMERMANN 1992, 38). Wirklich gut ließen sich die Befundüberschneidungen nur im äußersten Osten der Grabungsfläche beurteilen, im sogenannten „Örtjen". Darum gelang es nur durch Kombination aller verfügbaren Informationen, eine Chronologie des Baugeschehens vom 1. bis zum 4. Jahrhundert zu erarbeiten, die in vielen Details zwar modellhaft bleiben muss, in den Grundzügen aber Bestand haben wird (Abb. 2).

Am Beginn der Besiedlung im 1. Jh. n. Chr. steht aller Wahrscheinlichkeit nach eine lose Streuung von Einzelgehöften im Süden und Südosten des Eekhöltjens, wie sie schon Zimmermann diskutierte (SCHMID u. ZIMMERMANN 1976, 48; ZIMMERMANN 1992, 21). Daraus entwickelt sich in der Folge eine relativ dichte Bebauung mit zaunumgrenzten Gehöften, darunter sowohl kleinere mit nur einem Wohn-Stall-Haus als auch größere Mehrbetriebsgehöfte, die zwei bis vier gleichzeitig existierende Langhäuser umfassen. In den Bauphasen 3 bis 8 (2.-3. Jh. n. Chr.) konzentriert sich die Bebauung auf ein Geviert von Höfen, dessen Zentrum eine Freifläche bildet, vielleicht eine Art Dorfplatz. Darüber hinaus ist in der Anordnung der Gehöfte zueinander aber kein festes Schema zu erkennen.

Bis zum 4. Jahrhundert verlagert sich die Besiedlung schrittweise und weitgehend kontinuierlich in Richtung Norden. Trotzdem ist die Bebauung vor allem während der Kaiserzeit relativ platzkonstant: Für einige Hofplätze konnten bis zu sieben Bauphasen ermittelt werden. Nach einem Beginn mit etwa fünf Gehöften erreicht die Siedlung im 2. und 3. Jahrhundert einen Bestand von zehn bis zwölf gleichzeitigen Hauptgebäuden, während danach wieder ein Rückgang auf sieben Hauptgebäude zu verzeichnen ist. Im 3. Jahrhundert, in den Bauphasen 8 bis 10, erscheint zusätzlich zu den Bauernhöfen ein Handwerksbetrieb östlich der Siedlung, vermutlich eine Gerberei (ZIMMERMANN 1992, 128-130). In den letzten beiden Bauphasen 12 und 13 ist die Gesamtgröße der Siedlung nur noch zu schätzen, da die Besiedlung in dieser Zeit über die Grabungsgrenze nach Norden hin ausgreift, wie durch Luftbilder nachgewiesene Grubenhäuser belegen.

Die Gehöfte selbst bestehen aus Wohn-Stall-Häusern als Hauptgebäude, gestelzten Speichern und Grubenhäusern. Gelegentlich kommt ein kleiner, quadratischer Wandgrabenbau hinzu, ansonsten sind ebenerdige Nebengebäude noch die Ausnahme. Im 2. Jahrhundert treten in drei Gehöften hufeisenförmige Anlagen auf, deren Funktion nach wie vor unklar ist (ZIMMERMANN 1992, 221-228). Brunnen befinden sich teils innerhalb der Gehöfte, teils außerhalb der Siedlung in der Niederung im Osten, wo im 2./3. Jahrhundert zusätzlich ein Viehtränkegraben parallel zu einem Bachlauf angelegt wird (ZIMMERMANN 1992, 296-298).

Die Wohn-Stall-Häuser sind in der älteren Kaiserzeit meist noch verhältnismäßig klein, nehmen aber danach in Länge und Breite zu (ZIMMERMANN 1992, 139). Diese Entwicklung erreicht in der frühen Völkerwanderungszeit mit maximalen Längen von mehr als 60 m ihren Höhepunkt. Dazu tragen sowohl längere Stallteile als auch größere, quasi verdoppelte Wohn-Wirtschaftsteile bei (ZIMMERMANN 1992, 101. 122-126: Typ I d). Die Häuser liegen inmitten oder am Rande der Hofplätze, werden jedoch mit zwei Ausnahmen nicht direkt

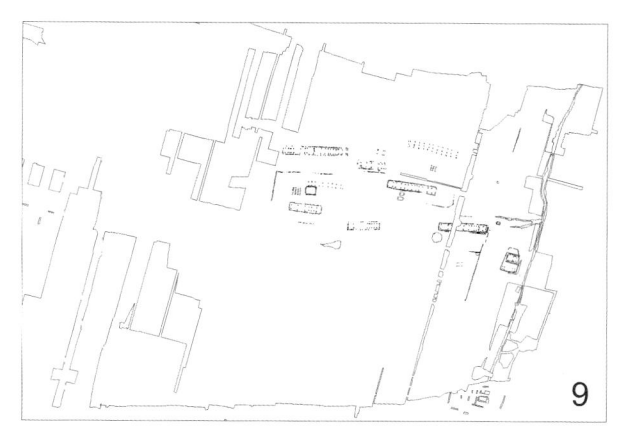

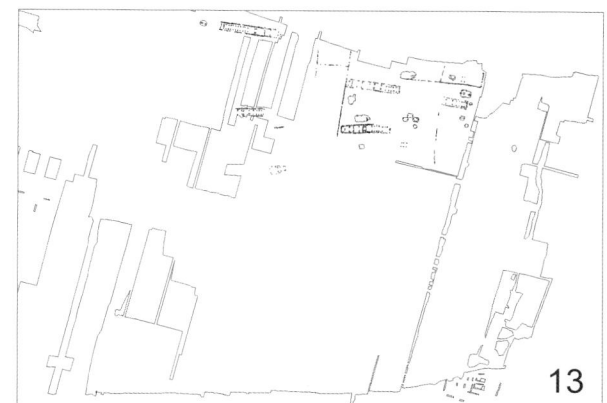

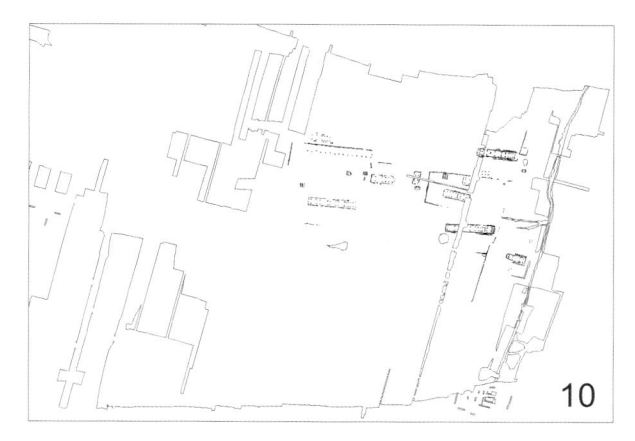

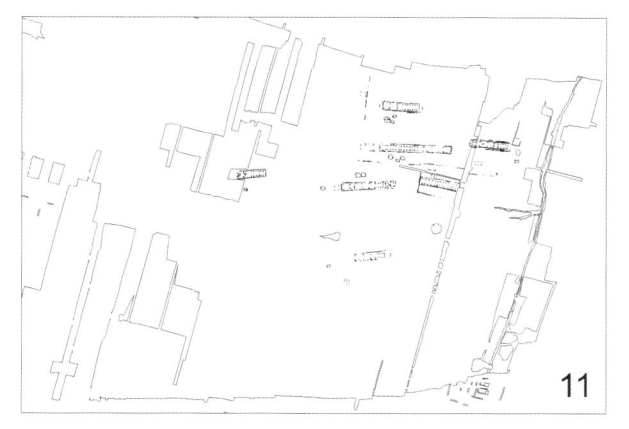

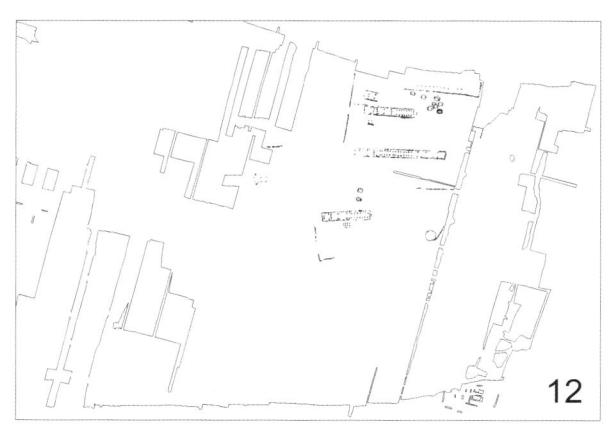

Abb. 2. Flögeln-Eekhöltjen, Ldkr. Cuxhaven. Bauphasen 1-13 der Römischen Kaiserzeit (1.-4. Jh. n. Chr.) (Grafik: D. Dübner, NIhK).

229

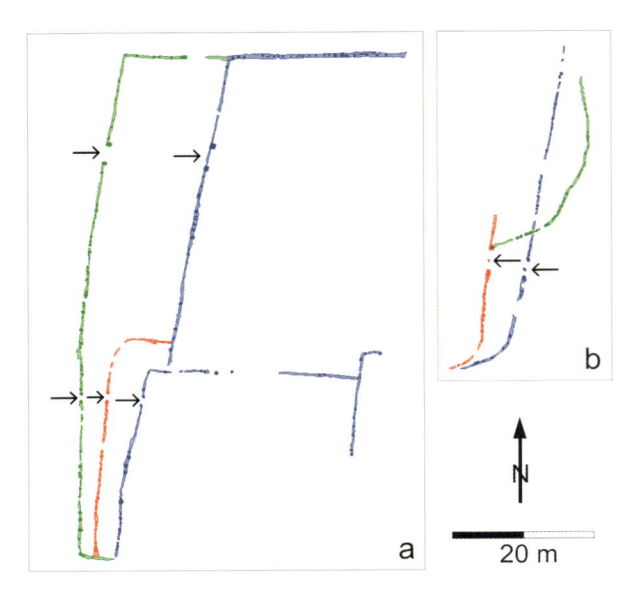

Abb. 3. Flögeln-Eekhöltjen, Ldkr. Cuxhaven.
Verlagerung von Hofzäunen in der Römischen Kaiserzeit
(1.-3. Jh. n. Chr.).
Blau: Phase A – Rot: Phase B – Grün: Phase C
(Grafik: D. Dübner, NIhK).

in die Umzäunung eingebunden. Sogenannte zaunparallele Pfostenroste, langgestreckte gestelzte Speicher entlang der Umzäunung (ZIMMERMANN 1992, 247 ff.), finden sich während der jüngeren Kaiserzeit immer an der Nordseite des Hofs, erst ab dem 4. Jahrhundert erscheinen sie auch an der südlichen Begrenzung. Grubenhäuser werden häufig dicht vor der östlichen Schmal- oder südlichen Längsseite des Hauptgebäudes platziert, finden sich aber auch anderswo auf dem Hofareal, gelegentlich auch außerhalb davon. Dreimal ist in der Nordwestecke eines Gehöfts eine auffällige, am Zaunverlauf orientierte Häufung von Siedlungsgruben festzustellen. Ansonsten folgt die Anordnung der einzelnen Bauelemente keinem erkennbaren Schema.

Obwohl die Höfe ihre Position über mehrere Generationen beibehalten, ändert sich ihre Größe und der Verlauf der Zaunumgrenzungen häufig. Besonders gut ist das bei der Ostgrenze von Hof D und der Westgrenze der Höfe A und B zu verfolgen (Abb. 3 – vgl. SCHMID u. ZIMMERMANN 1976, 53 Abb. 36). In beiden Fällen ist zudem zu beobachten, wie Tore auch bei Verlagerungen der Zäune an ihrer Position bleiben.

3 Gehöftstrukturen der Völkerwanderungszeit

Aufgrund der weiter auseinandergezogenen Bebauung und der dadurch geringeren Zahl stratigrafischer Überlagerungen ist die Besiedlungsdynamik in der Völkerwanderungszeit weniger gut nachzuvollziehen als in den vorangehenden Jahrhunderten. Zudem fehlen Zäune nun weitgehend – ob aufgrund weniger tiefgründiger Bauweise, differierender Beobachtungsbedingungen im Westteil der Grabungsfläche oder weil sie tatsächlich nicht vorhanden waren, ist noch nicht abschließend geklärt. Das gestaltet die Erfassung von Gehöftgrenzen schwierig. Im zentralen Bereich der Grabungsfläche, dessen Bebauung in das 4. und 5. Jh. n. Chr. gehört, ermöglichen einige wenige erhaltene Zaunverläufe dennoch, zwei aneinandergrenzende Höfe herauszustellen (Abb. 4 – vgl. zum Folgenden auch ZIMMERMANN 1986, 59. 74).

Der nördliche Hof hat zu Beginn im Norden ein Langhaus mit verdoppeltem Wohn-Wirtschaftsteil vom Typ I d nach Zimmermann. Weiterhin gehören ein kleineres Haus weiter südlich sowie möglicherweise ein Grubenhaus zu diesem Gehöft. Das ebenerdige kleinere Gebäude kann vielleicht als Neben- oder Handwerkerhaus angesehen werden, allerdings besitzt es ausweislich der Phosphatkartierung einen kleinen Stall (ZIMMERMANN 1986, 74; 1992, 106 Abb. 77). Das Grubenhaus wird in einer zweiten Phase von einem grundrissgleichen Nachfolgebau des nördlichen Langhauses überlagert, der unmittelbar südlich an den Vorgänger anschließt und wohl dessen südliche Wand teilweise wiederverwendet. Die Abfolge der Überlagerung von Langhaus und Grubenhaus ist jedoch nicht völlig gesichert, so dass auch eine umgekehrte Bauabfolge möglich wäre. Das kleinere Haus wird ebenfalls durch einen südlich anschließenden Bau gleicher Größe ersetzt, der nun keinen Stall mehr aufweist. Das Langhaus im Norden besitzt schließlich noch eine dritte, wiederum direkt südlich der zweiten befindliche Bauphase, die allerdings nur durch Phosphatkartierung und die Eingangspfosten nachzuweisen ist und vermutlich in Ständerbauweise ausgeführt wurde (ZIMMERMANN 1992, 146). Schließlich gehörte zu diesem Hofplatz zeitweise ein nord-südlich ausgerichtetes Langhaus, das statt des Zauns als Westbegrenzung fungierte.

Das südliche Gehöft ist im Grundsatz ganz ähnlich aufgebaut wie das nördliche. Im nördlichen Teil einer wohl ungefähr rechteckigen Zaunumfriedung steht ein langes Wohn-Stall-Haus, wiederum vom Typ I d. Möglicherweise ist das direkt südlich davon gelegene kleine Haus als Vorgänger- oder Nachfolgebau anzusprechen, wogegen aber zum einen seine Dimensionen und zum anderen das Fehlen eines Stalls (ZIMMERMANN 1992, 127) sprechen. An der Südseite des Hofs zieht sich zunächst ein zaunparalleler Pfostenrost entlang,

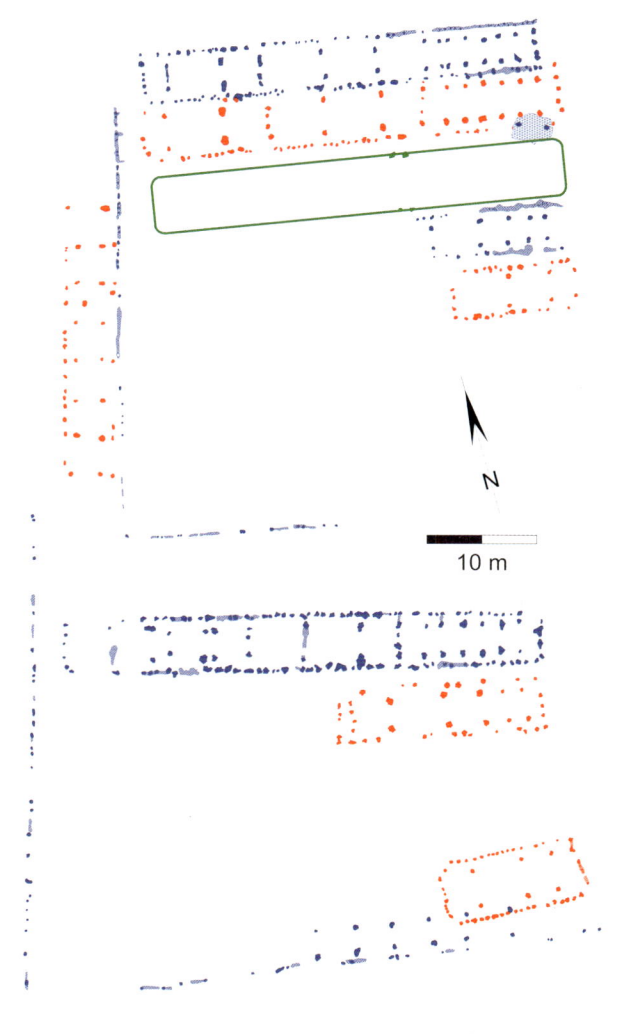

Abb. 4. Flögeln-Eekhöltjen, Ldkr. Cuxhaven.
Gehöfte der Völkerwanderungszeit (4./5. Jh. n. Chr.).
Blau: Phase A – Rot: Phase B – Grün: Ständerbau
(Grafik: D. Dübner, NIhK).

der in einer zweiten Bauphase mit einem kleinen Haus überbaut wird. Zu beiden Gehöften gehören zudem noch weitere Pfostenspeicher und eventuell auch Grubenhäuser (in Abb. 4 nicht dargestellt), deren Bezug zu den oben beschriebenen Bauphasen jedoch weitgehend ungeklärt ist.

Offensichtlich ist hier eine gewisse Regelhaftigkeit der Hofanlage zu erkennen: eine rechteckige bis quadratische Umfriedung, ein Wohn-Stall-Haus im Norden und ein kleineres (Neben-?)Gebäude im Süden. Die große Freifläche dazwischen korrespondiert gut mit der Zone wirtschaftlicher Aktivitäten, die sehr häufig in den Phosphatkartierungen völkerwanderungszeitlicher Gehöfte in Flögeln sichtbar wird (ZIMMERMANN 1992, 136). Allerdings umfasste die Aktivitätszone wohl nur einen Teil der Freifläche, wie die niedrigen Phosphatwerte auf dem nördlichen Hofplatz nahelegen (ZIMMERMANN 1992, 106 Abb. 77).

Vergleichbare Kombinationen eines großen Wohn-Stall-Hauses mit einem kleineren Gebäude – wenn auch teils in umgekehrter Position mit großem Haus im Süden und kleinem im Norden – finden sich auch bei kaiserzeitlichen Höfen aus Groß Meckelsen (TEMPEL 2004, 431 Abb. 4 u. 432 Abb. 6), einem Hofplatz des 4./5. Jahrhunderts aus Ohrensen, Ldkr. Stade (WILDE 2004, 100 Abb. 142) und auf verschiedenen kaiserzeitlichen und völkerwanderungzeitlichen Fundplätzen Jütlands und Schleswig-Holsteins (ETHELBERG 2003, 180 Abb. 51: Osterrönfeld; 226 Abb. 95 u. 234 Abb. 108: Hjemsted Banke; 236 Abb. 114: Mølleparken; 262 Abb. 142: Kosel-West). In Flögeln ist dieses Muster allerdings in der Römischen Kaiserzeit noch nicht zu beobachten. Vielmehr liegen in den älteren Siedlungsphasen die Langhäuser nicht selten nahe der südlichen Begrenzung der Höfe.

Bei den Gehöften des 5. und frühen 6. Jahrhunderts im westlichen Teil der Grabungsfläche erscheint die eben beschriebene Konzeption eines Gehöfts nicht wieder, lediglich die Kombination von West – Ost ausgerichtetem Wohn-Stall-Haus und Nord – Süd orientiertem Nebengebäude ist ein weiteres Mal zu beobachten (Abb. 5f). Insgesamt erscheint die Bebauung nun weniger streng geordnet. Einige wiederkehrende Muster in der Anordnung von Haupt- und Nebengebäuden lassen sich dennoch ausmachen. So findet sich viermal ein Nebengebäude unmittelbar südwestlich eines Hauptgebäudes (Abb. 5a-c), wogegen es nur in zwei Fällen mittig im Norden des zugehörigen Hauptgebäudes platziert worden ist (Abb. 5d-e). Die im 5. und 6. Jahrhundert häufiger als zuvor auftretenden Nebengebäude sind meist ein-, seltener drei- und nur in einem Fall (ZIMMERMANN 1992, 103) zweischiffig. Eine Nutzung als Stall, wie sie für frühmittelalterliche Nebengebäude in Dalem nachgewiesen ist (ZIMMERMANN 1991, 37-39), kann durch Phosphatkartierungen ausgeschlossen werden, obwohl in dieser Zeit gelegentlich auch Hauptgebäude ohne Stall vorkommen (ZIMMERMANN 1992, 126-135) und man daher separate Stallgebäude erwarten könnte.

In der ersten Hälfte oder in der Mitte des 6. Jahrhunderts endet die Besiedlung auf dem Eekhöltjen. Darauf folgt auf der gesamten Geestinsel ein auch pollenanalytisch nachgewiesener Besiedlungsabbruch oder -rückgang (BEHRE u. KUČAN 1994, 157), bevor in der zweiten Hälfte des 7. Jahrhunderts die Siedlungstätigkeit in Dalem westlich des Eekhöltjens sowie im rezenten Dorf Flögeln wieder einsetzt (ZIMMERMANN 1992, 16 Abb. 2).

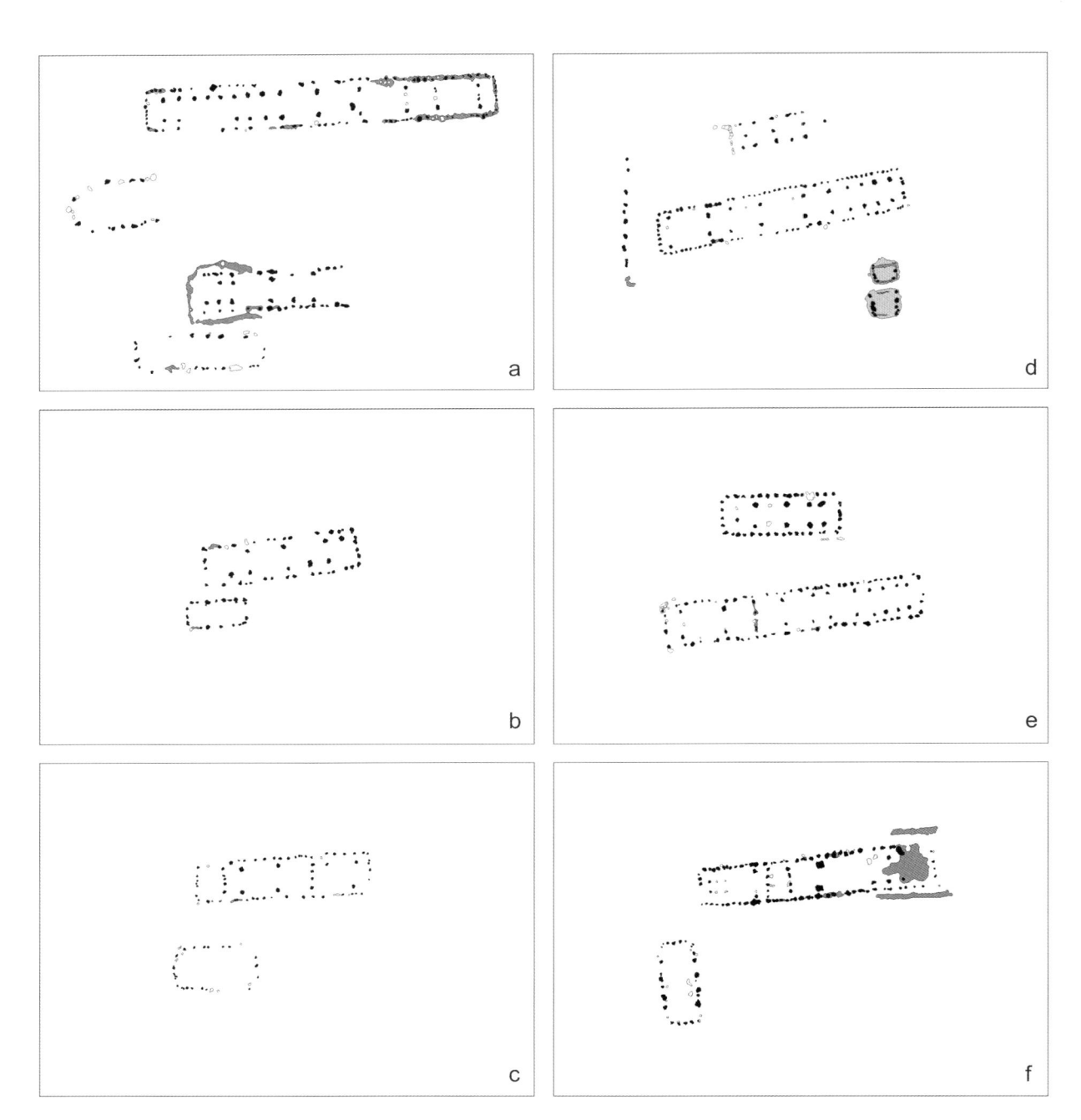

Abb. 5. Flögeln-Eekhöltjen, Ldkr. Cuxhaven.
Gehöfte der Völkerwanderungszeit (4.-6. Jh. n. Chr.) (Grafik: D. Dübner, NIhK).

4 Literatur

Behre, K.-E., u. Kučan, D., 1994: Die Geschichte der Kulturlandschaft und des Ackerbaus in der Siedlungskammer Flögeln, Niedersachsen, seit der Jungsteinzeit. Probleme der Küstenforschung im südlichen Nordseegebiet 21. Oldenburg.

Ethelberg, P., 2003: Gården og landsbyen i jernalder og vikingetid (500 f. Kr. – 1000 e. Kr.). In: P. Ethelberg, N. Hardt, B. Poulsen u. A. B. Sørensen (Hrsg.), Det Sønderjyske landbrugs historie. Jernalder, vikingetid & middelalder. Skrifter udgivet af Historisk Samfund for Sønderjylland 82, 123-373. Haderslev.

Gebers, W., 1995: Fünfzehn Jahre Grabung Rullstorf – eine Bilanz. Berichte zur Denkmalpflege in Niedersachsen 15, 56-60.

Jöns, H., 1993: Ausgrabungen in Osterrönfeld. Ein Fundplatz der Stein-, Bronze- und Eisenzeit im Kreis Rendsburg-Eckernförde. Universitätsforschungen zur Prähistorischen Archäologie 17. Bonn.

JÖNS, H., 1997: Frühe Eisengewinnung in Joldelund, Kr. Nordfriesland 1. Einführung, Naturraum, Prospektionsmethoden und archäologische Untersuchungen. Universitätsforschungen zur Prähistorischen Archäologie 40. Bonn.

KÄHLER HOLST, M., 1999: The dynamic of the Iron-age village. A technique for the relative-chronological analysis of area-excavated Iron-age settlements. Journal of Danish Archaeology 13, 1996/97, 95-119.

KAUFMANN, I., 1999: s. v. Gristede. In: J. Hoops (Begr.), Reallexikon der germanischen Altertumskunde (2. Aufl.) 13, 59-60. Berlin, New York.

LEHMANN, T. D., 2002: Brill, Lkr. Wittmund. Ein Siedlungsplatz der Römischen Kaiserzeit am ostfriesischen Geestrand. Beiträge zur Archäologie in Niedersachsen 2. Rahden/Westf.

NÖSLER, D., u. STILBORG, O., 2010: Shape and ware. Notes on a progressing study of Iron age and early medieval pottery from Flögeln-Eekhöltjen and Loxstedt-Littstücke in the Elbe-Weser-Triangle. In: B. Ramminger u. O. Stilborg (Hrsg.), Naturwissenschaftliche Analysen vor- und frühgeschichtlicher Keramik 1. Universitätsforschungen zur Prähistorischen Archäologie 176, 101-115. Bonn.

SCHMID, P., u. ZIMMERMANN, W. H., 1976: Flögeln – Zur Struktur einer Siedlung des 1. bis 5. Jhs. n. Chr. im Küstengebiet der südlichen Nordsee. Probleme der Küstenforschung im südlichen Nordseegebiet 11, 1-77.

SCHÖN, M. D., 2005: Ausgrabungen bei Wittstedt. Archäologie in Niedersachsen 8, 38-41.

TEMPEL, W.-D., 2004: Eine Dorfsiedlung der römischen Kaiserzeit und Völkerwanderungszeit bei Groß Meckelsen, Ldkr. Rotenburg (Wümme). In: M. Fansa, F. Both u. H. Haßmann (Hrsg.), Archäologie – Land – Niedersachsen. 25 Jahre Denkmalschutzgesetz. 400000 Jahre Geschichte. Archäologische Mitteilungen aus Nordwestdeutschland, Beiheft 42, 429-435. Oldenburg.

WATERBOLK, H. T., 2009: Getimmerd verleden. Sporen van voor- en vroeghistorische houtbouw op de zand- en kleigronden tussen Eems en Ijssel. Groningen Archaeological Studies 10. Groningen.

WILDE, H., 2004: Ohrensen FstNr. 118. In: Fundchronik Niedersachsen 2003, Nr. 182. Nachrichten aus Niedersachsens Urgeschichte, Beiheft 10, 99 u. 100.

ZIMMERMANN, W. H., 1986: Zur funktionalen Gliederung völkerwanderungszeitlicher Langhäuser in Flögeln-Eekhöltjen, Kr. Cuxhaven. Probleme der Küstenforschung im südlichen Nordseegebiet 16, 55-86.

ZIMMERMANN, W. H., 1991: Die früh- bis hochmittelalterliche Wüstung Dalem, Gem. Langen-Neuenwalde, Kr. Cuxhaven. In: H. W. Böhme (Hrsg.), Siedlungen und Landesausbau zur Salierzeit 1. RGZM Monographien 27, 37-46. Sigmaringen.

ZIMMERMANN, W. H., 1992: Die Siedlungen des 1. bis 6. Jahrhunderts nach Christus von Flögeln-Eekhöltjen, Niedersachsen. Die Bauformen und ihre Funktionen. Probleme der Küstenforschung im südlichen Nordseegebiet 19. Hildesheim.

ZIMMERMANN, W. H., 2001: s. v. Loxstedt. In: J. Hoops (Begr.), Reallexikon der germanischen Altertumskunde (2. Aufl.) 18, 629-633. Berlin, New York.

Das Boot im Damm –
ein frühmittelalterlicher Einbaum aus Jemgum, Ldkr. Leer (Ostfriesland)

A boat in the dam –
an early medieval logboat from Jemgum, in the District of Leer (East Frisia)

Bernhard Thiemann und Jan F. Kegler

Mit 12 Abbildungen

Inhalt: 2009 wurde südlich der Ortschaft Jemgum, Ldkr. Leer, in der Flussmarsch an der unteren Ems der Teil eines Einbaums geborgen, bei dem es sich um das erste erhaltene Stammboot aus Ostfriesland handelt. Obwohl hier in den letzten 100 Jahren neun Einbäume bei Meliorationsarbeiten gefunden worden sein sollen, ist keines bis in heutige Zeit erhalten geblieben. Das 4,70 m lange Fragment aus Jemgum gehört zum Typ des geweiteten Einbaums. Das Boot war randlich in einem Damm verbaut, der quer durch einen Priel hindurch verlief. Reste einer Holzkonstruktion in dem Damm dürften von einem Siel stammen, mit dem der Ablauf des Wassers in die Ems geregelt worden ist. Nach den begleitenden Funden datiert die Konstruktion in die jüngere Römische Kaiserzeit.

Schlüsselwörter: Ostfriesland, Reiderland, Jemgum, Römische Kaiserzeit, Priel, Damm, Siel, Einbaum.

Abstract: In 2009, part of a logboat was recovered from the marshes along the lower reaches of the River Ems to the south of Jemgum in the District of Leer. This is the first surviving logboat in East Frisia: nine log boats were reportedly found during land-improvement work over the last 100 years but none has been preserved. The 4.7 m long fragment from Jemgum indicates that it was of the extended logboat type. It had been built sideways into a dam constructed across a tidal creek. The remains of a wooden structure may have been a sluicegate that controlled the flow of water into the Ems. The associated finds date the structure to the late Roman Iron Age.

Key words: East Frisia, Reiderland, Jemgum, Roman Iron Age, Tidal creek, Dam, Sluicegate, Log boat.

Bernhard Thiemann M. A. und Dr. Jan F. Kegler, Archäologischer Dienst und Forschungsinstitut der Ostfriesischen Landschaft, Georgswall 1-5, 26603 Aurich – E-mail: bernhardthiemann@gmx.de – kegler @ostfriesischelandschaft.de

Den Energiefirmen EWE AG in Oldenburg und der Wingas GmbH und Co. KG in Kassel ist für die großzügige Unterstützung der Ausgrabungen bei Jemgum sowie für die Finanzierung der konservatorischen Maßnahmen zur Erhaltung des Einbaums und von ^{14}C-Datierungen zu danken.

1 Einleitung

Trotz der unmittelbaren Nähe zur Nordsee und der von zahlreichen Wasserläufen durchzogenen Landschaft der ostfriesischen Halbinsel treten Boote hier in der archäologischen Überlieferung kaum auf. In den Ortsakten des Archäologischen Dienstes und Forschungsinstitutes der Ostfriesischen Landschaft waren bislang Hinweise auf neun Einbäume zu finden (Abb. 1). Sie wurden fast ausschließlich bei Meliorationsarbeiten, d. h. der Anlage und Pflege von Entwässerungsgräben, beim Torfstechen etc. gefunden. Die wenigen Objekte wurden kaum bis gar nicht beschrieben und bis in heutige Zeit ist kein einziger Einbaum erhalten geblieben.

Die ältesten bekannten Funde stammen aus dem ersten Jahrzehnt des 20. Jahrhunderts. Allein zwischen 1906 und 1908 wurden fünf Einbäume gemeldet. Der 1908 bei Kanalbauarbeiten entdeckte Einbaum von Langholt, Gde. Ostrhauderfehn, Ldkr. Leer, soll zudem als Besonderheit ein Ruder enthalten haben (vgl. Ostfriesische Nachrichten vom 26.11.1958). Das Boot konnte damals nicht geborgen werden, da Wasser in die Baugrube eindrang. Es ist also zu vermuten, dass das Boot noch im Boden erhalten ist, der genaue Fundort ist jedoch unbekannt.

Ein weiterer Einbaum soll im Mai des Jahres 1908 bei Erdarbeiten in Eppingawehr bei Midlum, Gde. Jemgum, Ldkr. Leer, gefunden worden sein. Das in 7 Fuß (etwa 2 m) Tiefe angetroffene, ursprünglich 10 Fuß (etwa 3 m) lange und sehr gut erhaltene Boot war bereits einen Monat später während einer Besichtigung durch den Emder Museumsverein *„gänzlich zertrümmert"* vorgefunden worden (handschriftliche Notiz auf einem Zeitungsausschnitt vom 05.05.1908 in Archiv Landesmuseum Hannover). Ebenfalls aus Eppingawehr stammt ein weiteres, möglicherweise noch zum Teil im Boden erhaltenes Boot. In einem Brief des Kreisausschusses Weener vom 26.11.1930 an K. H. Jacob-Friesen (Archiv Landesmuseum Hannover) wird auf den zwischen 1910 und 1912 beobachteten Fundzustand verwiesen. Danach wurde das Boot nur zur Hälfte geborgen und als Teilrekonstruktion vom damaligen Amtsgerichtsrat Heyen in Weener *„unter Glas"* gezeigt. Die zweite Hälfte soll sich noch *„unter der Giebelwand des Platzgebäudes der Witwe Cramer befinden"*. Interessant ist der Hinweis auf nicht näher bestimmte Knochen, die bei der Auffindung unterhalb des Bootes gelegen haben sollen. An gleicher Stelle wurden im Jahr 1932 durch H. Schroller Ausgrabungen durchgeführt, die Teile einer Flachsiedlung der Römischen Kaiserzeit ergaben (SCHROLLER 1933).

In das Heimatmuseum von Weener ist ein Einbaum gelangt, der im Oktober 1929 bei Hatzum, Gde. Jemgum, Ldkr. Leer, bei Kanalarbeiten entdeckt worden war. Nachdem bei einer Ortsbesichtigung im Dezember 1929 K. H. Jacob-Friesen und A. E. van Giffen bestätigt hatten, dass es sich tatsächlich um einen Einbaum handelte, wurden Teile des Bootes, darunter die Wände, einzelne Dollen und ein hölzerner Bügel (vermutlich ein Spant?) geborgen. Das Boot ist jedoch im Laufe des Zweiten Weltkriegs verschollen.

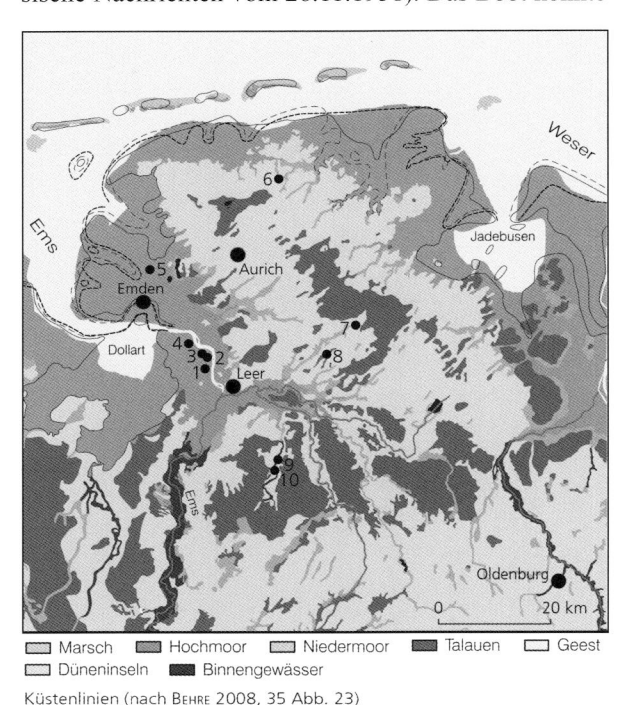

Abb. 1. Fundstellen von Stammbooten in Ostfriesland.
1 Jemgum (OL-Nr. 2710/4:79) – 2 Midlum (OL-Nr. 2710/1:1) – 3 Midlum (OL-Nr. 2710/1:36) – 4 Hatzum (OL-Nr. 2610/7:3) – 5 Canhusen (OL-Nr. 2509/4:9) – 6 Moorweg (OL-Nr. 2411/2:25) – 7 Spols (OL-Nr. 2612/9:3) – 8 Nordgeorgsfehn (OL-Nr. 2712/1:3) – 9 Langholt (OL-Nr.: 2811/8:0) – 10 Burlage (OL-Nr. 2911/2:4) (Grafik: G. Kronsweide u. H. Reimann, Ostfriesische Landschaft).

Alle bisher bekannt gewordenen Einbäume in Ostfriesland wurden – mit Ausnahme des Bootes von Hatzum – durch Laien beschrieben. Nur wenige Informationen lassen sich aus diesen Beschreibungen zu den Fundumständen, dem Alter der Boote, zu Begleitfunden oder zum verwendeten Material entnehmen. Da keines dieser Boote heute noch existiert, ist das 2009 bei Jemgum im Zuge einer Prospektionsmaßnahme geborgene und hier vorgestellte Stammboot der nachweislich einzige bis in heutige Zeit erhaltene Einbaum aus Ostfriesland.

2 Die Fundstelle

Auf dem westlichen Emsufer zwischen den Ortschaften Soltborg und Jemgum werden seit 2007 Energiespeicheranlagen in den anstehenden Salzstock gebaut (Abb. 2). Die dafür notwendigen technischen Anlagen nehmen obertägig große Flächen ein, die im Umfeld der Fundstellen Jemgumkloster und Bentumersiel liegen. Aus diesem Grund wurden die benötigten Flächen in den Jahren 2007 und 2009 durch die Ostfriesische Landschaft im Zuge großflächiger Rettungsgrabungen untersucht (PRISON 2010; 2011a; 2011b; zu Bentumersiel BRANDT 1972; 1977; STRAHL 2011).

Die in Zukunft mit einer Speicheranlage bebaute Fläche, in der der Einbaum 2009 entdeckt worden ist, befindet sich zwischen der Landesstraße 15 und dem östlich gelegenen Emsdeich, etwa 250 m südlich des Ortsrands von Jemgum. Bis zum Beginn der Grabungsarbeiten wurde die Fläche als Weideland genutzt. Die erste Einschätzung des Geländes ließ hier Uferbereiche der Ems vor dem Beginn des Deichbaus im Mittelalter erwarten. Der Verlauf des Emsufers an dieser Stelle ist in Zusammenhang mit den etwas weiter südlich gelegenen Fundstellen Jemgumkloster und Bentumersiel von besonderem Interesse. Heute verlandete Priele waren seit der Besiedlung in der Vorrömischen Eisen- und der Römischen Kaiserzeit in die weiträumige Landschaftsnutzung eingebunden. Die zum Teil befestigten Prielufer zeugen von der Sicherung und Instandhaltung der Wasserwege zwischen den Siedlungen an der unteren Ems (vgl. PRISON 2011b).

Die Fundstelle des Einbaums liegt auf dem durch Hochwasser der Ems aufgeworfenen westlichen Uferwall des Flusses. Der natürliche Untergrund besteht hier aus schluffigem Ton, dem sog. Klei, der durch max. 2 cm starke Sandbänder horizontal gegliedert ist. Unter dem Klei steht Torf an, der allerdings im Untersuchungsbereich nicht erfasst wurde. Bei der Fundstelle Jemgumkloster konnte die Oberkante eines Torfs in einer Tiefe von etwa 2,0-2,5 m unter NN dokumentiert werden (mündliche Mitteilung H. Prison). Der gesamte Emsuferwall ist heute durch Ost – West verlaufende und in die Ems mündende Entwässerungsgräben durchzogen.

Die Topographie der Fundstelle weist zwei Besonderheiten auf (Abb. 3). Zum einen verläuft der von Westen kommende Entwässerungsgraben nicht wie die übrigen geradlinig nach Osten, sondern hat zunächst einen kleinen Versatz nach Norden und knickt dann rechtwinklig nach Norden um. In einem System von weitgehend geradlinigen Entwässerungsgräben stellt dies eine Auffälligkeit dar. Zum anderen ist in der nahezu ebenen Marsch bemerkenswert, dass ein kleiner Bereich der

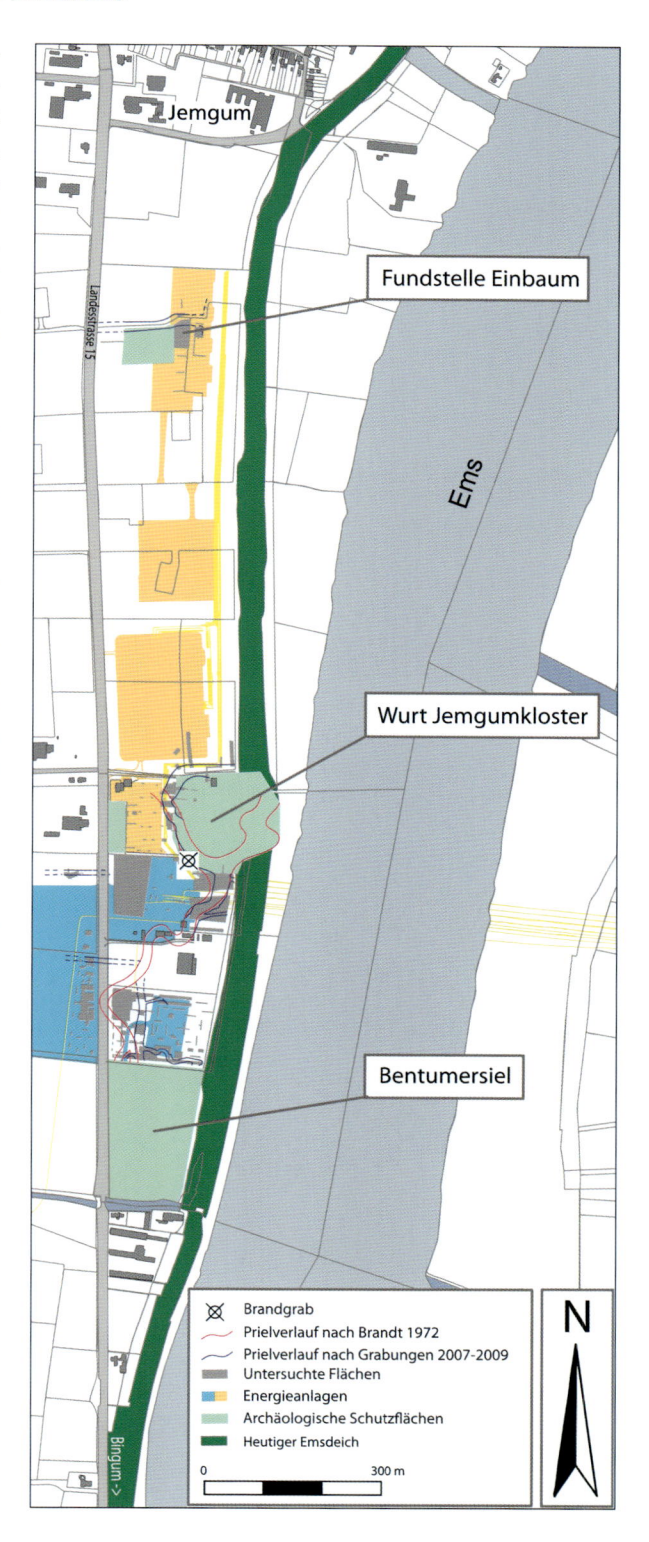

Abb. 2. Lage der archäologischen Fundstellen bei Jemgum (Grafik: B. Nix, H. Reimann u. J. F. Kegler, Ostfriesische Landschaft).

Fundstelle im Zusammenfluss des West – Ost und eines Süd – Nord gerichteten Entwässerungsgrabens etwas höher ist als die Umgebung, die hier weitgehend ein Niveau von 0,0 m NN bis maximal 0,25 m über NN aufweist. Die „Hügelkuppe" hat eine durchschnittliche Höhe von 0,50 m über NN und steigt nach Osten auf maximal 0,70 m über NN an. Sie erhebt sich somit um gut 0,50 m über das Umland.

Die heutige durchschnittliche Höhe der Flächen entlang der Ems von 0,0 m NN ist auf das sog. „Abziegeln" zurückzuführen. Seit dem 16. Jahrhundert und verstärkt seit der Mitte des 18. Jahrhunderts entstanden am westlichen Ufer der Ems zahlreiche Ziegeleien, die den stark tonhaltigen Klei der Flussmarsch für ihre Produktion nutzten (WESSELS 2004). Der Boden wurde hier in der Regel 0,50-0,80 m tief abgegraben und mit ihm meistens auch die ehemalige mittelalterliche Oberfläche.

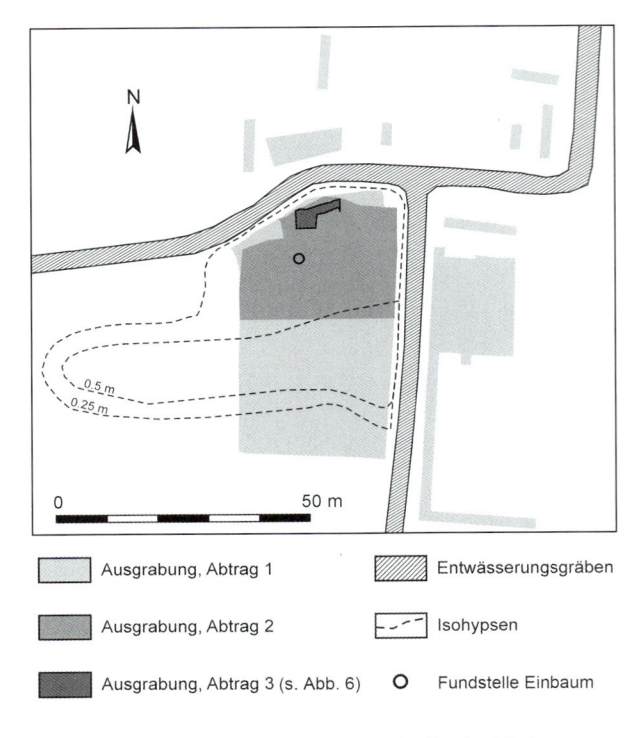

Abb. 3. Jemgum, Ldkr. Leer. Fundstelle des Einbaums (Grafik: B. Thiemann, Ostfriesische Landschaft).

Die flache Erhebung der Fundstelle des Einbaums wurde beim Abziegeln offensichtlich ausgespart, da ihre Höhe über dem umgebenden Bereich mit etwa 0,70 m der typischen Abbautiefe entspricht. Der Grund dafür war, dass unmittelbar unter der Grasnarbe mittel-

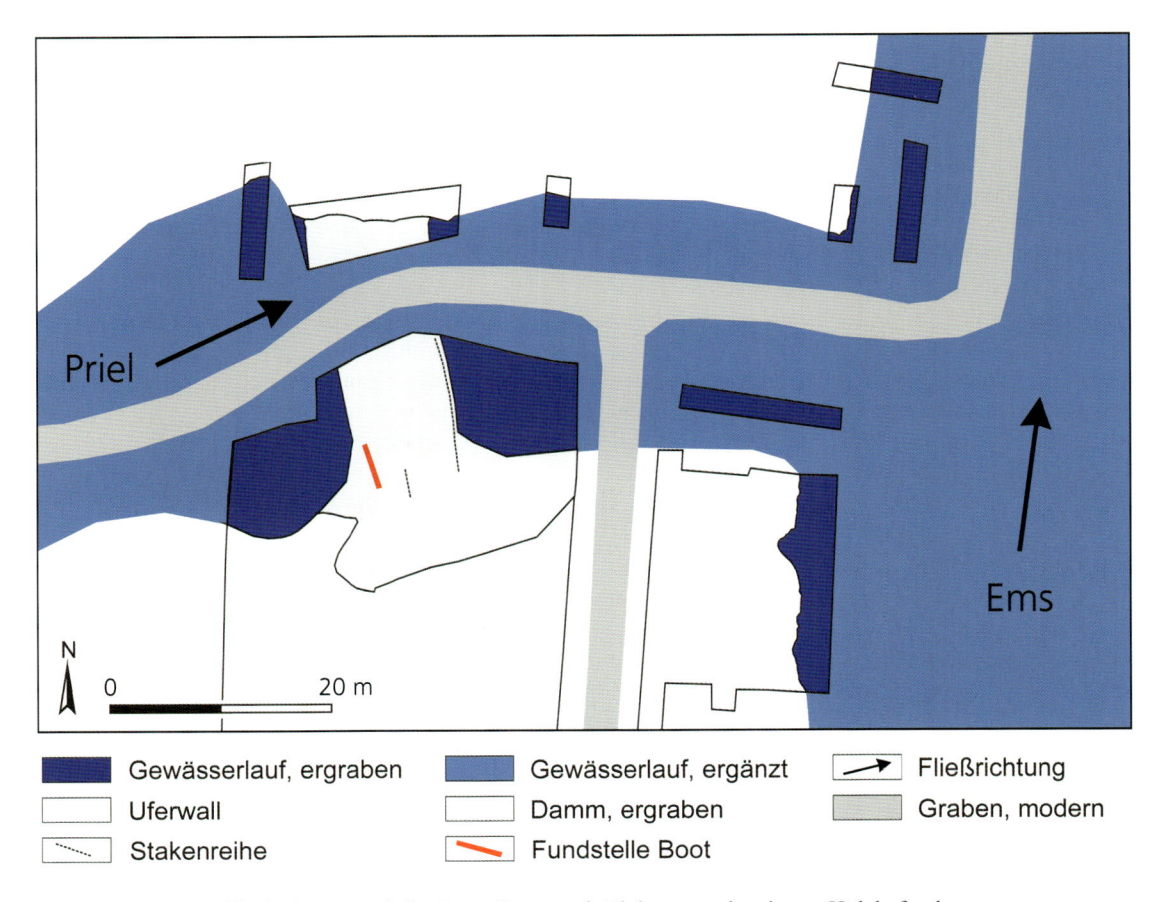

Abb. 4. Jemgum, Ldkr. Leer. Damm mit Einbaum und weiteren Holzbefunden (Grafik: B. Thiemann, Ostfriesische Landschaft).

alterliche Befunde mit einem hohen keramischen Fundniederschlag auftraten. Die starke „Kontamination" des Kleibodens mit Scherben machte ihn für die Ziegelproduktion offenbar unbrauchbar.

Mehrere Gruben, Gräben sowie Brunnenschächte der mittelalterlichen Besiedlung erbrachten ein reichhaltiges Keramikinventar. Mahlsteinfragmente, Webgewichte und zwei eiserne Messerklingen erweitern das Fundspektrum. Klare Hausbefunde konnten nicht freigelegt werden. Offensichtlich handelte es sich hier um einen Einzelhof auf dem Emsuferwall, der zum Teil durch die Ausgrabung erfasst worden ist. Die Entstehung des Gehöftes geht nach Ausweis der Keramik in das 10. Jahrhundert zurück, jüngste Funde der Anlage gehören in die Zeit um 1200 (THIEMANN 2011, 104).

Der Uferwall wurde im Untersuchungsbereich in der Vergangenheit von einem Priel durchbrochen (Abb. 4). Der von Westen kommende Entwässerungsgraben gibt bis auf den heutigen Tag den Lauf des Priels wieder, lediglich im Westen zeigte sich eine weitere Verästelung. Im Osten mündete der Priel in die Ems, deren von unregelmäßigen Sandeinlagerungen charakterisiertem Sedimentschichten hier ebenfalls erfasst werden konnten. Das genaue Alter dieser Flusssedimente war nicht zu ermitteln, sie datieren jedoch in die Zeit vor der mittelalterlichen Besiedlung, da einige Befunde des 10.-12. Jahrhunderts in sie eingetieft waren.

3 Der Damm

In dem großen Schnitt südlich des West – Ost gerichteten Entwässerungsgrabens wurden unter der mittelalterlichen Siedlungsschicht noch ältere Befunde angetroffen. In einer Tiefe von 0,50 m unter NN, also deutlich unterhalb der mittelalterlichen Oberfläche, konnte eine Stakenreihe dokumentiert werden (Abb. 4 u. 5). Sie verlief vom südlichen Ufer des Priels kommend etwa rechtwinklig in Nordnordwest- zu Südsüdost-Richtung in dessen Lauf hinein. Die nicht ganz 40 Staken mit einem Durchmesser von 8-10 cm bildeten eine 13,50 m lange Reihe. Parallel zu ihr verlief etwa 5 m westlich eine zweite, allerdings deutlich kürzere Stakenreihe. Auch deren Hölzer hatten einen Durchmesser von 8-10 cm. Westlich und nordwestlich dieser zweiten Reihe befanden sich weitere im Erdreich steckende Hölzer von geringerer Länge und Durchmesser. Diese Staketen ließen keine regelmäßige Verteilung erkennen.

Zwischen den beiden Stakenreihen befand sich eine helle, durch Sandeinschlüsse geprägte Kleischicht. Sie stellte die oberste Anfüllung eines Damms dar, der den von Westen kommenden Priellauf abriegelte. Die obersten 10-15 cm dieses Damms sind offenbar erodiert, die Oberfläche dürfte ursprünglich auf einer Höhe von etwa 0,35-0,40 m unter NN gelegen haben. Die westliche Dammseite ist deutlich flacher ausgeprägt als die östliche Seite.

Die östliche Stakenreihe zeigte im Profil, dass die Hölzer in mehreren Bauphasen nacheinander in den Untergrund getrieben worden sind. Die zuletzt eingebrachten Staken reichten nur rund 0,60 m in den Boden und können erst nach Auftrag der obersten Kleischicht des Damms eingeschlagen worden sein. Bei der westlichen Stakenreihe ließ sich eine Mehrphasigkeit in dieser Deutlichkeit nicht beobachten. Die dicht gesetzten Staken wiesen hier allerdings Längen zwischen 1,60 m und 1,80 m auf. Die drei nördlichsten Staken der Reihe lagen mit ihrem oberen Ende in der Fläche versetzt. Ihre spitz zugeschlagenen unteren Enden befanden sich aber noch in der Flucht mit den südlich stehenden Staken, was als Hinweis zu werten ist, dass diese Staken zur Dammaußenseite hin verdrückt wurden.

Um den Aufbau des Damms zu klären, wurde am nördlichen Rand des Schnitts ein weiterer Flächenabtrag vorgenommen. In einer Tiefe von 1,60 m unter NN konnten dort zwei liegende Holzstämme dokumentiert werden (Abb. 6; zur Lage des Schnitts s. Abb. 3). Sie waren nicht parallel, sondern schräg zueinander ausgerichtet, wobei sich ihr Abstand nach Norden hin von 7 m auf 5,50 m verringerte. Der östliche Stamm (Abb. 7) wurde durch eine Reihe senkrecht in den Boden getriebener Hölzer fixiert. Beide Stämme konnten nicht vollständig freigelegt werden, da der Bereich nördlich der Ausgrabungsfläche wegen der Nähe zum Entwässerungsgraben nicht zu erschließen war.

Abb. 5. Jemgum, Ldkr. Leer.
Freigelegte Holzstaken der östlichen Dammseite
(Foto: B. Thiemann, Ostfriesische Landschaft).

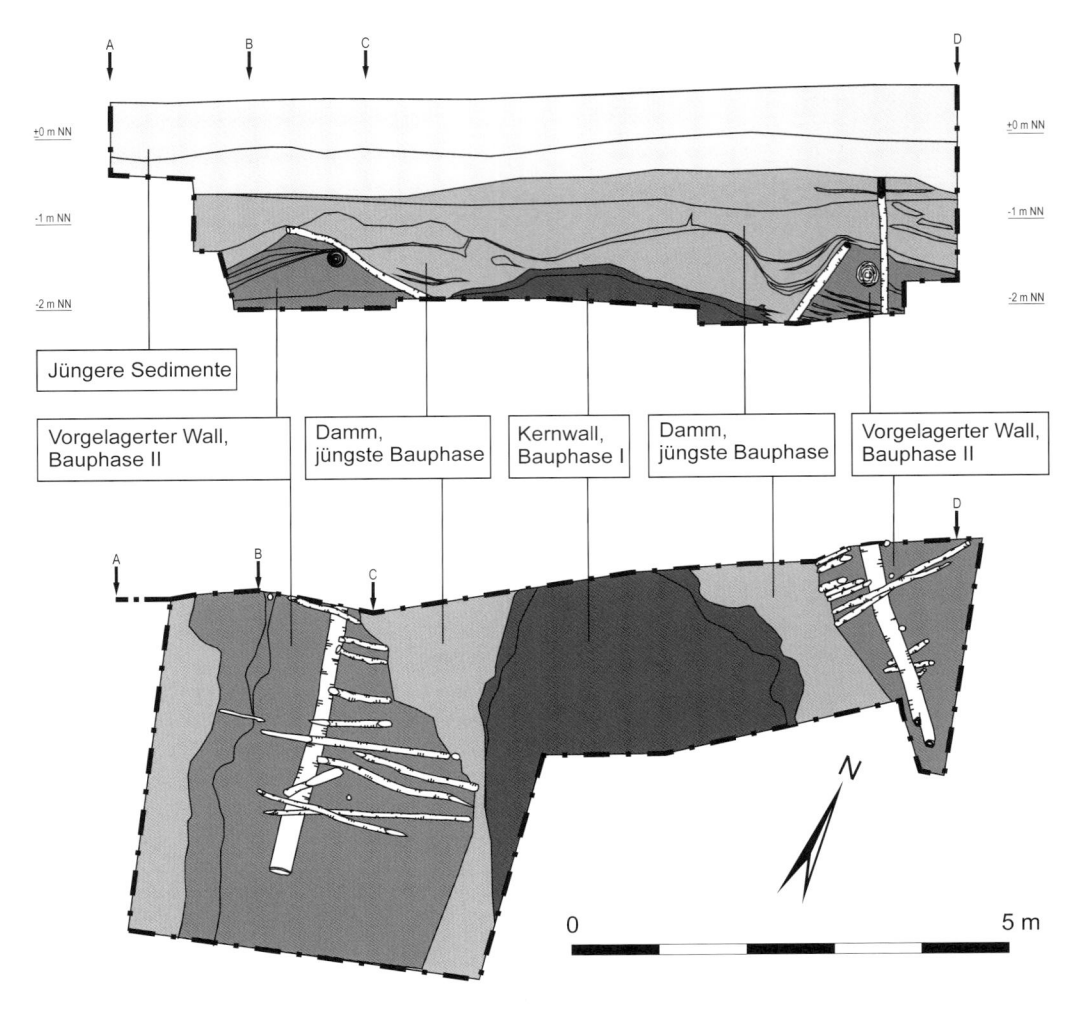

Abb. 6. Jemgum, Ldkr. Leer. Untersuchter Teil des mittleren Dammbereichs: Profil (oben) und Planum (unten) (zur Lage des Schnitts s. Abb. 3) (Grafik: B. Thiemann, Ostfriesische Landschaft).

Anhand der Befunde lässt sich der Aufbau des Damms in vier Phasen nachvollziehen: Zuerst errichtete man quer durch den Priel einen etwa 4 m breiten, flachen Wall aus Klei, der mit einer Mistlage abgedeckt wurde. Diesem Kernwall wurden in einem zweiten Bauabschnitt an den Längsseiten zwei etwa gleichhohe Wälle vorgelagert, in deren mittlerem Abschnitt die Stämme aufgelegt und mit senkrechten Hölzern fixiert wurden. Im Bereich zwischen den Vorwällen und dem Kernwall wurden Staken eingetrieben. Als man in einem dritten Bauabschnitt erneut eine Kleischicht auftrug, wurden diese senkrechten Hölzer niedergedrückt, so dass sie bei ihrer Freilegung über den Stämmen lagen. Die neue Kleischicht überdeckte den Kernwall und die beiden Vorwälle gleichermaßen. Auch diesmal wurde der Klei wieder mit einer Mistschicht abgedeckt. Mit dieser Maßnahme ging die Einbringung der oben beschriebenen Stakenreihen zur Stabilisierung der Dammseiten einher. Erst in der vierten Bauphase wurde lediglich ein Klei-Sand-Gemisch ohne eine Mistbedeckung aufgebracht. Bei dieser letzten Aktion wurden auch die jüngsten Staken in den Randbereich des Damms getrieben und schließlich wurde noch ein größeres, mit Staketen am Boden fixiertes Holzstück randlich am Damm verbaut, bei dem es sich um den Rest eines Einbaums handelt.

Abb. 7. Jemgum, Ldkr. Leer. Östliche Seite des Damms mit vor ihr liegendem Stamm (Foto: B. Thiemann, Ostfriesische Landschaft).

Der Sinn der Konstruktion mit den beiden Holzstämmen lässt sich nicht mit letzter Sicherheit klären. Gleichzeitig stellt sich die Frage, wozu dieser Damm errichtet worden ist. Letztlich muss mit ihm der Ablauf des Wassers aus dem Priel geregelt worden sein. Es liegt nahe zu vermuten, dass die massiven Holzstämme Teile eines Wasserdurchlasses waren oder zu dessen Arretierung dienten. Auch wenn der eigentliche Beleg dafür im Prielbett fehlt oder jedenfalls im heutigen Entwässerungsgraben nicht nach ihm gesucht werden kann, dürfte davon ausgegangen werden, dass es sich bei dem Befund um eine Sielanlage, möglicherweise analog zu einem Befund bei Jemgumkloster (PRISON 2009; 2011b, 124 ff.), handelt.

Bisher ist die Anlage nur durch Keramikfunde aus dem Inneren des Damms in das 2./3. Jh. n. Chr. datiert.

Es handelt sich um relativ wenig Material, das wahrscheinlich zu nicht mehr als drei oder vier Gefäßeinheiten gehört. Darunter ist ein feinchronologisch kaum genau anzusprechender flacher Standboden, der allenfalls eine grobe zeitliche Einordnung in die Vorrömische Eisenzeit / Römische Kaiserzeit zulässt. Besser lässt sich das Fragment einer einheimischen Trichterschale einordnen. Im Nordseeküstenbereich zählen diese zu den keramischen Leittypen, die anhand ihrer Randform in das 2./3. Jh. n. Chr. datieren (SCHMID 2006, 38-40). Das dritte bestimmbare Fragment ist die Bodenscherbe einer rauwandigen Drehscheibenware. Das Stück ist als römischer Import anzusprechen und stammt vermutlich aus dem Raum Mayen.

Spuren einer Siedlung fanden sich bislang nicht in der Nähe der Anlage.

4 Der Einbaum

Im westlichen Randbereich des Damms war ein Holzobjekt verbaut worden, das besondere Beachtung verdient. Bei Anlage eines Planums wurden zwei 4,70 m lange parallele Holzkanten freigelegt. Im Gegensatz zu den sonstigen im Bereich des Damms erhaltenen Weichhölzern handelte es sich hier um Eichenholz. Nachdem das Erdreich zwischen den beiden Holzkanten entfernt worden war, zeigte sich ein großes zugerichtetes Holzstück, das den Damm zusätzlich versteift hatte. Um es im Erdboden zu arretieren, war ein nahezu quadratisches Loch in den Boden des Holzkörpers geschlagen worden, durch das man anschließend eine Stakete getrieben hatte. Auch die regellose Verteilung der kleinen Staketen in diesem Bereich fand nun eine Erklärung: Sie steckten konzentriert im Bereich der beiden Enden des Holzobjekts. Am nördlichen Ende lag dem Boot ein rechteckiges Holzfragment auf, das nach Machart und Material als dem Boot zugehörig interpretiert werden kann.

Bei der Dokumentation des Befunds stellte sich bald heraus, dass es sich um den Rest eines Einbaums handelt (Abb. 8). Da eine Freilegung vor Ort aus zeitlichen Gründen nicht möglich war, wurde das Objekt in einem Block von ca. 5 m Länge, 0,90 m Breite und 1 m Höhe geborgen und zur weiteren Untersuchung unter Laborbedingungen sowie zur anschließenden Konservierung ins Archäologische Landesmuseum Schloss Gottorf in Schleswig gebracht.

Bei der Freilegung im Frühjahr 2011 konnte das Bootsfragment erstmalig intensiver in Augenschein genommen und umfassend dokumentiert werden (Abb. 9a). Es misst 4,70 m in der Länge und 0,60 m in der Breite. Nur die linke Bordwand des Einbaums ist noch bis zur Oberkante im Original erhalten, während die rechte Seite bereits stärker vergangen ist. Entlang der Mittelachse haben sich durch die Sedimentauflast einige Risse gebildet.

Erst die Betrachtung der Unterseite des Boots ergab Hinweise auf dessen ursprüngliche Form und Gestalt. Anhand der Querschnitte wird deutlich, dass eine kielartige Verdickung vom Bug bis zum Heck verläuft. Diese verläuft aber nicht mittig, sondern leicht schräg durch den erhaltenen Bootsteil. Die Form des Rumpfes ist nach den Querschnitten mittschiffs breit U-förmig und zum Bug hin immer stärker V-förmig ausgearbeitet. Der erhaltene Teil macht wahrscheinlich etwa die vordere Hälfte des ursprünglichen Einbaums aus, dem aber der Bug fehlt. Eindeutige Hiebspuren weisen darauf hin, dass er abgeschlagen worden ist. Das Boot muss offenbar mittschiffs quer durchtrennt worden sein.

Ausgehend von der erhaltenen linken Bordwand und der kielartigen Verdickung als Längsachse des Boots,

Abb. 8. Jemgum, Ldkr. Leer. Einbaum in Befundlage (Foto: B. Thiemann, Ostfriesische Landschaft).

Abb. 9. Jemgum, Ldkr. Leer. Einbaum.
a Aufmaß des freigelegten Bootskörpers – Pfeile: Verdickte Kiellinie – Schraffur auf linker Bordwand: Einkerbungen –
b Rekonstruierte Form des Einbaums in der Aufsicht – Grau: Erhaltener Bereich
(Grafik: B. Thiemann, Ostfriesische Landschaft).

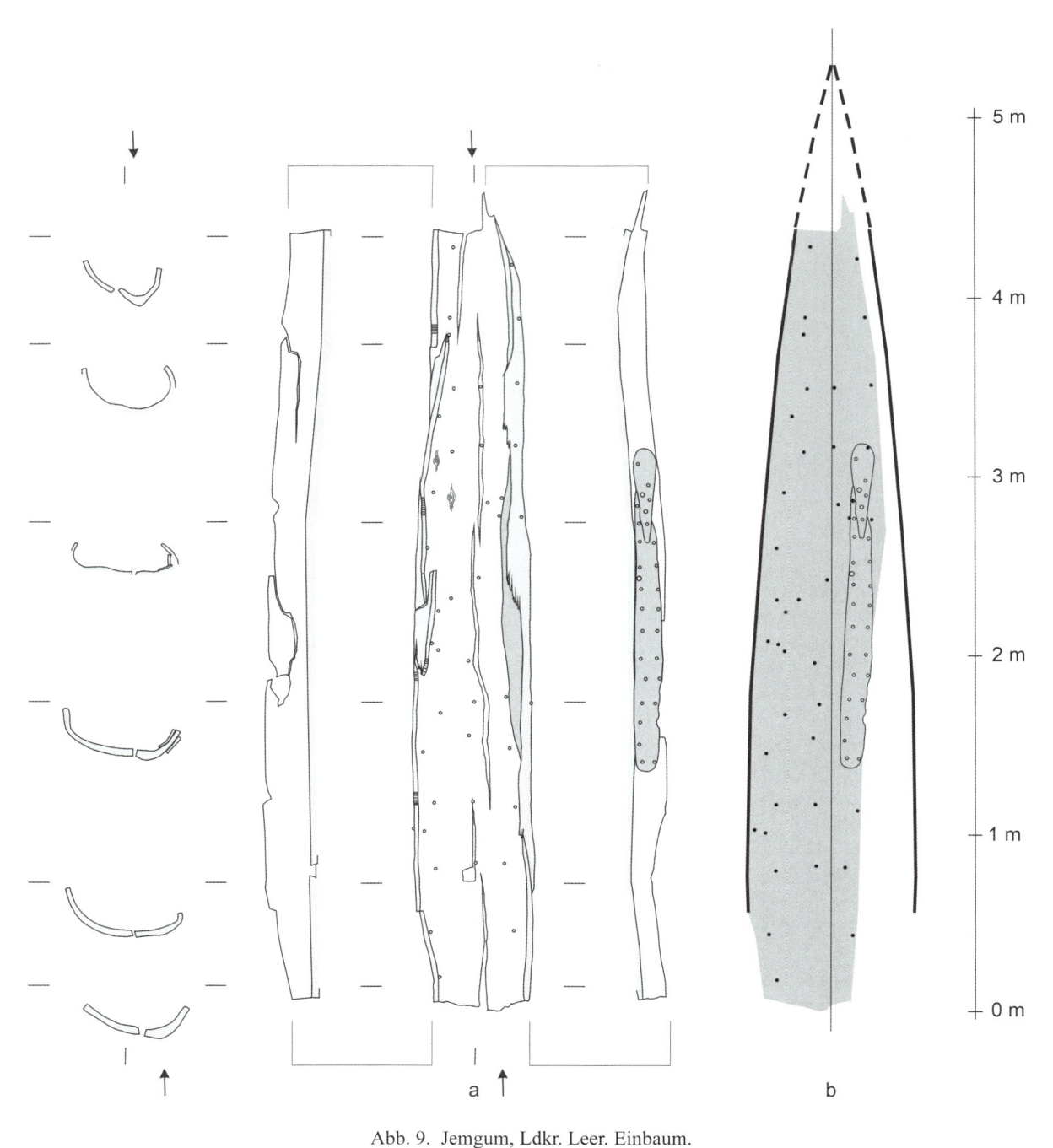

Abb. 10. Jemgum, Ldkr. Leer.
Erhaltene Oberkante des rechten Bords des Einbaums
mit halbrunder Eintiefung
(Foto: J. F. Kegler, Ostfriesische Landschaft).

ergibt sich eine spitzovale Form des Einbaums in der Aufsicht (Abb. 9b). Seine Gesamtlänge dürfte bei ca. 8-10 m gelegen haben. Die größte Breite lässt sich mit annähernd 0,90 m rekonstruieren.

Die linke Bordwandkante weist vier halbrunde, bis 0,10 m breite und bis 0,04 m tiefe Einkerbungen auf, die sich im Abstand von 0,90 m bzw. 0,80 m voneinander befinden (Abb. 9 u. 10). Der Bootskörper weist 39 mit Holzstiften verschlossene Bohrungen auf.

Schon bei seiner Bergung war eine Besonderheit des Boots aufgefallen: Es weist eine Reparatur der rechten Bordwand auf. Hier ist ein längs verlaufender Riss mit insgesamt drei Holzbrettern abgedichtet worden (Abb. 11). Zwei Bretter befinden sich auf der Innenseite des Boots und das dritte ihnen gegenüber auf der Außenseite. Von den beiden Brettern innen ist das größere 0,20 m breit und 1,80 m lang. Es ist mit 22 Holzstiften in zwei parallelen Reihen am Bootskörper befestigt. Es weist eine weitere Bohrung auf, die mit 2,5 cm merklich größer war als die durchschnittlich 1,5 cm großen Bohrungen für die Holzzapfen. Das große Brett wird durch ein deutlich kleineres überlappt, das mit nur vier Zapfen am Bootskörper befestigt ist. Es hat zwei zusätzliche Bohrungen von 2,5 cm Durchmesser.

Das gegenüberliegende Brett auf der Außenseite ist nur noch 0,56 m lang. Augenscheinlich ist ein erheblicher Teil durch ein Nagetier zerstört worden, und ein Stück ist wohl auch vor dem Abwracken abgebrochen. Anhand von noch vorhandenen Bohrungen in der Bordwand, in denen zum Teil auch noch Holzstifte steckten, kann von einer ungefähren Länge von 1,10 m ausgegangen werden.

Die elegante schnittige Form des Boots ist typisch für sog. geweitete Einbäume. Zur Herstellung eines solchen Boots wird zunächst die Oberseite eines entrindeten Stamms plan abgeschlagen. Auf diese ebene Fläche gedreht kann in einem zweiten Arbeitsschritt die geschwungene äußere Form des Boots herausgearbeitet werden.

Die Herstellung einer einheitlich dicken Wandungsstärke ist bei geweiteten Einbäumen deutlich schwieriger als bei einfachen Stammbooten mit einem meist kastenförmigen Querschnitt. Um die Stärke der Bootswandung zu kontrollieren, bohrt man in gleichmäßigen Abständen Löcher von außen in den Bootsrohling. In diese Bohrungen werden Holzstifte eingeschlagen, deren Länge der jeweils erforderlichen Dicke der Bordwand entspricht. Wird das Innere des Rohlings ausgehöhlt, ist an diesen in den Bohrungen steckenden Kalibrationsstiften zu erkennen, wann die vorgesehene Wandungsstärke erreicht ist. Die 39 Bohrungen an dem

Abb. 11. Jemgum, Ldkr. Leer.
Einbaum mit Reparaturstelle im Grabungsbefund
(Foto: B. Thiemann, Ostfriesische Landschaft).

Jemgumer Bootsfragment zeugen davon, dass hier diese Technik angewandt worden ist.

Nach dem Aushöhlen des Stamms werden die Bordkanten langsam auseinander gespreizt, was bei einer möglichst dünnen Bordwand leichter ist als bei einer dicken. Analog zu aus der Ethnologie bekannten Herstellungstechniken (HIRTE 1987, 508 f.; ARNOLD 1995, 150-153) bzw. experimentalarchäologischen Versuchen (JENSEN 2009, 401) kann davon ausgegangen werden, dass der Bootskörper für die Spreizung durch Erhitzen dehnbar gemacht worden ist.

Bei der Freilegung des Boots wurden von dem Bootsrumpf, von den Reparaturstellen sowie den umgebenden hölzernen Staketen Proben zur Altersbestimmung genommen. Im Groninger *Centrum voor Isotopenoderzoek* konnten fünf AMS-^{14}C-Datierungen durchgeführt werden. Drei Proben aus dem Boot selbst datieren den Einbaum und dessen Reparatur einheitlich um ca. 620 cal. AD, also in die erste Hälfte des 7. Jh. n. Chr. (GrA-52481, 52482, 52782) (Abb. 12).

Bei der Dokumentation des Befunds wurde am nördlichen Ende des Boots ein Eichenholzbrett von ca. 28 cm Breite und 85 cm Länge geborgen. Auch dieses Holzobjekt datiert mit 600 ± 30 cal. AD (GrA-52483: 1455 ± 45 BP) in die gleiche Zeit. Die zentral durch das erwähnte viereckige Loch getriebene Stakete datiert mit 690 ± 40 cal. AD (GrA-52781: 1330 ± 30 BP) ca. 60-70 Jahre jünger als das Boot.

Die drei AMS-^{14}C-Datierungen des Boots sowie die des auf dem Boot liegenden Bretts sind statistisch gesehen identisch. Sie legen nahe, dass es bereits bei der Aufspreizung des Bootskörpers zu einem Riss gekommen ist, der anschließend auf 1,10 m Länge durch die Holzbretter wieder verschlossen worden ist. Die Reparatur

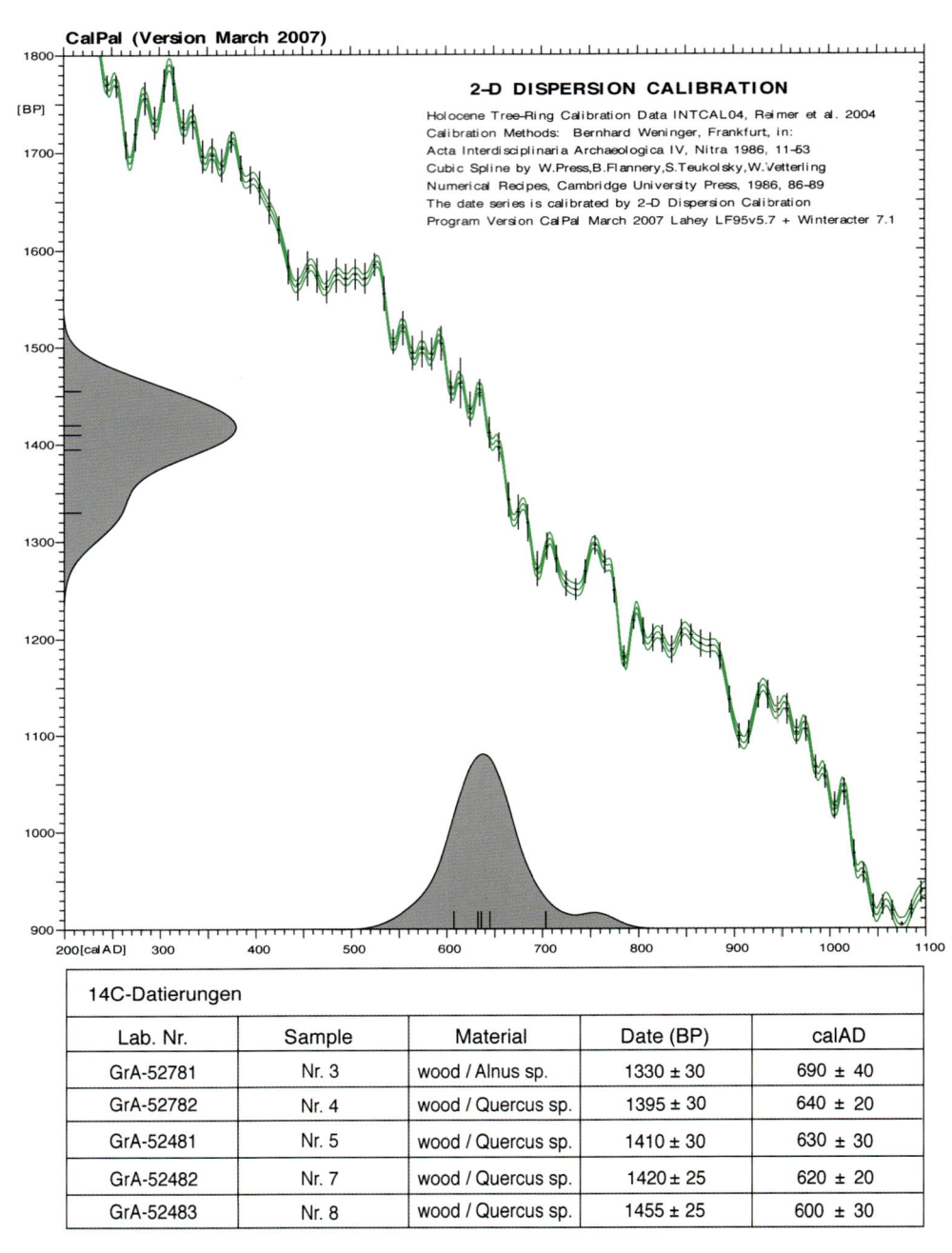

14C-Datierungen				
Lab. Nr.	Sample	Material	Date (BP)	calAD
GrA-52781	Nr. 3	wood / Alnus sp.	1330 ± 30	690 ± 40
GrA-52782	Nr. 4	wood / Quercus sp.	1395 ± 30	640 ± 20
GrA-52481	Nr. 5	wood / Quercus sp.	1410 ± 30	630 ± 30
GrA-52482	Nr. 7	wood / Quercus sp.	1420 ± 25	620 ± 20
GrA-52483	Nr. 8	wood / Quercus sp.	1455 ± 25	600 ± 30

Abb. 12. AMS-^{14}C-Datierungen des Einbaums.

hatte offensichtlich auf die Gebrauchsfähigkeit des Boots keine Auswirkungen. Die Datierung der Stakete, die beim Abwracken des Boots durch den Rumpf getrieben worden ist, ist als Hinweis auf die maximale Nutzungsdauer des Boots zu werten.

Die Diskrepanz zwischen der klassischen archäologischen Datierung des Damms durch die Keramikfunde und den ^{14}C-Datierungen des Boots sowie der Stakete kann in diesem Stadium der Aufarbeitung noch nicht geklärt werden. Es ist weder auszuschließen, dass es sich bei den Keramikfunden um verlagertes Material handelt, noch, dass die jüngste Bauphase des Damms eine zeitlich deutlich spätere Maßnahme darstellt. Klarheit können in diesem Zusammenhang nur weitere naturwissenschaftliche Datierungsverfahren geben.

Grundsätzlich bleibt jedoch festzuhalten, dass zwischen der möglichen Bauzeit des Damms im 2. und 3. Jh. n. Chr. und dem frühen Mittelalter eine Pflege des Bauwerks durchgeführt worden sein muss. Im archäologischen Befund an der unteren Ems fehlen bislang großflächige Hinweise auf eine Besiedlung zwischen der ausgehenden Römischen Kaiserzeit und dem frühen Mittelalter. Sporadische Hinweise auf eine Siedlungskontinuität – wie auch der hier geschilderte Fall – können als Indizien für eine dauerhafte Besiedlung an der unteren Ems gewertet werden. Diese bisher nicht in der Fläche angetroffenen Siedlungen sind möglicherweise unter den Dörfern auf den heute noch genutzten Wurten entlang der Ems zu finden.

5 Interpretation, Zusammenfassung und Ausblick

Der wahrscheinlich in der jüngeren Kaiserzeit entstandene Damm mit seiner vermutlichen Sielanlage scheint nicht in unmittelbarer Nähe einer Siedlung gelegen zu haben, wie die wenigen kaiserzeitlichen Funde hier zeigen. Die nächstgelegene Siedlung der Römischen Kaiserzeit von Jemgumkloster bzw. Bentumersiel (zuletzt PRISON 2011b, 120 f.) befindet sich etwa 1 km und die Siedlung Jemgum II (HAARNAGEL 1957, 38-41) 1,5 km von der Fundstelle entfernt.

Seit den 1990er Jahren sind eine Reihe von Sielanlagen aus dem niederländischen Raum bekannt geworden. Diese Anlagen, die teilweise sogar schon in das 2. Jh. v. Chr. datieren, liegen im Maasdelta, wo ein lokaler Ursprung für sie angenommen wird (DE RIDDER 1999). An der deutschen Nordseeküste waren Sielanlagen der Vorrömischen Eisen- und Römischen Kaiserzeit bis vor wenigen Jahren völlig unbekannt. Hier galt das 10./11. Jh. n. Chr. als Beginn des Deich- und Sielbaus (KNOL 2003, 22-25). Erst ein 2008 von H. Prison etwa 800 m südlich der hier vorgestellten Fundstelle dokumentierter Befund hat den Nachweis erbracht, dass im deutschen Küstengebiet bereits in der Vorrömischen Eisenzeit erste Sielanlagen errichtet worden sind (PRISON 2009; 2011b, 124-126).

Ein vergleichbarer Wasserdurchlass konnte an der hier vorgestellten Fundstelle nicht erfasst werden, jedoch zeigt der Aufbau des Damms, dass dieser ganz in der Bautradition des Küstenraums steht. Im Kern besteht der Damm aus Kleischichten, die durch Mistlagen getrennt sind. Derartige Wechsellagen sind aus dem Wurtenbau, wie zum Beispiel von der Feddersen Wierde bekannt (HAARNAGEL 1979, 50). Bei der hier vorgestellten Anlage nutzte man offensichtlich diese Erfahrungen.

An diesen Befund stellen sich zudem weitere Fragen. Der Eingriff in die natürliche Entwässerung eines Gebiets verlangt nicht nur eine genaue Kenntnis des Wassersystems, er bedarf auch organisatorischer Voraussetzungen. Weiterhin muss eine Sielanlage gewartet werden, was alles ohne eine „ordnende Hand" wohl kaum denkbar ist.

Mit dem Einbaum von Jemgum ist nicht nur erstmals ein Wasserfahrzeug aus der maritim geprägten Region der ostfriesischen Halbinsel erhalten, sondern auch ein Fund, der für den Bereich der Emsmündung eine besondere Bedeutung hat.

Das 6. und 7. Jh. n. Chr. gelten als Zeit steigender Handels- und Seefahrtsaktivitäten der Küstenbewohner (ULRIKSEN 1998). Mit dem Einbaum von Jemgum steht die in der Wurt Hessens in Wilhelmshaven ergrabene Schiffslände als Befund zum Wasserverkehr des 7. Jahrhunderts im südlichen Nordseeküstengebiet nicht mehr allein (SIEGMÜLLER 2010, 72 f. u. 218 f.). Sowohl für kleinräumige als auch für weit entfernte Handelsbeziehungen sind in küstennahen Gewässern Wasserfahrzeuge wie der Einbaum von Jemgum als Fortbewegungs- und Transportmittel eine Voraussetzung.

Funde von geweiteten Einbäumen sind vor allem aus den Küstengebieten an Nord- und Ostsee bekannt (HIRTE 1989, 497; CRUMLIN-PEDERSEN 2009, 392). Die wohl prominentesten Vertreter geweiteter Stammboote sind zwei Funde aus Schleswig-Holstein bei Vaale, Kr. Steinburg, und aus der Lecker Au, Kr. Nordfriesland (zusammenfassend HIRTE 1989). Beide zeigen eine mit dem Jemgumer Fundstück vergleichbare spitzovale Form.

Gerade das Boot von Vaale weist mit dem von Jemgum eine weitere Gemeinsamkeit auf: Es hat ebenfalls einen antiken Riss im Bootskörper. Dieser wurde durch eingearbeitete Schwalbenschwanzverbindungen geschlossen und nicht wie beim Jemgumer Boot durch aufgelegte Bretter. Auffällig ist, dass sich dieser Riss sowohl im Boot von Vaale als auch in dem von Jemgum seitlich und parallel zur Mittellinie befindet. Es ist davon auszugehen, dass die Bootskörper bei ihrer Weitung reißen konnten. Dass dieses nicht exakt in der Mittellinie des Boots geschah, ist zumindest beim Jemgumer Boot leicht nachvollziehbar: Es weist die erwähnte kielartig verdickte Linie auf, das Holz war also entlang der Mittelachse stabiler. Risse konnten daher nur seitlich am Übergang von der Mittelachse zur verdünnten Bordwand entstehen. Experimentalarchäologische Versuche zeigen vergleichbare Risse bei der Weitung von Einbäumen an genau dieser Schwachstelle. Diese scheinen in der Physik des Holzes begründet zu sein (JENSEN 2009, 401).

Ungewöhnlich ist die Methode, mit der die Schadstelle des Vaaler Boots repariert worden ist. Zu dessen Schwalbenschwanzverbindungen gibt es eine Parallele. Ein Bootsfund aus Appleby, Lincolnshire (GB), zeigt eine ähnliche doppelt T-förmige Flickstelle (MCGRAIL

1987, 148; HIRTE 1989, 119). Das englische Boot ist allerdings ausweislich der ¹⁴C-Datierungen deutlich älter: Es datiert mit einem Alter von 3050 ± 80 BP in die späte Bronzezeit (HIRTE 1989, 412).

Die Art der Reparatur des Jemgumer Wasserfahrzeugs ist bei geweiteten Einbäumen bislang singulär. Von den römischen Transportbooten aus Zwammerdam, Provinz Zuid-Holland (NL), weist das Boot Zwammerdam 3 eine vergleichbare Reparatur auf. Bei diesem Boot wurden Risse im Boden mit Brettern abgedichtet, jedoch sind die Bretter mit eisernen Nägeln befestigt worden (DE WEERD 1976, 131; ARNOLD 1995, 118).

Ob bei dem Jemgumer Boot noch zusätzliche Planken aufgesetzt waren, wie es die Boote von Lecker Au und Vaale zeigen, ist nicht zu klären (vgl. HIRTE 1987, 130 f.). Auffällig sind die an der erhaltenen linken Bordoberkante eingearbeiteten halbrunden Vertiefungen (Abb. 10). Es ist durchaus vorstellbar, dass hier die Verbindungen für eine aufsitzende Planke abgetrennt worden sind. Auch ist das Jemgumer Fundstück im Gegensatz zu den Fundstücken aus Lecker Au und Vaale kein gesunkenes Boot, sondern es ist sekundär verbaut und somit gezielt abgewrackt worden.

Geweitete Stammboote werden als „Kriegseinbäume" bezeichnet. Diese Ansicht fußt auf der Überlieferung von Plinius dem Älteren, wonach es sich bei ihnen um bis zu dreißig Männer tragende Mannschaftsboote gehandelt hat (ELMERS 1978, 498). Ein solches Boot ist auch auf einer Trierer Terra Sigillata-Schüssel aus dem 4. Jahrhundert dargestellt. Die im Relief erkennbaren Paddler werden als germanische Seeräuber interpretiert (BISCHOP 2000, 23). Hirte (1989, 132 f.) stellte dem eine andere Ansicht entgegen: Nach seiner Auffassung sind geweitete Einbäume in erster Linie zum Warentransport im küstennahen Raum sowie zwischen Marsch und Geest eingesetzt worden. Letztlich stellt sich die Frage, ob man solche Boote überhaupt aufgrund ihrer Nutzung unterscheiden kann. In beiden Fällen handelt es sich um Transportfahrzeuge, sei es nun für Mensch oder Material.

6 Literatur

ARNOLD, B., 1995: Pirogues monoxyles d'Europe central. Construction, typologie, évolution 1. Archéologie Neuchâteloise 20. Neuchâtel.

BEHRE, K.-E., 2008: Landschaftsgeschichte Norddeutschlands. Umwelt und Siedlung von der Steinzeit bis zur Gegenwart. Neumünster.

BISCHOP, D., 2000: Siedler, Söldner und Piraten. Bremer Archäologische Blätter, Beiheft 2. Bremen.

BRANDT, K., 1972: Untersuchungen zur kaiserzeitlichen Besiedlung bei Jemgumkloster und Bentumersiel (Gem. Holtgaste, Kreis Leer) im Jahre 1970. Neue Ausgrabungen und Forschungen in Niedersachsen 7, 145-163.

BRANDT, K., 1977: Die Ergebnisse der Grabung in der Marschensiedlung Bentumersiel/Unterems in den Jahren 1971-73. Probleme der Küstenforschung im südlichen Nordseegebiet 12, 1-31.

CRUMLIN-PEDERSEN, O., 2009: Plank boat – a problematic term for prehistoric vessels? In: R. Bockius (Hrsg.), Between the seas. Transfer and exchange in nautical technology. Proceedings of the Eleventh International Symposium on Boat and Ship Archaeology, Mainz 2006. RGZM-Tagungen 3, 387-397. Mainz.

ELLMERS, D., 1978: Die Schiffe der Angelsachsen. In: C. Ahrens (Hrsg.), Sachsen und Angelsachsen. Ausstellung des Helms-Museums, Hamburgisches Museum für Vor- und Frühgeschichte, 18. November 1978 bis 28. Februar 1979. Veröffentlichungen des Helms-Museums 32. Hamburg.

HAARNAGEL, W., 1957: Die spätbronze-, früheisenzeitliche Gehöftsiedlung Jemgum b. Leer auf dem linken Ufer der Ems. Die Kunde N. F. 8, 2-44.

HAARNAGEL, W., 1979: Die Grabung Feddersen Wierde. Methode, Hausbau, Siedlungs- und Wirtschaftsformen sowie Sozialstruktur. Feddersen Wierde 2. Wiesbaden.

HIRTE, C., 1987: Zur Archäologie monoxyler Wasserfahrzeuge im nördlichen Mitteleuropa. Dissertation, Universität Kiel.

HIRTE, C., 1989: „... quarum quaedam et triginta homines ferunt"? Bemerkungen zu Befund und Funktion der kaiserzeitlichen Stammboote von Leck und Vaale. Offa 46, 111-136.

JENSEN, H., 2009: Full-scale reconstruction of expanded boats from the iron age. In: R. Bockius (Hrsg.), Between the seas. Transfer and exchange in nautical technology. Proceedings of the Eleventh International Symposium on Boat and Ship Archaeology, Mainz 2006. RGZM-Tagungen 3, 399-406. Mainz.

KNOL, E., 2003: Die friesischen Seelande. In: H. van Lengen (Hrsg.), Die friesische Freiheit des Mittelalters – Leben und Legende. Begleitband zu der Sonderausstellung der Ostfriesischen Landschaft „Die Friesische Freiheit des Mittelalters, Leben und Legende" [Emden u. Aurich 2003], 14-33. Aurich.

MCGRAIL, S., 1978: Logboats of England and Wales with comparative materials from European and other countries. National Maritime Museum Greenwich, Archaeological Series 2. British Archaeological Reports, British Series 51. Oxford.

PRISON, H., 2009: Von Prielen und Sielen. Ein kaiserzeitliches Siel? Archäologie in Niedersachsen 12, 127-129.

PRISON, H., 2010: Holtgaste OL 2710/5:38, Gde. Jemgum, Ldkr. Leer, ehem. Reg.Bez. W-E. In: Fundchronik Niedersachsen 2006/2007, Nr. 388. Nachrichten aus Niedersachsens Urgeschichte, Beiheft 13, 270-275. Stuttgart.

Prison, H., 2011a: Holtgaste OL 2710/5:45, Gde. Jemgum, Ldkr. Leer, ehem. Reg.Bez. W-E. In: Fundchronik Niedersachsen 2008/2009, Nr. 176. Nachrichten aus Niedersachsens Urgeschichte, Beiheft 14, 98-99. Stuttgart.

Prison, H., 2011b: Ausgrabungen im Umfeld der Wurt Jemgumkloster, Gde. Jemgum, Ldkr. Leer (Ostfriesland) – ein Vorbericht. Nachrichten aus Niedersachsens Urgeschichte 80, 117-136.

Reimer, P. J., Baillie, M. G. L., Bard, E., Bayliss, A., Beck, J. W., Bertrand, C., Blackwell, P. G., Buck, C. E., Burr, G., Cutler, K. B., Damon, P. E., Edwards, R. L., Fairbanks, R. G., Friedrich, M., Guilderson, T. P., Hughen, K. A., Kromer, B., McCormac, F. G., Manning, S., Bronk Ramsey, C., Reimer, R. W., Remmele, S., Southon, J. R., Stuiver, M., Talamo, S., Taylor, F. W., Plicht, J. van der, u. Weyhenmeyer, C. E., 2004: IntCal04. Terrestrial radiocarbon age calibration, 0-26 cal kyr BP. Radiocarbon 46, 1029-1058.

Ridder, T. de, 1999: De oudste deltawerken van West-Europa. Tweeduizend jaar oude dammen en duikers te Vlaardingen. Tijdschrift voor Waterstaatsgeschiednis 8, 10-22.

Schmid, P., 2006: Die Keramikfunde der Grabung Feddersen Wierde (1. Jh. v. bis 5. Jh. n. Chr.). Probleme der Küstenforschung im südlichen Nordseegebiet 29. Feddersen Wierde 5. Oldenburg.

Schroller, H., 1933: Eine Siedlungsgrabung bei Eppingawehr, Gemeinde Midlum, Kr. Leer. Die Kunde 1:3/4, 9-11.

Siegmüller, A., 2010: Die Ausgrabungen auf der frühmittelalterlichen Wurt Hessens in Wilhelmshaven. Siedlungs- und Wirtschaftweise in der Marsch. Studien zur Landschafts- und Siedlungsgeschichte im südlichen Nordseegebiet 1. Rahden/Westf.

Strahl, E., 2011: Neue Forschungen zum germanischen „Stapelplatz" von Bentumersiel an der unteren Ems. Siedlungs- und Küstenforschung im südlichen Nordseegebiet 34, 293-306.

Thiemann, B., 2011: Jemgum OL-Nr. 2710/4:79. In: Fundchronik Niedersachsen 2008/2009, Nr. 185. Nachrichten aus Niedersachsens Urgeschichte, Beiheft 14, 104-105. Stuttgart.

Ulriksen, U., 1998: Anløbsplasder. Beseijling og bebygglelse i Danmark mellem 2000 og 1100 e. Kr. Roskilde.

Weerd, M. D. de, 1976: Schepen in de romeinse tijd naar Zwammerdam (Z. H.). Westerheem 25, 129-137.

Weninger, B., Jöris, O., Danzeglocke, U., 2007: CalPal. Cologne radiocarbon calibration & palaeoclimate research package (http://www.calpal.de, Aufruf 31.05.2007).

Wessels, P., 2004: Ziegeleien an der Ems. Ein Beitrag zur Wirtschaftsgeschichte Ostfrieslands. Abhandlungen und Vorträge zur Geschichte Ostfrieslands 80. Aurich.

Neue Untersuchungen zu den wikingerzeitlichen Häusern der Wurtsiedlung Elisenhof (Schleswig-Holstein)

New research on the Viking Age Houses at the Elisenhof terp (Schleswig-Holstein)

Petra Westphalen

Mit 10 Abbildungen

Inhalt: Die in der Marsch an der schleswig-holsteinischen Nordseeküste nahe der Eidermündung gelegene wikingerzeitliche Wurtsiedlung Elisenhof wurde 1957-1958 und 1961-1964 von Albert Bantelmann ausgegraben. Sie zeichnet sich durch ungewöhnlich gut erhaltene hölzerne Gebäudeteile aus. Die vom Ausgräber 1975 vorgelegten Hausgrundrisse gelten mittlerweile als Musterbeispiele für wikingerzeitliche Häuser im Marschengebiet. Eine erneute Analyse der Baubefunde anhand der umfangreichen Grabungsdokumentation ergab, dass statt der von Bantelmann dargestellten 42 Häuser bzw. Gebäudeteile mindestens 68 Häuser bzw. Hausreste zu belegen sind. Diese wurden auf ihre Baudetails und Konstruktion hin untersucht. Stratigraphische Auswertungen erlauben eine Gliederung der Wurt in zehn Siedlungshorizonte. Hand- und hauswerkliche Tätigkeiten sowie die Teilnahme am überregionalen Handel binden die Siedlung Elisenhof aufgrund ihrer verkehrsgünstigen Lage in ein weit reichendes Transport- und Kommunikationssystem des frühen Mittelalters ein.

Schlüsselwörter: Schleswig-Holstein, Marsch, Wikingerzeit, Siedlungsforschung, Wurt, Baubefunde, Wohnstallhäuser, Sodenwandhäuser, Konstruktionsgerüste, Viehwirtschaft, Überregionaler Handel.

Abstract: The Viking Age terp settlement mound at Elisenhof, situated in the marshes along the North Sea coast of Schleswig-Holstein near the estuary of the River Eider, was excavated in 1957-1958 and 1961-1964 by Albert Bantelmann. It is distinguished by unusually well-preserved remnants of wooden buildings. The house ground plans proposed by Bantelmann in 1975 are now considered classic examples of Viking Age houses in the marshlands. A new analysis of the building remains, based on the extensive excavation records, has shown that instead of the 42 houses or parts of houses identified by Bantelmann there are, in fact, at least 68 houses or remnants of same. These were investigated with regard to their structural components and construction. An examination of the stratigraphy shows that the mound can be subdivided into ten settlement horizons. Crafts and domestic activities as well as its participation in supra-regional trade linked the Elisenhof settlement with a far-reaching transportation and communication network during the early Middle Ages, thanks to its logistically favourable location.

Key words: Schleswig-Holstein, Marshes, Viking Age, Settlement research, Terp, Building features, Byre-dwellings, Sod-wall houses, Structural framework, Animal husbandry, Supra-regional trade.

Dr. Petra Westphalen, Siedlerweg 2, 01465 Dresden-Langebrück – E-mail: p.westphalen@freenet.de

Inhalt

1 Einleitung 250
2 Baubefunde 251
   2.1 Zur Methode der Untersuchung 251
   2.2 Baudetails 251
2.3 Siedlungsentwicklung................. 254
2.4 Datierung der Siedlungshorizonte 258
3 Wirtschaft 259
4 Literatur............................... 260

1 Einleitung

Die frühgeschichtliche Wurt Elisenhof liegt etwa 1,5 km südwestlich der Kleinstadt Tönning auf der Halbinsel Eiderstedt in Schleswig-Holstein (Abb. 1). Heute befindet sich die ehemalige Siedlung rund 350 m vom Eiderufer entfernt. Die Ausgrabungen von Elisenhof waren eingebunden in das Schwerpunktprogramm „Vor- und frühgeschichtliche Besiedlung des Nordseeraumes" der Deutschen Forschungsgemeinschaft (DFG), durch das während der 1960er- und zu Anfang der 1970er-Jahre zahlreiche Forschungsprojekte gefördert worden sind (KOSSACK 1984, Abb. 1). Elisenhof wurde unter der Leitung von Albert Bantelmann in den Jahren 1957-1958 und 1961-1964 ausgegraben (Abb. 2). Ihm zur Seite stand Karl-Heinz Dittmann als technischer Mitarbeiter vor Ort, dem wir u. a. die hervorragende Grabungsdokumentation von Elisenhof verdanken.

Die Publikation der Grabungsergebnisse erfolgte in der Reihe *Studien zur Küstenarchäologie Schleswig-Holsteins, Serie A, Elisenhof*. Die Baubefunde von Elisenhof wurden von BANTELMANN (1975) vorgelegt. Auch das gesamte Fundmaterial ist bereits publiziert (BEHRE 1976; STEUER 1979; TEMPEL 1979; HUNDT 1981; SZABÓ u. a. 1985; GRENANDER-NYBERG 1985; REICHSTEIN 1994; HEINRICH 1994; WESTPHALEN 1999; TEEGEN u. SCHULTZ 1999).

In dem Forschungsprojekt „Die Häuser von Elisenhof" wurden die Baubefunde erneut untersucht. Das Projekt stand unter der Leitung von Prof. Dr. Michael Müller-Wille, ehemals Institut für Ur- und Frühgeschichte der Christian-Albrechts-Universität zu Kiel, und wurde in den Jahren 2002-2003 durch die DFG gefördert. 2009 konnten die Untersuchungen durch eine 15-monatige Unterstützung des Zentrums für Baltische und Skandinavische Archäologie, Stiftung Schleswig-Holsteinische Landesmuseen, Schleswig, unter der Leitung von Prof. Dr. Claus von Carnap-Bornheim fortgesetzt werden. Im Januar 2010 wurde die Studie abgeschlossen. Sie wird als Band 8 der Elisenhof-Reihe erscheinen (WESTPHALEN im Druck).

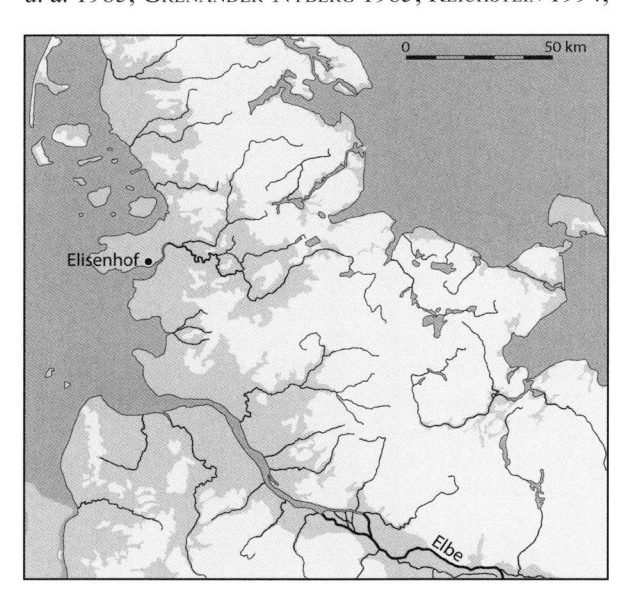

Abb. 1. Elisenhof. Lage des Fundorts (Grafik: H. Dieterich).

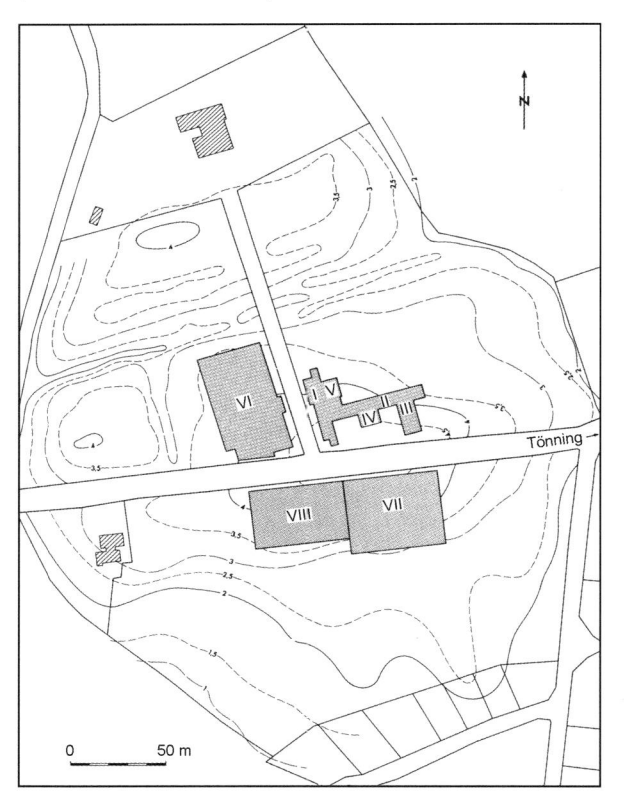

Abb. 2. Elisenhof. Lage der Grabungsflächen I-VIII im Höhenschichtenplan (nach BANTELMANN 1975, Abb. 25).

2 Baubefunde

2.1 Zur Methode der Untersuchung

Kennzeichnend für Elisenhof sind die ungewöhnlich gut erhaltenen hölzernen Baubefunde, die den Anlass zu einer erneuten Untersuchung gaben. In ihr ging es darum, sämtliche Hausgrundrisse in ihrer Form zu erfassen und die Siedlungsentwicklung der Wurt darzustellen. Dazu war es notwendig, auf den einzelnen Hausplätzen die Vorgänger- und Nachfolgerbauten zu ermitteln.

Als Beispiel sei die Situation auf Hausplatz 35 genannt. Hier schneiden die Hölzer der Jaucherinnen des jüngeren Hauses 35.2 die südliche Giebelwand des älteren Hauses 35.1 (BANTELMANN 1975, Abb. 84). Bei den Hausbezeichnungen wird die von Bantelmann gewählte Zählweise beibehalten und durch fortlaufende Nummern hinter dem Punkt ergänzt. Auch innerhalb der Häuser treten unterschiedliche Bauphasen auf. So lässt sich für Haus 6.2 eine Erweiterung des Stallteils nachweisen (BANTELMANN 1975, Abb. 55). Auf der Abbildung bei Bantelmann ist zum einen der Nordgiebel in Phase 1 und zum anderen die Erweiterung in Phase 2 deutlich ersichtlich.

Bei seiner Darstellung der Baubefunde wählte Bantelmann zumeist die mehr oder weniger gut erhaltenen Hausbefunde aus. Die Häuser 2 und 6 nach Bantelmann sind die einzigen vollständig erhaltenen Bauten (Abb. 3). Der Ausgräber erstellte einen Siedlungsplan, der weitere, nicht näher erläuterte Baubefunde zeigte (BANTELMANN 1975, Plan 2-5).

Die erneute Durchsicht der umfangreichen Grabungsdokumentation erbrachte einige neue Hausbefunde, die zum Teil jedoch recht spärlich überliefert sind. Als Beispiele seien drei Befunde aus Fläche I-V erwähnt (Abb. 4). Wir sehen Haus 7.1 mit Resten der Außenwand in Form von Flechtwerk und Boxentrennwänden innen, von denen nur noch die Stakenreihen überliefert sind. Von Haus 7.2 sind ausschließlich die Hölzer der Jaucherinnen erhalten, die jedoch noch im Originalverbund liegen und einen mittigen Stallgang erkennen lassen. Haus 13.1 ist durch Sodensetzungen des mittigen Stallganges zu erkennen, an den sich die Verfärbungen der Jaucherinnen seitlich anschließen. Auch diese Befunde werden als Haus angesprochen, vergleichbar der Mindestindividuenzahl bei Knochen.

Insgesamt stehen somit 68 Häuser bzw. deren Reste für die Auswertung zur Verfügung. Die eingehende Befundanalyse ist auf die Erfassung konstruktiver Elemente ausgerichtet. Unterschiedliche Bauelemente werden in verschiedenen Typentafeln zusammengefasst. Die Analyse richtet sich auf Außenwand-, Eck- und Innenwandkonstruktionen sowie auf die Form von Türpfostenpaaren, Türschwellen und Türrahmenkonstruktionen und schließlich auf die Gerüsttypen, die die Grundlage der Hausrekonstruktionen erkennen lassen (WESTPHALEN im Druck, Abb. 7-14).

Die Darstellung der Siedlungsentwicklung ist sehr komplex. Zunächst wurde für die gesamte ausgegrabene und in elf Teilbereiche untergliederte Siedlungsfläche die Abfolge von der Vorgänger- zur Nachfolger-Bebauung analysiert. Abb. 5 zeigt zwei dieser untersuchten Teilbereiche aus Fläche I-V mit der relativen Abfolge der einzelnen Häuser. In einem zweiten Schritt wurde versucht, die Befunde anhand von datierbarem Fundmaterial zeitlich einzuordnen, was häufig nicht gelang, so dass die Darstellung der Siedlungsentwicklung vielfach hypothetisch bleiben muss.

2.2 Baudetails

Aufgrund der herausragenden Holzerhaltung konnten in Elisenhof sehr viele Baudetails dokumentiert werden. Neben der umgebrochenen Flechtwand von Haus 23.2, die 4,10 m lang erhalten und 2,10 m hoch ist (BANTELMANN 1975, Abb. 93), können Baudetails an Außenwänden beobachtet werden, wie zum Beispiel ein Ausschnitt der Westwand von Haus 2.4 zeigt (BANTELMANN 1975, Abb. 53). Hier sind tief eingegrabene Wandpfosten im Wechsel mit jeweils vier angespitzten Wandstaken belegt. Flechtwandreste umspannen sowohl die Wandstaken als auch die Pfosten.

Türrahmenkonstruktionen können durch verschiedene Einzelelemente nachgewiesen werden. Neben einem Türjoch (SZABÓ u. a. 1985, 109 Inv.-Nr. 199, Abb. 98, Taf. 24), treten zahlreiche Türschwellen (WESTPHALEN im Druck, Abb. 13) sowie in einigen Fällen Fußsicherungen auf (BANTELMANN 1975, Abb. 46,3, 85). Das als Türjoch interpretierte Fundstück entspricht mit 80 cm Länge (einschließlich der Zapfen) etwa den Maßen der Türschwellen, die Gesamtlängen zwischen 84 und 96 cm Länge aufweisen. Eine weitere Besonderheit im Fundgut von Elisenhof ist der Nachweis eines Türangelpfostens (BANTELMANN 1975, Abb. 67). In ihm lagerte der untere Zapfen einer Tür, wie wir sie zum Beispiel aus Haithabu kennen (SCHULTZE 2010, 88 f.).

Reet ist vermutlich aus den Rieden an Eider und Treene in die Siedlung geschafft worden. Besonders an den Längsseiten der Häuser zeigten sich gebündelte bzw. parallel liegende Anhäufungen von Reetstängel, die als herabgefallenes Dachdeckungsmaterial gedeutet werden können (vgl. hierzu BEHRE 1976, 24 f.).

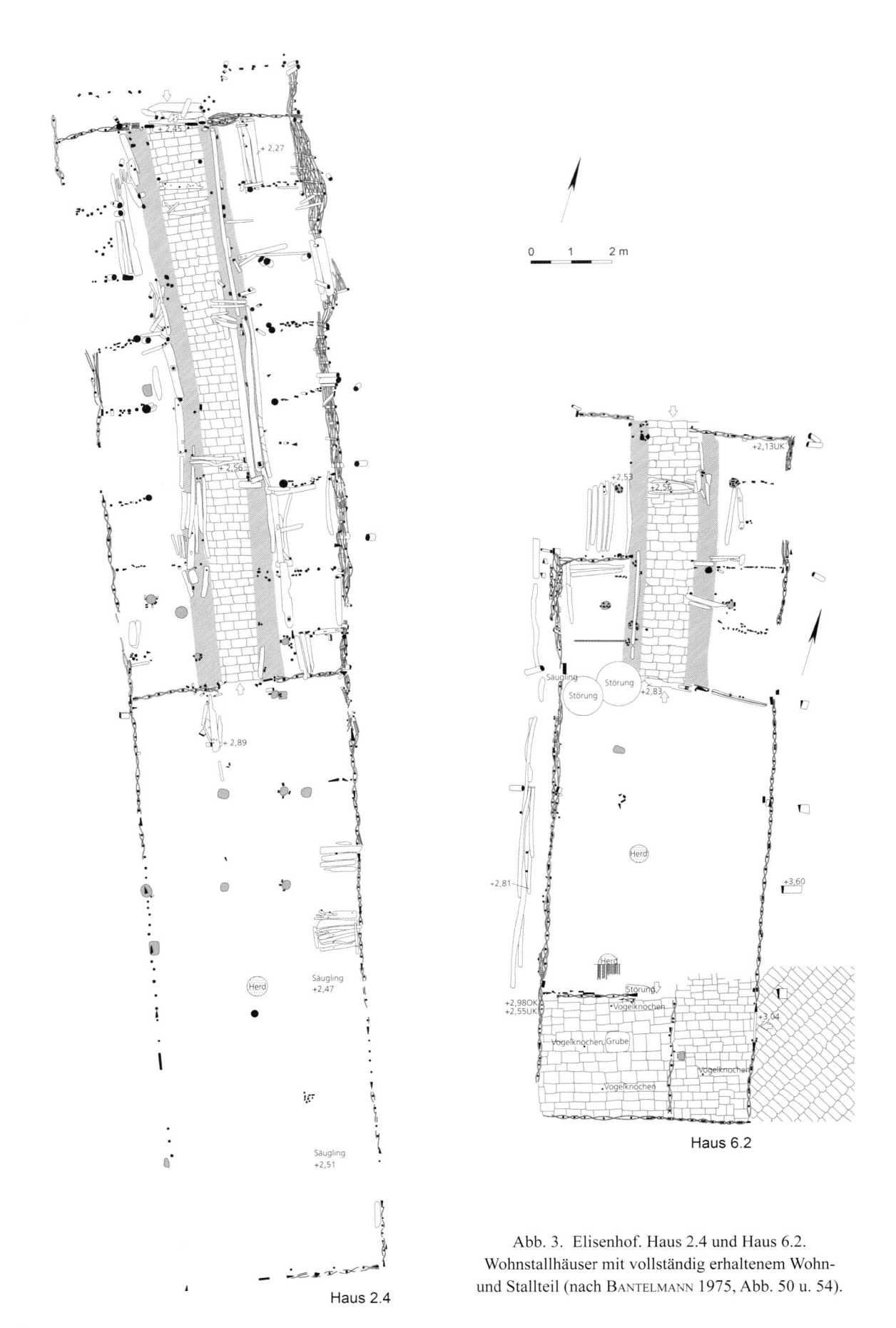

Abb. 3. Elisenhof. Haus 2.4 und Haus 6.2. Wohnstallhäuser mit vollständig erhaltenem Wohn- und Stallteil (nach Bantelmann 1975, Abb. 50 u. 54).

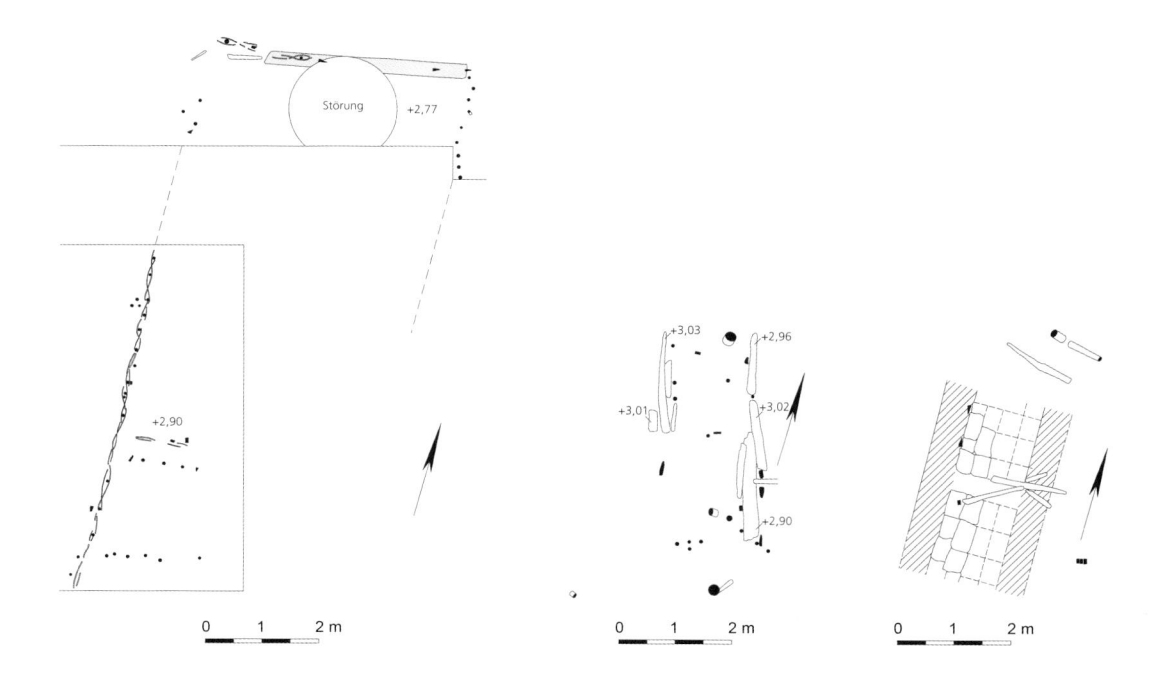

Abb. 4. Elisenhof. Haus 7.1, Haus 7.2 und Haus 13.1.
Stark fragmentierte Hausbefunde mit Überresten des Stallteils (Grafik: J. Schüller, ZBSA).

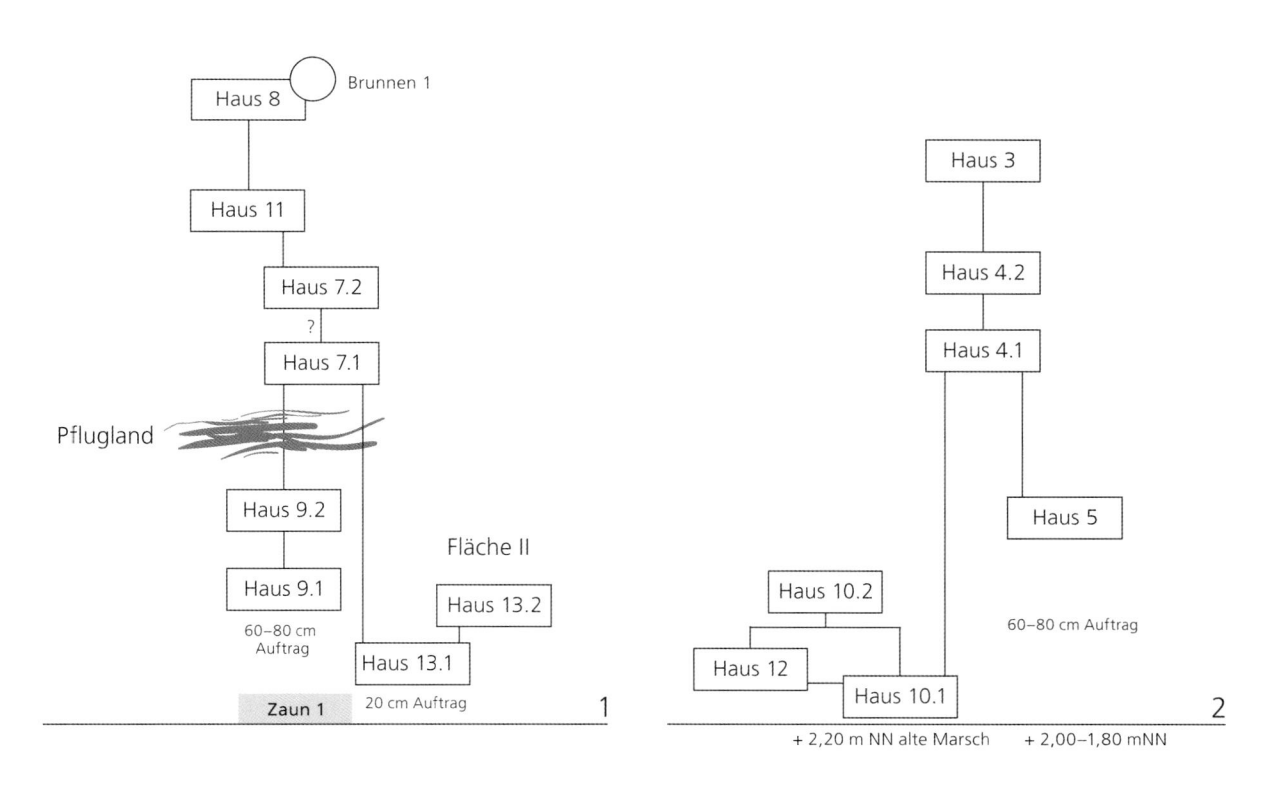

Abb. 5. Elisenhof. Relative Abfolge der Häuser in Fläche I-V.
1 Mitte (Fl. II/IV) – 2 Ost (Fl. II-III) (Grafik: J. Schüller, ZBSA).

253

2.3 Siedlungsentwicklung

Bei den Untersuchungen der Wurt Elisenhof gelang es Bantelmann, die alte Marschoberfläche freizulegen. Von ihr konnte ein Höhenschichtenplan angefertigt werden, der die topographischen Verhältnisse vor der ersten Besiedlung widerspiegelt. Der höchste Bereich wird von einem in Ost-West-Richtung verlaufenden Uferwall gebildet, der Höhen zwischen +1,80 und +2,20 m NN erreicht (BANTELMANN 1975, Plan 1). Auf dem Nordhang nehmen die Höhen nur gering ab, während der Südhang mit den Flächen VII-VIII gleichmäßig zu einem Ost-West verlaufenden Priel hin auf eine Höhe von ±0,00 m NN abfällt. Bei einem angenommenen mittleren Tidehochwasser (MThw) von +0,60 m NN können Wasserbreiten von etwa 7-10 m für den parallel zum Uferwall verlaufenden Priel angenommen werden.

Die Erfassung der ersten Besiedlungsspuren wirft keine Probleme auf, hingegen bereitet die Darstellung der Siedlungsentwicklung einige Schwierigkeiten. Unterschieden werden zehn Siedlungshorizonte, die sowohl auf stratigraphischen Beobachtungen als auch auf der Zuordnung von Vorgänger- und Nachfolgerbebauung beruhen. Zur Veranschaulichung des Siedlungsplanes wurden die Hausgrundrisse in ihren rekonstruierten Längen- und Breitenmaßen dargestellt, wie das Beispiel aus Fläche I-V zeigt (Abb. 6).

Siedlungshorizont 1-3

Die ältesten Spuren von Bautätigkeit im Siedlungshorizont 1 (Abb. 7) konzentrieren sich ausschließlich auf den hochgelegenen Bereich des Uferwalls. Zu Beginn wurden dort die Ost-West orientierten Flechtwandhäuser

Abb. 6. Elisenhof. Lage der Häuser in Fläche I-V.
Darstellung der Hausgrundrisse in rekonstruierten Längen- und Breitenmaßen (Grafik: J. Schüller, ZBSA).

Abb. 7. Elisenhof. Siedlungshorizont 1-3 (Grafik: J. Schüller, ZBSA).

2.1, 23.1 und das Sodenwandhaus 10.1 sowie das Nord-Süd ausgerichtete Flechtwandhaus 33.1 errichtet. Zaun 1 und Zaun 3 begrenzen das Areal. Pflugspuren und Rindertrittspuren umringen großzügig diese ältesten nachweisbaren Häuser von Elisenhof.

In Siedlungshorizont 2 finden sowohl Nachfolgebauungen als auch Neugründungen statt und eine Siedlungsausdehnung auf die ebenfalls hochgelegenen Bereiche in der nordwestlichen Fläche VI kann beobachtet werden. Die Häuser sind überwiegend Ost-West ausgerichtet, seltener Nord-Süd. Erst in Siedlungshorizont 3 liegen zwei Hinweise auf Wohnstallhäuser vor: Haus 13.1 und Haus 24.

Siedlungshorizont 4-6

In Siedlungshorizont 4 (Abb. 8) kann in Fläche VI eine Verlagerung nach Süden erkannt und eine zunehmende Bebauung in den südlichen Flächen VII und VIII festgestellt werden. Bemerkenswert ist der vermehrte

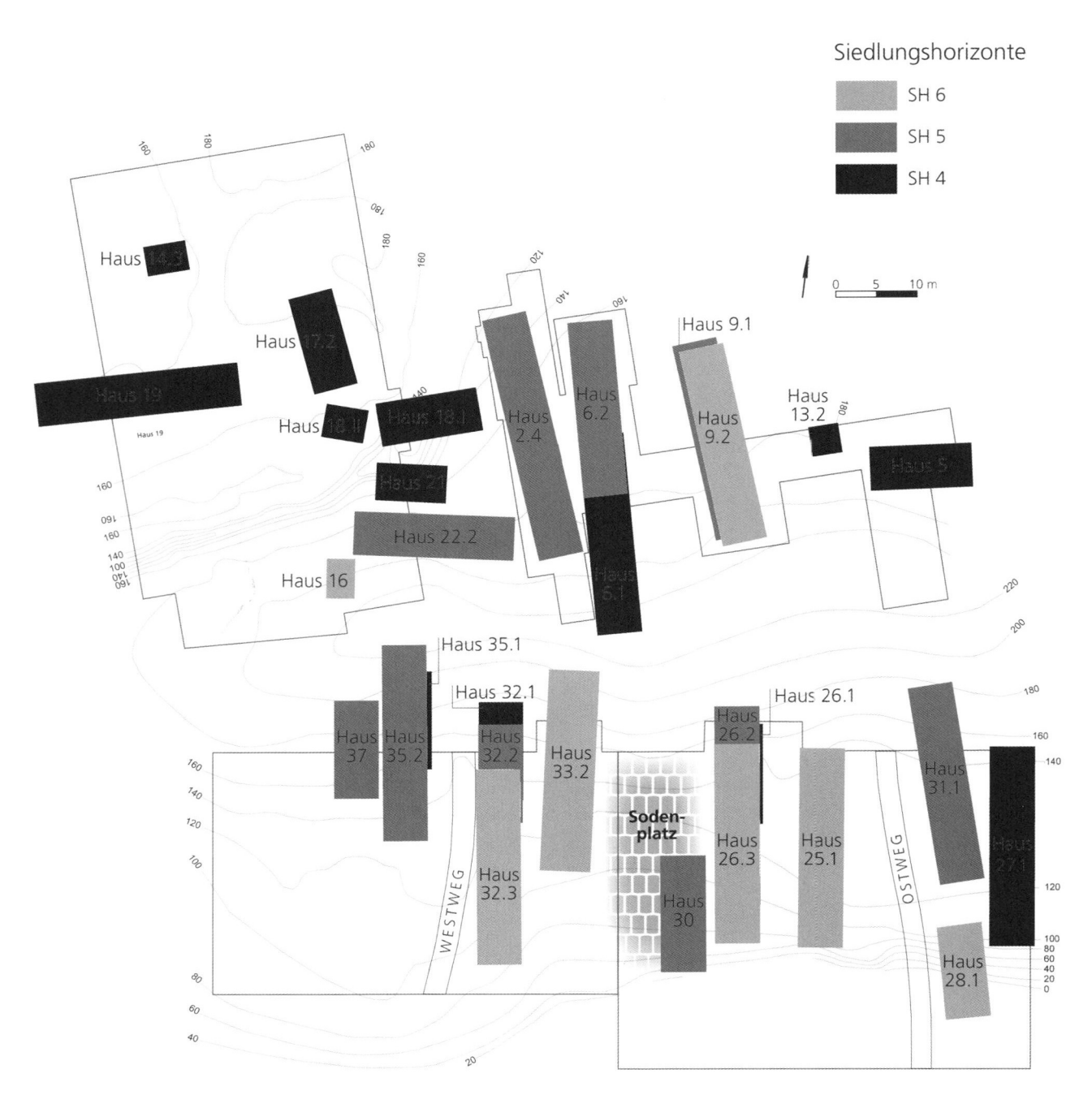

Abb. 8. Elisenhof. Siedlungshorizont 4-6 (Grafik: J. Schüller, ZBSA).

Nachweis von großen Wohnstallhäusern. Darüber hinaus tritt zwischen den Häusern 26.1 und 32.1 ein großflächig gestalteter Sodenplatz erstmalig auf.

In Siedlungshorizont 5 verteilt sich die Besiedlung sowohl auf den Nord- als auch auf den Südhang. Große Wohnstallhäuser stellen nun die Regelbebauung dar. In Siedlungshorizont 6 kann in Fläche VI nur ein kleines Flechtwerkhaus nachgewiesen werden, das gesamte nördlich anschließende Areal der hohen Marsch bleibt siedlungsleer. Auch auf dem Nordhang zeigt sich eine Abnahme der Bebauung; nur ein einziges Wohnstallhaus ist überbaut. Die Bebauung konzentriert sich überwiegend auf dem Südhang.

Siedlungshorizont 7-9

Dem Siedlungshorizont 7 (Abb. 9) können nur wenige Häuser zugewiesen werden. Eine auffällige Verlagerung der Siedlungsaktivitäten nach Osten ist zu verzeichnen, die sowohl den hochgelegenen Bereich des

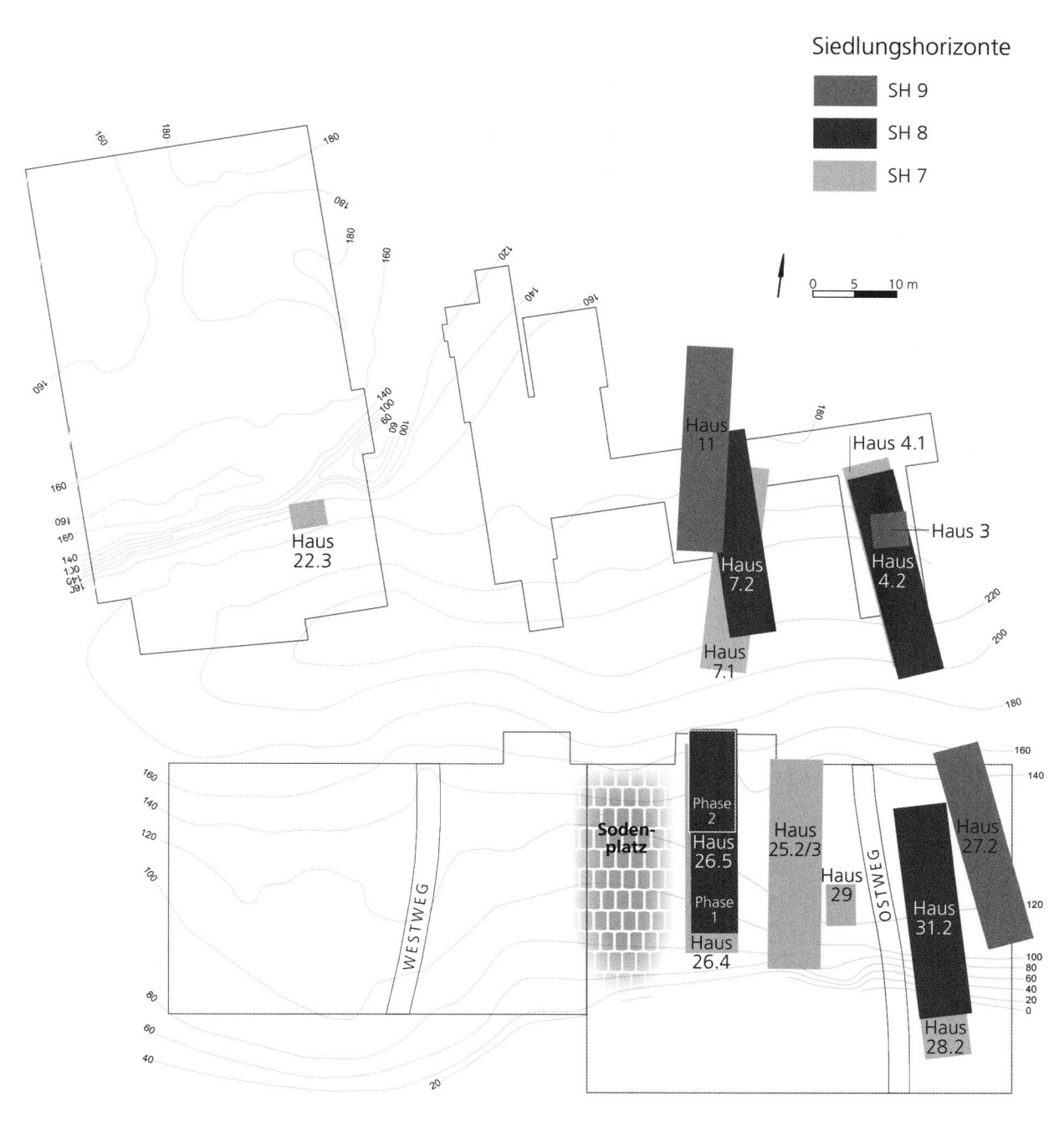

Abb. 9. Elisenhof. Siedlungshorizont 7-9 (Grafik: J. Schüller, ZBSA).

Uferwalls als auch den Südhang umfasst. Auch der Siedlungshorizont 8 wird durch große Wohnstallhäuser geprägt, die am Südhang auf Vorgängerhäusern gegründet und auf dem Uferwall über Pflug- bzw. Brachland neu angelegt werden. Im Siedlungshorizont 9 können in den oberen Grabungsplana auf dem Südhang nur streifenförmige Verfärbungen nachgewiesen werden, die den darunterliegenden Hausbefunden in der Ausrichtung entsprechen. Hierin kann eine nicht mehr erhaltene Nachfolgebauung vermutet werden, die sich unserer Kenntnis entzieht.

Siedlungshorizont 10

Siedlungshorizont 10 (Abb. 10) weist keinen Bezug zur vorangegangenen Siedlungsstruktur auf und wird charakterisiert durch weit streuende kleine Sodenwandhäuser. In Fläche VIII, die besonders im westlichen Teil durch hochmittelalterliche Aufschüttungen gekennzeichnet ist, liegen die Sodenwandhäuser über diesen jüngeren Aufschüttungen.

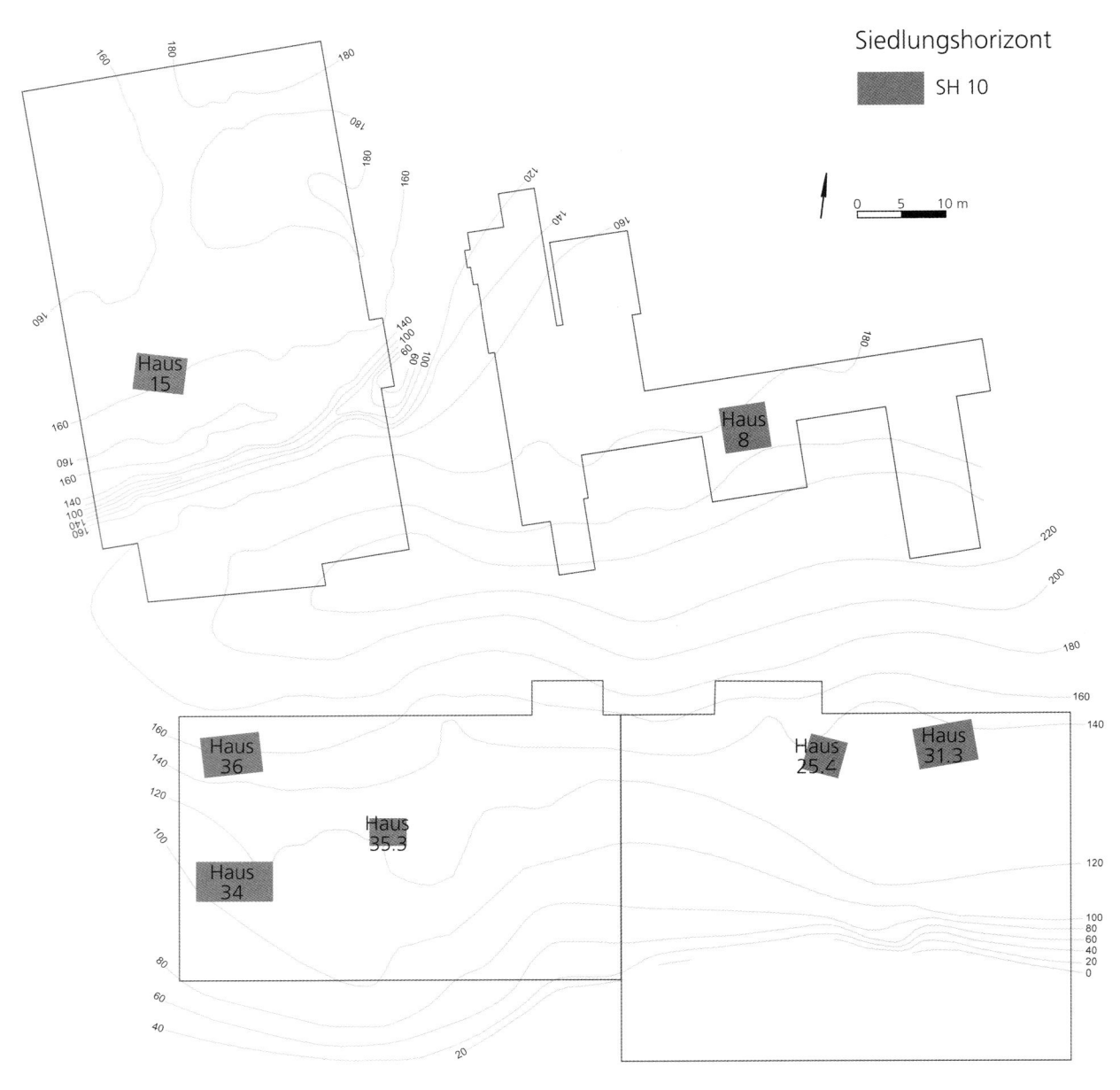

Abb. 10. Elisenhof. Siedlungshorizont 10 (Grafik: J. Schüller, ZBSA).

2.4 Datierung der Siedlungshorizonte

Anhand der stratigraphischen Betrachtung der Hausbefunde von Elisenhof wurde versucht, ein Bild der Siedlungsentwicklung darzustellen, das in Teilen allerdings hypothetisch bleiben muss. Ebenfalls nur schwer greifbar ist die zeitliche Zuordnung, die im Folgenden kurz gezeigt werden soll.

Die Siedlungshorizonte 1-3 umfassen die Erstbesiedlung auf dem Uferwall und die Ausdehnung des Siedlungsareals in nördliche Richtung. Ihre zeitliche Einordnung in das 8. Jahrhundert legen wenige Fundstücke nahe. In den Siedlungshorizonten 4-6, die alle Flächen umspannen, häufen sich die Funde aus dem 9. Jahrhundert. In einigen Fällen reichen Funde auch in das 10. Jahrhundert hinein. Die wenigen Funde, die mit Häusern aus den Siedlungshorizonten 7-9 in Verbindung gebracht werden können, datieren vom 9. bis zum 10. Jahrhundert. Baubefunde des 11. Jahrhunderts lassen sich nicht eindeutig nachweisen, sind aber aufgrund der streifenförmigen Verfärbungen zu vermuten.

Nur einige Sodenwandhäuser aus Siedlungshorizont 10 können mit Fundmaterial in Verbindung gebracht werden. Dieses reicht allerdings vom 13. bis zum 15. Jahrhundert. Vermutlich handelt es sich bei den Häusern aus Siedlungshorizont 10 um eine hoch- bzw. spätmittelalterliche Bebauung, die mit der wikingerzeitlichen Besiedlung nicht in Verbindung gebracht werden kann. Die Sodenwandhäuser müssen nicht gleichzeitig bestanden haben. Eine saisonale Nutzung ist denkbar.

3 Wirtschaft

Elisenhof wurde am Anfang des 8. Jahrhunderts auf einem Brandungswall an der Eidermündung gegründet. Die Wahl des Standortes scheint mit der Funktion der Siedlung zusammenzuhängen, da ein Platz gewählt wurde, den BANTELMANN (1975, 2) als *„Schlechtwettereinflüssen gegenüber außerordentlich exponiert"* bezeichnet hat. Im Folgenden sollen schlaglichtartig einige Fakten aneinandergereiht werden, die die Stellung Elisenhofs im wirtschaftlichen Gefüge des frühen Mittelalters aufzeigen.

Ackerbau spielte im Vergleich zur Haustierhaltung eine untergeordnete Rolle, wie K.-E. BEHRE (1976, 21) anhand des botanischen Materials darlegte. Die mindere Qualität der Bauhölzer ließ ihn darüber hinaus auf eine gewisse Armut der Wurtbewohner schließen (BEHRE 1976, 48).

Nach den Untersuchungen von H. REICHSTEIN (1994) kann Haustierhaltung anhand der Tierknochen als vorherrschende Wirtschaftsform in Elisenhof angesehen werden. Vorrangig sind Rinder und Schafe nachweisbar. Ein hoher Anteil adulter Schafe spricht nach Reichstein für eine auf Wollgewinnung ausgerichtete Schafzucht. Bei der Fleischausbeute spielten die Rinder eine besondere Rolle. Ihr Anteil an den Fleischerträgen umfasst rund 70 %. Bemerkenswert ist der geringe Anteil sogenannter fleischreicher A-Knochen. Dieses Ergebnis ließe sich als ein Hinweis auf Handel mit Schlachtkörpern werten. Für eine ausgedehnte Haustierhaltung sprechen auch die großen Stallteile der Häuser, die zumeist Kapazitäten für mehr als 20 Stück Großvieh aufwiesen (WESTPHALEN im Druck, Tab. 1).

Anhand der Fischreste von Elisenhof ist zu belegen, dass Fischfang in einem größeren Umfang betrieben wurde, der nach D. HEINRICH (1994, 241) nicht nur als Nebenerwerb gedeutet werden kann. Handel mit Fisch, zum Beispiel nach Haithabu, wird jedoch ausgeschlossen.

Bei der Auswertung des Textilmaterials kam H.-J. HUNDT (1981, 75, 87) zu der Aussage, dass dem *„Elisenhofer Marschbauernmädchen ... auf der kleinen Wurt an der Eidermündung sowohl das geeignete Ausgangsmaterial wie auch die Muße"* gefehlt habe, um feine dichte Stoffe herstellen zu können. Anhand der zahlreichen Webgewichte, besonders aber durch die vielen Spinnwirtel, die in Größe, Material und Gewicht ein breites Spektrum belegen, zeigt sich hingegen, dass in Elisenhof auf ein Textilhandwerk mit Produktion von unterschiedlichen Garnen und Stoffen geschlossen werden darf (WESTPHALEN 1999, 28 ff., Abb. 6, Taf. 8-11). Nachweise von Friesischem Tuch (*pallia fresonica*) sollen nach I. HÄGG (2002, 198) in Elisenhof fehlen. Den neueren Untersuchungen von A. SIEGMÜLLER (2007) folgend, ist diese These jedoch zu prüfen.

Importierte Fundstücke belegen eindeutig die Teilnahme an einem regen überregionalen Warenaustausch. Zeugnisse dafür sind Wetzsteine und Specksteinschalen aus Skandinavien, Fragmente von Hohlgläsern kontinentaler Herkunft und Mühlsteine aus der Eifel (WESTPHALEN 1999, 121 ff.), ferner Keramik westlicher Provenienz, Muschelgruskeramik sowie Ribe-Drehscheibenware (STEUER 1979; zu Ribe-Drehscheibenware vgl. FEVEILE u. a. 1998, 156, Abb. 1, 4; STEUER 1979, Taf. 20, 412; SEGSCHNEIDER 2004, 101). Darüber hinaus können weitere Fundstücke angeführt werden, die neben Handelsbeziehungen ebenfalls auf einen gehobenen soziale Status schließen lassen, wie etwa ein Zügelriemenhalter aus Osteuropa, Bleiglasperlen aus dem Orient oder zwei Leierstege aus Bernstein (WESTPHALEN 1999, 167 f.; 175 f.; 194).

Besonders aber der Maßstock und der Griff einer Waage (Besemer) belegen eindeutig Handelstätigkeiten (SZABÓ u. a. 1985, 139 f. Inv.-Nr. 260-261, Taf. 33). Die Zugehörigkeit der Feinwaage zum Fundmaterial von Elisenhof ist allerdings nicht gesichert (WESTPHALEN 1999, 164). Schließlich bleiben auch noch der zentrale Sodenplatz zu nennen, der über mehrere Siedlungshorizonte hinweg zu belegen ist, und die Wege, die auf die Wasserstraße der Eider ausgerichtet sind (WESTPHALEN 2010, Abb. S. 82-83).

Vor diesem Hintergrund darf davon ausgegangen werden, dass die Bewohner der Wurt Elisenhof am überregionalen Handel, der von der Rheinmündung sowohl entlang der Nordseeküste als auch über die Schleswiger Landenge zur Ostsee belegt ist (ROHDE 1986; BRANDT 1998), teilgenommen haben. Eine Anbindung an die Handelszentren Dorestad, Haithabu und Ribe war für Elisenhof über den Seeweg gegeben. Ein Blick auf die Verbreitungskarte der qualitativen und quantitativen Streuung von Hacksilberfunden in Schleswig-Holstein lässt nicht nur bei Haithabu, sondern auch in der Umgebung von Elisenhof eine auffällige Häufung erkennen (WIECHMANN 1996, 128 f., Taf. 13-18, 87).

Zusammenfassend wird man die Wurt Elisenhof als eine wikingerzeitliche Siedlung darstellen dürfen, deren wirtschaftliche Grundlage auf Viehhaltung ausgerichtet gewesen ist. Hand- und hauswerkliche Tätigkeiten, die möglicherweise über den Eigenbedarf hinausgegangen sind, sowie die Teilnahme am überregionalen Handel haben Elisenhof aufgrund seiner verkehrsgünstigen Lage in ein weit reichendes

Transport- und Kommunikationssystem des frühen Mittelalters eingebunden. Gerade wegen ihrer exponierten Lage im küstennahen Bereich wird man Wurten wie Elisenhof nicht als *„am Rande der damals bewohnten Welt* [gelegen]*"* bezeichnen dürfen, wie es TEEGEN u. SCHULTZ (1999, 268) bei der Untersuchung der Säuglingsskelette formuliert haben, sondern vielmehr als mitten darin.

4 Literatur

BANTELMANN, A., 1975: Die frühgeschichtliche Marschensiedlung beim Elisenhof in Eiderstedt. Landschaftsgeschichte und Baubefunde. Studien zur Küstenarchäologie Schleswig-Holsteins A, Elisenhof 1. Bern, Frankfurt/M.

BEHRE, K.-E., 1976: Die Pflanzenreste aus der frühgeschichtlichen Wurt Elisenhof. Studien zur Küstenarchäologie Schleswig-Holsteins A, Elisenhof 2. Bern, Frankfurt/M.

BRANDT, K., 1998: Neue Ausgrabungen in Hollingstedt, dem Nordseehafen von Haithabu und Schleswig. Ein Vorbericht. Offa 54/55, 1997/98, 289-307.

FEVEILE, C., JENSEN, S., u. LUND RASMUSSEN, K., 1998: Produktion af drejet keramik i Ribeområdet i sen yngre germansk jernalder. Kuml 1997-98, 143-159.

GRENANDER-NYBERG, G., 1985: Die Lederfunde aus der frühgeschichtlichen Wurt Elisenhof. Studien zur Küstenarchäologie Schleswig-Holsteins A, Elisenhof 5, 219-248. Frankfurt am Main, Bern, New York.

HÄGG, I., 2002: Aussagen der Textilfunde zu den gesellschaftlichen und wirtschaftlichen Verhältnissen frühstädtischer Zentren in Nordeuropa – die Beispiele Haithabu und Birka. In: K. Brandt, M. Müller-Wille u. C. Radtke (Hrsg.), Haithabu und die frühe Stadtentwicklung im nördlichen Europa. Schriften des Archäologischen Landesmuseums 8, 181-281. Neumünster.

HÄGG, I., 2006: Tuch. In: J. Hoops (Begr.), Reallexikon der germanischen Altertumskunde (2. Aufl.) 31, 310-312. Berlin, New York.

HEINRICH, D., 1994: Die Fischreste aus der frühgeschichtlichen Wurt Elisenhof. Studien zur Küstenarchäologie Schleswig-Holsteins A, Elisenhof 6, 215-249. Frankfurt am Main u. a.

HUNDT, H.-J., 1981: Die Textil- und Schnurreste aus der frühgeschichtlichen Wurt Elisenhof. Studien zur Küstenarchäologie Schleswig-Holsteins A, Elisenhof 4. Frankfurt am Main, Bern.

KOSSACK, G., 1984: Geschichte der Forschung. Fragestellung. In: G. Kossack, K.-E. Behre u. P. Schmid (Hrsg.), Archäologische und naturwissenschaftliche Untersuchungen an ländlichen und städtischen Siedlungen im deutschen Küstengebiet vom 5. Jh. v. Chr. bis zum 11. Jh. n. Chr., Band 1, Ländliche Siedlungen, 5-25. Weinheim.

REICHSTEIN, H., 1994: Die Säugetiere und Vögel aus der frühgeschichtlichen Wurt Elisenhof. Studien zur Küstenarchäologie Schleswig-Holsteins A, Elisenhof 6, 1-214. Frankfurt am Main u. a.

RHODE, H., 1986: Überlegungen zur mittelalterlichen Wasserstraße Eider/Treene/Schlei. Offa 43, 311-336.

SCHULTZE, J., 2010: Zwischen Tür und Angel. Archäologische Nachrichten aus Schleswig-Holstein 2010, 88-91.

SEGSCHNEIDER, M., 2004: Die Marschen der Insel Föhr und der Wiedingharde, Kreis Nordfriesland. Eine siedlungsarchäologische Studie. Dissertation, Universität Kiel (http://eldiss.uni-kiel.de/macau/receive/dissertation_diss_0000 1782).

SIEGMÜLLER, A., 2007: Eine frühmittelalterliche Schafwaschanlage auf der Wurt Hessens, Wilhelmshaven – Überlegungen zur Wollverarbeitung im Nordseeküstenbereich und ihrer Bedeutung für die Definition der friesischen Tuche. In: F. Andraschko, B. Kraus u. B. Meller (Hrsg.), Archäologie zwischen Befund und Rekonstruktion. Festschrift für Prof. Dr. Renate Rolle zum 65. Geburtstag. Schriftenreihe Antiquitates 39, 205-214. Hamburg.

STEUER, H., 1979: Die Keramik aus der frühgeschichtlichen Wurt Elisenhof. Studien zur Küstenarchäologie Schleswig-Holsteins A, Elisenhof 3, 1-147. Frankfurt am Main, Bern, Las Vegas.

SZABÓ, M., GRENANDER-NYBERG, G., u. MYRDAL, J., 1985: Die Holzfunde aus der frühgeschichtlichen Wurt Elisenhof. Studien zur Küstenarchäologie Schleswig-Holsteins A, Elisenhof 5, 1-217. Frankfurt am Main, Bern, New York.

TEEGEN, W.-R., u. SCHULTZ, M., 1999: Die Kinderskelete von der frühgeschichtlichen Wurt Elisenhof. Studien zur Küstenarchäologie Schleswig-Holsteins A, Elisenhof 7. Offa-Bücher 80, 233-280. Neumünster.

TEMPEL, W.-D., 1979: Die Kämme aus der frühgeschichtlichen Wurt Elisenhof. Studien zur Küstenarchäologie Schleswig-Holsteins A, Elisenhof 3, 151-174. Frankfurt am Main, Bern, Las Vegas.

WESTPHALEN, P., 1999: Die Kleinfunde aus der frühgeschichtlichen Wurt Elisenhof. Studien zur Küstenarchäologie Schleswig-Holsteins A, Elisenhof 7. Offa-Bücher 80, 1-232. Neumünster.

WESTPHALEN, P., 2010: Neue Untersuchungen zu den Baubefunden von Elisenhof. Archäologische Nachrichten aus Schleswig-Holstein 16, 77-83.

WESTPHALEN, P., im Druck: Die Häuser der wikingerzeitlichen Marschensiedlung Elisenhof. Studien zur Küstenarchäologie Schleswig-Holsteins A, Elisenhof 8. Offa-Bücher.

WIECHMANN, R., 1996: Edelmetalldepots der Wikingerzeit in Schleswig-Holstein. Vom „Ringbrecher" zur Münzwirtschaft. Offa-Bücher 77. Neumünster.

Ausgrabungen in den frühneuzeitlichen Dieler Schanzen im Landkreis Leer (Ostfriesland) – Ein Vorbericht

Archaeological research on the early modern fortification "Dieler Schanzen", in the District of Leer (East Frisia) – a preliminary report

Andreas Hüser

Mit 11 Abbildungen

Inhalt: Im Sommer 2010 begannen im Rahmen eines Forschungsprojektes des Archäologischen Dienstes der Ostfriesischen Landschaft Ausgrabungen in den Dieler Schanzen bei Weener im Landkreis Leer. Ziel war es, die Struktur der 1580 errichteten und im Jahr 1672 geschleiften Befestigung an der Grenze zwischen Ostfriesland und dem Münsterland zu klären. Verschiedene Waffen- und Munitionsfunde sowie zahlreiche Keramikfunde gewähren einen guten Einblick in das Leben der Soldaten im späten 16. und 17. Jahrhundert.

Schlüsselwörter: Niedersachsen, Ostfriesland, Diele, Frühe Neuzeit, Dreißigjähriger Krieg, Schanze, Grenzbefestigung, Festungsbau.

Abstract: As part of a research project under the aegis of the Archaeological Service of the *Ostfriesische Landschaft* (East-Frisian Heritage), fieldwork began in the summer of 2010 on the defensive fortifications known as the *Dieler Schanzen*, near Weener in the administrative district of Leer. The aim of the excavation was to clarify the structure of these fortifications on the border between East Frisia and Münsterland, which were built in 1580 and razed in 1672. Weapons and munitions as well as many ceramic finds provide an insight into the living conditions of soldiers during the late 16th and 17th centuries.

Key words: Lower Saxony, East Frisia, Diele, Early Modern Age, Thirty Years War, Border fortification, Fortress construction.

Dr. Andreas Hüser, Ostfriesische Landschaft, Georgswall 1-5, 26603 Aurich –
E-mail: hueser@ostfriesischelandschaft.de

Inhalt

1 Einleitung 262
2 Die Dieler Schanzen 262
3 Zur Struktur der Dieler Schanzen 263
4 Die Ausgrabungen in der Dieler Hauptschanze . . 265
5 Die Funde 268
6 Resümee 273
7 Literatur 274

1 Einleitung

Ausgedehnte Moorflächen – unwegsam und undurchdringbar – sind naturräumliche Gegebenheiten, die Ostfriesland umgeben und lange Zeit geprägt haben. Der Zugang auf die ostfriesische Halbinsel war somit stark eingeschränkt und erfolgte in der Regel über schmale sandige und trockene Geestrücken. Zwei wichtige und seit jeher als Kommunikationswege genutzte Richtungen sind besonders hervorzuheben. Dies ist zum einen die Nord – Süd gerichtete Route, die der Ems folgt und Emden und das Münsterland verbindet, und zum anderen sind es die West – Ost verlaufenden Verbindungen zwischen den Zentren Hamburg, Bremen und Oldenburg auf der einen Seite und Leer, Emden und Groningen auf der anderen Seite.

Im Verlauf des Dreißigjährigen Krieges (1618-1648) wurden entlang dieser Handelsrouten an der Grenze Ostfrieslands Befestigungen in Form von Schanzen angelegt. Zu diesen Befestigungen aus Wallanlagen, Wassergräben und in frühneuzeitlicher Manier errichteten Eckbastionen zählen neben den hier vorzustellenden Dieler Schanzen am Weg zwischen Emden und Münster weitere auf ostfriesischer Seite im Bereich des heutigen Landkreises Leer liegende Befestigungen. Zu ihnen gehören die Deterner, Rhauder, Potshauser sowie die Hampoeler Schanze im Leda-Jümme-Gebiet, die Bezug auf die West – Ost verlaufenden Verbindungen nehmen (HÜSER 2011a). Von den genannten Anlagen spielt die Grenzbefestigung bei Diele aufgrund der historischen Ereignisse sicherlich die wichtigste Rolle.

Seit Mai 2010 führt die Ostfriesische Landschaft gemeinsam mit der Touristik GmbH „Südliches Ostfriesland" im Rahmen des zum grenzübergreifenden INTERREG IVa-Programm gehörenden Netzwerks Toekomst Untersuchungen zu Festungen und Schanzen im Landkreis Leer durch. Das Forschungsprojekt „Grenzland Festungsland" ist Bestandteil dieses mit EU-Mitteln geförderten Programms. Neben der Sichtung der schriftlichen Quellenlage finden auch archäologische Ausgrabungen an ausgewählten Objekten statt. Der Fokus liegt dabei neben den Dieler Schanzen bei Weener auf den Ruinen der Festung Leerort im Mündungsbereich der Leda in die Ems bei Leer, der einstmals größten ostfriesischen Landesfestung.

Die hier im Folgenden vorgestellten Grabungsergebnisse sind ein erster Vorbericht und beruhen weitgehend auf den Untersuchungen der Jahre 2010 und 2011. Nach Abschluss der Geländearbeiten und der Auswertung des Fundmaterials ist geplant, die Befunde und Funde aus Diele zusammen mit den Grabungsergebnissen aus der Festung Leerort monographisch vorzulegen.

2 Die Dieler Schanzen

„1580 hebben vann detertiedt aff de schantze tho Diele makett, bewert undt alle Jaer underhollehen, wannt do begunste idt im Groningerlandt." In diesem im Kirchenarchiv der reformierten Gemeinde der Stadt Weener überlieferten kurzen zeitgenössischen Vermerk des Pastors Johannes Brummelkamp wird die Errichtung der Dieler Schanze erwähnt (KIRCHENARCHIV WEENER). Der historisch bisher kaum berücksichtigte Hinweis zeigt, dass die Gründung der Schanze zum Schutz des Rheiderlandes im Zusammenhang mit den als Achtzigjähriger Krieg (1568-1648) bezeichneten Unabhängigkeitsbestrebungen der Republik der Sieben Vereinigten Niederlande von der spanischen Krone zu sehen ist. In jener Zeit ist die in spanischer Hand befindliche Stadt Groningen von den niederländischen generalstaatischen Truppen belagert worden und sämtliche Zuwege dorthin waren durch einen Befestigungsring abgeriegelt.

Die Anlage der Dieler Schanzen wird vor dem Hintergrund der naturräumlichen Gesamtsituation verständlich. Die bereits oben genannte Verbindung vom Münsterland nach Ostfriesland entlang der Ems führt zwangsläufig an der kleinen Ortschaft Diele vorbei. Von dort aus öffnet sich das ostfriesische Rheiderland. Dieser von Ubbo Emmius (* 1547, † 1625) als Heerstraße bezeichnete Weg (EMMIUS 1616a, 8) ist auf westlicher Seite durch das Bourtanger Moor und auf östlicher Seite durch die Ems und angrenzende weitere Moorgebiete begrenzt. Diele befindet sich also strategisch günstig in einem naturräumlich vorgegebenen flaschenhalsähnlichen Engpass und kann somit als das Tor nach Ostfriesland von Süden her verstanden werden.

Um die hier verlaufende Grenze zwischen Ostfriesland und dem angrenzenden Münsterland gab es bereits im späten Mittelalter kleinere Grenzstreitigkeiten, die gelegentlich bis an den Hof des ostfriesischen Grafen bzw. an den Bischof des Bistums Münster herangetragen wurden. Eine militärische Befestigung dieser Grenzsituation ist für die Zeit vor 1580 aber nicht belegt. Nur einmal, im Jahr 1533, ließ der ostfriesische Graf Enno II. (* 1505, † 1540) bei Diele eilig ein Lager errichten, um einfallende Söldnerhaufen aus dem Münsterland abzuhalten (EMMIUS 1616b, 871; PETERS o. J., 13). Das Lager hatte allerdings nur sehr kurzen Bestand, zeigt aber die Dringlichkeit, diesen Ort zu befestigen. Immerhin haben mehrfach weitere Plünderungszüge an Diele vorbei in das Rheiderland hinein stattgefunden.

Die Dieler Schanze gehört nach dem Vermerk im Kirchenarchiv der Stadt Weener als ostfriesische Anlage zunächst in den Rahmen der Befestigungen des Sperrgürtels um die Stadt Groningen, um die dorthin führenden Wege abzuriegeln. Ihre Gründung erfolgte im gleichen Zeitraum wie die der niederländischen Anlagen Oudeschans bei Bellingwolde (1593) und Bourtange (1580/1596). Im Zuge des Dreißigjährigen Krieges wird die Schanze hingegen zur Grenzbefestigung des protestantischen Ostfrieslands gegen das katholische Münsterland.

Die Geschichte der Dieler Schanzen soll im Folgenden in knapper Form dargestellt werden. Ausführlicher nachzulesen ist sie bei Gerhard Kronsweide in dem vom Heimat- und Kulturverein Jemgum e. V. herausgegebenen Mitteilungsblatt „dit un' dat" (KRONSWEIDE 2000; 2001; 2002a; 2002b; 2002c).

Der ostfriesische Chronist Ubbo Emmius erwähnte 1616 eine Schanze bei Diele als System aus Wall und Graben in Form eines Lagers. Sie diente zum Schutz der „Landschaft, die einst oft viel Unglück von fremden Soldaten erlitten hat" (EMMIUS 1616a, 8). Bis in den Dreißigjährigen Krieg hinein blieb es vergleichsweise ruhig um die Schanze. In den 1630er-Jahren fanden dann nicht nur in den Dieler Schanzen, sondern auch in weiteren Schanzen Ostfrieslands Ausbauarbeiten statt.

Im Jahre 1637 wurden die Dieler Schanzen von hessischen Truppen, die bis dahin im Auftrag der Niederländer agiert hatten und auf deren Anraten sie in Ostfriesland stationiert worden waren, besetzt. Zunächst wurde ihnen die Schanze nur für ein halbes Jahr überlassen. Allerdings verzögerte sich der Abzug der hessischen Truppen um ziemlich genau zwölfeinhalb Jahre, so dass die Anlage erst 1650 – und damit zwei Jahre nach dem Abschluss des Westfälischen Friedens 1648 – an Ostfriesland zurückging. Die hessische Zeit wurde nur 1647 kurz unterbrochen, als kaiserliche Truppen die Schanze einnahmen, diese dann aber wieder in hessische Hand abtreten mussten.

Wenige Jahre nach dem Ende des Dreißigjährigen Krieges, im Jahr 1663, gerieten die Dieler Schanzen erneut in kriegerische Auseinandersetzungen. Beauftragt vom Reichskammergericht mit der Eintreibung von Schulden des ostfriesischen Grafenhauses beim Fürstenhaus Liechtenstein ließ sie der münstersche Fürstbischof Christoph Bernhardt von Galen (*1606, † 1678) besetzen. Gleichzeitig nutzte er diesen Anlass, alte hoheitliche Ansprüche des Bistums Münsters auf Ostfriesland geltend zu machen. Seitens der Niederlande wurden den Ostfriesen hingegen 135.000 Taler in Aussicht gestellt, wenn sie die Schanzen von den münsterschen Truppen räumen und den Niederländern als Stützpunkt überlassen würden. 1664 wurde die Schanzen schließlich von den Niederländern belagert und eingenommen.

Die auf ostfriesischem Boden gelegenen Dieler Schanzen waren also in jener Zeit Zankapfel zwischen dem münsterschen und dem niederländischen Machtzentrum und deren Konflikte wurden hier auf neutralem Gebiet ausgeführt. 1672 zog sich von Galen – als er sah, dass seine Beteiligung an den Übergriffen auf die Niederlande bei der Belagerung Groningens gescheitert war – über die Dieler Schanzen in das Münsterland zurück und ließ sie dabei schleifen. Zuvor gab es jedoch mit den Niederländern noch weitere Gefechte um die Schanze.

Diese kurze Übersicht der wesentlichen die Dieler Schanzen betreffenden Ereignisse zeigt, dass die Anlagen zunächst als Grenzbefestigung verstanden worden sind, im Laufe der Zeit aber weniger bei der ostfriesischen Grenzsicherung als vielmehr in den Interessenskonflikten der benachbarten Niederlande und dem Münsterland eine Rolle spielten.

3 Zur Struktur der Dieler Schanzen

Historische Pläne sowie Aufzeichnungen aus dem 17. und 18. Jahrhundert im Niedersächsischen Staatsarchiv Aurich und in Groninger Archiven verdeutlichen die einst raumgreifende Struktur der Dieler Schanzen, die in Abb. 1 auf einer heutigen Karte wiedergegeben sind. Sie bestehen in erster Linie aus der Hauptschanze, die auch als „Jemgumer Zwinger" bezeichnet wird. Diese Hauptschanze befindet sich unweit eines alten Flussarms der Ems, der heute weitgehend verlandet ist.

Bei Jemgum, Ldkr. Leer, handelt es sich um eine Ortschaft an der Ems im Rheiderland, die etwa 20 km nordwestlich von Diele liegt. Der Ort war im Laufe des Dreißigjährigen Krieges mehrfach Schauplatz blutiger Auseinandersetzungen und so liegt der Verdacht nahe, dass man daher dort eine Art Bürgerwehr für die Dieler Schanze bereitstellte, um weitere Angriffe zu verhindern.

Dem Jemgumer Zwinger waren in östlicher bzw. südöstlicher Richtung unmittelbar an der Ems zwei Posten vorgelagert, die sog. Redouten „Kiek in de Eems" und „Kiek in de Bosch", die der Kontrolle des Flussverkehrs dienten, gleichzeitig aber auch Sieltore sicherten. Im Belagerungsfall konnte mit Hilfe von Deichen

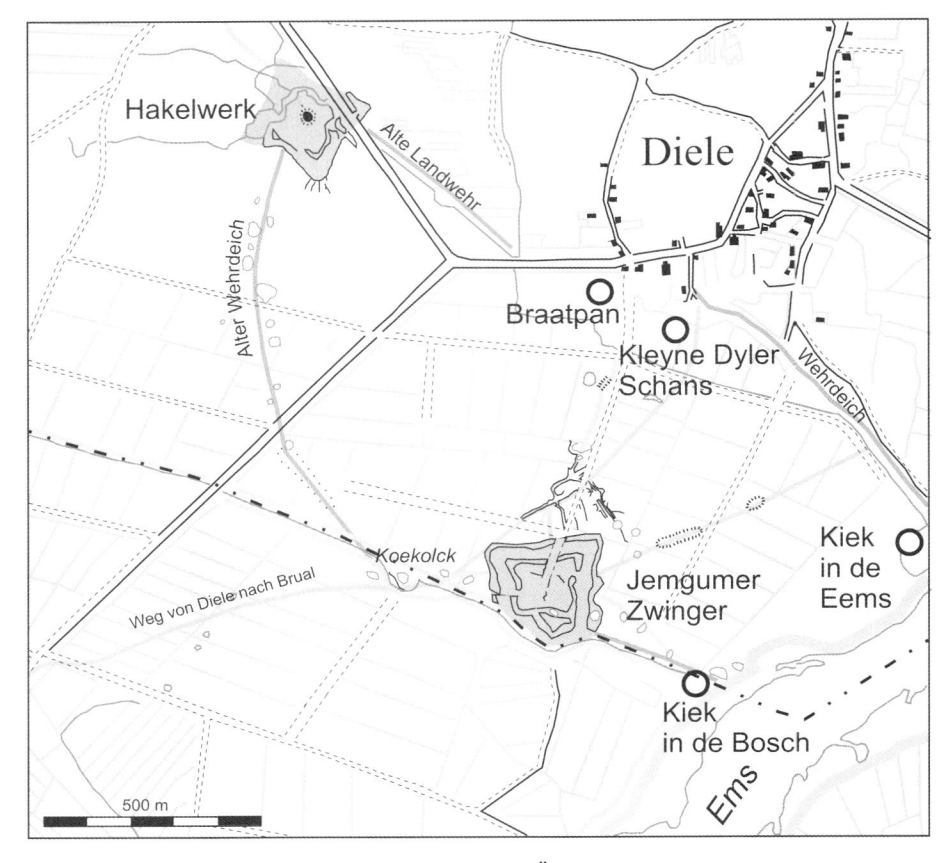

Abb. 1. Dieler Schanzen. Übersichtsplan
(Graphik: G. Kronsweide, verändert und korrigiert nach BÄRENFÄNGER 1999, 225 Abb. 99).

und dem Schließen der Sieltore das Umfeld zumindest des Jemgumer Zwingers geflutet bzw. in Morast verwandelt werden. Am heutigen Ortsrand von Diele, also nördlich der Hauptschanze, befanden sich darüber hinaus die „Kleyne Dyler Schans" und in mehreren hundert Metern Entfernung das „Hakelwerk", ebenfalls eine mit Wällen und Gräben befestigte Schanze. Im Bereich der heutigen Ortschaft Dielerheide lag schließlich ein letzter Vorposten, die Redoute „Zig dig vor" (Sieh dich vor). Somit besteht die gesamte Anlage der Dieler Schanzen aus einem über etwas mehr als 2 km langen System aus Schanzen, Redouten, Wällen und Gräben.

Für die Anlage der Dieler Schanzen war neben der Kontrolle des schmalen Landwegs sicher auch die der Ems als Wasserweg von Bedeutung. Insbesondere die beiden unmittelbar an der Ems angelegten Redouten, von denen eine sogar namentlich Bezug auf den Fluss nimmt, legen dies nahe. Historisch belegt ist etwa das Anrücken münsterscher Truppen über die Ems im Jahr 1663. Größere Truppenbewegungen mit dem gesamten Tross sind allerdings möglicherweise eher auf dem Landweg zu erwarten, nicht zuletzt aufgrund des immensen Materialtransports, die der Einsatz von Artillerie mit sich bringt.

Aus historischer Sicht betrachtet nahm der Jemgumer Zwinger als Hauptschanze die wichtigste Rolle ein, auf die im Folgenden näher eingegangen werden soll. Südlich von Diele sind von ihr heute noch Reste von zwei weitgehend parallel um sie herum verlaufenden Wassergräben und auch Wällen zu erkennen (Abb. 2).

Abb. 2. Dieler Schanzen.
Luftaufnahme der Hauptschanze (Jemgumer Zwinger)
mit Grabungsschnitt 4 (Juni 2011).
Die Wassergräben sind durch den Baumbewuchs
gut nachvollziehbar. Blick etwa von Südwesten
(Foto: H. Unkel).

Die Schanze weist eine quadratische Grundstruktur auf und besitzt an den Ecken jeweils eine nach außen vorspringende Bastion. Damit folgt ihr Aufbau genau der damals typischen renaissancezeitlichen Befestigungsform altniederländischer Bauweise mit Gräben, Erdwällen und Bastionen. Die Grundfläche weist eine Länge und eine Breite von gut 70 m auf.

4 Die Ausgrabungen in der Dieler Hauptschanze

Historische Quellen lassen die Struktur der Gesamtanlage deutlich erkennen, allerdings fehlen detailreiche Darstellungen ihrer inneren Gestaltung. Bisher wurde, jedoch ohne eindeutige Belege, ein Mauergeviert mit vier vorspringenden Ecktürmen angenommen (z. B. VON SLAGEREN o. J., 105). Vor Beginn der Ausgrabungen wurden daher zunächst geophysikalische Prospektionen im Inneren der Hauptschanze, dem Jemgumer Zwinger, durchgeführt, die eine geschlossene quadratische Bebauung um einen freien Hof herum erkennen lassen (Abb. 3). Dieses anscheinend in einem Zuge errichtete und in sich geschlossene Gebäude hat den geomagnetischen Messergebnissen zufolge die Außenmaße von 65×65 m, der Innenhof selbst hat eine Fläche von annähernd 30×30 m.

Um die Interpretation des geophysikalischen Messbildes zu verifizieren und den Aufbau des Zwingers zu dokumentieren, wurden insgesamt sieben Sondageschnitte angelegt. In den etwa 5 m breiten Schnitten 1 und 2 wurden die beiden die Schanze umgebenden Wassergräben untersucht, während in den in der Regel 2 m breiten Schnitten 3 und 4 sowie in den kleinen Sondagen 5 bis 7 die geophysikalischen Messergebnisse im Zentrum überprüft wurden (Abb. 4).

Die Schnitte 1 und 2 auf der nördlichen Seite der Schanze zeigten in ihren Profilen durch die heute im Gelände noch etwa 5 m breiten Grabenreste, dass ursprünglich zwei gut 16 m breite und bis zu 2 m tiefe Wassergräben die Schanze umgeben haben (Abb. 4-6). *In situ* befindliche Hölzer einer Grabenbefestigung ließen sich in beiden Gräben nicht nachweisen. Möglicherweise gehörte aber ein Teil der angespitzten Bauhölzer aus Eiche, Buche und Erle aus der Verfüllung des inneren Grabens zu einer Sicherung der Grabenböschung.

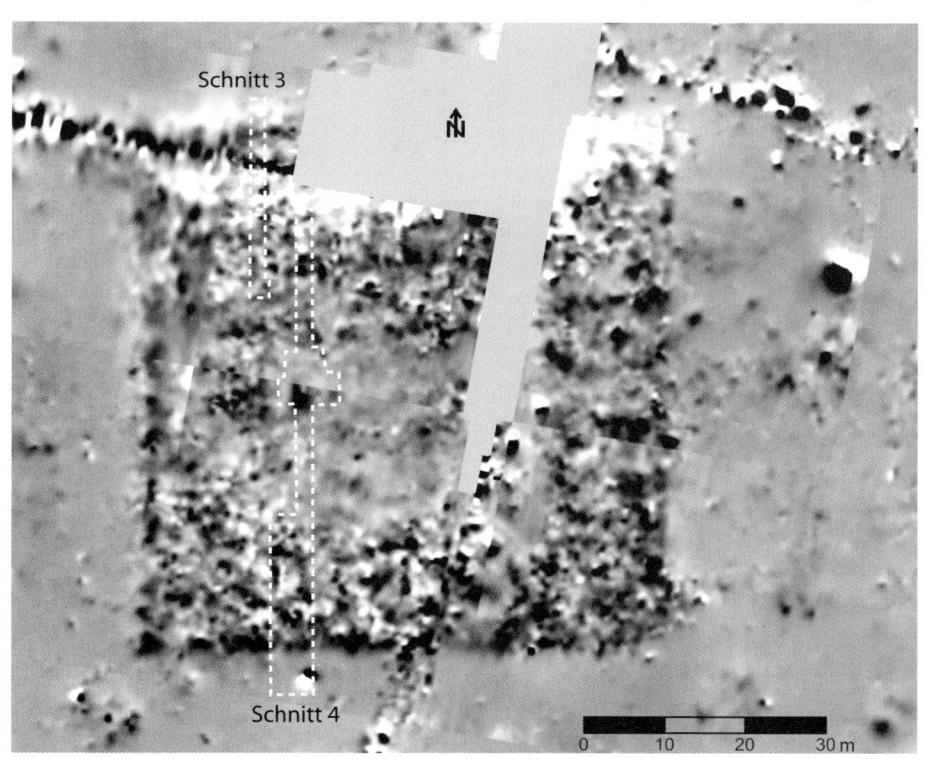

Abb. 3. Dieler Hauptschanze.
Messbild der geophysikalischen Prospektion im zentralen Bereich der Hauptschanze mit einem gut 65×65 m großen Gebäudekomplex um einen Innenhof und Grabungsschnitten.
Graue Fläche: Bereich nicht gemessen – Ungefiltertes Magnetogramm, Cäsiummagnetometer Smartmag 4M-4/4G (nach SCHWEITZER 2010).

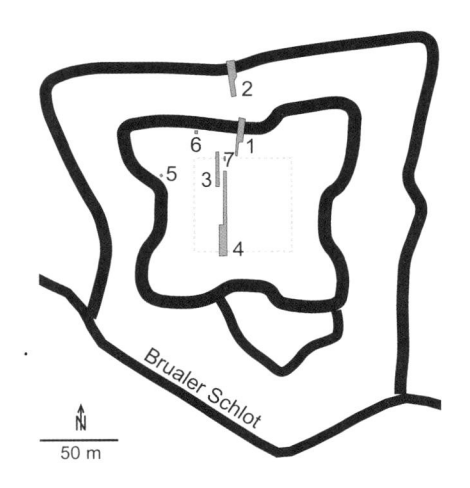

Abb. 4. Dieler Hauptschanze.
Plan der Schanze mit den Grabungsschnitten 1-7.
Gestrichelte Linie: Gebäudekomplex aufgrund
geophysikalischer Prospektion (Grafik: A. Hüser).

An der Sohle des inneren Grabens (Abb. 6) waren durch die Lage im Feuchtboden organische Gegenstände in sehr gutem Zustand erhalten geblieben. Hierzu zählen Funde von mehreren Halbschuhen. In einem Fall liegt das Sohlenfragment eines Kinderschuhs vor. Laut Auskunft von Serge Volken (Gentle Craft, Lausanne) lassen sich diese formenkundlich der Schuhmode der 1630er- bis 1640er-Jahre zuweisen.

Ebenfalls fand sich in der Ablagerungsschicht des inneren Grabens eine außerordentlich große Menge an Steinobstkernen (Kirschen, Schlehen, Pflaumen u. a.), die auf die Ernährungsgewohnheiten der Soldaten schließen lassen. Auch bearbeitete Bauhölzer sowie der Boden eines Holzeimers zählen zu den Funden.

Nahezu unmittelbar an den Innenrand des inneren Wassergrabens schlossen sich Bodenschichten an, die zu einem gut 10 m breiten und ursprünglich etwa 3-4 m hohen Wall aus Sand und humosen Soden gehörten (Abb. 6). Der Wall ist nach der Schleifung abgetragen und in den Wassergraben einplaniert worden, wie charakteristische Schüttschichten deutlich erkennen lassen. Reste eines zweiten, aber wohl deutlich flacheren Walles konnten zwischen beiden Gräben beobachtet werden. Der Befund zeigt also eine breite Sicherungsanlage. Vor einem hohen Hauptwall, der die Gebäude der Schanze gegen Artilleriegeschosse schützte, lagen zwei durch einen Vorwall getrennte und mit Wasser gefüllte Gräben.

Von der Innenbebauung der Schanze konnten in den Profilen der Schnitte 3 und 4 mehrere Bauphasen beobachtet werden (Abb. 4-5). Den anstehenden Boden bildete ein auf Sand entwickelter Podsolboden. Mehrere Pfostenspuren, die erst nach dem Abtrag der alten

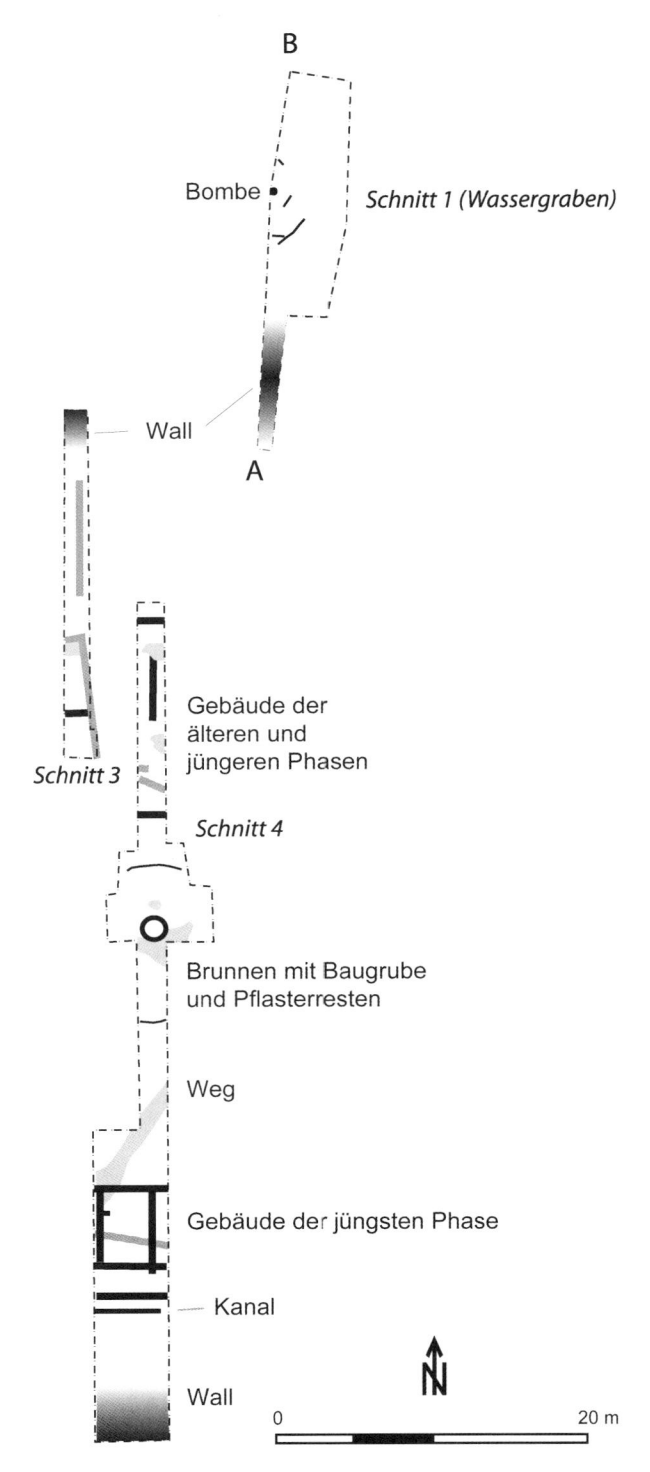

Abb. 5. Dieler Hauptschanze.
Vereinfachter Übersichtsplan
der Schnitte 1, 3 und 4 mit Kartierung der Befunde.
Grau: ältere Phasen — Schwarz: jüngere Phasen
(Graphik: A. Hüser).

Oberfläche im hellen Sand klar erkennbar waren, lassen an eine frühe Phase mit Holzbauten denken. Aufgrund der weiteren Befunde konnte eine systematische

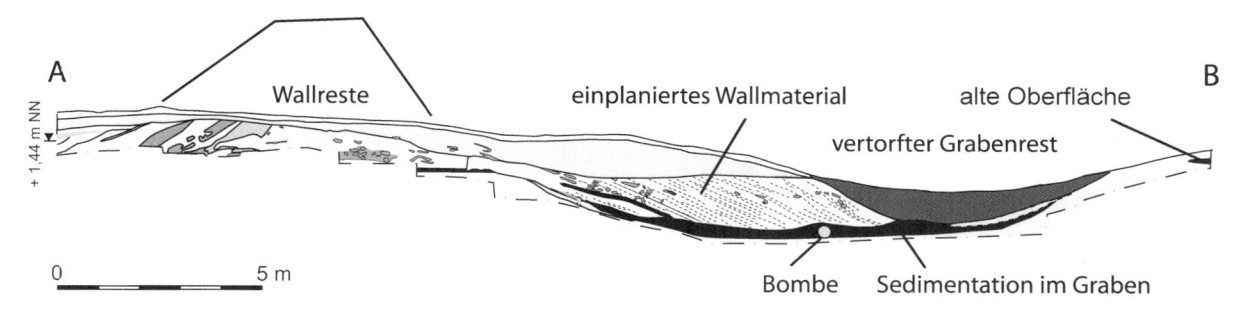

Abb. 6. Dieler Hauptschanze. Schnitt 1. Westprofil mit Wallresten und innerem Wassergraben (Graphik: A. Hüser).

Baugrundvorbereitung festgestellt werden: Der Podsol war teilweise gekappt und mit einer zähen Lehmschicht überdeckt. Darüber folgte großflächig ein bis zu 30 cm mächtiger Sandauftrag, auf dem die untersten Reste von Backsteingebäuden lagen.

Eines dieser Gebäude konnte ausschnittsweise noch durch seine untersten Steinlagen im Fundamentbereich nachgewiesen werden. Die Basislage betrug dabei die 1,5-fache Breite der Mauerstärke, die der Länge eines Backsteins entspricht. Die hier verwendeten Backsteine weisen die Maße 26-27×13-14×5,5-6 cm auf – das für die Bauten der Schanze allgemein gebräuchliche Format. Im Befund zeigte sich zudem, dass vielfach auch bereits früher gebrauchte Steine und Steinfragmente erneut verwendet wurden.

Quer unter dem Fundament des Gebäudes hindurch verliefen zwei Bodenverfärbungen. Sie stammten von hölzernen Gründungen, die neben der Sandschicht das Fundament zusätzlich stabilisierten (HÜSER 2012, 239 ff. Abb. 7-13). Die beiden Befunde lagen in einem Abstand von knapp 3,6 m nebeneinander. Auf höherem Niveau ließen sich Fußbodenbereiche – teils mit Backsteinen gepflastert, teils auch in Form von Stampflehm oder Sandauftrag – belegen. Weitere Mauerzüge hingegen konnten nur noch in Form von mit Sand, Backstein- und Mörtelbruch gefüllten Fundamentgräben bzw. Fundamentausbruchsgräben nachgewiesen werden.

Im Laufe der Nutzungszeit wurde die Schanze nachweislich mehrfach aus- und umgebaut. Dies zeichnet sich recht deutlich im archäologischen Befund ab. Stratigraphisch klar ließ sich belegen, dass die geomagnetisch nachgewiesenen Strukturen des viereckigen und in sich geschlossen wirkenden Gebäudes zur jüngsten Ausbauphase der Schanze gehörten. In Schnitt 4 konnte einwandfrei eine Raumgruppe des jüngsten Kasernengebäudes freigelegt werden (Abb. 5 u. 7). Die von den Mauern übrig gebliebenen Fundamentgräben waren mit Mörtelbrocken und Backsteinbruch verfüllt, wohingegen sich vom Mauerwerk selbst keine Reste mehr erhalten hatten. Zu diesen Gebäuderesten gehörten auch zwei schlicht aus Backsteinen gesetzte Abwasserrinnen.

Die verschiedenen Mörtelbrocken lassen Rückschlüsse auf das Mauerwerk zu. Die Backsteine selbst sind mit Mörtel verbunden, daneben sind auch Reste von

Abb. 7. Dieler Hauptschanze. Schnitt 4.
Ausbruchgräben von Fundamenten (der Kommandantur?) und Kanal (Foto: A. Hüser).

Abb. 8. Dieler Hauptschanze. Schnitt 4.
Brunnenschacht aus Backsteinen.
Blick nach Süden (Foto: A. Hüser).

Wandputz vorhanden, teilweise noch mit anhaftenden Resten einer weißen Tünchung mit Kalk. Hinzu kommen Mörtelbrocken, die Holzabdrücke aufweisen – ein Indiz für Flechtwerk in Kombination mit Kalkmörtelputz. Weiterhin bezeugen entsprechende Bruchstücke im Mörtel, dass der Kalkbedarf durch gebrannte Muscheln gedeckt worden ist. Anstatt auf Kalkmörtel wurde in wenigen Fällen auch auf Lehm zurückgegriffen.

Neben dem oben genannten Standardmaß der Backsteine konnten bei der Grabung wenige andere Formate nachgewiesen werden. In einigen seltenen Fällen traten größere Steine mit den Maßen 30×15×8,5 cm auf, die als „Klosterformat" anzusprechen sind. In erster Linie fanden sie sich im Bereich der Mauerbrüstung eines Brunnens auf dem Innenhof (s. u.).

Weiterhin sind – auf die oberen Schichten beschränkt – gelb gebrannte Backsteine mit den Maßen 17×8×3,5 cm zu nennen, die in ihrer Beschaffenheit im Gegensatz zu den üblichen Steinen krümeliger wirken. Diese farblich besonders hervorstechenden Steine sind im Vergleich zum übrigen Baumaterial jedoch verhältnismäßig selten. Daher bleibt fraglich, inwieweit diese in der Architektur eine besondere Rolle gespielt haben.

Der aus Jemgum stammende Kaufmann und Chronist Menno Peters (* zwischen 1615 und 1639, † 1714) schildert in seiner Chronik die Ereignisse des Jahres 1664, als die Generalstaaten die münsterschen Truppen des Bischofs Christoph Bernhard von Galen vertrieben. In diesem Zusammenhang schreibt er: *„Sie* [die Niederländer] *verbesserten gleich die Schanze durch Pforten und Wälle. Ebenso ließen sie auch die Kirche, verschiedene Häuser und Baracken zimmern. Durchgehends mit gelben Steinen gepflastert, war Diele eine schöne Schanze"* (PETERS o. J., 37).

Handelt es sich bei diesen gelben Pflastersteinen um die sog. *„Geeltjes"*, wie sie bei den Ausgrabungen gefunden worden sind? Waren eventuell Teile des Innenhofes mit solchen mörtellos verlegten Steinen gepflastert, die später zur weiteren Verwendung wieder aufgenommen worden sind? Entsprechende *„Geeltjes"* oder auch *„Friese Geeltjes"* genannten Steine sind seit dem Beginn des 17. Jahrhunderts bekannt (BÄRENFÄNGER 2010, 226; BUSCH-HELLWIG 2008, 75) und ihre Herkunft dürfte im Raum Harlingen zu suchen sein. Dass Peters diese gelben Steine so explizit erwähnt, ist ein deutlicher Hinweis darauf, dass entsprechendes Baumaterial zu dieser Zeit noch ungewöhnlich war.

Als letzter wichtiger Befund ist ein Brunnen im Innenhof der Schanze zu nennen, der in einer gut 10 m breiten Baugrube errichtet worden ist (Abb. 5 u. 8). Auf einem Ring aus Eichenholz (Schling) als Fundament war der runde Brunnenschacht mit einem Innendurchmesser von gut 1,3 m ziemlich genau 3 m hoch erhalten. An seine letzte Steinlage schloss ein partiell erhaltenes Pflaster des umgebenden Hofes aus Granitrollsteinen an. Oben wies der Brunnen zudem die Fundamentierung einer viereckigen Brüstung auf, die aus den bereits genannten klosterformatähnlichen größeren Steinen bestand. Bemerkenswert sind auch die trapezförmigen, mörtellos verbauten Backsteinen des runden Brunnenschachts. Vergleichbare Formsteine sind in Ostfriesland für das 17. Jahrhundert noch nicht belegt. Bis auf wenige Munitionsfunde (s. Kap. 5) und etwas Keramik war der Brunnenschacht – abgesehen von umgelagertem Fundmaterial in der Bauschuttverfüllung – fundleer.

5 Die Funde

Allein in der ersten Grabungskampagne im Jahr 2010 wurden annähernd 10.000 Funde geborgen. Dabei machen die Gebrauchskeramik und Tierknochen neben Tabakpfeifenfragmenten den mengenmäßig größten Anteil aus.

Die keramischen Funde setzen sich hauptsächlich aus dem alltäglichen Gebrauchsgeschirr zusammen. Hierzu zählen in erster Linie zweihenklige Dreibeintöpfe (Grapen) als charakteristische frühneuzeitliche Kochtopfform, die in ihrer Größe deutlich variieren (Abb. 9,1-2).

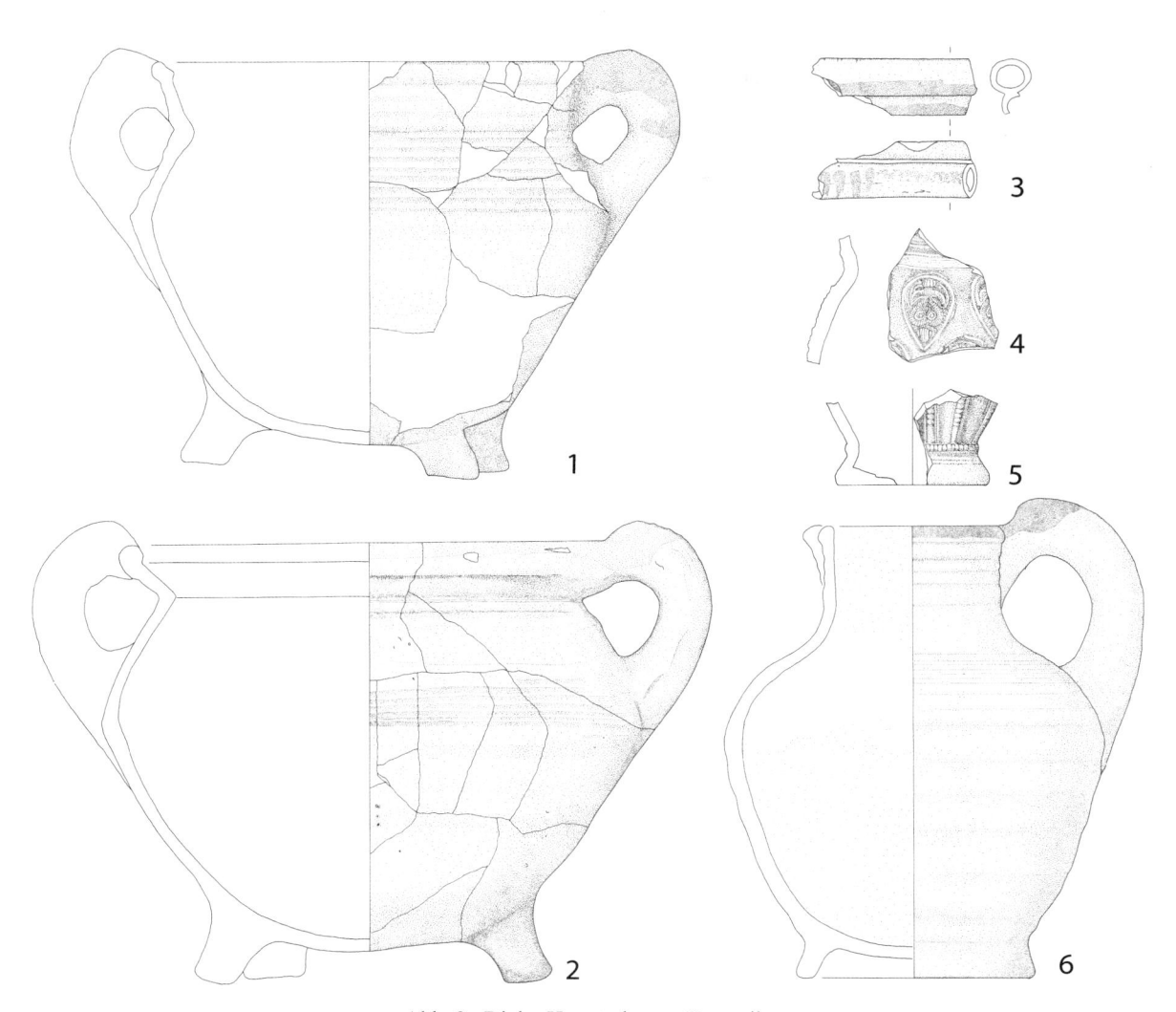

Abb. 9. Dieler Hauptschanze. Keramik.
1-2 Grapen – 3 Fragment eines „Signalhorns" – 4-5 Westerwälder Steinzeug – 6 Krug. – M. 1:3 (Zeichnung: K. Hüser).

Die überrandständigen Henkel weisen den für das 17. Jahrhundert charakteristischen hornförmigen Ansatz auf. Hinzu kommen Dreibeinpfannen mit flachem Ausguss (Schneppe) sowie Stielgriffen mit nach oben umgelegtem Rand und einer Furche auf der Innenseite.

Zum Alltagsgeschirr zugehörig sind weiterhin Schalen und Schüsseln (Abb. 10,6-9). Diese Schüsseln besitzen überwiegend querstehende Bandhenkel und weisen teilweise eine gelbe oder grüne Bleiglasur sowie Malhorndekor auf. Zudem zeigt sich im Fundmaterial, dass die Schalen nicht zwangsläufig zwei gleiche Handhaben besitzen müssen, sondern neben einem Henkel auch mit einem gegenüber angebrachten ornamentierten Grifflappen versehen sein können (Abb. 10,10).

Anders als die bereits genannten Gefäßgattungen weisen die bauchigen Krüge aus roter Irdenware eine auffällige Gleichförmigkeit auf, insbesondere was das Volumen angeht (Abb. 9,6). Einer der Krüge trägt ein nachträglich eingeritztes Zeichen wohl als persönliche Marke des Besitzers. Weiter finden sich wenige Siebgefäße im Gefäßspektrum.

Das meiste Geschirr besteht aus roter Irdenware und weist auf eine niederländische Provenienz hin (freundliche Mitteilung Dr. Elke Först, Hamburg). Hinzu kommen insbesondere Schalen und Schüsseln, aber in wenigen Fällen auch Grapen aus weißer Irdenware, die deutlich dünnwandiger sind und gelbe oder grüne Bleiglasur innen und außen aufweisen.

In einigen Fällen liegen Funde von zinnglasierter Irdenware, sog. Fayence, vor. Die zumeist blau auf weißer Zinnglasur verzierten Gefäße stammen ebenso wie wenige mit blau, braun oder orange polychrom bemalte Gefäße aus niederländischen Produktionsstätten. Nach der Technologie und damit unabhängig von Herkunftsgebieten wird in der niederländischen Terminologie zwischen beidseitig mit Zinnglasur versehenen

269

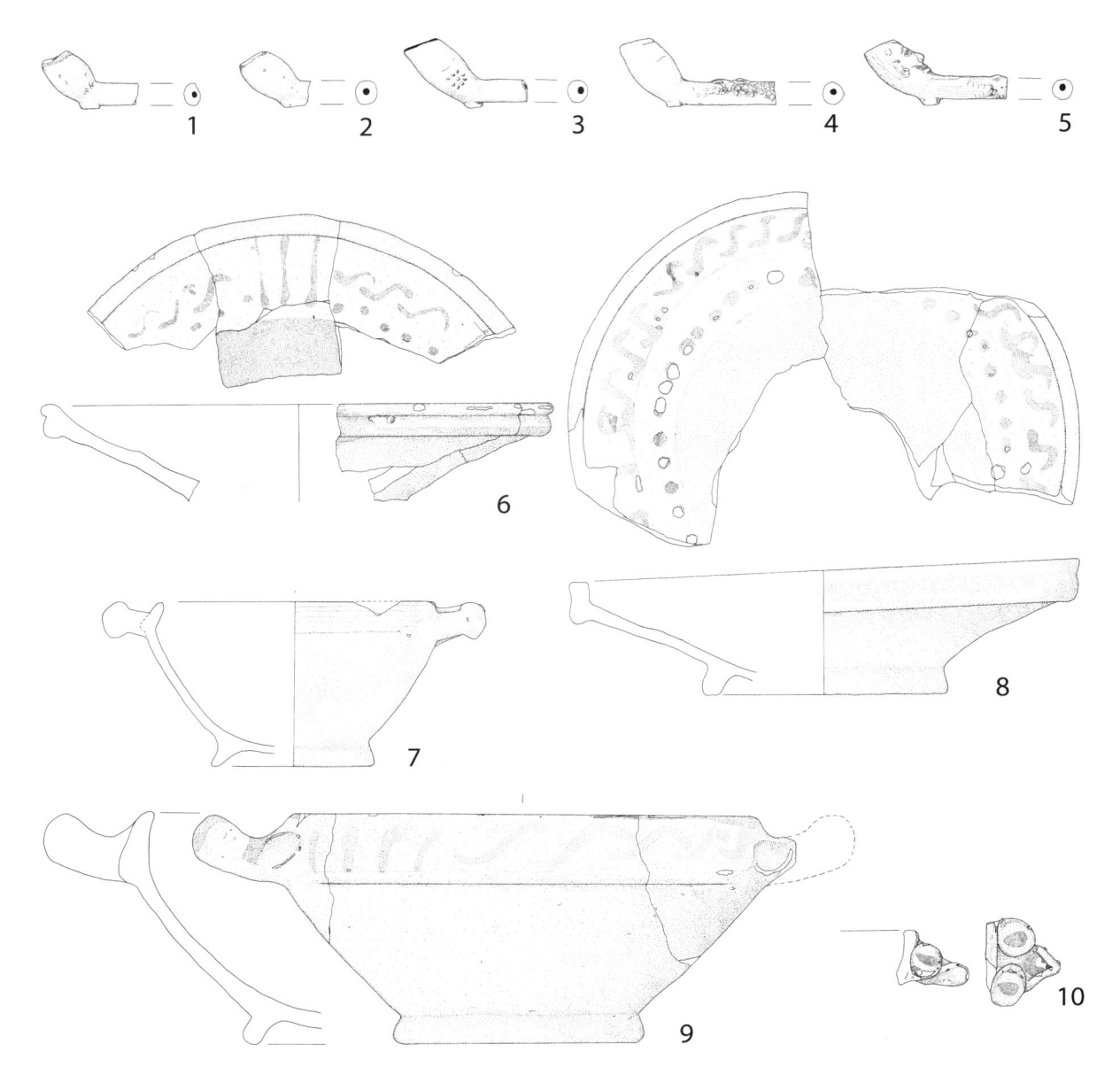

Abb. 10. Dieler Hauptschanze. Keramik.
1-5 Tabakpfeifen – 6-10 Schalen bzw. Schüsseln. – M. 1:3 (Zeichnung: K. Hüser).

Gefäßen (Fayence) und nur auf der Vorderseite mit Zinnglasur versehene Gefäßen mit einer leicht grünlichen Bleiglasur auf der Rückseite (Mayolika) unterschieden (vgl. BARTELS 1999, 208; dagegen THIER 1993, 123). Beide Formen sind in der Dieler Schanze vertreten.

Das Fundspektrum wird von einigen Steinzeuggefäßen unterschiedlicher Provenienz komplettiert, bei denen insbesondere die Stücke Westerwälder Art mit ihrem charakteristischen grauen Scherben und blauer Bemalung farbig herausstechen (Abb. 9,4-5). Neben Krügen oder Humpen sind auch Salbgefäße aus Steinzeug vorhanden.

Geradezu als ein „Leitfossil" der Neuzeitarchäologie gelten Tabakpfeifen, die in der Dieler Schanze mit mehreren tausend Fragmenten belegt sind. Formal lassen sich diese sehr gut dem 17. Jahrhundert zuweisen. Ähnlich wie die Gebrauchskeramik stammen die Pfeifen aus niederländischen Produktionszentren wie etwa Gouda.

Aus den unteren Schichten konnten sehr kleine und gedrungene Pfeifenköpfe geborgen werden, die noch in die Frühphase der Pfeifenentwicklung gehören (Abb. 10,1-2). Die meisten Pfeifenköpfe hingegen weisen die für das frühe 17. Jahrhundert typische leicht doppelkonische Form auf und sind etwas größer als die frühesten

Formen (Abb. 10,3-4). Auch die Stiel- und Kopfverzierungen wie etwa mit der französischen Lilie oder einer stilisierten Rosendarstellung passen sich sehr gut in das in jener Zeit typische Spektrum ein.

Besonders mehrere Exemplare von sog. Jonaspfeifen springen ins Auge, die auf dem Pfeifenkopf ein zurückschauendes männliches Gesicht zeigen, während auf dem Pfeifenstil ein Fisch mit Schuppen und weit aufgerissenem Maul abgebildet ist, der den Mann zu verschlucken oder auszuspeien scheint (Abb. 10,5). Pfeifen dieser Art, die offenbar in der Motivwahl auf den biblischen Jonas Bezug nehmen, datieren etwa in die Mitte des 17. Jahrhunderts (Duco 1981, 287 f., 382).

Besonders die Fersenmarken sind unter relativ feinchronologischen Aspekten zu betrachten. Eine genauere Untersuchung der Pfeifen aus dem inneren Wassergraben konnte belegen, dass diese hauptsächlich aus dessen oberen Schichten stammen. Außerdem stellte sich heraus, dass die jüngsten der beobachteten Herstellermarken nach 1672 und damit in den Zeitraum nach der historisch belegten Schleifung der Schanze datieren (Fender 2011). Diese jedoch nur wenigen Funde stammen aus dem oberen Bereich des Profils, der mit dem Abbruch der Schanze und dem Einebnen des Geländes entstanden ist. Gleiches scheint sich auch nach einem ersten kurzen Überblick der Pfeifenfunde aus den übrigen Grabungsarealen zu bestätigen; eindeutige Aussagen hierzu sind zum jetzigen Zeitpunkt jedoch noch nicht wiederzugeben.

Wenn hier ein Datierungs- oder Überlieferungsfehler auszuschließen ist, könnte diese Beobachtung nach dem bisherigen Stand der Auswertung als Indiz dafür heran gezogen werden, dass die Schanze nach der Aufgabe möglicherweise noch einige Jahre als Steinbruch gedient hat und erst im Laufe der Zeit nahezu eingeebnet worden ist, bis sich nur noch schwach Wälle und Gräben im Gelände abzeichneten, wie sie heute noch sichtbar sind.

Zum weiteren Fundmaterial zählt eine ganze Reihe von Kleinfunden, die allerdings an dieser Stelle nicht in aller Ausführlichkeit behandelt werden sollen. Sie bieten jedoch einen guten Einblick in das Alltagsleben der Soldaten in der Schanze.

Aus dem Fundmaterial stechen etwa ein Würfel aus Knochen oder Geweih sowie ein aus Elfenbein hergestellter Kamm hervor. Teilweise verzierte Messergriffe aus Buntmetall oder organischen Materialien sind ebenso vorhanden. In einer Fundschicht konnten auf relativ engem Raum knapp 60 winzige, nur 2 mm große flache Perlen aus blauem Glas geborgen werden. Denkbar wäre eine Verwendung als Zierde auf einer Hutschnur. Zur Uniform bzw. Kleidung allgemein gezählt werden Knöpfe – teilweise aus Silber – oder auch winzige Haken- und Ösenverschlüsse von Kleidung. Die geborgenen Münzen, u. a. aus Silber, werden derzeit restauriert und lassen daher über die Prägungen noch keine genaueren Aussagen zur Datierung zu.

Singulär im Fundmaterial ist das Fragment eines keramischen „Signalhorns" bzw. einer keramischen Trompete (Abb. 9,3). Erhalten sind neben einer gestreckten Röhre die Ansätze einer zweiten, die parallel zur ersten verläuft. Das Fundstück aus weißem Ton ist mit einem rotbraunen Tonschlicker farbig verziert. Vergleichbare Trompetenfragmente stammen aus Delft (Tamboer 1999, 30 f., Abb. 48) oder aus Bourtange (van Gangelen u. Lenting 1993, 173 f., Abb. 23).

Bemerkenswert sind neben zahlreichen Flachglasfragmenten auch Scherben von feinen Trinkgläsern. Unter diesen befindet sich ein Stück mit einer auf das Glas gemalten feinen Frauenfigur mit blonder langer Haartracht. Viele dieser Funde zeugen von einem auffälligen Luxus, der in einer rein militärisch genutzten Befestigungsanlage zwar zunächst auffällt, aber bei adeligen Befehlshabern nicht unüblich war. Zahlreiche dieser qualitativ als hochwertig anzusprechenden Funde, darunter auch ein Fingerring, stammen aus einem vergleichsweise kleinen Ausschnitt innerhalb des Schnittes 4. Dies kann als Indiz für die Lokalisierung der Kommandantur herangezogen werden.

Bei den Grabungen wurden erwartungsgemäß mehrfach Waffenreste und Munition geborgen. Reste mindestens eines Degens in Form eines Griffknaufes, eines Degengefäßes (Abb. 11,2) sowie des Gehänges zum Tragen des Degens an einem Gürtel sind zunächst zu nennen. Hieb- und Stichwaffen sowie Panzerungen spielen ansonsten im Fundmaterial eine untergeordnete Rolle, wobei dies natürlich in starkem Maße den Auffindungsbedingungen bzw. dem Recycling beschädigter Teile geschuldet ist.

Anders verhält es sich mit zahlreich gefundenen Bleikugeln als Munition für Musketen (Abb. 11,3-7). Da sich an den Kugeln noch Ansätze des Gusszapfens befinden, wurden diese also nach dem Guss nur grob nachbehandelt. Es fehlt eine erkennbare Normierung hinsichtlich Größe und Gewicht. Eine Hülse aus Buntmetall, die auf einen Holzstab gesteckt war – von dem ein Rest erhalten geblieben ist – kann als Endstück eines Ladestockes gedeutet werden, mit dem Kugel und Treibladung gemeinsam in den Lauf der Muskete gestopft und dort festgedrückt wurden, bevor das Gewehr gezündet werden konnte.

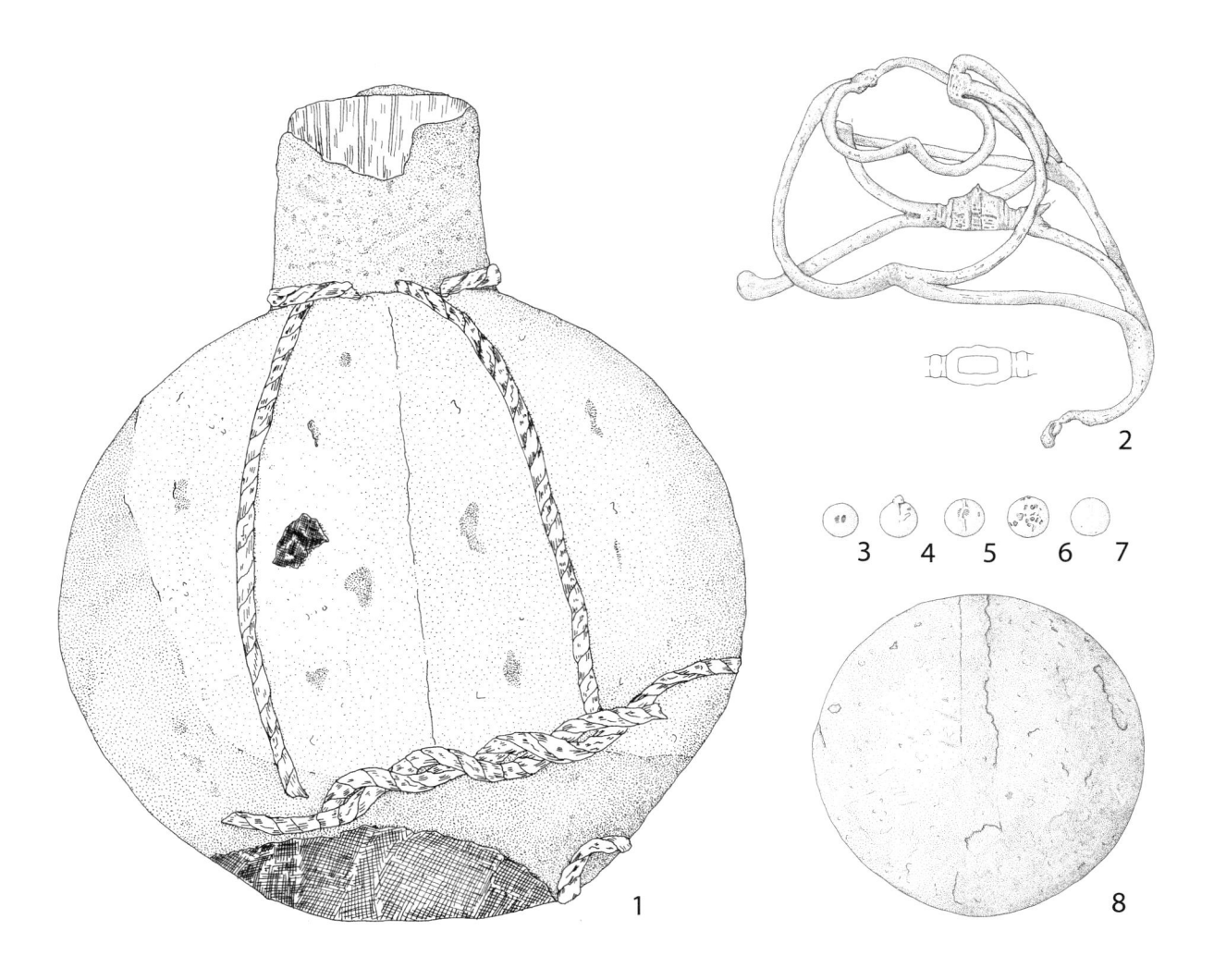

Abb. 11. Dieler Hauptschanze. Waffenfunde.
1 Bombe aus dem inneren Wassergraben mit Schnurumwicklung, Textilresten und Pechbelag – 2 Degengefäß aus Eisen – 3-7 Bleikugeln – 8 Kanonenkugel aus Eisen. – M. 1:3 (Zeichnung: K. Hüser).

Die Waffenentwicklung in der frühen Neuzeit zeigt eine zunehmende Bedeutung der Artillerie. Daran passt sich gleichzeitig auch die renaissancezeitliche Festungsbauweise mit Erdwällen, breiten Wassergräben und Bastionswerken an. Festungsbau und Waffentechnologie weisen damit deutliche Unterschiede zu den Verhältnissen des späten Mittelalters auf. Dies offenbart sich recht anschaulich im Fundmaterial der Dieler Schanze. Massive Kanonenkugeln aus Eisen wurden in mehreren Kalibergrößen beobachtet. Die schwersten davon weisen ein Kaliber von 15 cm auf und wiegen gut 10 kg (Abb. 11,8). Ein Rohrfragment aus Eisen, das sich im Fundmagazin der Ostfriesischen Landschaft befindet und von einem Sondengänger geborgen wurde, kann als Rest eines Kanonenrohres für solche Kaliber gedeutet werden.

Zunächst als kleinere Kanonenkugeln wirkende Eisenobjekte erwiesen sich nach der ersten Reinigung von anhaftenden Korrosionsresten als Hohlkugeln.

Im Inneren mit Schwarzpulver gefüllt können sie als Handgranaten verwendet worden sein, wie die zeitgenössische Darstellung eines Grenadiers vermuten lässt (KIST 1993, 114 Abb. 53).

Von ähnlichem Aufbau, aber deutlich größer dimensioniert, sind zwei vollständig erhaltene „Bomben". Eines der beiden mit Hilfe von Mörsern abgefeuerten Objekte konnte bereits fachgerecht entschärft und untersucht werden (HÜSER 2011b). Die im Auffindungszustand gut 64 kg schwere Bombe besteht aus einer hohlen Eisenkugel von 30 cm Durchmesser und einer Wandstärke von ca. 3-4 cm (Abb. 11,1). Gefüllt war sie mit etwa 4 kg Schwarzpulver. Ein Holzpflock verschloss die Beschickungsöffnung und diente über eine Längsbohrung, in der sich ein auffällig feines Schwarzpulver (Zündkraut) befand, gleichzeitig als Zünder für die Wirkladung. Außen auf der Kugel befinden sich Reste einer Umschnürung. Das zweite Fundstück ist mit 33 cm im

Durchmesser noch wenige Zentimeter größer als das erste. Auch hier ist der Holzpflock erhalten. Auffällig sind zudem Pechreste auf der Oberfläche beider Kugeln.

Als Blindgänger erhalten, lagen die zwei Kugeln auf der Sohle des inneren der beiden Wassergräben, die die Schanze umgeben haben. Fragmente vergleichbarer Munition im Innenbereich der Schanze zeigen, dass weitere Bomben ihr Ziel hingegen nicht verfehlt haben. Mörsergeschütze sind in dieser Zeit zwar keine unmittelbare Neuerfindung, werden aber in der zweiten Hälfte des 17. Jahrhunderts verstärkt in der Artillerie angewendet.

Hier ist der münstersche Fürstbischof Christoph Bernhard von Galen namentlich zu nennen, der mit solchen Waffen seinen Argumenten Nachdruck verlieh. Dass dieser sich sehr intensiv der Bombardierung belagerter Städte – wie etwa von Groningen im Jahr 1672 – bediente, zeigt sich nicht zuletzt an seinem Spitznamen „Bommen Berend", den er von den Niederländern erhielt.

Es ist nicht unwahrscheinlich, dass die beschriebenen Bombenfunde mit ihm im Zusammenhang stehen. Als der Fürstbischof von Münster die Dieler Schanze 1663 besetzte und sie ein Jahr später durch die Niederländer erobert wurde (s. Kap. 2), gelangte die Befestigung in das Mahlwerk der kriegerischen Rivalitäten beider Machtgruppierungen, obwohl sie auf neutralem ostfriesischem Boden lag. Historisch überliefert sind in der Zeit zwischen 1663 und 1672 mehrere heftige Gefechte um die Schanze, vor deren Hintergrund die Bombenfunde verständlich werden.

6 Resümee

Die insgesamt knapp acht Monate dauernden Ausgrabungen der Jahre 2010 und 2011 in der Dieler Hauptschanze haben wesentliche Informationen zur Struktur dieser Grenzbefestigung im Süden von Ostfriesland geliefert. Als Ergebnis von großflächiger geomagnetischer Prospektion und gezielten Ausgrabungen lässt sich eine Bauentwicklung im Inneren der Schanze erkennen.

Scheint es sich zunächst um einzelne Gebäude gehandelt zu haben – möglicherweise hauptsächlich im Nordteil der Anlage –, so ändert sich dieses Bild im Laufe der Zeit zugunsten eines stattlichen Gebäudekomplexes, der sich geschlossen um einen Innenhof mit Brunnen gruppiert und nahezu die gesamte Innenfläche der Schanze einnimmt. Eine solche Bebauung war den archivalischen Quellen nicht zu entnehmen. Auch lassen sich bislang noch keine vergleichbaren Gebäudekomplexe in anderen – auch nicht niederländischen – Schanzen finden.

Zwar erlauben die freigelegten Gebäudereste kaum detaillierte Rückschlüsse auf die Funktion einzelner Bautrakte, die Gesamtgestalt der Bebauung wird jedoch deutlich. Nur das auffällig qualitätvolle Fundmaterial im Südteil der Grabungsfläche dürfte auf die dort zu lokalisierende Kommandantur verweisen.

Die Ergebnisse fallen demnach gänzlich anders aus als das Bild der Schanze, das bisher in allgemeinen Darstellungen wiedergegeben worden ist (z. B. von Slageren o. J., 105): Das vielfach zitierte Mauergeviert mit vier vorspringenden Ecktürmen ließ sich nicht nachweisen, dafür aber ein komplexer strukturiertes Schanzengebäude.

Hinweise auf eine Vorgängeranlage konnten im vergleichsweise schmalen Suchschnitt nicht eindeutig belegt werden. Demnach dürfte der Jemgumer Zwinger als Hauptanlage der Dieler Schanzen nach dem derzeitigen Stand der Auswertung frühestens im späten 16. Jahrhundert errichtet worden sein.

Handelt es sich bei dem Jemgumer Zwinger aber tatsächlich um die für das Jahr 1580 im Kirchenarchiv von Weener und bei Ubbo Emmius (1616a, 8) belegte Schanze bei Diele? Vor dem Hintergrund dieser Fragestellung ist auch auf die Bezeichnung „Olde Dyler Schans" in einem Plan der Befestigung aus der Zeit der niederländischen Belagerung im Jahr 1664 für die in späteren Plänen „Kleyne Dyler Schans" genannte Anlage hinzuweisen (s. Kap. 3). Man wird wohl richtig in der Annahme gehen, diese „kleine" oder „alte Schanze" mit der im Weeneraner Kirchenarchiv überlieferten Schanze aus dem Jahr 1580 gleichsetzen zu dürfen. Der Jemgumer Zwinger und das Hakelwerk sind hingegen wohl als Erweiterungen des frühen 17. Jahrhunderts anzusehen. Das 1533 durch den ostfriesischen Grafen Enno II. errichtete Lager (vgl. Peters o. J., 13; Emmius 1616b, 871) hat ebenfalls nicht im Bereich des Jemgumer Zwingers gelegen und ist an anderer, bislang unbekannter Stelle zu lokalisieren.

Das Fundmaterial lässt sich zeitlich in die maximal 100 Jahre vom Ende des 16. bis zum Ende des 17. Jahrhunderts einordnen, die für die Existenz der Dieler Schanzen durch die Daten der Gründung und der Schleifung als *terminus post quem* und *terminus ante quem* überliefert sind. Älteres oder jüngeres Fundmaterial liegt nicht vor. Die Keramik bietet einen guten Überblick über die Waren des 17. Jahrhunderts und stellt eine Basis für die genaue zeitliche Einordnung des Fundmaterials dar. Nicht nur die Fayencen und Tonpfeifen, sondern auch die Alltagskeramik zeigen deutliche Bezüge zu niederländischen Produktionsorten. Steinzeug aus dem Rheinland und dem Westerwald weicht hiervon ab und belegt weitere Handelsbeziehungen.

Der Nachweis von Kindern in der Schanze anhand eines Kinderschuhfragmentes sowie eines ausgefallenen Milchzahns erscheint zunächst vielleicht auffällig. Denkbar ist jedoch, dass Kinder als Trommler oder Helfer der Besatzung gedient haben. Auch wäre in Betracht zu ziehen, dass zeitweise Familien mit in der Anlage gelebt haben.

Von Bedeutung sind auch die neuen Erkenntnisse zur Waffentechnik, die die beiden vollständig erhaltenen Bomben erlauben. Sie stellen eine der wenigen Gelegenheiten dar, solche frühen Artilleriegeschosse mit historisch gesicherten Kampfhandlungen zu verbinden. Durch die beiden Bomben lassen sich wesentliche Details, wie etwa zur Herstellung selbst, zum Einwickeln der Bomben in Textil oder zum Bestreichen mit Pech belegen.

Die Ergebnisse der Grabung werden die Dieler Schanzen mit ihrer nicht unblutigen Geschichte im Verlauf des 17. Jahrhunderts aus dem „Dornröschenschlaf" wecken und zur Förderung des Tourismus im Landkreis Leer beitragen. Dazu bieten die Dieler Schanzen, die für die ostfriesische Geschichte in der frühen Neuzeit einen hohen Stellenwert hat, allemal ausreichend Potential.

7 Literatur

BÄRENFÄNGER, R., 1999: Die Dieler Schanzen. In: R. Bärenfänger (Red.), Ostfriesland. Führer zu archäologischen Denkmälern in Deutschland 35, 224-226. Stuttgart.

BÄRENFÄNGER, R., 2010: Eilsum OL-Nr. 2508/3:18, Gde. Krummhörn, Ldkr. Aurich, ehem. Reg.Bez. W-E. Fundchronik Niedersachsen 2007/2008, Nr. 335. Nachrichten aus Niedersachsens Urgeschichte, Beiheft 13, 225-226.

BARTELS, M., 1999: Tinglazuur aardewerk. Majolica en faience. In: M. Bartels (Hrsg.), Steden in scherven. Vonsten uit beerputten in Deventer, Dordrecht, Nijmegen en Tiel (1250-1900) 1, 201-236. Amersfoort.

BUSCH-HELLWIG, S., 2008: In den Tiefen Mittelfalderns. Archäologie in Niedersachsen 11, 72-75.

DUCO, D. H., 1981: The clay tobacco pipe in the seventeenth-century Netherlands – an historical-archaeological review. In: P. Davey (Hrsg.), The archaeology of the clay tobacco pipe 2. BAR, International Series 106, 368-468. Oxford.

EMMIUS, U., 1616a: Perihaegaesis, id est accurata descriptio chorographica Friesiae Orientalis [Führung durch Ostfriesland, d. h. genaue geographische Beschreibung Ostfrieslands]. Aus dem Lateinischen übersetzt von E. von Reeken. Frankfurt a. M., 1982.

EMMIUS, U., 1616b: Rerum Frisicarum historia [Friesische Geschichte] 4. Aus dem Lateinischen übersetzt von E. von Reeken. Frankfurt a. M., 1981.

FENDER, P., 2011: Die Tonpfeifen aus dem inneren Wassergraben der Dieler Schanze. Bachelorarbeit, Philipps-Universität Marburg/Lahn.

GANGELEN, H. VAN, u. LENTING, J. J., 1993: Ongeglazuurd aardewerk en loodglazuuraardewarken. In: J. J. Lenting, H. van Gangelen u. H. van Westing (Hrsg.), Schans op de grens. Bourtanger bodemvondsten 1580-1850, 167-236. Sellingen.

HÜSER, A., 2011a: Handelswege, Zollstationen und Festungen an der Südgrenze Ostfrieslands. Archäologie in Niedersachsen 14, 75-78.

HÜSER, A., 2011b: Gruß vom „Bommen Berend"? Ein Blindgänger aus dem 17. Jahrhundert in Ostfriesland. Archäologie in Niedersachsen 14, 120-123.

HÜSER, A., 2012: Holz und Steinbau in der Dieler Schanze. Neuzeitliche Befunde im Landkreis Leer (Ostfriesland). In: Holzbau in Mittelalter und Neuzeit. Mitteilungen der Deutschen Gesellschaft für Archäologie des Mittelalters und der Neuzeit 24, 235-242. Paderborn.

KIRCHENARCHIV WEENER: J. Brummelkamp (Bromelkamp), Weners Ungelück undt Verderff (Aus dem Weener Kirchenarchiv 1). Der Deichwart – Beiblatt des Kreisblatts „Rheiderland" 1, 1925/26, 24.

KIST, J. B., 1993: Wapens en toebehoren. In: J. J. Lenting, H. van Gangelen u. H. van Westing (Hrsg.), Schans op de grens. Bourtanger bodemvondsten 1580-1850, 99-124. Sellingen.

KRONSWEIDE, G., 2000: Der Jemgumer Zwinger. Ein Beitrag zur Geschichte der Dieler Schanzen und der Landesverteidigung in Ostfriesland. In: Heimat- und Kulturverein Jemgum e. V. (Hrsg.), Dit un' dat 37, 1-12.

KRONSWEIDE, G., 2001: Die Dieler Schanzen und der Jemgumer Zwinger. In: Heimat- und Kulturverein Jemgum e. V. (Hrsg.), Dit un' dat 38, 4-10.

KRONSWEIDE, G., 2002a: Die Dieler Schanzen 3. In: Heimat- und Kulturverein Jemgum e. V. (Hrsg.), Dit un' dat 39, 7-11.

KRONSWEIDE, G., 2002b: Die Dieler Schanze 4. In: Heimat- und Kulturverein Jemgum e. V. (Hrsg.), Dit un' dat 40, 9-13.

KRONSWEIDE, G., 2002c: Der Jemgumer Zwinger. In: Heimat- und Kulturverein Jemgum e. V. (Hrsg.), Dit un' dat 41, 9-11.

PETERS, M., o. J.: Chronik von Ostfriesland mit besonderer Beziehung auf Jemgum. Aufgestellt [im 18. Jahrhundert] und in Handschrift nachgelassen von Menno Peters [abgeschrieben durch M. Herborg 1842]. Hrsg. von Lehrer Hartmann. In den Anmerkungen ergänzter Nachdruck der 1. Auflage 1930. Leer, 1972.

SCHWEITZER, C., 2010: Dieler Hauptschanze. Geophysikalische Prospektion. Bericht Archiv Ostfriesische Landschaft. Aurich.

SLAGEREN, A. H. VON, o. J. [um 1930]: Festungen und Schanzen im Gebiet von Ems und Dollart. Leer.

TAMBOER, A., 1999: Ausgegrabene Klänge. Archäologische Musikinstrumente aus allen Epochen. Archäologische Mitteilungen aus Nordwestdeutschland, Beiheft 25. Oldenburg.

THIER, B., 1993: Die spätmittelalterliche und neuzeitliche Keramik des Elbe-Weser-Mündungsgebietes. Ein Beitrag zur Kulturgeschichte der Keramik. Probleme der Küstenforschung im südlichen Nordseegebiet 20. Oldenburg.

Stichting Verdronken Geschiedenis (Sunken History Foundation) – bridging the gap between people and science

Stichting Verdronken Geschiedenis (Stiftung Versunkene Geschichte) – Brücke über die Kluft zwischen Mensch und Wissenschaft

Karel Essink

With 2 Figures

The *Stichting Verdronken Geschiedenis* (Sunken History Foundation – www.verdronkengeschiedenis.nl – Fig. 1) was established in 2007 to promote multidisciplinary research on the geomorphology, archaeology and cultural history of the three-country World Heritage Site Wadden Sea area. It includes professionals as well as non-professionals. Another objective of the foundation is to present the results to the general public and thus make a contribution to the appreciation and conservation of the Wadden Sea area.

Fig 1. Logo of the foundation.

In addition to local and regional projects, e.g. in September 2009, the commemoration of the Cosmas and Damianus storm flood in 1509 that widened the Dollard (Ems estuary) to its largest extent, members of the foundation give lectures and presentations to interested groups and organisations.

A further means of communicating historical and archaeological information to the public is the organisation of so-called historic finds evaluations. With the help of local organisations, (cultural) history meetings are held, in which citizens are invited to present their finds to a team of specialists provided by the foundation. These finds may, for example, have been washed up on the beaches of the Wadden Sea islands, collected by fishermen, noticed during the ploughing of agricultural land or dug up in people's gardens. The specialists (e.g. geologists, archaeologists, historians) identify and assess the finds as far as is possible during the meeting. In addition, the finds are placed in the context of the known settlement history of the locality or region: indeed, new finds sometimes extend our knowledge of the region's history. All finds of particular significance are photographed and documented. This information is then made available to the appropriate regional authority in charge of cultural heritage. If necessary, specialists will take a find to their institute for closer investigation. Local and regional media are encouraged to be present at the meetings in order to further disseminate the results.

Several historic finds evaluation meetings have been held at different venues between 2007 and 2011 (Fig. 2). Examples of the finds presented at the meetings range from prehistoric artefacts to objects from more recent times.

The historic finds evaluations are not expensive to organise and stimulate the awareness of local citizens for the history of their home area and surroundings. In turn, this contributes to the appreciation and conservation of the cultural heritage of the Wadden Sea region.

Fig. 2. Experts evaluating finds at Terschelling in March 2010. From left to right: Frans Schot, Hille van Dieren, Egge Knol, Evert Kramer (Photo: A. Zorgdrager).

Dr. Karel Essink, Stichting Verdronken Geschiedenis, Vosbergerlaan 14, 9761 AK Eelde, The Netherlands – E-mail: info@verdronkengeschiedenis.nl